本论文集受重庆市智慧城市学科群建设项目资助

生态·交通·人居
山地城乡融贯的智慧与实践

——2021山地人居环境国际学术研讨会论文集

Proceedings of 2021 International Conference of Mountainous Region Living Environment

主编　赵万民

中国建筑工业出版社

图书在版编目（CIP）数据

生态·交通·人居：山地城乡融贯的智慧与实践：2021 山地人居环境国际学术研讨会论文集 =Proceedings of 2021 International Conference of Mountainous Region Living Environment / 赵万民主编 . — 北京：中国建筑工业出版社，2022.6
ISBN 978-7-112-27453-6

Ⅰ. ①生… Ⅱ. ①赵… Ⅲ. ①山地－居住环境－中国－国际学术会议－文集 Ⅳ. ① X21-53

中国版本图书馆 CIP 数据核字（2022）第 094898 号

责任编辑：李成成
责任校对：王　烨

生态·交通·人居
山地城乡融贯的智慧与实践
—— 2021 山地人居环境国际学术研讨会论文集
Proceedings of 2021 International Conference of Mountainous Region Living Environment
主编　赵万民
*
中国建筑工业出版社出版、发行（北京海淀三里河路 9 号）
各地新华书店、建筑书店经销
北京雅盈中佳图文设计公司制版
北京京华铭诚工贸有限公司印刷
*
开本：880 毫米 ×1230 毫米　1/16　印张：22　字数：616 千字
2022 年 6 月第一版　2022 年 6 月第一次印刷
定价：**98.00** 元
ISBN 978-7-112-27453-6
（39109）

编委会

序

2021年10月9日，重庆交通大学、重庆大学、重庆城市科技学院三家单位联合，召开了以“生态、交通、人居——山地城乡融贯的智慧与实践”为主题的国际学术研讨会。会议在中国城市规划学会山地城市规划学术委员会（以下简称山地学委会）的支持下，邀请川渝、云贵等地区在山地人居环境方面有理论和实践研究经验的高校教师，规划—建筑—景观行业领域的专家和学者，部分企事业单位的管理专家和学者，以及国际上（美、英、日等）此领域有一定学术造诣和研究交流的同行专家和朋友们，在重庆交通大学举行了较有学术高度和影响力的学术研讨会，共有150余人参加了本次会议，收到会议论文投稿120余篇。此次会议的关注重点，是研讨在当前成渝、西南地区城镇化高速发展阶段，山地人居环境面对生态保护、交通设施建设、环境安全、人居品质提升等综合问题，如何用人居环境科学思想的融贯思维（吴良镛院士）来面对复杂多维的山地城乡建设，建立“山地人居”人与自然综合融贯的科学思维和智慧。

山地人居环境建设与发展的研究工作，应该是当前我国城乡规划和建筑学科中理论研究与实践面对的现实问题和难点问题。山地的情况不同于平原，山地生态构成的复杂性和文化传承的多样性，使得山地的城乡建设既丰富多彩又充满探索性和技术的变化因素。我国自改革开放后，城镇化发展40多年来的理论经验和实践总结，较多集中于东部发达的平原地区。成渝经济圈的发展，在生态模式、地域文化、人居生活品质方面，形成地域性和特殊性。自20世纪末以来，国家的三峡建设、西部开发、一带一路、长江经济带建设、成渝双城经济圈发展等重大举措，可以看见国家由东向西推进城镇化发展的决心和魄力。

我国西部复杂山地人居环境建设，难于效仿和搬抄平原地区模式，需要探索自己的理论和实践道路，积累经验。另一方面，由于西南山地经济发展缓慢，科技人才队伍缺乏，需要积极培养具有山地理论知识和实践能力的人才队伍，来支持国家推进西部城镇化建设发展的需要。成渝双城经济圈的建设发展、人才教育和吸引人才为山区服务、为地方服务，已经成为大学院校的重点关注话题。国家提出“生态文明”和“美丽中国”建设的目标，为山地人居环境建设提供了施展才能的时空环境条件，也为山地人居环境科学研究和发展提出了挑战和新任务。此次学术研讨会，也从一些方面，对应了西南山地城镇化发展、成渝双城经济圈建设人才培养的主题和前瞻性的认识。

人居环境科学是一门以人类聚居（包括乡村、集镇和城市）为研究对象，着重讨论人与环境之间相互关系的科学，它强调把人类聚居作为一个整体加以研究，其目的是了解、掌握人类聚居现象发生、发展的客观规律，以便更好地建设符合人类理想的聚居环境。对于山地来说，其科学内涵和技术构成的复杂性，内容和范围的增加和扩展，远甚于平地。学科的建设尤其需要综合融贯的研究问题方式、广泛的学术视野、学科交叉和协同作战的能力。如吴良镛院士所述：“我们的研究未必能够掌握所有的知识，穷尽所有的问题，科学的态度是对复杂问题的有限求解”。山地人居环境的规划和建设，其地域、气候、环境条件所形成的变化和特殊性，有其自身构成的规律性。研究工作，需要了解和把握这种规律性。人居环境学科的三位一体关系（城市、建筑、园林），在山地的情况下，受到更多技术因素的影响，如生态因素、工程与安全因素、地方材料与营造因素等。吴良镛院士在人居环境学科的框架构成中，也曾经提出城市、建筑、园林、技术的“四位一体”关系，这对于山地情况更是十分适宜的。这种技术性因素的加入和重视，有助于我们把握山地建设的“因地制宜”和“因势利导”，用实事求是的科学态度解决复杂问题。

从总体的学科研究来看，山地是人居环境科学研究一个特殊的构成部分。山地地形地貌三维关系和起伏变化，形成诸如在生态与环境、气候变化、交通与基础设施建设、地域文化与形态、安全与防灾、市民生活习俗等多方面的特殊性、复杂性和自身规律性。山地环境与人的聚居行为相互作用，其关系可概括在两个方面。其一，山地作为支撑城市和乡村建设的基本物质元素，山体、河流、复杂地形、生态环境等与人的聚居活动的作用关系；其二，山地人工建设（城市和乡村、建筑、园林）与山地复杂环境的相互协调与适应，由此而产生人与自然的和谐关系。山地人居环境研究的核心内容，在于处理好人类聚居与山水环境的协同关系，学术研究和实际建设中，通常所谈到的“生态城市”“田园城市”“山水城市”，实际上是对和谐人居环境的一种理想表达。在西南地区的城市中，从历史到现代，绝大部分是因袭了山水因素的演进和发展，形成发展特色和文化活力，并形成现代城市经济增长的驱动力和影响力。如成渝地区，成都提出“田园城市”到“公园城市”，重庆提出“山水城市”到“山水都市”，如西南的昆明、贵阳等省会中心城市，也是充分体现城市的山水品质和生态理念，提出“山水城市”的发展核心目标和愿景。在西南地区中小城市中，在生态、文化、聚居、旅游、人居品质方面，山水城市的优秀典范更是比比皆是，在此不一一列举。

山地人居环境的研究，需要同等重视山地建设的技术问题和人文问题。人文与技术是人居环境建设一个问题的两个方面。山地人居环境的构成，其技术性和文化性内容往往交织一起，互为影响、支撑和不可分割。西南地区或者三峡地区很多的城市、历史街区、小镇聚居和传统建筑，从地域环境中生长出来，聚居形态的美丽，营造技术的险绝，自然与人工建造的相生相容，堪称传统城市规划设计和地方建筑学中的经典。我们现代的山地城市、城镇建设中，往往忽略这种“技术”和“艺术”的有机构成关系，或者分割开来处理问题，违背了山地人居构成的自然规律性和文化内在性。今天很多的山地城市建设和建筑创造，难以出现好的作品，重要原因是没有真正理解山地建造技术和地域文化的关系问题。因此，此次研讨会，专门提出了山地人居中的“生态与交通”的主题，一方面，会议的主办是在重庆交通大学，借学校的学科背景基础；另一方面，是想探讨和认识学科的理论研究与技术的融贯问题，会议的研究说明起到了深化和拓展主题的学术价值作用。

新时期以来，国家提出“生态文明”和“美丽中国”建设愿景，成渝地区提出“双城经济圈”协同发展模式，对山地城乡规划、山地建筑行业的学者和建设工作者提出了全新的、具有挑战性的课题。如何在西部地区进行大规模建设、城镇化发展深入山区、乡村振兴等系列工作中，美丽的山川河流得以保护，地域的优秀文化得以传承，人居环境的建设品质不断提升并可持续发展，是广大山地城乡建设需要理论探索与实践的重要科技工作。山地建设的人才培养工作，也是人居环境科学发展不可或缺的重要内容。需要培养出一批生长于山地、适应于山地、理解山地和熟悉山地情况的科技工作人员和管理技术人员。近些年，西南地方院校逐步成长出一些山地人居环境研究和实践的科技人员和大学教师，有效开展了相关研究工作和人才培养工作，但是与国家西部城镇化战略发展的需求还有相当距离，在全国层面的学术作用，还要进一步推进和加强。

“山地城乡规划学术委员会”的学术目标，是面对我国的多山国情，旨在认识和探索中国城镇化发展的特殊道路，解决山地复杂环境条件下城乡规划与建设的理论与实践问题。面对我国新时代人民美好生活需要，探索解决山地城乡规划与建设中“不平衡”“不充分”的矛盾，创新山地人居环境建设的理论、方法和技术。希望连接全国范围山地城乡规划理论研究、行业技术、管理与实施的科技工作者，形成一支“三位一体”的学术队伍，在新的历史时期，面对我国山地乡规划发展，以及国家和国际社会经济发展新的动态，应对国家需求，进行理论探索和实践的科技创新工作。每年，山地学委会将举行相关的学术会议，包括年会、学术考察、学术研讨会、教学和科研专题讨论会等。

2021 年 10 月重庆交通大学的学术会议，在“生态、交通、人居”山地城乡融贯的智慧与实践的研讨方面，形成了较好的学术价值和影响力，会议的主旨发言和与会代表们撰写的会议论文，已经形成较好的学术成果，根据会议上广大专家和学者们的建议，结集并选取 53 篇会议论文由中国建筑工业出版社出版。

在此，特别感谢会议的组织单位和与会专家对此次会议的支持，感谢国外几位院校的著名专家和老朋友的支持，感谢中国建筑工业出版社对本书出版的支持和指导，以及卓有成效的编排工作。

谨为序。

赵万民

2022 年 4 月 20 日

前　言

1　国际山地人居环境科学发展概况

联合国经济与社会委员会 1997/45 号决议指出，地球至少 1/5 的陆地表面为山峦覆盖，大约 10% 的世界人口居住在包括高地在内的多山区域，而比例远远大于 10% 的世界人口的生活完全依赖山区资源。山区为全人类提供一半以上的淡水，还为全球提供份额巨大的木材、矿物和牧场；山区容纳着数量巨大的多民族群体，保留着多种多样的文化传统、环境知识和与山区环境相适应的人居方式；山区又有世界上最复杂的土壤文化基因库，还有传统的管理经验，山区提供着丰富的自然与人文景观，在旅游方面具有极大的发展潜力。对于人类的未来，山区的这些资源与服务具有全球性的意义。

山地人居环境建设一直以来都是人类建筑史学上一个重要的组成部分。著名的雅典卫城、庞贝古城等山地城市与建筑群的建设，不仅当时就具有智慧的生态环境选择以及高品质的空间美学构成和工程技术设计，而且，它们的历史过程和文化遗存所传递的山地人居环境思想，也对后世城市和建筑的发展产生了深远影响。

自 20 世纪 70 年代以来，随着全球环境变化加剧，山区和山地问题引起了国际社会的关注。1973 年，联合国教科文组织在《人与生物圈计划》（MAB）中把“人类活动对山地生态系统的影响”列为该计划中的一项重大课题。1992 年，联合国环境与发展大会通过的《21 世纪议程》对“管理脆弱的生态系统：可持续的山区发展”做了专门论述，并指出：“地球上绝大部分山区正面临环境的恶化。因此需要立即采取行动，适当管理山区资源，促进人民的社会经济发展。”而大会通过的其他 4 个重要文件（《里约宣言》《保护生物多样性公约》《气候变化框架公约》《关于森林问题的政策声明》）都与山区问题密切相关。

2　中国山地人居环境科学发展概况

中国是一个多山国家，也是全球“第三极”（高山极）的所在，在全球自然生态系统中占有重要地位。中国的山地占国土面积的 2/3 以上，人多、地少，山地多、耕地少，是中国社会与国民经济发展中的一个突出矛盾，如中国西南的贵州省民间就有“八山、一水、一分田”，重庆市有“三分丘陵七分山，真正平地三厘三”的说法。中国的山地城市分布广、类型多，有 300 余个设市城市及 1 万余个建制镇位于山区。近年来，随着城市化的加速发展和西部大开发战略的推进，山地资源的消耗和山地环境所承受的压力不断加大，山区和山地城市的人地关系矛盾更为突出。以云南、宁夏为试点，我国开始推行“城镇上山”的尝试，其中机遇和风险并存。不少地区不考虑生态条件而进行的破坏性建设，造成了山地民俗文化、生物多样性、景观多样性和山地住区建筑风貌等方面的巨大损失。这种状况继续下去，不仅将酿成山地人居环境的不可持续性，而且还会导致山地文化遗产损失殆尽、山区各族人民群众生活质量的下降。在西部大开发和加速城镇化的进程中，高度珍惜并合理利用有限的山地资源，尽可能避免城镇化进程中可能产生的风险和负面影响，建设人与自然共生、共荣的山地区域经济社会生活的中心——山地城市（镇），已经成为我国政府和学术界关注的热点问题。

在我国文化传统中，对山地的情结体现在诗歌、绘画等各个方面。战国时期的《管子·乘马》篇中就有关于山地条件下城市营建思想的规制。历史上，我国巴蜀、云贵、闽浙、两广、湘鄂以及三峡地区等，也有大量早期人类聚居的山地城市和城镇，其中不少城镇从历史形成至今，经历了2000~3000年的时间跨度，聚居生活仍延续不断。今天，我国山地城市建设和发展，从数量和质量上，在世界范围都具有较大影响力，如重庆、香港、青岛等现代山地城市在城市建设和文化形态等方面，都具有独特研究价值。自1993年吴良镛先生提出建立“人居环境科学”的主张以来，重庆大学黄光宇教授建构了中国特色的山地城市生态化规划建设理论与方法体系，并获得国家科技进步二等奖（2005），同时出版《山地城市学原理》（2006）；赵万民教授深化和延续这一研究体系，提出建立“山地人居环境学”，并在中西部山地城镇化进程研究、山地城乡规划适应性理论与方法研究、山地流域人居环境建设研究、山地城乡防灾减灾研究、山地城乡建设技术支撑体系研究、三峡库区移民搬迁住区示范研究等方面取得了突出成绩。

3 中国山地人居环境科学学术会议沿革

1991年，经中国科学院和建设部批准，重庆大学（其时为重庆建筑工程学院）与中国科学院水利部成都山地灾害与环境研究所共同组建了我国第一个山地人居环境研究机构——中国科学院、建设部山地城镇与区域研究中心，奠定了我国山地城镇与区域规划建设的科学研究、人才培养与学术交流的基础。随后，云南、贵州相继成立了两个分中心。

1992年在重庆大学（其时为重庆建筑工程学院）黄光宇教授的倡导下，在重庆召开了“全国首届山地城镇规划与建设学术研讨会”；1997年在重庆召开了“首届国际山地人居环境可持续发展学术研讨会”，来自加拿大、美国、德国、马来西亚、尼泊尔、奥地利、日本等国以及我国内地、香港、台湾地区的多所大学、科研机构的120位专家学者参加了会议，极大地推动了全国山地城市科学研究的发展。联合国人居委员会发来贺电，联合国教科文组织国际山地综合发展中心（ICIMOD）派代表参加会议，并通过了《中国山地人居宣言》，出版了《1997山地人居环境可持续发展国际研讨会论文集》（科学出版社，1997）。

其后的相关会议有：1999年在西安召开了“全国第二届山地城镇规划与建设学术讨论会”，并出版会议论文集《山地城镇规划理论与实践》（西北工业大学出版社，1999）；2001年在云南昆明召开“第二届山地人居与生态环境可持续发展国际学术研讨会”，会议出版了《2001山地人居与生态环境可持续发展国际学术研讨会论文集》（中国建筑工业出版社，2001）；2012年在重庆召开“第三届山地人居环境可持续发展国际学术研讨会”，会议出版了论文集《第三届山地人居环境可持续发展国际学术研讨会论文集》（科学出版社，2013）。

4 本届山地人居科学国际论坛概况

本次会议由中国城市规划学会山地城乡规划学术委员会和重庆交通大学联合主办；重庆交通大学建筑与城市规划学院、重庆大学建筑城规学院、重庆城市科技学院建筑与土木工程学院、重庆长厦安基建筑设计有限公司共同承办；西南交通大学建筑与设计学院、四川大学建筑与环境学院、四川美术学院建筑与环境艺术学院、重庆市规划设计研究院、中国城市规划设计研究院西部分院、重庆市地理信息和遥感应用中心、重庆交通大学工程设计研究院有限公司7家单位协办。本次会议旨在推动我国人居环境的安全和可持续发展，加强该领域海内外专家学者的交流与合作。

会议以“智慧·交通·生态——山地城乡融合发展理论与实践”为主题，邀请到英国社会科学院院士王亚平教授、英国赫瑞瓦特大学Glen Bramley教授、美国华盛顿大学沈青教授、美国北卡罗来纳大学教堂山分校宋彦教授、日本九州大学赵世晨教授、日本金泽大学沈振江教授、重庆大学赵万民教授、重庆大学李和平教授等国内外知名专家作主旨报告。吸引了来自日本九州大学、美国华盛顿大学（西雅图）、英国社会科学院、英国赫瑞瓦特大学、丹麦哥本哈根大学、同济大学、四川大学、重庆大学、西安建筑科技大学、北京林业大学、中国城市规划设计研究院、重庆设计集团有限公司、重庆市规划设计研究院等国内外20余家高等院校与设计单位的专家学者150余人参会。大家围绕智慧规划与山地城乡建设、山地地区综合交通与城乡协调发展、生态安全约束下的山地城乡产业适宜性、山地可持续建筑设计、山地城乡社区发展与治理、山地城乡公共健康与安全、山地城乡景观设计与生态修复、山地历史城镇与建筑遗产保护8个主要议题开展了学术交流。通过精彩分享与思维碰撞，与会代表们共同探讨了山地人居环境可持续发展的新路径和新方法，为探索具有重庆特色的乡村振兴与城乡融合发展之路贡献了智慧。

重庆交通大学建筑与城市规划学院院长、教授

2021年11月7日

目　　录

专题一　智慧规划与山地城乡建设

专题二　山地地区综合交通与城乡协调发展

专题三　生态安全约束下的山地城乡产业适宜性

专题四　山地可持续建筑设计

专题五　山地城乡社区发展与治理

专题六　山地城乡公共健康与安全

专题七 山地城乡景观设计与生态修复

专题八 山地历史城镇与建筑遗产保护

后记

学习人居科学思想，探索山地人居的理论与实践

赵万民
（重庆大学建筑城规学院，重庆 400074）

一、学习吴良镛院士人居环境科学思想

1. 人居环境科学思想的核心观点

吴良镛院士关于“人居环境科学”的研究，这样界定它的学术性：“人居环境科学（the Science of Human Settlements）是一门以人类聚居（包括乡村、集镇、城市等）为研究对象，着重探讨人与环境之间的相互关系的科学。它强调把人类聚居作为一个整体，而不是像城市规划学、地理学、社会学那样，只涉及人类聚居的某一部分或是某个侧面。学科的目的是了解、掌握人类聚居发生、发展的客观规律，以更好地建设符合人类理想的聚居环境。”[①]

吴良镛院士“人居环境科学思想”的建立，是源自他对大建筑学科（建筑、城市、园林）在现代社会的发展中，其科学性、系统性、融贯性不足的认识和思考，从“广义建筑学”走向人居环境科学。“随着时代的发展，建筑学必要拓宽，这是历史发展的必然。在当今多学科并行发展的时代，我们更要自觉地以‘融贯的综合研究’，拓宽本专业的业务领域，因此，我称之为‘广义建筑学’（Integrated Architecture）……广义建筑学与人居环境科学的哲学与方法论基础是一致的，都是以聚居环境（human settlements）为出发点，对传统学科自身的拓展。人居环境科学研究更超越了建筑科学，谋求人居环境各学科领域的交叉与融合。”[②]

1）认识传统建筑学科的科学局限性

由于建筑学工科、艺术与人文交叉的学科特性，在学科理解中，容易被科学技术界归类为偏软的学科。我国当代建筑学科的发展，从20世纪进入资本主义的民国早期始，较多的是学习和模仿了西方建筑的教育体系[③]。中华人民共和国成立后，梁思成教授等前辈学者希望从中国传统的古典建筑学理论体系和匠作实践中发掘内涵，吸取营养，梳理框架，与当时世界的建筑理论走向相结合，试图建立能够立足于世界建筑学领域的中国当代建筑学思想。但是，由于时代的局限性、社会的动荡和文化的否定，梁思成教授等的学术思想未能得以推行、深入和发展，成为时代的遗憾[④]。改革开放后，中国迎来了从未有过的大建设和大发展时期，接下来是城市（镇）化的快速发展时期，30多年的高速发展，中国的城市建设和建筑事业的发展，取得了巨大的成就。但是，物质事业的发展，并不能取代理论思想的深入，在广大建筑学人疲于“方案创作”和“施工图”赶制的时候，对我国建筑学思想体系的建设和理论思考，却多有荒废。设计公司、房产企业“门庭若市”，而理论研究“门可罗雀”。建筑学的大学教育研究环境，其价值去向也几乎等同于社会市场的缩影。因此，近30年的城市建设和建筑事业的发展，我国建筑学科理论思维和思想体系的建设发展，远远落后于建设实践的发展。

而在科学与技术层面，理论体系的创新和科学思维的突破日新月异，几乎代表了时代的发展。在与建筑学科相关的领域，兄弟学科的发展，如结构形式的创新、材料科学的突破、地下空间的开发利用新技术、建筑节能和生态建筑的理论创新、信息技术在城市和建筑体系中的全方位融入和运用、智慧城市的前沿理论和实践等，其科学思想和理论体系的发展，都是以理论创新和科学体系建设为目标的，紧紧跟随着时代的发展。另外，国家的重大科研支持，如“863”“973”“千人计划”、国家自然科学基金重大项目、国家重大科技支撑计划项目等，跟踪和瞄准国际前沿理论创新和实践突破的领域。

遗憾的是，多年来，这些国家层面具有科学创新高度的计划项目，大都与建筑学科无缘。

建筑学自身由于其文化和艺术的独特欣赏性，以及建筑创作的自我意识和理想目标追求的评判方式，往往容易自我欣赏，或者夸大建筑形式美和建筑艺术形式的独立价值和精神作用，将自己作为行为主体，看低或忽视与其他学科的相生关系；容易孑然独立于科学与技术之外；也容易忽略在现代社会发展中，科学和哲学体系的建立与科学技术界的融合发展关系，往往失去了与科学、技术融合而获取更大的、具有创造性的双赢空间的场景，因此，也缩小了领域和视野，长期如此，科学和技术界与建筑学的发展缺乏沟通，互不了解，建筑学逐步淡出国家科学与技术的主流话语平台。在国家重大科技项目、高端人才培养（长江学者奖励计划、国家杰出青年科学基金、院士增选等）、学术话语权（媒体、杂志等级、SCI 国际影响力）等方面，都可以看到建筑学的非主流地位和价值作用。这是传统建筑学和建筑学人在我国科学和技术领域被认为“偏软”的主要原因，是建筑大学科的弱点和盲区。

2）从广义建筑学走向人居环境科学

吴良镛院士等老一辈学者认识到学科发展的不足和弱点，长期以来，以传统建筑学科的核心内容为支撑，希望将建筑学的发展引入国家科学与技术的主流领域，获得其应该有的学术地位。20 世纪 80 年代末，吴良镛院士提出“广义建筑学”理论，以聚居、地域、文化、科技等“十论”[⑤]，初步提出和建立了“建筑学”的科学思维和理论框架。吴良镛院士认为，“为什么要提出广义建筑学这一命题？我并不认为人们通常所说的建筑学已经完全过时，也不想否定传统建筑学（这类否定说在国内和国外都听到过）。然而，随着世界范围的政治、经济、社会的变化和建筑事业对国家发展、社会进步的重大作用愈被认识，愈可以预见建筑学和建筑事业，无论在数量上、规模上、发展速度上，以及内容和方法上，都将发生深刻的变化”。“提出和探讨‘广义建筑学’的目的，在于从更广大的范围内和更高的层次上提供一个理论骨架，以进一步认识建筑学科的重要性和科学性，提示它的内容之广泛性和复杂性”[⑥]。

我国建筑事业的今天与明天——人居环境学的展望：1993 年 8 月中国科学院技术科学部学术报告会上，吴良镛、周干峙、林志群三人合作，做了题为“我国建筑事业的今天与明天——人居环境学的展望”的学术报告，将我国建筑事业的发展思考，加入到国家科学领域的关注中[⑦]。20 世纪 90 年代初，以吴良镛（清华大学）、齐康（东南大学）、陶松龄（同济大学）等为负责人，申请获得国家自然科学基金“八五”重点项目“发达地区城市化进程中建筑环境的保护与发展”，这是我国建筑学领域第一次获得国家自然科学基金重点项目的资助。项目研究集中以我国长江三角洲的沪宁城市化发达地区为例，形成多学科团队的集群作战，对沪、苏锡常、宁镇扬这三个地区的城市化发展道路、土地集约利用、环境资源保护以及建筑文化资源的保护和发展等内容，进行了深入研究、探索和总结。项目研究跨越传统建筑学的常规研究方式，以可持续发展思想、区域整体化发展和城乡协调发展思想为理论基础，拓展到经济、社会、文化、环境综合发展的领域。在当时，这样的研究群体、研究内容、研究方法、研究视野、研究的前瞻性和深入性，是具有很好的科学突破性和创新性的，为我国建筑学领域的当代科学研究思路，做了很好的探索性工作。课题最终所呈现出的优秀成果，也充分展示出这项工作的丰富性、融贯性、深入性和时效性，为后来建筑学领域在“九五”“十五”“十一五”“十二五”等持续获得国家自然科学基金重点项目的支持打开了道路，也为后来的建筑学课题研究者提供了很好的科学拓展思路和方法论的参考[⑧]。

1999 年，国际建协第 20 届世界建筑师大会在中国（北京）召开，吴良镛院士作为大会科学委员会主席，起草了《北京宪章》。《北京宪章》的中心思想是“广义建筑学”思想，这是将中国建筑师的哲学思考和对时代发展的认识，与全世界建筑师进行的一次大碰撞、大交融。吴良镛指出世界建筑学的发展，从传统建筑学走向广义建筑学。在国际化和世界趋同的整体发展中，我们需要审时度势，冷静思考，“一致而百虑、殊途而同归”[⑨]。第 20 届世界建筑师大会取得圆满成功，中国建筑师的“广义建筑学”思想得到国际学者的广泛认同。

2. 关于《人居环境科学导论》的科学思想

2001 年 10 月，《人居环境科学导论》出版，这是吴良镛院士从“广义建筑学”思想走向“人居环境科学”的重要理论著述。对于这本书的重要价值和学术贡献，已经辞世的周干峙院士是这样评价的：“一些重大的学术思想的形成，大概不可能像一个建筑设计或一项专题研究，凭借一时的思想火花——所谓灵感，迅速地做出成果，而必须要有相当长的研究探索，凭借原有的和相关的理论基础，并通过反复实践检验，不断加工提炼，逐步形成体系，臻于成熟。为了使传统的建筑学、城市规划学和景观设计学更好地造福人民，适应社会经济的发展，吴良镛先生的学术思想，从《广义建筑学》到《人居环境科学导论》。在经历了近 20 年的探索过程后，现今可以通过本书相当完整地奉献给读者。”[10]

人居环境科学研究的核心是“人”。将人居环境界定为五个要素：自然、人、社会、建筑物、网络，充分表述了人与要素的构成关系：人创造人居环境，人居环境又对人的行为产生影响[11]。

人居环境科学研究分为五大系统：自然系统、人类系统、社会系统、居住系统、支持系统。其中，人类系统与自然系统是两个基本系统，居住系统与支撑系统是人工创造与建设的结果。《人居环境科学导论》特别指出，在人与自然的关系中，和谐与矛盾共生，人类必须面对现实，与自然和平共处，保护和利用自然，妥善地解决人与环境的矛盾[12]。

从大建筑学科的空间视觉，将人居环境分为五大层次：全球、国家与地区、城市、社区（邻里）、建筑。所有人类的聚居行为和建设活动，都可以包含在五个空间层次内。

《人居环境科学导论》用五个要素、五个系统、五个层次，概略地勾画出“人居环境科学”的基本框架。从哲学意义上，界定人类的聚居活动和建设行为（历史、当代和未来发展）的物质空间和精神空间所涉及的基本元素和时空范围。

笔者认为，《人居环境科学导论》突出的学术贡献有如下方面：

（1）将“广义建筑学”的理论构架进一步纳入到严格意义的科学思维体系，使建筑学的工程思维属性（engineering）进入到科学的思维属性（sciences）。这对界定建筑学科在国家科学和技术领域的学术地位和空间发展状态，具有重要的学术融贯和学术诉求价值。

（2）进一步阐明了大建筑学科发展（建筑、规划、景观）与人类聚居行为永恒的核心关系。人是一切建筑活动的行为主体，人类所有的建设活动，其核心目的是营造符合人类理想的聚居环境，从历史到现在，从现在到未来，概莫能外。

（3）从科学体系而言，未来人居环境的发展，涉及相当广泛的相关学科领域的构成。人居环境建设的思维创新和实践行为，需要与相关的学科领域进行交叉、融贯、协调和合作，协同作战。这是“人居环境”建设时代发展的需要，也是未来发展的科学规律。

《人居环境科学导论》的理论创新和思维导向，对引导中国的建筑学界走向科学的思维体系，具有划时代的意义。

3.《明日之人居》——吴良镛院士人居环境科学思想展望

吴良镛院士继续思考人居环境科学的发展和趋势，向深度和高度，向哲学和艺术拓展。他提出人居环境科学要应对全球变化与发展方式转型等新的形势与挑战，走向“大科学、大人文、大艺术”，指出人居环境科学发展的趋势，包括：①以人为本，关注民生；②重视空间战略规划及其新的发展模式；③生态文明与人居环境的绿色革命；④城镇化与城乡统筹发展；⑤从两种文化视野中探索第三体系；⑥关于人居环境教育新思路；⑦美好环境与和谐社会缔造[13]。

在 2012 年 2 月 14 召开的国家科学技术奖励大会上，清华大学教授吴良镛院士获得 2011 年度国家最高科学技术奖。这是国家科技界对我国建筑学界学术事业的认同和奖励，也是党和国家领导人对以吴良镛院士为代表的中国建筑学者在国家社会主义建设事业上所做出的杰出贡献的表彰和鼓励。

2013 年，吴良镛院士《明日之人居》[14]著述出版。

他认为："人居环境科学获得国家最高科学技术奖，感到慰藉的是，这说明它得到国家和科技界的认可。得奖以来的一年多时间，主要基于学术工作者的社会责任感和义务感，希望这些科学理念得到推行与实践，以验证、发扬和提高。"[15]

吴良镛院士2013年写成的《明日之人居》，与1989年写成的《广义建筑学》章目相仿，由十章组成：①明日之人居；②论新型城镇化与人居环境建设；③学术前沿议人居；④科学发展议人居；⑤城镇化与人居环境科学；⑥城市文化与人居建设研究；⑦人居环境与审美文化（上）；⑧人居环境与审美文化（下）；⑨风景园林专业与社会发展的领悟；⑩《空间共享：新马克思主义与中国城镇化》书序。[16]

《明日之人居》将读者的视野和思维空间引入更为宽广、更为科学和人文的境地，表明了"人居环境科学"思想在应对全球变化与发展方式转型的新的形势与挑战面前，需要走向"大科学、大人文、大艺术"的融贯和发展。吴良镛先生的学术思想，始终提倡"科技进步，人文日新"，在其一生治学中，身体力行，终生秉持。"大科学、大人文、大艺术"的未来人居环境的发展境界，为后学提出了充满挑战、探索、创新和希望的道路。

二、三峡库区人居环境的理论探索与实践

1. 关于三峡工程与人居环境建设

我国城乡规划与建设事业的发展，从理论创新到工程实践，三峡工程的建设和库区百万移民，是一项开创性的工作。三峡工程建设，是集防洪、发电、航运、调水多项功能于一体的国家重大工程，也是国家在三峡地区和长江流域的中西接合部推进新型城镇化发展的一次尝试。

自1992年三峡工程开工建设，到2009年三峡工程初步建成验收，库区总体完成126万移民，19个县市、106个集镇搬迁建设，形成在三峡地区5万km^2水陆域面积上近1400万人民的生产、生活和生态环境的一次大调整、大平衡和大建设工作。三峡工程是在我国典型的库区山地环境推出的一次城镇化发展的特殊形式[17]。

三峡工程是治理和开发长江的重要工作，是国家城镇化发展由东向西梯度推进的战略性工程。库区百万移民所引出的大规模城镇搬迁和人居环境建设的可持续发展，是三峡工程成败的关键。历届党和国家领导人对库区的移民工作和稳定发展，都给予高度的关心和重视[18]。

三峡工程论证之初，城市规划学界参与了一定的讨论工作[19]。但是，工程学界更多关注的是水利枢纽的建设工程，库区人居环境的建设并未得到足够的重视。限于中国当时的经济能力以及对社会发展、移民稳定、生态环境等的认识水平，总体而言，库区的移民安置多做的是"就事论事"的考虑，如尽量减少搬迁量，减少安置矛盾，节约安置经费，尽快对位和定量解决城市和城镇的搬迁工作等。

对三峡库区因工程建设所引起的社会、经济、城镇化发展，以及库区生态环境、历史文化保护等工作，考虑不够，也缺乏足够的论证。当时，吴良镛院士、周干峙院士等前辈学者，认为城市规划学界对此工作参与甚少，相关的研究和论证也很不充分。

20世纪90年代，中国的城镇化发展由"起步阶段"进入"加速阶段"，全国的城市建设也逐步迈上新的台阶。在学科发展和思想转型的过程中，需要有从综合、融贯、学科交叉的学术思维来面对我国建筑学、城市规划、风景园林的理论走向，讨论我国城镇化加速过程中人与环境关系可持续发展的本质问题。

1990~1992年间，吴良镛院士等人居环境学术思想在初步形成期，三峡库区移民迁建工程的综合性和典型性，促成了从人居环境思想和方法角度，研究移民安居和市、镇迁建的工程问题，从而有了赵万民等在清华大学以"三峡工程与人居环境建设研究"为选题的博士论文研究，以及毕业后回到重庆大学建立学科团队所进行的后续理论探索和项目实践工作。

2. 三峡库区人居环境研究思想的形成过程

吴良镛院士有比较多的文章表述了从"广义建筑学"到"人居环境学"思想的建立过程。这一时间，也正值国家讨论三峡工程上马的前后时期。[20]

吴良镛教授意识到三峡库区人居环境建设的重要性，而当时在国家层面和工程界，更多关注的是水利枢纽工程建设。对于三峡移民和市、镇迁建引出的如此超常规的人居环境建设及其库区后续几十年的稳定与发展，则关注不够，缺乏充分的论证和研究。城市规划和建筑学界的工作参与也十分有限。

1993 年 3 月，吴良镛教授带领赵万民，考察了三峡库区，走访了重庆、涪陵、丰都、忠县、万县、巫山等地，认识到库区城镇迁建的诸多情况，思考了库区人居环境建设的现实问题，建议赵万民以三峡工程与人居环境建设为选题，开展博士论文的调查与研究工作。

“举世瞩目的三峡工程不仅仅是一项水利枢纽的建设工程，也不简单的是一项移民迁建的安置工程，而是库区数百万人民生产和生活可持续发展的人居环境建设的综合系统工程。这项工程在工程技术上的难度，已为一般人所周知，而在人居环境建设方面，却缺乏应有的验证与研究，问题很多，尚未引起政府和社会的普遍重视。在建筑规划界的行业范围，对此问题也关注不够。赵万民根据导师的意见，毅然不畏艰辛，多次深入库区调查研究，收集资料，逐渐触及问题的核心……”㉑

1995 年 6 月，吴良镛院士在国家攀登 A 计划“人居环境学”的申请计划书中指出：“三峡工程不仅仅是一项水利枢纽的建设工程，而且是整个三峡大地区城镇化发展和人居环境变迁的重大工程，是一项社会工程和文化工程。”

1995 年 10 月，在《城市规划》第 4 期，吴良镛、赵万民联名发表论文《三峡工程与人居环境建设》，首次提出三峡工程与库区人居环境建设的关系，提出人居环境学研究对三峡工程建设的重要性与现实性。文章指出：“人居环境学理论的提出，不是期望它能够解决三峡工程建设的所有问题，而是试图用人居环境学的概念来比较详尽的阐明，三峡工程实质上是一项复杂的人居环境建设的系统工程。它涉及区域科学、环境科学、历史文化遗产的保护与开发、新城镇规划与建设、风景旅游区规划和地方建筑学多个领域。社会、经济、历史、地理、能源、土建、水利学科等都能在其中找到自己的位置。这就要求我们应该有更宏观的尺度和更高的起点，来认识它、研究它。事实上，时至今日，我们对这一问题的认识和所做的实际工作还远远不够。我们通过对三峡库区众多城市的规划和迁建，以及关联问题的实际调查，迫切地感到三峡工程建设将面临的综合性和复杂性。”㉒

3.《三峡工程与人居环境建设研究》的学术贡献

1995 年底，赵万民完成清华大学博士论文《三峡工程与人居环境建设研究》。论文提出了 4 个方面的研究问题：①城镇化问题；②城市规划问题；③城市设计问题；④历史文化遗产保护问题。论文尝试从人居环境的学术视野和综合融贯的研究方法上，对库区移民工程、众多城市（镇）的搬迁和规划面对的人居环境建设问题，做了较为系统、综合的调查、思考和建议。

论文在“城镇化发展研究”部分，讨论了三峡工程与库区城镇化发展的关系，指明库区城镇化发展的必然性和特殊性，提出了对库区城镇化发展模式的探讨，建议三峡地区以“鱼骨状”构建城镇化发展的结构形式，即以长江为主轴，向库区的纵深地区发展形成城镇化的次轴，由此建构区域城镇化发展的网络。希望产生如下作用：①缓解库区长江沿岸人口和土地的矛盾，推动三峡地区城镇化的平衡发展；②协调区域“人与环境”的有机关系，缓解三峡地区良好生态环境在大规模市、镇变迁中的集中破坏；③避免环境污染过分集中于长江沿岸，可望在区域大环境中得以排解和用于农业生态；④对长江三峡风景资源和留存的历史文化进行适宜保护，以待后续恢复和建设发展。

论文在“城市规划研究”部分，讨论了两个方面的问题。一是库区个体市、镇的搬迁建设，是库区整体人居环境的“单元”和“细胞”，市、镇的搬迁建设质量与库区整体人居环境质量相关联，评述了当时市、镇搬迁的质量问题；调查了相关移民问题，如“二次移民”问题、“移民安置和社会关联”问题、“棚户现象”问题等，从城市规划理论与方法上，提出了移民迁建的建议，阐明这项工程的社会性和复杂性。二是从城市规划的学术理论方面，讨论了库区市、镇总体规划面对的五个问题：①移民迁建规划与总体规划关系；②市、镇迁建规划的发展规模；③面对复杂山地条件，市、镇迁建的用地布局；④人工建设与自然环境关系的协调；⑤市、镇迁建时的节约土地。

论文在“城市设计研究”部分，讨论了三个方面的问题。一是三峡库区城市空间形态的构成分析：从城市的环境、城市的结构、城市的边沿、城市的标志、城市的美学特征等五个方面，进行了理论与案例分析研究。二是三峡库区街道及建筑空间形态构成分析：对街道的平面形态、街道的空间形态、街道的技术构成等三个方面进行了分析研究。三是新城建设中城市设计方法讨论：对山地“簇群”式的整体设计、岸线的城市设计、步行街道的设计、多维集约空间设计等四个方面进行了研究，并针对库区城市建设情况提出规划设计的建议。

论文在“传统文化和历史遗产保护研究”部分，讨论了两个方面的问题。一是传统城市形态及历史发展：对形态构成与历史发展关系、主要城市的历史发展演变、传统城市形态构成的规划思想等三个方面进行了研究。二是库区文化古迹的搬迁保护问题研究：文化遗迹的淹没概况统计与分析、城市（镇）搬迁与文化遗迹发掘与保护、对几个文物景点保护规划的建议等。

论文研究是吴良镛教授以三峡工程为案例，指导赵万民对人居环境研究的科学思维方法的一次尝试性工作，其采用的技术路线是“调查问题—剖析问题—提出解决问题的设想和建议”。之后，三峡建设委员会移民局看到赵万民的博士论文，他们对论文研究的成果给予高度的评价：“这是全国唯一从人居环境学的角度研究三峡移民有关问题的论文，是三峡移民的良师益友，特别是对三峡移民城镇规划的制定及今后规划的实施具有一定的参考价值和借鉴意义。”[23]

4. 三峡库区人居环境建设可持续发展的五个方面

1997年6月，吴良镛、赵万民联名著文《三峡库区人居环境的可持续发展》入选《中国科学技术前沿——1997中国工程院版》并在中国工程院年会上介绍[24]，论文提出对三峡人居环境五个方面的问题及其研究的思考：①三峡大地区产业和经济结构的一次大调整和大发展；②是中国一次特殊形态的城镇化过程；③是保持三峡大地区生态环境可持续发展的重大工程；④是库区120万居民迁移的一项特大安居工程；⑤是保护三峡自然风景资源和历史文化遗产的一项严峻的、前所未有的新任务。

5. 重庆大学人居环境学科团队对三峡研究的探索与拓展

自1996年以来的20多年间，赵万民教授在重庆大学创建“山地人居环境学科团队”，对三峡库区人居环境建设问题进行持续研究与实践，开展了对西南山地和三峡库区人居环境理论研究与实践的系列工作。

学科团队以三峡为对象，将人居环境的科学理论与三峡城市（镇）建设和移民安居实际问题结合起来，开展研究和项目的实践工作。对库区新型城镇化模式、总体规划的适宜方法与土地资源节约、基础设施建设的生态与安全、移民安居和新住区建设、GIS信息图谱结合库区城市规划的应用、风景资源与历史文化遗产保护等方面，做了持续的、系统的研究和项目实践。

研究团队先后获得国家自然科学基金项目、科技部支撑计划项目、教育部博士点基金、住建部项目以及重庆直辖市项目的资助开展研究工作，较好地完成课题研究并产生出了一批有代表性的著作和论文，培养了面对三峡和西南山地的人才队伍。学科团队坚持理论运用于实践，在三峡库区城镇化问题、移民安居问题、历史文化遗产保护问题等方面，积极为社会做贡献，先后承担三峡库区多个市、镇的规划设计，如万州、长寿、江津、涪陵、奉节、开县等13个移民大区（县）的城镇体系规划修编、城市详细规划、城市设计、历史文化遗产保护工作，为三峡库区人居环境建设的理论探索和实践提供了可操作的支持和指导。理论研究与项目实践成果的社会价值，在三峡库区县市和重庆直辖市各政府职能部门，得到很好的应用评价。

重庆大学山地人居环境学科团队在三峡后续的研究中，主要工作从两个方面展开：①理论创新部分；②实践应用部分。在理论部分，分别对“流域人居环境建设的生态与安全”“移民迁建的规划理论与技术”“库区文化遗产的保护与更新”等内容做了较为系统的理论框架的梳理和技术方法的归纳；在实践部分，分别对“库区城镇化研究与实践”“库区移民安居工程建设与实践”“库区历史文化遗产保护与实践”等工作，做了较为系统的整理与说明。三峡人居环境理论与实践的研究，有效指导了三峡库区的移民搬迁和城镇建设工作，在三峡库区的城市、城镇和历史古镇保护建设中，起到积极的理论指导和实践应用作用。

6. 三峡库区人居环境建设研究的持续工作

三峡工程的水利枢纽建设和库区的移民安置稳定致富，是一件长期的工作，特别在库区生态建设、工程安全、文化建设、经济建设、灾害防控等综合方面，需要 30 年、50 年，甚至更长时期。党和国家领导人高度重视三峡库区的社会稳定和人居环境的健康发展。近几年，国家将三峡库区的产业重构、移民的安居乐业、库区的生态环境建设和文化建设作为“后三峡”时期的重要内容。

库区人居环境建设的可持续发展，是一项较长时期的任务，主要问题可归纳如下：

（1）三峡库区城镇化发展与全国协调同步的问题。三峡工程促进了该地区产业和经济结构的大调整和大发展，形成了一个转型时期，客观上导致库区出现“产业空心化”现象，人民群众的收入水平和生活质量有所下降，目前正处在恢复阶段。

（2）百万移民的迁徙，城镇人口的非自然增长方式形成了三峡库区的特殊城镇化过程，城镇用地和人口规模快速扩张，人地矛盾突出。特殊城镇化面对山地复杂工程条件，必须解决城镇迁建、用地布局和发展、综合交通以及市政设施建设后期的适应性瓶颈，以及库区市、镇建设的品质提升问题。

（3）水库建设和运行产生了区域生态结构的大调整，出现了“高峡平湖”新的生态景观格局，库区人口集聚、水流变缓、污染加重，生态环境面对新的平衡、建设和长期维育问题。

（4）三峡库区移民迁建是一项特大安居工程，显著改善了库区人民群众的生活和居住环境，但是，库区目前的人口就业仍然存在问题，库区目前人均收入明显低于全国水平。库区面临“安居乐业”“稳定发展”“逐步致富”的问题。

（5）三峡库区自然风景资源、传统文化与历史遗产破坏严重，库区市、镇的建设千城一面，品质建设任重道远。

三峡库区人居环境建设和可持续发展问题，是我国长江流域地区城镇化发展的重要科技工作和社会文化的建设工作。越来越多的情况表明，从区域城镇化、流域生态与安全、山地城镇建设的科学性与技术性等综合方面，三峡库区人居环境建设的可持续发展状态与我国中西部地区的社会、科技、文化、城乡发展、生态文明等建设紧密相关，需要我们城市规划和建筑行业广大从业者持续关注。

三、小结

吴良镛院士人居环境科学思想的理论创新与实践，探索了中国城乡建设事业和建筑大类教育事业的科学途径。其学术思想，在全国不同地域得到因地制宜的拓展和实践。山地人居环境的理论探索与实践，是对吴良镛院士人居环境思想在西南地域的发展。在国家新的历史发展时期，生态安全、文化复兴、生命安全、地域特色延续和发展，需要不断探索和创新。

重庆大学山地人居学科团队对于山地和三峡人居环境的研究与实践，也在不断地探索和跟踪，不断成长出新的一代，创造出新的理论和新的实践成果。

注释：

① 吴良镛:《人居环境科学导论》内容提要 . 北京：中国建筑工业出版社，2001。

② 吴良镛:《广义建筑学》英、意译本序 . 北京：清华大学出版社，2011。

③ 20 世纪初的中国当代建筑教育体系，是对“欧美学派”的学习和引进。梁思成、杨廷宝等前辈学者的建筑学和建筑教育的理论思想，源自欧美，并在中国的土壤上有所生长和发展。

④ 梁思成教授倡导的中国传统文化与西方当代建筑体系相结合的“大屋顶”形式及其理论，在20世纪50年代遭到批判；梁思成教授对于中国传统建筑和城市历史文化遗产保护的思想，在“文化大革命”时期被彻底批判和否定。

⑤ 吴良镛《广义建筑学》十论：聚居论、地区论、文化论、科技论、政法论、业务论、教育论、艺术论、方法论、广义建筑学的构想。

⑥ 吴良镛：《广义建筑学》前言．北京：清华大学出版社，2011。

⑦ 吴良镛：《广义建筑学》“广义建筑学20年”．北京：清华大学出版社，2011。

⑧ 吴良镛等：《发达地区城市化进程中建筑环境的保护与发展——国家自然科学基金“八五”重点项目研究报告》．北京：中国建筑工业出版社，1999。

⑨ 吴良镛：《世纪之交的凝思：建筑学的未来》．北京：清华大学出版社，1999。

⑩ 吴良镛：《人居环境科学导论》，周干峙“序言”．北京：中国建筑工业出版社，2001。

⑪ 吴良镛：《人居环境科学导论》，第二章“人居环境科学基本框架构想”．北京：中国建筑工业出版社，2001。

⑫ 吴良镛：《人居环境科学导论》，第二章“人居环境科学基本框架构想”．北京：中国建筑工业出版社，2001。

⑬ 吴良镛：“人居环境科学发展趋势论”，载《城市与区域规划研究——人居环境科学》．北京：商务印书馆出版，2010。

⑭ 吴良镛：《明日之人居》．北京：清华大学出版社，2013。

⑮ 吴良镛：《明日之人居》“序”．北京：清华大学出版社，2013。

⑯ 吴良镛：《明日之人居》．北京：清华大学出版社，2013。

⑰ 吴良镛、赵万民：《三峡工程与人居环境》，载《城市规划》，1995（4）。

⑱ 自李鹏总理开始，朱镕基、温家宝、李克强等历任总理都到三峡库区视察，重视移民工作和库区发展。

⑲ 邹德慈院士所在的中国城市规划设计研究院，参与了三峡库区的市、镇搬迁选址和前期迁建、移民工作的经费测算等工作。邹德慈院士作为专家参与了库区移民工作的阶段和终期成果验收等。中国城市规划设计研究院、四川省城市规划设计研究院、重庆市城市规划设计研究院、重庆大学规划院等承担了库区大部分市、镇的搬迁规划设计工作。

⑳ “1980年代的中期，我提出‘广义建筑学’。这是对专业科学化的一种实践，也是对传统建筑学因时代而拓展的一种思考。首先是概念的扩展，即从‘建筑’到‘聚居’（这里不是说房子不重要，2009年庆贺包豪斯诞辰90周年就说明肯定建筑学的进步），有了大小聚居的概念，建筑与社会融在一起，视野就开阔了，这是一个很重要的转变。其次是寻找基本要素。大家都承认建筑是综合的，但这种综合究竟由哪些要素构成呢？我找到了5项核心要素：聚居、地区、科技、文化、艺术。这是一个体系，其基本要素交叉综合，使得学科内部关系清晰明朗。”引自吴良镛：《人居环境科学发展趋势论》，载《城市与区域规划研究》，2010，3（3）。

㉑ 吴良镛等：《发达地区城市化进程中建筑环境的保护与发展——国家自然科学基金“八五”重点项目研究报告》．北京：中国建筑工业出版社，1999。

㉒ 吴良镛、赵万民：“三峡工程与人居环境建设”，载《城市规划》，1995（4）。

㉓ 国务院三峡工程建设委员会移民开发局给赵万民同志提供“三峡工程与人居环境建设研究”的感谢函，国务院三峡工程建设委员会移民开发局，1997。

㉔ 1997年3月，周干峙院士建议吴良镛院士以“三峡人居环境”为题，撰写相关论文，参加首届《中国科学技术前沿——1997中国工程院版》院士论文集的征集。

参考文献：

[1] 吴良镛．人居环境科学导论[M].北京：中国建筑工业出版社，2001.

[2] 吴良镛．广义建筑学[M].北京：清华大学出版社，2011.

[3] 吴良镛，等．发达地区城市化进程中建筑环境的保护与发展：国家自然科学基金“八五”重点项目研究报告[R].北京：中国建筑工业出版社，1999.

[4] 吴良镛．世纪之交的凝思：建筑学的未来[M].北京：清华大学出版社，1999.

[5] 吴良镛．人居环境科学发展趋势论[M].北京：商务印书馆，2010.

[6] 吴良镛．明日之人居[M].北京：清华大学出版社，2013.

[7] 吴良镛．人居环境科学发展趋势论[J].城市与区域规划研究，2010，3（3）：1–14.

[8] 赵万民．三峡工程与人居环境建设[M].北京：中国建筑工业出版社，1999.

[9] 朱光亚.1997年中国科学技术前沿[M].上海：上海教育出版社，1998.

[10] 赵万民，等．山地人居环境七论[M].北京：中国建筑工业出版社，2015.

[11] 赵万民，等．三峡库区人居环境发展研究：理论与实践[M].北京：中国建筑工业出版社，2015.

[12] 赵万民．山地人居环境科学集思[M].北京：中国建筑工业出版社，2019.

专题一

智慧规划与山地城乡建设

山地小城镇应对公共卫生事件的智慧应急体系探究
——以贵州省遵义市道真县疫情防控体系为例

雷嘉懿

（重庆大学建筑城规学院，重庆　400074）

【摘　要】新冠肺炎疫情暴发初期，各地医疗应急体系均出现时效滞后、缺乏弹性、物资分配不均等问题，山地小城镇基本维持原有运行机能，但部分防疫工作无法顺利推进。本文以贵州省道真县疫情防控工作概况为例，分析山地小城镇现状应急体系中的问题，基于智慧视角，提出新型应急体系策略建议，使多数山地小城镇在保持原有稳定运行状态基础上，将公共卫生事件的威胁程度降至最低。

【关键词】山地小城镇；公共卫生事件；应急体系；医疗

自2020年1月出现新冠肺炎疫情至今，各国经历了一系列对突发公共卫生事件应对机制的探索，逐渐形成了当下的控制局面。许多国家拥有完整的应急体系，但在初期没有采取严格的防疫措施，致使疫情没有得到良好的控制。我国采取了全方位封闭的管理措施，在疫情得到初步控制以后逐步恢复生产、生活，且没有再次发生大规模疫情反复暴发的情况，但在大城市以外的地区抗疫工作仍然存在一些不足。

由于此次疫情集中暴发于大中城市，初期存在人力、物资严重不足的情况，没有进行很好的全方位防控工作，尤其在规模小、人口构成简单的小城镇，存在基础设施落后、医疗技术不足、应急体系不完善等客观缺陷。其中，山地小城镇由于地势复杂、交通不便导致对外沟通不足，使得小城镇缺陷放大，出现物资难以运送，医疗人员进出困难，应急体系也更加落后等问题，山地小城镇大多采用了较为被动的手段进行抗疫。因此，本文选择了典型的山地小城镇道真县疫情防控工作为实例，分析在自身基建与专业人员不足的情况下，利用现有条件与智慧手段来制定因地制宜的公共卫生事件应急方案。

一、公共卫生事件应急机制

公共卫生事件指各类对公众健康造成严重危害的不明原因疾病、传染病事件，具有分布差异性、传播广泛性、成因多样性、治理综合性、危害复杂性、种类多样性等特点。

1. 国内外应急体系及比较

美国是对突发公共卫生事件处理机制较早开始探索的国家，其危机管理与应急处置能力也是全球领先的，他们的体系具有系统、整体的特点，自下而上分为城市医疗应急系统（MMRS）、卫生资源和服务部（HRSA）以及疾病预防与控制中心（CDC）（图1）[1]，其中MMRS是地方层级的运作系统，HRSA是与CDC平行的部门，同属于美国卫生部。

日本在长期的救灾中形成了一套较为健全的应急管理体系，为“国家—都道府县—市町村”三级模式（图2）。国家首相分管安全保障委员会、内阁官房、中央防灾委员会，都道府县负责当地居民生命、财产安全，市町村是在本层级执行与都道府县相同职能的地方基层机构。

作者简介：

雷嘉懿，（1995—），女，贵州遵义人，硕士研究生。

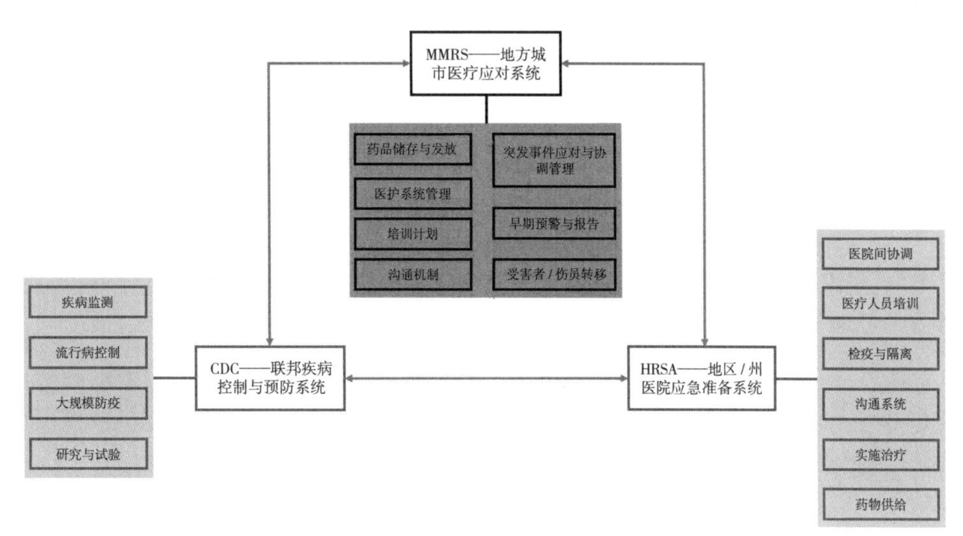

图 1 美国应对突发公共卫生事件的应对体系

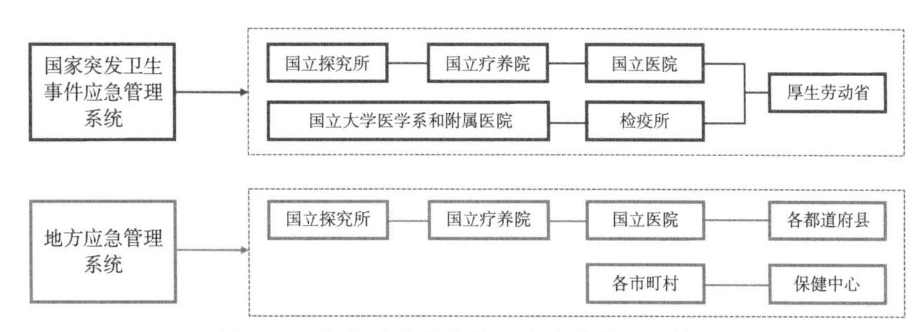

图 2 日本应对突发公共卫生事件的处理体系

我国的应急处理体系为“国家—省—市—县”四级（图 3）。国务院是抗疫工作的最高领导和法定机构；国家卫健委作为应急工作的最高行动指挥机构，与其他部门协调事件分级以及工作处理；各省、市、县级根据本级政府领导成立应急机构，负责疫情处理的执行工作。

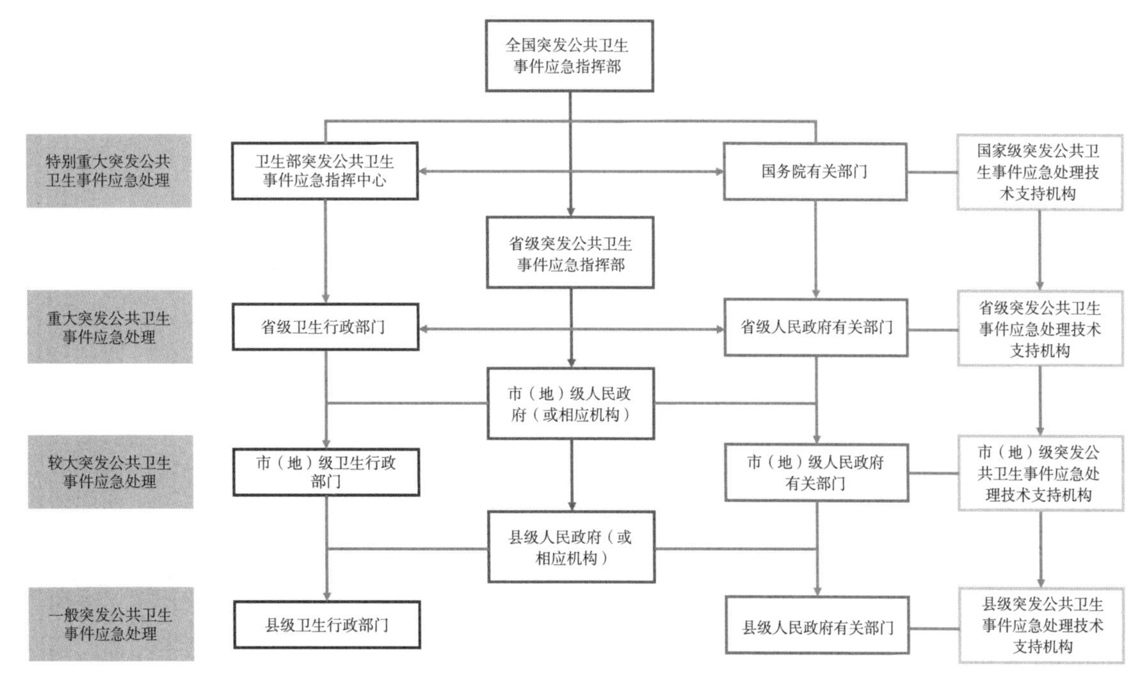

图 3 中国应对突发公共卫生事件的处理体系

我国与日本较为相似，都是根据行政级别依次由政府部门下达指令，并由各相关部门配合进行突发公共卫生事件的应急反应与处理，是一种自上而下的单向指挥系统。这种模式提高了下级部门对指令的服从性与执行力，但缺乏部门之间的横向协作与反馈，在有关机构合作交流与上级对基层情况了解方面略显薄弱，影响领导层的判断与基层工作的效率[2]。美国也按照行政级别进行部门划分，三个层级之间两两相互联系，并且三者之间没有职能重复的现象，从宏观调控到基层执行都有较好的分工，但也存在低效沟通、执行力弱等问题。

2. 国内应急体系的不足

疫情暴发初期，我国作为全世界对疫情反应最及时、控制最迅速的国家，以极快的速度恢复了生产、生活，但在这个过程当中，应急体系的短板充分暴露了出来：上级下达指令存在时效滞后、缺乏弹性的问题，导致实施上比较强硬，各级没有有效沟通反馈，横向部门缺乏合作，出现了一些不必要的损失，尤其山地小城镇本身存在基础设施服务不足、交通落后的情况，没有自身完善的应急体系，被动等待上级指令将会使疫情形势更加严峻。

二、贵州省道真县疫情防控

道真县位于贵州省北部，是典型的山地小城镇，拥有较好的山水环境，城区整体通风环境较好，空气质量上佳，有利于营造健康城市（图 4），但主城内用地紧凑且居民楼成片，病毒容易迅速在这些地区进行传播。

1. 道真县疫情

道真县作为重庆与贵州省之间的重要连接点，曾经是贵州省内疫情最为严重的一个小城镇，2020 年 2 月至 3 月接连出现 10 多例确诊病人，整个县城进入完全封闭状态一月有余。

全县病例分布在 4 个小区，除其中一例是单独确诊外，其余 3 个小区内都呈现家庭式感染的状况，且每个确诊家庭中至少有一例有外地旅居史。总体上，发现病例的楼栋或小区都位于外来人员返乡较多或人流比较密集的区域，整个县城的感染者都直接或间接从外地携带病毒返乡后通过家庭形式进行传播。

2. 抗疫措施

1）交通方面

全城区进行交通管制，除公务车外，一切机动车禁止出行，全程信号灯开启红灯，出入医院除救护车外必须步行，所有抗疫人员上下班也采用步行的形式。

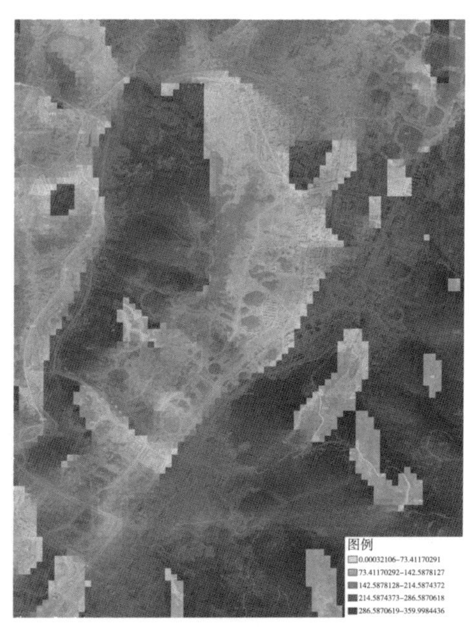

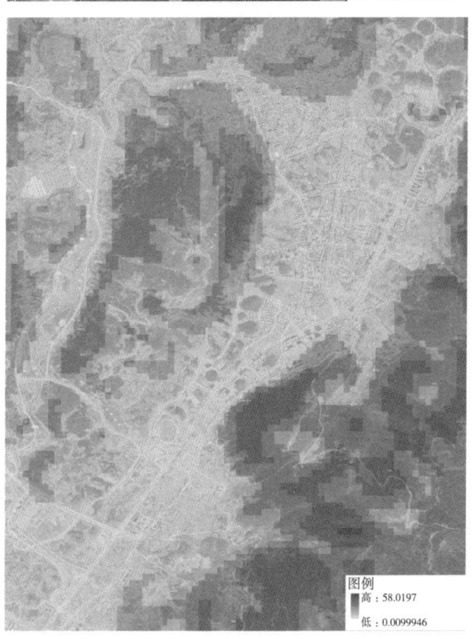

图 4 道真县地形地貌

2）医疗方面

所有小型诊所关闭，公立医院也进行全面封闭模式，除新冠肺炎患者外，一切其他急慢性病患者禁止住院，禁售一切治疗感冒症状的药品（图 5）。

3）小区管控方面

所有小区封闭管理，工作人员轮流值守小区，严控居民进出，并对每日所需食材进行登记，传达到社区负责人员处统一安排派送，这种方式使城区内没有任何住户出现食物不足的情况，并且每日保障新鲜食材供应的同时，超市的一些休闲食品与用品也给隔离生活带来了一些心理上的慰藉。同时，社区对管辖的所有小区设置卡点，外来人员进行每日健康问询并上报，各小区抗疫人员凭借工作证出入，这样可以及时对外流人员进行教育与劝返，防止因私自外出而出现感染，对疫情进行全面防控。

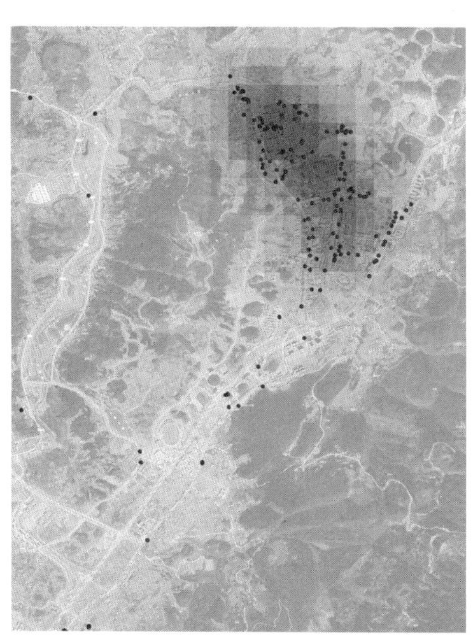

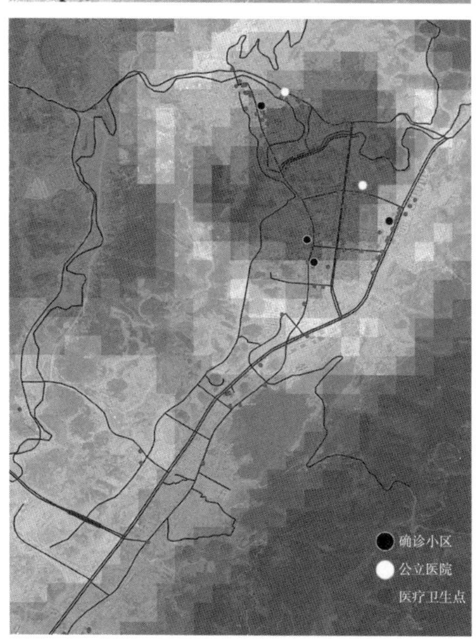

图 5　道真县医疗覆盖现状

山地小城镇存在资源、用地不足的情况，不能像大城市一样为抗疫工作者提供统一的工作与住宿地点，并且所有的工作人员分布居住在各个小区。因此，在这种弹性封闭的模式下，除了发现病例的楼栋以外，工作人员可以凭借工作证正常出入，其余居民在确保自身防护到位的情况下可以到室外进行短时活动，呼吸新鲜空气，有利于疫情期间保持身心健康。

4）疫区措施方面

确诊病例最多的独栋居民楼内居民转移到指定酒店进行隔离，并两天一次进行核酸检测，直至隔离期满。其余三个发现确诊病例的小区对发现病例的楼栋进行彻底消杀与隔离，居住在该楼栋的所有人员不得离开，直至隔离期结束。

另外，山区外出务工与求学的人较多，所以在未发现病例时就采取了全面摸排的形式。所有外地返乡人员都需要进行详细的旅居史、家庭人口、身体状况的登记，并且由专人负责每日的健康情况上报，确保任何可疑症状出现时能第一时间进行处理。全面摸排是最保险的防控方式，在山地小城镇人口、城区规模较小的情况下，相较于大城市也更加容易实现。

3. 应急措施不足

道真县采用了自上而下的应急处理体系，所以在部门协作、信息反馈方面也存在一定的问题，导致某些方面的工作存在一些不足，尤其是在非感染者特殊状况的处理方面需要改善与提升。

1）部门缺乏协作

山地小城镇区位偏僻，信息闭塞，各部门之间缺乏有效的沟通与合作，没有很好地将自己负责的工作和了解的情况与其他环节的人员对接，使得许多工作效率不高而时效滞后，甚至会重复做同样的任务，同时也使得在疫情期间除了新冠肺炎患者之外的其他病患得不到有效的帮助[3]。

2）医疗管理措施不当

山区医疗资源不足，两所大型公立医院完全封闭，医院所有科室严格隔离，禁止病人住院，让其他急慢性基础病患者无法及时得到诊断与治疗，病发与感染病毒的概率提升，不利于有效控制疫情。在缺乏检测物资的情况下，全面禁售感冒症状用药，一定程度上避免潜在患者自行治疗而发生传染状况，但也让真正患有呼吸道疾病的病人得不到有效治疗，一段时间后导致大批感冒患者久病不愈，增加感染风险。

3）交通全面停滞

县城内道路高低起伏不定，整个城区的抗疫工作以社区为基本指挥中心进行调度，且没有就近安排工作人员到周边社区中心工作，需要长距离步行通勤，大大增加了抗疫工作者的工作负担。

此外，救护车虽然可以运行，但仅对新冠肺炎患者与紧急突发病患者提供，正常出院的患者无法使用，导致出现产妇带着新生儿步行几十公里山路回家的情况。交通管制过于严苛，无法为特殊情况进行弹性放松。

三、公共卫生事件应急体系提升

1. 完善公共卫生事件应急体系

疫情的防控工作亟须当地突发公共卫生事件应急体系的指挥[4]。在山地小城镇的防疫工作中，除了在纵向上采用我国的突发公共卫生事件处理体系外，还需要在横向的相关部门中建立有效的合作体系，以政府为中心、居住小区为基本管控单元进行治理，形成内部的完整防疫体系（图6）。

为了克服山区对外通信困难的障碍，利用智慧信息技术手段在工作中形成有效的反馈机制，供上级及时调整措施，以及其他地区交流与借鉴。

此外，由于交通闭塞，山地小城镇一般缺少专业人员，应当为其提供专业技术上的指导，提升其公共卫生事件处理的自主权与主动性，在紧急时刻可以及时采取措施控制疫情，而不是被动等待上级指令，延误时机。

在防疫措施的实施上留有一定的弹性，给各部门在自身管理范围内自主决策的空间，争取特殊情况有特殊应对办法，避免“一刀切”的强硬政策，在山地小城镇医疗落后、交通不畅、用地紧凑的客观条件下制定因地制宜的实施管理措施。

2. 防控疫情的区域功能模块化设计

山地小城镇人口较少，医疗资源也相对匮乏，除了公立医院以外，多为各类诊所与中小型卫生驿站。可根据这样的情况利用网络技术建立自身的智慧医疗体系，将公立医院相应科室作为应对公共卫生事件的中心，其他科室保障安全的情况下，按时为其他急性病患者提供治疗。同时赋予现有卫生驿

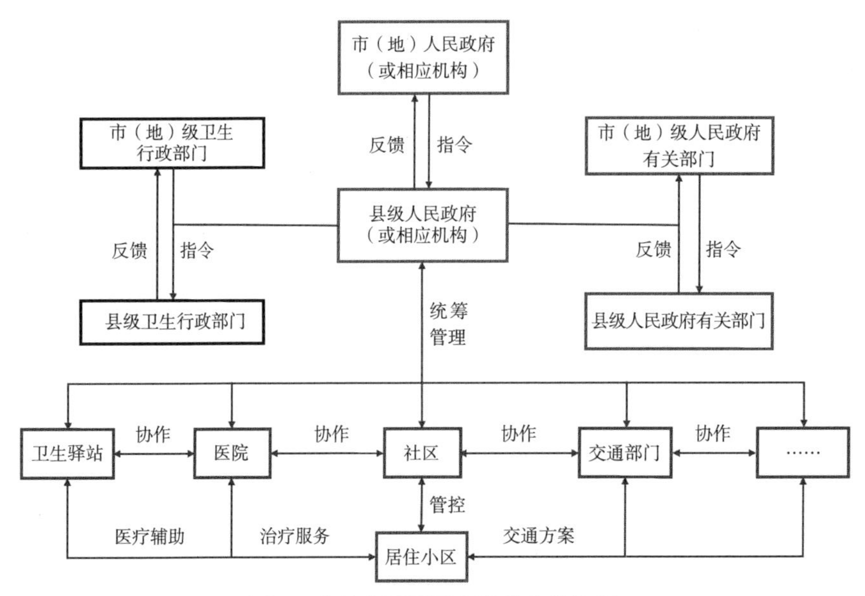

图6 山地小城镇卫生事件应急体系

站以隔离单元、后勤保障单元、急救单元等功能，使其带有防控公共卫生事件的医疗属性，以此形成智慧型防控模块化驿站，结合地形与交通判断各个驿站的规模与功能组合，合理组织于各个社区，形成山地小城镇医疗覆盖网络，成为全域疫情防控的重要一环（图 7）[5]。

3. 防疫规划中制定紧急交通预案

山区路网较为复杂，顺应高程有多条环形路线，比平原地区的交通状况更加灵活。基于此，可以制定山地小城镇的紧急智慧交通预案，对山地交通进行梳理，将通达性高、路况良好的道路设定为紧急医疗路线，确保病人能够得到及时救治。在居住单元内部形成环绕式单元防疫路线，连接医疗中心，并安排各单位人员就近作业，保障抗疫人员及时到岗，以及患者能正常乘坐机动车。在各单元间形成物资运送路线，保证小区封闭期间的生活（图 8）。

同时，可以利用山地小城镇在纵向空间上的开发优势，在公共卫生事件突发时提供良好的庇护与隔离场所，比如在高处地势开阔的区域对患者进行隔离治疗，最大限度保证主要城区的基本通行，也能为病人提供良好的恢复环境。

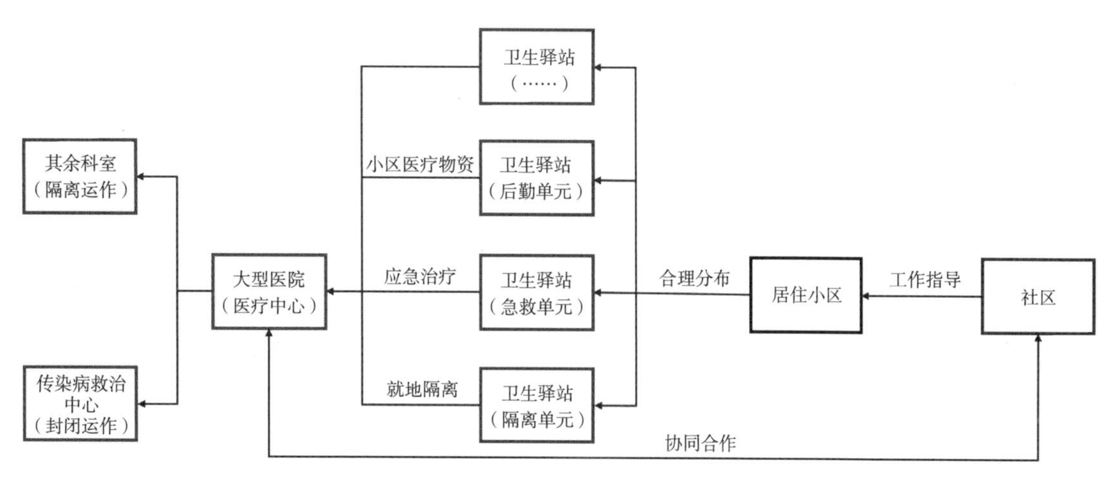

图 7　山地小城镇防疫区域功能模块化

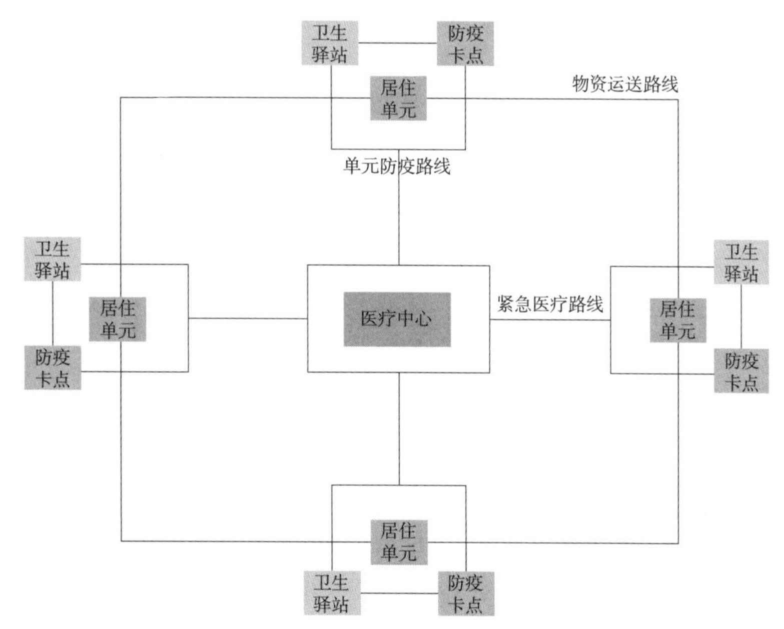

图 8　山地小城镇防疫交通预案

4. 搭建完整山地小城镇防疫系统

山地小城镇物资缺乏、地形复杂，病毒容易在用地紧凑的县城中快速传播。因此，在形成完善的应急体系以后，还需要在空间上对有限的资源进行合理配置，在医疗、指挥中心、社区之间形成良好的反馈机制，各类物资能够高效地到达各个工作环节。指挥中心对整体工作进行把控，社区作为基本防疫单元，能够对自身内部情况进行良好的控制以及及时上报，医疗中心在救治疫病患者的同时，能够为隔离的居民提供健康指导，并且为指挥中心准确提供疫情以及其余急慢性病人的情况，以便安排下一步防疫工作。

充分利用山地小城镇地形，将医疗中心放置在下风高处，避免病毒扩散到小城镇大面积区域内，将不同高程的社区进行错层式管理，利用地形高差阻挡病毒的传播（图 9）。

四、结语

我国在抗击疫情过程中总结了很多经验与教训，也发现了很多体系与措施上的不足。山地小城镇在基础设施方面，医院规模较小、医疗物资储备不够，交通不畅达，用地过于紧凑；在管理体系方面，没有形成良好的协作关系；在城镇规划方面，传染病防治没有被纳入防灾规划当中。因此，在突发卫生事件时，各山地小城镇亟须在现状条件与平原地区相比落后的情况下，充分运用技术手段，从应急机制的体系与措施上进行补充完善，摸索出适应各山区城镇应对不同突发卫生事件的具体策略手段。

参考文献：

[1] 贾晓菲．携手抗疫：世界各国面对突发公共卫生事件应急处理体系及启示 [EB/OL].https：//mp.weixin.qq.com/s/8SGVsCg0HqTj25JrB73lDw.

[2] 武银铃，彭程，顾翔，等．县域医共体核心医院在新冠肺炎疫情下医疗服务中的作用 [J]. 江苏卫生事业管理，2021，32（3）：326-328.

[3] 沈亚平，丁海玲．县域医疗共同体新冠疫情联防联控实践及启示 [J]. 天津师范大学学报：社会科学版，2021（2）：30-35.

[4] 骆宇，姚刚，段忠诚．疫情防控背景下社区公共卫生设施的改造策略研究：以江苏省泗阳县为例 [J]. 中外建筑，2020（10）：149-152.

[5] 俞锦峰．在依法防控疫情中助推县域治理现代化 [N]. 人民法院报，2020-05-11（2）.

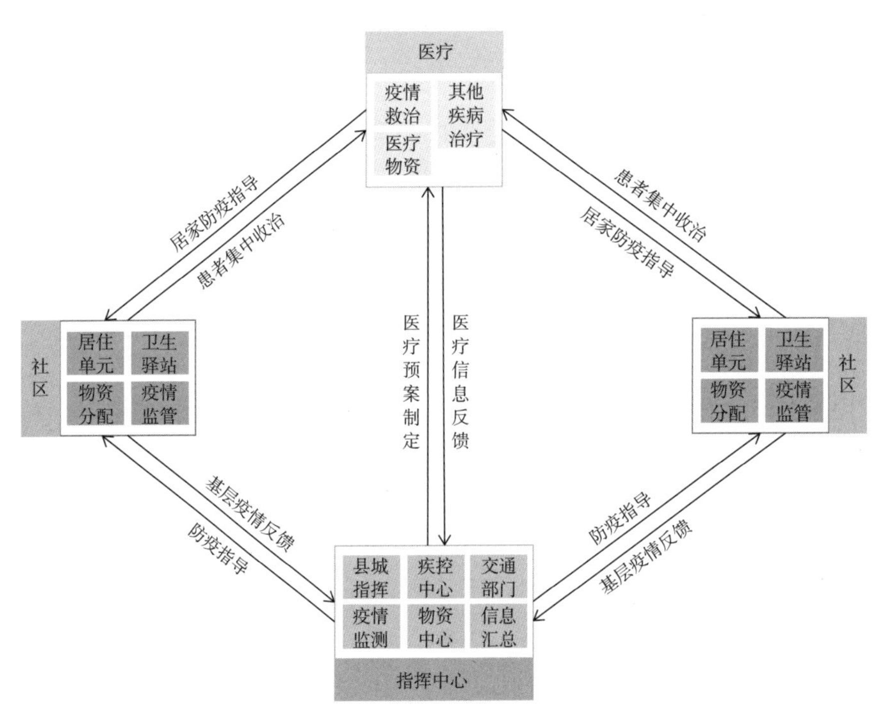

图 9 山地小城镇防疫紧急交通预案

智能技术在山地城市街道景观设计的应用研究——以重庆南坪商业街为例

周琪珊[1]，郭　园[1]，李顺龙[2]，董灿林[2]
（1. 重庆交通大学建筑与城市规划学院，重庆　400074；2. 重庆市杨家坪中学，重庆　400039）

【摘　要】在万物互联、数据共通的智能时代，新兴媒体和高新技术不断加速着信息的高效传递与资源的合理配置，在此背景下，山地城市的传统街道公共空间，不足以满足人们变化的需求以及城市品质的提升。本文首先通过案例研究分析智能技术在景观设计中潜在的优势，在此基础上进一步采用问卷调查、访谈问话以及综合分析的方法，归纳出山地城市街道景观主要存在问题，并以此为导向，以重庆南坪商业街为例，研究山地城市街道景观设计策略：分别从创新景观形式与材料，加强人文精神的传播、提升心理需求满意度等三个方面进行优化。

【关键词】智能技术；需求性；山地城市；景观设计

在当今社会中，随着科学技术的不断发展，街道景观设计方法逐渐丰富，加之经济和文化水平的持续增长，人们在街道景观设计方面也提出了更高要求。从当前街道景观设计来看，街道景观设计效果与社会发展不太匹配，同时也难以满足社会快速发展下人们精神以及娱乐功能等方面日益增长的需求。山地城市特殊的空间属性，虽带来独具一格的审美特性，但同时也存在许多问题。如何运用智能技术使街道环境更加人性化和多样化，以推动街道景观的创新发展，提升原特色景观空间的感官体验性，将成为山地城市智慧建设过程中不可或缺的重要内容。通过研究智能技术的景观设计表现，发现合理应用智能技术手段，不但可以提高景观设计效果和质量，还能有机结合景观设计与时代发展，把握时代发展脉搏，与时俱进地完成街道公共空间景观的智慧蜕变，加快智慧城市建设。

一、智能技术与山地城市街道景观

智能技术可以通过科学的手段摆脱人工的限制，强化精准的决策性与科学的动态管理。在街道景观设计中，如能有效融合智能技术，将更好地挖掘人对环境的需求，并通过景观独有的艺术表达方式去解读、开发、整合、重组，使之融于环境之中。[1]

人作为社会活动的参与者与执行者，与作为城市主要交通的街道发生着直接关系，街道联系着城市的每一寸土地，毋庸置疑地成为城市的基本构架和居民出行、活动不可或缺的场所。某种意义上来说，街道不仅作为线形空间存在，同时也是人流通达的途径，调节着城市里社区的形式、结构及舒适度。山地城市因受制于城市选址的地势条件，为城市建设增添了很大的难度，因此，合理的街道交通组织和美观的街道环境同样重要。街道景观囊括了

作者简介：

周琪珊（1995—），女，重庆大足人，硕士研究生，主要从事街道景观设计研究。

郭　园（1980—），女，辽宁人，副教授，博士，主要从事设计创新研究。

李顺龙（1976—），男，河南固始人，一级教师，硕士，主要从事创客教育方向研究。

董灿林（2004—），女，重庆九龙坡人，主要从事社会创新调查。

基金项目：重庆教委研究项目“智能景观装置创新设计与交互体验分析”（CY210710）。

不同角度变化中人视线感知到的关于街面的一切事物，是由线形街道、建筑、构造物、公共设施等众多要素组成的城市整体环境的综合体，是城市发展水平及文化特征的表现形式。

在山地城市街道景观设计中，应用智能技术能够有效解决以往山地城市街道景观中的诸多问题。智能技术能够使景观与信息和通信技术挂钩，互联网以及物联网各种设备集合在一起，实现物与物、物与人、人与人三者之间的高效对接，能够更好地实现人性化需求和可持续发展的新型景观。[2]

二、智能技术在街道景观实际应用分析

1. 智能技术在景观形式与材料方面的创新应用分析

1）动静交替提升景观的社交性与趣味性

景观的形式并非固定唯一，形式的突破往往带给人们无限的感受空间。因为，挖掘并不断创新景观形式尤为重要，北京五道口“宇宙中心”商业广场的转盘喷泉设计就是一个典型案例。整个广场利用两排整齐的旱喷和硬质铺装以及简单的几组树池座椅相结合而成，但身处其中会发现广场并非以往静态的形式，它的一部分区域是可以转动的。当转盘旋转一圈 50min 后，铺装所对接的旱喷则可以喷水 10min，旋转、喷水周期进行。设计者将时间刻度融入景观设计，创新景观的呈现形式，在使整个广场充满仪式感的同时，为人们带来更多的社交空间与趣味体验。

2）景观材料的创新与丰富的使用体验

传统的景观材料已经不能满足人们的使用需求，多方位的创新材料不仅能增加景观的智能性，同时也能带给人们更好的使用体验。近年来，国内外设计师们不断地尝试运用新材料，例如英国 Pavegen 公司设计开发的“发电地砖”，正在被一些设计师应用在街道设计中，这种新型环保踩踏地砖，一旦有行人踩踏到地砖上，就能产生能量并进行存储，而这些能量可以被广泛应用到各个领域，成为其他能源的有利补充。[2]

2. 智能技术在景观人文精神传播的实际应用

优秀的景观设计需要简而不俗地表达出深刻的内涵，并积极激发人们的意识和精神。荷兰景观设计师丹・罗斯加德的智能景观作品“waterlicht”，很好地诠释了新型景观在人文精神传播方面的潜力。荷兰的历史是一部长期与海洋做斗争的历史，围海造田、与大自然博弈一直是荷兰人生活文化的一部分，如何让人们意识到海平面不断上升等气候变化问题，让人们珍惜当下生活并反思与自然并存的方法是荷兰人的人文需求。罗斯加德采用最新的 LED、软件和投影技术模拟出海水淹没陆地的艺术效果，让身处景观当中的人们切身感受到被淹没的情景，以此去启发人们对当今世界和未来生活的认识。

3. 智能技术在提升景观心理需求的实际应用

近年来随着国内外学者对环境心理学的研究，已经论证了环境对人的心理变化与发展起到了重要作用。而景观作为环境中的重要组成部分，对人的心理所产生的作用不可忽视。智能技术能够巧妙地改变环境的光线、色彩、声音等，提高人在场景中的舒适感以及放松感。例如，新媒体音乐人莱恩哈代运用了一种带有地理标签的音乐生成技术来强化场所体验。

三、重庆南坪商圈步行街景观分析

本次研究对象为重庆市南坪商圈步行街道。重庆南坪位于重庆市南岸区，地理位置独特。重庆南坪商圈是主城区五大核心商圈之一，位于南岸区核心区域，是南岸区集会展、商务、购物、休闲于一体的商业核心区。近年来，随着南坪商圈多条特色步行街的建设及其沿东、南、西、北四条轴线不同业态的发展，吸引的客流逐年攀升，日均人流量高达 30 万人，已成为主城区城市副中心之一。在整个南坪商圈中，步行街成为主要元素。步行街面积覆盖南坪转盘，从轻轨工贸站到四公里站全部建地下

通道，而从南坪东路至南坪西路也通过地下通道贯通，形成东西南北相连的局面。

1. 重庆南坪商圈步行街景观需求性分析

本次选择问卷调查对象南坪南路万达广场前路段至万达广场步行街道路段共计50位行人，其中有效问卷49份，男性28人，女性21人，本地居民35人，外地游客14人，年龄18~30岁占大多数。通过对问卷调查结果进行归纳和分析并且附加访谈，得出了行人对于街道景观的以下几个方面的需求。

1）日常使用需求

调查显示，对当前步行街道景观总体评价方面不满意占42.86%，有待提高占46.94%（图1）。其中，认为当前街道景观不满意的地方为景观形式单一且互动性不够、景观功能不够智能、景观设计老旧、没新意（图2）。人们认为现有的街道景观在许多地方不够美观、互动性缺乏、不够有趣。在街道景观中人们更喜欢可互动的装置以及设施，有75%的人认为街道景观中应当增加可互动场所以及社交场所。

2）人文需求方面

一个场地的精神内涵是该场地的核心所在。重庆作为历史文化老城，沉淀了各种自强不息、艰苦奋斗的精神支柱和价值核心。它通过各种形式表现在街道环境中，如建筑、街道景观等。从景观来看，主要是通过各类景观的文化展现、文化信息沟通从而宣扬历史文化以及特色，其中街道人文景观是主要的人文精神聚集和传输媒介，如精神堡垒、人文特征雕塑、纪念碑等。

此次调查关于街道人文精神方面，10.2%的人认为现有景观标志物不能展现人文精神，14.29%的人对人文精神没有感觉，75.51%的人认为能够展现人文精神（图3）。大部分的人对于场所精神是能够理解并且支持的，这也是地域特色文化的展现。当下街道人文需要以更加新颖独特并且简单高效的方式进行传播和发展，人文景观在让人耳目一新的同时，也能让人们的心灵受到启发。

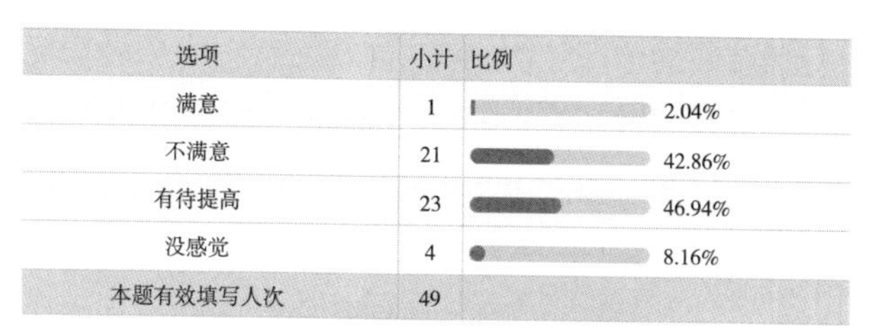

选项	小计	比例
满意	1	2.04%
不满意	21	42.86%
有待提高	23	46.94%
没感觉	4	8.16%
本题有效填写人次	49	

图1 街道景观满意度调查表

选项	小计	比例
景观设计老旧，没新意	18	36.73%
景观互动性不够	30	61.22%
景观功能不够智能	22	44.9%
景观互动不够有趣	21	42.86%
本题有效填写人次	49	

图2 街道景观不满意类型调查表

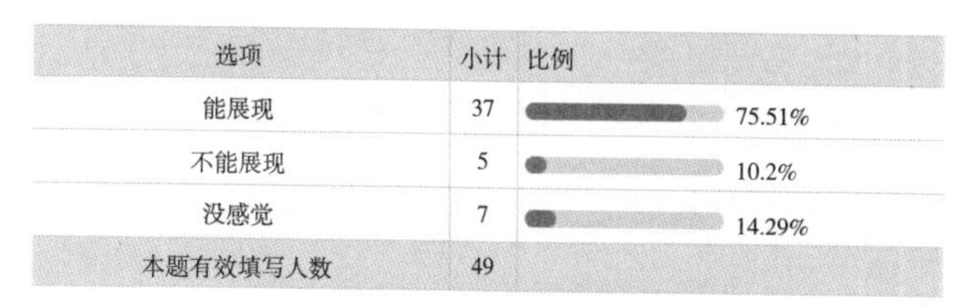

选项	小计	比例
能展现	37	75.51%
不能展现	5	10.2%
没感觉	7	14.29%
本题有效填写人数	49	

图3 街道景观人文精神调查表

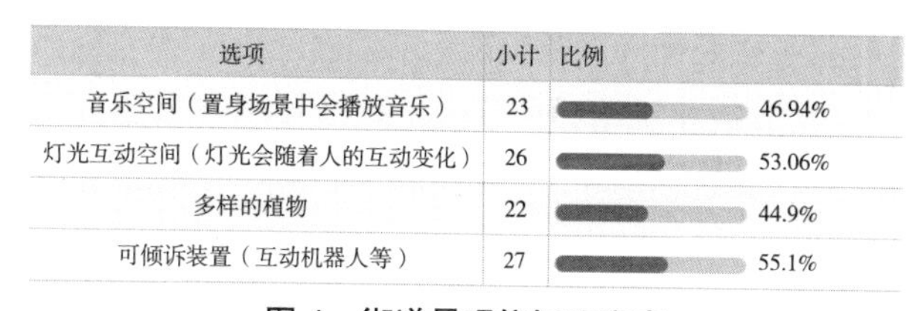

选项	小计	比例
音乐空间（置身场景中会播放音乐）	23	46.94%
灯光互动空间（灯光会随着人的互动变化）	26	53.06%
多样的植物	22	44.9%
可倾诉装置（互动机器人等）	27	55.1%

图4 街道景观偏好研究表

3）心理需求

通过随机访谈调查显示，95%的人在生活中会遇到过很焦虑的事情，有60%的人会选择到街道中散步缓解心情。问卷调查显示当人感到不开心、焦虑的情况下来到街道有55%的人选择跟可倾诉装置（互动机器人）待在一起，53%的人偏好灯光互动空间，46%的人偏好音乐空间，44%的人偏好多植物空间（图4）。

人的情感多种多样，但有大部分人对情感管控力不足，容易在生活中产生挫败感和心理障碍。现代人需要情感和心理上的照顾，研究显示轻松的环境能够舒缓人的心情。街道景观环境需要给予现代人更多的关怀，帮助他们减缓心理压力。

2. 南坪商圈步行街主要问题分析

南坪作为重庆曾经经济发展最快的区域，商圈步行街的街道历史悠久，但老旧的街道景观也不可避免暴露出诸多遗留问题，如街面狭窄、空间尺度不足、景观凌乱等。一方面，许多双向车道因大量私家车乱停乱放，只能供一车通行，造成了大量的人流交通拥堵；另一方面，由于山地城市特有的地理因素，建筑物与坡道之间的连接形成大量阶梯外延，使得原本狭窄的街面更显凌乱和狭窄。街面绿化景观较少，只有些许行道树作为城市街道的主要绿化，无法满足整体城市的绿化要求。街面景观只剩下机械的汽车与拥堵的房屋，这让城市变得越来越烦闷。因此，需要不断探索如何在有限的街道空间中，适时采用智能技术，设计出适合场地的智能景观，提高场地空间利用率，解决空间尺度不足、景观杂乱等问题。

四、智能技术在山地城市街道景观的设计策略

1. 丰富景观的表现形式及增加新材料的应用

1）以变化的形式创造更广的社交性及趣味性

在街道环境中，可以利用智能技术创造更具变化特征的景观表现形式，促使人与人以及人与环境之间产生一种亲切感、舒适感、新奇感，使平平淡淡的使用与被使用者之间产生一种极为微妙的趣味互动性。[3] 在景观设计中，人的参与越来越重要，人作为活动场地的主题，参与到景观中，给景观带来生机和活力，景观才是活生生的。因此，设计的时候可以加强景观形式的变化，引导人们参与其中，形成趣味互动，例如人跟灯光的互动、人跟喷泉的互动以及可以设计实时监控的APP实现物、网、人的互通（图5）。

2）增加景观材料的多样性

在全国智慧城市的发展趋势下，需要更为关注景观材料创新以及低碳能源的使用。山地城市步行街道的地面铺装同样可以考虑使用例如Pavegen等的这类新型材料，人们在踩踏的同时，可以进行能量的采集与转化，为路灯等供电。此外，设计时还可以积极采用如太阳能和风能等新能源，自然能源的利用需要考虑能源的季节性和能源的场地性，相应的景观需要考虑使用率和时效性问题（图6）。

智能景观内部几乎都具有细小部件和电子系统，设计时需要保证内部构件的密封性，避免雨水和尘土的侵入导致景观损坏，可采用密封性高且耐湿热的材料，如不锈钢、PVC等，外部结构尽量采用一次性整体塑模技术，避免过多拼合结构导致密封性和可靠性减弱。积极采用新型技术，景观智能化需要交叉学科和技术的支撑，准确地感知需求是实现景观高效和人性化的前提。善于运用网络和信息技术，高效分析和反馈信息，避免街道资源的闲置浪费。

2. 强化景观的人文精神传播特征

满足景观人文需求的关键是场景文化得到有效传递，人文精神被街道行人所认知、认可。当下街道里的部分人文景观造型过于抽象，含义晦涩不明，并不利于场地人文环境的发展和需求。街道是一段一段线形空间的组合，而提升线形空间的人文精神

图5　互动景观小品

来源：http://www.jncaifu.com/jnnews/2019/0740578405.html

图6　发电地砖

来源：https://baijiahao.baidu.com/s?id=1588735352365667526

可以把整个街道打造成文化线路、文化廊道的形式。利用线形空间的整体性和延展性，提升对人文精神的传播。在空间里面可以适当增加具有宣传意义的景观装置小品、造型独特的精神堡垒等，以强化人文精神氛围。

1）通过智能技术增加人文精神体验感

智能技术的适时应用可以增强山地城市街道环境的人文氛围，有效实现人与环境的多层次互动。由于步行街上行人的性别、年龄、兴趣爱好等各不相同，因此需要智能技术来创造更为丰富的交互形式，让不同人在丰富的交互中获取景观背后的深刻内涵。互动方式可以从五感的角度出发，通过视觉、听觉、触觉、味觉、嗅觉进行信息交流，并可以将不同感官的互动方式结合用以创造新的视听，并通过强化人们的参与性，增强人们的人文精神的沉浸感受。[4]

2）通过智能技术创新景观设置位置

不同的地形位置上的景观，可以带给人不一样的感官精神体验。例如在人流交会处放置大型标志类景观，能提升场所的仪式感。同样智能景观具有高效率、人性化等特点，加之智能景观因为技术和设备的运用相对成本较高，因此，应该尽量将智能景观设置在街道环境的关键节点处，以实现其功能和性价比的最大化。例如步行街道的主要交叉口，主要的建筑入口附近，甚至是主要景观场地核心区域的纵向空间中，以加强空间的层次变化性。

3. 注重提升街道行人的心理需求满意度

美国心理学家马斯洛将人的需求分为生理需求、安全需求、社交需求、尊重需求和自我实现需求五个等级，当代人生活在物质充裕平稳和谐的大环境下，更为关注高层次需求。因此，山地城市步行街道的景观设计就应该将目光转向更高级的需求层次，更多地去关心人们的心理和精神问题。[5]

如何通过景观设计来缓解现代人存在的心理问题是不可避免的。运用智能技术增加景观与人的交互体验可以缓解人的不良心理。视觉方面可以改善光线的强度与色彩等特性，唤起人们的感知记忆，如灯光色温与温度相关联的感知记忆，增强人对环境的感知。[6] 听觉方面可以增加互动景观小品，如音乐喷泉、钢琴楼梯等。景观的智能性不仅体现在视觉和听觉等感官方面，随着科技的进步，智能技术可以加强人对环境的认知，增加对环境的感官体验，它能从心理上照顾人的情绪。例如开发感觉体验的VR，根据大脑脑电波监控人的心情，给人呈现多方位不同的感官体验。[7]

五、总结

现代社会生活中，人们生活节奏逐渐加快，越来越重视科技的重要性，享受科技带来的生活乐趣以及感官体验。智能技术不仅在多样化地形景观空间设计中具有不可替代的作用与潜在优势，应用前景广阔，也能够满足山地城市居民、游客对于街道景观的多层次化需求。[8]

参考文献：

[1] 顾茹彬 . 景观何止景观：CDI 栖地国际漫谈社区智能景观 [J]. 园林，2015（10）：24–29.
[2] 杜隆隆 . 现代景观设计中的人工智能应用探究 [J]. 智能建筑与智慧城市，2021（2）：119–121.
[3] 刘雨佳，程宝飞，黄琳 . 趣味化设计在景观灯产品中的应用 [J]. 大众文艺，2017（1）：112–113.
[4] 林帅君，孙晓晴 . 基于互动理念的儿童户外行为与户外空间的关联性研究 [J]. 建筑与文化，2019（1）：162–163.
[5] 亚博拉罕・马斯洛 . 动机与人格 [M]. 北京：中国人民大学出版社，2012：18–78.
[6] 付婷婷 . 基于交互体验的智能灯具设计研究 [J]. 包装与设计，2021（5）：104–105.
[7] 曹静，何汀滢，陈筝 . 基于智能交互的景观体验增强设计 [J]. 景观设计学，2018，6（2）：30–41.
[8] 李兴振 . 人工智能时代对景观设计的影响初探 [J]. 现代园艺，2018（20）：99–100.

山地城市空间发展成效影响
——以大连空间机理分析为例

方辰昊

（同济大学建筑与城市规划学院，上海　200092）

【摘　要】我国山地城市数量众多，其中部分城市发展受到的空间资源约束较强，尤其需要科学合理的空间发展战略予以化解。目前，已有大量研究空间资源如何影响山地城市空间发展的成熟成果，但是关于“城市空间发展成效如何影响城市经济发展”的研究还相对不足。本文选取大连作为研究对象来探究上述问题。研究发现，空间资源禀赋决定了山地城市发展需要跨越的“建成区拓展门槛”和“功能培育门槛”，这两个门槛影响着城市的经济发展，而认知和跨越后一个门槛的难度往往高于前者；空间发展战略能否正确认知并跨越后一个门槛，是在空间资源禀赋的基础上影响空间发展，进而影响山地城市经济产业发展成效的重要因素。在规划实践中，应加强对此的关注和重视。

【关键词】空间资源；空间发展战略；经济发展；城市规划

我国山地城市数量众多，其中部分城市发展受到的空间资源约束较强，尤其需要科学合理的空间发展战略予以化解。目前，已有大量研究空间资源如何影响山地城市空间发展的成熟成果[1-8]，但是关于“城市空间发展成效如何影响城市经济产业发展”的研究还相对不足。本文选取大连作为研究对象，首先阐明相关理论认知，然后基于统计年鉴数据，从经济增长的角度评价大连的经济产业发展绩效，同时基于遥感以及经济普查中的行业类型、企业地址和就业人数等数据，分析大连的空间演进；然后，以经济产业发展需要空间供给支撑作为基本逻辑，对空间资源、空间发展战略、空间发展成效与经济发展绩效进行关联性分析（空间资源、空间发展战略→空间发展成效→经济产业发展成效），以探究空间因素影响城市经济产业发展的机理；最后，探讨相关规划启示。

一、理论认知

1. 城市经济发展与空间的关系

关于经济发展和空间发展的关系，简单而言，城市发展可理解为城市中的各类要素和活动的变化，基于不同的认知目的可以有不同的定义；经济发展主要是要素和活动总量的变化，空间发展则主要是要素和活动的空间分布及组合的变化。因而，城市经济发展与空间发展实际上是同一过程的两面。此外，经济活动需要一定的空间载体。根据列斐伏尔的空间生产理论，空间不仅指土地和物质空间的“容器”，还包括“容器”中的要素、活动和规则等[9-10]，而这又与城市既有的经济发展有关，因而不能就空间论空间。

2. 空间资源禀赋与空间供给的关系

空间资源禀赋主要指地形和地貌等，是影响城

作者简介：

方辰昊（1989—），男，重庆渝中区人，博士研究生，主要从事山地人居环境、城市空间结构、城市规划理论与方法研究。

市建成区扩展和物质空间生产的重要因素。概括而言，空间资源禀赋会在城市发展中形成两个门槛，并影响空间供给和城市发展。

1）建成区拓展门槛

建成区拓展门槛是城市建成区拓展时面临的大规模基础设施投资的门槛，包括两种情景：一是由于地形、地貌的影响，城市建成区扩展不能以蔓延式拓展的形式实现，而必须通过跳跃式开发来实现；二是城市建成区拓展到一定规模后，继续拓展需要新一轮的大规模基础设施建设。

2）功能培育门槛

功能培育门槛是指当新的城市建成区形成需要培育某一功能，或既有城市建成区需要转变功能，在空间的物质形态和空间的用途管制的生产环节已经完成的基础上，实现空间中的要素和活动（人、资金、机构等）和对其他空间中的要素和活动的可达性组合的空间生产目标所需要跨越的门槛，即培育出空间的某一功能从而使其满足某些经济社会活动需求的门槛。

二、大连的经济增长和空间发展历程

大连是北方的重要城市，在中华人民共和国成立到2010年代的相当长的时期内，都是我国的先发城市，曾具有领先的经济发展成效和良好的城市建设成效，但目前在产业经济和城市空间发展上面临不少困难。

1. 经济增长历程

经济增长方面，大连在1985~1993年的经济增速快，但是在1994~2005年间经济增速有所放缓；2006~2012年间经济增速再次加快，但在2012年刺激政策结束后，经济增速立刻减慢。2014年后国内整体经济发展进入了“新常态”；大连在2016年出现了GDP负增长（图1）。

2. 空间发展历程

20世纪80年代初大连中心城区的建成区主要局限在“中西沙甘”四区（中山区、西岗区、沙河口区和甘井子区），大连的建成区曾经有过两次大的跳跃式拓展。从1984年设立经济技术开发区开始，大连开始了第一次空间跳跃式拓展，这一次跳跃持续到了2008年（图2），实现了空间结构从单中心向“一主一副”双中心的转变，既为制造业和服务业发展提供了有效空间供给（图3），同时也减轻了中心优势区位土地供应的压力，产生了良好的空间结构绩效。2008年后第一次跳跃位置的可建设用地消耗殆尽，大连制定了“全域城市化”战略，中心城区开

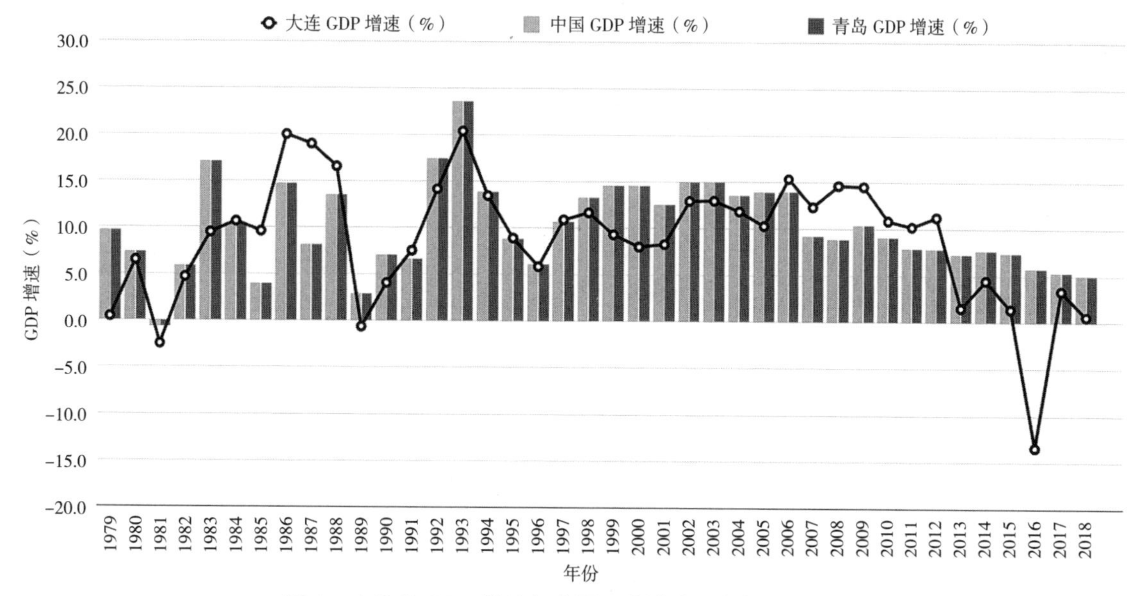

图1 大连的GDP增速与中国平均增速和青岛增速的对比

数据来源：根据中国、大连和青岛历年的统计年鉴计算

注：青岛与大连位置接近，同为首批沿海开放城市、副省级城市和计划单列市，可作为评价大连经济发展的比较参照物

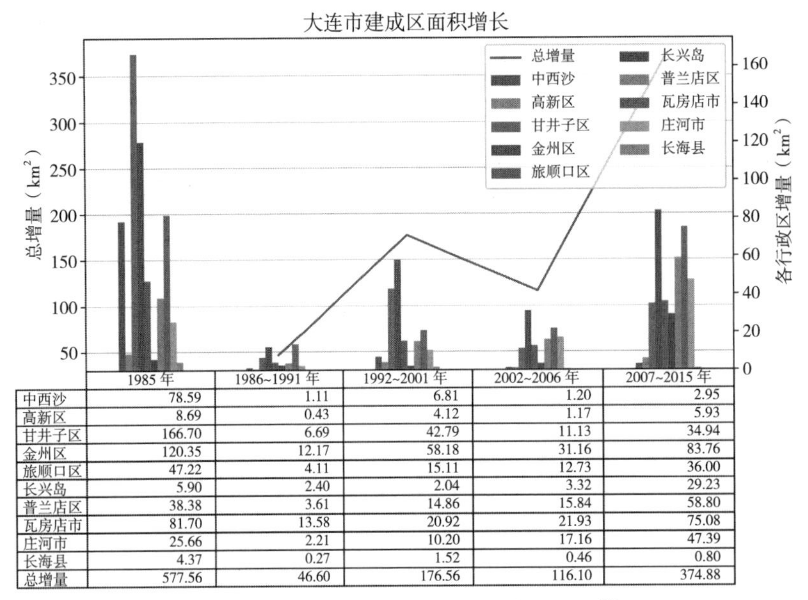

	1985年	1986~1991年	1992~2001年	2002~2006年	2007~2015年
中西沙	78.59	1.11	6.81	1.20	2.95
高新区	8.69	0.43	4.12	1.17	5.93
甘井子区	166.70	6.69	42.79	11.13	34.94
金州区	120.35	12.17	58.18	31.16	83.76
旅顺口区	47.22	4.11	15.11	12.73	36.00
长兴岛	5.90	2.40	2.04	3.32	29.23
普兰店区	38.38	3.61	14.86	15.84	58.80
瓦房店市	81.70	13.58	20.92	21.93	75.08
庄河市	25.66	2.21	10.20	17.16	47.39
长海县	4.37	0.27	1.52	0.46	0.80
总增量	577.56	46.60	176.56	116.10	374.88

图2 大连分阶段、分行政区的建成区拓展情况

数据来源：根据“High-spatiotemporal-resolution Mapping of Global Urban Change from 1985 to 2015”（Liu et al.，2020）[11]的数据计算

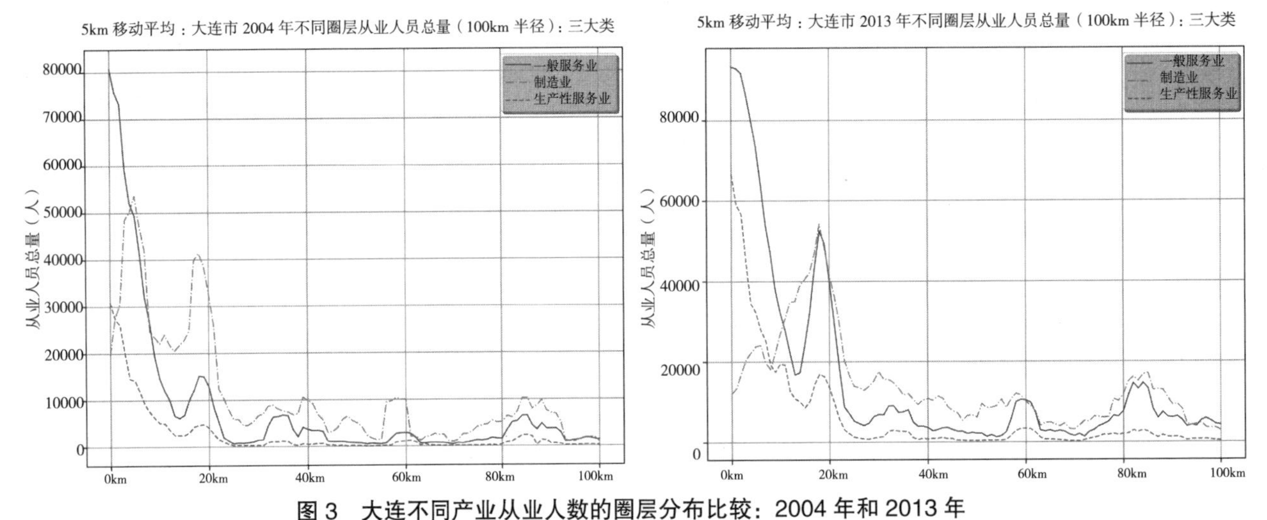

图3 大连不同产业从业人数的圈层分布比较：2004年和2013年

来源：根据“一经普”“三经普”数据及2018年企业数据库计算绘制

始了第二次跳跃式空间拓展，建成区拓展速度再次明显加快，具体位置主要在原有中心城区范围外的普兰店区、长兴岛等地，中心城区范围内旅顺口区，以及金州区、甘井子区的山体中的小而散的平整用地（图2）。第二次跳跃总体上不很成功，虽然实现了建成区的扩大，但仅在2009~2013年间实现了制造业和一般服务业的增长（图4），2013年后则出现了萎缩（图5）；在生产性服务业发展方面，空间供给与相关的产业发展未能产生良性互动，空间供给的总体成效不理想（图5）。

三、大连空间资源和空间发展战略与经济增长的关联性

1. 空间资源禀赋及其利弊

1）“六山一水三分田”的用地格局，山体、海体对可建设用地的制约严重

大连的土地构成为“六山一水三分田”，但大连的行政区面积较大，即便是在“六山一水三分田”的格局下，从绝对数量来看，大连市仍有较大面积的适建区——市域的适建区面积约4252km^2，中心城

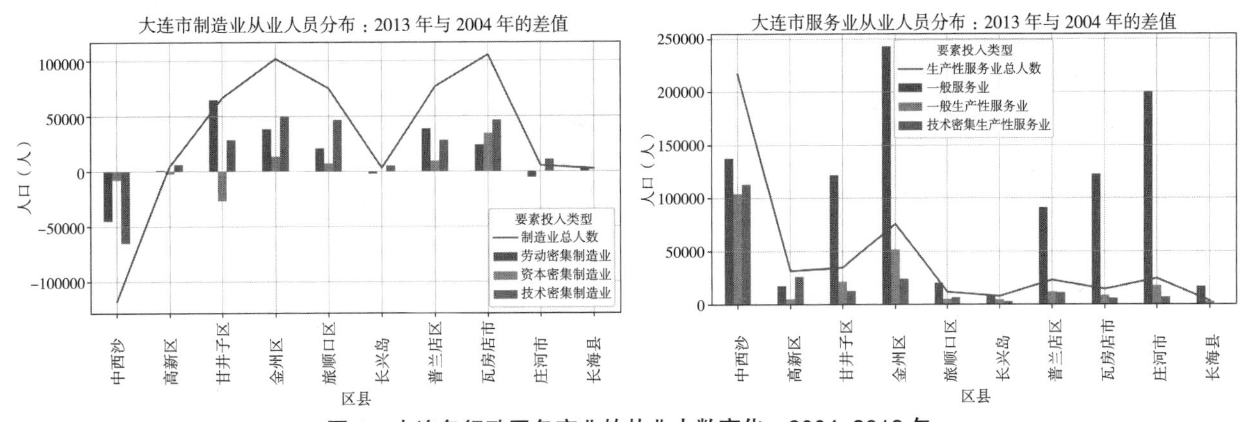

图4 大连各行政区各产业的从业人数变化：2004~2013年

来源：根据“一经普”“三经普”数据及2018年企业数据库计算绘制

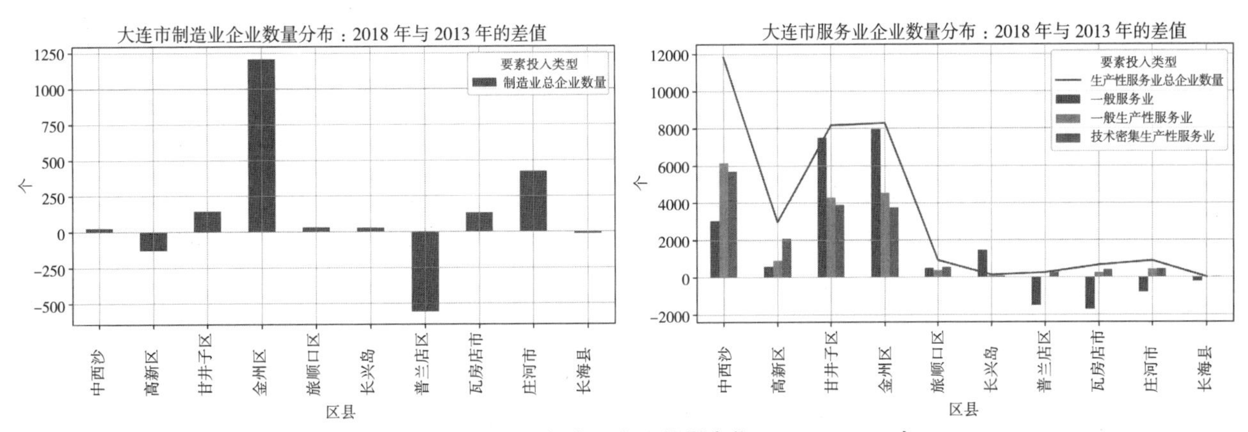

图5 大连各行政区各产业企业数量变化：2013~2018年

来源：根据“三经普”和2018年工商企业注册数据计算绘制

区的适建区面积约为1709 km^2。事实上，大连城市建设的主要约束并非可建设用地总量约束，而是山体、水体对可建设用地形态完整性的制约。

2）老城区可建设用地形态完整性差，辐射范围内的可建设用地面积小

大连的地形条件很不利于大连核心区辐射作用的发挥。从大连“三区划定”图上可以看到，“中西沙甘”四区和金州区连续的建设用地较多，是大连最大的集中连续的成片可建设土地，但由于受到山体和水体的挤压与切割，导致可建设用地形态不规整，也较难以形成理想模式中的道路骨架，对城市中心辐射作用的发挥造成了明显的制约。

3）建成区拓展门槛极高，需要采用跳跃方式

“六山一水三分田”的基本格局决定了大连境内有大量山体分布，这些山体和海岸线一起对可建设用地形成了严重的切割和挤压。从“三区划定”图中可以看到，大连中心城区可建设用地的形态破碎，适合大块成片开发的土地少，大块成片土地之间距离远，难以共享基础设施；同时土地开发成本高，大规模的建成区拓展需要大量投资进行跳跃式拓展，即具有很高的建成区拓展门槛。

4）金州的用地条件有利于其发育为副中心

大连的金州区进行建成区拓展的门槛高，但功能培育门槛尚处于可接受范围。一方面，金州区有足够规模的土地，虽然形态也是较不规则，但整体的连通性和可达性尚可，能够形成足够的规模来支撑服务业发展；另一方面，金州区与老城核心区距离较远，使金州区成为一个相对独立的市场区，可减少老城核心区的虹吸作用，有利于服务业的发展。两者结合使金州区有可能发育为与老城核心区既相对独立又有所联系的副中心。

5）金州区以外的功能培育门槛极高

除金州区之外，其他大块成片建设用地距离金州区和老城核心区都很远、联系极为不便，几乎相当于独立发展的城市；而老城核心区和金州区周边还有一些小而散的用地，但规模太小，本身难以形成规模效应。因而，即便通过大规模投资跨越了建成区拓展门槛，又会立即面临如何引导各类要素和活动向新的建成区集聚的挑战。概括而言，就是功能培育和形成高质量空间供给的门槛很高。

2. 空间发展战略与空间拓展：致力于跨越建成区拓展门槛和功能培育门槛

1）1980年版城市总规：大连湾西侧单中心布局

1980年，大连编制了新的城市总体规划（简称“80总规”），将城市向北边甘井子区进一步扩展，该版规划区范围并未包含后来的经济开发区所在的马桥子；当时大连的城市骨架尚未拉开，规划区也局限于大连市内四区，即中山区、西岗区、沙河口区和甘井子区，城市发展呈环湾发展的半环状带形结构。

2）1984年：大连湾东侧设立经济技术开发区

1984年，大连成为首批沿海开放城市之一，并被批准设立国家级经济技术开发区。大连市委、市政府将经济技术开发区选址在金县马桥子，但此时的开发区尚未纳入城市总体规划，也未采用整体规划、整体开发的思路，仅仅将其作为产业区开发。

3）1990年版城市总规：扩展发展空间、组团型城市空间结构

（1）城镇体系布局

大连的1990年版城市总体规划（简称“90总规”）提出了对市域空间发展的整体谋划。

（2）中心城市整体空间发展战略：“一主一副”双中心多组团

大连成为沿海开放城市以后，早期的发展很快，城市人口、用地规模迅速突破了既定的规划控制；“90总规”提出的向金州区和开发区跳跃发展的组团型城市空间结构，指引了当时的空间拓展。由此大连开始摆脱老城区的束缚，由单中心转向了“主城区+新市区”的“一主一副”双中心多组团的发展模式。

（3）局部空间发展战略：各区域的分工

金州区和新市区作为城市空间拓展的方向，担负着疏散城市中心区人口的作用；在“90总规”的战略指引下，改变了过去滚动开发的模式，整体规划、产城一体的原则得到了体现。在主城区的空间结构方面，进一步突出了中山区商贸、金融中心功能，同时对工业布局也进行了调整；旅顺口区则仍是海防重地和旅游胜地。

4）1999年版城市总规：“一主一副”双中心发展

大连的1999年版城市总体规划（简称“99总规”）对城镇体系布局做了进一步安排。大连城市由中心城区、新城区、金州城区、旅顺城区组成；对于中心城市的规划，在“90总规”的基础上，进一步提出要强化城市组团空间结构。

5）2003年：“大大连”战略和主城区双中心

2003年大连提出了“大大连”的发展思路。其中，在空间发展战略上是要“西拓北进”，以及调整大连的空间布局，把大连城区西拓到旅顺、北进到金州，构筑起“两城三星”组团式城市空间布局。

这一发展思路与“99总规”相比，在城镇体系布局方面的变化不大，主要是在主城区方面拓展发展空间：①通过“西拓北进”，进一步利用甘井子区、旅顺口区，和“中西沙”连片共同组成城区；②将“99总规”中作为副中心的新城区和金州城区合称为新市区，并将其和大连主城区并列为“两城”，表明了对两者发展进行进一步统筹，以其作为大连空间拓展的重要方向。

6）2009年：“全域城市化”和“三个向北”

2009年召开的大连市委十届七次全会，明确提出了“加快全域城市化进程”的目标和实现“全域城市化”的战略举措，要求以全域城市化来拓展空间和优化布局，以全域城市化来拉动投资和扩大消费。同时还提出了“三个向北”。

从城市经济社会发展的角度而言，全域城市化和推进发展空间向北扩展和发展重心北移，是在主

城区和新市区（金州区）空间资源有限的情况下，希望通过建设渤海、黄海区域城市组团而为城市发展提供新的空间。

7）2014 年：设立金普新区

在“全域城市化”的战略思路下，2010 年大连实施了新市区管理体制改革，整合成立了金州新区、普湾新区，大幅拓展了保税区发展空间；之后又经国务院同意设立了金普新区。

8）2013 年版城市总规：全域城市化思路的综合部署

大连于 2013 年再次修编城市总体规划，在新版《大连市城市总体规划（2013—2020）》（以下简称“13 总规”）中，综合上述发展思路对大连空间发展做了新的综合部署。

从“99 总规”到“13 总规”，大连城市空间拓展中的新城区及北进战略地位不断提升。在“99 总规”中，“新城区是城市的发展方向，成为城市副中心，和中心城区一起构成大连城市主体；金州城区是中心城区产业、旅游功能的延伸区”，而到了“13 总规”则是将两者并称为金州城区，并作为重点发展的城区。这也是对产业空间和生活空间的有机融合，是希望进一步强化金州城区的公共服务功能、推进产城融合发展的举措，是建成相对独立于中心城区的综合性城区的重要规划策略。

而向北部的普湾新区和长兴岛等地的拓展，则是希望进一步拓展城市发展空间，但这些空间距离成熟城区太远，在我国发展进入新常态以及从高速增长转为高质量发展的转型阶段，进行如此大规模的城区拓展和功能培育，难免会面临很大挑战。

9）对空间发展战略内涵的归纳和评价：致力于跨越“建成区拓展门槛”和“功能培育门槛”

如前所述，大连空间资源对大连空间供给的约束并非可建设用地数量上的问题，而是具有很高的建成区拓展门槛和功能培育门槛。大连的空间发展战略的历时性演进和内涵都与跨域门槛有关，且门槛的跨越分为多个阶段，充分表明了跨越门槛的困难性，以及在跨越门槛中政府主导的作用。另外，设立金普新区也是为了跨越功能培育门槛并培育新的综合城区，但是其难度远高于跨越建成区拓展门槛。原因在于，要实现这一目标，要么使这一地区能够接受成熟城区的辐射，要么自己能够培育出具有足够能级的中心功能，但山体的分割决定了前者不具备可能性，后者则是这些土地的空间属性组合所形成的空间供给在相当长时间内难以有足够的吸引力和竞争力（表 1）。

3. 空间资源和空间发展战略与经济增长的关联性

在分析了大连的空间资源禀赋和空间发展战略之后，对其与大连经济增长的关联性进行分析。

20 世纪 80 年代初，大连中心城区的城市建成区局限在大连湾东岸，呈环湾发展的半环状带形结构。1984 年，大连在马桥子设立经济技术开发区，由此开始了第一次跳跃式空间拓展；在经济技术开发区范围内可享受特殊优惠政策，亦即存在与空间相联系的特殊规则，因而成为吸引外资和进行外贸生产

主要空间发展战略形成空间供给地域及其意图 表 1

时间	主要空间发展战略	空间供给地域及意图
1980 年	大连湾西侧单中心布局	老城区单中心
1984 年	在马桥子设立经济技术开发区	在金州区起步建设，增加空间供给
1990 年、2000 年	“一主一副”双中心多组团	金州区提升为副中心，增加空间供给、提升空间供给质量
2003 年	“大大连”战略和主城区双中心	西拓北进：利用甘井子区、旅顺口区；提升金州区的地位；增加空间供给，提升空间供给质量
2009 年	“全域城市化”和“三个向北”	强调利用中心城区以外的渤海组团和黄海组团，与主城区和金州城区并称“四大组团”
2014 年及以后	设立金普新区，中心城区规划范围扩大	将渤海组团中普兰店区的部分区域划为中心城区，进一步提升其等级，将其作为空间供给的重点区域；进一步强化金州城区的公共服务功能

的空间，支撑了这一时期的外向型经济发展和经济规模增长。

1990年，在“90总规”指引下，金州区的建成区开始快速拓展，至2004年成为制造业的集聚地，承载了这一时期的经济增长，尤其是制造业及对外经济的发展。另外，设立高新技术科技园区的举措也为中心区位敏感程度较低的生产性服务业提供了空间供给，这也就缓解了老城中心的空间供给压力，使其能更好地为金融、商务服务等产业提供空间供给，从而支撑了这一时期的服务业和区域职能的发展。

在我国加入世界贸易组织以后，大连在2003年提出了“大大连”战略，然后于2006~2008年间在金州区进行了大量的城市建设投资，实现了建成区和产业布局的拓展，支撑了这一时期的经济高速增长。表面上看，似乎是空间发展战略的失误导致了大连在我国加入世界贸易组织后的机遇期未能及时开拓建设空间及为产业发展提供充分的空间供给，但事实上，空间资源约束才是根本性的原因。有弹性、易拓展的城市空间框架才是引导建成区合理拓展的关键，但这一框架的建构状况与空间资源条件有很大的关联性。对大连而言，建成区拓展的成本曲线显然是阶梯式的，而非线性的，无法形成有弹性、易拓展的空间框架。在无法预计到我国加入世界贸易组织后超常规发展的前提下，城市空间发展战略及总规是不太可能在金州城区尚未开发成熟之前就提出以极其高昂的开发成本来施行新一轮建成区拓展。从大连2009年之后的建成区拓展和空间供给情况来看，即便在2002年之前便实施“大大连”和“全域城市化”战略，也难以快速跨越功能培育门槛并实现空间的有效供给。

2008年后，金州区的成片可建设用地被大规模开发后，在“全域城市化”普湾新区、金普新区等战略及具体举措的推动下，大连又进行了大规模的城市建设投资，金普新区、长兴岛和旅顺口区等地的建成区快速拓展；这些新建成区的制造业从业人数也在2009~2014年间有了明显增长。投资及制造业发展支撑了大连此时期的经济高速增长，但是这些区域的服务业从业人数增长很少；由于现代服务业发展缓慢，未能实现有效的空间供给。并且，大规模的投资使得大连政府和企业都进入了“高杠杆”状态。

随着金州区产业、人口规模不断扩大和港口搬迁的带动，加上老城主中心的空间供给日益紧张，金州区的空间供给则相对宽松，到了2013年已经发育成为一般服务业和生产性服务业的副中心。此外，高新区的软件产业和科研产业的集聚程度也不断提高，形成了新的服务业专业化集聚地域，分担了老城核心区的空间供给压力。

2014年后，我国的经济发展进入了新常态。在失去了以往那种政策刺激和信贷资金的支持后，大连“全域城市化”战略的难以为继便显现了出来。大连在2009~2014年间形成的大量新增建成区，或远离中心城区辐射范围，或“小而散”，虽然跨越了建成区拓展门槛，但没能跨越功能培育门槛，其城市功能质量与原有建成区的差距很大，难以吸引人口和产业并形成有效产能，因而在2014年后，这些新空间中的企业数量增长远低于中心城区，部分地区还出现了企业减量现象（石化产业未受影响）。

于是，大连出现了建成区规模明显扩大，经济却负增长的景象。这背后有资源禀赋特征的客观成因，同时也与空间发展战略的路径依赖有关，即倚重于持续的空间拓展，而不是通过转型升级和依靠科技进步来谋求新的发展。

四、结论

大连可建设用地的总量充足，但形态不佳，因而空间发展战略进行了两次跳跃式发展。第一次跳跃不仅实现建成区拓展，也实现了产业空间发展，有效支撑了经济产业发展；第二次跳跃虽然通过大规模的投资实现了建成区拓展，但未能吸引产业投资，且这一期间的经济增速较慢，经济效率低。两次跳跃的空间发展成效和城市经济发展成效存在明显差异。

究其原因，一方面是地形约束下的“单块连续可建设用地规模”“连续可建设用地之间的距离”决定了两次跳跃要跨越的建成区拓展门槛和城市功能培育门槛的难度不同；另一方面，后一个门槛的难度高于前者，因而空间发展战略能否正确认知后一个门槛，准确判断当前的城市发展动力能否跨越后一个门槛以及如何跨越，则是客观条件基础上影响空间发展，进而影响城市经济产业发展成效的重要条件。如果对空间发展规律缺乏深入理解，则容易只关注前一个门槛而对后一个门槛认识不足，进而导致空间拓展付出高昂的代价，丧失发展的机遇。在规划实践中，应加强对此的关注和重视。

参考文献：

[1] 赵万民 . 山地人居环境七论 [M]. 北京：中国建筑工业出版社，2015.

[2] 赵万民，廖心治，王华 . 山地形态基因解析：历史城镇保护的空间图谱方法认知与实践 [J]. 规划师，2021，37（1）：50–57.

[3] 郭煜琛，田国行，赵芮，等 . 2000—2013 年中国主要城市空间形态变化研究 [J]. 西南大学学报：自然科学版，2019，41（5）：139–148.

[4] 魏晓芳，赵万民，孙爱庐，等 . 山地城镇高密度空间的形成过程与机制研究 [J]. 城市规划学刊，2015（4）：36–42.

[5] 张雪原，翟国方 . 山地城市空间形态生长特征分析 [J]. 现代城市研究，2013，28（2）：45–50，56.

[6] 李旭 . 西南地区城市历史发展研究 [D]. 重庆：重庆大学，2010.

[7] 赵万民，朱猛 . 三峡库区 10 年来迁建城市（镇）形态变迁 [J]. 时代建筑，2006（4）：176–179.

[8] 王松涛，祝莹 . 三峡库区城镇形态的演变与迁建 [J]. 城市规划汇刊，2000（2）：68–74，80.

[9] 克里斯蒂安・施密特，杨舢 . 迈向三维辩证法：列斐伏尔的空间生产理论 [J]. 国际城市规划，2021，36（3）：5–13.

[10] LEFEBVRE H.The production of space[M]. Oxford：Oxford Blackwell，1991.

[11] LIU X，HUANG Y，XU X，et al. High–spatiotemporal–resolution mapping of global urban change from 1985 to 2015 [J]. Nature Sustainability，2020：1–7.

2000~2015年重庆城市规模分布特征分析

罗秋逸[1]，周心琴[2]

（1. 重庆大学建筑城规学院，重庆　400045；2. 重庆工商大学公共管理学院，重庆　400067）

【摘　要】重庆市由于其自然、经济、政治、行政区划等原因，具有独特的城市规模分布情况，研究重庆市城市规模分布特征对探索城市规模分布特点、指导城市未来发展具有重要意义。本文采用位序－规模法则，分析重庆市2000~2015年间城市规模发展规律，测算城市首位度，绘制城市规模金字塔，并对重庆市渝东北、渝东南、渝西片区城市规模分布进行了分析和对比，针对重庆市城市规模分布特点与趋势，提出了未来重庆市城市规模发展的优化探讨。

【关键词】城市规模分布；位序－规模法则；Zipf法则；首位度；重庆

随着城市化进程加速，我国正从“农村”走向“城市”，城市快速发展，城市规模快速扩张，出现了许多大城市、特大城市、超大城市等。我国大城市中，因为人口与用地规模的不断扩张，“城市病”等问题日益严峻，小城市也因人口规模、就业结构、发展动力等局限发展较为缓慢。因此，研究城市规模体系并对其进行优化建议，对城市未来的发展和整体城市体系的协调，有很好的现实意义[1]。

重庆市是我国四大直辖市之一，是成渝双城经济圈的中心城市，是长江上游的经济核心地带，研究重庆市内部各区县城市规模分布情况，分析重庆市规模分布特征，对探索重庆市发展情况，解决土地与发展、人口之间的问题，研究重庆市城市化进程，指导重庆市未来城市发展有着重要意义。

一、城市规模分布研究方法与数据来源

1. 研究方法

1）位序—规模法则

位序—规模法则是用来考察城市规模分布规律的一种方法，体现的是城市规模从大到小的位序与规模的关系。在很多国家和地区，城市规模与其位序之间存在着特定的关系，当两者之积等于该地区最大城市的规模时，则认为该地区的城市规模分布满足Zipf法则[2]。

当位序－规模法则公式中的常数项$\alpha=1$时，即符合Zipf法则。该法则认为：某一城市的规模与该城市在所有城市中排名的乘积即为排名第一的城市的规模。模型为：

$$R_i \cdot P_i^{a}=P_1 \tag{1}$$

其中，P_i为城市规模，P_1为最大城市的城市规模，R_i为城市的规模排名[3]。为了方便计算，将上述模型两边同时取对数，得到：

$$\ln R_i=\ln P_1-\alpha\ln P_i \tag{2}$$

其中，α是Zipf指数，是在回归模型中需要估计的参数，可以反映一个地区不同规模城市的分布情况。当$\alpha<1$时，城市首位度较高，说明此地区拥有少量的大规模城市，但却拥有很多小规模城市，总体城市规模分布不均；当$\alpha=1$时，该地区的城市规模分布符合Zipf分布，即城市规模与位序之积为常数，约等于位序为1的城市的规模；当$\alpha>1$时，该地区城市规模的分布较为均匀，大小城市之间差

作者简介：

罗秋逸（1999—），女，重庆南川人，硕士，研究生，主要从事城市形态研究。

周心琴（1974—），女，重庆万州人，副教授，博士，主要从事区域研究与开发。

距比较小。当 α 随时间增大，表示该地区的小城市逐渐发展壮大，城市规模之间的差距越来越小；当 α 随时间减小，则表示该地区的大城市发展速度更快，城市规模之间的差距越来越大。

2）城市首位度

城市首位度是城市研究中的一个重要概念，由美国学者杰斐逊 1939 年提出“首位城市”概念，指出首位分布的城市就是一个国家（或一个区域）排在第一位的城市要比这个国家（或者这个区域）第二位城市要大得异乎寻常。城市首位度指数衡量城市体系中城市规模在最大城市的集中程度，全面系统地分析城市规模分布特征，运用城市首位度（S_2）、4 城市指数（S_4）及 11 城市指数（S_{11}）。

$$S_2=P_1/P_2$$
$$S_4=P_1/(P_2+P_3+P_4) \quad (3)$$
$$S_{11}=2P_1/(P_2+P_3+\cdots+P_{11})$$

式中，P_i 表示位序为 i 的城市人口规模，城市首位度（S_2）理论值为 2，4 城市指数（S_4）及 11 城市指数（S_{11}）理论值为 1，大于理论值则表示首位城市集中度高。马歇尔提出，首位度合理指数为 2，只有首位度在 2 以上的城市才能称为首位城市，而首位度大于 2 的情况又可分为两类：大于 2 而又不大于 4 的属于中度首位分布，大于 4 的属于高度首位分布[4]。

2. 数据来源

本文所选用人口数据来源于 2000 年、2005 年、2010 年、2015 年中国经济数据大研究平台中的重庆市人口历年普查资料。其中 2000 年、2010 年人口数据属于重庆市全面人口普查资料；2005 年、2015 年人口数据属于重庆市各区县 1% 人口抽样调查数据。行政区划来源于地理国情监测云平台精度 1 ∶ 10 万乡镇级行政区划矢量数据，并根据重庆市民政局公布的行政区划调整信息修正。

二、重庆城市规模分布整体特征

1. 整体发展态势良好

根据重庆市 2000 年、2005 年、2010 年、2015 年人口普查数据，可以得出重庆市城市数量以及人口规模结构变化（表 1）。根据表 1，可以看出在 2000~2015 年间，重庆市整体城市发展呈现向上趋势，城市整体规模不断增大，发展态势良好。

在 2000~2005 年间，重庆首次跻身特大城市行列，实现突破式发展，且Ⅱ型小城市向Ⅰ型小城市发展快速，中等城市也有了明显的增长。在 2010~2015 年期间，重庆市内的中等城市数量有了大规模的突破，大多数的Ⅱ型小城市发展成为Ⅰ型小城市，城市规模结构得到了整体性的提升。到 2015 年，重庆市中等城市内人口占比最多，特大城市次之，Ⅱ型小城市只有一个，即城口县，由于地理位置、地貌类型、城市面积等原因，城口市发展较为缓慢，但对比 2000 年，其城市本身也有着极大的发展。

2. 呈现高度首位分布

根据重庆市 2000~2015 年城市人口规模数据（图 1）可以看出，从 2000 年到 2015 年，重庆市城市人口规模分布总体趋势未发生较大变化，主城区人口规模突出，其余各城市规模差异不大，较为均衡。各个城市人口随着时间的推移整体呈现上升趋势，

重庆市城市数量及人口规模结构变化（2000~2015 年） 表 1

规模级别	城市数量（个）				占城市总数比重（%）				占城市人口总数比重（%）			
	2000 年	2005 年	2010 年	2015 年	2000 年	2005 年	2010 年	2015 年	2000 年	2005 年	2010 年	2015 年
＞500 万特大城市	0	1	1	1	0.0	3.1	3.1	3.3	0.0	41.9	42.5	38.7
100 万 ~500 万大城市	1	0	0	0	3.1	0.0	0.0	0.0	50.0	0.0	0.0	0.0
50 万 ~100 万中等城市	0	3	1	16	0.0	9.3	3.1	53.3	0.0	11.5	5.4	41.8
20 万 ~50 万Ⅰ型小城市	7	17	17	12	21.8	53.1	53.1	40.0	22.9	36.2	40.0	18.8
＜20 万Ⅱ型小城市	24	11	13	1	75.0	34.3	40.6	3.3	25.5	10.4	11.2	0.7
合计	32	32	32	30	100.0	100.0	100.0	100.0	100.0	100.0	100.0	100.0

以主城区人口规模扩大最为明显，其余，各中小城市均有不同程度的人口增加。

根据Zipf法则，将重庆市各城市位序与其对应的城市规模取对数，并对标绘制于图表中，得出重庆市2000~2015年城市位序—规模分布图，并计算得出参数α的值（图2）。

根据式（2）可以计算得出，2000年参数α数值为1.056，2005年参数α数值为0.7993，2010年参数α数值为0.9166，2015年参数α数值为0.6359。在2000年时，α参数大于1，各城市规模较为均衡，大小城市之间的差距较小，重庆市主城区并未与第二位城市拉开较大差距；2005年后，α参数小于1，并有持续下降的倾向，重庆市整体首位度较高，主城区成为重庆市内绝对发展中心，且存在较多规模较小城市，总体规模分布差距较大，且不均匀。并且，15年来，α数值逐渐减小，表明重庆市首位城市主城区发展较之其余中小城市更加迅速，首位城市与第二位城市之间的差距越来越大。

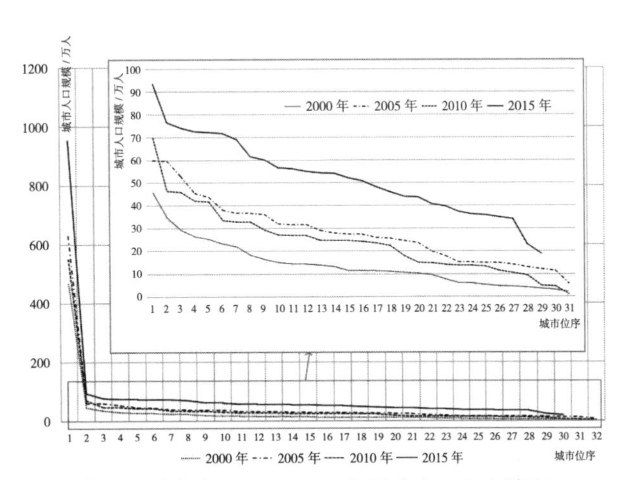

图1 重庆市2000~2015年城市人口分布情况

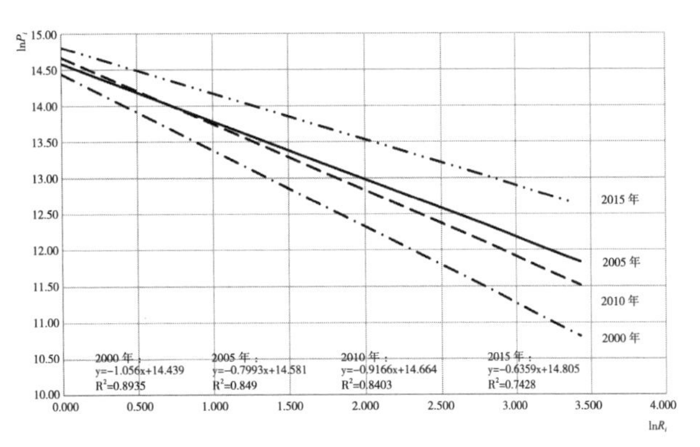

图2 重庆市2000~2015年城市位序—规模分布线性模拟

根据式（3）分别计算出2000年、2005年、2010年、2015年城市首位度、4城市指数和11城市指数，得出表2。

由此可知，2000~2015年，重庆市一直属于高度首位分布状态，首位度在2000年、2005年、2015年居高不下，首位度均在7以上，远大于高度首位度4。4城市指数与11城市指数自2000年起到2015年均有所下降，重庆市内各中等城市也在快速地发展之中，加大了中等城市在整体城市中的比重。

3. 城市规模金字塔分布不合理

由图3可以看出，2000年重庆市城市数量分布虽不是规则的金字塔形，但在整体上符合小城市数量多、大城市数量较少的特征。在2000年前，重庆市受到直辖市影响不明显，且当时产业发展更加重视工业、农业，城市整体发展速度较为缓慢，自然式的发展使得整个城市规模分布较为合理，具有极大的发展潜力。

经过多年的发展，2015年重庆市城市数量分布呈不规则金字塔形，中等城市数量最多，大城市数量次之，小城市、特大城市数量最少。在短时间内，我国城市发展速度加剧，产业结构大幅度调整，城市整体的发展速度更快，更易于吸收周围地区的资源来发展地区性大城市，造成了城市规模分布不均衡的态势。在2005~2015年城市等级规模的调整中，中等城市数量急剧增加，整体的城市规模分布呈不

重庆市城市首位指数变化（2000~2015年） 表2

	首位度	4城市指数	11城市指数
2000年	10.261	4.261	1.822
2005年	10.489	3.648	1.427
2010年	7.881	3.397	1.371
2015年	10.231	3.906	1.347

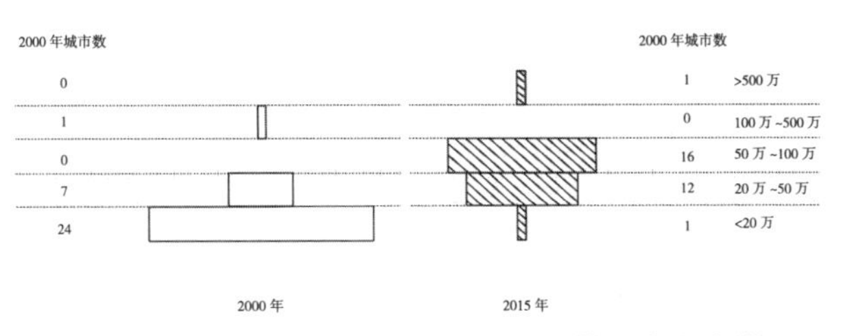

图3 2000年、2015年重庆城市规模分布金字塔

稳定的纺锤体形，城市整体规模分布不符合合理的城市发展基础，底部城市基础并不牢固[5]。

整体来讲，2000 年时的重庆市城市规模金字塔与 2015 年时的重庆市城市规模金字塔都存在相同的缺乏衔接的问题。首位城市与第二位城市之间缺口过大，缺乏持续的、合理的城市规模分布。大城市的缺失将会导致重庆市整体首位度的提高，城市规模分布趋于不合理，特大城市发展后备力量缺失，极化 – 扩散效应偏向极端等。

三、重庆市城市规模分布的空间差异

在 2011 年重庆被划分为渝西地区、渝东北生态涵养发展区与渝东南生态保护发展区。由于重庆城市规模分布呈现典型的首位度分布，因此以下主要分析首位城市（主城区）以外的城镇体系。

1. 渝东北地区首位分布现象逐渐减弱

重庆渝东北地区包括梁平、城口、丰都、万州、垫江、忠县、开州、云阳、奉节、巫山、巫溪等 11 个区县，地处渝鄂川陕四省交界地带，是重庆市的东北门户（图 1）。渝东北作为成渝地区向东连接长江经济带的先锋，在推动成渝地区双城经济圈建设中发挥着重要作用[6]。

由于片区内部城市只有 11 个，只能计算出首位度和 4 城市指数，11 城市指数不进行计算。根据首位度指标以及表 3、表 4 数据可知，渝东北地区属于首位分布，首位城市为万州区，且可以看出，渝东北地区城市规模分布较之重庆市整体首位度更低，规模分布更加有序。

在 2010~2015 年间，中等城市数量有明显增长，中等城市人口比重也提升到了 80% 以上。在此期间重庆市重点打造长江三峡旅游项目，构建长江三峡国际黄金旅游带，带动了万州、忠县、云阳、奉节等城市的发展，为此地区的整体发展做出了重大贡献。

2. 渝东南地区发展水平较为均衡，整体水平较低

渝东南辖黔江区、武隆区、石柱土家族自治县、秀山土家族苗族自治县、酉阳土家族苗族自治县、彭水苗族土家族自治县六区县，是国家重点生态功能区与重要生物多样性保护区，武陵山绿色经济发展高地、重要生态屏障、生态民俗文化旅游带和扶贫开发示范区，全市少数民族集聚区。

由表 5 数据可知，渝东南地区整体城市发展水平在重庆市内较低，缺乏中等城市，与渝东北、渝西等地区差距较大。由于片区内部城市只有 6 个，只计算出首位度和 4 城市指数，11 城市指数不进行

重庆市渝东北片区城市数量及人口规模结构变化（2000~2015 年） 表 3

规模级别	城市数量（个）				占城市总数比重（%）				占城市人口总数比重（%）			
	2000 年	2005 年	2010 年	2015 年	2000 年	2005 年	2010 年	2015 年	2000 年	2005 年	2010 年	2015 年
50 万 ~100 万	0	2	1	7	0.0	18.2	9.1	63.6	0.0	32.7	23.8	80.2
20 万 ~50 万	1	6	7	2	9.1	54.5	63.6	18.2	29.7	52.6	65.9	15.5
＜ 20 万	10	3	3	2	91.0	27.3	27.3	18.2	70.3	10.2	10.3	4.3
合计	11	11	11	11	100.0	100.0	100.0	100.0	100.0	100.0	100.0	100.0

重庆市渝东北片区城市首位指数变化（2000~2015 年） 表 4

	首位度	4 城市指数
2000 年	2.490	0.737
2005 年	1.135	0.354
2010 年	1.677	0.569
2015 年	1.067	0.321

重庆市渝东南片区城市数量及人口规模结构变化（2000~2015年） 表5

规模级别	城市数量（个）				占城市总数比重（%）				占城市人口总数比重（%）			
	2000年	2005年	2010年	2015年	2000年	2005年	2010年	2015年	2000年	2005年	2010年	2015年
20万~50万	0	0	0	6	0.0	0.0	0.0	100.0	0.0	0.0	0.0	100.0
＜20万	6	6	6	0	100.0	100.0	100.0	0.0	100.0	100.0	100.0	0.0
合计	6	6	6	6	100.0	100.0	100.0	100.0	100.0	100.0	100.0	100.0

重庆市渝东北片区城市首位指数变化（2000~2015年） 表6

	首位度	4城市指数
2000年	1.272	0.189
2005年	1.107	0.324
2010年	1.063	0.273
2015年	1.185	0.315

计算。根据表6数据得出，在渝东南地区内部不存在首位分布情况，各城市之间发展水平较为相近，分布较为均匀。且由2000年、2005年、2010年、2015年各城市人口数据看出，人口数量第一的城市在这四年一直处于变化之中，并没有一城独大的现象出现。但根据表5数据可以看出，渝东南地区整体城市规模都得到了极大的发展，均由Ⅱ型小城市发展成为Ⅰ型小城市，城市规模得到了显著的增加。

3. 渝西地区发展水平较为均衡，整体水平较高

渝西地区位于重庆的西部地区，包括永川区、江津区、合川区、大足区、綦江区、南川区、荣昌区、铜梁区、璧山区、潼南区、长寿区、涪陵区等12个区，以及双桥经开区、万盛经开区2个市经管区。地形以丘陵为主，自然资源较丰富但人均占有量相对较少，经济基础条件较好。

由于片区内部只有城市12个，只计算出首位度和4城市指数，11城市指数不进行计算。根据表7数据得出，在2000~2015年间，渝西地区各城市发展迅猛，在各阶段都有急剧提升。到2015年，更是出现了跃升。但表8显示，此地区并不存在明显的首位城市，不具备首位分布的特征，与渝东南地区相似，但又在整体水平上优先渝东南地区。

四、重庆市城市规模分布优化探讨

重庆市作为直辖市，超高的首位分布符合重庆市的发展要求，可以有效地提高中心城区集聚力，成为我国西部的增长极点。但在一城独大、迅猛发展的同时，也应该带动次级城市发展，弥补100万~500万城市的缺失，发展万州、涪陵等城市，完善城市规模金字塔，改变现今城市规模分布较不合理的现状。

重庆市渝西片区城市数量及人口规模结构变化（2000~2015年） 表7

规模级别	城市数量（个）				占城市总数比重（%）				占城市人口总数比重（%）			
	2000年	2005年	2010年	2015年	2000年	2005年	2010年	2015年	2000年	2005年	2010年	2015年
50万~100万	0	1	0	7	0.0	8.3	0.0	70.0	0.0	16.4	0.0	80.1
20万~50万	4	9	8	3	33.3	75.0	66.7	30.0	52.7	76.3	88.6	19.9
＜20万	8	2	4	0	66.7	16.7	33.3	0.0	47.3	7.3	11.4	0.0
合计	12	12	12	10	100.0	100.0	100.0	100.0	100.0	100.0	100.0	100.0

重庆市渝西片区城市首位指数变化（2000~2015 年） 表 8

	首位度	4 城市指数
2000 年	1.160	0.337
2005 年	1.569	0.431
2010 年	1.102	0.344
2015 年	1.002	0.282

现今，渝东北地区已形成了有效合理的城市结构，具有地区内部的中心城市万州区，周边城市也由于中心城市的带动和示范得到了较好的发展。现阶段渝东北地区要继续发挥中心城市的带动作用，利用好地区内部的交通条件、黄金水道等，形成更好的资源流动态势；利用好万州区良好的交通条件，实现较好的资源分配，根据各中小城市的特色，发展特色产业。

渝东南地区是重庆市内最不发达的地区。虽然渝东南地区发展水平较为均衡，但整体发展水平较为低下，相较于其他地区，渝东南地区没有地区内部的中心城市，缺乏区域发展增长极，中心城市的带动作用较弱，对整个区域的发展有着极大影响。对此，应该培养和发展区域核心发展优势，利用当地得天独厚的自然资源和旅游资源，把握地区优势产业，促进地区整体经济的均衡发展。

渝西地区位于重庆市主城区的周边，与主城区交往紧密，受到主城区资源的辐射带动作用，具有较高的发展水平。此地区要持续保持市区内部发展水平较高的位置，各地区均衡稳定发展，主动与重庆市主城区、四川地区进行资源双向流动，通过极化 – 扩散效应进一步提高地区整体发展水平，进而提升重庆市整体水平。

在重庆市内三大片区与主城区之间，应该加强区际交流合作，把渝西地区和渝东北地区建成重庆市的对外开放窗口，实现对内对外的交流与开放。这样不仅有利于渝西地区利用渝东北、渝东南地区的自然资源和劳动力，也有利于渝东北、渝东南地区利用渝西地区的资本、技术和人才，进而实现重庆市城市规模水平的整体均衡发展。

参考文献：

[1] 吴磊，刘一鸣，李贵才 . 城市规模：基于经济学与地理学的交互研究 [J]. 城市发展研究，2020，27（5）：41–49.

[2] 薛飞 . 中国城市规模的 Zipf 法则检验及其影响因素 [D]. 厦门：厦门大学，2007.

[3] 云可心，徐赐文 . 基于 Zipf 法则的中国城市规模分布及其影响因素分析 [J]. 区域经济，2020（9）：47–52.

[4] 许学强，周一星，宁越敏 . 城市地理学 [M]. 北京：高等教育出版社，1996：125–130.

[5] 王颖，张婧，李诚固 . 东北地区城市规模分布演变及空间特征 [J]. 经济地理，2011，31（1）：55–59.

[6] 李斌 . 基于位序 – 规模法则与分形理论的重庆市城镇体系结构测度及其优化 [J]. 资源开发与市场，2014，30（2）：167–169.

西部河谷城市空间可持续增长规划技术方法研究

毛有粮，向　颖，王　卓

（中国城市规划设计研究院西部分院，重庆　401121）

【摘　要】在城镇化战略和西部大开发等政策背景下，西部地区社会经济持续稳步推进，山地河谷城市人口、产业快速集聚，城市空间急剧拓展，取得瞩目成就的同时也存在较为显著的"城市病"。本文针对现有西部河谷城市在空间拓展、交通组织、服务配套、生态保护等方面的核心问题，提出西部河谷城市空间增长中应促进功能组织区域化、配套服务人本化、交通组织系统化以及空间利用生态化四大导向，从而支撑西部河谷中小城市长期可持续发展。

【关键词】西部河谷城市；空间可持续增长；技术方法研究

城市发源于水，在广大河谷地区形成了大量城镇；城市也受制于水，城市空间拓展受制于其所在的山水环境。河谷型城市是指城市主体在河谷中形成和发育的城市，包括广义和狭义两种概念。其中，广义的河谷型城市本身不受地形约束，但城镇体系的发育却受到相当程度的限制，随地形、河流走向布局和延伸，如关中盆地、河套平原、汾河谷地、四川盆地、三峡库区等地的城市。狭义的河谷型城市是指城市主体发育受到河谷地形较为强烈的直接限制，城市本身被迫沿地形及河流走向发展[1-2]。

西部河谷城市历史悠久，各大流域沿江沿河分布广泛，数量较多，历史发展演变中形成不同阶段和规模层级的城市，既有如重庆主城区的超大型城市，也有兰州、绵阳等大城市，还有万州、达州、涪陵等中等城市，更分布着大量的小城市[3]。

西部地区地形复杂，地貌多样，山水城伴生，生态敏感。城市往往周边山体高耸，具有典型的山地城市格局，特别是重庆、贵州、四川等省市（图 1）。在快速城镇化时期，城市空间快速拓展过程中，受到山体水系地形条件、自然地灾的制约，西部河谷城市存在着相似的空间拓展过程，即城市形成之初的中心团状式，逐步沿河沿江带状延伸，往往形成带形城市空间形态，而如重庆、兰州、绵阳等超大、大城市，城市人口达到一定规模后，逐步突破河流限制，在沿河长轴拓展的同时，形成跨江、跨河、跨山脉拓展，向第二、三阶地垂直拓展的态势（图 2 ~ 图 4）[4-6]。

随着第二轮西部大开发战略推进，国家提出着重解决好引导约 1 亿人在中西部地区就近城镇化，培育发展中西部地区城市群，吸纳东部返乡和就近转移的农民工，加快产业集群发展和人口集聚，西部城镇化进程还有很长一段路要走。在高质量发展

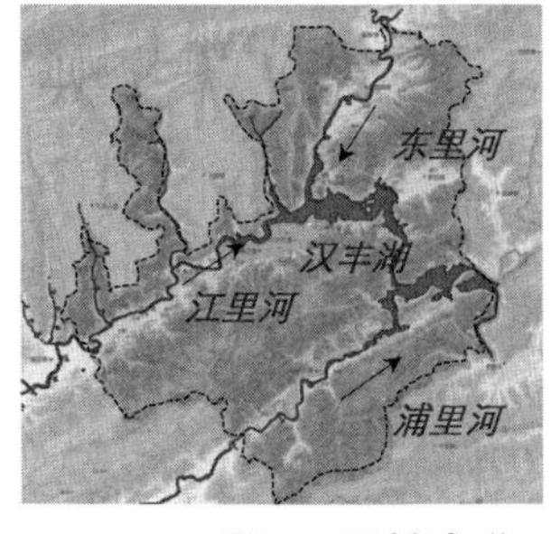

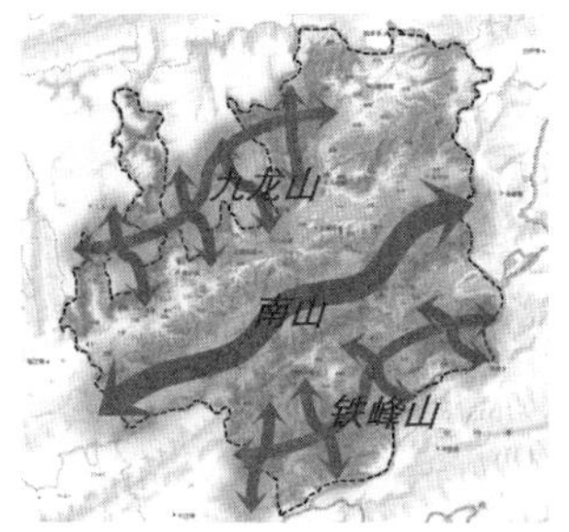

图 1　开州城"三山四水"山水格局

作者简介：

毛有粮（1984—），男，江西玉山人，高级城市规划师，硕士，主要从事城市规划与设计研究。

向　颖（1988—），女，重庆黔江人，城市规划师，硕士，主要从事城市规划与设计研究。

王　卓（1991—），男，湖北随州人，助理规划师，硕士，主要从事城市规划与设计研究。

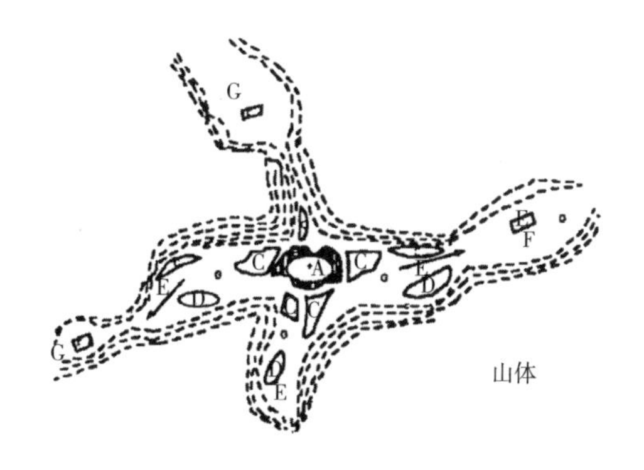

A 城市中心区　B 城市居住、行政、批发等混合功能区
C 城市工业区　D 城市工业性组团或工业区　E 城市放射形郊区及伸展轴　F 城市卫星城镇　G 城市绿地及蔬菜等其他农业用地

图 2　河谷城市空间结构模型示意图 [4]

的背景下，西部河谷城市的工程建设成本、城市空间组织成本、生态环境保护修复成本都要高于平原城市，在快速拓展的情况下，其空间拓展、配套完善、交通组织、生态安全等方面都存在着系列问题。

一、存在问题

西部河谷城市在快速城镇化的过程中面临一系列问题，既有快速城镇化带来城市空间快速集聚的一般问题，也有相对于东部沿海发达地区的城镇化阶段差，以及河谷自然条件制约下的空间拓展等衍生问题。

1. 空间拓展无序

改革开放以来，西部河谷城市和东部地区城镇化路径相似，即城市也依托于开发区、园区、新区等政策平台快速拓展，而由于西部更加脆弱的生态环境、复杂的地形条件和破碎的用地空间，空间快速拓展的过程中采用开山填水、对地形采用大平场的方式才能形成规模化的用地空间，在这个过程中，为了高出地率，忽视场地的生态本底、地形条件、历史人文等场地特征，从而导致场地文脉、自然格局等被破坏，甚至在地质灾害频发地区开发建设，对人民生命财产安全造成巨大损失。

2. 产城空间脱离

传统河谷城市中，原有功能混合的老城地区，就近就业和功能配套总体都比较适宜，而以开发区、园区和新区平台开发主导背景下，由于城市骨架不断拉长，新平台利用老城配套和就业时耗长，通勤、通学难，开发区、新区、园区都出现功能单一、配套不足、就业岗位不足等问题，一度有“空城”“鬼城”之说。

其中，开发区、园区开发导向以产业配套建设和入驻生产作为主要考核目标，而后续产业工人和服务人员配套问题习惯性被忽视，需要长距离通

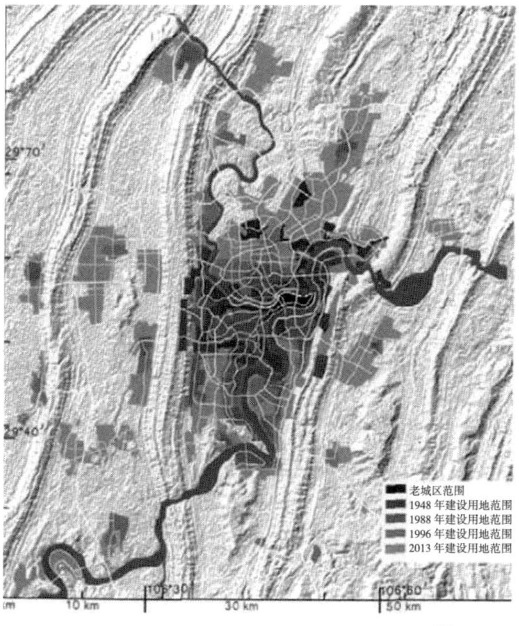

图 3　重庆市中心城区空间拓展历程 [6]

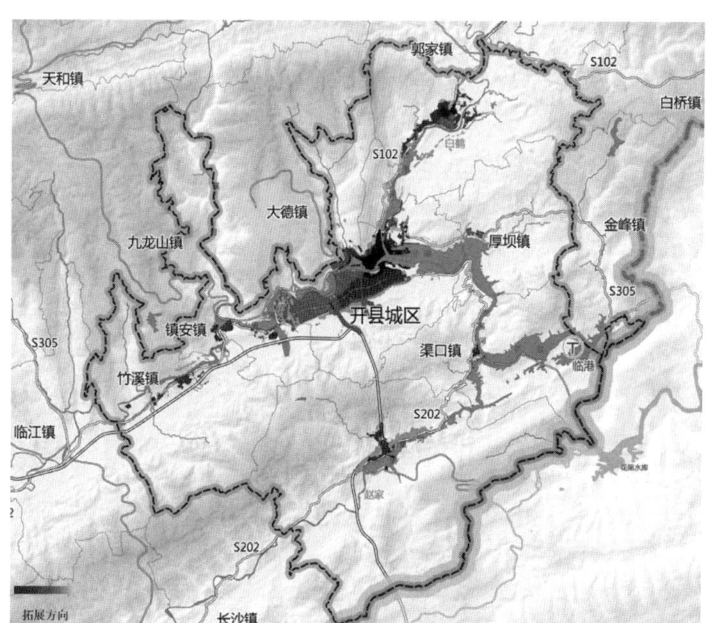

图 4　某西部河谷城市空间拓展历程示意图

勤，就近居住、教育、医疗配套需求难以解决；而新区的发展为了财务平衡，需要较长时间的培育，快速建设的主体一般是住宅开发，受互联网电商冲击，市场敏感性较高的商业配套经常性后置开发，市场主体也会观望和倾向于减少商业空间配套，进而导致新区就业人口不足、活力不足、住宅空置等问题。

3. 交通拥堵严重

作为西部河谷城市，特别是中小城市，城市带状延伸是共有的特征，因而交通组织不同于平原城市，具有其自身的特征。

由于地形水系的限制，交通组织效率不高（图5），其中城市长轴通道的交通需求大、交通通道的需求强烈，同时长轴方向通道也是城市内外交通的重叠地区。由于地形和水系的制约，城市垂直长轴方向开发空间进深往往较小，城市长轴方向的通道资源相对有限。传统上城市快速拓展过程中，对于通道地区的预留习惯性停留在规划层面，到实施层面往往出现滞后甚至分段侵占通道空间的现象，导致贯通性不足，城市内部交通组织紊乱，长轴方向交通量过大，通勤时耗过长等问题。

城市短轴通道一般垂直河流，城市跨河大规模发展需要桥梁支撑。河流是城市交通组织的天然制约，由于桥梁建设的成本高，城市建设过程中会降低桥梁规划密度，导致跨河交通组织困难。

4. 生态利用粗放

传统西部河谷城市与山水伴生关系良好，人与自然和谐共生，充分体现了“天人合一”的哲学理念。随着人类改造自然的能力不断增强，“人定胜天”的建设理念逐渐成为主导方式，未能坚持基本的生态优先理念，挖山填水侵占了基本的生态空间，破坏了原有的生态系统。

在城市建成区层面，忽视山水空间的合理利用，水系利用采用工程性思维，简单硬化，未能采用自然化的处理方式；城市中保留的山体消极利用，即使规划为城市公园，也缺乏系统思维，公园之间缺乏有机串联，导致城区绿化基础薄弱；由于用地资源的稀缺性，导致公园的规模、层级不足，覆盖半径欠佳；为了土地产出效益，公园周边地区开发量偏大，人居环境欠佳，难以满足市民交往、游憩、健身等多样化的文化娱乐休闲游憩的需求（图6）。

二、方法探索

老子曰“人法地，地法天，天法道，道法自然”，把自然生态同人类文明联系起来，按照大自然规律活动，取之有时，用之有度。在生态文明的新时代背景下，为了实现城市可持续发展，生态资源的永续利用，河谷城市空间增长应该关注功能组织区域

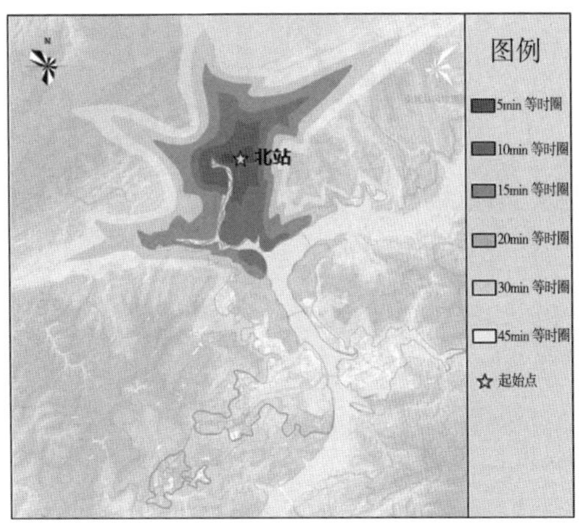

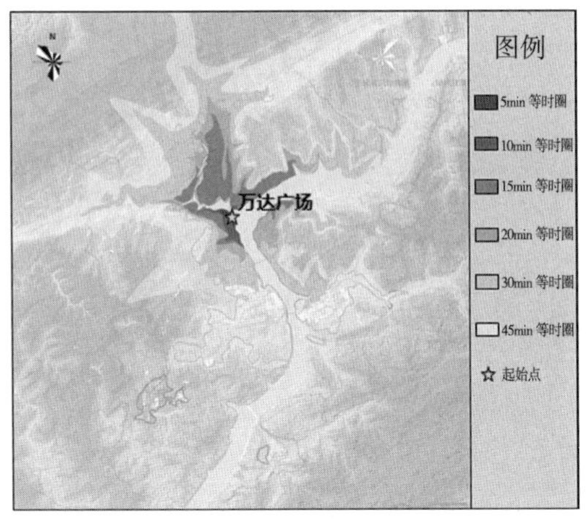

图5 某西部河谷城市重点地区现状交通等时圈分析

（来源：中国城市规划设计研究院）

图 6 某河谷城市滨河岸线使用情况

化、配套服务人本化、交通组织系统化以及空间利用生态化四大导向（图 7）。

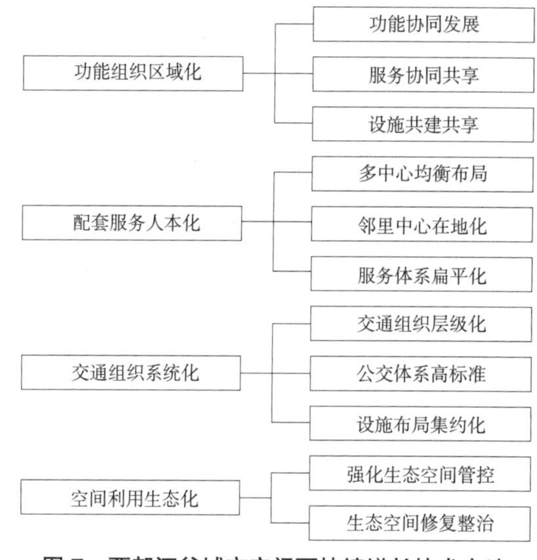

图 7 西部河谷城市空间可持续增长技术方法

1. 功能组织区域化

美国著名的人本主义城市规划理论的重要代表人物刘易斯·芒福德说过："真正成功的规划是区域规划"。西部河谷地区城市密集，各城市应该根据自身禀赋、产业基础、发展阶段等自身条件，在区域层面找到自己的角色定位，积极融入区域发展，在城镇群、都市圈层面细化功能分工，强化功能协同发展、产业统筹布局、交通互联互通、服务协同共享、生态协同共保、设施共建共享、体制机制协同，促进区域一体化发展（图 8）。应认识城市空间拓展的上限，不能无限制地延伸城市空间形态，单个城市不再大包大揽所有功能产业，应将部分功能和人口在区域和城镇体系中组织，推动区域和城镇体系形成"多中心、网络化、组团式、集约型"的区域空间协同格局。

2. 配套服务人本化

在过往快速城镇化进程中，效率成为主旋律，一切给速度让步。在生态文明新时期，以人为中心回归主体，以人的需求为出发来组织城市、建设城市和完善城市。因此，如何提高生活配套水平，让市民有更便捷、更有品质的生活配套和高效的出行组织，也是西部河谷城市关注的焦点之一。

由于河谷城市用地资源的紧缺性比较突出，城市规模往往不大，需要构建均衡、层次简单、集约的公共服务设施配套模式，形成高效集约的公共服务配套供给体系。

（1）多中心均衡布局。沿城市长轴方向按照中小城市居民出行的规律和习惯，构建多个城市中心

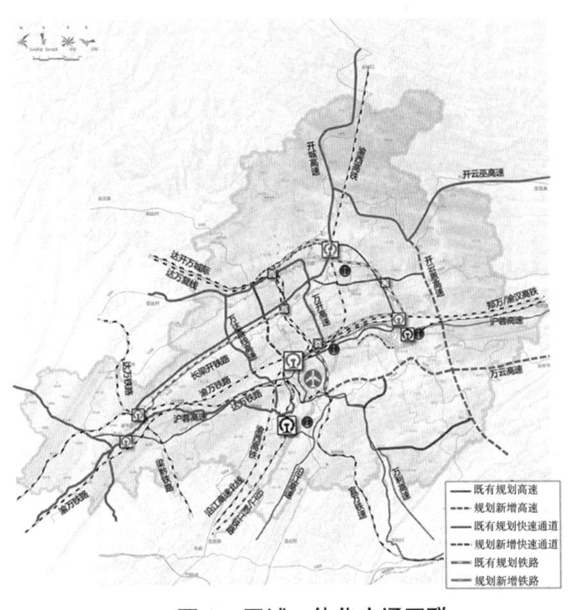

图 8 区域一体化交通互联

（资料来源：中国城市规划设计研究院）

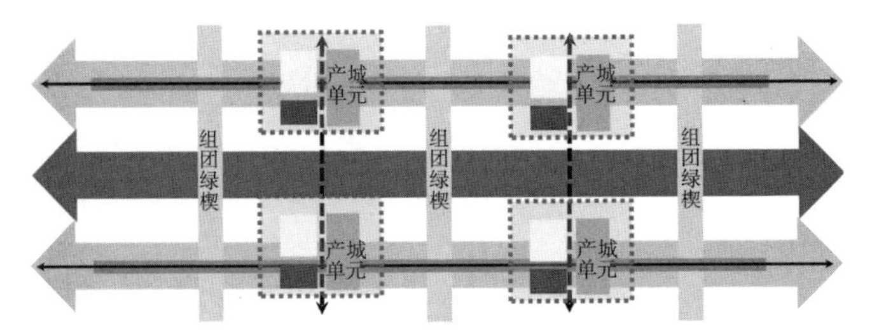

图 9 某西部河谷城市空间拓展模式图

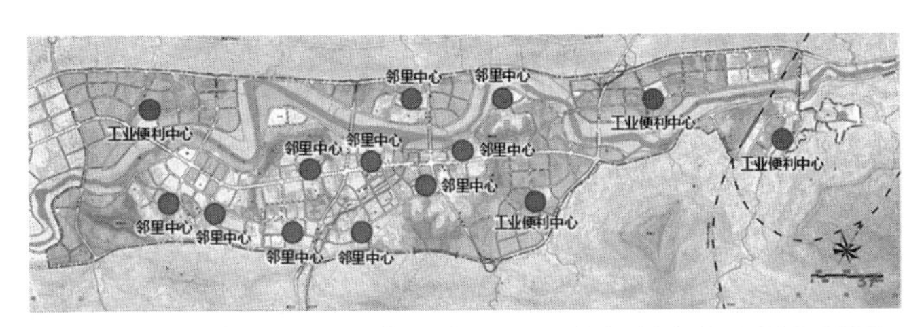

图 10 某西部河谷新区邻里中心、工业便利中心布局规划图

（来源：中国城市规划设计研究院）

（尤其是商业中心），保障居民就近出行、享受生活配套的需求（图 9）。同时要意识到，由于自然要素的制约，河谷城市中心服务半径本身更小，相对于平原城市需要更多的用地配置，因而在城市建设用地供给中，需要提高公共服务和交通等配套设施用地比例。

（2）设施体系扁平化。河谷城市规模偏小的情况下，通过多个中心布局已经一定程度上覆盖了服务区域，不能机械构建“市级——组团级——社区级”的多级公共服务设施，需要压缩中心体系的层级，形成扁平化的服务体系。

（3）社区生活圈在地化。以西部河谷城市市民出行习惯为出发点来构建社区生活圈，而非简单套用平原城市机械化的 5min、10min、15min 的出行，考虑地形、水系等限制下相同时间出行的距离相对较短的情况，有针对性地压缩社区生活圈的范围。另外，结合现状园区、新区的设施不足问题，差异性供给集约型的生活圈，在工业区、园区提供工业便利中心，根据产业工人、技术人员等的生活需求布置相应的功能；而针对城市新区，应根据新区设施配套不足，尤其是商业设施配套不足的问题，提供社区级的商业配套设施，形成集约化的、集中式的邻里中心（图 10）。

3. 交通组织系统化

由于用地资源、通道的稀缺，西部河谷城市交通组织难度更大，除了通过城市功能的合理布局，缓解交通流过强的局部不平衡和方向性过强的问题，也需要系统树立城市综合交通组织理念。

（1）交通组织层级化。注重快慢交通分工，中长距离出行构建快速通道并宜布局在城市外围；促进客货运输分离，快速通道兼顾屏蔽过境交通、承担货品运输的职能；区分内外交通流向，提供城市各个方向对外的交通通道，避免过境交通切割城市内部交通，在有条件的情况下，通过“高速公路 + 城市快速路”分流对外交通流。由于西部河谷城市发展规模总体较小，难以达到快速路标准，同时要兼顾两侧用地开发，可按照准快速路方式修建，尽量减少道路交叉和开口，起到相对快速疏解过境交通的作用。

（2）设施布局集约化。设施宜尽可能布置在同一廊道内，保证土地使用高效，节约用地空间。由于城市长轴宽度空间资源有限，组织安全性难以保障，无论城市规模多大，都应该坚持预留长轴方向 2 条以上的贯通性战略通道，在城市内部按照城市主干路标准建设，组团之间过渡地带按照一级公路标准建设，保证城市长轴方向交通贯通性（图 11）。

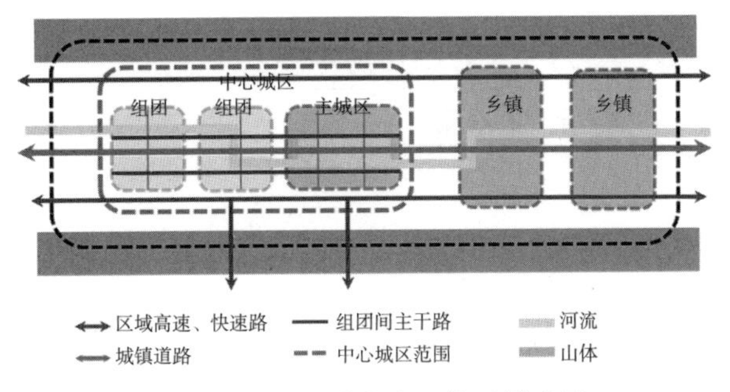

图 11 某河谷城市交通体系模式图

（3）公交体系高标准。提前考虑预留中低运量轨道交通设施，以引导城市交通结构调整，兼顾城市远期发展需求。由于西部河谷城市规模往往不大，难以达到国家建设轨道交通标准，而其自身的内在需求下应从区域交通协同出发，与周边地区，特别是大城市、超大城市捆绑申报建设，从而在一体化区域层面组织轨道交通，既支撑了公共出行，也有利于区域一体化、同城化发展，促进资源高效利用。

4. 空间利用生态化

河谷城市往往形成“两山夹一谷”的山水格局，同时山体与江河之间形成不同大小的冲沟水系，传统城市建设中较多时候意识不到冲沟的生态安全作用，多采用填沟盖板的形式，忽略了其防洪排涝的作用。在生态文明新时代背景下，应该充分识别、挖掘、强化自然资源的保护利用，以及现有生态脆弱地区的保护、修复、整治。

（1）强化生态空间管控。以重点管制区域保护为基础，优先做好“双评价”工作，构建全域全要素自然资源管控体系，优化生态空间布局，将重要的生态区尤其是影响城镇安全的冲沟、植被匮乏地区等生态安全问题突出地区划入生态空间和划入生态红线，构建具有西部河谷城市地域特色的生态安全格局，实现“山水林田湖草”全要素管控。

（2）推进生态资源修复整治。对于城镇建成区，修复原有城市本底水系和山体，加强城市山体植被建设，强化水土保持作用；恢复城市自然水体、生态湿地，同时配套建设城市休闲慢道等游憩设施，让这些地区成为市民休闲、游憩的魅力地区。对于城市低效空间、现有系统性不足地区，通过完善城市各类功能，实现城市价值的再提升。

三、结语

国内对于西部河谷城市等生态化地区的空间增长研究由来已久，为城市可持续发展提供了丰厚的理论积淀，有效指导了改革开放以来的城市建设和生态保护；在生态文明新时期，对于自然资源的保护修复，回归到以人为中心。站在前人丰厚的学术理论肩膀上，我们有足够的理由和历史责任担当继续加强西部河谷城市空间增长理论探索，为西部河谷城市的可持续发展、生态的永续利用贡献一份学术力量。

参考文献：

[1] 赵万民 . 我国西南山地城市规划适应性理论研究的一些思考 [J]. 南方建筑，2008（4）：34-37.
[2] 杨永春 . 中国河谷型城市研究 [J]. 地域研究与开发，1999（3）.
[3] 杨永春 . 试论中国西部河谷型城市的形成与发展 [J]. 经济地理，1999（2）.
[4] 杨永春 . 中国西部河谷型城市发展及其环境问题 [J]. 山地学报，2004（1）.
[5] 杨永春，汪一鸣 . 中国西部河谷型城市地域结构与形态研究 [J]. 地域研究与开发，2000（4）.
[6] 李旭，陈代俊，裴宇轩，等 . 从意象演变看城市形态地域特征的形成与发展：以重庆历史城区为例 [J]. 城市建筑，2017（10）.

山地城市空间结构演变的动力机制探究
——以重庆市万州区为例

王　卓，毛有粮，向　颖，李　伟
（中国城市规划设计研究院西部分院，重庆　401120）

【摘　要】城市空间结构是城乡规划和地理学研究中的重要对象，对于识别城市特色和完善城市功能具有重要价值。区别于平原城市圈层状的发展模式，山地城市的形态演变有其特殊路径，并遵循不同历史时期的发展脉络。基于此，本文以山水城市万州为例，聚焦不同历史时期万州城市空间结构的形态特征，尝试从山水地形的约束、区域格局的演变、品质生活的需求等三个方面提炼空间结构演变的动因，旨在为山地城市的特色塑造和高质量发展提供一定的借鉴意义。

【关键词】山地城市；空间结构；动力机制；特色塑造

党的十八大将生态文明建设写入了党章，标志着生态文明理念成为国土空间规划和城乡人居环境建设的重要指导思想。

我国是一个多山的国家，山地面积约占国土面积的67%，山地城市约占全国城市总数的一半以上[1]，且大部分位于生态环境相对敏感、城镇化水平相对滞后的西南地区[2]。相对平原城市，山地城市的空间营造需要统筹更为复杂的山水格局和自然资源，尤其是长江上游三峡库区沿线的滨江城市，不仅需要因地制宜谋求特色化的城乡发展，还要探索生态资源的价值转化，对于生态文明理念在国土空间治理和城乡规划领域上的落实具有更好的示范意义。因此，从生态文明的视角出发，探索西南山地等后发地区城镇化的发展路径和城市空间的演变规律，对于当前山地地区的国土空间规划具有一定的参考价值。

一、长江三峡流域山地城市空间结构的特征内涵

长江流域是我国文明的第二大摇篮，位于长江上游的三峡地区更是长江流域文明的发祥地。通过对长江流域典型山地城市空间结构的分析，有助于梳理这些城市发展的一般性规律，进而为滨江山地城市的规划提供借鉴。基于此，研究选取涪陵、忠县、万州、云阳、奉节等三峡库区城市进行初步分析，总结出滨江山地城市大致可以概括为团块型、滨水带型、上山建城型和跨江组团型四种[3-5]。团块型城市结构较为单一，一般也多为单中心结构，城市规模和能级不大，如忠县、丰都等。滨水带型城市较为普遍，一般以江河为界单边带状延展，主要受制于高山峡谷地形，城市进深受限，为了扩大规模只能向一个方向拓展，如奉节。上山建城型城市结构

作者简介：

王　卓（1991—），男，湖北随州人，工程师，硕士，主要从事城市规划与设计研究。
毛有粮（1984—），男，江西玉山人，高级城市规划师，硕士，主要从事城市规划与设计研究。
向　颖（1988—），女，重庆黔江人，城市规划师，硕士，主要从事城市规划与设计研究。
李　伟（1993—），男，重庆巫山人，助理规划师，硕士，主要从事城市更新与历史遗产保护研究。

较为少见，这类城市早期一般会选择沿江拓展，当沿江拓展受限且规模还需要进一步扩大时，考虑到上山建城的综合成本不太高的情况下才会选择上山索地，如云阳。跨江组团型城市结构一般对应多中心体系，一般见于中、大城市规模，当城市空间拓展到一定程度且跨江架桥条件成熟时选择跨江发展，如涪陵、万州等（图 1）。

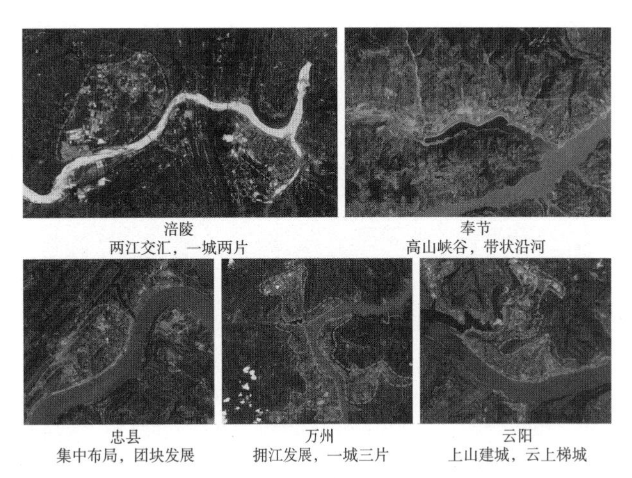

图 1　长江三峡流域典型山地城市结构分析

二、万州城市空间结构的演变历程

1. 研究区域概况

万州地处重庆市东北部、三峡库区腹心，历史上因“万川毕汇”“万商云集”而闻名，其区位优势突出，是长江沿线重要的通江达海之地，是成渝地区双城经济圈的东向开放门户、“一带一路”和长江经济带重要节点、三峡库区中心城市。万州全域国土面积约 3457km^2，辖 52 个镇乡街道，户籍人口约 173 万人，是重庆市移民任务最重、管理单元最多的区县。从区域地理格局来看，万州位于世界级川东平行岭谷向盆周山地的过渡区域，上束巴蜀，下扼夔巫，周边分布有米仓山—大巴山、武陵山生物多样性保护与水源涵养区和大巴山、长江三峡—武当山国家魅力景观区等多重政策区，承接着优势地区向生态地区价值转化的示范作用，兼有山城、江城的特色风貌。

2. 开埠以前（1902 年以前）

万州历史文化底蕴深厚，有着 1800 多年的建城史，是三峡文明大通道上的重要节点，发展至今演绎出巴渝文化、三峡文化、商埠文化、抗战文化、移民文化等多元文化兼容并包。《华阳国志》有载，东汉建安二十一年（公元 216 年）刘备分朐忍西南地界置羊渠县，治今万州区长滩镇，为万州建置之始。北周时期，改鱼泉县为安乡县，改安乡郡为万川郡，取意“大江至此，万川毕汇”。唐宋时期，凭借长江水运的天然优势，万州商贸日益发达，成为峡江一带重要的水运枢纽，进一步承接中原文化的熏陶。明清时期，隶属夔州府（今奉节）管辖，后有“湖广填四川”大事件，移民带来更为先进的生产资料和生活方式，万州经济一度发展成为川东重镇 [6-7]。历史上的万州城址北靠都历山和天生城，南望长江，西侧跨越苎溪河有部分零散居民点，背山面水、因地制宜，遵循了古人象天法地选址建城的人居思想（图 2）。天生城作为万州古八景之一，距离历史上万州城区仅 3km，比城区高 300 多米，是南宋抗蒙时期的重要寨堡，与合川钓鱼城、云阳磐石城等共同成为山城防御体系的重要工事，这也标志着万州自古以来便是兵家必争之地，区域地位突出。

3. 开埠至中华人民共和国成立前（1902~1949 年）

早在 1902 年，清政府与英国政府在上海签订《中英续议行船通商条约》，其中就议定四川万县为通商口岸。1917 年 3 月，当时的北京政府正式宣布设立重庆海关万州分支机构，标志着万州正式开埠，使得万州成为继重庆后第二个开放通商口岸，洋行商贾纷至沓来，一时胜极。“商贾云集，桅樯缘岸，排二里无隙处”，万州成为川、渝、陕、鄂、湘、黔等周边地区进出口商品的重要集散中心，故有“万商云集”的美誉。抗日战争时期，国民政府西迁大后方重庆，重庆成为拱卫民族要塞的战时陪都，万州作为渝东重要门户，吸引了大量机构前来，人口和经济得到了空前繁荣，成为四川第三大城市，史称“成渝万”。这一时期的万州城区在原有基础上沿江带状发展，跨越苎溪河快速拓展至高笋塘一带，沿江码头商贾云集，城市骨架进一步扩大（图 3）。

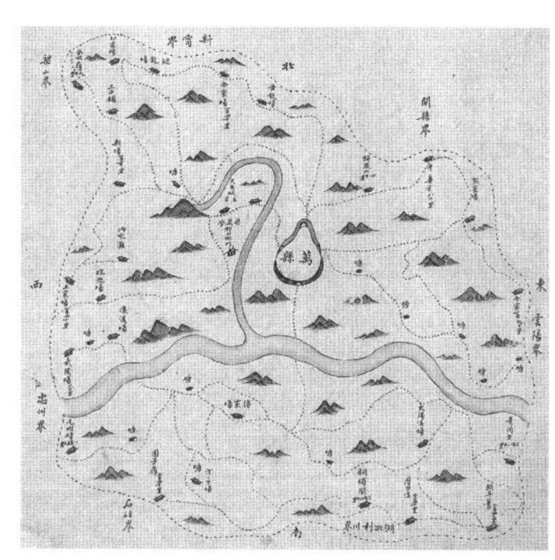

图2　清朝时期万州历史地图

来源：作者根据《四川通省山川形势全图·万县图》改绘

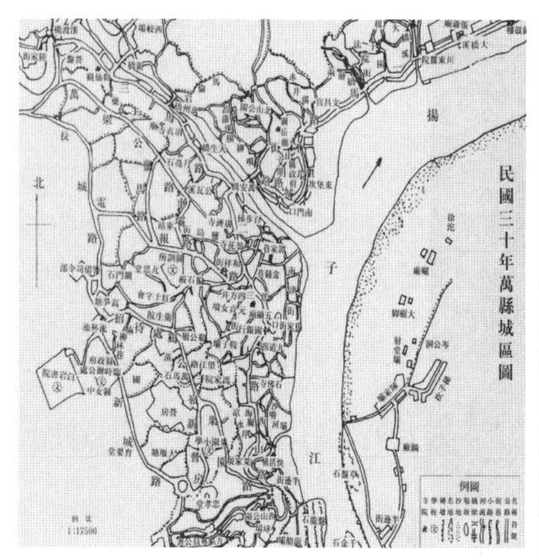

图3　开埠民国时期万州历史地图

来源：《重庆古旧地图研究》和网络

4.中华人民共和国成立以后（1949年以后）

1949年12月，万县解放。1965年，三线建设在万县市和万县拉开帷幕，八厂三所相继建设，万县的工业化得到了快速发展。1992年，国务院批准设立万县市（地级），辖渝东北地区8个县城，加之龙宝、天城、五桥3个市辖区，史称“三区八县”。1994年，三峡工程开工建设，万州成为库区最大的移民中心城市。1998年，万县区更名为万州区。2000年，渝东北8个县城划归重庆直辖，不再归万州管辖。1949年以来，万州经历了三线建设和三峡移民等大事件，城市人口逐步提升，并经历了5版城市总体规划，城市形态也进一步扩大。相比原有沿江单边带状发展，城市开始跨越长江发展，百安坝和江南新区等城市板块逐步兴起，成为长江沿岸少有的跨江发展中等体量城市，极具典型性（图4）。

5.小结

古代万州城市形态主要受制于大山大水地形条件的制约，城市选址于背山面水之地，既能保证饮用水源，也能抵御外敌入侵，城市规模不大。近代以来，随着国门和外部环境的开放，区域格局变化日新月异，尤其是开埠通商和抗日战争以来，万州城市人口和经济得到空前发展，城市空间结构也从传统人居模式的背山面水演变为跨河沿江带状发展。1949年后，随着三线工业建设和库区移民，以及人们对于空间和生活品质的需求提升，城市规模进一步扩大，在历经机场、高铁等区域重大交通设施的带动之后，城市空间结构从沿江单边带状发展演变为跨江甚至拥江发展（图5）。总体来看，山水地形的约束、区域格局的演变、品质生活的需求三个方

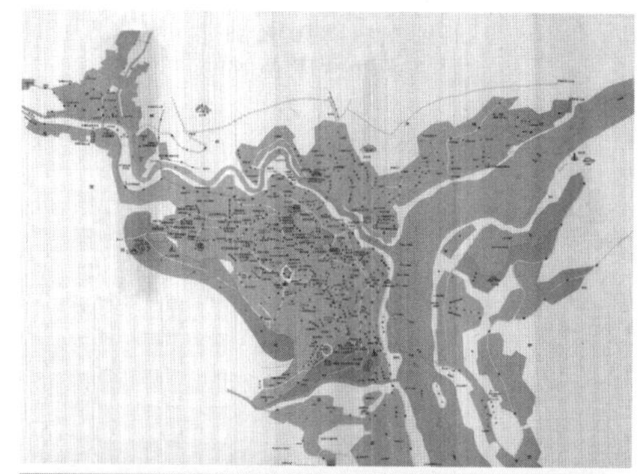

图 4 1992 年万州城区图和 2003 年万州城市总体规划用地布局图

来源：《重庆古旧地图研究》和万州区总体规划项目组

面是引导山地城市空间结构演变的重要动因，也是指导城市未来进一步发展的重要抓手。

三、万州城市空间结构的战略引导

1. 山水地形约束引导下的体系构建

万州城市位于长江三峡的重要湾区位置，湾区最宽处有 1.5~2km，有着“高峡平湖”之称。通过将第三次全国国土调查识别出的万州城市建成区和地形高程进行叠加分析，可以看出万州城区因为受制于山水地形条件呈现出北、中、南三种不同的地理单元。北部城区主要位于苎溪河以北，城市建成区和山水地形相互融合，山坡和槽谷地形相互穿插。中部城区主要位于长江两岸，有着逐水台地分层建城的态势，由于沿江地形高差起伏较大，中部城区的平均进深不超过 3km，沿江主要是生活岸线。南部城区主要位于不同的高程平面，尤其是沿江西侧呈现出阶地台地的特征。另外，结合跨组团的交通流量分析可知，万州城区的人口主要集聚于沿江西侧的高笋塘地区，呈现出较为显著的单中心城市结构特征（图 6）。

基于此，针对北、中、南三种不同的地形差异和现有单中心城市结构，本文提出适应山水地形约束条件下的多片区、多组团、多中心体系构建，即分别组织北部、中部、南部三片城区，并围绕三个城区构建多个城市综合服务中心或专业化中心，疏解现有高笋塘地区的人口密度到其他城区，这样既能缓解单中心片区因为人口过密带来的交通拥堵、开发强度过高和热岛效应等城市病问题，也能均衡不同片区的人口密度，提升外围片区的人口活力和设施使用效率，从而提升整个城市的空间组织效率和品质。

2. 区域格局演变引导下的功能重构

通过第三次全国国土调查识别的现有城区用地图斑性质分析，可知现有城区的功能组织相对紊乱，即每个片区的主导功能不突出。尤其是产业用地遍

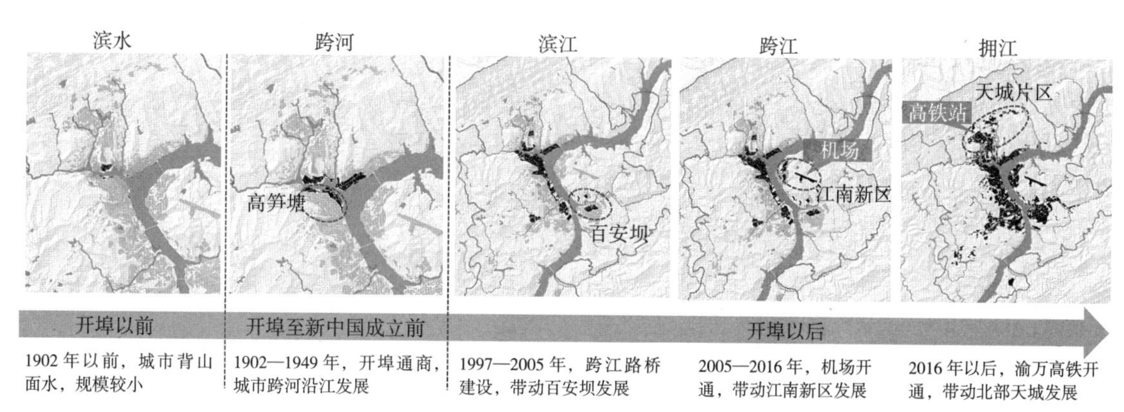

图 5 万州城市形态演变分析

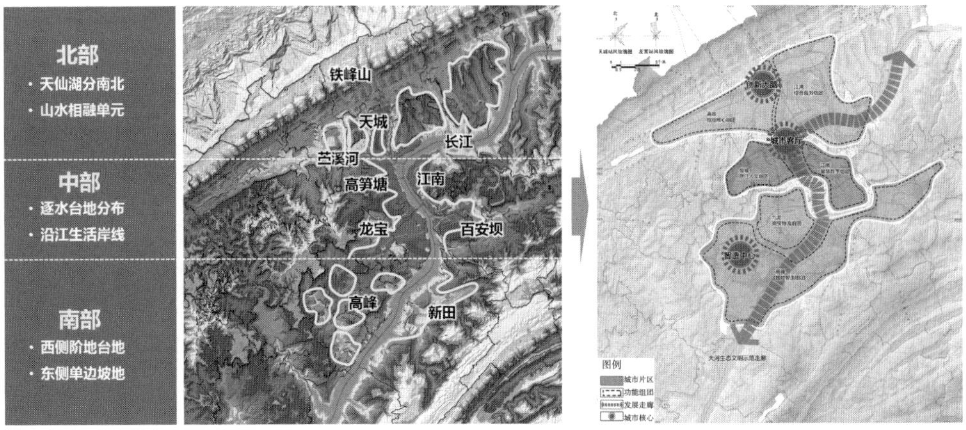

图 6　万州城市山水地理单元分析和空间结构示意

地开花，在城市各个组团都分布有零散的产业用地，难以形成产业集群和规模效应。一方面，由于地形条件较为破碎，难以快速形成大面积平整用地供产业集中大规模建设开发；另一方面，由于缺乏系统性的产业功能分区规划，产业用地的选择没有结合片区的主导定位，导致产业功能不突出。

基于此，针对各片区和组团功能定位不突出的问题，本文提出从区域格局演变的视角来审视各功能片区的价值和定位。首先，从重大交通设施来看，北部天城片区拥有高铁站客运枢纽，南部高峰片区拥有万州站货运枢纽和新田港等水运港口优势，因此北客南货的特征较为明显。另外，从重庆构建万州与其背部开州、东部云阳一体化发展的区域格局来看，北部城区依托高铁站做强客运枢纽，结合山水自然本底打造站前 CBD 的优势会更为突出。因此，北部片区应当围绕高铁客运枢纽突出枢纽经济的主导功能，南部片区应当围绕港口货站做大产业园区吸纳其他片区组团的产业转移进而突出高端制造的主导功能（图 7）。其次，中部城区有高峡平湖的滨江环境，且背山面水滨江景观价值突出，应当将制造业逐步腾退到南部产业城区，围绕滨江岸线突出高品质生活的主导功能。如此，北部、中部和南部三个城区，既能结合自身优势突出特色并形成各自的主导功能，也能避免功能紊乱提升城市组织效率。

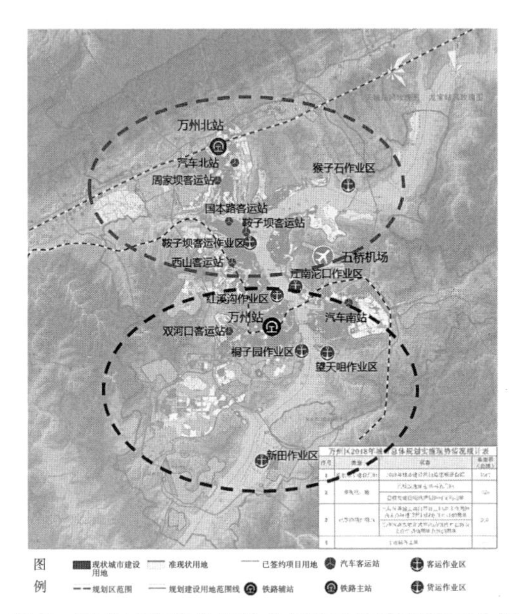

图 7　万州城市产业用地分析和北客南货格局分析

3. 品质生活需求引导下的特色塑造

随着人们对高品质生活的需求提升，城市公共空间和特色塑造也是提升城市核心价值的重要方向。过去快速城市化建设带来城市生活拥堵、公共空间匮乏、千城一面等问题屡见不鲜。以万州城区为例，城市建成区毛容积率约为 0.98，且开发强度分布极不均衡，尤其是高笋塘及其周边地区毛容积率突破 2.0。沿江建筑密集排布，缺乏山江相望的廊道空间，沿江建筑“一堵墙”的现象较为突出，江城特色难以彰显。如何引导城市空间有机疏散，将绿地、公园、通廊和特色空间还给市民是生态文明背景下未来城市建设的重要使命。

基于此，针对现状城区拥挤且缺乏特色的问题，本文提出从品质生活需求的视角来审视山地城市公共空间。首先，应当对城市周边山水格局进行全域分析[8-10]，提出针对山体、水系等自然空间的管控措施。例如，山体方面应当区分城周山、城边山、城中山等不同类型要素进行差异化管控；水系方面也应当区分长江及其一级支流、二级支流等不同等级要素进行特色化引导。其次，针对滨江山地城市的特殊性，应当构建不同等级的视线通廊，确保城市周边及其内部重要山体制高点或观景点能够与滨江地区视线互通，构建大疏大密的城市组团，组团之间用绿化通廊分开，构建城市与绿化景观融合的山水城市肌理，彰显山城江城的特色魅力。在此基础上，统筹不同的景观要素和人文空间，结合社区生活圈体系，构建针对城市级、15 分钟生活圈、10 分钟生活圈级的郊野公园和城市公园体系，实现生态价值转化为品质魅力空间，突出山地城市有别于平原城市的特色（图 8）。

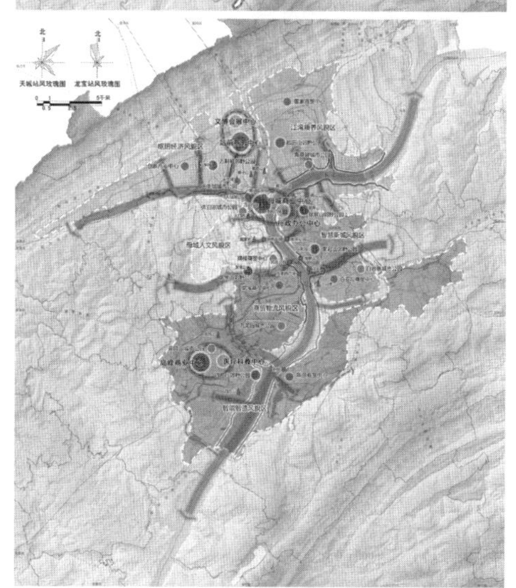

图 8　万州城市绿地公园体系和廊道系统构建示意

四、结语

生态文明背景下，山地城市相较于平原城市，在践行生态价值转化和高品质发展方面更具示范意义。通过对不同历史时期山地城市空间结构特征演变的规律分析，提炼其价值内涵，有助于揭示山地城市在不同外部环境和内生动力下的发展动因，更有利于科学地引导山地城市健康发展和特色彰显。

参考文献：

[1] 黄光宇 . 山地城市空间结构的生态学思考 [J]. 城市规划，2005（1）：57-63.

[2] 魏晓芳，赵万民，孙爱庐，等 . 山地城市高密度空间的形成过程与机制研究 [J]. 城市规划学刊，2015（4）：36-42.

[3] 杨光 . 中国山地城市空间形态调查研究 [D]. 重庆：重庆大学，2015.

[4] 易峥 . 重庆组团式城市结构的演变和发展 [J]. 规划师，2004（9）：33-36.

[5] 彭瑶玲，张臻，闫晶晶 . 重庆主城区城市空间结构演变与优化：基于公共服务功能组织视角 [J]. 城市规划，2020，44（5）：54-61.

[6] 谭欣 . 三峡库区人居环境建设十年跟踪 [D]. 重庆：重庆大学，2006.

[7] 杨玲，刘国伟 . 后三峡万州城市空间结构演变与重构 [J]. 重庆建筑，2014，13（12）：5-8.

[8] 李和平，王卓，王敏 . 基于绿廊与视廊联动的山地城市绿道系统研究：以重庆巫山县江东组团为例 [J]. 中国园林，2018，34（9）：79-83.

[9] 李旭，许凌，裴宇轩，等 . 城市形态的“历史结构”：特征・演变・意义：以成都为例 [J]. 城市发展研究，2016，23（8）：52-59.

[10] 杨俊宴 . 城市空间形态分区的理论建构与实践探索 [J]. 城市规划，2017，41（3）：41-51.

山地中小城市外围组团建设中的规划应对探索

向　颖，毛有粮，王　卓，李　伟
（中国城市规划设计研究院西部分院，重庆　401120）

【摘　要】山地中小城市由于其地形和建设条件的限制，在城市建设过程中，空间的拓展往往呈跳跃式，在主体城市外围独立发展。这种空间拓展模式在城市建设过程中通常会面临与外围组团和主城距离较远、通勤不便，组团自身规模受限、发展不确定等诸多问题。本文围绕地形、外围孤立与小规模组团三大方面展开研究，从规划层面提出一定的探索解决之道。

【关键词】山地中小城市；外围组团；规划应对

伴随我国快速城镇化进程，许多城市呈现出无序、分散扩张。这种城市空间增长模式被称为蔓延式增长，通常带来一系列负面效应，如城市中心衰退、公共服务成本提高、生态环境破坏、生态服务功能降低、大量使用私人汽车带来的能耗增加、交通拥堵和空气污染、社会不公平加剧等。蔓延式增长不仅出现在我国的北京、广州、深圳等大城市，也影响到很多中小城市。

一、研究综述

1. 蔓延式增长内涵研究

国外对城市蔓延式增长的内涵研究主要体现在几个方面：从区位来看，城市蔓延发生在城市边缘、郊区；从空间形态来看，城市蔓延是沿主要交通走廊的带状、零星分布、不连续跳跃式等形态的；从土地利用来看，城市蔓延是一种低密度、土地利用功能单一的开发利用模式，商店、工作、娱乐、教育等不同功能用地分隔，不同功能之间需要机动化出行，因此，城市蔓延式增长后依赖小汽车机动化出行的特征也受到广泛的关注；从蔓延影响来看，城市蔓延是牺牲城市中心而进行城市边缘地区开发、就业岗位分散、农业用地和开放空间大量消失、政府职责碎化与疏失的一种城市开发模式[1-2]。

国内对蔓延式增长问题的研究主要集中在以下几方面：从空间形态来看，城市蔓延可以是摊大饼式的、带状的、跳跃型、分散型或者混合形式；从负面效应来看，主要伴随交通拥堵、绿带被侵蚀、基本农田被占等；从蔓延过程来看，通常是高速、低效、无序扩张，并伴随低人口或开发密度和随机性[3]。

2. 蔓延式增长调控研究

国外城市蔓延的调控主要有：

（1）紧凑城市理念，引导土地利用和公共交通，保护农田，减少城市对周围生态环境的侵蚀，提高城市在空间密度、功能组合和形态上的紧凑程度，实现资源、服务、基础设施的共享和社会公平[4]；

（2）精明增长理念，强调环境、社会和经济可持续的共同发展，强调对现有社区的改建和对现有设施的利用，强调生活品质与发展的联系，是一种较为紧凑、集中、高效的发展模式；

作者简介：

向　颖（1988—），女，重庆黔江人，高级城市规划师，硕士，主要从事新城新区国土空间规划、控制性详细规划、城市设计。

毛有粮（1984—），男，江西玉山人，高级城市规划师，硕士，主要从事城市规划与设计。

王　卓（1991—），男，湖北随州人，助理规划师，硕士，主要从事城市规划与设计。

李　伟（1993—），男，重庆巫山人，助理规划师，硕士，主要从事城市更新与历史遗产保护工作。

（3）绿带，由农田或其他绿色空间构成的环绕在城市或大都市区周围的开敞空间，通过对环带区域内城市化开发活动的禁止来阻止城市蔓延；

（4）城市增长边界（UGB），在城市外围设定增长边界，限定边界以内的土地可用作城市建设用地，而边界以外的土地则不可以开发为城市建设用地；

（5）公交导向型开发（TOD），以大容量轨道交通、快速公交干线等便捷、高效的公共交通引导城市均衡扩张的发展模式，通过将就业、文化、教育、医疗、居住、商业等布设在轨道交通及快速公交干线各交通站点附近来实现城市组团紧凑发展。

国内的实践有：

（1）国土空间规划的“三线划定”，生态保护红线、永久基本农田、城市开发边界；

（2）主体功能区规划，根据城市不同区域的资源禀赋、环境容量、生态状况、人口数量、现有开发密度和发展潜力，统筹考虑未来人口分布、经济布局、国土利用和城镇化格局，将国土空间划分为优化开发、重点开发、限制开发和禁止开发四类主体功能区，并据此引导开发方向，规范开发秩序，管制开发强度。

3. 研究总结

可以看出，当前对蔓延现象的研究局限于蔓延的内涵和调控方面，从蔓延的区位、土地利用模式、带来的负面效应等方面界定蔓延的概念。国内外有较多政策和管控的实践研究，但研究对象集中在较大的城市，对山地中小城市的研究甚少。

二、山地城市蔓延发展探索

改革开放以来，我国快速城镇化进程下城市快速扩张，而山地中小城市受地形及其他建设条件的限制，往往呈现出飞地式拓展模式，形成独立于主城以外的外围发展组团。这种外围组团往往以新区或园区方式拓展，与主城距离较大、自身用地复杂、规模较小且发展面临较多不确定因素，容易出现公共服务配套成本较高、通勤不便、能耗增加和产城分离等负面效应。本文力图从规划层面重点围绕用地选择、服务配套、弹性管控 3 个方面，从 3 个实际案例出发，探讨如何避免传统外围组团的负面效应，促进有序精明增长，引导城市可持续发展（表 1）。

三、取舍：地形起伏，生态、社会和经济效益博弈

山地城市不同于平原城市，它具有立体起伏的地形地貌、交错纵横的河流水系、丰富多样的生物资源、潮湿变幻的气候特征。而城市建设的过程中，较为集中紧凑的布局能够获得更高的效益，因而在方案落地阶段，通常会颠覆前期的理想建设模式。

1. 生态安全下的道路选线

方案研究阶段，规划提出理想方案，主干道选线从规划结构出发，顺应山体走向，保留现状生态空间，更好地服务城市现状居民（图 1）；方案落地阶段，主干道单侧的拆迁量较大，近期不能实施，因而在保护大的山体廊道、生态空间格局下，将主干道北移，对部分小型山体进行合理场平利用，保证较小的拆迁量和近期可实施性，同时带动道路两侧用地的开发（图 2）。

2. 生态安全下的用地选择

方案研究阶段，最大限度保留生态空间，保留大的生态格局，将坡度较大的用地均用作生态空间，现状高压线保留不动（图 3）；方案落地阶段，为获

研究案例的基本概况　　表 1

	规划定位	与主城距离（km）	主城现状用地（km^2）	规划用地（km^2）
綦江升平组团	智能创新园、绿色宜居城	10	16	11
开州长沙组团	生态绿色产业园区、山水城园融合新城	25	26	15
盘州老城片区	以多元旅游、特色教育、综合服务为主的宜居山地城市片区	20	17	6

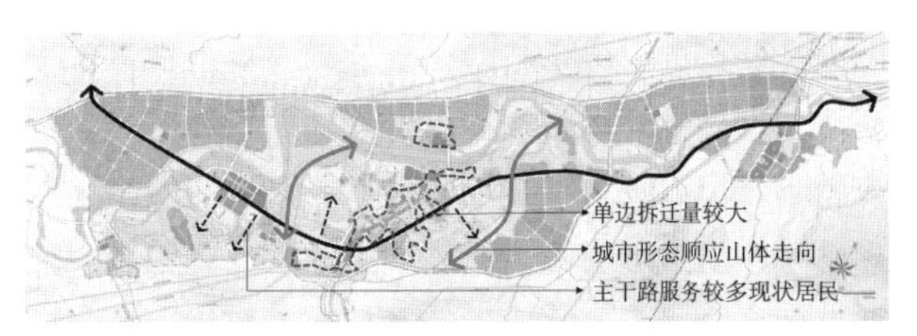

图1 方案研究阶段的主干道选线

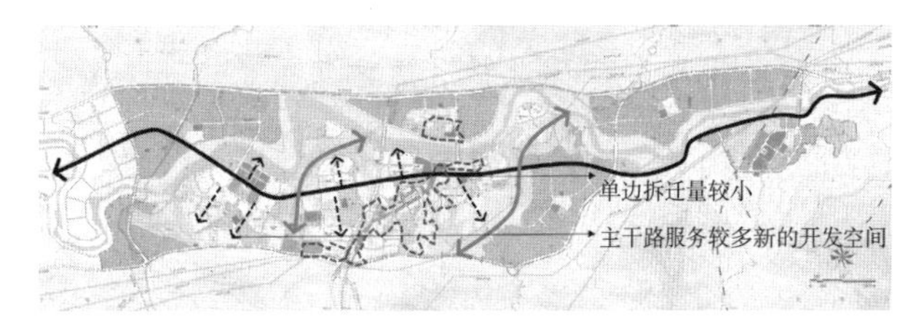

图2 方案落地阶段的主干道选线

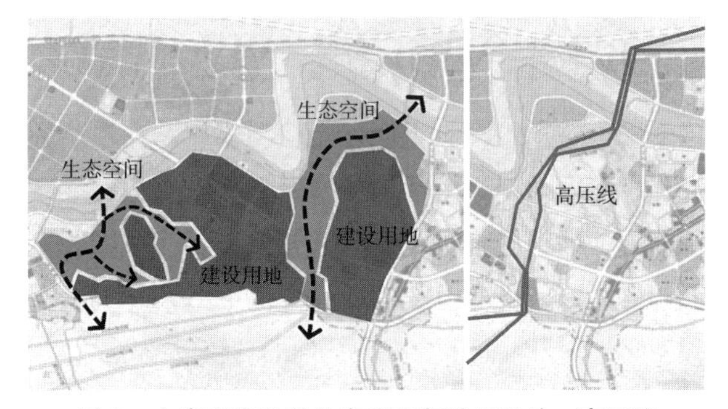

图3 方案研究阶段生态空间与建设用地、高压线

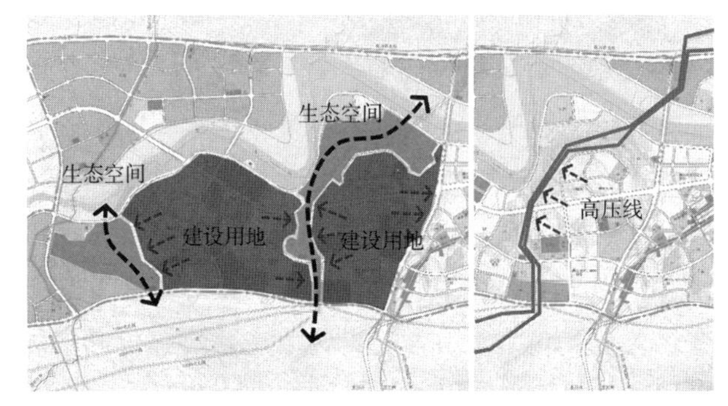

图4 方案落地阶段生态空间与建设用地、高压线

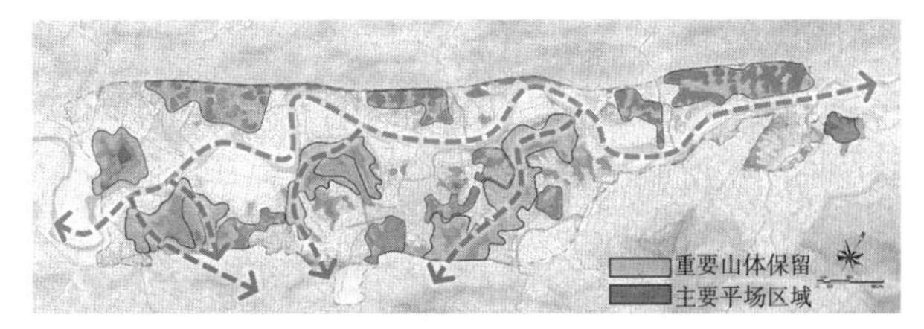

图5 初步生态格局与土石方平衡示意

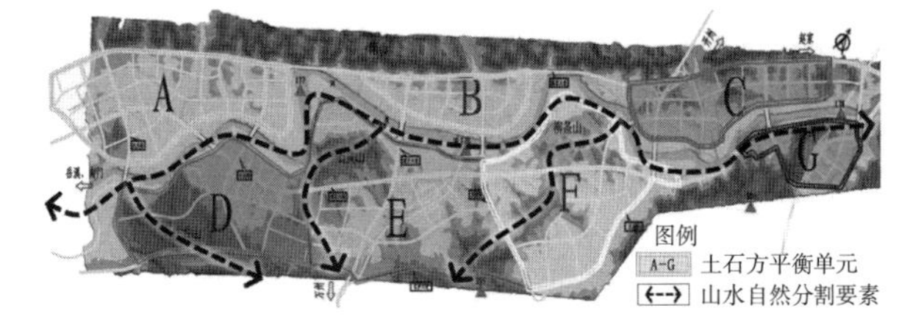

图6 方案落地阶段土石方平衡测算

取更多的用地，保留大的生态安全廊道不变的情况下，压缩廊道的宽度，同时考虑远期实施时序下，整合高压线，获得更集约紧凑的用地布局（图4）。

3. 生态安全下的土方平衡

方案研究阶段，在生态安全格局的构建下，结合城市的定位，确定规划片区50年一遇的防洪标准，并通过道路竖向设计，划定土石方平衡单元，尽量保持土石方单元内平衡，初步测算土石方量为±1亿方；方案落地阶段，联合下一层级的道路设计单位，对方案的土石方量进行详细测算，在不影响大的生态廊道走向和延续性的情况下，修正道路选型、用地选择，最终减少土石方量为±7000万方，使综合效益最大（图5、图6）。

四、融合：规模不大，如何完善功能、配套服务

山地城市的外围组团具有与主城区距离较远、现状配套服务设施不足、规划规模不大的特点，如何组织功能布局，平衡产城之间的关系，如何配套公共服务、市政和交通设施，平衡供求关系，进而提高城市的宜居度，实现市民对美好生活的向往。

1. 顺应趋势，实现区域与内部产城融合

开州长沙组团内生产业弱，未来发展方向不确定性较大，产业用地的规模占比存在争议。规划从区域职住平衡理念出发，计算环湖城区和浦里新区两个大片区之间的工业和服务业能提供的就业人口，与规划的居住用地能承载的居住人口之比得到职住平衡系数，保证系数0.8~1.2的情况下，调减长沙组团的工业用地规模，以此减少区域之间的通勤交通，实现绿色低碳可持续发展，锚固城市发展的用地格局（图7、表2、表3）。

在组团内部，强调以人为本，针对工业区与生活区的不同需求，采取不同的配套设施策略，满足居民日常的生活。在生活区，以500m的半径，配套邻里中心公共服务设施，满足生活区常规生活需求；在产业区，以1000m的半径，服务于各个工业片区，

配套工业便利中心，满足产业就业人群工作日短距离的服务设施需求。

2. 服务周边，高标准配套公共服务

山地中小城市的外围组团周围散布乡镇建设用地，随着我国城镇化进程的加速，其公共服务设施通常兼具服务周边乡镇人口的功能。在规划过程中，应在考虑规范的基础上，参考现状和未来趋势，立足区域，扩大研究范围，适当调整公共服务设施的水平。

在盘州老城片区，按照规范配比其高中学生数应为 1300 人，远低于现状 1.4 万人。规划立足区域，发现其服务对象是整个市域范围，因而采取综合占比法与增长率法，测算其普通高中学生数为 1.8 万人，按此规模配套高级中学（图 8）。

在开州长沙组团，考虑长沙组团是环湖城区外围组团，其教育资源又兼具服务周边乡镇的功能，因而其高级中学和初级中学按照 15 万左右的服务人口进行配置（规划总人口 11 万人）。

五、弹性：识旧留新，为未来发展留有余地

对于山地中小城市，市场和上位政策的力量往往影响着城市发展方向，而这些因素变数较多，导致城市建设具有较大不确定性。控制性详细规划作为指导城市建设管理的实施蓝图，要为未来发展留有较大的余地，避免经常性修编，提高规划的时效性和权威性。

1. 存量地区：厘清现状、刚性管控

存量地区规划重点在于对现状的充分认识。识别用地权属，明确刚性不可调整用地，判别可用于更新开发的区域，划定更新单元，制定精细化管控通则，落实到控规分图图则中，同时优化调整相关规划，以此引导城市有序开发。以盘州老城片区进行探讨。

（1）通过现状权属分析，判别主要可用于更新开发的区域。主要含两类：一是行政事业单位用地，

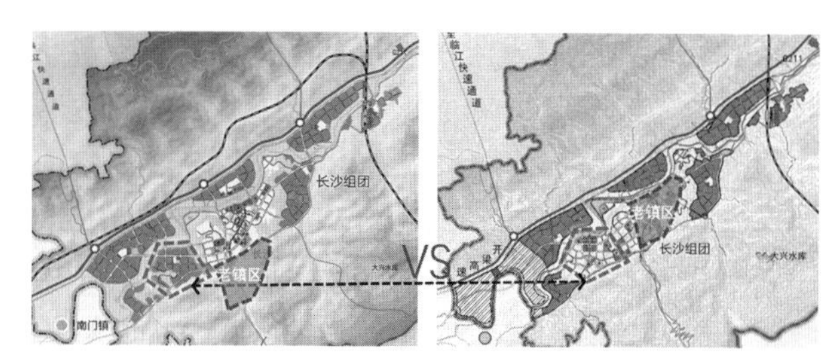

图 7　职住平衡前后的用地布局

工业就业人口预测　表 2

产业类型		北部槽谷	南部槽谷
工业企业	用地面积（km^2）	0.5	10.3
	就业密度（万人 /km^2）	0.8	0.8
	就业人口（万人）	0.4	8.2

服务业就业人口预测　表 3

产业类型		北部槽谷	南部槽谷
商业服务业	用地面积（km^2）	3.0	0.7
	就业密度（万人 /km^2）	4	4
	就业人口（万人）	12.0	2.8
教育科研	用地面积（km^2）	1.6	0.7
	就业密度（万人 /km^2）	0.1	0.1
	就业人口（万人）	0.16	0.07
其他服务业	用地面积（km^2）	26.4	14.9
	就业密度（万人 /km^2）	0.4	0.4
	就业人口（万人）	10.56	5.96
合计	就业人口（万人）	22.72	8.83

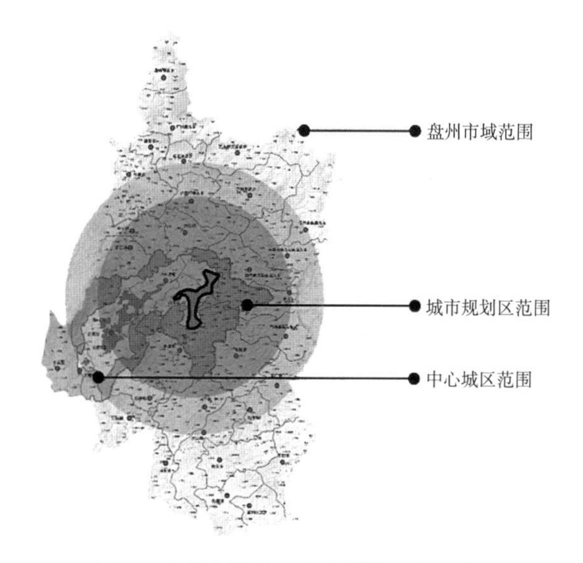

图 8　盘州老城片区在盘州的区位示意

占现状总用地的1/3；二是国有企业用地，占现状总用地的1/5。

（2）基于权属划定更新单元、实现整体更新管控。基于产权与建筑肌理，划定一级管控单元，明确更新策略；综合叠加产权、建筑肌理、风貌建筑、规划道路和街巷空间，划定二级管控单元；针对分区明确主导功能与改造模式（图9）。

（3）制定精细化管控通则，并落实指标至分图图则。分析现状权属的容积率、密度、高度，参考相关规范后给定管控通则。

（4）对其他相关规划进行优化。对不同区划内的不同建筑明确不同的保护、整改措施，提出建议保护区划的范围，反馈至《盘县城关镇历史文化名镇保护规划》中，发挥规划的统筹协调作用。

2. 增量地区：预留可能性、弹性引导

增量地区由于较多不确定性，规划应重点探讨对新增用地的弹性引导。

（1）结构层面，弹性街区探讨。建立以200~250m的路网模数，以适应不同类型的功能单元，其基本模数可满足基本居住单元，加密后可以满足基本科研或商业单元，取消部分路网亦可满足基本工业或仓储单元。

（2）详细控制层面，弹性用地探讨。这些探讨能较为有效地提高规划弹性，为政策决策者提供实践操作上的便利。

在方案研究阶段，借鉴白地灰地模式对用地性质预留弹性，以开州长沙组团为例，选取绝对意义上的半岛地区，作为白地，近期作为绿地或可修建临时性商业，最终确定用地性质时需经过论证；对半岛景观优质的工业地区，采用灰地控制，限制其批租年限为10~20年，过期后可根据实际建设需求论证其用地性质；在方案落地阶段，与地方条例相结合，重庆市政府结合地方建设状况进行了一定探讨，于2018年3月施行新的《重庆市城市规划管理技术规定》（重庆市人民政府令第318号），提出控规在确定用地性质时，可选择选择性兼容和混合型兼容两种用地兼容方式，为城市建设留有弹性发展空间。

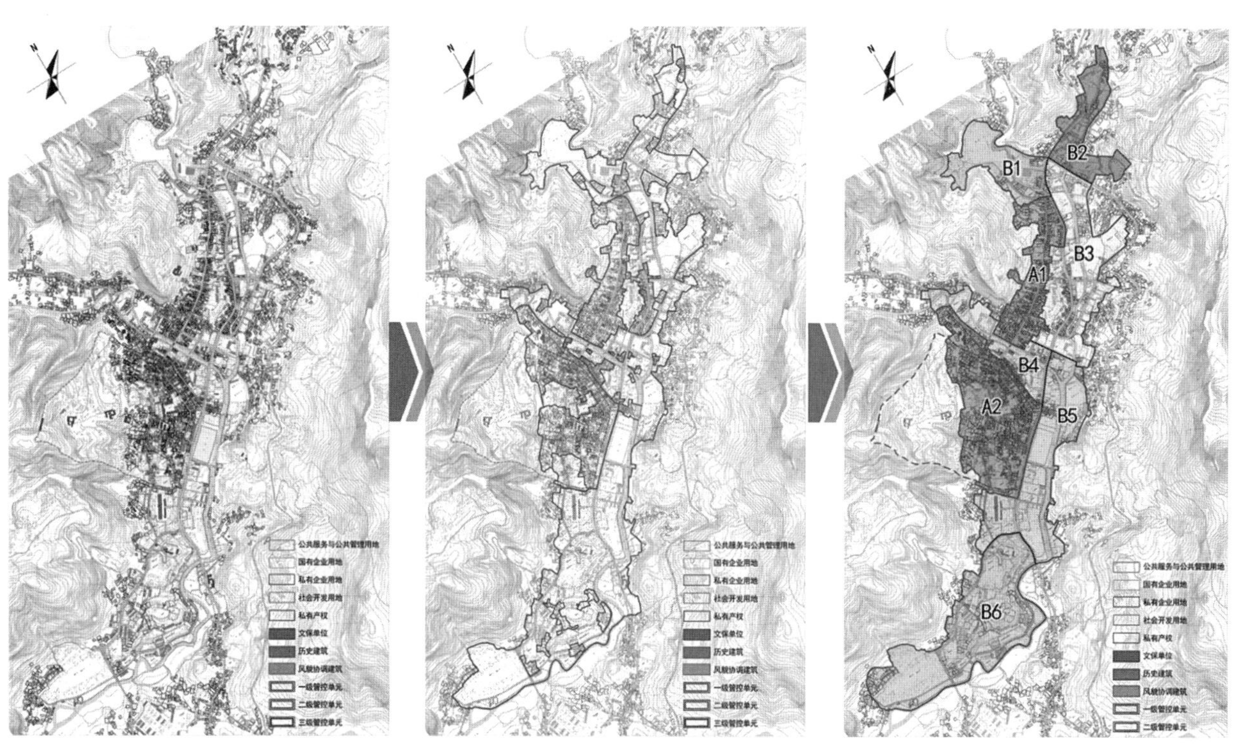

图9 基于权属的更新单元示意图

六、启示

山地中小城市外围组团拓展是小体量规模下的飞地式扩张模式，为尽量减少各种负面效应，预防城市无序扩张，规划层面的引导应注重以下几个方面：

（1）坚守规划的价值底线，在各方利益博弈之间，严控生态格局的底线，在此基础上适当结合近期及各方诉求，达到综合效益最大化；

（2）微观规划需具有宏观视角，对于外围组团，绝不仅仅就外围说外围，应放眼区域，找准定位，以宏观视角布局功能和业态；

（3）规划应具有弹性，尤其是指导实施的控制性详细规划，探讨用地的留白和兼容性，为未来发展留有余地，具有重要的现实意义。

注：本文的资料来源于《綦江工业园区升平组团概念性总体规划》《开州区城乡总体规划（2015—2035 年）》《开州区浦里新区长沙组团控制性详细规划》《盘县老城片区控制性详细规划》（2017 年盘县更名为盘州市）。

参考文献：

[1] 陈洋，李立勋，许学强 .1960 年代以来西方城市蔓延研究进展 [J]. 世界地理研究，2007（3）：29-36.

[2] 冯科，吴次芳，韩昊英 . 国内外城市蔓延的研究进展及思考：定量测度内在机理及调控策略 [J]. 城市规划学刊，2009（2），38-43.

[3] 张琳琳 . 转型期中国城市蔓延的多尺度测度、内在机理与管控研究 [D]. 杭州：浙江大学，2018.

[4] 方创琳，祁巍锋 . 紧凑城市理念与测度研究进展及思考 [J]. 城市规划学刊，2007（4）：65-73.

重庆城乡建设用地集聚与扩散演变特征与影响因素研究

刘璐瑶，李　旭

（重庆大学建筑城规学院，重庆　400045）

【摘　要】为了更好地探寻城乡发展协同机制和区域联动发展机制，本文基于GIS和多尺度地理加权（MGWR）软件，进行重庆城乡建设用地集聚与扩展影响因素研究。研究发现：①重庆城乡建设用地处于单核增长、初步扩散的局面；②重庆东西部发展差距较大，渝东南发展基本停滞；③重庆高度集聚区发展依旧不足，行政边界与城乡之间存在壁垒，协同性发展比较薄弱；④经济人口和交通区位条件从重庆市内外两方面推动重庆集聚发展，生态成为关键考虑要素。

【关键词】多尺度地理加权；集聚与扩散；城乡建设用地；空间拓展

近年来，在快速城镇化的进程中，城乡建设用地大量增加，城乡空间也处于快速的演变之中。当前，城乡建设用地的演变特征成为城乡和区域联动发展的研究热点，随着人口资金要素不平等流动、交通区位优势发展等，城乡建设用地呈现出集聚和扩散两种形式且处于动态变化之中。吴海东认为集聚能力和扩散能力是体现城市规模与实力的重要方面[1]；曹广忠等认为集聚与扩散是城市发展的主要推动力，区域中心城市的形成与发展会受到自身基础与外部因素的推动，规模经济与集聚效益吸引经济要素向这些优先发展核集聚，促进区域中心快速发展[2]；李凯等认为，认识区域空间集聚与扩散的空间规律和内在驱动机制，能在区域快速发育阶段中提出具有针对性的跨区城乡发展协调机制[3]。

当前关于城乡建设用地集聚与扩散的研究中，多利用GIS、RS等软件，着眼于全国、城市群或沿海发达城市层面研究建设用地时空演变特征、扩张驱动力、转型发展等[4]。大多分析基于自变量值的大小进行影响分析，较少考虑到各自变量在不同地理空间位置上对城乡建设用地的影响。

目前，重庆地区同我国沿海地区城市群相比，还处于单核增长模式，重庆市内区县发展受到行政区划限制，各区竞争大于合作[5]。对重庆城乡建设用地的集聚与扩散演变特征进行科学分析，对更好地发挥中心城市作用、带动城乡和周边地区发展有着十分重要的意义。因此，本文通过城乡建设用地演变热点分析、重庆发展转型空间强度分析和景观扩张指数分析，观测重庆市城乡建设空间演变特征，运用多尺度地理加权软件，探索重庆城乡建设用地集聚与扩散影响因素，更加科学精准分析各自变量对建设用地的影响，为实现重庆城乡和各区高质量发展提供一定的理论依据与决策参考。

一、研究数据与方法

1. 研究方法

1）城乡建设用地演变的热点区域识别分析

利用5km×5km的网格矢量数据层，分别与

作者简介：

刘璐瑶（1997—），女，重庆涪陵人，硕士研究生，主要从事村镇体系研究。

李　旭（1974—），女，四川雅安人，副教授，博士，主要从事城市形态、乡村振兴和村镇体系研究。

1980~2015 年的重庆市域城乡建设用地矢量图层相交，以网格为统计单元进行城乡建设用地面积汇总。在此基础上，利用空间统计分析（Getis-Ord Gi*）识别方法，定量识别重庆建设用地的中心集聚性，并分析重庆城乡建设用地集聚扩散的演变过程[6]，具体处理数据在 ArcGIS 10.2 平台实现。具体计量模型为：

$$G_j^*=\frac{\sum_{j=1}^{n} w_{i,j}x_j-\bar{x}\sum_{j=1}^{n} w_{i,j}}{s\sqrt{\frac{\left[n\sum_{j=1}^{n}w_{i,j}^2-\left(\sum_{j=1}^{n}w_{i,j}\right)^2\right]}{n-1}}} \tag{1}$$

式中 x_j——每个网格内城乡建设用地总面积；

$w_{i,j}$——网格 i 和 j 空间邻近权重；

n——网格总个数。

2）城乡发展转型的空间扩展强度分析

利用 5km × 5km 的网格，采用城乡建设用地扩展强度（L_i）这一指标，定量刻画城乡建设用地变化的速度与强度[7]，以 5km × 5km 的网格作为分析单元，揭示研究期城乡建设用地空间转变的过程和规模强度，公式为：

$$L_i=\frac{\Delta U_i}{(\Delta t\times TLA)}\times 100\% \tag{2}$$

式中 ΔU_i——某一时期每一网格单元里城乡建设用地面积变化量；

Δt——时间跨度；

TLA——网格单元面积。

3）景观扩张指数（LEI）分析

LEI 是由刘小平[8]等提出的量化分析城乡扩张过程的分析方法，公式为：

$$LEI=100\times\frac{A_0}{A_E-A_P} \tag{3}$$

式中 LEI——斑块的景观扩张指数；

A_E——斑块的最小包围盒面积；

A_P——新增斑块本身的面积；

A_0——最小包围盒里原有景观的面积。

当 $0\leq LEI<2$ 时，为飞地式扩张；$2\leq LEI\leq 50$ 时，为边缘式扩张；当 $50<LEI\leq 100$ 时，为填充式扩张。借助 ArcGIS 10.2 软件平台和刘小平等开发的 ArcGIS LEITool 插件，参照以上 LEI 指数值，定量识别城乡扩张方式。

4）多尺度地理加权（MGWR）分析

与经典 GWR 的所有变量带宽相同相比，由于 MGWR 的每个回归系数都是基于局部回归得到的，带宽具备特异性，回归结果会呈现出空间异质性，因此回归结果更加精确[9]。MGWR 模型的计算公式如下：

$$y_i=\sum_{j=1}^{k}\beta_{bwj}(u_i,v_i)x_{ij}+\varepsilon_i \tag{4}$$

式中 y_i——被解释量；

x_{ij}——协变量；

β_{bwj}——带宽为 b_w 的第 j 个局部回归系数；

(u_i, v_i)——样点的空间坐标；

ε_i——模型回归残差。

2. 研究数据

1）变量选取

以选取因子的全面性、代表性和资料可获得性为原则，参考已有的研究成果，综合考虑重庆市社会经济发展情况，时间跨度为 1995~2015 年。分别从自然环境条件、区位交通条件和社会经济条件中选取与建设用地变化有较大联系的 11 个指标进行综合分析：高程（m）、距水系距离（m）、到区政府距离（m）、到高速公路距离（m）、到主要道路（国道、省道、环城高速公路）距离（m）、到二级道路距离（m）、到其他道路距离（m）、到火车站的距离（m）、到铁路的距离（m）、GDP（万元）和总人口（万人）。

2）数据来源与研究时段选择说明

空间分析数据来源为重庆市域的 1980 年、1995 年、2005 年和 2015 年的土地利用现状数据。定量多元分析研究时间段确定为 1995 年、2005 年和 2015 年三个年份，主要出于区域发展阶段性和数据可获得性两方面考虑。一是出于 1997 年重庆直辖、1999 年西部大开发战略和 2008 年全球金融危机，选择了 1995 年和 2005 年为研究的时间断面；二是出于数据的可获得性，20 世纪 80 年代的道路交通、自然条件等数据较少且影响数据较难获取，因此把研究起点设置为 1995 年。研究中涉及的自然条件（高程、水系）和道路交通数据来自 Bigmap 提供的 DEM 数据、POI 兴趣点数据和矢量数据。相关的社会经济数据主要来源于 1995 年、2005 年和 2015 年的重庆市统计年鉴。

二、结果分析

1. 重庆城乡建设用地演变过程

整体上，重庆城乡建设用地处于单核增长模式四个时期的建设用地增长率分别为24%、57%和186%，处于加速增长模式。重庆城乡建设用地主要围绕重庆中心城区呈中心集聚并逐渐向外扩展，且新集聚点大多以区为单位出现。重庆作为中国西部重要经济增长极，在直辖之前，城乡发展比较落后，其城乡建设空间基本无较大变化；自1997年直辖之后，城市快速发展，重庆主城区迅速集聚达到饱和状态并初步呈现扩散趋势。随着国家西部政策和成渝城市群规划带动，重庆主城区继续飞跃发展，在2015年呈现出明显的扩散效应。目前，主城区内部已形成永川、长寿、南川等若干次级集聚点，同时以主城区为核心向全市扩散发展的模式已初步形成；东北部以万州区等为新集聚点，东南部以黔江区为小集聚点，东南部发展依旧处于较弱水平。初显雏形的集聚中心多分布在各区县行政中心，区县相邻边界处无明显集散现象，说明各区县集聚效应主要还是以行政边界为单元各自展开。

2. 重庆城乡发展转型的空间拓展性

从1980~2015年的城乡建设用地拓展强度来看，重庆主城区的空间拓展强度多大于4%，渝东北的空间拓展强度仅在2005年之后在局部地区大于4%，渝东南的空间拓展强度基本在1%~2%。利用ArcGIS 10.2软件统计拓展强度变化较大的2005~2015年每个区的新增用地面积，其中新增建设用地面积主要集中在重庆主城区，其占重庆市域新增建设用地面积的79%，渝东北占15%。重庆城乡建设用地拓展强度指数（L_i）为：重庆主城＞渝东北＞渝东南。

3. 重庆城乡建设用地扩张类型

从空间分布上来看，重庆城乡建设用地扩张类型，边缘式一直属于重庆城乡建设用地的主要扩张类型，其斑块面积在三个时期分别占67%、57.2%和49.2%。1980~1995年，重庆城乡建设用地主要集中在主城并呈现一定填充式和边缘式扩张；1995~2005年，主城区的边缘式扩张方式增多；2005~2015年，飞地式扩张大量增多，占61.1%，主要集中在各区中心，且伴随着一定的边缘式扩张方式。重庆市整体发展过程为“原有城乡建设用地—填充式扩张—边缘式扩张—飞地式扩张”，但由于重庆的发展本身还不够全面，在这一过程中，一直伴随着填充式扩张方式。

4. 渝西、渝东北、渝东南城乡发展差异性

在中心集聚方面，重庆西部和东部有明显差异。渝西发展和集中程度强于渝东，渝东北又要稍强于渝西北。本文分别从渝西、渝东北和渝东南中选取发展较好的永川区、万州区和黔江区作为具体对比案例，进行重庆市域城乡发展的区域差异性分析（图1）。

从图1可知，永川区城乡发展大致呈现出中心集聚区向外扩散的现象，并发展出其他集聚中心；万州区和黔江区依旧处于中心集聚的过程中，但万州区的扩散能力稍强于黔江区。三个区反映了重庆城乡发展情况为：渝西＞渝东北＞渝东南。

5. 重庆城乡建设用地集聚与扩散影响因素分析研究

城乡建设用地集聚与扩散是一个动态的演变过程，受到了内力和外力的共同作用。结合已有的研究成果和重庆实际情况，本文选取自变量包括：自然环境、社会经济和区位交通。

从自然环境要素看，地形是限制城市形态发展的天然制约力之一，而海拔高程对于城镇用地与农民居民点用地选址都是较为重要的影响因子[10]。重庆由于独特的山地地形，相比平原城市，城乡发展受到了自然条件较大的限制，且重庆市内有长江、嘉陵江、乌江等多条水域，城市发展与水系有较大联系。因此,选取高程和到水系的距离为研究自变量。

从社会经济要素看，城乡建设用地作为一种生产性要素，承载了人类大部分社会经济活动，不断新增的城乡建设用地也促进了经济的发展。重庆经济的快速发展和户籍制度改革使大量农村人口转化

图 1　永川、万州和黔江区 1980~2015 年热点分析

为城镇人口，对城乡建设用地的需求也在不断加大。因此，选取总人口和 GDP 为研究自变量。

从区位交通要素看，重庆直辖、西部大开发、陆地交通的高速建设和完善使重庆的经济社会得到了前所未有的发展，土地利用结构也发生了深刻的变化，尤其是城乡建设用地面积大大增加 [11]。区域之间火车、高速公路等通过区域联系促进协调发展，城市内部通过省、乡道等方便人们生活，促进经济活动。因此，选取到火车站、区政府、铁路、主要道路（国道、省道、环城高速公路）、高速、二级道路和其他道路的距离为研究自变量。

回归结果如图 2 所示，总人口和 GDP 这两个因素的解释力要远高于其他影响因素，解释力大小最高分别为 0.921 和 1.08，其中在 2015 年这两个要素显著增加。首先，重庆市统计年鉴显示，重庆市城镇化率和 GDP 从 1995 年的 29.5% 和 1123.06 亿元增长到 2015 年的 60.9% 和 15717.27 亿元，说明随着城市和社会的高速发展，人口的增长扩大了对建设用地的需求，经济增长又进一步作用于建设用地的开发，人才集聚和资金集聚共同促进重庆城乡集聚。其次，到区政府的距离和到火车站的距离对城乡建设用地集聚也产生了较大影响，解释力最高分别为 0.417 和 0.251。另外，从自然环境要素来看，重庆城乡建设用地的集聚与扩散随着时间的推移，对于环境的考虑越来越少，解释力分别从 0.025 和 0.014 降到 0.001 和 0.005。这说明随着城市的不断扩展，建设用地的紧缺促使重庆往更多高难度地区进行开发，同时也更多地降低了对到水系距离的依赖，城乡发展渐渐向高技术开发转型。

三、结论与讨论

1. 单核增长，初步扩散

1980~1995 年，重庆发展较为停滞；1995~2005

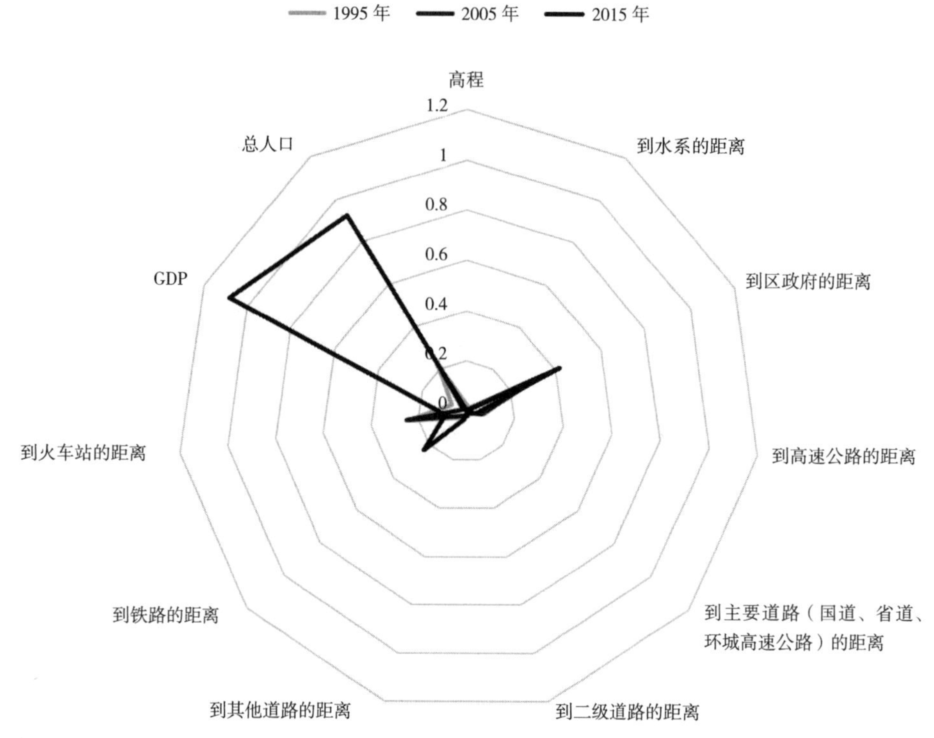

图 2　重庆市域集聚与扩散影响因素分析

年，重庆主城区中心集聚不断增强，城乡空间的中心集聚性不断凸显和扩散；2005~2015 年，已形成了以重庆中心城区为核心的高度集聚中心，并不断向四周扩散。重庆整体的发展主要以单核增长模式为主，近几年逐渐呈现出扩散趋势。扩散方式多以行政边界为单元，在各区各自集聚，也说明各区之间要素还不够流通，彼此之间比较闭塞。

2. 由西到东，协同发展

1980~2015 年，重庆城乡发展的区域差异性特征显著。表现为重庆主城区集聚性和空间拓展性强于渝东北和渝东南，其中渝东南发展最为平缓。因此，未来要通过提升渝东地区的发展来缩小区域差异，形成较为稳定的重庆市域协同发展。在此基础上，希望打破行政边界限制，通过更加自由的人口、资金等要素流动，加快城乡建设用地集聚，实现城乡发展。

3. 强化中心，全域联动

1980~2015 年，重庆城乡建设用地高速增加，全市填充式扩张较少，主要集中在中心城区内部，表明主城区内部发展还不够全面。因此，为了更好地推动重庆市发展，在加快向周边地区辐射的同时，也应加速“城乡统一的建设用地市场”建设，引导城乡人口、资金要素合理流动，促进城乡和各区之间协调发展。

4. 发展交通，生态规划

通过多尺度地理加权（MGWR）分析得出：首先，对于高度集聚中心区来说，人口和经济是其集聚性的重要保障；但对于次级或不太集聚的地区来说，通过交通等其他方式与中心集聚区保持联系才是城乡发展的重要途径。其次，不论是重庆全市还是发展较好的西部区县，交通要素成为影响集聚、扩散的关键因素。这与当前重庆发达的地面交通有关联，未来城乡发展应充分利用现有交通条件以及积极与交通规划保持一致，加速重庆城乡发展。最后，随着存量规划和生态规划的呼吁，城乡发展对于自然环境的考虑越来越多，对于地形地貌复杂多变的重庆来说更是如此，未来的重庆城乡规划应更多考虑到生态环境。

参考文献：

[1] 吴海东，李庆 . 我国城市的经济集聚扩散机理与动力机制分析：以重庆主城区为例 [J]. 天府新论，2005（5）：64–67.

[2] 曹广忠，郜晓雯，刘涛 . 都市区与非都市区的城镇用地增长特征：以长三角地区为例 [J]. 人文地理，2011，26（5）：65–70.

[3] 李凯，刘涛，曹广忠 . 城市群空间集聚和扩散的特征与机制：以长三角城市群、武汉城市群和成渝城市群为例 [J]. 城市规划，2016，40（2）：18–26，60.

[4] 曾于珈，廖和平，孙泽乾 . 城乡建设用地时空演变及形成机理：以重庆市南岸区为例 [J]. 西南大学学报：自然科学版，2019，41（2）：100–108.

[5] 李凯，刘涛，曹广忠 . 中国典型城市群空间范围的动态识别与空间扩展模式探讨：以长三角城市群、武汉城市群和成渝城市群为例 [J]. 城市发展研究，2015，22（11）：72–79.

[6] 杨忍，徐茜，李璐婷 . 珠三角地区城乡空间转型过程及影响因素 [J]. 地理研究，2016，35（12）：2261–2272.

[7] 刘彦随，杨忍 . 中国环渤海地区城乡发展转型格局测度 [J]. 地理学报，2015，70（2）：248–256.

[8] 刘小平，黎夏，陈逸敏，等 . 景观扩张指数及其在城市扩展分析中的应用 [J]. 地理学报，2009，64（12）：1430–1438.

[9] 沈体雁，于瀚辰，周麟，等 . 北京市二手住宅价格影响机制：基于多尺度地理加权回归模型（MGWR）的研究 [J]. 经济地理，2020，40（3）：75–83.

[10] 蔡芳芳，濮励杰 . 南通市城乡建设用地演变时空特征与形成机理 [J]. 资源科学，2014，36（4）：731–740.

[11] 嵇涛，杨华，何太蓉 . 重庆主城区建设用地扩展的时空特征及驱动因子分析 [J]. 长江流域资源与环境，2014，23（1）：60–66.

古代山地城市营城特征及其韧性智慧的探析与思考
——以重庆府、建康（南京）、临安（杭州）为例

李正浩[1]，李云燕[1, 2, 3]
（1 重庆大学建筑城规学院，重庆　400045；2. 山地城镇建设与新技术教育部重点实验室，
重庆　400045；3. 重庆大学智慧疏散与安全研究中心，重庆　400045）

【摘　要】本文以重庆府、建康（南京）、临安（杭州）三个典型的古代山地城市为例，在分别对其历史背景、山水格局、营城特征进行梳理的基础上，整体探析山地城市各方面建设中所蕴含的韧性思想内涵，认为合理的城市选址是山地城市建设的先决条件，因地制宜的道路系统是山地城市建设的基本骨架，防灾基础设施是山地城市建设的重要保障，旨在以此对当代城市设计与韧性城市建设提出思考和启示。
【关键词】古代山地城市；山水人居；营城特征；韧性智慧；探析

人类最早的聚落起源于山水交替的自然环境中，而中华文明绵延数千载以来，山地城市的建设也在与山水环境的交互之中不断发展、演进，其因势赋形的建设手法、丰富多变的空间形态、山水交融的景观格局共同构成了古代山地城市别具一格的营城特征。一方面，充分展现出了山水人居的艺术张力；另一方面，无论是城市的选址、道路系统的组织、防灾设施建设还是城市建设的技术，都体现了传统韧性智慧的思想底蕴。故而探求人、山地、城市之间的关系，剖析古代山地城市的营城艺术与韧性智慧对当代城市规划的引导性与重要性可见一斑。

一、古代山地城市空间格局及营城特征

古代山地城市的起源与发展不尽相同，其发展与演变会受政治背景、经济实力、军事防御、建造技术等各方面因素的影响，所呈现出的空间格局与形态亦会日新月异，不难注意到，许多历史悠久的城市往往由于其在选址、布局与营造方法上的独到之处而能够免于受灾，正如城市韧性的概念所述，城市能够凭自身的能力抵御灾害，减轻灾害损失，我国古代劳动人民在城市的营建过程中积累了大量的经验，并已然形成了独特的、富有中国特色的安全观与防灾体系。以下选取了由滨江水运贸易而兴的重庆、六朝古都南京以及江南水网城市杭州为古代山地城市的典型案例进行分析，在总结城市选址、山水格局及城市形态特征的同时，为研究古代山地城市建设的韧性智慧埋下铺垫。

1. 重庆府——巴山渝水振兴贸易山城

重庆是西南地区典型的山地城市之一，坐落于长江与嘉陵江交汇之处，西接成都平原，东有三峡险阻，北连秦巴山脉，南通云贵高原，四周多山，典型的川东平行岭谷地貌与复杂的地形成就了重庆别具一格的城市空间格局，因此在现代重庆也被人们称为“3D 魔幻都市”。

作者简介：
李正浩（1996—），男，重庆万州人，硕士研究生。
李云燕（1980—），男，重庆沙坪坝人，副教授，博士生导师，主要从事山地人居环境科学、城市韧性与安全、雨洪灾害防治研究。
基金项目：国家自科基金项目（51678086），中央高校基金前沿交叉研究专项（2018CDQYJZ0002）。

而早在先秦时期，重庆就开启了其城市建设史，巴国伐楚失利后曾在江州建城，由于位置较为偏远、交通不便，当时的重庆只是作为地方中心，以军事防御功能为主。宋代之后，南方城市不断发展繁荣，长江与嘉陵江成为南方城市重要的水路交通要道，重庆作为两江水路中转枢纽城市，其贸易与运输也因此而兴起，城市规模日渐增大，但重庆的自然条件决定了其生态脆弱区域占比较大，自然灾害较为频繁，这导致重庆自古无论是在空间开发走向还是开发强度上都受到很大的限制，正如《华阳国志·巴志》[1] 记载，“地势侧险，皆重屋累居，数有火害，又不相容。结舫水居，五百余家，二江之会，夏水涨盛，坏散颠溺，死者无数”。而在道路系统形态方面，在管子“道路不必中准绳”的建城思想下，重庆不规则路网模式（图 1）早已突破了传统礼制思想的桎梏，城市道路系统能够与山体、河流等自然地形完美结合，降低了建设工程的难度与成本，还有利于保证城市安全。明代重庆府筑城之时也充分考虑了这些影响因素，且基本奠定了重庆整体城池的规模与城市形态（表 1）[2]。

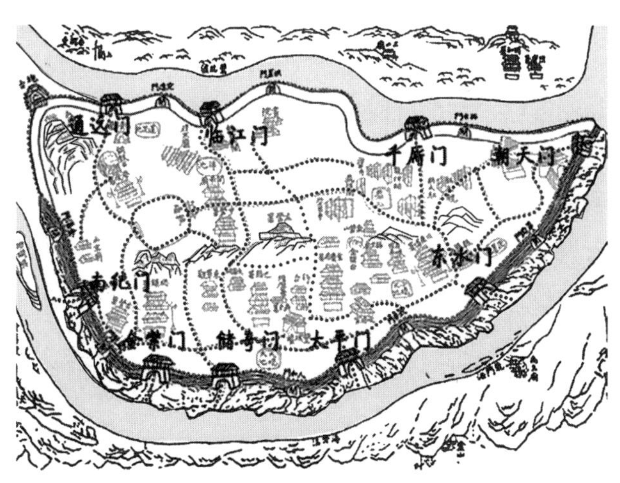

图 1　重庆不规则路网模式示意

来源：根据参考文献 [3] 改绘

重庆城市空间特征　　表 1

城市	重庆
自然环境特征	平行岭谷地貌、地形复杂、两江交汇
城市形态	坐落于半岛之上，城市形态随地形变化
交通格局	水陆并行、不规则路网模式

2. 建康（南京）——江山之助孕育六朝古都

建康即今南京，拥有 2500 年的建城史，历史上多为南方政治文化中心，故被誉为“六朝古都”，其丰富的历史遗存和厚重的文化底蕴也让南京成为一座气宇非凡的城市。

南京地区主要地貌为宁镇扬丘陵，地形以洼地、岗地和平原为主，城市周围层峦叠嶂，水系纵横，有“钟山龙蟠，石头虎踞”之称，如南宋《景定建康志》[4] 所述：“石头在其西，三山在其西南，两山可望而挹大江之水横其前。秦淮自东而来，出两山之端而注于江，此盖建邺之门户也。”生动描绘了古南京的山水格局。

南京第一次正式作为都城建设是三国时期，孙权在赤壁之战后定都建业，也奠定了南京城最初的城市基本骨架，而由南京历代城址的变迁可以看出（图 2），在城市选址方面，不断利用山水之势进行发展，城内建筑依托山川而建，城外整体形态依河流作边界，以此形成交通发达、商贸繁荣的重要枢纽。由此可见，南京古城在城市形态上随着各个时期的发展与需求不断发生变化，城市与自然完美交融（表 2）。

图 2　南京历代城址变迁图

来源：文献 [5] 改绘

建康（南京）城市空间特征　　表 2

城市	南京
自然环境特征	宁镇扬丘陵地貌；低山、丘陵、岗地、平原交错
城市形态	城市形态顺应时代需求变化，随山水之势变化
交通格局	水陆并行、方格网与自由式路网并用

3. 临安（杭州）——蓝绿交融铸就江南名城

临安即今杭州，位于钱塘江下游、杭嘉湖平原的最西南端，城市周边的西湖与群山已然划定了城市生长发展的边界，优美的蓝绿自然系统也让如今的杭州成为重要的风景旅游城市。

杭州城市的发展历经2200多年，隋唐时期大运河的修筑成就了杭州经济的繁荣，使江南地区一跃成为全国经济中心，届时杭州也迎来了州城的第一次建设，南倚凤凰山，城市呈南北狭长的不规则长方形，而后城市不断扩张，逐步形成了"东城西湖"的空间格局（图3）。至两宋时期，皇城的位置由于受到自然地理条件的限制，甚至完全摒弃了《周礼》的建城制度，同时继承了吴越西府的城市格局，城内道路也在其基础上进行扩建、修筑御道，城内以方格网路网结构进行交通组织，这与江南地区的水网组成了"前街后河"的水陆交通格局（表3）。城内主要的建筑也与周边的山体水道相呼应，铸就了江南水乡之美景，宋元以后，几经战火，杭州城破坏严重而重新修筑，但城市的基本格局仍保持了长时间的稳定状态。军事防御方面，杭州与南京有所不同，南京紧邻长江，但长江险要，一方面会受到水患灾害的影响，另一方面若长江失守，城市则难保齐全。而杭州远离大江大河，一定程度上避免了水患影响，密布的水网也形成了天然的护城河，足以保卫都城的安全。

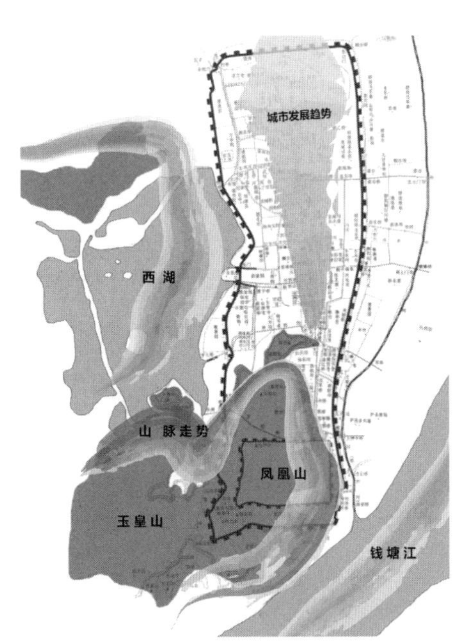

图3 杭州"东城西湖"城市格局示意

来源：文献[6]改绘

临安（杭州）城市空间特征 表3

城市	杭州
自然环境特征	南倚凤凰山，西邻西湖，东、北为平原
城市形态	呈南北狭长的不规则长方形，城市沿地形扩张
交通格局	前街后河、水陆并行、方格网道路系统

由上述案例可见，古代不乏拥有丰富建城历史的山地城市，它们在建城伊始多为形态规整的方城，后随城市发展与扩张，大多顺应山水地形环境呈现出不规则的形态，同时也受到各时期经济、政治、军事、防灾等各要素的影响在形态特征上产生适应性变化[7]。

二、古代山地城市建设韧性智慧内涵

根据已有研究发现，古代城市建设发展历程与我国传统韧性智慧及其思想内涵具有高度的契合性与延续性，主要表现在生产力水平提升、城市安全性与多样性提升等方面，在此过程中会出现城市系统本身或系统外诸如自然灾害、战争、动乱等影响城市发展进程的负面因素的影响，我国先人在应对这些因素影响之时展现出了惊人的智慧与力量，并在城市建设中予以落实，而对于山地城市来讲，城市选址、道路系统、防灾设施是最能体现其城市韧性建设特征的几个方面。

1. 合理的城市选址是山地城市建设韧性的先决条件

好的选址能决定城市的整体基调与发展上限。古代山地城市韧性包括防洪、气候适应、军事防御等各个方面，但山地城市因地形导致可建设用地条件受到限制，生态脆弱区域面积较大，自然灾害较多[8]。城市选址对于城市安全的重要性不言而喻，古代城市往往择高而建，充分考虑日照、通风、地形条件，一方面能减轻自然条件带来的建设影响，另一方面也能降低不可抗因素的冲击，提高城市韧性。

而古代山地城市建城选址智慧颇丰，蕴含传统文化特色。对这些成果归纳、总结后，从历史发展整体时序看，可以分为三个思想主导阶段。

1）实用主义与风水思想主导阶段

早期山地城市的选址主要从实用性上予以考量，大多城市选址于河滨山麓，既满足经济、防御的实用性要求，也能保证城市防灾之需。亦如管子所著“凡立国都，非于大山之下必于广川之上。高毋近旱而水用足，下毋近水而沟防省……”[9] 此外，山地城市选址也要受到“择中”等堪舆思想的影响，要先占卜，辨其方位、吉凶，而关于风水文化与城市选址的关系在很多城市选址中都有体现。

2）两大典型思想的博弈中和阶段

中期阶段随着君主专制制度的发展，这一时期在山地城市规划与选址上涌现了秩序性与自然性两大流派，分别以周礼、管子思想为代表。从南京、杭州城市建城之初的城市形态与扩张后的城市形态对比可以看出，最初城市大多遵循《周礼》中的城市规划范式营建，追求方位上的“中”与形体上“整”。而后期在管子、周易思想引导下，大多城市选址与建设因势赋形、因地制宜，出现了各种形态的城市（表 4），两种思想相互碰撞，也对后世城市选址产生了重要影响。

3）追求多要素评估的稳定阶段

随着社会经济都较为成熟，山地城市的选址开始注重自然、交通、政治、经济、历史人文、防灾安全等要素的综合性评估。南京在向着长江沿线发展扩张时便考虑了经济、军事、防灾等要素，一方面利用水运发展经济，另一方面通过修建堤坝、开挖沟渠来抵御水患灾害；军事防御方面，南京周山环绕，形成天然的防御屏障，且周边军事堡垒的选址建设也十分考究，区域联动紧密，形成圈层式防御系统[10]。

综上，从历史发展整体时序角度来研究我国古代山地城市选址的发展与变化，有利于我们结合各时期时代背景去理解古人对于城市选址所展现的智慧，而无论是政治性的统治与管理，还是自然性的选择与适应，背后都充分体现了合理的城市选址对于城市各方面韧性发展的重要性。

2. 因地制宜的道路系统是山地城市建设韧性的基本骨架

在古往今来的城市建设中，交通功能始终作为道路系统最基本的功能要素，如《考工记》中“经涂九轨、环涂七轨、野涂五轨”所述，“轨”是古代城市表示城市道路等级、宽度的基本单位。在山地丘陵城市，城市道路系统一般结合地形特点呈现出不均衡性与复杂的特点，为了避免过多的挖填方成本与山体破坏，较多地采取结合地形的分散式组团结构与灵活自由式道路交通进行组织。而在空间形式上，古代城市道路系统主要分为传统的方格网模式与不规则路网模式。

方格网模式让城市整体形制方正、对称，宽阔的主次干道也为城市提供了充足的公共空间予以应急避险，大街小巷的道路格局自然划分了空间管控单元[3]，这在六朝建康、临安的道路系统上有所体现。而不规则路网模式在风险抵御角度上，能够加强灾害风险较大的区域与对外的联系，可以增加城

秩序性与自然性的博弈中和下的城市形态 **表 4**

城市形态	典型城市	特点
楔形	南宋临安	城市呈南北狭长的不规则长方形。宫殿独占南部凤凰山，整座城市街区在北，形成了“南宫北市”的格局
三角形	宋元时期的泉州（刺桐城）	五代及南宋经数次扩建，泉州城成为依地形而建、大体呈三角形的不规则形城市
椭圆形城	台北恒春城	全城形为椭圆，东、南、西、北四面没有城门
曲折形的城	河南阌乡县城	城墙弯弯曲曲，一半城墙建于山中，把山包入城中
尖角形城	浙江余姚县城	西南城角向外伸出呈 45° 角，四面有河水包围

来源：根据文献 [3] 等资料整理绘制

市防灾水平[11]。另外，利用多样的交通组织形式与最优的道路线形和网络，满足地形、水系等限制条件，可减少对自然环境的破坏，一定程度上降低滑坡、泥石流等地质灾害的破坏力。

从韧性视角来看，两种空间模式建设思想不同、功能亦有所差别，也各有优劣，因地制宜的道路系统也并非完全的自由式路网，应根据城市具体实际情况综合考量，合理地组织城市交通，使城市交通快捷、方便、安全、经济。

3. 防灾基础设施是山地城市建设韧性的重要保障

山地城市自然生态系统具有复杂性和多样性、脆弱性与敏感性等特点，自然灾害较为频繁，因此，诸如城市防火、防洪等基础设施自古以来都是山地城市的建设要点。

山地城市最主要的灾害类型即洪涝灾害与地质灾害。城市防洪防涝方面，我国古代最重要的经验之一就是建设完善的城市水系、开挖沟渠升级城市排水系统，既能用作城市安全防御，也能作为运输、灌溉，是城市防洪的重要保障[12]。此外，在城市面对火灾、地震、干旱饥荒等灾害时，城市也有相应的设施予以应对，如城中建有望火楼、消防水池等基础设施来应对火灾。

综上，古代山地城市即使面临的灾害较多、城市建设问题复杂，但我国先人仍然通过规划思想、技术手段、防患设施的建设等各个方面充分体现了他们的智慧与力量，促使社会向更协调、安全的方向发展，也代表着人类不断追求更安全、更美好的城市生活的向往。这便是我国传统韧性智慧的精髓所在。

三、对现代山地韧性城市规划建设的启示

现代韧性城市包含鲁棒性（Robust）、可恢复性、冗余性、多样性及适应性五大特性，而在我国传统韧性智慧思想中也有一定对应关系。例如古代山地城市利用选址智慧去避免洪涝灾害，提高了城市系统应对外部冲击的能力，此对应鲁棒性；山地城市自由布局的形式一定程度上能使城市系统受到灾害影响后迅速恢复到原有状态，此对应可恢复性；在管子“天人合一”思想的影响下，古代城市建设不断与自然相融入，城市系统可根据环境变化而调整自身形态，因地制宜，此对应适应性。

怀古思今，前人的韧性智慧与思想内涵不仅能与现代韧性城市理论相匹配，对于现代韧性城市的构建也能给我们诸多启发，另外山地城市空间格局的演变历程体现了其用地的复杂性与局限性、空间的多维性与丰富性，这对于现代山地城市设计也颇有启示意义。

规划思想层面——因地制宜，韧性应对。从我国传统韧性思维上来看，可以概括为适应性思想与可持续性思想，这在城市规划中的体现为：规划应当充分利用基地自然条件，因地制宜建设城市。“因天材，就地利”简短的六个字，在当代规划中涉及城市选址的坡度、坡向、高程等方面。当前可以通过地理信息系统的技术对这些要素进行赋值评分，计算出最适宜的城市建设用地，其分析结果对城市的建设规模、功能分布、安全性、建设强度等都有极为重要的意义[13]。

城市建设层面——智慧传承，刚柔结合。我国古代山地城市为提高城市韧性从各方面做出了努力，无论是道路系统的布置还是防灾基础设施的建设，都能体现其韧性智慧。这对现代山地城市设计也颇有启发，譬如要秉持生态优先的基本理念，在道路系统设计方面采用自由式、立体化交通的方式，地上地下相互协同，提高社会生活效率，满足应急时期交通保障，提高城市韧性；此外还应当充分考虑山地城市特殊的自然格局，根据山地城市美学特征丰富城市空间层次[14]。

四、小结

本文通过对古代山地城市案例进行探析，结合对古代城市建设发展的研究基础，认为我国传统韧性智慧饱含于山地城市建设历程之中，并孕育出灿烂多姿的城市规划技术方法与思想制度，形成了自己的特色。

而现代城市系统愈加庞大复杂，未来不确定性因素越来越多，韧性城市的建设已势在必行，文章从规划思想和城市建设层面对现代韧性城市建设进行论述，以期为现代韧性城市规划提供理论帮助。

参考文献：

[1] 常璩 . 华阳国志校补图注 [M]. 上海：上海古籍出版社，1987.

[2] 蓝勇，彭学斌 . 古代重庆主城城址位置、范围、城门变迁考：兼论考古学材料在历史城市地理研究中的运用方式 [J]. 中国历史地理论丛，2016，31（2）：59-68.

[3] 张驭寰 . 中国城池史 [J]. 中华建设，2019（9）：180.

[4] 周应合 . 景定建康志 [M]. 南京：南京出版社，2009.

[5] 董鉴泓 . 中国城市建设史 [M]. 第 3 版 . 北京：中国建材工业出版社，2004.

[6] 贺业钜 . 中国古代城市规划史 [M]. 北京：中国建筑工业出版社，1996.

[7] 陈劲涛 . 中国山地城市空间格局研究：古代部分 [D]. 重庆：重庆大学，2015.

[8] 王志涛，苏经宇，刘朝峰 . 山地城市灾害风险与规划控制 [J]. 城市规划，2014（2）：48-53.

[9] 黎翔凤 . 管子校注 [M]. 北京：中华书局，2004.

[10] 姚风君 . 南京城市防灾空间历史演变及其特征研究 [D]. 南京：南京大学，2014.

[11] 刘鸣 . 基于风险管理的山地城市规划防灾方法研究 [D]. 重庆：重庆大学，2015.

[12] 吴庆洲 . 中国古城防洪的历史经验与借鉴 [J]. 城市规划，2002（4）：84-92.

[13] 周建祥 . 百花齐放的先秦规划思想对当代城市规划的启迪 [J]. 美与时代：城市版，2016（10）：38-39.

[14] 李和平，薛威 . 基于传统美学语境的西南山地城市空间建构 [J]. 城市规划，2015，39（5）：68-75.

专题二

山地地区综合交通与城乡协调发展

带形城市交通出行特征及与城市形态的关联性研究

王超深[1]，张　莉[1]，赵　炜[2]

（1. 四川大学工程设计研究院有限公司，成都　610065；2. 四川大学建筑与环境学院，成都　610065）

【摘　要】带形城市在我国广泛存在，同等建设用地规模条件下，其紧凑度往往明显低于团状城市，理论上更有利于公交发展，其内在机理有待测度。本文选择了城市规模、社会经济发展阶段接近的18个带形城市为研究对象，重点分析了出行次数、步行分担率、公交分担率特征，并就上述特征值与城区规模、城区长宽比等城市形态参数进行了相关性分析，发现带形城市具有步行分担率高、公交分担率与车辆保有量、长宽比正相关的普遍规律。基于上述规律，从倡导慢行优先、低碳出行的视角，提出了相关建议。

【关键词】带形城市；河谷城市；公交分担率；城市形态；步行交通

我国山地面积占国土面积的2/3，受山地及河谷地形影响，带形城市在我国广泛存在，根据相关统计，在全国288个地级市及省会城市中，直观判断具有狭长带状形态的城市共116个，比重为40.3%[1]。带形城市作为空间形态较为特殊的山地城市类别，与广义的组团型、单中心型山地城市相比，其显著特征是建成区内往往有沿河、沿谷、沿山的高等级干路系统，干线两侧受地形限制，可建设用地相对聚集且紧凑，建成区范围内人口密度较大。在同等规模条件下，带形城市建成区往往具有更长的半径，且建设用地主要沿主干路两侧布局，客流走廊特征明显，具有发展大容量公共交通系统的形态优势[2-3]，中国城市规划设计研究院曾对我国146个城市的公交分担率进行统计，发现带形城市及组团城市公交分担率明显高于团状城市，但是对其核心致因及相关影响因素却未展开深入研究[1]。在上述背景下，本文对带形城市的出行特征进行专题研究，系统总结带形城市交通结构特征，如出行次数、步行分担率、公交分担率等，深入探讨带形城市公交分担率与城市形态参数是否存在显著性关联等问题，并提出相关反思与建议。

一、相关研究综述

“带形城市”（Linear City）理论最早由19世纪末著名的城市规划师阿图罗·索里亚–马塔（Arturo Soria y Mata）提出[2]，此后，基于轴线的空间规划布局方案得到了广泛的传承和发展，如哥本哈根、华盛顿等城市均形成了带形特征明显的城市形态。对于带形城市形态对交通出行规律影响而言，国内外学者普遍认为城市形态对交通出行方式会产生较大影响，城市形态是城市交通模式的主要影响因素[3-5]。例如，BRT运营较为成功的库里蒂巴、轨道交通支撑的哥本哈根等均采用了带形走廊空间发展模式，在轨道或BRT两侧走廊内进行高强度开发，距离公交站点越远，开发强度越低，由此形成易于识别的交通量空间分布特征，带形走廊成为大容量公共交通系统成功的重要前提条件之一[6]。赵虎等认为快速公共客运走廊可作为我国特大城市追求职住平衡空间调控的抓手，并从观念拓展、空间引导、设施支撑和机制调整四个方面提出规划应对策略[7]。滕丽、杨永春以兰州为例，研究了带形河谷城市交通演化过程，

作者简介：

王超深（1985—），男，山东潍坊人，博士，高级工程师，主要从事交通规划与设计、区域与城乡规划研究。

张　莉（1994—），女，四川乐山人，硕士，主要从事城乡规划设计研究。（通讯作者）

赵　炜（1974—），男，四川成都人，博士，教授，博士生导师，主要从事城乡规划与设计、城乡韧性规划研究。

指出与平原城市相比，带形城市交通瓶颈更加明显，更容易提前出现交通问题[8]。刘定惠等发现兰州市通勤出行的平均距离仅为2.34km，有50%居民的通勤距离在0.92km内，和同一时期规模略大的组团城市——北京（6.5km）、上海（6.9km）、广州（5km）等相比，通勤距离明显偏短，带形城市容易形成多中心空间结构,各组团内部就业与居住平衡度较高[9]。叶茂等以镇江为例，研究了城市空间拓展中城市形态演变与交通模式的关系，提出较大规模带形城市合理的交通模式应以轨道交通为骨架、常规公交为主体[10]。信建国研究了中等规模带形城市交通特征，指出路网模式一般呈现“线形 + 方格”或“线形 + 自由形”两种，较大规模的带形城市交通组织可以考虑BRT系统[11]。

总体来看，国内学者对带形城市交通特征的研究大都为个性化特征的总结，主要关注公交走廊与城市空间结构问题，缺少普适性交通规律的总结与解析，且以定性描述为主，少量定量分析的文献主要集中在现状出行特征总结与横向比较方面，缺少更为深入的关联性分析，没有揭示其内在关联关系。

二、带形城市界定与主要指标

1. 研究对象概述

1）带形城市概念

对于带形城市的定义，我国学者进行了初步界定，如张小娟提出带形城市是建成区主体平面形状长短轴之比大于4 ： 1的城市[12]。赵洪彬将城市建成区长度与宽度比进行分析，研究发现团状城市与带形城市临街值为3 ： 1，当长度比大于7 ： 1时为条形城市（与带形城市同义，但带形形态更加明显）[1]。总体来看，国内学者均采用建成区长轴与短轴比值定义带形城市，本文采用赵洪彬的研究成果，即建成区长宽比大于3的城市定义为带形城市。在全国658个城市中，按上述标准进行判断，共有79个带形城市[1]。

2）主要形态参数

带形城市多沿河谷展开，城市平面形态中往往有沿河、沿谷或山脚线形成一条或多条近似平行的主干路，这些容量较高的干路是带形城市的主骨架，是支撑城市空间拓展及保障城市活力的“动脉”。借鉴国内外城市空间规划中的“交通廊道”理论，为更好地界定研究对象的空间属性，将主干路两侧建设用地定义为交通廊道，提出交通廊道紧凑度（C）的概念，以此判断带形城市空间紧凑度与公交分担率的关系。

交通廊道紧凑度（C）采用1961年Richardson提出的公式计算[13]：

$$C=2\sqrt{\pi A}/P \quad (1)$$

式中 A——建成区面积；

P——建成区周长。

C值越大说明城市越紧凑，最大值为1，代表圆形形态。

对于有多条主干路的城市，按照建成区趋中的原则画出“城市中线”，其平面线形可为直线或曲线，其值表示带形城市的长度（L），将带形城市划分为若干长方形，每个组团的宽度（W）为建成区面积除以相应的“城市中线”长度（L），W值可通过建成区面积（A）除以L获得，则城市长宽比计算如下。

$$L/W=L^2/A \quad (2)$$

2. 数据来源

1）空间形态数据

带形城市的长宽比基于式（2）求得，利用谷歌卫星地图测量建成区面积，分别统计不同建成区中线长度，长宽比即为边界值。该方法能保证研究基年统一，城市间有更强的可比性（图1）。

2）交通出行数据

对于各个带形城市城区常住人口和不同交通方式出行数据，通过各个城市总体规划、城市建设统计年鉴和城市综合交通规划及相关研究论文等方式综合确定。

3. 主要指标

2010年左右我国绝大多数大中规模以上城市均进行了综合交通规划，其编制年限略有不同，但大都维持在2007~2012年间，对于近似人口规模的城市，其社会经济发展水平基本接近，具有较强的可比性。

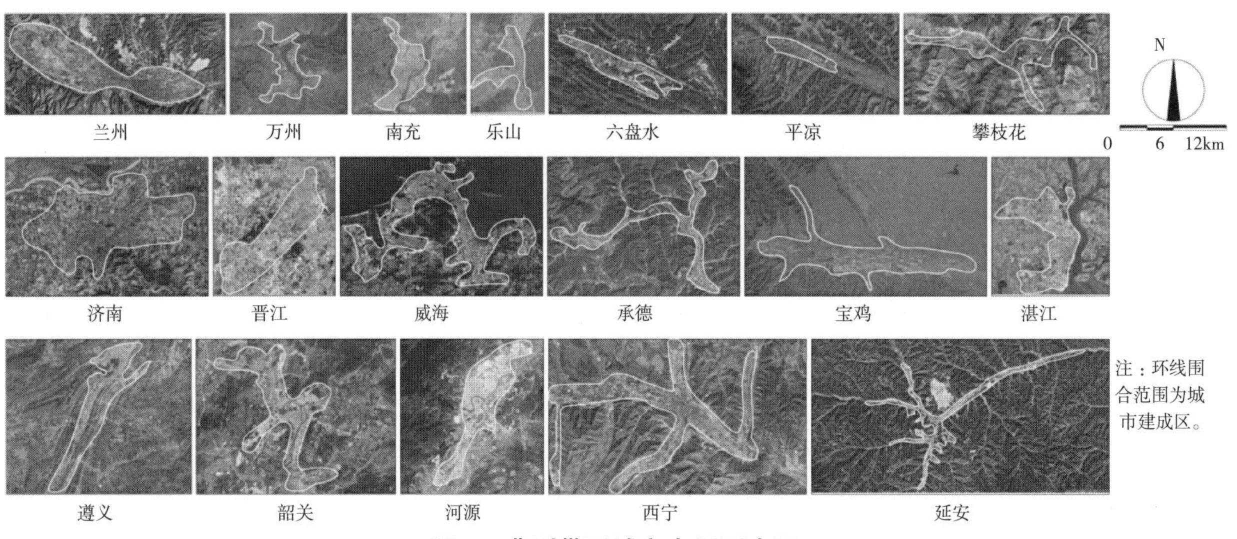

图1 典型带形城市布局形态图

典型带形城市城区人口及长宽比 表1

名称	西宁	济南	兰州	平凉	湛江	河源	韶关	承德	晋江
城区人口（万人）	121（2011）	210（2009）	280（2004）	27.0（2007）	93.7（2007）	40.0（2013）	70.1（2006）	44.9（2006）	20.3（2007）
紧凑度	0.168	0.377	0.204	0.186	0.352	0.175	0.239	0.090	0.259
长宽比	6.0	3.2	6.6	4.0	3.4	4.0	9.2	3.5	4.1
名称	威海	攀枝花	南充	乐山	延安	宝鸡	六盘水	遵义	万州
城区人口（万人）	66.0（2006）	57.1（2010）	90.5（2010）	49.9（2010）	49.2（2009）	86.0（2012）	60.0（2012）	64.3（2004）	45.0（2006）
紧凑度	0.242	0.108	0.310	0.257	0.058	0.149	0.143	0.157	0.311
长宽比	5.6	4.5	5.6	3.0	8.3	9.5	10.5	13.5	5.5

备注：括号内为年份。
来源：基于各城市综合交通规划和谷歌地图测量计算而得。

1）城市形态指标

通过表1可以看出，遵义、六盘水、宝鸡和延安等城市带形特征明显，其长宽比在10左右。从城市人口规模特征看，除兰州、济南和济宁三座城市超过100万人外，其他城市规模大都在50万~100万人间，城市规模接近，且社会经济指标接近。

2）交通出行指标

根据各个城市综合交通规划报告及文献[1]、[11]、[14]整理，统计各个城市交通调查年份、出行次数及交通结构指标如表2所示。

三、带形城市交通出行特征研究

带形城市往往具有多中心的城市空间结构特征[2]，与团状城市相比，有更佳的职住平衡条件，其日均出行次数（出行率）呈现何种特征，国内外缺少系统研究。此外，在同等城市规模条件下，带形城市建成区长度大幅高于团状城市，中长距离出行机动车依赖性较强。本文对带形城市公交分担率及相关影响因素展开深入研究。

1. 出行次数特征分析

通过对国内18个带形城市城区人口规模与出行次数的关联特征分析，可以看出，总体呈现出城市人口规模越大，出行次数越低的特征（图2）。50万人以下的小型带形城市平均出行次数为2.85次/d，明显超过50万~100万人的中等城市（2.42次/d），更是远超大城市出行次数（2.0次/d）。

典型带形城市主要出行参数 表 2

编号	城市	调查年份	出行次数（次 /d）	公共汽车（%）	小汽车（%）	步行（%）
1	西宁	2012	2.21	36.8	8.2	43.3
2	兰州	2009	2.08	40.2	1.8	42.9
3	济南	2004	1.97	14.4	2.2	32.5
4	平凉	2007	3.05	18.3	—	64.3
5	湛江	2008	2.45	5.9	3.2	50.3
6	河源	2010	2.78	5.6	12.5	32.0
7	韶关	2006	2.92	13.0	11.0	27.0
8	承德	2006	2.79	19.3	5.1	43.6
9	晋江	2007	3.30	6.2	10.1	50.2
10	威海	2006	1.98	16.1	19.2	44.2
11	攀枝花	2010	2.51	18.5	12.7	56.3
12	南充	2011	2.62	15.7	10.9	45.6
13	乐山	2011	2.11	21.9	7.6	50.2
14	延安	2009	2.61	31.7	10.8	40.0
15	宝鸡	2007	1.98	34.6	11.7	30.8
16	六盘水	2010	—	26.5	7.7	55.6
17	遵义	2004	2.78	29.8	0.8	65.6
18	万州	2006	2.54	19.8	5.2	71.9

备注：宝鸡公交分担率包括出租车。

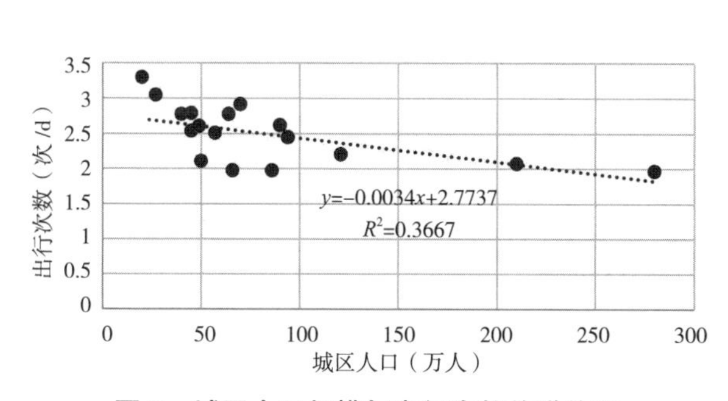

图 2 城区人口规模与出行次数关联关系

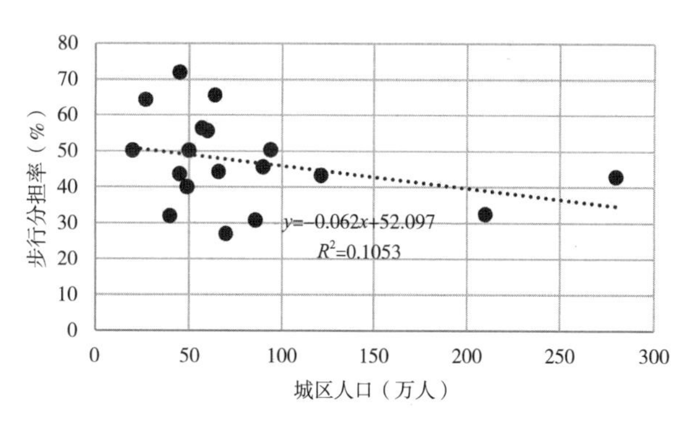

图 3 城区人口规模与步行分担率关系

2. 步行分担率特征分析

对于带形城市而言，步行分担率与城市规模成反比，城市规模越大，步行分担率越低（图 3）。50 万人左右的城市，步行分担率最大值和最小值差距较大，其主要原因在于城市形态类型和经济发展水平对其有较大影响。河源与韶关慢行分担率较低，很大程度上是因为步行方式转向了电瓶车等方式，万州、遵义和平凉等城市由于经济发展相对落后，且山地特征更加明显，小微组团特征明显，保证了慢行分担率处于较高的水平。

3. 公交分担率特征分析

1）公交分担率与车辆保有量关系分析

公交分担率的高低受多重因素影响，公交车辆的保有量情况是核心影响因素之一。通过对两者的相关性分析，可以发现整体上呈现车辆万人拥有率越高公交分担率越高的特征（表 3、图 4）。同时，

调研城市公交情况及主要参数　　表3

城市	人口（万）	公交分担率（%）	公交条数（条）	里程（km）	日客流量（万人）	公交车（辆）	万人拥有率(辆）
济南	210	14.4	118	2297	144	3100	8.8
遵义	64	29.8	26	281	31.5	400	6.2
河源	40	5.6	15	186	8.4	131	2.8
宝鸡	93	34.6	45	600	61.6	914	14.0
湛江	78	16.1	36	435	46.2	673	11.0
威海	66	16.1	48	838	—	486	5.6
延安	49	31.7	25	236	—	253	5.8
遂宁	46	10.6	16	175	7.8	202	4.4
韶关	70	13.0	—	153	11.2	200	3.4
乐山	49	21.9	10	136	—	202	4.1
南充	90	15.7	34	449	35.4	540	6.8

来源：根据上述城市综合交通规划或公交规划及文献[1]整理。

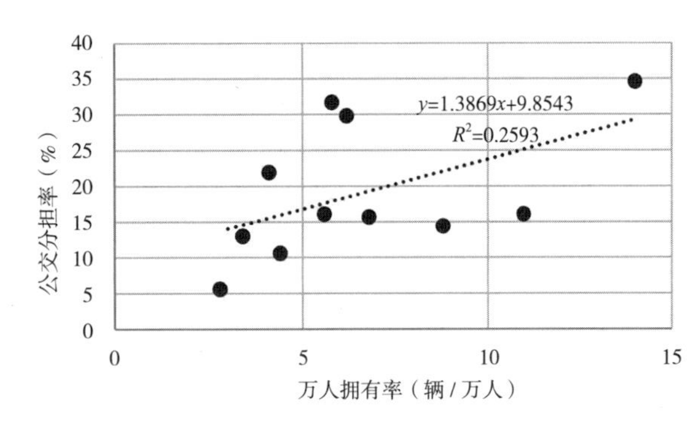

图4　公共汽车万人拥有率与公交分担率关系

公交分担率与长宽比相关性分析　　表4

		长宽比	公交分担率
公交分担率	Pearson 相关性	0.678**	1
	显著性（双侧）	0.003	
	N	17	17

** 表示在0.01水平（双侧）上显著相关。

呈现出城市规模越小万人拥有率越低的特征，客观说明公共交通具有较强的规模效应，其良性的可持续发展需要较大的人口规模做支撑。

2）公交分担率与长宽比相关性分析

通过SPSS软件统计分析，发现带形城市公交分担率与长宽比高度正相关，其皮尔逊（Pearson）相关系数达到0.678，双尾检验的显著性值为0.003。长宽比值越大说明城市建成区长轴越长，对机动化需求越明显。本研究的城市规模主要集中在50万~100万之间，在2010年左右，这类城市的机动化处于快速起步阶段，家庭小汽车拥有率仍处于较低的水平，当时小汽车保有量大都在50辆/千人左右，处于较低的水平，超长距离的机动化出行需求很大程度上依赖公共交通展开，公交分担率与城市长宽比正相关存在必然性（表4）。

四、研究结论与启示

（1）2019年左右类似城市抽样交通调查数据显示，100万人以下的中等城市步行分担率大都在50%左右，与2010年左右调查值接近，步行分担率在全方式交通结构中处于较为稳定的状态。日本等发达国家近似规模城市虽然拥有轨道交通，且汽车千人保有量达到600辆以上，机动化出行条件远优于我国类似城市，但其步行分担率基本维持在30%左右，在交通出行结构中仍占较大的份额。我国大中城市机动车出行条件远没有日本城市发达，且职住空间受“单位制”影响较大，拥有发展步行交通的优良职住空间结构，从这一角度看，我国中等带形城市步行交通占主体的定位难以动摇，在空间设施规划上应重点考虑其路权问题，保障步行和非机动车良好的出行环境。

（2）对于中等城市而言，带形城市比团状城市拥有更佳的公交客流条件，但诸多带形城市公交分担率在15%以下，远低于交通规划提出的分担率目标，这个事实值得相应城市反思总体规划或综合交通规划制定的公交分担率目标是否过高且不切实际。从日本等类似规模城市交通出行结构统计值来看，即使拥有2~3条轨道交通线路，其城区公交分担率也大都在15%以下，我国中等城市在较长的时期内将没有轨道交通，在私人小汽车快速增长且没有采取有效的交通需求管理措施下，常规公交分担率达到20%以上面临巨大的挑战。相应公交场站与中途站等设置可能存在较大的浪费，公交车辆日均客流大都在300人以下，公交出行方式低碳效果不明显，且政府投入较大的财政补贴，亟待提出适宜化的公交服务模式。

（3）对于带形城市而言，城市空间边界的拓展必然带来更长距离的机动化需求，如果常规公交服务能力不能跟进，其出行方式必然向小汽车转变。因此，在公交场站与线路供给中，应强化公交枢纽与城市中心、副中心耦合发展，统筹布局，提高公交分担率和步行交通分担率，在出行源头和出行过程上，减少低碳出行量，支撑绿色健康交通出行模式的形成。

参考文献：

[1] 赵洪彬 . 带型城市道路干线系统特征与指标研究 [D]. 北京：中国城市规划设计研究院，2014，12–15.

[2] 罗崴，刘亚非，杨俊广 . 带型城市特征与绿色交通指标体系研究 [J]. 山东交通科技，2019（4）：6–8，11.

[3] 席东其，石飞 . 适应性视角下公共交通导向的城市形态 [J]. 交通与运输，2020，36（4）：92–95.

[4] CRANE R.The influence of urban form on travel：an interpretive review[J].Journal of Planning Literature，2000，15（1）：3–23.

[5] 潘海啸，沈青，张明 . 城市形态对居民出行的影响：上海实例研究 [J]. 城市交通，2009，7（6）：28–32，49.

[6] 陆化普，文国玮 .BRT 系统成功的关键：带形城市土地利用形态 [J]. 城市交通，2006，4（3）：11–15.

[7] 赵虎，李迎成，倪剑波 . 特大城市快速公共客运走廊地区规划刍议：基于探寻职住平衡调控有效空间载体的视角 [J]. 城市规划，2015，39（1）：35–40.

[8] 滕丽，杨永春 . 狭义河谷型城市交通问题研究：以兰州市为例 [J]. 经济地理，2002，22（1）：72–76.

[9] 刘定惠，杨永春，朱超洪 . 兰州市职住空间组织特征 [J]. 干旱区地理，2012，35（2）：288–294.

[10] 叶茂，过秀成，王谷 . 从单核到组团式结构：带形城市的交通模式演化与选择：以镇江市为例 [J]. 现代城市研究，2010（1）：30–35.

[11] 信建国 . 中等带形城市的道路交通规划研究：以平凉为例 [D]. 西安：西安建筑科技大学，2009.

[12] 张小娟 . 带形城市空间结构的演变及发展模式 [J]. 城乡建设，2013（2）：37–39.

[13] RICHARDSON H W.The economics of urban size[M]. Lexington，MA：Lexington Books，1973.

[14] 李泽新，李治 . 西南山地高密度城市的空间结构与交通系统互动关系研究 [J]. 西部人居环境学刊，2014（4）：45–51.

基于地理加权回归的滴滴出行需求影响因素分析

万　豫，李泽新
（重庆大学建筑城规学院，重庆　400045）

【摘　要】目前，中国主要城市正在进入一个整体性交通堵塞的时期，具体表现为优质公共服务资源过度集中在城市中心。当前，开放数据的应用场景越加多元。本文以成都市为例，通过分析滴滴打车数据，得到人们的出行轨迹，并识别出人们的出行习惯及需求。在此基础上，对滴滴数据进行时间划分，分析得到打车聚集区域。通过对不同数据的空间分析、叠加分析，总结成都市公共服务设施配置实际需求的空间规律，为其空间布局提供新的思路。

【关键词】地理加权回归；滴滴出行需求；POI；影响因素

在当前的存量增长时代，职住分离、交通拥堵等城市发展问题逐渐引起公众关注。目前有两类典型的空间失配现象存在于中国的城市中，一类是居住地与就业地分布距离较远，称为“职住失衡”；另一类是公共服务设施过度集中于城市中心及局部区域[1]。高德2019年的主要城市交通报告显示：科教文化、生活服务、体育休闲、医疗保健、政府相关的出行需求占比约为21%，同比2018年增长了0.4%，这意味着城市公共服务设施布局是否合理在一定程度上影响了居民的日常出行。

随着移动互联网等技术的日益成熟，开放数据越来越多地应用于城市规划学科之中。对开放数据进行采集，并加以转译分析，进行可视化表达，已成为当前城市研究的方法之一。针对公共服务设施数据量大、数据复杂等问题，POI（Point of Information）以其数据覆盖范围广、更新及时等特点，能较全面反映城市公共服务设施分布情况。其一般包含要素名称、类别、经纬度，以及详细地址等基本信息[2]。当前基于POI数据的城市研究多集中于商业中心分布[3]、功能区识别[4]、城市人口时空变化[5]等方面。而我国学者对公共服务设施的研究，集中于影响公共服务设施配置的因素[6]和配置的合理性评价方面[7]，包括公共服务设施的使用频率、可达性、使用类型需求等，且研究范围局限于社区生活圈覆盖范围内，较少从城市整体的公共服务设施配置上进行分析。同时，有关公共服务设施与机动车出行是否存在因果关系也鲜有讨论。

本文基于成都市滴滴出行网约车及POI等开放数据，采用地理加权回归模型，建立多因素之间的统计分析模型，探讨公共服务设施配置同网约车出行之间的因果影响关系，通过对滴滴用户出行特点分析，为成都市的公共服务设施配置优化提供一定的决策依据。

一、研究区概况与数据处理

1. 研究区概况

成都是四川省省会，中国西部地区重要的中心城市，常住人口2093.78万人。为了给市民的出行方式提供更多选择，成都于2015年引入了滴滴快车，

作者简介：

万　豫（1996—），女，四川成都人，硕士研究生，主要从事城市规划与设计研究。

李泽新（1964—），男，四川遂宁人，教授，硕士生导师，注册规划师，工学博士，主要从事山地人居环境、城市道路与交通、历史文化保护研究。

2016年日均订单超过18万个。本文选取成都市三环内区域作为研究范围，包含了成都市主城5区大部分地块。

2. 数据源与数据处理

本文采用的开放数据包括：滴滴盖亚数据计划提供的成都市2016年11月1日的滴滴打车数据，高德地图提供的成都路网数据以及POI数据（分为科教文化、生活服务、体育休闲、医疗保健、政府相关五类）。首先对滴滴数据和POI数据进行了坐标转换，统一使用WGS84坐标系，进行了删重、删错、筛选等数据清洗操作，其次提取路网数据中的主干路、次干路、支路，将研究范围分为884个地块。统计出每个地块内滴滴打车的订单量作为因变量，地块内的各类POI总量作为解释变量，表1为各变量的统计结果。最后使用核密度分析展现了生活服务类POI、体育休闲类POI和政府相关类POI的数据聚集情况，得到了三类POI的核密度栅格图像（图1）。

变量的定义和描述性统计 表1

变量		均值	标准差	最小值	最大值
滴滴打车数据	地块内区内滴滴打车的订单量	114.80	229.36	1	2846
公共服务设施数据	地块内科教文化类POI数量	19.50	32.26	1	482
	地块内生活服务类POI数量	89.70	88.42	1	682
	地块内体育休闲类POI数量	11.39	13.07	1	131
	地块内医疗保健类POI数量	22.84	28.64	1	186
	地块内政府相关类POI数量	12.86	14.34	1	103

二、滴滴出行需求的时空特征分析

1. 滴滴出行需求的时间特征分析

对滴滴打车的各分段时间订单数量进行统计，结果如图2所示。从图中可以看出，6：00~9：00打车需求量增长较快，与当日的早高峰对应。9：00~19：00的订单量一直保持在每小时1万个以上，在14：00时最大，21：00以后，打车需求量减少幅度增大。根据滴滴出行需求特点，为方便滴滴出行需求特征的刻画，本文将一天划分为早上、午间、傍晚、夜晚4个时间段，7：00~10：00早高峰时间段，11：00~16：00中午及下午时间段，17：00~20：00晚高峰时间段，以及21：00~6：00夜晚时间段。

2. 滴滴出行需求的空间特征分析

为了使上车地点更易识别，需对成都市三环内用地进行单元网格划分。成都三环内的主干路的间距约在500~1000m，为了使网格宽度与居民日常出行距离匹配，以500m作为网格宽度基数，在成都市三环内划定尺寸为500m×500m的正方形单元格网，得到研究范围内单元格网共计835个（图3）。

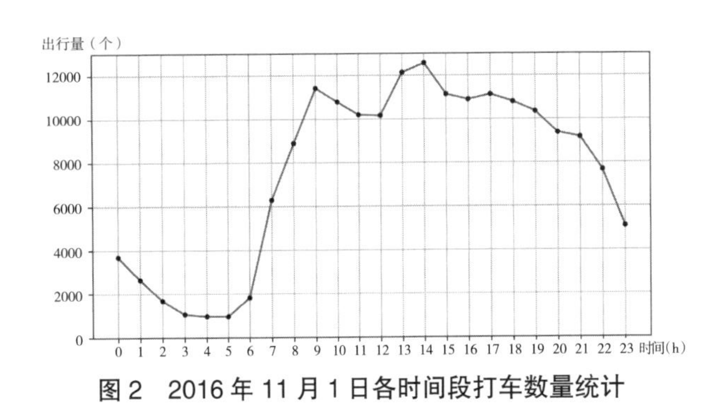

图2 2016年11月1日各时间段打车数量统计

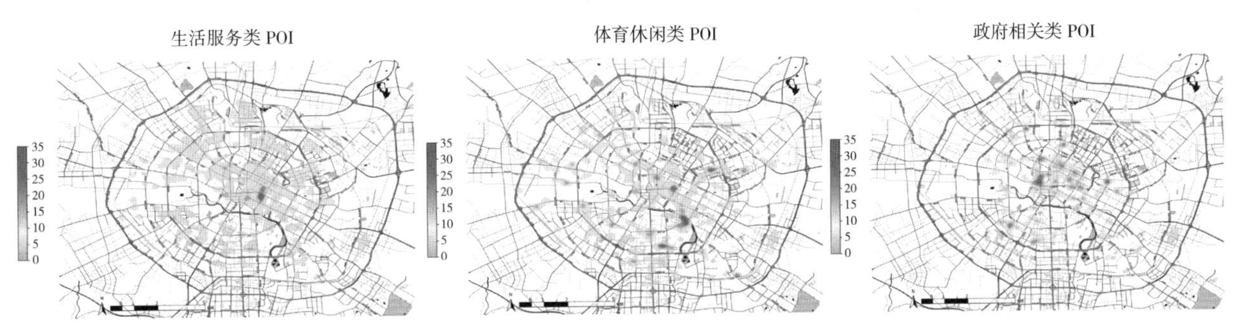

图1 生活服务类POI、体育休闲类POI、政府相关类POI聚集区域

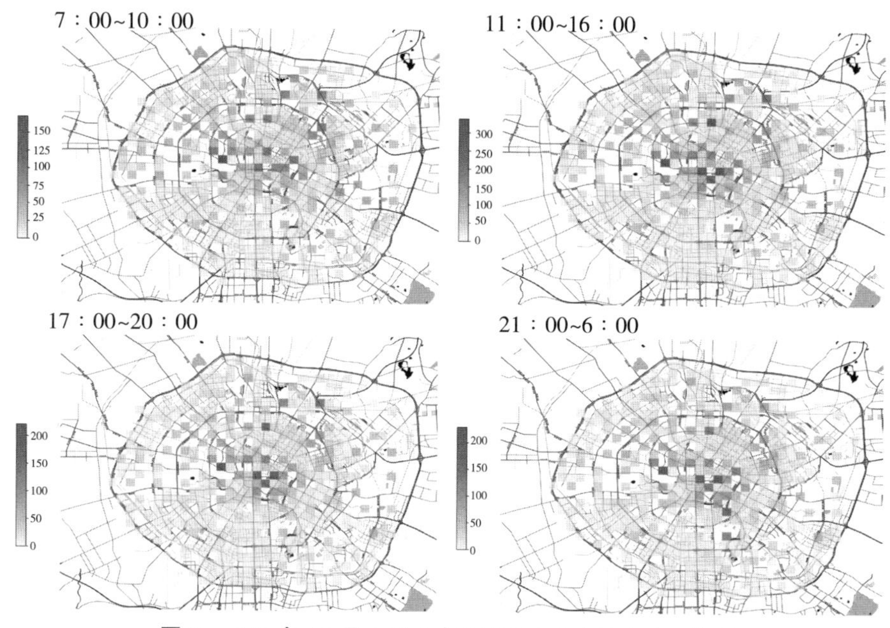

图3　2016年11月1日4个时间段内上车地点分布情况

由图可以发现：春熙路、天府广场、宽窄巷子以及人民北路（金牛万达）一带是全天的上车热点区域。在7：00~10：00早高峰时间段，除上述地段外，市二人民医院、文殊坊、成都中医药大学附属医院、府青路居民区等地点的上车人数很多；在11：00~16：00中午及下午时间段，天府广场及春熙路一带的订单数量有显著上升，其他热点上车区域同早高峰相比，没有显著变化；17：00~20：00晚高峰时间段，热门上车地点与中午时间段基本相同，人民北路（金牛万达）以及城北高速出口处的上车人数较之前更加突出；21：00~6：00夜晚时间段，新增九眼桥、四川大学望江校区两个新的上车热点区域。整体来说，在工作日白天，上车地点集中于城市中心附近的商业、住宅、医院区域，而在工作日晚上，酒吧、大学周边则成为热点上车区域。

三、公共服务设施与打车需求的回归分析

1. 回归模型

本文先后采用了最小二乘法回归分析（OLS）、地理加权回归（GWR）模型进行实证分析，并且比较了这2种模型的拟合效果。

1）OLS最小二乘法回归分析

普通最小二乘法回归（Ordinary Least Squares Regression，OLS）是最常用的参数估计方法，通过使残差平方和最小，来预测模型参数，其公式为：

$$Y_i=\beta_0+\sum_k \beta_k X_{ik}+\varepsilon_i \quad (1)$$

式中　Y_i——第i个样本点的被解释变量，即每个地块内的滴滴打车数据；

β_0——线性回归方程的截距；

β_k——第k个解释变量的回归系数；

X_{ik}——第i个样本点的第k个解释变量，即地块内各类POI的数据；

ε_i——随机误差。

在进行回归分析之前，为了保证模型合理性，需对变量之间是否存在多重共线性进行判断。方差膨胀因子（*VIF*）是常用的检测自变量之间多重共线的方法，Hair等提出*VIF*<10时，即满足共线性检验[8]。解释变量的共线性检验结果见表2，结果显示解释变量之间不存在高度共线性，可直接进行回归分析。但OLS模型仅是对参数进行了全局意义上的估计，并没有考虑各变量在空间上的关系，因此难以体现

OLS模型回归系数　表2

变量	系数	标准差	T值	P值	方差膨胀因子（*VIF*）
科教文化类POI	0.03	0.06	0.52	0.60	2.40
生活服务类POI	0.34	0.06	5.24	0.00	2.73
体育休闲类POI	0.21	0.07	2.95	0.00	3.25
医疗保健类POI	0.07	0.05	1.46	0.15	1.71
政府相关类POI	0.11	0.05	2.02	0.04	1.81

参数在空间上的特性。

2）GWR 地理加权回归分析

地理加权回归（Geographically Weighted Regression, GWR）引入了空间权重矩阵，通过建立每个空间单元的局部回归方程，使其较普通线性回归模型更加精确，并且能将结果的空间结构分异特性进行可视化展示[9]，计算公式如下：

$$Y_i=\beta_0(u_i,v_i)+\sum_k\beta_k(u_i,v_i)X_{ik}+\varepsilon_i \quad (2)$$

式中 (u_i, v_i)——第 i 个空间单元的空间坐标；

β_0——第 i 个空间单元的常数项；

β_k——第 k 个解释变量在第 i 个空间单元的回归系数。

计算公式中的其他参数含义与 OLS 模型中的一致。

2. 模型结果与分析

1）OLS、GWR 模型结果比较

在进行多重共线性检验后，建立 OLS 和 GWR 模型。在模型结果参数中，*AICc* 是模型性能的度量参数，具有较低 *AICc* 值的模型能更好地拟合观测数据。R^2 表示模型的拟合程度大小，R^2 值越大，代表模型的拟合程度越好。*RSS* 指模型中的残差平方和，*RSS* 越小，模型越拟合观测数据[10]。结果见表 3，GWR 模型的 R^2 比传统的 OLS 模型提高了 0.39，同时，GWR 模型的 *AICc* 值和 *RSS* 值均比 OLS 模型分别减少了 238.89 和 158.19，结果表明 GWR 模型能更好地诠释各类 POI 对滴滴出行需求的影响。

表 3 为 OLS 模型各变量的拟合系数，其中，T 检验用来评估解释变量是否具有统计显著性。在置信度为 95% 的情况下，如果 P 值<0.05，则表示原假设发生的概率很小，该解释变量的结果是显著的。从结果可以看出，科教文化类 POI 和医疗保健类 POI 的 P 值>0.05，故需在 GWR 模型中去掉该解释变量后再进行分析。

GWR 模型拟合系数结果如表 4 所示，拟合系数为正值时，表示解释变量对因变量有促进影响；拟合系数为负值时，表示解释变量对因变量有抑制影响[11]。由于 GWR 模型建立了空间范围内每个样本点处的局部回归方程，因此会得到每个样本点的拟合系数，为了直接全面地反映 GWR 模型的拟合结果，表 4 列出了各个解释变量拟合系数的平均值、标准差、

OLS、GWR 模型结果　　表 3

模型	*AICc*	R^2	*RSS*
OLS	943.76	0.41	238.41
GWR	704.87	0.80	80.22

GWR 模型拟合系数　　表 4

变量	平均值	标准差	最小值	中位数	最大值
生活服务类 POI	0.22	0.19	−0.43	0.22	1.08
体育休闲类 POI	0.39	0.41	−0.43	0.26	2.20
政府相关类 POI	0.12	0.22	−0.56	0.09	1.65

最小值、中位数和最大值。总体上，三类 POI 对滴滴出行需求都呈现出促进影响，而体育休闲类 POI 对滴滴出行需求的影响程度最大，生活服务类 POI 次之，政府相关类 POI 最小。

2）GWR 模型拟合系数的空间特点

GWR 模型回归系数拟合的结果显示，平均来看，生活服务类 POI、体育休闲类 POI 和政府相关类 POI 都对滴滴出行需求有正面的促进作用。但将 GWR 结果可视化之后，发现这些解释变量对滴滴出行需求影响程度在不同空间位置上存在差异。

如图 4 所示，总体来看，在 1 号线终点站韦家碾站周边，三类 POI 都对滴滴出行需求有较大的促进作用，这是由于韦家碾站周边聚集了大量住宅以及升仙湖公园、沙河公园、成都动物园等娱乐服务设施，而 2016 年韦家碾站暂未开通，共享单车还未普及，因此，人们倾向于选择乘坐滴滴共享汽车出行。

就各类 POI 的影响程度来看，在三环内的大部分区域，生活服务类 POI 对滴滴出行需求都有促进作用，尤其体现在一环内的区域，该区域公共服务设施类型多、密度大，尽管 2016 年，地铁 1、2、3、4 号线都已相继开通，且这四条线路都穿越市中心，但仍需共享汽车来补充地铁服务半径外的人们的出行需要。而在城市西部及南部部分区域，生活服务类 POI 则产生了抑制作用，原因可能是该区域主要分布在成都二环路两侧，而成都二环高架路于 2013 年正式通车，并设立了 k1 和 k2 两条 BRT 快速公交线路，使得成都公共交通体系更加完善。

在二环路内，体育休闲类 POI 对滴滴出行需求基本上呈现促进作用，而在二环路和三环路之间的区域，

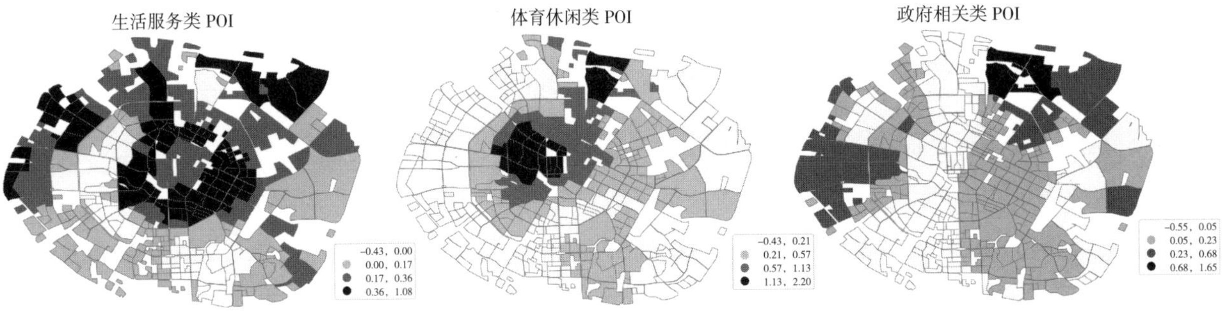

生活服务类 POI

-0.43, 0.00
0.00, 0.17
0.17, 0.36
0.36, 1.08

体育休闲类 POI

-0.43, 0.21
0.21, 0.57
0.57, 1.13
1.13, 2.20

政府相关类 POI

-0.55, 0.05
0.05, 0.23
0.23, 0.68
0.68, 1.65

图 4 各类 POI 拟合系数的空间分布

则产生了抑制作用，这是由于二环路和三环路之间分布着大量住宅，而体育休闲类设施则主要集中在市中心，这类公共服务设施分布不均衡的情况使得二环外的区域对滴滴出行需求的抑制作用达到最大。

政府相关类 POI 对滴滴出行需求的影响与前两类 POI 有明显的区别。在一环路内宽窄巷子一带、城市北部火车北站一带以及城市西南部高升桥一带，政府相关类 POI 对滴滴出行需求都有明显的抑制作用。在火车北站一带和高升桥一带有较多的政府相关类机构分布，而滴滴出行需求较少，一方面是由于 2016 年这两个区域地铁可达，另一方面也反映出此类公共服务设施的分布对滴滴出行需求没有明显影响。

四、结论

本文以成都市为例，分析公共服务设施在空间上分布不均对机动车出行造成的影响。在分析滴滴上车地点时空分布特征的基础上，建立了地理加权回归模型，定量测算了各类公共服务设施对滴滴出行需求的影响程度。研究表明体育设施类公共服务设施的过度集中对滴滴出行需求有较大的促进作用，在未来规划中，考虑体育设施类公共服务设施均衡分布，平衡各个住区人们的出行成本。随着地铁的服务范围逐年扩大，生活服务类公共服务设施对滴滴出行需求的影响将会逐年下降，而政府相关类公共服务设施则对滴滴出行需求没有明显影响。

成都市国土空间总体规划（2020~2035 年）提出要“建设碳达峰、碳中和的先锋城市”，在这个背景下，优化公共服务设施分布空间，降低人们出行成本，减少机动车出行是关键要素。本文的研究方法及结论能够为公共服务设施的配置布局提供建议，提高城市的科学治理水平。

参考文献：

[1] 郑思齐，张晓楠，徐杨菲，等. 城市空间失配与交通拥堵：对北京市“职住失衡”和公共服务过度集中的实证研究 [J]. 经济体制改革，2016（3）：50-55.

[2] 巫细波，赖长强. 基于 POI 大数据的城市群功能空间结构特征研究：以粤港澳大湾区为例 [J]. 城市观察，2019（3）：44-55.

[3] 陈蔚珊，柳林，梁育填. 基于 POI 数据的广州零售商业中心热点识别与业态集聚特征分析 [J]. 地理研究，2016，35（4）：703-716.

[4] 邓悦. 基于多源兴趣点数据的城市功能区划分方法研究 [D]. 北京：中国科学院大学，2018.

[5] 淳锦，张新长，黄健锋，等. 基于 POI 数据的人口分布格网化方法研究 [J]. 地理与地理信息科学，2018，34（4）：83-89，124，2.

[6] 周岱霖，黄慧明. 供需关联视角下的社区生活圈服务设施配置研究：以广州为例 [J]. 城市发展研究，2019，26（12）：1-5，18.

[7] 张磊，陈蛟. 供给需求分析视角下的社区公共服务设施均等化研究 [J]. 规划师，2014，30（5）：25-30.

[8] HAIR J F，SARSTEDT M，RINGLE C M，et al. An assessment of the use of partial least squares structural equation modeling in marketing research[J].Journal of the Academy of Marketing Science，2012，40（3）：414-433.

[9] 袁长伟，芮晓丽，武大勇，等. 基于地理加权回归模型的中国省域交通碳减排压力指数 [J]. 中国公路学报，2016，29（6）：262-270.

[10] 马新卫，季彦婕，金雨川，等. 基于时空地理加权回归的共享单车需求影响因素分析 [J]. 吉林大学学报：工学版，2020，50（4）：1344-1354.

[11] MA X，CAO R，JIN Y. Spatiotemporal clustering analysis of bicycle sharing system with data mining approach[J]. Information，2019，10（5）：163.

基于生态冲沟保护视角的山地城市道路设计策略——以重庆市巫山县高唐片区为例

罗晛秋，孙爱庐，陈玖奇，刘　洋
（重庆大学建筑城规学院，重庆　400030）

【摘　要】山地城市地形条件复杂、生态环境多样，在西南山地以冲沟地形最为典型。冲沟地形在西南山地分布较为广泛，由于其生态和空间形态上具有特殊性，对城市建设布局影响较大；同时，众多山地城市在建设过程中，破坏自然生态冲沟而可能诱发一系列地质灾害。在此背景下，本文以重庆市巫山县高唐片区为例，基于该片区城市道路在生态基底、路网结构、路网密度、静态交通等四个方面的问题，提出相应的优化思路，并从车行道路与冲沟交会保证生态连续、结合冲沟建立城市绿道网络的方面，提出基于生态冲沟保护视角的山地城市道路设计策略。

【关键词】山地城市；道路设计；生态冲沟；设计策略

交通系统作为城市的基本功能体系之一，支撑着城市经济、文化、社会等方面的正常运行，是城市重要的生命线系统。在山地城市中，由于自然地形、生态环境等要素的限制，其交通系统的组织及构建具有复杂性、特殊性等特征[1]。相比于平原城市规整的道路组织形式，山地城市需考虑更多的复杂性要素，在结合其交通需求上因地制宜地进行交通组织[2]。山地冲沟是具有较强自然特性且不同于周边自然基质的带形生态空间，具备汇流雨水、沟通绿色斑块、提供物种栖息地等功能，兼具通风廊道、城市景观等复合职能。同时，由于其生态敏感性较高，冲沟易受山地气候、城市建设等因素的影响，从而成为山洪、泥石流、边坡坍塌等地质灾害的发生地之一。山地城市道路设计中，需要充分考虑冲沟的自然基底，加强对冲沟地段的保护、治理和地灾监控，从而实现山地城市道路的生态性与完整性。

一、重庆巫山高唐片区现状特征

1. 生态基底敏感脆弱

高唐片区作为典型的山地地区，其地质地貌复杂，自西北向东南侧的冲沟众多，呈现指状并列的形态，生态基底环境敏感（图 1）。巫山县在发展初期由于对快速的经济效益过度追求，一定程度上忽略了山地脆弱的自然生态基底，造成高唐片区冲沟、植被、水系等自然生态要素的破坏，从而导致地质灾害频繁发生，对城市安全、经济发展产生巨大影响。《三峡工程后续工作规划三峡库区地质灾害防治规划（2010—2020 年）》指出，巫山县近 10 年遭遇 403 次自然灾害，其中大部分为滑坡，其次为崩塌或危岩。

1）高程分析

高唐片区高差巨大，场地最高处位于西北侧，海拔高度达到 670m，最低滨水处 130m，自西向东

作者简介：
罗晛秋（1996—），男，重庆忠县人，硕士研究生，主要从事山地城市规划与设计研究。
孙爱庐（1987—），男，重庆沙坪坝人，博士研究生，主要从事山地城市气候研究。
陈玖奇（1997—），男，四川遂宁人，硕士研究生，主要从事城市设计与步行城市研究。
刘　洋（1997—），女，重庆渝北人，硕士研究生，主要从事城市设计与步行城市研究。
基金项目：“山地城镇防灾减灾的生态基础设施体系建构研究”（51678086）。

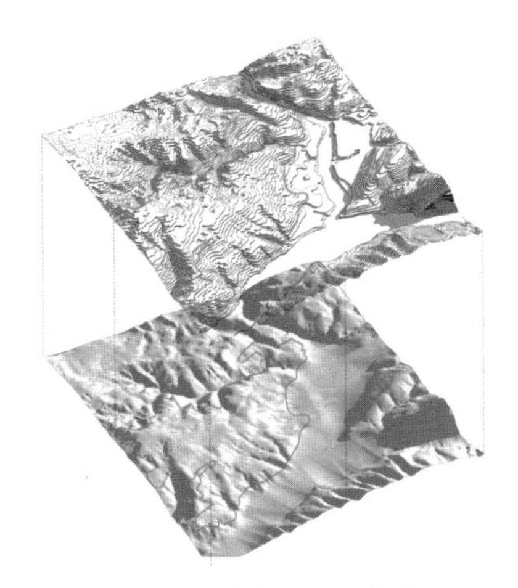

图1 巫山县高唐片区三维地貌图

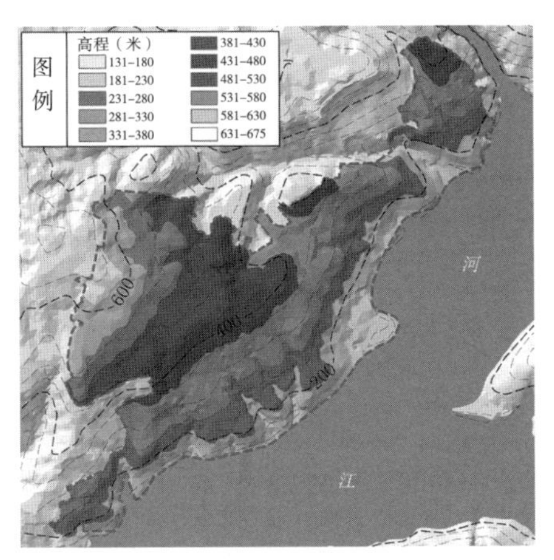

图2 高唐片区高程分析图
来源：巫山县美丽山水城市规划

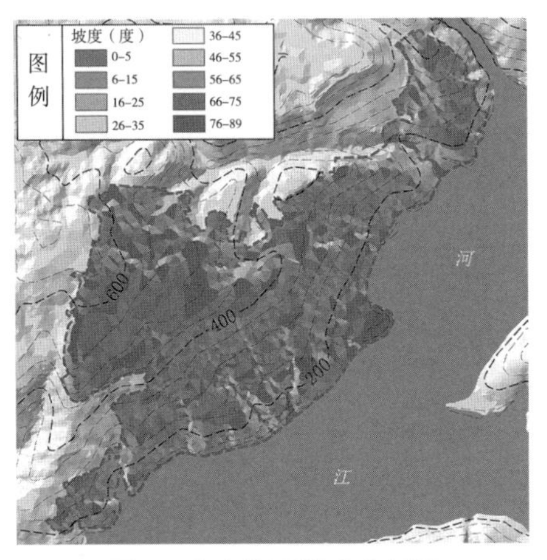

图3 高唐片区坡度分析图
来源：巫山县美丽山水城市规划

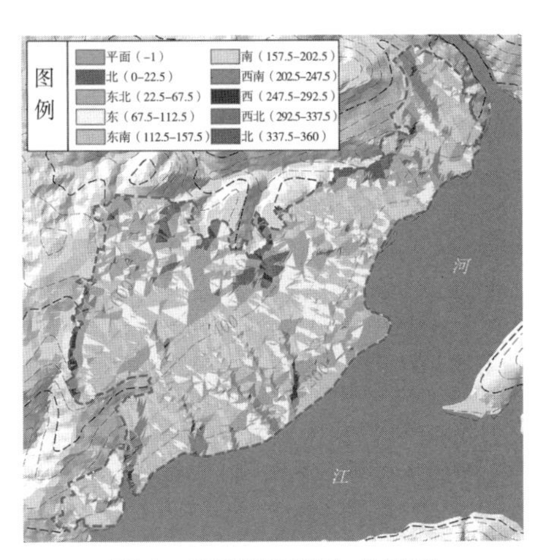

图4 高唐片区坡向分析图
来源：巫山县美丽山水城市规划

高程变化巨大，场地内道路建设困难，垂直等高线的纵向交通联系难度极大（图2）。

2）坡度分析

高唐片区内地形高差起伏大，大部分地区的坡度均大于25%，局部地段坡度大于60%，不适宜进行道路建设。不过尽管总体坡度较大，局部有一些坡度较缓的台地地段，能进行一定程度的开发活动，如现状高唐核心区即位于带形台地上（图3）。

3）坡向分析

高唐片区地形整体表现为西北高、东南低，因此坡向总体朝向东南方位。此外还可看出片区具有明显的指状冲沟地形垂直长江延伸，生态敏感度较高、基底脆弱（图4）。

4）敏感性分析

巫山县地质灾害类型大都为滑坡或崩塌，过去10年相关灾害通常为雨洪引发，因此在地灾危险性评价中生态汇水冲沟均为高易发区。而高唐片区内的地质灾害危险性评价图也较为清晰地表示出场地生态冲沟的形态走势（图5）。

2. 路网结构：路网迂回导致交通通达指数较高

作为典型的山地城市，巫山县高唐片区地形起伏变化较大，现状城市路网与交通组织主要顺应原始地形展开，多表现为平行等高线进行延伸，垂直等高线时多通过蜿蜒曲折的线形，尽可能避免道路在局部地段坡度过大。

尽管顺应地形的道路建设从一定程度上保护了原生态的地理条件，但高唐片区过于弯曲、迂回的路网结构导致总体道路通达指数高，较大程度地影

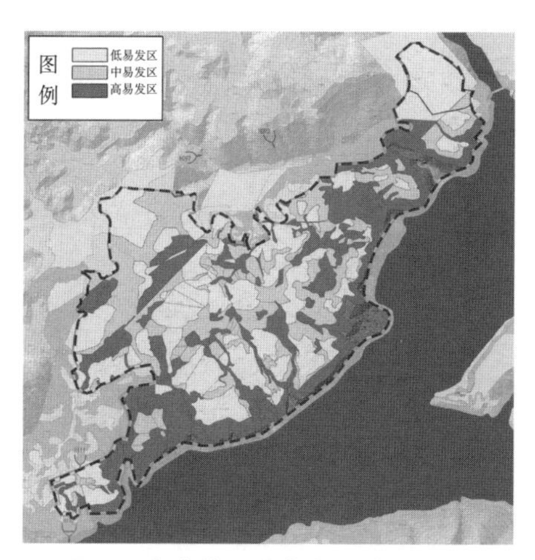

图 5 高唐片区地灾危险性评价图

来源：巫山县城市总体规划（2004—2020）（2014 年局部修改）

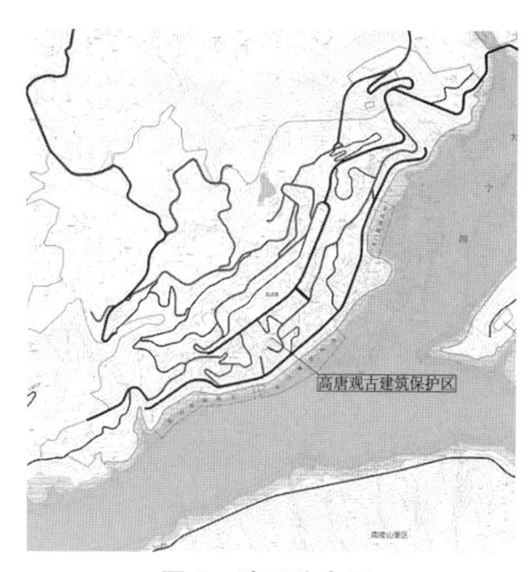

图 6 路网分布图

来源：作者自绘

响了道路的通行能力[3]，难以满足大运量与客货运机动车辆快速通行的需求（图 6），如滨江路的码头难以有效快速疏散，从而引起大量的交通拥堵问题。

3. 路网密度：片区支路密度较低

根据《重庆市城市道路交通规划及路线设计规范》DBJ 50/T—064—2007，次区域中心城市的主干道密度要求为 0.8~1.4km/km^2，次干道与之路的密度分别为 1~4km/km^2 与 3~5km/km^2（表 1）。

1）主干道

高唐片区的主干道较多地考虑地形约束，总体而言大致顺应等高线，且避开了滑坡、崩塌等生态敏感度较高的地带，有效地联系了高唐与巫山县其他城市组团。当前，高唐片区主干道总长度为 11.96km，路网密度为 1.60km/km^2，密度满足《重庆市城市道路交通规划及路线设计规范》，但结构尚不完善。主要表现为主干路不成体系，多为顺应等高线的横向道路，缺乏垂直等高线方向的纵向主干道。

2）次干道、支路

高唐片区的次干路、支路与主干道一样依山就势进行规划，充分尊重了现状的地理地形条件。当前，高唐片区次干路总长度为 15.40km，路网密度为 2.06km/km^2；支路总长度为 13.70km，路网密度为 1.78km/km^2，远低于《重庆市城市道路交通规划及路线设计规范》中相关最低要求（表 1）。过低的支路路网密度使高唐组团内部交通连接性弱、整体的空间通达性较低，难以支撑组团内部各个功能区之间的畅通联系，这一方面亟待补充。

4. 静态交通难以满足中心停车需求

由于巫山县地形限制，城市建设用地极为有限，极少有闲置用地用于建设城市停车场，高唐组团内现状社会停车场库用地 5.50hm^2，人均占有面积 0.28m^2。由于缺乏集中停车用地，导致临街停车的问题随处可见，这使得本就拥堵的山地交通更难以承载中心地区的人流、车流集散。

二、基于生态冲沟保护的山地城市道路设计总体思路

基于上述问题分析，可以发现巫山县高唐片区的交通体系主要存在以下四个方面的问题：生态基底敏感脆弱、道路纵向联系薄弱、次支干路密度过低、停车用地紧缺（图 7）。对此，本文分别提出四个方面优化思路，以缓解巫山高唐片区面临的诸多交通问题。

1. 生态保护：维持山地片区生态基底稳定

冲沟地形要素是高唐片区最典型的生态基底特征，并对城市空间格局、生态景观、交通组织等方面产生巨大影响。冲沟的保护性利用应与城市的用地结构布局、生态景观塑造、道路规划布局等建设

道路网密度规划指标　　　　表 1

	城市级别	快速路	主干道	次干道	支路
道路网密度（km/km^2）	市域中心城市	0.4~0.6	1.0~1.4	2~4	5~7
	区域性中心城市	0.3~0.5	0.8~1.4	1.5~3	3~5
	次区域中心城市	—	0.8~1.4	1~4	3~5
	建制镇	—	1~2	3~6	3~8

来源：《重庆市城市道路交通规划及路线设计规范》

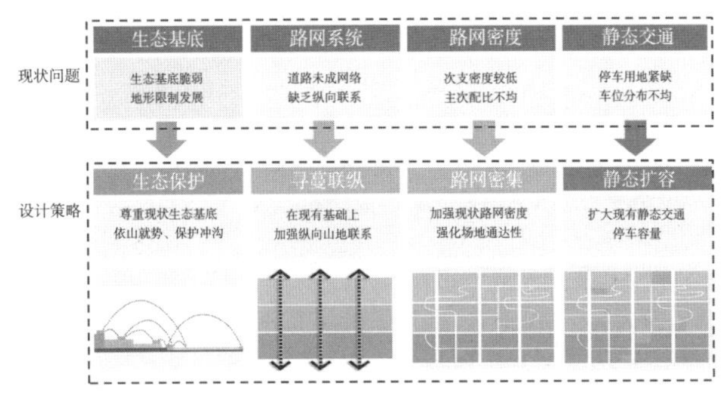

图 7　设计优化思路示意图

活动紧密结合，立足生态保护优先的策略，形成道路、生态一体化的复合交通系统，旨在实现城市交通等系统的良性可持续发展[4]。

2. 寻蔓联纵：加强局部通江地段交通联系

在高唐片区中，其山地地形对城市交通组织具有重要影响。一方面，其限制了城市道路沿垂直等高线方向的拓展，使分层台地之间缺乏交通联系；另一方面，也为富有特色的山地交通组织提供了契机。在高唐交通规划优化思考中，应强化场地内纵向交通联系，并结合山地地形特征打造景观型城市交通，如旧金山九曲花街、重庆市环形高架支路等建造方式，既能满足城市上下交通联系，又能作为滨江面城市特色景观。

3. 路网密集：延伸支路长度，提升路网密度

如上文所述，高唐片区支路的路网密度尚未满足重庆市道路密度最低规范，因此，设计应该重点对支路密度进行优化[5]。在支路路网的完善方面首先应延伸片区内支路长度以加强交通联系、疏解主次干道交通压力。对于地形状况特别复杂的地段，尤其是和冲沟等绿色空间系统交会处，优先采取架桥的办法，充分展示出山水城市独有的路网格局，减少主要道路弯曲且保护冲沟绿廊的生态连续性。

4. 静态扩容：适当利用桥下空间

由于高唐片区内高差较大，城市用地紧缺，现状中心地区功能紧凑，难以闲置出新的地块用于停车功能区建设。对此，现状地块内诸多高架桥有着未来进行静态交通扩容的巨大潜力。参照重庆市滨江桥下停车场建设，如洪崖洞桥下停车场、秋水长天地块桥下停车场等，可在场地内部分高架桥下新建停车场，缓解中心区停车压力（图 8）。

三、基于生态冲沟保护的山地城市道路设计策略

1. 车行道路与冲沟交会保证生态连续

就空间形态而言，冲沟呈现线形形态，与等高线相垂直，且通常对城市组团与功能有分隔作用。高唐片区目前在生态保护上考虑尚有不足，现状众多生态冲沟被城市道路割裂，局部地段甚至在冲沟内进行建筑群建设，破坏了原有的生态基底；在灾

图 8　静态扩容示意图

害发生时，还会造成巨大的人财损失。因此，在未来进行道路优化中，应优先保证生态冲沟的连续性，降低道路建设对于生态基底的破坏。

具体而言，道路与冲沟廊道交会时（图 9），将自然山水、公园等城市开敞空间通过线形道路廊道有机联系，结合道路绿化建设成为片区的景观休闲带，形成连续的绿色空间界面和丰富的景观层次，将绿化植被和自然山水巧妙融入城市空间中。此外，当城市道路跨越冲沟时应以高架方式为主，以保护冲沟绿廊的生态连续性。而道路与冲沟尽可能垂直相交，以减少高架道路的长度、降低建设成本。为保证绿色廊道的连续性，在交叉口设人行天桥，道路两侧设置小广场，以梯级引导至冲沟绿道。

2. 结合冲沟建立城市人行绿道网络

以冲沟绿廊为基点，组织若干条步行景观廊道，纵向通江重构生态走廊，并结合横向开敞空间，构成高唐片区绿道网络。人行绿道沿冲沟走向进行布置，但不宜过度靠近冲沟，避免边坡塌陷等安全隐患。

此外，在靠近高唐区中心地段处的冲沟，应构建连续的步道系统联系不同标高的各个城市公共开放空间，并结合游憩广场、集中绿化等设置公共服务设施和小型商业设施，形成与生活空间高度叠合的复合型生态步行空间；同时生态冲沟为市民提供邻近的景观，营造山水交互的空间意向（图 10）。这些冲沟廊道与城市其他功能区构成的生态系统网络，加强了城市纵深方向的景观渗透，体现出山地城市的地域特色。

四、结语

我国是一个多山的国家，其中半数城镇建设于山地环境之中。在各种建设活动中，城市道路是城市发展最重要的基础设施之一，也是山地城市建设活动中需要解决的难点之一。当前我国城市发展由过去的粗放式增长转变成为追求高质量的精细化发展，在此背景下，山地城市道路建设应及时转变视角，不再仅仅关注道路建设的经济性，同时还应关注其生态性，努力建设适应未来城市发展的城市道路体系。本文基于生态冲沟保护的视角提出了山地城市道路设计思路与策略，希望对山地城镇规划建设在面临此类问题时提供一定的参考。

参考文献：

[1] 李和平，肖竞 . 山地城市“城—山”营建关系的多维度分析 [J]. 城市发展研究，2013，21（8）：40–46.
[2] 汪昭兵，杨永春 . 城市规划引导下空间拓展的主导模式：以复杂地形条件下的城市为例 [J]. 城市规划学刊，2008（5）：106–114.
[3] 肖竞，曹珂 . 契合地貌特征的西南山地城镇道路系统规划研究 [J]. 山地学报，2014，32（1）：46–51.
[4] 王琦，邢忠，代伟国 . 山地城市空间的三维集约生态界定 [J]. 城市规划，2006（8）：52–55.
[5] 杨强，杨波 . 山地城市中心区城市道路改善对策研究：以重庆市渝中区为例 [J]. 重庆建筑，2019，18（5）：15–18.

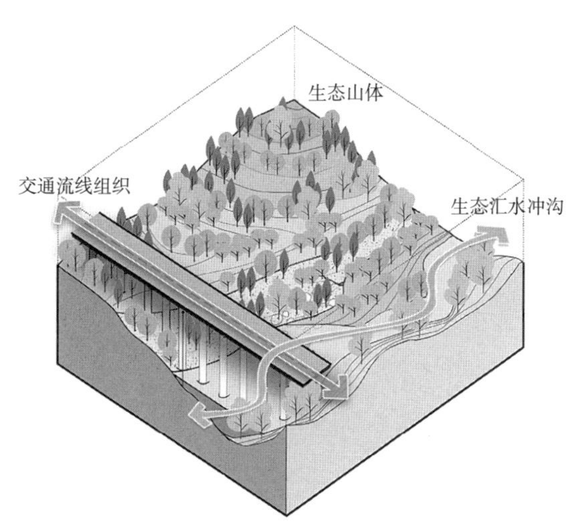

图 9　道路与冲沟交会处理示意图

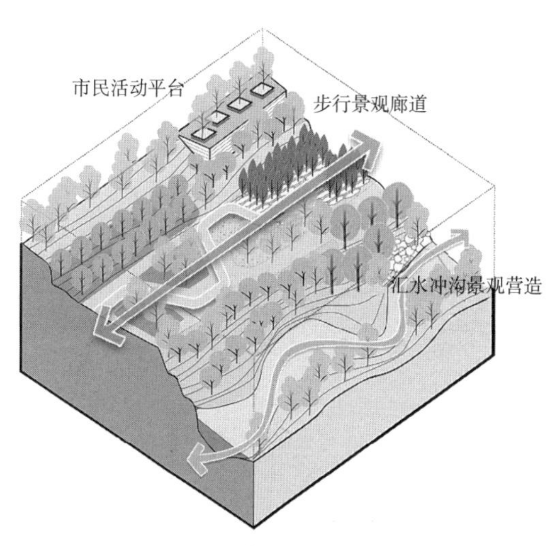

图 10　冲沟景观营造示意图

川盐贸易背景下的西水河流域（酉阳段）古镇建筑与古道浅探——以龙潭为例

卢俊琪，温　泉
（重庆交通大学建筑与城市规划学院，重庆　400074）

【摘　要】川盐古道是指古时将川盐运往鄂、湘、滇、黔等地形成的文化线路，由天然的河道和交错的陆路共同构成。酉水河起源于湖北，流经重庆，最后在湖南汇入沅江，是整个川盐古道的重要组成部分。本文以川盐贸易为背景，划定酉阳县酉水河流域为研究范围，在大量文献阅读、田野调查和古建测绘的基础上，分析盐运贸易对流域内龙潭的会馆建筑、民居环境以及龚滩与龙潭之间交通遗迹的影响。

【关键词】川盐古道；酉水河流域；龙潭古镇；会馆建筑

一、概况

川盐古道是指古时将古蜀的盐运往鄂、湘、滇、黔等地形成的文化线路，由天然河道和交错的陆路共同构成。2007年，赵逵详细研究了川盐古道上的传统聚落与建筑[1]。

盐运线路大致可划分为川鄂古盐道、川湘古盐道、川黔古盐道和川滇古盐道，酉水作为天然水路，是对外运输的重要通道，利用一河经三省的天然优势，将川盐运往鄂、湘。整个川鄂古道可划分为“四横一纵”，川湘古道亦可概括为“两横一纵”[2]，酉水在其中都是重要的水路交通，作用难以磨灭。川盐古道线路多范围广，将研究范围锁定在酉阳境内的酉水河流域，酉水河起源于湖北沙道沟，流经湖北、重庆、湖南三省（市），和沅江交汇，流入洞庭湖进入长江。作为古道上重要支流，流域留存许多重要建筑与遗迹，其中龙潭古镇作为当时的盐运重镇，保留下许多珍贵建筑，对研究其流域内盐运历史起着重要作用。

二、盐业影响下的龙潭古镇

古镇格局往往与城镇性质有着很大关系。例如，政治文化型城镇一般地处交通冲要，土地资源丰富，整个城镇的布局体现了更多的政治意图，街道纵横，功能分区。反之，商贸型城镇便利的交通是首位，处于水陆交通要冲，连接不同类型的经济区。盐道内的商贸型城镇选址多在交通便利之处，极重风水，城镇布局、建筑主体分布上都受到运输影响，这些建筑通常以会馆为中心，呈辐射分布，或顺着河道串联布局，或沿着中心街道毗邻。这样的商贸型城镇自然聚集了四方商贾，建筑形式更是随着贸易传入巴蜀，影响着当地的建筑风格与形式。流域内古镇大都是沿着河岸选址，方便运输船靠岸运货，古镇多是分布在水路交通的节点上。龙潭古镇位于酉阳县东南，东邻龙潭河，西接龚滩古镇，依靠龙潭、酉水与龚龙古道，渐渐发展为当地重要的商业市集和物资集散地，与龚滩古镇誉有“龙潭货，龚滩钱”之名。龙潭港更是明清以来东部航运中进出量较大

作者简介：
卢俊琪（1996—），女，重庆南川人，硕士研究生，主要从事线形文化景观等问题研究。
温　泉（1980—），男，宁夏银川人，副教授，博士，主要从事历史文化遗产保护等问题研究。

的重要港口，是历来四川、湖南之间货物交流的集中地点。

1. 宫庙与祠堂

巴蜀地区的会馆建筑大都是以商业经济为基础，尤其是盐业经济，这些修建的会馆大都规模较大，布局严谨，等级制度有严格规定，体现这一阶层雄厚的经济实力与文化品位。盐业会馆的兴起原因复杂，不只是按照同乡和行业或是政治经济的方式去划分，产生的主要原因有其三：一是所处组织不同，共同利益不同；二是“本源文化”意识的影响；三是会馆每年都要举办许多娱乐活动，这些活动也成为会馆联系各地商客的情感纽带。

古镇内兴建有“三宫一庙”——万寿宫（保存完好）、禹王宫（已毁）、天后宫（已毁，奉祀林夫人）、轩辕庙（1863 年毁于火灾）。明清时期，江西商人在外地行商，作为同乡会馆和商业行会的万寿宫,具有复合型的维系商业社会运转功能。在区位上，一般选在交通便利的主街道；在功能上，万寿宫作为公共建筑一般兴建有戏楼，为商会提供联谊聚会、商务活动、文化娱乐活动的场所，并为在此地流动的江西商人提供生活方便；商会需要祭祀祖师等，在建筑形式上，具有宫殿、庙宇的特点，体量高大、装饰华美、轴线对称，并建有祭神的殿堂。龙潭万寿宫位于龙潭河南岸，毗邻龙潭镇大码头，运输便利，整体建筑共有三进三院六井（图 1）。正门临龙潭河，后门临龙潭老街。穿过山门进入戏台所在的院落，这是一个较理想的公共空间，是创造活力、加强商客之间联系的重要场合。在上清殿中更是有主位与客位之分，主位之后为影壁墙，影壁墙两侧为两道半圆形拱门，门上分别书“贝阙”“珠宫”，此形制便与江西西山万寿宫祖庭真君殿相同[3]。

2. 民居与环境

清末时期规模浩大的“川盐济楚”运动，让本在南方活动的徽商开始大量向西移动，和江西、湖广的商人一起，成为后期川盐的经营主体，也将风火墙这种徽派建筑的特色带入川渝。重庆夏热冬寒，降水较多，民居大多都是人字坡，出檐远。该地区的风火山墙结合了南北方的风格，其形式有“五花山墙”“猫拱背”“大福水”“龙形山墙”等。四川的自贡、仙市、牛佛，以及重庆的龚滩、龙潭、西沱、大昌等都常见风火墙民居。龙潭古镇中吴家院子、赵世炎故居等历史建筑都建有风火墙，庄重华丽神态巧妙，充分体现了风火墙的实用性与美观性。由于天井式民居中的风火墙形式感强，也丰富了天井顶界面的层次。

在湖南与江西的交接地区，大户人家的住宅一般为多重院落。为了方便遮阳与雨天活动，中间大院两端的天井会做成抱厅样式，即在天井的顶上加盖一个双坡或者四坡的屋顶，顶盖有立柱单独支撑，四周与天井主体结构脱开，阳光能够从坡檐缝隙中

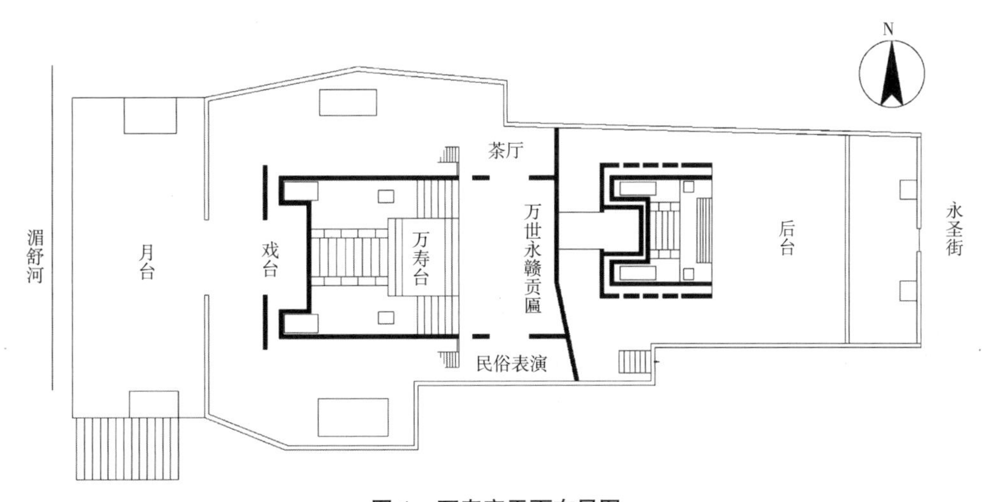

图 1　万寿宫平面布局图

来源：作者自绘

照射进庭院。酉水流经地区大多都分布有风火墙、天井屋样式的民居，例如原龙潭古镇老人民政府，原是当地一王姓家族住宅（图2、图3）。建筑中利用一双面敞开的敞厅，将建筑分为前后两个部分，前后各有一个长梭的天井，在建筑中轴线上的天井部分又架上屋顶，形成前后两个抱厅，同时将前后的两个天井隔成为四角上各一个的小天井和中轴线上的两个抱厅[4]。

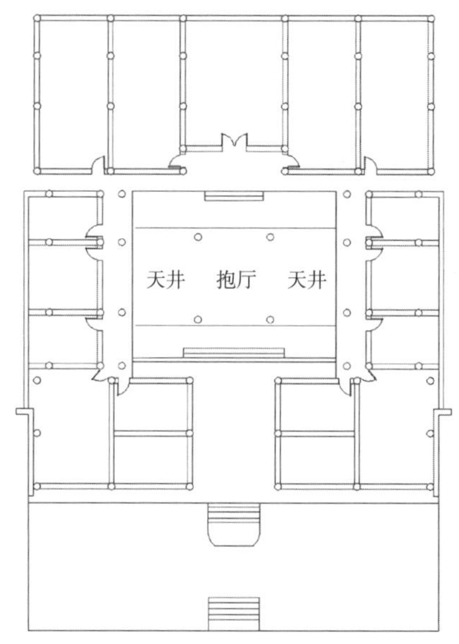

图3　龙潭古镇王家大院平面图

来源：作者自绘

3. 龚龙古道

龚滩至龙潭的这条古道史称龚龙古道，龚龙古道始于龚滩镇，经两罾乡、天馆乡、丁市镇、铜鼓乡、板溪镇抵达龙潭镇，全程约120km。沿途多是起伏山路和陡峭河谷地形，运输基本靠人力。古时背夫背着35~150kg的盐巴竹篓，走一次单程约需7~8天。沿途原设5个关口，分别是：小盖山关（清咸丰十一年修建，无存）、冻青垭关（又名西屏关）（咸丰十一年修建，现存遗址）、桥岩关（咸丰十一年修建，无存）、隘门关（咸丰五年重建，存两道卡子）、石垭子关（咸丰十一年修建，无存）。这些关口的修建年代大致相同且分布均匀，是源于当年匪患猖獗，关隘的修建不仅保证沿线商队、背夫、行人的安全，也说明当时政府对这条路的重视。在抗战时期，政府甚至以免除兵役等举措，征派7000余名青壮年组成背盐队伍，形成了古道上规模最大运输场面。

图4　龚龙古道石板上的圆形杵印

来源：作者自摄

在东江峡附近保留着隘门关的盐路，沿途石板上密布着当年背盐人留下的石板洞，当地人称为“打杵印”（图4）。背夫有一根“打杵”棍，休息时可用来支撑背篓，也可以作为拐棍和钩子用，打杵棍下端有一个铁片或铁钉，长年累月的戳击和休息时支撑在石板上，就形成了这些印记。背盐的历史，一直持续到了1957年桥岩隧道打通，公路建成后，背盐已无利可图，海盐开始进入，背盐的记忆只留古道上深深的“打杵印”。

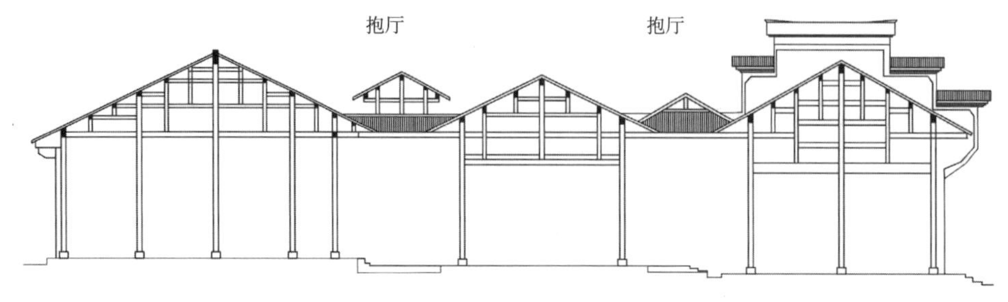

图2　龙潭古镇王家大院剖面图

来源：作者自绘

三、小结

通过对龙潭镇的会馆建筑、民居环境和交通遗迹的浅探，初步验证了明清以来西南地区盐运的历史以及商业贸易对当地文化的碰撞、融入与创新。龙潭古镇是一个将会馆文化、移民文化、盐运文化等杂糅在一起的综合体，这种文化生态如果诸组成部分之间缺乏有机联系，则难以作为整体生存下来。由于资金短缺、关注度不足等主客观原因，龙潭这座国家级历史文化名镇陷入一个尴尬境地，许多人只知龚滩不闻龙潭。龙潭最为宝贵的地方，却正在于其本真的方式发展，使得许多文化和遗迹得以更好地留存，这是当下许多“表演式”的古镇极难给予的。如何保护这种以盐运、商贸、移民为核心的乡土联系的本真，深挖其背后的文化内涵，则成为龙潭古镇研究的重中之重。

参考文献：

[1] 赵逵，张钰，杨雪松 . 川盐古道上的传统聚落研究 [C]// 中国民族建筑研究会 . 第十五届中国民居学术会议论文集 . 2007：294–290.

[2] 赵逵 . 历史尘埃下的川盐古道 [M]. 上海：中国出版集团东方出版中心，2016.

[3] 姚亮 . 龙潭镇万寿宫江西文化田野调查报告分析 [J]. 文化创新比较研究，2017，1（23）：26–27.

[4] 李超竑 . 重庆地区传统天井建筑初探 [D]. 重庆：重庆大学，2004.

专题三

生态安全约束下的山地城乡产业适宜性

山地传统场镇在规划布局中的环境适应性研究
——以重庆地区传统场镇为例

粟雨晗
（重庆大学建筑城规学院，重庆　400044）

【摘　要】重庆地区以山地空间文化特色闻名，其众多的传统历史场镇虽各具特色，但在规划布局中对于山地环境的适应性处理上有着共通点。本文采取案例研究法、比较分析法、归纳总结法等，针对山地传统场镇的规划布局模式进行研究，以重庆地区的多个历史传统场镇为分析对象，目的是总结出它们的环境适应性特点，并将这套环境适应性模式作为古镇保护与设计的方法体系基础，结合亲身的设计实践，在运用中加以论证。

【关键词】山地；传统场镇；环境适应性；设计实践

一、重庆地区自然环境条件概述

重庆地处中国西南部长江中下游地区，气候环境以阴热潮湿为主，地形地貌以坡地崖壁为主。因此该地区的建筑多顺应山地修建，也就产生了丰富的建筑处理方式来应对复杂的高差、取得足够的日照和规避湿热的影响。除了山地条件，重庆还拥有丰富的水系，四通八达的水运交通网络，连通了境内各个地区的经济、文化、交通，同时也打通了与外部交流的渠道。此外，重庆地区植被土壤及矿产资源丰富，仰赖于此诸多场镇才得以形成并繁荣发展[1-2]。

气候、地理、水运、自然资源等上述自然环境要素，皆对山地传统场镇的规划布局产生了重要的影响。在探索这些场镇是如何生成发展时，笔者会以山体和水系两大因素进行重点考量，其余因素根据所论证情况加以辅助说明。

二、山地传统场镇在选址规划中的适应性特征

1. 场镇生成的自然环境空间特征

在重庆场镇的环境空间生成过程中，地理环境是作为其生成、发展的先决条件的。重庆地区以山地为主，受到山地地理空间的影响，传统聚落古村镇大都是因地制宜、依山而建，建筑顺应等高线的排布依次向下，相互依靠、比邻生长、层叠排布，由此形成群聚簇拥的聚落，这种鳞次栉比的古镇肌理十分常见。加之巴渝境内水系丰富，河流纵横，水路交通的发达为传统场镇提供了生存和繁荣发展的必要条件，因此场镇多会选择在邻近水面的岸上建立；即便不是在河岸低地建立村寨，也会注意与水系邻近，面向河流展开[2]。综上所述，“背山面水”是巴渝地区传统场镇一个显而易见的特点，充分利用自然山地环境的特征聚集而生，结合水系带来的通达便利发展兴盛，体现出传统场镇选址布局的立体性、群聚性和灵动性。

作者简介：
粟雨晗（1997—），男，四川成都人，硕士研究生，主要从事建筑历史理论研究。

2. 山体对场镇选址规划的影响

重庆地区多山地，高度上起伏不平的特殊地理环境是对场镇村落布局选址具有关键性影响的要素。场镇的依山就势与所处山体的位置有关，大致可以分为：山脚、山腰和山顶（图 1）。三种选址策略分别有着不同的环境适应考虑[2]。

（1）山脚位置：处于山脚下的场镇多在河谷低地，邻近江河以充分利用水路交通的便捷。因地势相对平缓，此类场镇布局相对自由，常见的布局形式为带状（如北碚偏岩古镇）或团状（如江津塘河古镇），多受河岸长宽和江河流动的影响。以龙潭古镇为例，聚落沿河布局、顺水展开，呈现出典型的带状分布特征，这种场镇布局方式实现了与江面和对岸群山的充分对景，同时将用于水路交通的面最大化展开，也利于场镇的商贸发展。但存在的问题是垂直于河岸等高线方向的进深较“薄”，相对于团状布局空间受限，与山体关系不够亲近[3]。

（2）山腰位置：处于山腰位置的场镇往往受地形限制最大，高差变化复杂台地分布散乱。这类场镇布局或围绕面积较大的平台展开，以错综复杂的路网实现内外的联系，具有较强的聚集性；或依托于多个台地散乱分布，再以各个小集群互相渗透咬合的关系形成整体。以宁厂古镇为例，场镇布局始于半山腰，而后延伸向山顶与河水，虽然在临河面有着大量的吊脚楼建筑，却因为与水面高差较大而少在河岸低地修筑房屋。

（3）山顶位置：处于山顶的场镇由于山顶居高临下易守难攻的自然地理特性，适合修筑堡寨式的防御场镇，其布局形式相对受限较小，往往表现出较强的团簇性。比较典型的代表是丰盛古镇，它位于众多山岭之上，若干建筑顺应地形聚集生长，相互之间联系紧密；同时街道节点布置密集，四通八达方便人的来往，在交通区位上被称为“长江第一旱码头”，古代便是重庆地区陆路交通的要塞枢纽。另外还有涞滩古镇，它在面向山崖的一面修筑城墙走道用于防御和观景。

此外，山地条件带来了对建筑形式和道路空间的要求与束缚：在建筑上表现为吊脚楼、层叠退台式民居等一系列独具山地特色的形式，在道路上则表现为以多级台阶来化解高差，在其中穿插歇息平台供人停留。当这些微观和中观层面的建筑空间要素集群式呈现时，来自山地的限制反而会形成独属于巴渝地域的特色景观立面。类似于龚滩古镇这种沿江立面，房屋沿山地等高线排开，层层建筑依次向山顶、向远处叠台而上，次序分明而极具动势，这也就体现了重庆传统场镇适应山体的生动性。

3. 水系对场镇选址规划的影响

水对于场镇选址布局的影响表现在多个方面。

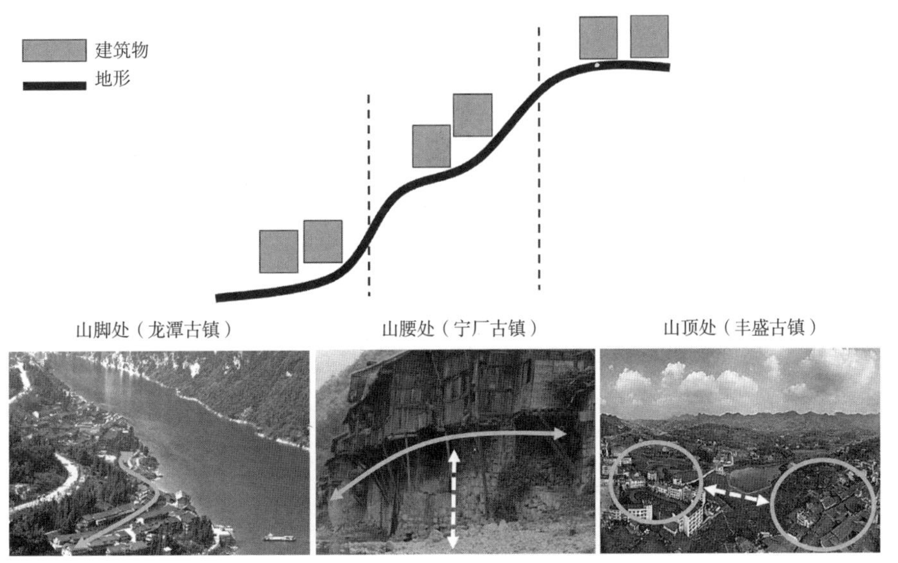

图 1 建筑适应山体的三种布局方式剖面示意图

首先，为了人日常生活的便利，村落需要建立在邻近水源的位置，这也是得益于重庆地区水系丰富的先天条件；其次，从风水的角度来说，水在中国传统思想中被认为具有灵气，临水则在风水上占了优势；另外，从科学的角度进行解释，江河水体比热容较高，能有效调节气候，改善环境，保障适宜人居的湿度和温度；最后，水运交通带来的文化、经济、商贸往来，错综发展的水系交通网络作为载体大大促进了重庆各个地区的交流，也为古镇的发展兴盛提供了支撑，尤其是在传统场镇生成选址之初，在水路交通比陆路交通更加发达便捷的古代，人们就已经懂得依托水系建立聚落[2-4]。

水系的影响不像山体具有诸多的限制性，更多的是对场镇空间环境的塑造，这种塑造可以通过具体不同村落相对水系的布置方式展开。常见的布局方式有四种（图2）：

（1）沿水岸式：沿河岸线展开的布局方式较为常见，场镇选址于河谷低地，村落与河岸的码头完全缝合，这对于交通来往是最有利的方式之一，带状的建筑布局在景观视线上充分利用沿江河的优势，各个建筑都能保证完整的景观面朝向。其典型代表包括上文提到的龙潭古镇，还有北碚的偏岩古镇等。

（2）水环绕式：被水系环绕的场镇有至少两面直接临水，处于水的包围和山体的突出处，体现了山水相间的特性，其建筑分布多为团状，空间的聚合性较强。例如江津的塘河古镇就是三面环水的，在U形的河岸线上开设若干个码头，充分利用水系交通塑造出“小重庆”的特点。

（3）水穿越式：此类场镇以桥作为连接两岸的纽带，在两岸分别发展延伸，空间上呈现多样化不定式的布局方式，这种选址布局打破了场镇单方面与水和与陆地的联系，以江河为中心向两岸多元多变化地延展，既丰富了空间环境的形式，又能培养出不同但互通的生活格局。如黔江的濯水古镇以风雨桥连接两岸，两岸沿岸建筑以土家吊脚楼的形式来适应高差亲近水体。

（4）靠近水式：没有直接临水的场镇在选址上的考量有所不同，一方面或许是地理环境的限制，一方面是出于对镇子防御性和独立性的考虑。但是即便如此，这样的场镇也一定会选址在相对邻近水系的地方，不会绝对远离水系。如合川区涞滩古镇，选址于山巅高处，三面环绕悬崖峭壁，可谓“一夫当关，万夫莫开”，有此特殊的天险地势，涞滩古镇又修筑了城墙走道，以瓮城围合团状布局的村寨来增强防御性。但同时它在城门开口处设置小道连接渠江的码头，也可看出对于水系的重视。

4. 山水相依的总体格局

山体和水系对重庆地区传统场镇的选址布局具有重要影响，场镇对于自然环境的适应性特征可以总结为“山水相依”，通过充分适应山地形式的空间布局，利用水系交通联系的选址要素，使场镇自身

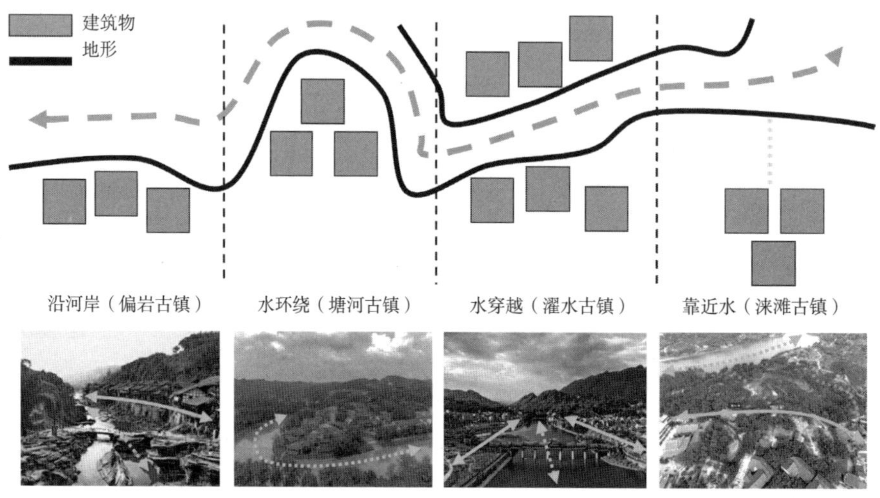

图2 建筑适应水系的四种布局方式平面示意图

从生成到发展兴盛都有理可循，完全融合进重庆的自然环境之中。不论是采取了何种形式去适应地形高差，选择了什么布局去适配水的影响，山地传统场镇总是因地制宜，充分利用山水的特性创造“天人合一”的景观，结合地理环境进行交通联系，开发地区的自然资源，将诸多限制和束缚转化为自身发展的动力。

三、山地传统场镇建筑及街道的空间布局适应性特征——以塘河古镇为例

建筑及街道的关系反映到场镇整体就是它的肌理和结构，也是中观层面场镇生成的逻辑。重庆传统场镇重视整体空间结构的清晰，以顺应地理条件为基础，发展出了若干类型的场镇结构。在比较了若干场镇的特性后，此处以结构清晰直观、特征鲜明的塘河古镇为例进行分析。

1. 结构清晰，主次分明

塘河古镇选址在河湾的凸出处，三面被塘河成几字形包围环绕；场镇背靠群山，面对案山，坐北朝南。从卫星图中不难发现场镇的肌理具有明显的南北指向性，其中有一条尺度较宽的路从山顶的川主庙直至河岸的码头；其余的道路被隐藏在屋檐之下，是从主路伸出的一条条支路小巷，这些巷子也顺着等高线一路延伸到河岸连接次一级的码头，而建筑的坡向也是正对两边河岸的[5]。

古镇街区整体的平面布局关系为“一干串多支”的清晰结构，主路的起点是镇中最重要也是位于最高点的川主庙，终点是贸易来往最密切的主码头，其余的公共建筑和民居则顺着支路向两侧排开。这种简单分明的平面布局，在重庆地区的传统场镇中十分多见，类似的还有龙潭古镇、龙兴古镇等；同时肌理的显著指向性，一目了然地呈现了场镇发展的逻辑（图 3）。

2. 因山就势，顺应自然

塘河古镇房屋的山墙面正对案山，双坡屋顶从内陆高点向河岸低点逐渐降低，纹理明确鳞次栉比地排布。在重庆传统场镇中，这种建筑退台层叠的山地处理方式，塘河是展现得最明显的，其余大多场镇是以建筑正立面作为主景观面来反映层叠的关系。这种顺应自然高差的做法，从作为近景的水过渡到作为远景的山，使建筑融于自然（图 4）。

3. 整体紧凑，收放有度

塘河古镇的街道尺度较窄，建筑之间也相距较近，这就导致整体关系十分紧凑，某些局部甚至略显拥挤。重庆山地传统场镇不似北方场镇的大开大合，而是受到地理环境限制，适宜修筑房屋的平地面积有限，因此布局都显得紧致。它们偏向于探究尺度的充分利用，在更细节处如屋檐、走廊等位置体现空间的适应性（图 5）。

由此也促成了山地传统场镇重视空间开合收放的节奏感，通过节点和标志物的设计，在街道中划分出第二、第三层次。如在适当位置留出大阶梯中间平台，结合茶饮等功能的布置活化节点，以此形成收放有度的街道 - 节点空间格局。

四、山地传统场镇环境适应性方法运用——场镇规划设计

设计选址于重庆市渝北区的一片山丘。场地西侧为城市主干道，东侧和南侧为垂直断崖，北侧山

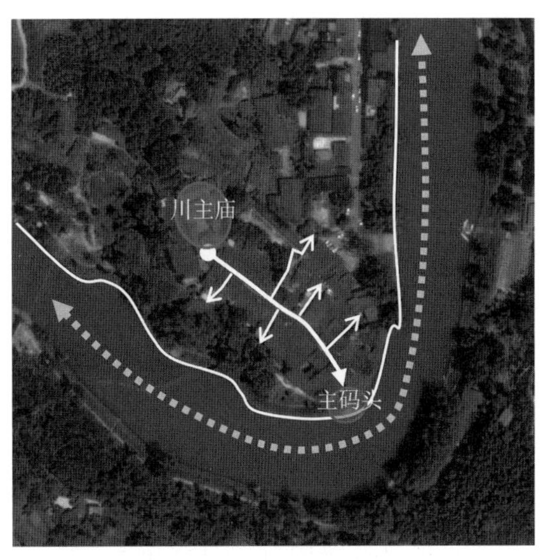

图 3　塘河古镇平面分析图

来源：谷歌地图

图 4 塘河古镇立面分析图
来源：太平洋摄影部落网

图 5 塘河古镇节点分析图
来源：中国图库网

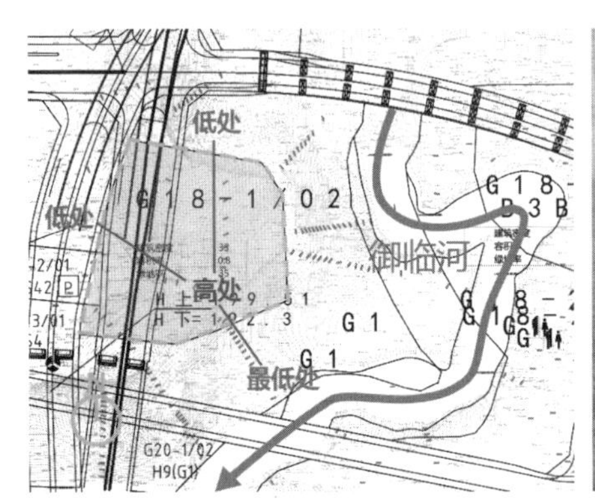

图 6 实践项目场地周边概况

图 7 场镇设计总平面图

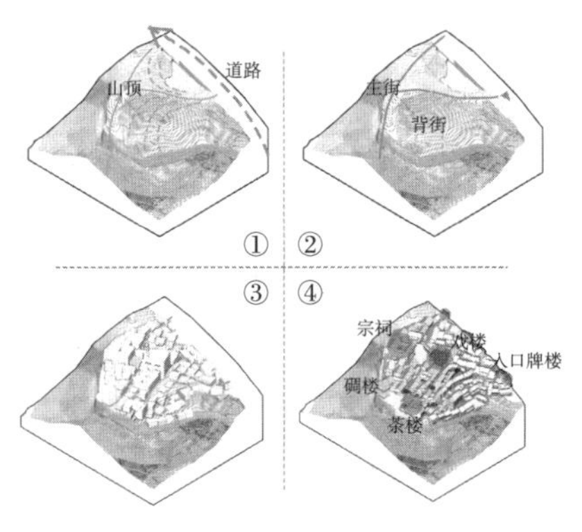

图 8 设计分析图

崖稍缓，东侧有御临河以近乎包围的姿态靠近场地却不相邻。场地面积 1.9 万 m²，场地内高差由南向北跌落，因此修建在这里的场镇不同于一般传统场镇坐南朝北的朝向，而是坐北朝南的，在日照方面会存在较大问题，算是选址先天条件的不足（图 6）。鉴于场地居高临下的特点，设计决定以寨堡式古镇的模式来思考，强调古镇的防御性[6]。

总平面设计的逻辑为：首先确定传统古镇的建筑肌理是沿着等高线一字排开的，然后进行退台处理以展现山地的特征。鉴于场地北高南低的条件，建筑是由北向南的叠台关系，主景观朝向是北方。因此设计沿着山脊规划了一条由入口拾级而上到达最高点的主路，在另一个入口处规划了另一条直达边崖的主路。两条主路呈现的 T 字形结构明确之后，参照山地传统场镇的肌理，遵循顺应等高线的原则生成背街和其他建筑。在东、南侧断崖的边界处模仿涞滩古镇的处理修筑城墙走道和一座碉楼，在北侧设置多座吊脚楼来丰富主景观面的形象。街道和建筑的布局除了顺应等高线之外，还注意了适时放置核心公共建筑作为标志物以放大街道尺度形成节点，以及台阶步道的具体尺度推敲等（图 7、图 8）。

该设计遵循了前文提出的重庆地区传统场镇的环境适应性特征，包括宏观规划中对山体的充分呼应和利用，以及中观建筑街道生成中顺应自然地势，整体结构清晰，布局关系紧凑。但仍有不足之处：

（1）场地自身的坐南朝北问题无法解决，先天条件不足反映在选址上就是不适合作为传统场镇的选址。

（2）未能与御临河水发生联系，在“山水相依”的大格局中缺少了“水”这一环，应学习涞滩古镇的手法以步道连接码头；同时要考虑从御临河看向场地的视线关系，争取彼此呼应。

五、总结

重庆地区特殊的山地地形和丰富的水系条件，一方面成为传统场镇生成发展的限制，另一方面也孕育了独特的、专属于重庆地区的传统场镇空间环境：重庆人民对自然环境的适应性反映在传统场镇中即为“山水相依”的规划选址标准，在空间布局上则表现出因山就势、结构明晰、收放有度的特点。重庆地区传统场镇对于自然环境的适应性折射出独属于山地环境的地域性，而每个场镇又因地制宜地发展出自己的特色，正是这样共性与个性的并存，生发了山地传统场镇的魅力。

参考文献：

[1] 戴彦 . 巴蜀古镇历史文化遗产适应性保护研究 [D]. 重庆：重庆大学，2008：128-131.

[2] 邹启明 . 重庆古镇空间环境演变与保护研究 [D]. 重庆：重庆师范大学，2018：44-48.

[3] 赵万民 . 龙潭古镇 [M]. 南京：东南大学出版社，2009.

[4] 李畅 . 乡土聚落景观的场所性诠释：以巴渝沿江场镇为例 [D]. 重庆：重庆大学，2015：120-124

[5] 刘清清 . 川渝传统场镇街巷空间形态解析 [J]. 美术大观，2021（2）.

[6] 姚青石 . 川渝地区传统场镇空间环境特色及其保护策略研究 [D]. 重庆：重庆大学，2015：132-141.

溧阳市河口村生态约束下产业适宜性研究

周燕凌，刘　畅，何洪容
（重庆交通大学建筑与城市规划学院，重庆　400074）

【摘　要】本文为提供江苏省溧阳市河口村未来科学的产业发展方案，构建河口村生态－产业权衡模型，以主导生态功能辨识为导向兼顾国家与地方生态需求，确定生态建设目标，测算特定产业在生态约束下可发展的最大规模；以合理的经济效益目标为导向，测算实现经济效益目标需要发展的特定产业规模，在保证生态建设目标与经济效益目标均得以实现的前提下，得出产业需要发展的最小规模，经测算河口村如以青虾养殖作为主导产业实现经济效益目标需要发展的产业最小规模为4645.34亩，在生态约束下可发展的最大规模为2093亩，得出河口村生产发展与生态保护间存在较大矛盾。因此，利用贝叶斯网络建立多属性决策模型，推理求解拟定的不同技术干预方案下的各个属性值的概率分布，以生态与经济目标同时实现为指向，得到未来河口村青虾产业最适宜技术干预方案。

【关键词】生态约束；产业适宜性；青虾养殖

在2018年全国生态环境保护大会上，习近平总书记提出以“产业生态化”和“生态产业化”为主构建生态经济体系，经济发展要秉持“绿水青山就是金山银山”的绿色发展观。党的十九大报告指出，乡村振兴，生态和产业要融合发展，产业兴旺是重点，生态宜居是关键，二者密不可分，都是促进乡村振兴的着力点和必然选择[1]。目前，国内关于生态约束下农村产业适宜性研究，由早期对资源环境承载力测评转向思考生态安全与产业发展关系[2]。本文以江苏省溧阳市河口村为例构建生态－产业权衡模型进行测算，判定产业发展极限值，引入贝叶斯模型对河口村未来青虾产业适宜性发展进行多目标决策。

一、研究区概况

1. 研究对象的选取

不同村落由于受限情况不同其具体测算指标会相应产生变化，因此测算结果所代表的类型有限，对单个案例应选择具有代表性的对象。并且在产业适宜性测算过程中需要大量的数据支撑，在选择时应选择各类数据相对齐全、准确的对象。河口村目前正处于产业转型的初步阶段，该村的产业和生态状况对于内陆渔业养殖产业具有一定的代表性。因此，本文选取在河口村范围内其青虾产业作为研究对象。

2. 研究范围概况

河口村位于溧阳市社渚镇西北部，辖区面积约9.8hm^2，距社渚镇3.5km，距溧阳市区约38km，西邻芜申运河，位于常州市“南河水系”区域中，现有农户1238户，人口4280人，人均可支配收入为24732元，渔业养殖中基本为青虾养殖，青虾养殖面积约700亩。

对村民个人及家庭情况、经济产业、生态资源

作者简介：
周燕凌（1995—），女，重庆人，硕士研究生，主要从事风景园林规划设计研究。
刘　畅（1981—），男，重庆永川人，副教授，博士，主要从事城乡规划与生态资源保护利用研究。
何洪容（1997—），女，重庆人，硕士研究生，主要从事风景园林规划设计研究。
基金项目：国家重点研发计划项目（2018YFD1100104），重庆市基础研究与前沿探索项目（cstc2018jcyjAX0479）。

与污染三个层面进行入户调查（表 1）。调查发现：居民家庭常住人口为每户 2~5 人，村庄人口老龄化严重，文化程度偏低，主要工作以务农为主，家庭年收入平均在 7 万 ~8 万元，生产产业以青虾养殖为主，每亩年收益 500~1000 元，大部分居民理想家庭年收入在 10 万 ~20 万元间，对于农村电商期望较高；村民对于村庄自然环境与生活环境较为满意，水环境污染主要源头是青虾养殖，生产技术改进部分重点考虑其改进成本、技术难度，村民对于村庄生态环境认知较低。

二、研究方法与数据来源

1. 研究框架思路

该研究将 2025 年作为目标年限，其研究框架如图 1 所示。第一阶段为判定阶段，对典型村镇的基础产业进行基础测算，判定产业在原有发展模式下达到生态建设目标与经济效益目标的情况下产业发展规模的极限值。以主导生态功能辨识为导向兼顾国家与地方生态需求，确定生态建设目标，测算特定产业在生态约束下可发展的最大规模；以合理的经济效益目标为导向，在明确单位产业用地可带来的产业效益基础上，测算实现经济效益目标需要发展的特定产业规模，在保证“生态建设目标与经济效益目标”均得以实现的前提下，得出产业需要发展的最小规模。第二阶段为干预决策阶段，将判定阶段结果与现状产业规模进行对比后，若现状产业规模小于产业发展的最小规模则无须进行第二阶段，若现状产业规模大于产业发展的最小规模，说明生产发展与生态保护间存在矛盾，则将采取技术干预方案对产业进行改进，技术方案分为生态负面效益缩减和经济正面效益提升两类。最后，利用贝叶斯网络建立不确定环境下的多属性决策模型，推理求解不同技术干预方案下的各个属性值的概率分布，得到未来河口村青虾产业最适宜技术干预方案。

入户问卷调查内容　　表 1

个人及家庭情况	经济和生产	生态资源与污染
家庭成员情况	家庭生产产业	村庄自然环境满意程度
文化程度	农业生产用地面积、每亩年收入、主要生产人员	生活用水保障情况
从事工作	居住地与农业生产用地交通情况	水环境污染情况、原因、影响
务工地点	主要生产农产品类型	生产技术改进接受度
家庭年收入	家庭年纯收入结构、主要开销	农业生产期望面积
—	村主要产业发展情况	村庄生态环境满意程度
—	2025 年理想收入	—
—	农村电商普及程度	—

2. 研究方法

1）判定阶段测算

通过对国家层面到地方层面的主导生态功能界定河口村主导生态功能：国家层面，根据《全国生态功能区划》，溧阳市属于“太湖平原农产品提供功能区（Ⅱ-01-17）”；地方层面，“水源涵养”生态功能成为河口村以农产品生产为“一品”产业的村镇的主导生态功能。“农产品提供”主导生态功能建设需要提升农产品供给能力，青虾养殖等农产品生产将会给“水源涵养”生态功能保护与优化带来生态压力。

（1）生态效益限定下的产业规模测算

以“水源涵养”主导生态功能为目标导向，通过明确涵养水源、保护水质以及重要生态空间保护的具体目标，从资源约束、环境约束、红线约束三方面测算单位农产品生产带来的生态荷载（图 2），并基于“水资源供给量、污染物允许排放量、适宜空间供给量”总量控制，采用“总量供给 ÷ 单位荷载 = 产业规模”测算逻辑。

资源约束下产业规模测算。由于溧阳村镇属于水质型缺水，随着青虾养殖的推广，水资源成为制约河口村青虾养殖规模增长的短板资源。因此，以供需关系为产业规模测算框架，建立测算公式如下：

$$RC_1=\frac{PW\times P_b}{A_b} \quad (1)$$

式中　RC_1——年度水资源约束下的产业用地规模；

PW——村域生产需水量；

A_b——单位青虾养殖用地需水量。

环境约束下产业规模测算。由于社渚镇河口村位于常州市“南河水系”区域中，关联的有“常州

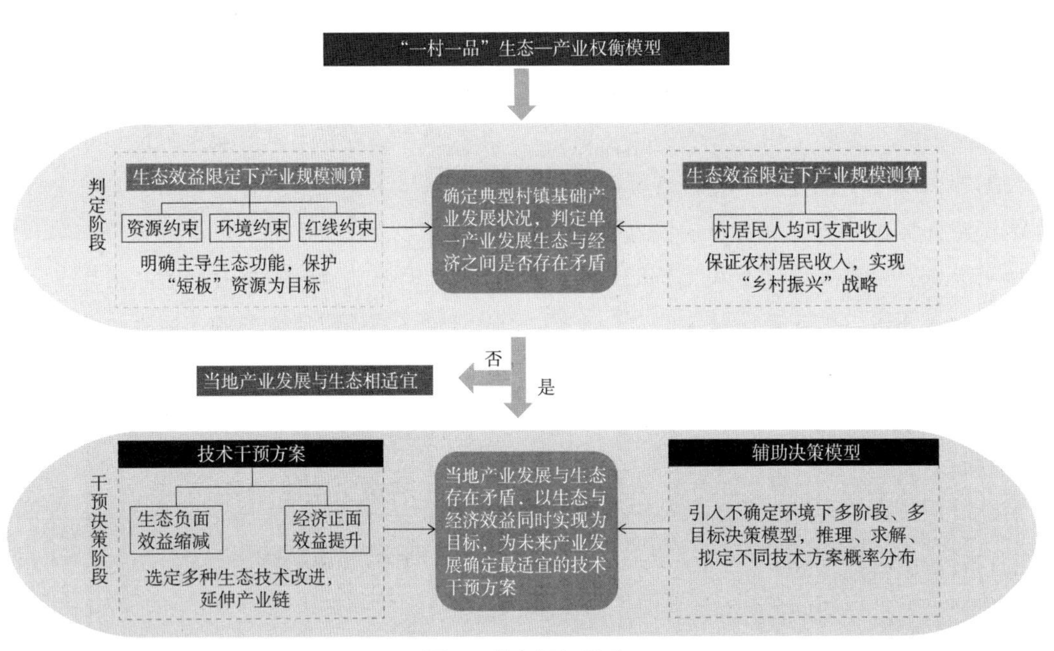

图1　研究框架思路

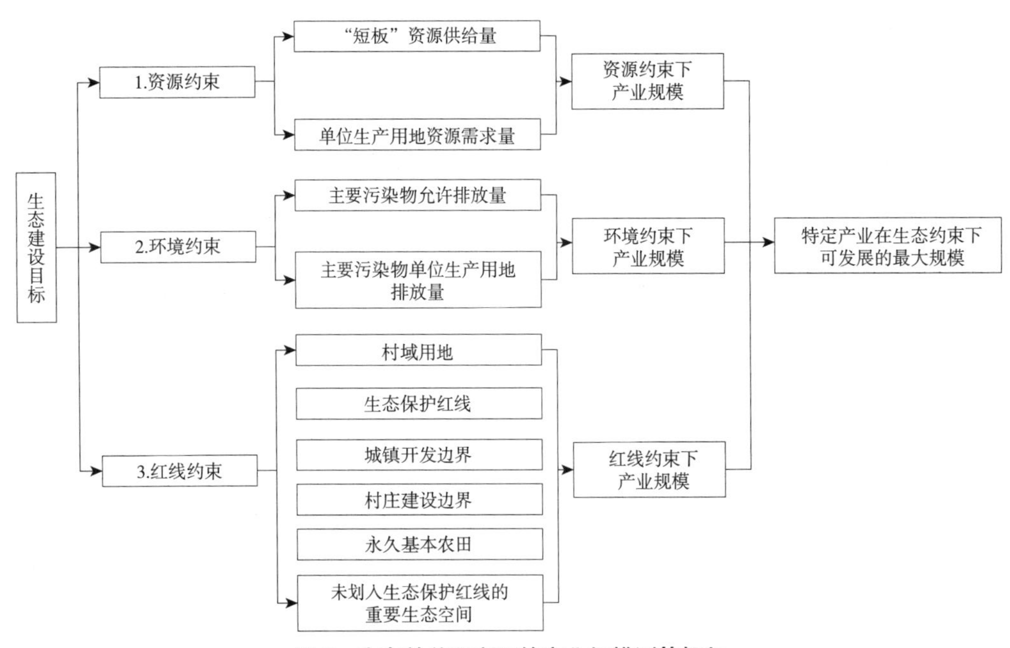

图2　生态效益限定下的产业规模测算框架

市溧阳市大溪河前留桥"和"常州市溧阳市大溪水库、沙河水库"两个水质省控单元，其主要污染物为生化需氧量（COD）、氨氮、总氮（TN）、总磷（TP）。因此本研究基于"CAP限制规则"对产业规划进行测算，建立测算公式如下：

$$RC_2=\frac{VPV_i}{PV_i} \quad (2)$$

式中 RC_2——年度环境约束下的产业用地规模；

VPV——村域主要污染物允许排放总量；

i——分别代表TN、TP、COD污染物；

PV——单位面积青虾养殖用地主要污染物排放量常数。

红线约束下产业规模测算。村域内不可作为青虾养殖的用地包括城镇开发边界、村庄建设边界、生态保护红线、永久基本农田、未划入生态保护红线的其他重要生态空间，将其作为用地红线限定，构建测算公式如下：

$$RC_3=VL-CA-VCL-EA-FA-ESA \quad (3)$$

式中 RC_3——用地红线约束下的产业用地规模；

VL——村域用地规模；

CA——城镇开发边界面积；

VCL——村庄建设用地面积；

EA——生态保护红线面积；

FA——永久基本农田面积；

ESA——其他重要生态空间面积。

（2）经济效益引导下的产业规模测算

“让村民走上可持续的致富路”是乡村振兴战略实现的关键，因此选取农村居民人均可支配收入为经济目标设定口径。通过对标溧阳市整体农村居民人均可支配收入增长目标，在农村居民人居可支配收入现状的基础上，合理确定社渚镇河口村农村居民人均可支配收入增加目标值（图3），构建测算公式如下：

$$LIET=\frac{(TIR-NIT)\times PSI}{POI} \tag{4}$$

式中 $LIET$——合理经济效益目标引导下的产业规模下限；

TIR——农村居民人均可支配收入增加目标；

NIT——非经营人均净收入增加目标值；

PSI——青虾养殖于人均经营净收入增加值中的占比；

POI——单位青虾养殖用地人均经营净收入。

2）干预决策阶段测算

贝叶斯网络（Bayesian Networks）起源于20世纪80年代中期对人工智能中的不确定性问题的研究[3]，是一种用以表示变量之间依赖关系的概率图模型，简洁有效的因果关系表达和推理方法[4]。它本身就是将多元知识图解可视化的一种概率知识表达与推理模型，展现了网络节点变量之间的因果关系及条件相关关系[5]，具有强大的不确定性问题处理能力。用条件概率表达各个信息要素之间的相关关系，能在有限的、不完整、不确定的信息条件下进行学习和推理[6]。

（1）贝叶斯网络构建

现选择9种技术方案对青虾产业进行优化，组成9种样本空间的样本点[7]分为2类一共4种，包括使用减少单位产业用地生态负荷的节水系统与集中污水处理设备，发展立体循环养殖技术；提高单位产业用地经济效益产出，发展农副产品加工和旅游业。将样本点进行组合最终得出9种技术方案，为状态空间。决定状态空间的随机变量通过专家打分法确定为劳动人口数、人均可支配净收入、水质标准、供水量、第一产业生产占比、第二产业生产占比、第三产业生产占比，对随机变量赋予目标值后通过咨询领域专家或者分析历史统计资料、文献等方法确定贝叶斯网络中每个节点的条件概率表[8]，采用联合分布与拓扑网络计算得出样本空间所发生概率，为最终河口村产业发展做出决策方案（图4）。网络第一层为决策环境节点，是决策前对外部信息的掌握，其主要来源为统计信息、专家估计信息等；第二层为决策目标节点，是决策过程中最终需要衡量的因素；第三层为决策价值节点，反映了各个决策目标所带来的价值（图5）。

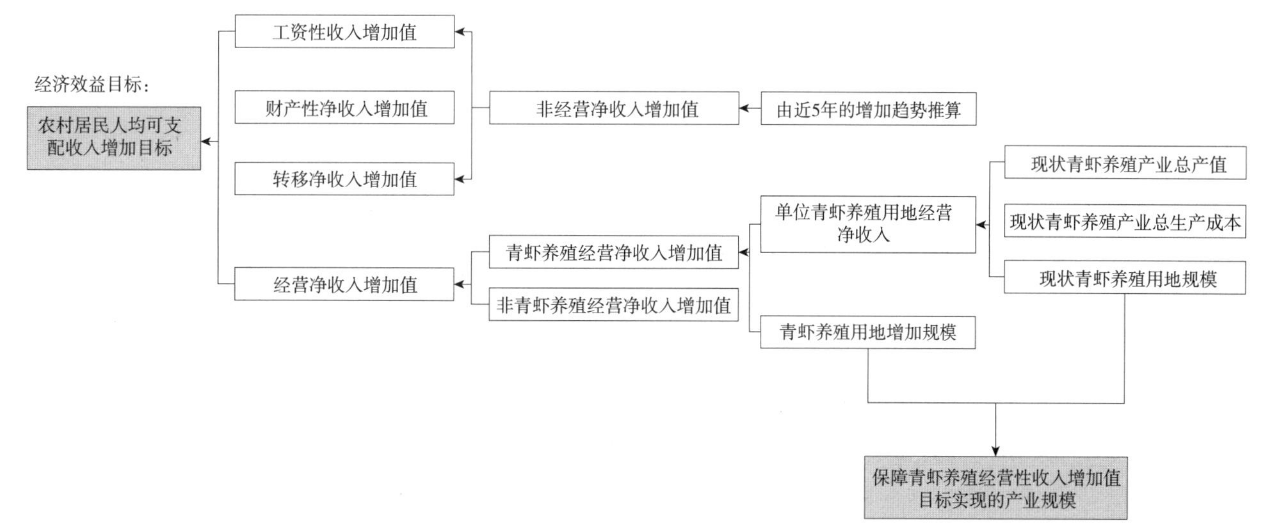

图3 经济效益引导下的产业规模测算框架

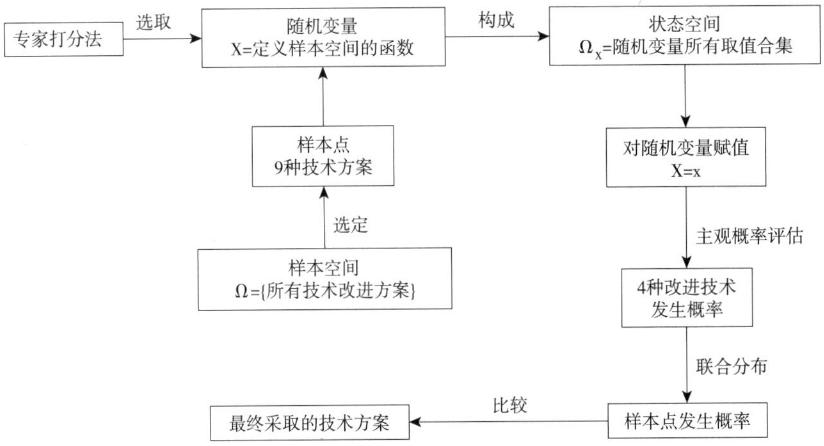

专家打分法 —选取→ 随机变量 X=定义样本空间的函数 —构成→ 状态空间 Ω_X=随机变量所有取值合集

样本空间 Ω={所有技术改进方案} —选定→ 样本点 9种技术方案 → 随机变量

状态空间 → 对随机变量赋值 X=x —主观概率评估→ 4种改进技术发生概率 —联合分布→ 样本点发生概率 —比较→ 最终采取的技术方案

图 4 基于贝叶斯网络决策过程

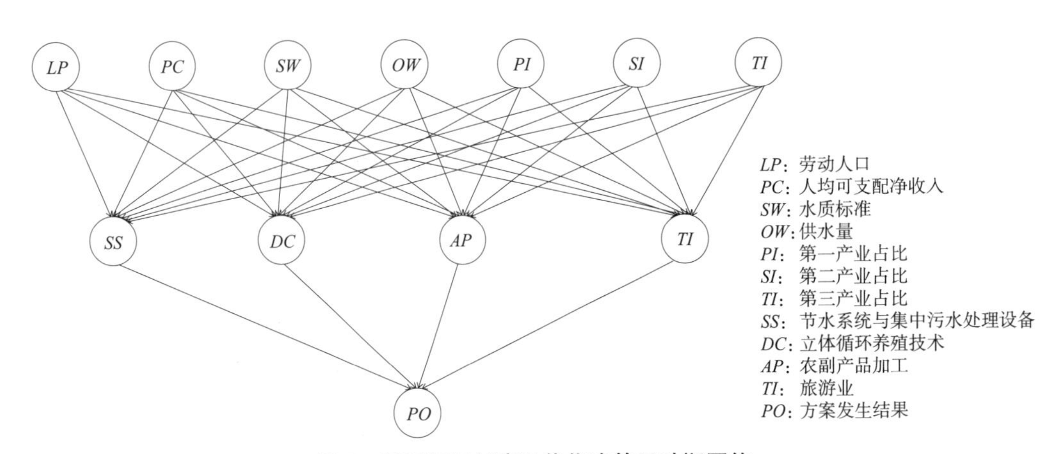

图 5 基于河口村产业优化决策贝叶斯网络

（2）贝叶斯网络参数计算

对随机变量进行赋值。河口村劳动人口为 1238 人，人均可支配净收入为市平均水平 20% 及以上，水质标准为Ⅱ类水，供水量为 $5.81\times10^7\text{m}^3$，第一产业占比 40%，第二产业占比 40%，第三产业占比 20%。咨询专家后对样本点发生概率进行赋值，其中 A 为“满足随机变量的目标值”，x 为样本点，x=SS、DC、AP、TI，$P(A|x)$ 代表在随机变量所定目标值下样本点发生的概率。具体赋值见表 2，其中 $P(A)=1$ 为“满足随机变量的目标值发生的概率”，根据贝叶斯公式进行计算：

$$P(x|A)=\frac{P(A|x)\,P(x)}{P(A)} \qquad (5)$$

式中 x——各个样本点；

A——满足随机变量的目标值。

对于样本点的赋值充分考虑其生产产业权衡关系，当生态效益限定下的产业规模小于经济效益引导下的产业规模，在改进生产技术的前提下，单位农产品生产带来的生态荷载（E）将有所缩减；与之相对，生产技术的改进将带来额外的投入，单位产业用地可带来的产业效益（D）将有所缩减。只有当 E 的缩减速度大于 D 的缩减速度时，才可实现“生态效益限定下的产业规模”与考虑产业效益引导下的产业规模的平衡。如 E 的缩减速度小于 D 的缩减速度时，则需要综合考虑产业链延伸、复合产业发展等措施，优化产业结构，才有可能实现生态效益

样本点发生概率　　表 2

样本点（x）	$P(A|x)$
节水与集中污水处理系统（SS）	0.85
立体循环养殖技术（DC）	0.75
农副产品加工（AP）	0.65
旅游业（TI）	0.45

限定下的产业规模与产业效益引导下的产业规模的平衡，实现综合效益最大化。

3. 数据来源

以河口村为例，数据来源有统计年鉴、水质通报、村卡、常州市“三线一单”、溧阳市生态环境保护“十三五”规划、第三次国土调查数据和实地调研数据等，具体包括村社会经济数据、村土地利用数据、村人口数据、流域水质数据、村用水量等内容。

三、结果与分析

1. 各阶段初步测算结果

在判定阶段，通过测算，以生态效益目标为导向产业发展的上限约束为 2093 亩，以经济效益目标导向产业规模下限测算结果 4645.34 亩为下限约束（表 3），其中环境约束下产业规模最小为 2093 亩，合理经济效益目标导向下的产业规模最大为 464534 亩。

干预决策阶段其测算结果见表 4。方案发生概率越高说明该技术干预方案越适宜未来河口村未来产业发展。方案 1 的节约污水系统与集中处理设备和农副产品加工的组合方式所发生概率为 0.5525 在所有方案中最高。

2. 测算结果分析

判定阶段，河口村主导生态功能辨识导引的环境约束下产业规模上限与以合理经济效益目标导向下的产业规模下限约束相差 2552.34 亩，河口村的青虾养殖产业经济效益较低，达到经济目标产业规模需要大量产业用地，对水环境造成较大压力，如以青虾养殖为主导产业，河口村生产发展与生态保护间将存在较大矛盾，因此需对产业发展进行优化，进行干预决策阶段测算。

干预决策阶段，河口村以青虾为主导产业的最优技术改进方案，发生概率为 0.5525 的方案 1，采用节水系统与集中污水处理设备，目前河口村已经开始推行。与立体养殖技术相比，该技术难度和居民接受度上有很大的优势，对市场调研可知，以青虾为原材料的产品，经济收益提高显著，市场需求大。

判定模型测算结果 表 3

价值导向	情景限定		测算结果	限定值
经济效益目标导向（下限约束）	情景 1	合理经济效益目标导向下的产业规模下限测算	4645.34 亩	4645.34 亩
生态效益目标导向（上限约束）	情景 2	主导生态功能辨识导引的资源约束下产业规模上限测算	6359 亩	2093 亩
	情景 3	主导生态功能辨识导引的环境约束下产业规模上限测算	2093 亩	
	情景 4	主导生态功能辨识导引的红线约束下产业规模上限测算	2748.06 亩	

技术干预方案达成目标值综合概率 表 4

	P（SS）	P（DC）	P（AP）	P（TI）	P（x|A）
方案 1	0.85	—	0.65	—	0.5525
方案 2	0.85	—	—	0.45	0.3825
方案 3	0.85	—	0.65	0.45	0.248625
方案 4	—	0.75	0.65	—	0.4875
方案 5	—	0.75	—	0.45	0.3375
方案 6	—	0.75	0.65	0.45	0.219375
方案 7	0.85	0.75	0.65	—	0.414375
方案 8	0.85	0.75	—	0.45	0.286875
方案 9	0.85	0.75	0.65	0.45	0.18646875

四、展望与结论

1. 展望

该测算以村为研究范围，但目前村域范围数据的精确性不足，部分缺失数据利用更高层级的相关数据进行推算或采取同类型村落数据进行替换，因此对于结果的精准度有影响，未来可对研究对象进行长期调研，提高数据精准度。对于贝叶斯网络随机变量的选取多以决策者角度考虑其官方文件常用数据类型，类似统计年鉴等文件，方便决策者进行判定，但对于村域其他社会因素例如历史文化等，未来应全面考虑。

2. 结论

综上所述，由于河口村目前生产发展与生态保护间存在较大矛盾，对于现有的情况需采取技术改进，基于贝叶斯网络的未来河口村产业发展决策，优先选择的技术方案为污水系统与集中处理设备和农副产品加工的组合方式。污水系统与集中处理设备目前在农村的普及度高，投入成本较低，技术难度适中，可以有效地解决当地产业发展所带来的生态问题；农副产品加工对河口村的主导青虾产业进行延伸，提高农产品的附加值。

参考文献：

[1] 王霄．丽水市农村生态型产业融合发展研究[D].武汉：中南财经政法大学，2020.

[2] 刘畅，周燕凌，何洪容．近30年国内外生态约束下农村产业适宜性研究进展[J].生态与农村环境学报，2021，37（7）：852-860.

[3] 张连文，郭海鹏．贝叶斯网络引论[M].北京：科学出版社，2006.

[4] 蔡志强，孙树栋，司书宾，等．不确定环境下多阶段多目标决策模型[J].系统工程理论与实践，2010，30（9）：1622-1629.

[5] WU C J，HUANG C H.Back-propagation neural networks for identification and control of a direct drive robot[J].Journal of Intelligent and Robotic Systems：Theory & Applications，1996，16（1）：45-64.

[6] 李俭川，胡茑庆，秦国军，等．基于贝叶斯网络的故障诊断策略优化方法[J].控制与决策，2003（5）：568-572.

[7] 盛骤，谢式千，潘承毅．概率论与数理统计[M].北京：高等教育出版社，2008.

[8] 叶跃祥，糜仲春，王宏宇，等．基于贝叶斯网络的不确定环境下多属性决策方法[J].系统工程理论与实践，2007（4）：107-113，125.

基于 40 个国家特色小镇数据分析的乡镇产业发展研究
——以张掖市甘州区乡镇为例

何洪容，刘　畅，周燕凌，罗　岭
（重庆交通大学建筑与城市规划学院，重庆　400074）

【摘　要】本文首先收集了 2014~2020 年间 40 个特色小镇和甘肃省张掖市甘州区 18 个乡镇的基础经济数据与产业结构特征，其次利用 Excel 工具，将特色小镇及甘州区乡镇的三大产业和基础经济数据进行对比分析，计算出甘州区乡镇与特色小镇的产业结构相似系数，最后通过对比分析两者的产业结构相似系数，选出适合甘州区乡镇发展的产业方案。结果表明：在甘州区现有乡镇产业结构中，适合发展资源禀赋型产业方向的乡镇最多。通过对甘州区乡镇产业结构相似系数的分析，本文发现甘州区乡镇间的产业竞争力正逐渐减少，乡镇间的交流与合作力度逐渐加大，正形成一种产业互补的态势。

【关键词】乡镇产业；产业选择；产业结构相似系数；特色小镇

特色小镇作为推动新型城镇化的有效手段之一，在近年来的发展中，出现了一批具有示范意义的特色小镇，也有发展越来越同质化的问题小镇，例如照搬模式明显的仙坊民俗文化村，只模仿不设计的白鹿原民俗文化村。规避问题小镇在发展过程中出现的种种问题，总结学习示范性特色小镇的发展经验，基于对 40 个国家特色小镇的经济数据分析，在镇域尺度通过对比甘州区乡镇与特色小镇的产业结构相似系数，得出甘州区在乡村振兴大背景下应该大力发展的产业类型。对甘州区乡镇产业结构的准确判断和调整会大大提高整个区域的经济发展速度，巩固区域经济发展的产业基础。促进产业结构的健康化发展，有利于实现甘州区经济的持续稳定发展。

一、研究区产业结构现状分析

甘肃省张掖市甘州区位于河西走廊中部，是典型的西部内陆干旱区。2020 年甘州区 GDP 为 202.2 亿元，第一产业产值为 44.62 亿元，第二产业产值为 33.57 亿元，第三产业产值为 124 亿元，三次产业结构比为 22.07 ∶ 16.6 ∶ 61.33，第三产业占比最多，可见甘州区的服务业对地区 GDP 贡献最大。为体现各个产业的不同战略地位，按照战略关联分类法 [1] 对甘州区各个乡镇产业结构进行分类（表 1），由表 1 可知有超过一半的乡镇是以供给蔬菜、肉类为主，有近三成的乡镇是以生态旅游、生态禽畜养殖为主，只有较少乡镇发展林木育苗产业。说明在甘州区乡镇现状产业构成中，以种养殖产业发展为主、旅游业发展为辅。

作者简介：
何洪容（1997—），女，重庆人，硕士研究生，主要从事风景园林规划设计研究。
刘　畅（1981—），男，重庆永川人，副教授，博士，主要从事城乡规划与生态资源保护利用研究。
周燕凌（1995—），女，重庆人，硕士研究生，主要从事风景园林规划设计研究。
罗　岭（1996—），女，重庆人，硕士研究生，主要从事风景园林规划设计研究。
基金项目：国家重点研发计划（2018YFD1100104）。

甘州区乡镇产业构成　　表1

乡镇	主导产业	支柱产业	基础产业	新型产业	特色产业
沙井镇	玉米、蔬菜制种	玉米制种			
靖安乡	果蔬				
乌江镇	乡村旅游				
明永镇	制种玉米、肉牛养殖、林果培育、旅游观光	蔬菜产业			高原夏菜、乡村旅游、加工储藏
小满镇	制种玉米				
长安镇	瓜果、蔬菜				
大满镇	设施农业、特色林木、花卉种植、禽畜养殖		禽畜养殖		
党寨镇	玉米、蔬菜	玉米制种	草畜产业	劳务产业	
上秦镇	特色林果、高原夏菜、乡村旅游、城市发展服务				
梁家墩镇	现代设施农业				建筑建材、商贸物流、劳务输送
碱滩镇	制种玉米、蔬菜、林果		种植业、养殖业		乡村旅游
新墩镇	韭菜				林木育苗产业
平山湖蒙古族乡	畜牧业		畜牧业	新能源产业（有色冶金、风电、光电）	蒙古族文化乡村旅游、生态旅游
三闸镇	旅游（西部七彩湿地休闲园）、农业（小辣椒）	肉牛产业			
甘浚镇	养殖（肉牛）、旅游（文化旅游）、特色林果		设施农业、禽畜养殖		生态旅游
龙渠乡	设施蔬菜、特色林果		绿色畜牧养殖	现代农业	商贸旅游、生态旅游
花寨乡	高原夏菜特色农产品（西蓝花、娃娃菜、无籽西瓜）	中药材生产加工	生态禽畜养殖	现代农业	生态旅游
安阳乡	谷物种植				生态旅游

二、数据收集与处理

1. 指标体系的建立

从特色小镇内涵出发，通过数据统计分析，整理出一套反映特色小镇发展水平的评估指标体系。特色小镇的发展水平评估指标体系应准确地体现小镇的经济发展水平以及特色产业结构。在参考已有相关研究[2-6]之后，考虑数据的可获得性，将指标体系分为经济发展水平、产业结构以及特色水平三部分，共17个评价因子（表2）。

2. 数据来源

本文所收集数据年限为2014~2020年，有关特色小镇的统计数据均从统计年鉴、经济统计公报、文献、特色小镇案例集等渠道获得，甘州区各个乡镇的统计数据从农业年报、统计年鉴、经济统计公报、文献等渠道获得。

3. 研究方法

因所收集的数据时间跨度长达7年，故针对某一年份所缺失的数据采用线性回归分析，以图形显示的方式根据现有数据推测缺失数据。

$$Y=a+bx+\varepsilon \quad (1)$$

式中 Y——因变量；

x——自变量；

a——常数；

b——斜率；

ε——随机误差。

特色小镇发展水平评估指标体系　　表 2

评估指标大类	数据名称
经济发展水平	高一级行政区域 GDP
	高一级行政区域三次产业产值
	小镇全部从业人员期末数
	小镇 GDP
	城镇居民人均纯收入
	人均 GDP
	小镇常住人口数
	小镇三次产业产值
	小镇三次产业组成成分
特色水平	万人拥有研究人员数
	R&D 经费占 GDP 比重
	每万人口发明专利拥有量
产业结构	主导产业
	支柱产业
	基础产业
	新型产业
	特色产业

特色小镇发展阶段判定　　表 3

发展阶段	判定依据（GDP 亿元）
起步期	0~9 亿元
发展期	30 亿 ~49 亿元
成熟期	50 亿元以上
停滞期	小镇 GDP 年增长率不超过 8%，某一年特色小镇 GDP 不在高一级行政区 GDP 的 30% 内

对于特色小镇与甘州区乡镇之间产业结构比采用产业结构相似系数来体现，这是衡量产业结构相似度常用的指标[7-8]。产业结构相似系数是由联合国工业发展组织国际工业研究中心提出来的，通过计算两地的相似系数，将两地产业结构进行比较，以确定被比较区域的产业结构相似度。相似度越高，说明两地产业结构趋同性越高。其数学计算模型如下：

$$S_{ij}=\sum_{k=1}^{n}(X_{ik}\times X_{jk})/\left(\sqrt{\sum_{k=1}^{n}(X_{ik})^2}\sqrt{\sum_{k=1}^{n}(X_{jk})^2}\right) \quad (2)$$

式中　S_{ij}——产业结构相似系数；

k——产业部门；

X_{ik}、X_{jk}——区域 i 和区域 j 各产业所占比重；

n——产业分类个数。

其中，S_{ij} 计算结果取值范围为（0，1），S_{ij} 的数值越小，表示对比的两个地区产业结构越不相似，差异性越大，若 $S_{ij}=0$，则两个对比地区产业结构完全不一致，若 $S_{ij}=1$，则两个对比地区产业结构完全一致[9-10]。

三、特色小镇与甘州区乡镇产业发展阶段判定

1. 特色小镇的发展阶段判定

雷蒙德·弗农教授在 1966 年首次提出产品生命周期理论[11]。该理论认为：产品与人的生命都会经历形成、成长、成熟、衰退这样的周期，不同阶段有不同的发展特征。据此，结合相关学者的研究成果[12-13]，收集不同乡镇的统计数据，对比分析不同阶段乡镇经济发展水平差异，提出特色小镇发展阶段，同时予以相应的判定依据。本文将特色小镇的发展阶段分为起步期、发展期、成熟期，判定依据为各特色小镇的 GDP（亿元），判定阈值依次为 0~29 亿元、30 亿 ~49 亿元、50 亿元以上，考虑到小镇发展速度曲线不会一直呈无限上升曲线，故将停滞期作为特色小镇发展阶段中的特殊时期，其判定依据为：特色小镇 GDP 年增长率不超过 8%，某一年特色小镇 GDP 不在高一级行政区 GDP 的 30% 内（表 3）。

根据特色小镇发展阶段的划分及判定方法，将特色小镇按照 10 种功能类型[14-17]、3 种发展状态进行划分，随机收集的 40 个特色小镇判定结果见表 4。

其中，停滞期作为特殊阶段需要另外判定，通过计算 2014~2020 年 40 个特色小镇的 GDP 增长率，结合不同小镇上一级行政区 30% 的 GDP，满足停滞期条件的小镇如图 1 所示。

可见，在收集的 40 个特色小镇中，处于停滞期的特色小镇为 12 个，占收集特色小镇的 30%，这些小镇大多是 GDP 增长速度较缓慢，且在高一级行政区 GDP 中的占比没有超过 30%。因此，在乡镇调整产业结构时，还需考虑产业结构调整完成之后的经济增长速度，以及对区域经济的贡献度。

特色小镇发展阶段及功能类型判定

表4

功能类型	发展状态		
	成熟期	发展期	起步期
历史文化型	上海金山枫泾镇水乡科创	福建省龙岩市上杭县古田镇	重庆市涪陵区蔺市镇
城郊休闲型	辽宁省大连市瓦房店市谢屯镇	安徽省铜陵市郊区大通镇	浙江省湖州市德清县莫干山镇
新兴产业型	天津市武清区崔黄口镇	浙江省杭州市桐庐县分水镇	河北省秦皇岛市卢龙县石门镇
特色产业型	天津市滨海新区中塘镇	四川省成都市德源镇	重庆市万州区武陵镇
交通优势型	山东省胶州市李哥庄镇	山东省威海市经济技术开发区崮山镇	贵州省六盘水市郎岱镇
资源禀赋型	山东省临沂市费县探沂镇	贵州省安顺市西秀区旧州镇	安徽省安庆市岳西县温泉镇
生态康学型	福建省福州市永泰县嵩口镇	宁夏固原市泾源县泾河源镇	安徽省六安市裕安区独山镇
高端制造型	广东省佛山市顺德区北滘镇	江苏省东台市安丰镇	福建省泉州市安溪县湖头镇
金融创新型	湖北省襄阳市吴店镇	四川省达州市宣汉县南坝镇	北京市房山区长沟镇
时尚创意型	浙江省嘉兴市桐乡市濮院镇	广东省江门市开平市赤坎镇	浙江省丽水市莲都区大港头镇

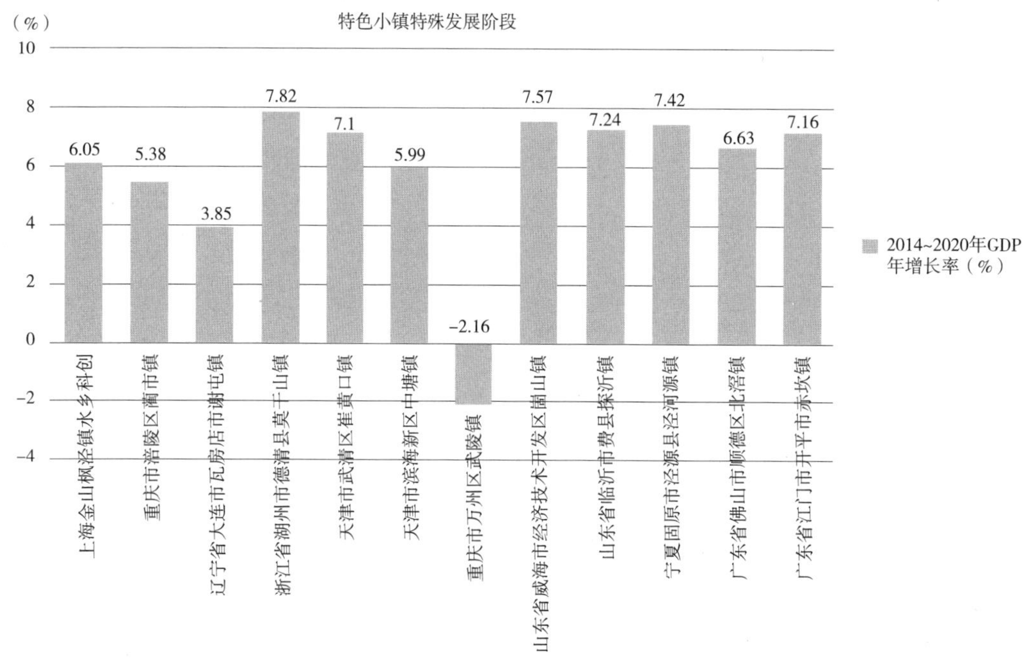

图1 特色小镇特殊发展阶段

2. 甘州区乡镇产业发展阶段判定

根据对特色小镇发展阶段的判定，分析计算甘州区乡镇产业经济数据，为更加明确甘州区乡镇的发展方向，以特色小镇的标准来衡量现阶段甘州区乡镇产业发展现状（表5）。

据表5可知，甘州区有超过一半的乡镇均处于特色小镇发展阶段的停滞期，只有个别乡镇的产业处于特色小镇的发展期，可见甘州区乡镇产业发展速度较慢，亟须明确甘州区乡镇产业发展方向。

甘州区乡镇发展阶段表

表5

发展状态	乡镇名称
成熟期	—
发展期	长安镇
起步期	乌江镇、明永镇、安阳乡、碱滩镇、梁家墩镇、新墩镇
停滞期	平山湖蒙古族乡、三闸镇、甘浚镇、大满镇、小满镇、党寨镇、沙井镇、靖安乡、花寨乡、龙渠乡、上秦镇

四、以三次产业为对象进行产业结构相似度测算

根据产业结构相似度系数的测算公式，对特色小镇、甘州区乡镇的经济数据利用 Excel 工具进行计算，得出特色小镇、甘州乡镇 2020 年三大产业结构的相似度系数，计算结果如图 2 所示。

从图 2 可以看出，甘州区乡镇与特色小镇类型的产业结构相似系数大部分都保持在 0.99 以上，说明该乡镇与该特色小镇类型的产业结构相似度很高。与历史文化型特色小镇产业结构相似的甘州乡镇有 3 个，分别是三闸镇、长安镇、上秦镇，虽然长安镇相似度最高，但这三个乡镇皆处于历史文化型特色小镇的停滞时期，产业的产值低且经济增长率低；与城郊休闲型特色小镇产业结构相似的甘州区乡镇有 3 个，分别是乌江镇、党寨镇、新墩镇，其中党寨镇的相似度最高，这三个乡镇的发展阶段相当于城郊休闲型特色小镇的发展期，说明甘州区这三个乡镇的产业产值已经具有一定规模且稳定，经济增长率持续稳定上升；与新兴产业型特色小镇产业结构相似的甘州乡镇有 3 个，分别是平山湖蒙古族乡、大满镇、靖安乡，其中大满镇的相似度最高，这三个乡镇相当于新兴产业型特色小镇的发展期，说明这三个乡镇的产业在未来应该向巩固新型产业的方向发展；与资源禀赋型特色小镇产业结构相似的甘州区乡镇有 7 个，其中甘浚镇的产业结构相似系数最高，为 0.9996，说明甘浚镇的产业结构与资源禀赋型特色小镇的产业结构相似度很高；金融创新型特色小镇与时尚创意型特色小镇皆有一个，分别是花寨乡和梁家墩镇，这两个乡镇皆处于各自类型特色小镇的发展期，说明该乡镇的产业产值不高且经济增长率快速。

甘州区乡镇涉及特色小镇类型共 6 种，其中资源禀赋型小镇涉及乡镇最多，这类小镇通常将某种特色产业作为重点提升的传统产业，并有完善的产业体系，在该类型小镇的后续发展中，应将重点放在特色产业转型升级、生态环境改善和小镇文化传承等方面。历史文化型的小镇通常在文化传承方面有得天独厚的优势，需要在保留小镇历史文化同时，聚焦特色产业，文化、产业、景观和区位同时发展，抓住机遇，避免与周边小镇同质化发展。城郊休闲型小镇通常景观资源极为优越，休闲旅游同某种特色产业相互融合，培育特色产业发展，完善基础设施建设，将人文与自然相结合，适宜打造生态型人居环境。新兴产业型小镇通常以某种特色制造产业作为主导产业，兼具科研、开发和生产的功能，在具有良好产业优势的前提下，进一步体现人文特色，完善产业创新体制机制，促进产业转型升级。金融创新型小镇通常与多个园区联动发展，以此搭建产业聚集平台，可通过高效整合资源，推动小镇特色产业发展与生态建设，但该类型小镇容易出现过度追求商业化、城市化的问题。时尚创意型小镇通常具有坚实的产业基础，并且某种特色产业发展历史悠久，所以该类小镇需要革新产业技术，明确市场，

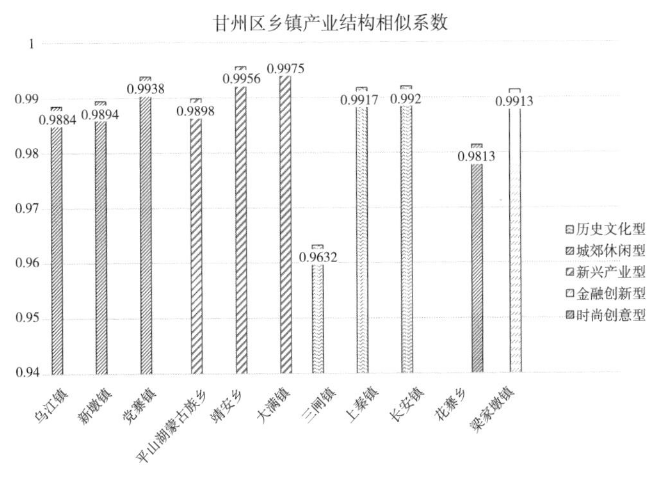

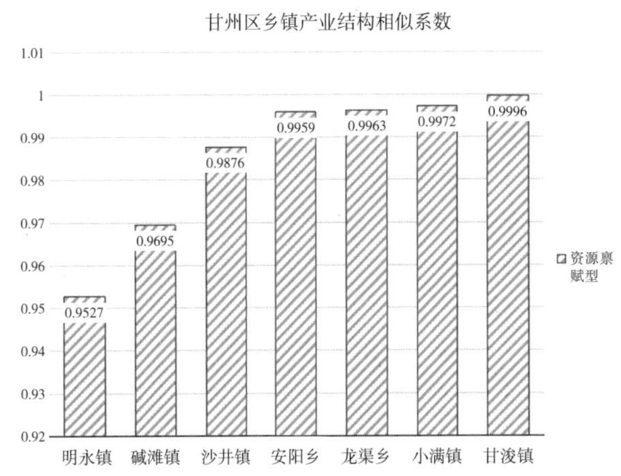

图 2 特色小镇类型与甘州区乡镇三大产业结构相似系数

激发小镇活力，积极推进产业培育、环境整治、人文传承和基础设施建设的任务。

五、结语

通过对特色小镇和甘州区乡镇的三大产业及经济数据分析，可以清楚地看出两者之间产业结构和经济发展情况，并能从中了解甘州区乡镇在以后发展过程中实施产业结构优化调整时应重点考虑的产业方向，进一步有针对性地采取相应的调整措施。同时，通过对特色小镇、甘州区乡镇三大产业结构及主要经济数据利用Excel对两者的产业结构相似度系数进行测算，测算结果能清楚地看出甘州区乡镇与特色小镇不同类型的相似度较高，产业结构与经济状况基本相似。此外，根据目前的数据和发展态势可以推测出甘州区各个乡镇之间的产业发展趋势将会出现一定的差异性，这种差异性可能会随着甘州区的持续发展而愈加明显，比如在甘州区的上秦镇、三闸镇等近一半的乡镇中，第三产业的比重已经开始超过第二产业的比重，其产业目前呈现出“三一二”的发展结构，将来会继续加大第三产业的比重，向着更高一级的“三二一”产业结构发展，而甘州区其余乡镇，如新墩镇、花寨乡等，在未来一段时间内仍然会保持“一二三”的产业结构，不同乡镇的产业结构在一定程度上呈现出互补态势，即在未来的发展过程中，甘州区乡镇与乡镇之间的产业竞争力将会减弱，而合作力度将会加强。

本文的研究结果可以在一定程度上为甘州区乡镇未来的发展规划提供一个科学有力的参考。一方面，甘州区乡镇应继续加强产业结构调整，促进产业结构优化升级，使得产业结构的发展趋于健康，特别是大力发展第三产业以及新兴产业，进一步缩小各产业间的差距；另一方面，甘州区乡镇之间应共同创造合作的条件，推进产业间的交流与沟通，促成产业间的良性竞争。

参考文献：

[1] 苏东水．产业经济学[M].北京：高等教育出版社，2010.
[2] 吴一洲，陈前虎，郑晓虹．特色小镇发展水平指标体系与评估方法[J].规划师，2016，32（7）：123-127.
[3] 朱晔臣．广东工业发展型特色小镇发展水平评价[J].农村经济与科技，2018，29（7）：261-264.
[4] 吴未，周佳瑜．特色小城镇发展水平评价指标体系研究：以浙江省为例[J].小城镇建设，2018，36（12）：39-44.
[5] 刘洪成．特色小镇建设评价指标体系构建及测评研究[D].昆明：云南大学，2019.
[6] 代金辉，马树才，刘宏岩．社会发展水平统计指标体系的构建与评价[J].统计与策划，2018，34（1）：30-33.
[7] 王文森．产业结构相似系数在统计分析中的应用[J].中国统计，2007（10）：47-48.
[8] 覃成林，潘丹丹．粤港澳大湾区产业结构趋同及合意性分析[J].经济与管理评论，2018，34（3）：15-25.
[9] 张祥祥．江苏省与福建省产业结构的相似度研究[J].内蒙古统计，2017（3）：34-39.
[10] 牛莉，高钟庭．京津冀产业结构相似度分析启示[J].今日科苑，2019（4）：62-70.
[11] VERNON R.International investment and international trade in the product cycle [J].The Quarterly Journal of Economics，1966，80（2）：190-207.
[12] 冯巧玲，宋国庆，谭剑．旅游特色小镇成长阶段及不同阶段发展策略：以山岳旅游目的地为例[J].小城镇建设，2017，337（7）：68-74，90.
[13] 戴镇涛，陈亚颦，焦敏．云南省特色小镇空间分布特征及影响因素研究[J].文山学院学报，2021，34（3）：44-49.
[14] 郑梦真，朱朝枝．福建省历史文化型特色小镇发展评价研究：以嵩口镇为例[J].农村经济与科技，2020，31（13）：288-291.
[15] 魏中胤，沈山，沈正平，等．我国特色小镇的类型、布局及影响因素[J].江苏师范大学学报：自然科学版，2020，38（1）：68-74.
[16] 方叶林，黄震方，李经龙，等．中国特色小镇的空间分布及其产业特征[J].自然资源学报，2019，34（6）：1273-1284.
[17] 华程天工．特色小镇常见类型：各个类型的特色小镇案例[EB/OL].智慧城镇网．（2019-02-14）[2021-08-26].http：//www.zhczcity.com/tsnews/294.html.

区域协调下山地乡村产业适宜性探究——以湖北恩施坪坝营“天子茶乡”规划为例

施竹芳，徐　星，付坤林
（重庆城市科技学院建筑与土木工程学院，重庆　402167）

【摘　要】以区域协调视角剖析湖北恩施坪坝营“天子茶乡”产业规划，探讨山地乡村产业发展途径。从摸清家底切入，分别梳理村庄地理区位、资源禀赋、产业现状、相关政策规划，结合案例产业规划定位、结构及旅游体系建构，探究山地乡村产业适宜性策略。

【关键词】山地乡村；产业适宜性；区域协调

产业兴旺是乡村振兴战略的核心，是乡村产业发展质量水平的检测仪。我国是一个多山区的国家，山地环境的复杂性是山地乡村发展面临的重大挑战。如何将“挑战”转化为“机遇”，将山地环境的特殊性与复杂性转化为山地乡村产业发展的有利资源，一直是学术界研究的热点论题。笔者以湖北省恩施州坪坝营镇“天子茶乡”产业规划为例，从区域协调的视角，展开山地乡村产业振兴策略的研究。

一、坪坝营镇“天子茶乡”产业规划实践

研究范围为坪坝营镇墨池寺村、水车坪村、方家坝村以及落耳岩村，后文简称“规划四村”。

1. 摸清家底，区域协同

基于地理区位因素影响、现状资源禀赋利用需求、产业联动发展诉求、相关政策规划指引导向，规划四村产业发展需置于区域协同视角下，互联互通，共荣共兴，协调区划定为：镇区、甲马池村、筒车坝、张家坪村、大溪村、旋沱村[1]。

1）地理区位因素影响

规划四村位于咸丰县南部，处于灰千山梁二级台地和三级台地之间。其中二级台地高程 900~1000m，三级台地高程 700~900m。水车坪村、方家坝村、落耳岩村南北相接，墨池寺与方家坝东西接壤，与筒车坝、张家坪村、大溪村、旋沱村等村共同构成了坪坝营生态核前山门户区（图 1）。

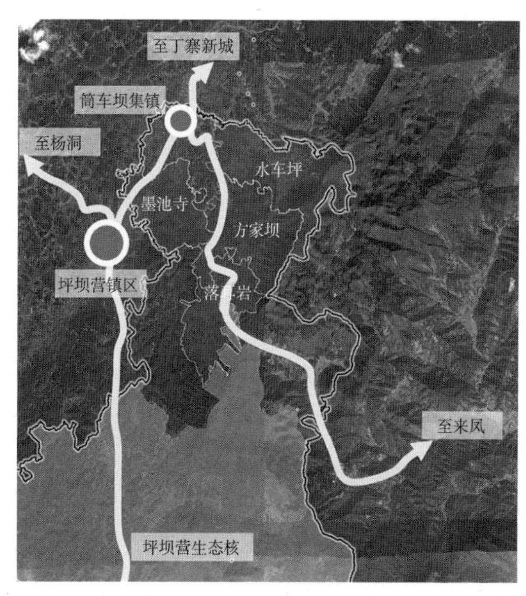

图 1　规划四村地理区位

作者简介：
施竹芳（1992—），女，四川达州人，讲师，硕士，主要从事乡村规划及 GIS 应用研究。
徐　星（1986—），女，重庆沙坪坝人，副教授，学士，主要从事城镇规划研究。
付坤林（1991—），男，湖北利川人，讲师，学士，主要从事城市规划与设计研究。

2）现状资源禀赋利用需求

（1）类型多样，特色纷呈

规划四村旅游资源涵盖水域风光、天象气候、生物景观、地文景观、遗址遗迹、旅游商品、人文活动等，后家河发源地历史文化、科学研究、社会文化等价值不可估量，悬崖瀑布、多彩植物、广袤田园、飞瀑、地质溶洞等的观赏游憩、休闲示范、经济效益等综合价值突出。类型多样化，价值多重化的资源特点迫切需要协同打造，突出地块整体优势，增强区域板块引力价值。

（2）文化底蕴深厚，价值转化较弱

规划四村内拥有丰厚的历史文化底蕴民俗风情，但在文化价值创造上有待提质升级。村庄传统管理各自为政，文化产业未形成良好互动，文化特色价值薄弱，加之当地民众发展旅游产业的主观意愿，规划结合村域自然资源优势，设计旅游项目，以区域视角规划文化体验线路，对地域文化进行创意和物化，增加乡村旅游的文化底蕴和吸引力。

（3）产品组合丰富，空间聚合度弱

规划四村涉及山石、溶洞、峡谷、森林、农业等资源，产品组合较丰富，综合性强，为项目的开发带来较大优势。自然资源分布散落，空间聚合度稍弱，亟须统筹规划，加强产品间联系，进一步提升宏观区域整体价值的。

3）产业联动发展诉求

规划四村整体以藤茶、猕猴桃、葡萄种植为主，村落各有侧重。除墨池寺村藤茶产业以及水车坪猕猴桃产业规模近千亩，其余种植产业规模均较小，且分布零散，对外难以产生规模效应的资金吸引力，不利于品牌塑造以及产业后期升级增效（表1）。

四村产业现状 **表1**

村庄	主要产业	产业规模（1亩=666.67平方米）
墨池寺村	藤茶	1000多亩
	猕猴桃	150亩
	葡萄	150亩
水车坪村	猕猴桃	978亩
	葡萄（观光为主）	150亩
	景天三七	400亩
方家坝村	猕猴桃	400亩
	桃脆红李	300亩
	油茶	268亩
落耳岩村	脆红李	300亩

4）相关政策规划指引导向

（1）宏观政策导向

研判研究范围相关规划，我们可以看出：从2017中央1号文件《关于深入推进农业供给侧结构性改革 加快培育农业农村发展新动能的若干意见》有关做大做强优势特色产业[2]，建设现代农业产业园，大力发展乡村休闲旅游产业的论断到《湖北省农业发展"十三五"规划纲要》中"做优一产、做强二产、做活三产"的指引[3]，再到《恩施州农业农村经济"十三五"发展规划》有关茶叶、蔬菜、林果、道地中药材等的发展导向[4]，以及《咸丰县人民政府办公室关于印发2017年全县农业农村工作要点的通知》中关于发展坪坝营藤茶产业的明确指示[5]，均对研究范围的产业做出融合协调发展的导向。

（2）相关规划指引

在《坪坝营旅游名镇总体规划（2011—2030）》中，方家坝为重点村，墨池寺、水车坪、落耳岩村为一般村[6]，均处于中部经济区，其产业导向以旅游、商贸、物流、配套服务为主。在《咸丰县城市总体规划》县域空间发展结构中[7]，规划四村处于县域城镇发展主轴上，且在坪坝营为生态南翼核心区域，主要以生态农业和生态旅游为主。在《咸丰县旅游发展规划》坪坝营生态核里，规划四村所在的生态核功能项目主要以森林观光、山地运动、温泉度假、山地养生、商务度假等功能主题为主，规划区在发展方向上应予以差异化发展，完善区域旅游体验系统。

2. 产业发展定位与规划

1）产业发展定位

基于相关政策规划的指引，区域资源的梳理，发展现状的厘清，规划四村本着打造"山水农旅田园，特色农旅休闲田园""旅居功能复合，康养度假基地""文化传承与融合并进，地域民俗文化传承平台"的愿景，将其区域产业定位为"武陵山区知名乡村休养度假目的地""咸丰县藤茶产业核心区""集特色农业、山野体验、滨水游憩、药食康养于一体的生态产业区”。

2）产业发展规划

规划四村（即“天子茶乡”）整体形成“两轴一联、一带四片”的产业发展结构。“两轴一联”为依托旅游公路和省道 367，形成的区域产业发展轴；依托中部连接道，形成的内部产业联系（图 2）。“一带”即中部茶旅融合产业带，以藤茶种植、观光、体验为主体，联动后家河等山水溪谷游憩功能。“四片”分别为西部综合产业片，以藤茶示范园、田园观光、农事体验为主体，配套承接坪坝营及筒车坝集镇相关功能；北部农旅结合示范片，以水果种植、乡村休闲为主体，联动民俗体验、六进沟生态休闲等功能；南部山野康养产业片，以野果山珍种植、溪谷休闲为主体，强化乡村野趣，形成山林康养、野奢度假功能区；东部药养结合产业片，以药食同源产品种植为主体，凭借高山气候特征，形成药食康养、高山休养功能片区。

（1）农业产业规划

规划四村形成三次产业联动，拓展产业链条。其中，一产以有机藤茶、药食同源产品种植为龙头，水果、奇果、蔬菜粮油种植为辅助；二产以农产品加工、拓展现代农业、旅游休闲渠道，提供特色的休闲旅游、文化观光服务，引入会议、节日、活动策划、拓展探险等； 三产为农旅文养融合发展，拓展现代农业、旅游休闲渠道，提供特色的休闲旅游、文化观光服务，引入会议、节日、活动策划、拓展探险等（图 3）。

（2）有机藤茶全产业链条打造

规划四村周边现有机藤茶的培育科研（旋坨村）、加工商贸（筒车坝村）以及县级的商贸物流中心（火车站），本次规划统筹产业链各环节，发展有机藤茶的种植生产、旅游销售、科普观光等产业，完善了整个藤茶产业链，实现错位发展，突出优势（图 4）。

（3）药养结合产业塑造

规划沿一级台地种植药食同源产品，在节点布置食疗养生接待设施，迎合现代人食补养生的需求，把药食同源的种植和休闲体验结合，推动规划区的一三产发展，发展药食同补、科学养生的药养结合产业（图 5）。

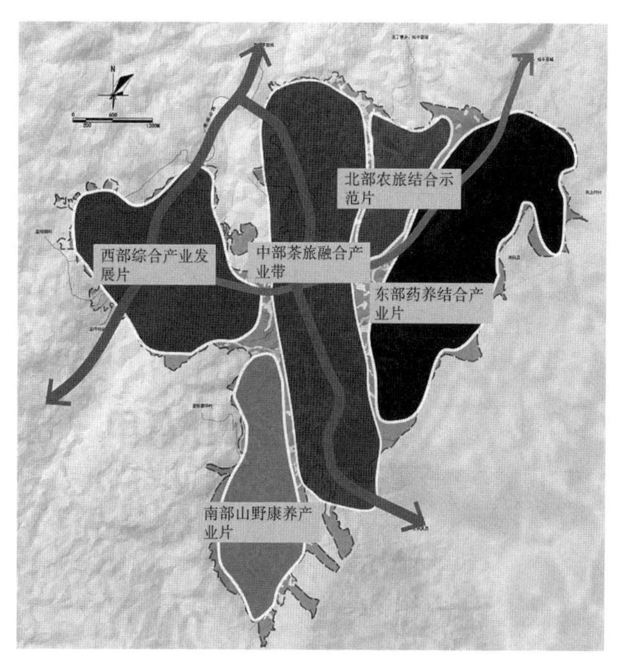

图 2　规划产业发展结构

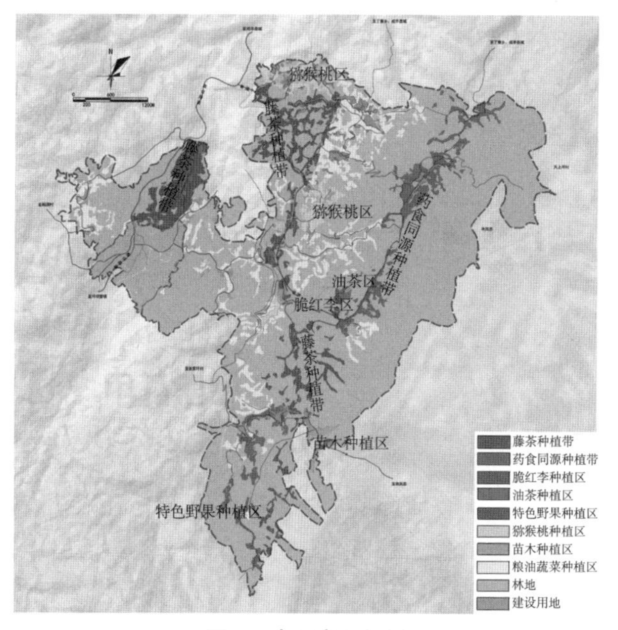

图 3　农业产业规划

（4）农旅融合产业营造

以农村田园景观、农业生产活动和特色农产品为旅游吸引物，开发农业游、林果游、花卉游、文化游等不同特色的主题旅游活动，满足游客体验农业、回归自然的心理需求。规划四村文化主要集中于墨池寺和方家坝村，以民族土家建筑，历史遗存为主，加速文旅融合，可采用文化展示、主题园的开发模式，开展民俗文化游、农耕文化游等。引入

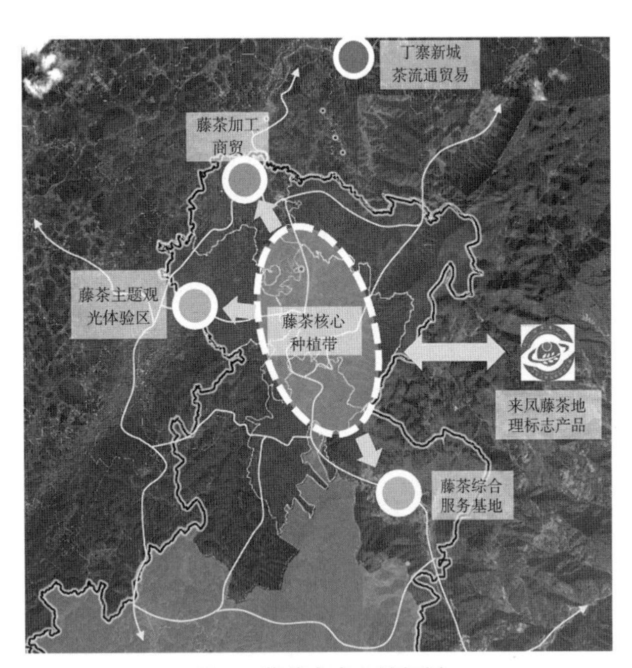

图 4 藤茶全产业链规划

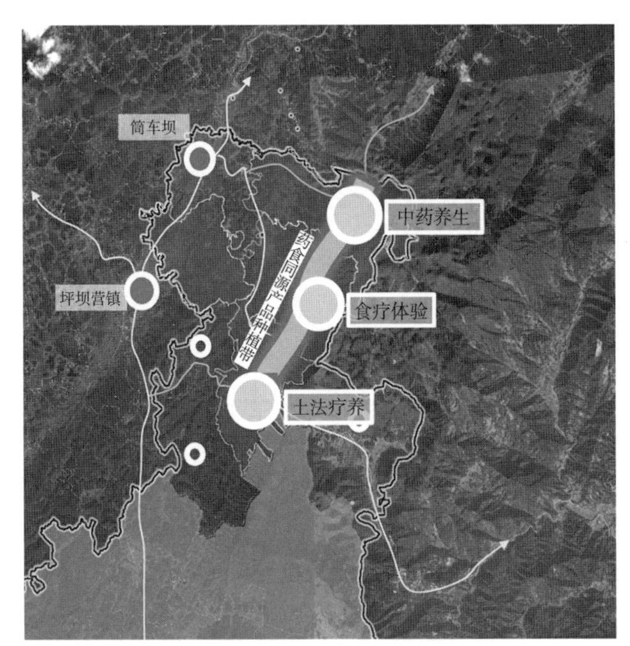

图 5 药养结合产业规划

创意策划，带动区域农产品销售和形象塑造。

3. 旅游体系建构

规划四村依托后家河峡谷、省道以及各区域特色形成"两轴两点五片区"旅游结构。"两轴"，即依托后家河及沿线溪流打造"后家河水养轴线"和依托藤茶产业带建设"富硒茶养轴线"；"两点"，即依托操场坪、蛤蟆池、榨坊坪等文化资源形成的"墨池寺民俗文养节点"及"方家坝民俗文养节点"；"五片"，为乡野静养区、保健食养区、田园动养区、山林气养区、溪谷水养区（图 6）。

二、山地乡村产业适宜性策略解析

1. 区域视角，产业联动

山地乡村的产业大多受到地形地貌影响，或受限于交通，或受制于产业规模，或缺乏资源要素整合，在产业发展上难以形成规模效应，难以塑造相关品牌，对市场吸引力较弱。笔者以湖北省恩施州咸丰县坪坝营镇"天子茶乡"四村产业规划为例，建议山地乡村产业规划应充分分析地理区位，重构区域功能分配，做到区域联动，产业互通，彰显个村特色，共荣共兴。

2. 传统转型，农旅融合

传统农业是农业农村现代化的薄弱环节，山地乡村的产业振兴必须推进农业现代化，推动农业转型发展。梳理资源禀赋，发挥比较优势，重点发展区域特色的主导产业与知名品牌，多元融合，因地制宜，延长产业链，形成精深加工、产销一体产业集群，提高农业效益与整体竞争力，拓宽农业多种

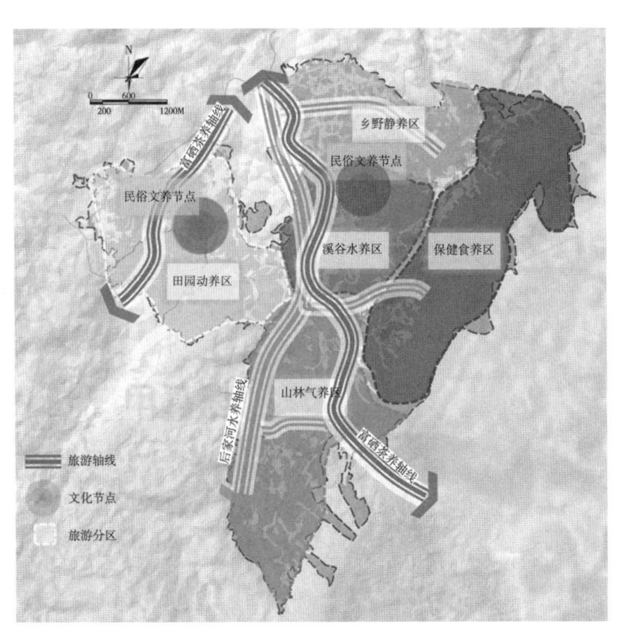

图 6 旅游体系规划

功能，挖掘农业多种价值，发展乡村旅游，挖掘特色产业，使农业第一产业变为“接二连三”的发展模式，发挥农业的多功能性，推进一二三产融合发展。

3. 规划引领，政策支撑

科学的发展战略规划是山地乡村高质量发展的前提。在融合协调区域资源禀赋、基础设施、现有产业体系、交通、环境等基础上，制定科学有效、富有前瞻性的相关发展规划。从规划引领的视角出发，关注旅游产业的综合带动作用，强化传统农业的强基固本功能，在规划中充分体现深化农旅融合发展[8]。

政策支撑是山地乡村发展核心，机制创新是山地乡村发展的强劲动力。围绕政府政策引导与资金扶持重点产业发展，在制定产业结构转型升级、农业产业基地建设、品牌打造以及旅游产业转型升级等方面出台系列促进政策与激励措施，确保旅游产业的健康持续发展与重点农业产业的稳定和发展。

参考文献：

[1] 武汉轻工建筑设计有限公司 . 咸丰县坪坝营镇“天子茶乡”产业规划 [Z]. 2017.

[2] 国务院 . 关于深入推进农业供给侧结构性改革加快培育农业农村发展新动能的若干意见 [R]. 2017.

[3] 湖北省人民政府 . 湖北省农业发展“十三五”规划纲要 [R]. 2016.

[4] 恩施州人民政府 . 恩施州农业农村经济“十三五”发展规划 [R]. 2016.

[5] 咸丰县人民政府 . 咸丰县人民政府办公室关于印发 2017 年全县农业农村工作要点的通知 [R]. 2017.

[6] 重庆大学城市规划与设计研究院 . 坪坝营旅游名镇总体规划（2011—2030）[R]. 2011.

[7] 武汉华中科技大学城市规划研究院 . 咸丰县城市总体规划 [R]. 2011.

[8] 王恒 . 西南山地乡村产业重构的实证研究：以重庆黄水镇为例 [D]. 咸阳：西北农林科技大学，2019.

专题四

山地可持续建筑设计

基于风热协同效应的重庆山地民居竖向空间模式与热环境实测研究

赵一舟，任 洁，杨静黎

（四川美术学院建筑与环境艺术学院，重庆 401331）

【摘 要】本文选取重庆山地场镇民居作为研究案例，借由竖向空间和风热协同原理对山地民居空间营建模式与绿色性能特征开展三方面研究：其一，基于风热协同效应定性提取重庆山地民居在聚落、建筑及界面层级的典型竖向空间模式。其二，通过热环境实测与热成像分析量化揭示不同竖向空间模式风热协同效应及物理环境变化特征。其三，综合定性与定量研究，明晰竖向空间对于山地民居自然通风和热环境调节的重要作用与策略启示，以期拓展山地建筑绿色设计维度，并响应当前强调"空间调节"和"设计导向"的绿色节能发展趋势。

【关键词】山地民居；风热协同效应；竖向空间模式；热环境

传统民居绿色性能的科学化与现代化是当前地域绿色建筑研究的核心问题之一[1-3]。山地传统民居在西南多山地、多民族地区具有大量性和典型性，蕴含了丰富的绿色营建经验，而既有民居绿色性能研究多集中于平地环境和宏观气候区，设计师所掌握的大多数绿色策略和适宜技术也是以平地环境和水平空间为主[4-5]。事实上，由于山地建成环境的复杂性，对山地民居绿色性能的研究视角、理念与方法需进一步拓展到微气候维度与竖向维度，有助于探索山地立体气候、空间模式与物理环境的内在耦合机制[6]。

本文选取重庆典型沿江纵向场镇民居作为研究案例，通过竖向空间模式提取（定性）和物理环境实测分析（定量）探析不同竖向空间模式及其风热协同效应特征、变化规律及对山地地域微气候的应答机制，以期为山地民居物理环境与绿色营建实证研究提供模式与数据参考。

一、基于风热协同效应的山地民居竖向空间模式解析

1. 风热协同的两种驱动力

建筑内部空气流起因于风压或热压两种驱动力，故建筑自然通风主要分为风压通风和热压通风。既有研究表明，风压是自然通风的主要驱动力[7]，在建筑中主要以前后进出风口压差形成水平向空气流动为主，即穿堂风。热压通风是利用建筑内部竖向温度分层引发空气竖向流动，即烟囱效应。通常，建筑自然通风是风压通风和热压通风的综合结果，并以风压通风效应为主。而当建筑场地的微气候条件具有立体特征、静风率高及其他不确定性时，其热压通风可发挥更重要的作用以促进建筑内部整体自然通风效应[7-8]。

2. 聚落竖向空间模式解析

聚落竖向空间主要包括纵向狭长主街和冷巷空

作者简介：

赵一舟（1988—），女，北京人，副教授，博士，主要从事建筑与环境设计研究。

任 洁（1986—），女，重庆人，讲师，博士研究生，主要从事城乡规划与建筑设计研究。

杨静黎（1998—），女，重庆人，硕士研究生，主要从事环境设计研究。

基金项目：国家自然科学基金青年项目（52008276），重庆市教委科学技术研究项目青年项目（KJQN202001004）。

间两种典型空间原型。

狭长主街是巴渝场镇聚落层面的主要空间原型之一，其适应了地形，也契合连续商业活动的开展[9]。

冷巷空间指建筑之间的狭窄巷道，是山地场镇典型空间原型，常垂直于主街顺地形等高线密集交错排布，鱼骨式伸向四面八方，一端连接主街道，另一端通常连接较为开阔的绿地、院坝、田地等，以此形成通风路径，其宽度通常在0.5~1.2m之间，仅可容纳1~2人通行。

聚落层面竖向空间的风热协同效应主要体现在：

（1）迎纳地方性主导风向，并通过较窄的截面加速风压通风。

（2）冷巷空间高宽比大，上部两侧建筑出檐受热，底部阴影区提供适当冷源，可有效促进竖向热压通风。

（3）狭长主街与冷巷空间形成横纵交错的风路，有助于增强风压与热压协同的通风效应，进而改善聚落与建筑整体风环境。

3. 建筑竖向空间模式

建筑竖向空间较为多元，主要包括天井空间、竖井空间、坡屋顶高空间三种基本原型，各空间原型又有不同的具体形态。

天井空间原型是山地民居结合形制、地形等形成的空间组织核心，主要分为三种具体形态，包括位于中部偏方形的“庭院”，常位于建筑中或偏于一侧呈条形或小方形的“天井”，以及加设屋顶的天井，又称“抱厅”“气楼”“凉厅子”等[4]。天井在促进通风、提供天然采光、遮阳防雨等方面具有综合的环境调节作用，是重庆山地民居重要的空间原型之一。

竖井空间是山地民居应对地形高差的有效营建方式之一，其空间形态较为多元，主要包括通高走廊、梯井、吹拔等，有的民居中竖井高达10m以上，同时连通吊层、首层、阁层等不同楼层空间，既作为交通空间，又是有效的通风路径。

坡屋顶高空间是传统民居最常见的竖向空间类型，通常作为堂屋、书房、餐厨等重要活动空间，坡屋顶顶部基于文丘里效应的通风原理与传统通风屋面有效结合形成风热协同效应[10]。

建筑层面竖向空间的风热协同效应主要体现在：

（1）天井可有效促进各房间开口的风压通风，并基于竖向温度差促进热压通风。

（2）竖井空间通过结合地形高差变化、建筑层高形成纵向窄高空间，增加上下温度差，进而结合上部开口及通风屋面，有效促进热压风压协同的通风作用。

（3）坡屋顶高空间有效利用文丘里效应和内部通高空间促进风热协同效应，同时提高近人高度室内热环境稳定性。

4. 界面竖向空间模式

界面竖向空间主要分为围护界面竖向组成及开启元素竖向组合。

重庆山地民居围护界面竖向组成主要呈现两种特征：一是“上轻薄＋下厚重”，二是“小青瓦上部热源＋山体地表冷源（夏季温差显著）”。一方面，在重庆高温高湿的夏季，上部竹篾墙、木夹板等轻薄型材料有利于通风散热，下部常与山体结合采用砖或石材等厚重型材料，有利于提高围护结构稳定性和室内人活动高度的热稳定性[11]；另一方面，通风屋面小青瓦热阻低，受热后升温快且表面温度高，而底部山体表面具有良好的热稳定性，尤其在夏季可视为天然冷源，由此可进一步增加室内竖向温差，促进以热压驱动为主的竖向空气流动。

开启元素竖向组合主要呈现注重高处开口特征，山墙上部、檐下立面的开窗或开洞都尽量在高处，进而促进自然通风和天然采光效率。

界面层面竖向空间的风热协同效应主要体现在通过不同材料竖向组构及开口设置提高竖向温差，增强上部透气性和热压通风，进而与建筑竖向空间协同，共同促进气流立体循环和风压与热压综合的通风散热（图1）。

二、典型竖向空间模式热环境实测分析

1. 实测方案

本文选取山地场镇民居典型竖向空间为实测对象，在夏季典型期开展风热环境实测，主要包括温度、风速和热成像分析。实测仪器及参数见表1。

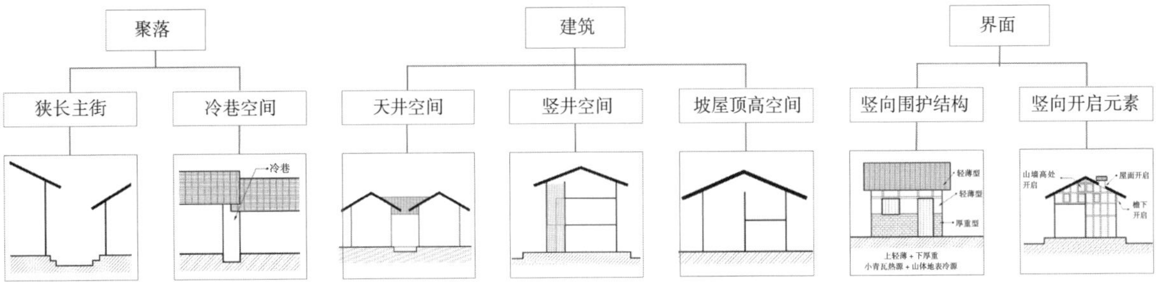

聚落 建筑 界面

狭长主街 冷巷空间 天井空间 竖井空间 坡屋顶高空间 竖向围护结构 竖向开启元素

图1 重庆山地场镇民居竖向空间模式提取

测试仪器及参数 表1

仪器名称	仪器型号	仪器参数
温湿度自记仪	天建华仪 WSZY-1B	范围：温度 -40~100℃，湿度 0~100%RH 分辨率：温度 0.1℃，湿度 0.1%RH
无线万向风速 风温记录仪	天建华仪 WWFWZY-1	量程：温度 -20~80℃，风速 0.05~30m/s 分辨率：温度 0.01℃，风速 0.01m/s
红外热成像仪	FLIR ONE pro	范围：温度 -20~400℃，热灵敏度 70mK 精度：读数的 ±5%，热像素尺寸 12μm

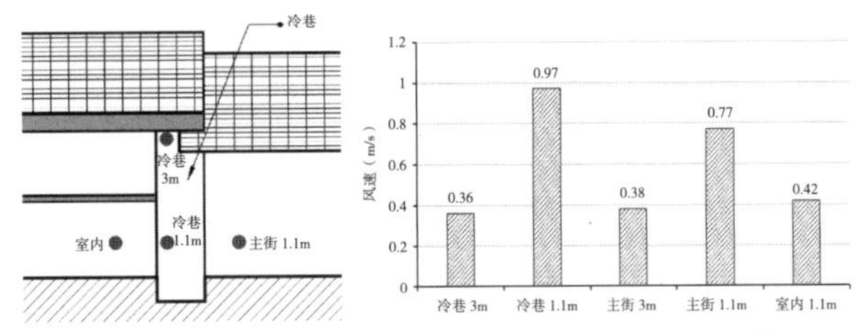

图2 冷巷、主街、室内通风时段平均风速比较

2. 聚落竖向空间热环境实测分析

1）竖向风环境对比分析

在夏季通风时段，近人高度平均风速从大到小依次为冷巷0.97m/s＞主街0.77m/s＞临街室内0.42m/s。在3m高度，冷巷平均风速为0.36m/s，主街平均风速为0.38m/s。冷巷和狭长主街均有促进热压和风压协同通风的作用，且冷巷较大的高宽比使得其近人高度风速相对更高（图2）。

2）热成像分析

根据热成像拍摄及温度分析（图3），夏季白天，冷巷上层小青瓦屋面檐下界面温度43~44℃，最高达51.3℃，上部竹篾墙约39~41℃，最高温度近45℃，低层与近地面界面温度35~36℃，上下温差最大可达近9℃。夏季夜间，冷巷上下部界面温度均有所下降，小青瓦和竹篾墙轻薄型材料降温幅度较大，上下平均温差约5℃。由此可见，冷巷空间在昼夜均存在较为明显的竖向温度分层，形成了综合屋面、山墙面、近地面为一体的热压驱动通风。

3. 建筑竖向空间热环境实测分析

1）天井空间热环境分析

夏季白天天井高处受太阳照射，小青瓦、竹篾墙等轻薄型材料温度升高，小青瓦底面温度达47℃，竹篾泥墙上部表面温度约41.5℃。由于天井开口尺寸小，底部大部分区域长时段处于阴影中且绿化植被丰富，下部近人高度界面温度约36.5℃，底部近地面温度为34.2℃，上下最大温差近13℃。夜间，天井内部温差缩小，小青瓦底面温度降至36.2℃左右，竹篾泥墙上部表面温度为34.7℃，下部近人高度表面温度为33.1℃，底部近地面温度为30.8℃，上下温差约6℃（图4）。

2）竖井空间热环境分析

选取典型梯井空间和通高廊道进行热成像分析。夏季白天，三层通高梯井瓦屋面内表面温度达41.5℃，二层近人高度内隔墙表面平均温度约为36℃，底层近人高度内隔墙表面温度约为31.5℃，地面温度约为27.6℃，上下不同材料表面温差达14℃（图5）。通高廊道瓦屋面内表面温度接近

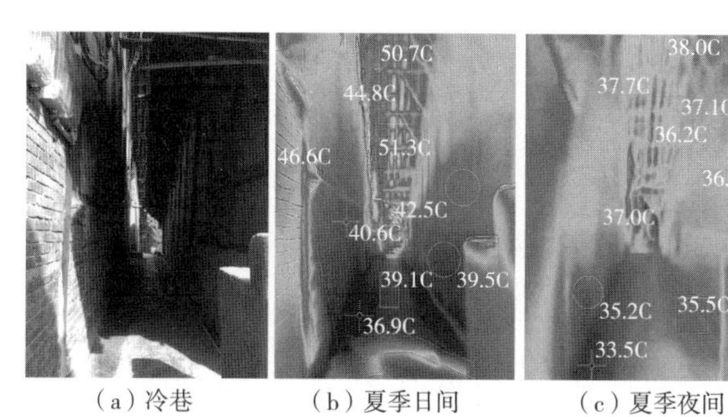

（a）冷巷 （b）夏季日间 （c）夏季夜间

图 3 冷巷夏季日间、夜间热成像分析

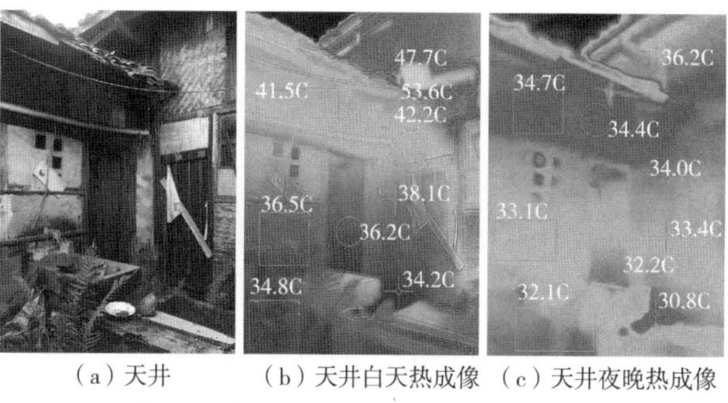

（a）天井 （b）天井白天热成像 （c）天井夜晚热成像

图 4 天井夏季白天、夜晚热成像分析

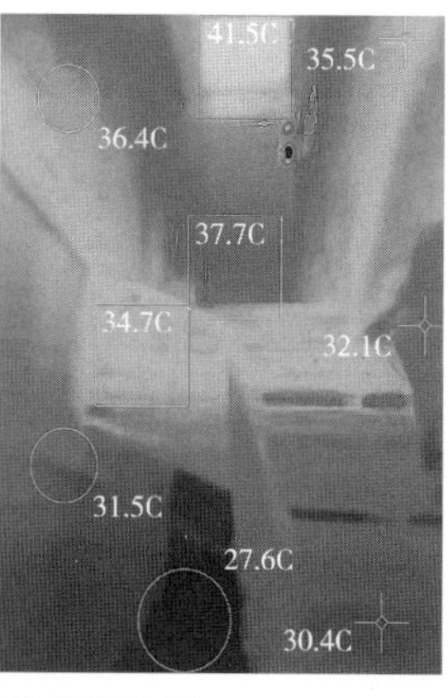

图 5 梯井空间热成像分析

图 6 通高廊道热成像分析

48℃，近人高度内隔墙表面温度约 36℃，地表温度约 33℃，上下不同材料表面温差达 15℃（图 6）。

3）坡屋顶高空间热环境分析

在坡屋顶高空间内实测距地面 4m（距内屋面下约 0.2m）、2.5m、1m 热环境（图 7），室外平均温度 33.2℃，各测点平均温度依次为 4m 高度 35.4℃＞瓦屋面 35.2℃＞ 2.5m 高度 33.5℃＞ 1m 高度 32.9℃，存在明显垂直温度差，温度变化范围与波动幅度依次为瓦屋面约 4m 高度＞ 2.5m 高度＞ 1m 高度。热成像分析（图 8）显示，瓦屋面内表面温度高达 48.7℃，上部内墙（竹篾墙）表面平均温度超过 38℃，近人高度内墙（竹篾墙）表面平均温度约 32℃，地面温度约 30℃，内墙上下温度差可达 6℃，整体空间内不同材料表面温差近 19℃，温度分层明显。

4. 界面竖向空间实测分析

1）上轻薄下厚重的围护结构热环境分析

典型民居白天立面上部竹篾墙表面温度达 45℃，下部青砖墙约为 40℃，上下温差约 5℃；夜间，竹篾墙表面温度降至 29℃，青砖墙降至 29.7℃，上下温度接近（图 9）。在白天较高温度时段，竖向温差更为明显，可有效与小青瓦通风屋面和上部开口结合，促进热压通风。同时，上部轻薄材料昼夜温度波动大，对近人高度起到热缓冲作用。

2）开启元素竖向组合风环境分析

以上述同一典型民居为例，在夏季通风时段测得平均风速为：二层上部开窗 1.89m/s，山墙面上部开口为 0.98m/s，小青瓦下屋面为 0.21m/s，首层开窗为 0.56m/s。对比首层，可看出上部开口可促进室内热压与风压结合的竖向空气流动（图 10）。

三、结论与启示

综合上述分析可得：

（1）聚落、建筑、界面三个空间层级的不同竖向空间原型均具有较为显著的竖向温度梯度化，且室外温度越高，分层温差越大，有利于促进竖向热压通风。

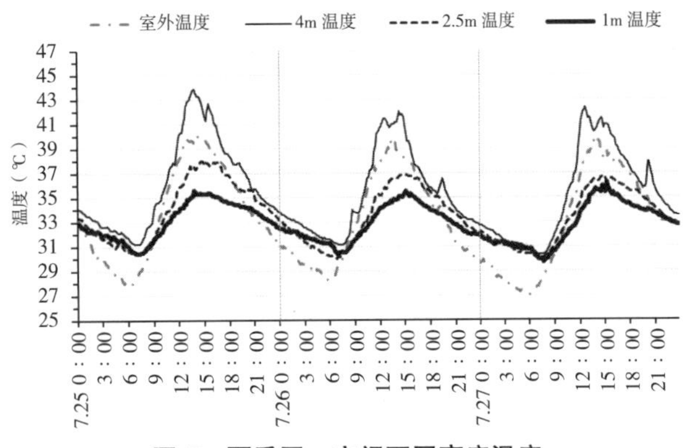

图 7 夏季同一空间不同高度温度

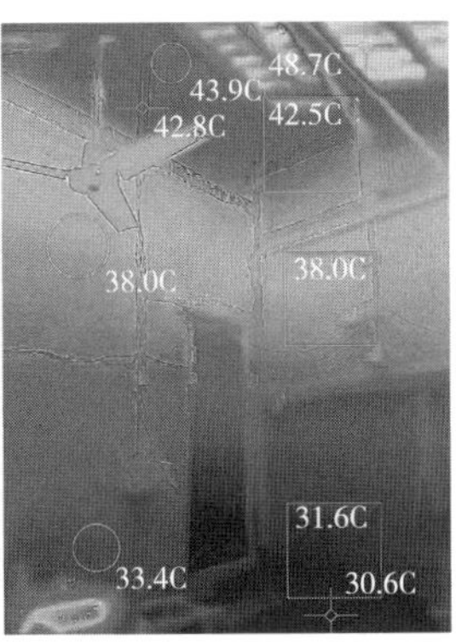

图 8 坡屋顶高空间热成像分析

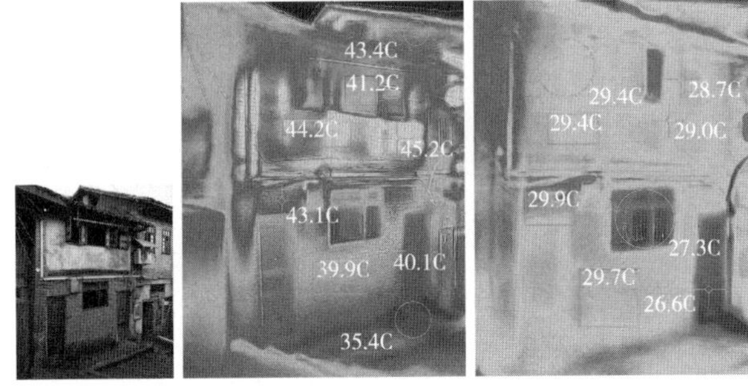

图 9 典型民居夏季晴天白天与夜晚围护结构热成像分析

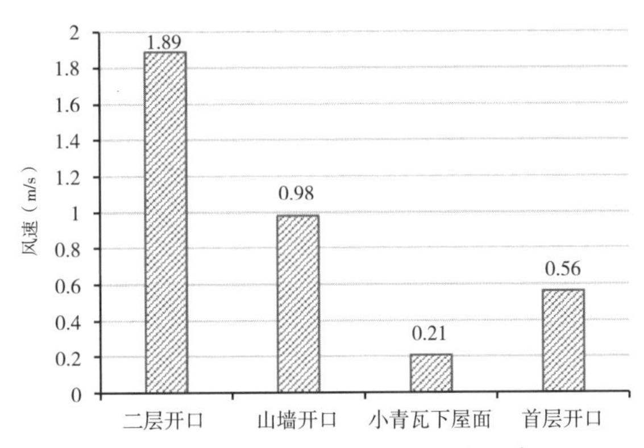

图 10 典型民居各开口处平均风速

（2）聚落、建筑、界面三个空间层级的竖向空间通过高度、上下材料组合、上部开口及通风屋面等方面的相互协同，共同促进风压与热压驱动的自然通风，并在静风时段具有较为显著的促进热压通风作用。

（3）对于重庆山地民居，竖向空间不仅可以巧妙契合山地地形，引入山地立体地方性风场，还可利用热压通风应对重庆宏观风速较低、静风率高的不利气候条件。

针对山地地形及立体微气候，以竖向空间及其风热协同效应为主导的环境调节机制是山地民居绿色营建的重要策略，也是“地域基因”与“绿色基因”有机结合的空间模式。在山地建成环境更新与新建中，需注重以竖向空间不同模式为主导的绿色营建智慧传承及其现代应用转化。

参考文献：

[1] 刘加平，等 . 绿色建筑：西部践行 [M]. 北京：中国建筑工业出版社，2015.

[2] Nguyen A T，Truong，NSH，Rockwood D，et al. Studies on sustainable features of vernacular architecture in different regions across the world：a comprehensive synthesis and evaluation[J].Frontiers of Architectural Research，2019，8（4）：535-548.

[3] 宋晔皓，王嘉亮，朱宁 . 中国本土绿色建筑被动式设计策略思考 [J]. 建筑学报，2013（7）：94-99.

[4] 李先逵 . 四川民居 [M]. 北京：中国建筑工业出版社，2009.

[5] 郝石盟 . 民居气候适应性研究：以渝东南地区民居为例 [D]. 北京：清华大学，2016.

[6] 张利 . 山地建成环境的可持续性 [J]. 世界建筑，2015（9）：18-19.

[7] 吴国栋，韩冬青 . 公共建筑空间设计中自然通风的风热协同效应及运用 [J]. 建筑学报，2020（9）：67-72.

[8] DELRIO M A，ASAWA T，HIRAYAMA Y，et al. Evaluation of passive cooling methods to improve microclimate for natural ventilation of a house during summer[J].Building and Environment，2019，149：275-287.

[9] 赵万民 . 巴渝古镇聚居空间研究 [M]. 南京：东南大学出版社，2011.

[10] 陈全荣，李洁 . 中国传统民居坡屋顶气候适应性研究 [J]. 华中建筑，2013，31（4）：140-142.

[11] 徐亚男 . 巴渝地区轻薄型传统民居气候适应性研究 [D]. 重庆：重庆大学，2018.

传统民居建筑病害特征分析与改善措施——以鄂西杨家埫村岩板屋为例

王鸿都[1]，王雪妮[2]，史靖塬[3]

（1. 麦吉尔大学建筑学院，加拿大蒙特利尔 H3A 0C2；2. 华中科技大学建筑与城市规划学院，武汉 430074；3. 重庆交通大学建筑与城市规划学院，重庆 400074）

【摘　要】为响应国家保护改善传统民居的号召，本文分析了鄂西地区杨家埫村岩板屋的建筑病害特征及相关成因。通过实地调研，总结出岩板屋的病害类型涵括墙体病害、岩板屋顶病害和木质构件病害等三类，并根据病害成因的差异性提出了相应的改善措施，为未来岩板屋的有机更新提供了新的工艺思路，可以为该类型传统民居建筑保护工作提供有益参考。

【关键词】岩板屋；传统民居；建筑病害；成因分析；改善措施

我国的重要物质文化遗产除了传统的官式建筑外，还包括民间的建筑，它也是我国重要文化遗产组成的一部分。随着国家对传统村落的重视，传统民居也作为其标志性符号元素广受关注，但这些年随着社会的发展，传统民居的地域性材料正逐渐被钢筋混凝土或砖混结构所替代，对于传统民居的研究与保护迫在眉睫。

传统民居岩板屋作为鄂西地区极具地域特点的民居形式被人们关注，它具有很高的保护和研究价值。在实地调研的过程中，笔者发现杨家埫村里大部分岩板屋都存在病害问题。岩板屋的病害特征研究及相关成因分析对于改善当地人居环境以及提高岩板屋艺术价值有着充分性和必要性。在此背景下，笔者结合之前对鄂西部地区杨家埫村岩板屋实地调研资料的整理，从病害特征和成因入手进行分析，并提出了相应的改善措施，希望能够显现出岩板屋作为传统民居的建筑价值。

一、村落环境特征说明

杨家埫村位于湖北省宜昌市五峰土家族自治县仁和镇中部，是武汉、荆州进入五峰县境的第一个少数民族特色村寨（图 1）。村落地处武陵山支脉山区，地势自南向东倾斜，村域内平均海拔 700m，村落以喀斯特地貌为主，山势高低有致，曲而不尽，形似摇篮，有“看山不走山”之美誉。由于山地对村落的影响，杨家埫村村落肌理保留了原始建村的

图 1　杨家埫村区位

作者简介：

王鸿都（1997—），男，重庆渝北人，硕士研究生。

王雪妮（1997—），女，重庆沙坪坝人，硕士研究生。

史靖塬（1982—），男，河南郸城人，副教授，博士，主要从事乡村人居研究工作。

基金项目：“乡村振兴背景下的重庆农宅生态品质提升技术研究”（KJQN201900740），“重庆乡村废旧农宅环境的艺术化再利用模式研究”（2019BS094），重庆市中小学创新人才培养工程项目计划“基于 POE 与 GVT 的重庆主城区立交桥下步行空间景观的优化研究”（CY210705）。

规划格局并呈自然生长式散点演变。气候特征的不同构成了建筑病理的差别，杨家埫村地处鄂西，属于亚热带大陆季风气候区，四季气候分明。该地区多年平均降雨量 1215.6mm，降雨充沛，村落多受到潮湿、多雨侵袭。

二、岩板屋建筑特征说明

杨家埫村的石漠化以及喀斯特地貌形成了大量片岩，目前这些岩石板作为建筑材料，在传统民居屋顶和村级道路上广泛使用，这些房屋也就是本文所说的“岩板屋”（又称“石板屋”）。杨家埫村仍在使用的岩板屋现存 200 余栋，传统岩板屋形式在民居数量中占比达到 50%。

图 2 土墙岩板屋

图 3 石墙岩板屋

图 4 混合型岩板屋

岩板屋多数以毛石为基脚，板筑土墙，坡屋面，天然岩板盖顶，建筑坐北朝南，多以三正间一偏屋为主，有外加矮间、横屋，形式不一。按材料类型不同可以将杨家埫村岩板屋分为土墙岩板屋、石墙岩板屋及混合型岩板屋（图 2 ~ 图 4）。

三、岩板屋建筑病害特征及成因分析

建筑病害是指因建筑的功能、性能、法定或使用者要求方面的缺点或不足，从而影响建筑结构、构造、设施的病害现象[1]。本文根据建筑病害所处的位置不同，将岩板屋的病害分为墙体病害、屋顶病害及构件病害三类，接下来将结合当地实际案例对岩板屋的病害类型进行分类阐述并进行相应的成因分析。

1. 墙体病害及成因分析

岩板屋的墙体材料多用夯土或石块砌筑，由于墙体材料的不同，其呈现的病害特征及成因也有所差异。通过实地走访调研及查阅相关资料，依照病害严重程度归纳出在杨家埫村岩板屋的墙体中存在侵蚀、裂化、剥落、生物病害等多样病害特征（表 1）。

1）侵蚀

侵蚀病害主要表现在岩板屋夯土墙面层。由于杨家埫村地处亚热带大陆季风气候区，降水量大且风力强，在雨水的侵蚀作用下，夯土墙面层会出现墙体疏松、土质易碎粉化等现象。具体表现为外墙面如鳞片状凹凸不平，墙体中材料空隙加大，如图 5、

墙体病害特征及相关成因分析 表 1

	墙体病害特征	成因分析
侵蚀	风蚀、雨蚀、硝酸侵蚀	风力及雨水侵蚀，自然环境影响较大
裂化、剥落	干缩、围护结构处裂缝、檩下裂缝	材料本身，承受荷载相关
生物病害	植物缠绕墙身、出现青苔	植物寄生

图 5 雨蚀风化后墙面呈粉化状 1

图 7 墙体被侵蚀后垮塌

图 6 雨蚀风化后墙面呈粉化状 2

图 8 墙底粉化

图 6 所示。在寒冷冬季，当气温下降导致内部水分结冰，生土墙面的水分会内渗于墙体内部，其造成的膨胀更会导致墙体裂缝的出现 [2]。经过温度的冻融循环后，夯土墙内部的结构便会遭到破坏，墙体承载力降低，更甚者便会导致墙体坍塌，如图 7 所示。

除了自然气候因素导致的侵蚀外，硝碱侵蚀也是使得夯土墙体病变的重要因素。硝碱侵蚀主要发生在墙体的底部及墙角偏上的部分，具体表现为外墙面返潮、剥落，墙体内部出现土质粉化的现象，如图 8 所示。

2）裂化

裂化病害主要表现在夯土墙及夯土与石墙结合的墙体中，经过实地调查发现岩板屋墙体中存在以下两种形式的裂化病害：

（1）围护结构附近的裂缝。如图 9 所示，墙体裂缝位于围护结构门、窗等上方，裂缝形态呈竖向直线形发展，且缝隙间距离较大，这样的裂化病害在多栋岩板屋中都非常明显。

（2）檩下裂缝。这类裂缝是墙体中最常见的一种形式，其成因与围护结构附近的裂缝相似，都是因为墙体承受了过大的集中应力而导致夯土的开裂 [3]，如图 10 所示。严重的檩下裂缝会影响到整个墙面的受力性能，进而威胁到屋面结构的稳定性。白石灰剥落也为裂化（图 11）。

图 9 围护结构附近裂缝

图 10 檩下墙体裂缝

图 11 白石灰剥落

3）生物病害

生物病害在岩板屋墙体上主要为植物寄生。如图 12 所示，该房屋山墙面被藤类植物缠绕，面积较大且枝叶繁密。

2. 石板屋顶病害特征及成因分析

独特的喀斯特地貌造就了杨家埫村别样的民居特色，岩板屋民居的屋顶石材采用随机石板，大小不一，比较自然。调研后发现石板屋顶主要存在以下病害特征：

1）苔藓寄生

岩板屋屋脊部分由片瓦竖向铺整堆叠，是雨水的直接承担者，所以也是屋面最严重的受潮部位。同时，片瓦位于坡屋顶交界处，容易积聚雨水，久而久之便造成苔藓植物的寄生，如图 13 所示。还有一些石板位于树枝阴影正下方，推测由于大树的遮挡阴影下常年潮湿以致石板苔藓滋生（图 14）。

2）破损及塌陷

通过实地调研我们可以观察到一些岩板屋屋顶损毁较为严重，严重者可导致了房屋垮塌。如图 15 所示，推测由于墙面裂化垮塌，导致该屋顶上石板瓦大面积脱落，檩条及椽子等屋面构架暴露在外。图 16 中屋顶石板基本完好，但在靠近屋脊处垮塌严重，塌陷处呈洞窟状，推测由于外力作用导致屋顶呈现该样的病害特征。

3. 岩板屋构件病害特征及成因分析

岩板屋多为石墙夯土型，所以房屋构件一般运用在屋顶的支撑中，主要作为檩条及椽子使用，材料为木材。经实地勘察后发现，屋顶构件通过与夯土墙面直接穿孔的方式紧密结合，结构较为牢固。但由于一些房屋年代久远，又受湿度、降雨、冻融、强风等自然因素影响[4]，在岩板屋木檩条及椽子的受潮部位容易发生开裂或变形，如图 17 所示。

一方面，虽然岩板屋屋顶石材 5~10 年会更换一次，但主要承重构件檩条不会被替换，会一直作为承重结构保留在屋顶上；另一方面，由于木材的硬度有限，所以长年累月在梁上堆积石板也会使得屋脊变形侧弯（图 18）。

通过调查可以发现，岩板屋这类传统民居出现病害部位主要集中在墙体、屋顶及木构件中，病害程度不尽相同。对于夯土墙体来说，自然气候因素影响较大；对于石板瓦屋顶来说，生物病害的侵蚀对石板屋的影响最大；而对木构架来说，潮湿对于

图 12 植物寄生

图 13 屋脊处苔藓滋生

图 14 大树阴影下苔藓滋生

图 15 石板瓦破损脱落

图 16 岩板屋顶垮塌图

图 17 木质构件开裂

木构架的保存影响最大[5]。

四、改善措施

传统石板屋墙体的材料以及屋顶结构不能满足现在功能更加复杂、空间要求更高的住房建设，因此需要对它的材料、结构提出新的改良及要求。结合岩板屋现存的病害情况以及相关病害研究参考，本文对岩板屋提高建筑性能提出了以下针对性改善措施和可行模式的探索。

1. 墙体改善措施

受气候、雨水、光照、微生物等多重外界因素的影响，夯土墙体出现侵蚀、裂化、剥落等病害现象，直接影响岩板屋的安全性及稳定度。根据岩板屋墙身病理的不同，将墙体不同保护措施分为以下两个方面进行阐述：

1）墙身加固

对于墙身上的裂化病害来说，杨家垴传统且比较常见的做法是采用塑料直接填塞在夯土墙的裂缝中，简单地保证了墙体不会继续因挤压超过承载能力而扩大裂缝病害。但更具美观且持久性强的做法是选用聚合物水泥、防渗透的化学剂进行表面涂抹，维持墙面的耐用性。

2）墙身防潮

由于杨家垴村气候潮湿，村民在营建岩板屋的过程中便采用了一系列关于夯土墙营建防潮的原始措施来抵抗雨水和潮湿，其中就包括了白灰抹面、墙体添加土块，如图 19 所示。随着技术的不断进步和发展，传统民居岩板屋墙体防潮也有了更加大气美观的做法：先用石材、混凝土等材料堆砌成墙基，再在此基础上夯筑土墙[6]（图 20）。

2. 屋顶改善措施

岩板屋屋顶采用石板瓦铺顶，潮湿环境会滋生微生物，所以防潮对于石板的维护最为关键[5]。首先，从防雨排水来看，我们需要结合地区气候特点及石板瓦固定强度来确定屋顶的合理坡度，在挑檐处应设置相应的排水檐口，防止雨水渗漏。其次，屋顶的屋脊与石板瓦结合处需要用严密的搭接方式进行施工，以防潮湿天气及雨天时雨水被风吹入接合处弄湿木构件。

3. 新材料及模式探索

当今社会技术快速发展，岩板屋民居的搭建工艺也应该在新技术创新的背景下做出改良：岩板屋从住宅应用到公共空间的时候，调整建筑的空间结构以及材料，墙体的材料更多选择钢筋混凝土外加稻草漆，厚实坚固。石板屋顶的材料更加规整，可以模块化定制铺装，石板瓦与檩条之间会铺设木条以及其他结构来保证密闭防水[7]，注重石板瓦的搭接方式以及固定方式，安全、便于施工，形成更加纯熟的手工艺，也是对传统岩板屋工艺的传承与发展（图 21）。

五、总结

岩板屋作为鄂西的一张“旅游名片”，它在历史、技艺和艺术中具有不可比拟的地位，到了现代更是弘扬和发展土家文化的“活化石”。对杨家垴村岩板屋

图 18　木质构件变形侧弯

图 19　白灰抹面图

图 20　石材墙基

图 21 新式岩板屋营造

做了病害调查及简单的成因分析后，发现墙体、石板瓦及木构架普遍都存在风化、剥落、开裂变形等病害问题，它们严重影响了岩板屋的使用体验及安全，一定程度上也威胁到了村民利益。在此基础上，本文便提出可行性改善措施对这类传统民居给予必要维护。

同时，为了加强村民对岩板屋文化价值的认可，我们也可以从改善人居环境与岩板屋现代改造相结合的角度入手，切实地提高当地村民对传统民居岩板屋的认同感与自豪感。如此良性发展循环，相信岩板屋这类传统民居的营建技术在未来必将得到更好的传承与发展。

参考文献：

[1] 王立久，姚少臣．建筑病理学 [M]. 北京：中国电力出版社，2002.

[2] 陈婷．传统村落民居夯土墙体的营建技术及其优化应用研究 [D]. 重庆：重庆大学，2018.

[3] 刘笑．兰州市砖砌建筑外立面劣化规律与机理研究 [D]. 兰州：兰州大学，2020.

[4] 赵晨．湖北省传统民居建筑病理调查研究 [J]. 山西建筑，2010，36（36）：10–12.

[5] 雷祖康，孙竹青．武当山金顶钟鼓楼附近环境的建筑潮湿病害危机问题调查研究 [J]. 建筑学报，2011（S1）：34–38.

[6] 赵贞．基于建筑病理学理论的苏州传统砖木结构民居潮湿问题研究 [D]. 苏州：苏州大学，2017.

[7] 卢亦庄．重庆山地湿热环境砖砌历史建筑劣化检测评估研究 [D]. 重庆：重庆大学，2019.

西南山地农村贫困农户住房条件改善的现实与困境
——基于重庆市永川区2019年度农村危房改造实地调查

刘　畅[1]，何洪容[1]，史靖塬[1]，张　黎[2]，罗维维[3]

（1. 重庆交通大学建筑与城市规划学院，重庆　400074；2. 永川区住房与城乡建设委员会，重庆　402160；3. 重庆永川区建设工程检测中心有限责任公司，重庆　400000）

【摘　要】截至目前，全国超过600万建卡贫困农户完成了危房改造。在农村危房改造工作全面展开的关键时间节点上，本文以"农村危房改造问题研究"为内核，选取重庆市永川区作为靶区，以23个镇街、162个行政村、600户随机选取的危改房农户为研究对象，并基于翔实的调查数据，系统分析永川区农村危房改造过程中存在的共性与特定问题，尝试对西南山地农村建卡贫困户住房条件改善的现实与困境，针对性地提出整改意见。

【关键词】危改房；农村贫困户；西南山地；永川；改进建议

我国的危房改造最早可追溯到1973北京市的第一批危旧房改造工程，至今已近49年。我国农村房屋建筑质量相对较差，使用年限往往不到30年，甚至更少。危房改造作为精准扶贫的重要组成部分，关系到农村贫困农户生活水平的提升。2008年，我国开始探索农村危房改造的试点工作[1]，截至2019年3月，全国超过600万建卡贫困户完成了危房改造，农村危改房工作已全面开展。西南山地农村地区由于经济欠发达，有着相当规模的贫困农户，他们的居住条件相应简陋，现仍居住在安全隐患极大的农村危房中[2]。因此，我们聚焦"农村危房改造"课题，以改善西南山地农村贫困人口居住条件为研究目标，选取重庆永川区作为靶区，开展了本次实证研究。

一、调查实施

研究中心联合永川区住房和城乡建设委员会，成立了由28人组成的调查研究小组，采取全覆盖、无规则的方式，在永川区23个镇人民政府、街道办事处，162个行政村，近4000余户农村危房改造户中抽取样本600户，重点围绕政策执行、施工组织、建设选址、农房设计、建筑质量管控、农户满意度等方面开展了进村入户的实地调查，并通过6Foots实时轨迹记录APP，对调查路线和调查对象进行了记录（图1、图2）。

作者简介：

刘　畅（1981—），男，重庆永川人，副教授，博士，主要从事城乡规划与生态资源保护利用研究。

何洪容（1997—），女，重庆人，硕士研究生，主要从事风景园林规划设计研究。

史靖塬（1982—），男，河南郸城人，副教授，博士，主要从事乡村人居研究。

张　黎（1987—），男，重庆人，主要从事村镇建设工作，工作单位：重庆市永川区住房与城乡建设委员会。

罗维维（1982—），男，重庆永川人，本科，工程师，主要从事村镇建设工作，工作单位：重庆永川区建设工程检测中心有限责任公司。

基金项目：国家重点研发计划（2018YFD1100104）。

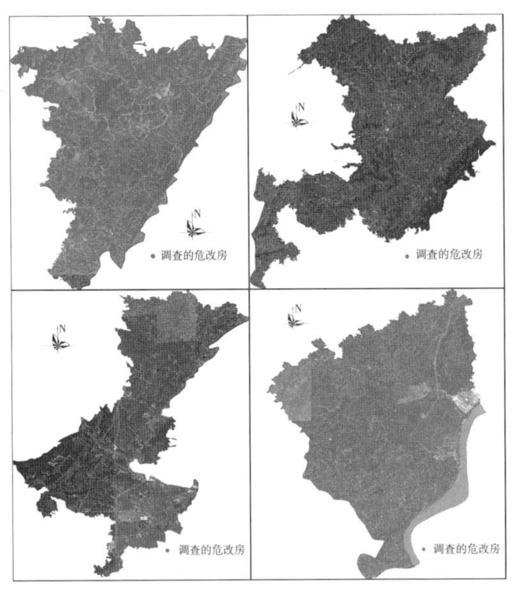

图 1 永川区部分乡镇调研危改房分布示意图

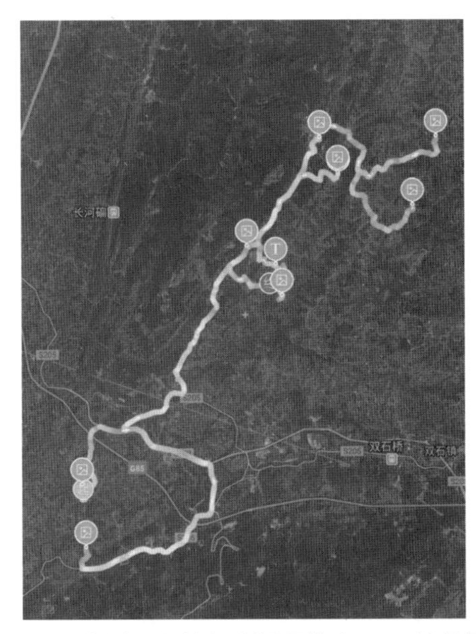

图 2 永川双石镇入户调研轨迹 APP 记录图

图 3 改造公示牌、改造后的新农居、卫生厕所

二、永川区农村危房改造工作概述

为实现“到 2020 年全面完成农村贫困户存量危房改造”目标，永川区住建委通过“实施精准扶贫改造；保障改造品质；加快改造进度”三项举措[3]，自 2017 年全面推进重点针对建卡贫困户、低保户、农村散居五保和贫困残疾人家庭（四类重点对象）的农村危房改造工作。截至 2019 年 7 月中旬，永川区已完成农户信息数据采集 32185 户，开展农村住房信息公示挂牌 24118 户；全区危房改造需评议公示 3245 户，已完成公示 3212 户，完成率 99%；已开工建设 2728 户，开工率 84.1%；已竣工 1765 户，竣工率 54.4%（图 3）。特别是全面推行《农村居民建房施工合同文本》，对“承包方式、工程内容、工程质量要求、施工安全、双方权利和责任、工程费用计算和付款方式、工程保修、违约责任、争议解决办法等十个方面的具体事项进行了明确”，强化了建筑施工的监管[4-7]（图 4）。

三、基于调查数据的现实认知

本次调查用表分为镇街集中调查用表和进村入户调查用表两类，共 4 个具体的调查表格（图 5）。其中，镇街集中调查表格发放 23 份，回收有效问卷 23 份；进村入户调查表格发放 614 份，回收有效问卷 600 份。

回收的 23 份镇街集中调查用表格（“农村危房改造审批程序调查表”）显示：永川 23 个镇街均按照“重庆市城乡建设委员会关于进一步规范农村危

重庆市永川区住房和城乡建设委员会文件

永住建委〔2019〕8 号

重庆市永川区住房和城乡建设委员会
关于推广使用农村居民建房施工合同示范文本的
通 知

各镇人民政府、街道办事处：

为规范农房建设市场秩序，维护农村居民房屋建设工程施工合同当事人的合法权益，我委制定了《农村居民建房施工合同示范文本》，现印发给你们。各镇（街道）在农房建设审批中应推广使用该示范文本；在农村危旧房改造项目实施中必须使用该示范文本。

在执行过程中有何问题，请与区住房城乡建委村镇科联系。

— 1 —

附件

农村居民建房施工合同示范文本

重庆市永川区住房和城乡建设委员会监制

— 3 —

农村居民建房施工合同

甲方姓名（建房户）：______
住 址：______
身份证号：______
电 话：______

乙方（承建方）：______
地 址：______
身份证号（法人代表）：______
电 话：______

根据《中华人民共和国合同法》、《建筑法》的有关规定，结合本工程具体情况，经过乙方详尽勘察现场，为明确甲乙双方在房屋建设施工过程中的权利、职责和义务，促使双方互相创造条件，搞好配合协作，按时保质保量完成工程任务，在遵循平等、自愿、公平和诚信的原则上，经双方友好协商，签订此施工合同，双方共同遵守。

一、承包方式

甲方将位于______的自住用房的建设施工工程以______的形式承包给乙方，按实际施工面积（建成后实际建筑面积）以______元/平方米（大写：______元每平方米）的价格计价。

二、工程内容

（一）拟建房屋的建筑面积为______平方米，乙方按照设计图纸和甲方提出的要求建设。乙方负责施工甲方房屋基础、主体工程的建筑，

— 4 —

图 4 全面推行《农村居民建房施工合同文本》范本

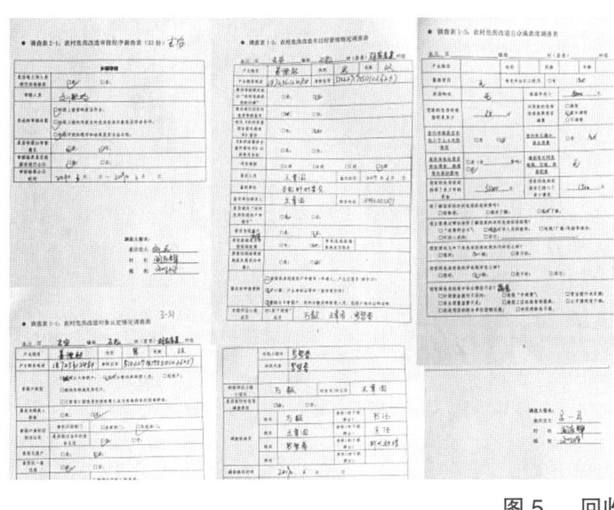

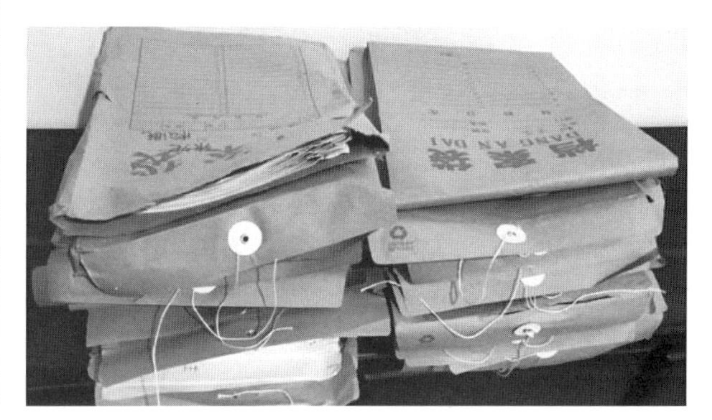

图 5 回收的调查用表

房改造工作的通知（渝建〔2018〕509 号文）”的要求，指定专门的审核人员，对村级报送的“年度农村危房改对象”进行实地核实；对村级报送的“年度农村危房改造对象”申报资料从“资料是否齐全、对象是否符合条件、村级评定的程序和结果是否合法合规”三方面进行了审核，并提出了明确的审核意见予以反馈；审核结果在乡镇政务公开栏进行了 7 日的公示，公示期满无异议后，按规定将审核结果上报永川区住建委。

回收的 600 份进村入户调查用表（包括：“农村危房改造对象认定情况调查表”“农村危房改造全过程管理情况调查表”“农村危房改造公众满意度调查表”）显示：被抽查的 600 户 2019 年度农村危房改造对象目前尚有 194 户未开始危改房建设；在 406 户已开工的农户中，有 337 户危改房主体已基本完工，98 户已入住，建有达标卫生厕所的农户仅 91 户。在 600 户受调查的危改房农户中，有 382 户尚未拆除危房，其中 203 户属“已建未拆户”，尚有 276 户农户仍居住于未拆除的老旧危房中，存在安全隐患。被调查户对农村危房改造持欢迎和支持态度的农户占大多数，普遍对危房改造政策执行情况和评选程序持肯定态度，对改造的内容和质量基本满意，仅极少数农户因不想旧房拆除、嫌危改房面积小（自己又无意愿或无能力出钱增建）等自身原因，希望通过危改房政策获得更大的扶持，而产生一定抵触情绪（图 6）。

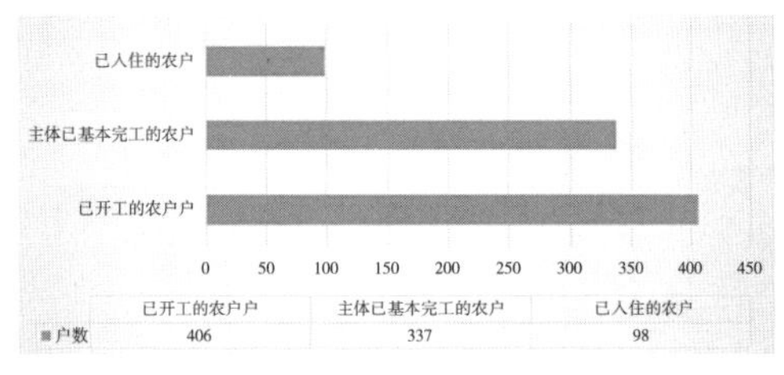

永川区危改房抽查户中已开工农户的建成和入住情况图

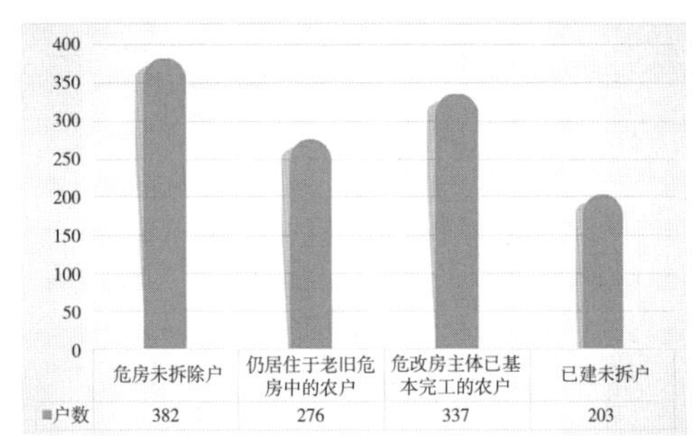

永川区危改房抽查户中危房未拆除户的类型说明图

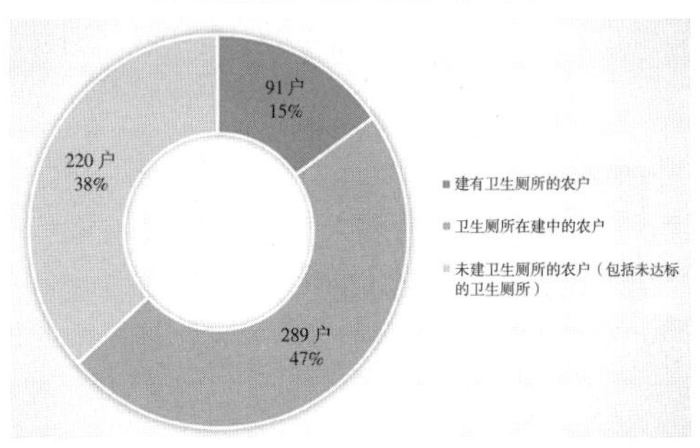

永川区危改房抽查户中卫生厕所的建设情况图

永川区危改房抽查户入户调查表主要信息统计表

镇街	危改房建设已开工的农户数（总调研户）	危改房主体已基本完工的农户数	危房未拆除的农户数	仍居住于危房中的农户数	卫生厕所		
					建有卫生厕所的农户	卫生厕所在建中的农户	未建卫生厕所的农户
板桥镇	15（21）	13	17	11	4	9	8
三教镇	9（40）	4	35	21	1	7	32
双石镇	15（19）	5	12	8	1	14	4
红炉镇	10（15）	10	7	3	1	4	10
永荣镇	9（11）	8	7	3	5	4	2
南大街街道	16（19）	11	10	8	4	8	7
松溉镇	4（12）	0	10	9	0	4	8
朱沱镇	103（106）	101	64	55	23	72	11
五间镇	12（26）	11	20	15	2	10	14
吉安镇	7（18）	7	13	10	0	7	11
仙龙镇	17（39）	15	30	20	4	13	22
何埂镇	19（32）	13	21	16	5	15	12
临江镇	10（22）	5	16	15	0	10	12
陈食街道	9（14）	7	9	7	0	8	6
大安街道	20（20）	19	11	3	6	12	2
金龙镇	34（40）	25	19	12	4	28	8
卫星湖街道	12（25）	9	17	10	1	11	13
宝峰镇	9（10）	8	5	4	3	6	1
来苏镇	39（42）	39	17	14	14	24	4
青峰镇	28（48）	19	28	23	9	18	21
茶山竹海街道	5（13）	4	11	7	2	3	8
胜利路街道	4（6）	4	3	2	2	2	2
中山路街道	0（2）	0	0	0	0	0	2
合计	406	337	382	276	91	289	220

注：①开始建设平场，即算为已开工；②“老房垮塌、部分拆除”的农户，在统计时，计入危房未拆除的类型；老房正在拆除中的农户，则计入“危房已拆除的农户”；③以“标准便器，三格式化粪池，有顶、有门、有墙，人畜分离”作为卫生厕所达标的认定依据，建有未达标厕所的农户计入“未建卫生厕所的农户”类型。

图6 调查数据分析

四、存在的主要问题与改进建议

1. 存在的主要问题

（1）整体的共性问题

①危改房施工进度未达到预期目标

截至实地调查日，受调查的危改房农户开工率仅为68%，危改房主体基本完工的农户仅占56%，离预期施工建设进度目标有一定差距。造成这一结果的客观影响因素主要有：阴雨天气次数过多和建材紧缺。

②危改房建设档案有待进一步完善

调查发现，受调查的镇（街）和村（居）建设农村危房改造农户纸质档案的工作还有待完善，对标509号文要求的“一户一档”材料还有所欠缺。造成这一结果的影响因素主要有：对档案建设的重视度还有所欠缺，危改房建档人员变动，危改房建档工作任务量较大。

③危改房建设补助资金有效利用不充分

调查发现，危改房建设单价普遍为700元/m^{2}和780元/m^2，重点保障了“地基、墙体、屋顶”的房屋建设，对屋外“门前台阶砼垫层、散水”和“四周水堰（阳沟）”的建设存在轻视的现象，客观造成危改房室内地面返潮现象极为普遍，甚至少部分危改房存在水灾隐患。造成这一结果的影响因素主要有：未通过补助资金充分调动农户的自我建设能力，建设监管存在缺失。

④卫生厕所的建设与引导存在不足

调查发现，受调查的600户危改房农户中，建有达标卫生厕所的农户仅占15%。造成这一结果的影响因素主要有：对危改房卫生厕所建设的引导力度不够，农户生活卫生习惯有待改进。

⑤农户自发建设给房屋安全带来负面影响

农户自建的猪圈、鸡鸭舍、柴火房等简易用房以及柴火紧贴危改房、随意堆砌，均对新建危改房的房屋安全造成了一定的负面影响。

⑥农户放弃建房资格或危改房权属发生意外变化

有部分农户因自身原因，自愿放弃享受危改房补助资金资格；有部分农户在危改房建设中或建成后不幸去世，其权属的危改房需及时处理。

⑦危房监控与拆除工作有待加强

“已建未拆”现象较普遍，已建未拆户占调研总户数的 33.83%，危房未拆户占 63.67%；且有 46% 的受调查户还居住于危房中，安全隐患大，需加强监控。

（2）个别农户的特性问题

板桥镇凉风垭村喻绍万家、朱沱镇石碓窝村冯学武家、永荣镇云谷村邓前先家保留了部分危房，并将保留危房与危改房联建为一体，“新旧联建”存在严重的安全隐患（图 7）。

板桥镇高洞子村唐元成家原本居住的危房因产权问题已被别人家入住，故危房并未完成拆除，存在未来再次“危改”的可能（图 8、图 9）。

板桥镇中心桥村张文村家原本的老房与其他住户的房屋为连体房，危房拆除难度较大，经费较高，农户承担有困难（图 10、图 11）。

朱沱镇笋桥村杨开莲家享受 3.5 万元的危改房补助金，但户主表示危改房房屋面积只有 $30m^2$（表 1），太小，无法满足自己的居住需求，且承建方并未按照自己意愿修建，因此拒绝入住，现在危改房内养羊。

南大街街道兴隆村牟云富与周才春家，两家计划进行联合建房，目前已开始施工，但由于未请国土部门确认，其用地选址存在侵占基本农田的可能（图 12）。

图 8　已被其他农户入住的老屋

图 9　新建危改房与未拆除的危房

图 10　待拆除的连体危房

图 11　主体已完成的新建危改房

图 7　“新旧联建”现象

调查发现危改房面积在40m² 以下的农户　　表1

序号	户名	村	享受的补助资金额度（万元）	建房面积（m²）
1	王双全	新岸山村	3.5	35
2	姚诚学	笋桥村	3.5	30
3	周守章	四望山村	3.5	32
4	梁定山	涨谷村	3.5	35
5	王达彬	龙宝山村	3.5	35
6	张增明	笋桥村	3.5	35
7	胡德海	马道子村	3.5	35
8	王忠友	围子山村	3.5	36
9	周守清	涨谷村	3.5	38
10	徐加贵	涨谷村	3.5	38
11	徐连成	围子山村	3.5	38
12	邓光银	涨谷村	3.5	38
13	白正红	石碓窝村	3.5	38
14	王忠林	围子山村	3.5	38
15	樊树成	龙汇垭村	3.5	32
16	游钦益	石碓窝村	3.5	33
17	王达兵	龙宝山村	3.5	35
18	胡江海	涨谷村	3.5	37
19	杨开莲	笋桥村	3.5	30

图12　疑似侵占耕地的危改房建设用地

2. 改进建议（表2）

永川区农村危房存在问题及改进建议　　表2

序号	问题类型	具体问题	改进建议
1	共性	危改房施工进度未达到预期目标	建议建立月度或季度工作分析会制度，定期对工程进度进行研判，及时解决影响施工进度的困难或问题
2	共性	危改房建设档案有待进一步完善	建议构建保障危改房档案建设有序开展的长效机制，避免人事调动对归档存档的完整性和延续性带来负面影响
3	共性	危改房建设补助资金有效利用不充分	建议进一步强化《农村居民建房施工合同示范文本》的严肃性，强调其在竣工验收中的基础依据性，未完成“合同”任务要求的，应不予通过竣工验收
4	共性	卫生厕所的建设与引导存在不足	建议对危改房农户进一步加强建设卫生厕所的宣传工作，并依据相关政策文件，加大对卫生厕所建设内容和资金的管控力度
5	共性	农户自发建设给房屋安全带来负面影响	建议针对危改房农户乱堆乱搭乱建的现象，尽快形成相应的技术指导文件对其进行合理管控
6	共性	农户放弃建房资格或危改房权属发生预期外变化	建议尽快规范相关手续，并按规范完善相应的档案建设
7	共性	危房监控与拆除工作有待加强	建议对暂未拆除危房的农户进行分类管理，加快危房拆除，严控农户于危房中的居住，规避安全隐患
8	特性	未拆危房与新建危改房联建	建议应杜绝此类现象的发生，对于已建成的，应坚决予以整改
9	特性	以产权变更为由，未进行危房拆除	建议相关部门成立调查小组进行核实，如存在不实转让的现象，应及时予以纠正，并完成危房拆除

续表

序号	问题类型	具体问题	改进建议
10	特性	危房为联建房，拆除难度较大	建议对此类危房拆除可稍缓，待相连危房户也进入危改房建设程序时，再一并拆除；或提供一定标准的额外经费补助，激励农户拆除；或引导潜在的拆除受益方完成拆除
11	特性	建设成本高，危改房面积过小	建议倡导危改房的“统建模式”，通过规模效应，提升有限资金的利用效率，获得更好的建设效果
12	特性	危改房建设用地存在侵占耕地的可能	建议存在此类情况的危改房建设，应立即停工，待国土部门对用地核准后，再行建设。切实保护有限的土地资源，防止乱占耕地[8-10]

五、结论

农村危房改造是党和国家保障社会民生的一项重要工作，是化解新时代农村社会主要矛盾，解决处于相对弱势的农村困难群体生存相关问题的重要之举[11]，也是落实习近平总书记主持召开的“‘两不愁三保障’突出问题座谈会”重要精神的具体体现。本文通过对重庆市永川区实施危房改造过程中对农户的实地调研，基于调查数据对当前永川区农村危房改造的现实进行了认知，系统分析了存在的共性与特定问题，查找脱贫攻坚住房安全保障工作中的突出短板，针对性地提出了“受众配合是根本，各方联动是关键，科学选址是基础，精细管理是保障，环境保护彰特色”的工作思路，以期为当地政府优化制定相关政策提供决策依据，为归纳总结西南山地农村危房改造实施的客观规律，明晰改善西南山地农村贫困人口居住条件的有效路径积累研究基础。

参考文献：

[1] 章卫良 . 从“经济刺激”到“社会救助”：关于农村危房改造政策的分析与建议 [J]. 中共浙江省委党校学报，2012（3）：124–128.

[2] 曹林同，裴先科 . 略谈农村危旧房改造建设的特点 [J]. 绿色环保建材，2021，171（5）：180–182.

[3] 永川区城乡建委 . 重庆市永川区三举措全面推进农村危房改造工作 [z]. 重庆建筑，2017（10）：56.

[4] 曹小琳，向小玉 . 农村危房改造的影响因素分析及对策建议 [J]. 重庆大学学报：社会科学版，2015（5）：57–64.

[5] 曹林同 . 分析农村危旧房改造的现状与对策 [J]. 中国建筑金属结构，2021，473（5）：54–56.

[6] 何兰 . 基于农村危房改造的影响因素分析及对策建议 [J]. 新农业，2020，914（5）：71–72.

[7] 刘龙 . 农村危房改造问题研究 [J]. 住宅与房地产，2019，540（18）：229.

[8] 廖军，冯家寿 . 农村危房改造应做好 7 项工作 [J]. 中国减灾，2008（11）：36–37.

[9] 李孟迪 . 重庆市农村危房改造政策存在问题及优化研究 [D]. 重庆大学，2019.

[10] 张剑，隋艳晖 . 农村危房改造扶贫的问题与对策研究——基于山东、河南的督导调研 [J]. 经济问题，2016，446（10）：73–76.

[11] 雷厚礼 . 农村危房改造的理论意义与现实价值 [J]. 凯里学院学报，2011（5）：166–169.

专题五

山地城乡社区发展与治理

基于竖向维度的山地城市老旧小区改造设计探究

刘　华，张莎莎

（重庆交通大学建筑与城市规划学院，重庆　400074）

【摘　要】当前我国城市发展从外延式扩展进入存量发展时代，老旧小区改造成为城市品质提升的重要内容。深入分析山地老旧小区存在的问题及价值和潜力，本文提出竖向维度改造设计，从竖向活动空间、竖向交通空间、竖向建筑空间三个方面着手，为山地城市老旧小区从大拆大建向有机更新的转变提供思路，打造出改善老旧小区居民日常生活环境，创造出山地城市老旧小区特色景观艺术。

【关键词】竖向维度；山地城市；老旧小区；城市更新

随着城镇化水平不断提高，我国经济发展进入新常态，城市发展进入转型时期，城市建设实现由增量规划向存量规划的转变，我国城市发展将面临多样的城市更新改造工作[1]。《中共中央关于制定国民经济和社会发展第十四个五年规划和二〇三五年远景目标的建议》明确提出实施城市更新行动。2021年，"城市更新"首次写入政府工作报告，赋予了高质量发展新时代城市更新工作新使命、新内涵和新任务。老旧小区改造作为城市更新工作的重要组成部分，是城市的最基本生活单元，也是城市最脆弱的地区，面广量大，情况复杂，其更新改造工作任务十分繁重，是重大的民生工程和发展工程[2]。

我国是一个多山的国家，山地面积占国土面积的2/3，山地城市在总城镇数量上占有很大比例。山地城市地形条件复杂，是一种特色鲜明的城市类型，城市被山系与河流天然分离，与平原城市相比，山地城市断面起伏大使得城镇适宜建设用地分散，竖向处理困难。山地城市的老旧小区被沟谷、坡坎重新划分，坡度、坡向变化复杂，加大了竖向设计的难度[3]。

一、老旧小区

2020年7月，国务院办公厅发布《关于全面推进城镇老旧小区改造工作的指导意见》，明确了老旧小区的范围。城镇老旧小区是指城市或县城（城关镇）建成年代较早、失养失修失管、市政配套设施不完善、社会服务设施不健全、居民改造意愿强烈的住宅小区（含单栋住宅楼）。各地要结合实际，合理界定本地区改造对象范围，重点改造2000年底前建成的老旧小区[2, 4]。在范围界定上，国家留有了较大弹性，并且强调要基于居民意愿，而不只是基于物理特征。

1. 老旧小区的危困

老旧小区修建年代较早，随着我国城市化步伐加快，老旧小区逐渐被新建筑包围，多处于城市中间地带，具有独有的风貌，是当时历史的记忆。由于当时的建设标准与配套标准较低，以解决居民最基本的生活需求为目的，所以在物质文化水平大幅提高的今天，老旧小区环境显然已经不能满足广大居民对生活质量的追求。随着社会的不断发展，这

作者简介：

刘　华（1981—），男，陕西榆林人，高工，硕士，主要从事城乡规划及风景园林设计研究。

张莎莎（1994—），女，四川达州人，硕士研究生，主要从事景观规划与设计研究。

基金项目：重庆市自然科学基金面上项目"风景园林生成设计技术研究"（cstc2019jcyj-msxmX0149）。

些长期处于自然发展状态的老旧小区暴露出越来越多的问题（表 1）[5]。

由于受复杂的地势、地形高差、用地限制、空间阻隔等影响，山地城市老旧小区面临的问题更为突出和复杂。本文将通过问卷调查分析山地城市老旧小区存在的问题，归纳居民居住需求，以此作为山地城市老旧小区改造设计的重点方向。

为了了解山地城市老旧小区的困境，针对渝中区上大田湾小区居民做了问卷调查（图 1）。通过问卷调查了解到，在小区环境方面，由于建设时期较早并未规划小区的公共空间和绿化景观，公共活动空间和绿化景观缺乏，居民对增加小区绿化，增设

老旧小区问题及表现　　表 1

问题	表现
公共空间缺乏且环境不佳	缺乏集中的公共活动空间与社会交往所需空间，没有老年人与儿童所需的活动功能场地，并且存在公共空间与绿化用地被侵占的现象
建筑密度高与基础设施老化	建筑建设时间较早，出现违章改建、加建的情况，有不同程度的建筑功能退化、基础设施的损耗与老化等现象
交通混乱且停车设施匮乏	社区内基本无人行空间，为人车混行，道路尺度较窄，且存在较为普遍的车辆沿街停放的现象，缺乏停车场地，交通设施无法满足居民的需求
人口老龄化与流动性大	老旧小区的建设时间一般都较早，居住条件差，老年居民和正在步入老年生活的居民因为强烈的住区归属感、邻里关系、身体等而不愿离开。对于创业初期的青壮年或刚毕业的学生，因为区位优势和相对便宜的租金会暂时租住，等具备一定能力后便会离开，流动性大
社区管理不到位	缺乏专业的物业管理，多依赖居民的自我管理，治安与环境卫生问题较为突出

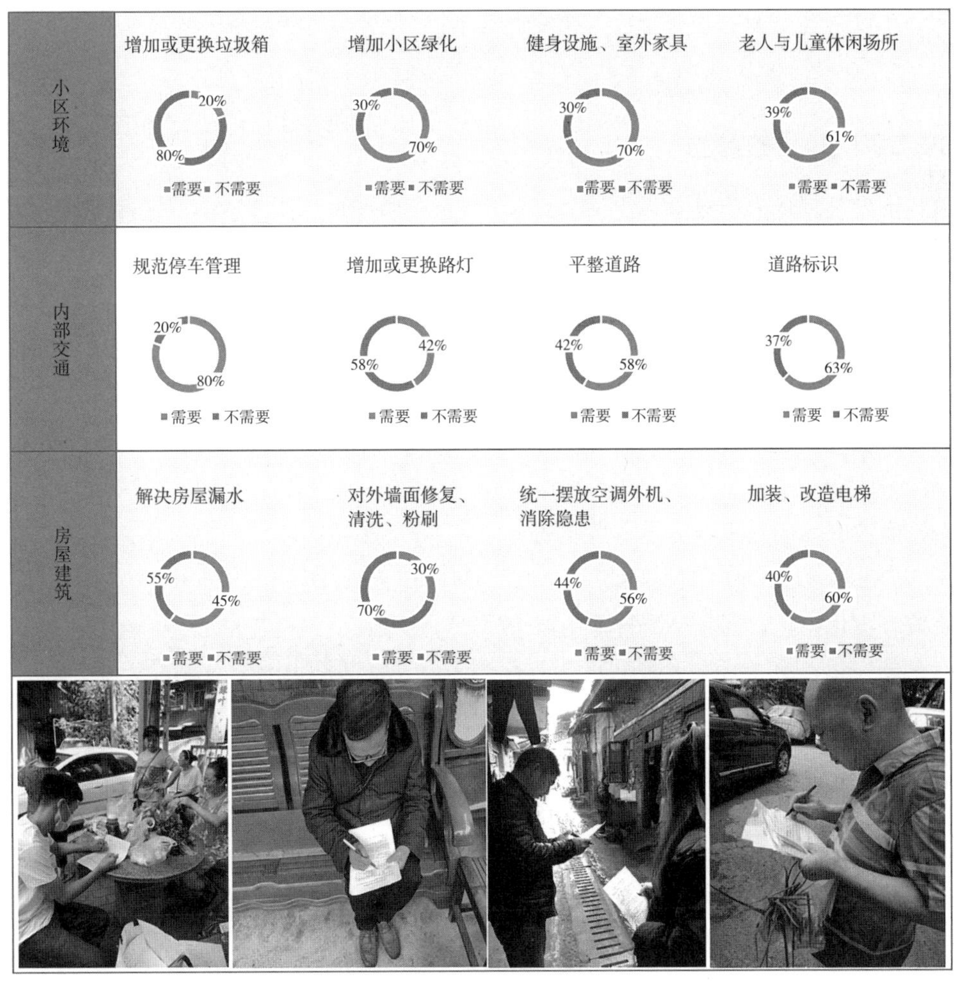

图 1　老旧小区改造需求调研

公共活动空间、健身设施、室外家具需求强烈。

内部交通方面，由于山地城市特征影响，内部步行和车行交通混乱，不成体系；步行环境脏乱，老旧小区居民出行难，并且缺乏无障碍设施；车行通达度低，交通拥堵，车辆乱停乱放现象尤为严重。多数居民认为规范停车管理，增加（更换）路灯，平整道路，增加道路标识很有必要。

房屋建筑方面，由于建设时间较早，建筑出现老化，无障碍与电梯缺失，建筑破败，品质形象不佳。大多数居民希望对建筑外墙进行修复，统一摆放空调机位，加装电梯，还有部分住顶楼居民反映房屋存在漏水问题，希望得到解决。

受城市高强度高密度开发模式和全球化浪潮的影响，建筑样式愈发雷同，大规模改造使得传统建筑被大体量现代建筑取代，追求容积率最大化，小区生活的步行空间结构一味追求方格网式的道路形式，使得山地城市独具特色的小区街巷空间文化结构不复如初，小区街巷空间的地域特色正在慢慢消失[6]。

2. 山地城市老旧小区的潜力

推动周边经济发展。老旧小区土地价值，商业价值高，将闲置用地高效使用，低效建筑再开发，并且可以与周边的历史街区、传统办公生活区结合起来统一优化，充分挖掘联动区域内的闲置资源、低效资源，并进行系统的评估。让老旧小区与周边单元互相拉动，焕发老旧小区的新价值，实现老旧小区使用效率的最大化。老旧小区还可作为城市产业，联网办公、商业、休闲、康养等丰富多彩的业态的空间载体，充分发挥老旧小区商业价值。

丰富山地城市文化内涵。近年来新打造的城市往往非常漂亮，甚至很美丽，城市飞速发展，建了高楼和广场，建了新区，建设得比较新颖和高大上，但是这种新城往往没有味道、缺乏魅力，对细微的街巷空间考虑不足，往往不能让人流连忘返。老旧小区大多是 20 世纪七八十年代建成的，具有那个年代独有的风貌，是当时的历史记忆[3-7]。老旧小区往往混杂一些年代更久的历史街区，这种混杂多元的风貌本身也变成了一段历史，老旧小区经过几十年的沉淀，具有自己的独特风味。

增添山地城市风景线。错落的建筑、陡峭的山城堤坎，长满青苔的老屋，斑驳的墙壁还是悠然自在的耄耋老人、肆意玩耍的顽童，都把“慢生活”的格调诠释得淋漓尽致，诉说着山城老旧小区浓厚的历史文化。老旧小区不是城市包袱，而是铭刻城市历史的宝库，保留了城市历史文化记忆，让人们记住历史、记住乡愁。不少老旧小区留存的历史文化遗迹较多，记载着城市年轮，承载着居民独特的生活方式、生产方式，居民相处时间较长，邻里关系更熟悉和谐，这些都构成了山地城市一道有温度的风景线。

山地城市老旧小区建造于山地地形环境之中，建筑形态以“坡、梭、托、合、错”的传统格局为主，场地碎片化，多边坡挡墙，竖向关系极为复杂，道路交通组织混乱[8]。因此，基于山地城市老旧小区复杂的竖向关系，应从竖向维度去思考如何改造，让山地城市的老旧小区焕发生机与活力。

二、空间治理——竖向维度改造设计

在传统设计方法中，往往倾向于以水平思维来解决设计问题、实现设计目标。结合山地城市的地域特征，竖向思维的巨大潜力能够得以充分挖掘，对设计目标做出回应，甚至成为一种帮助提出设计策略的思维方式。竖向维度是指在三维空间维度上竖向的变化，竖向维度设计即对山城空间进行三维空间的布置安排，在竖向上发生变化[9]。针对山地城市老旧小区存在的问题，本文提出竖向维度改造设计思路。

1. 从零碎空间到连续性三维空间——竖向活动空间设计

山地城市具有自身独特的自然本底形态，在老旧小区也具有明显起伏变化的山地特征，小区内部常常形成多个不同高差的碎片空间。因此，从小区整体性的视角，打造碎片空间，优化内部碎片空间竖向上的连续性是改善居民公共活动空间的重要方式。

首先，需要梳理老旧小区多个碎片空间，按空间大小，功能等分类。其次，依照各个碎片空间的特点，划分功能，确定尺度大小，重点打造几个节点，选取不同的绿植搭配、景观小品，构成丰富的活动空间，增加空间层次。最后，根据小区地形地势特征，构建通廊，链接各个碎片空间，形成适合人们交往的宜人三维活动空间（图 2）。

2. 从人车混行到立体式交通网络——竖向交通空间设计

在老旧小区，车行人行交通大多位于同一界面，为了防止步行交通与车行交通在地面空间交叉混行，需构建小区内部的车行系统和步行系统。

车行系统。首先，可根据小区建筑整体布局形式设置一条主要的车行道，呈环状或轴线布置，环绕或者贯穿小区，车行道沿线的建筑屋顶可改造为屋面停车场，车行道沿线结合建筑山墙加建多个载车电梯点，垂直电梯可将车辆运输到建筑屋面停车场。其次，综合分析小区的建筑质量，严重老化破旧的建筑可考虑拆除并修建停车楼，成为车行道上的集中停车点。

步行系统。由原有的地面步行空间和空中步行廊道构成，地面与空中廊道相结合。在步行与车行交错点，可将步行公共空间置于空中，使得人行道路与车行道路形成立体交叉的空间关系。一方面可以解决步行交通与车行交通混行，道路拥堵的交通状况，车辆乱停乱放的现象；另一方面能够保证小区步行公共空间的连续性，促进小区内部的交通安全。

3. 从衰败的建筑体到活力建筑体——竖向建筑空间设计

老旧小区通常建筑密度高，用地极为紧张，要形成有活力的建筑体，可以对建筑主体进行以下三种方式改造（图 3）：

（1）利用建筑屋顶打造绿地空间。在土地极为有限的老旧小区，将以往闲置的屋顶设计为空中花园，可为人们增加公共活动绿地空间。

（2）出挑建筑立面扩充绿地空间。局部扩充建筑平面面积，出挑的空间嫁接在原本的建筑体，在不同高度为居民设计不同尺度的享受阳光和风景的室外平台，可以营造一系列不同体验的空中绿色开放空间。

（3）打造建筑内部绿地空间。征集建筑内局部空间，打造绿地活动空间，并建立空中连廊，连接不同建筑单体，供居民休闲交往。绿地空间可利用

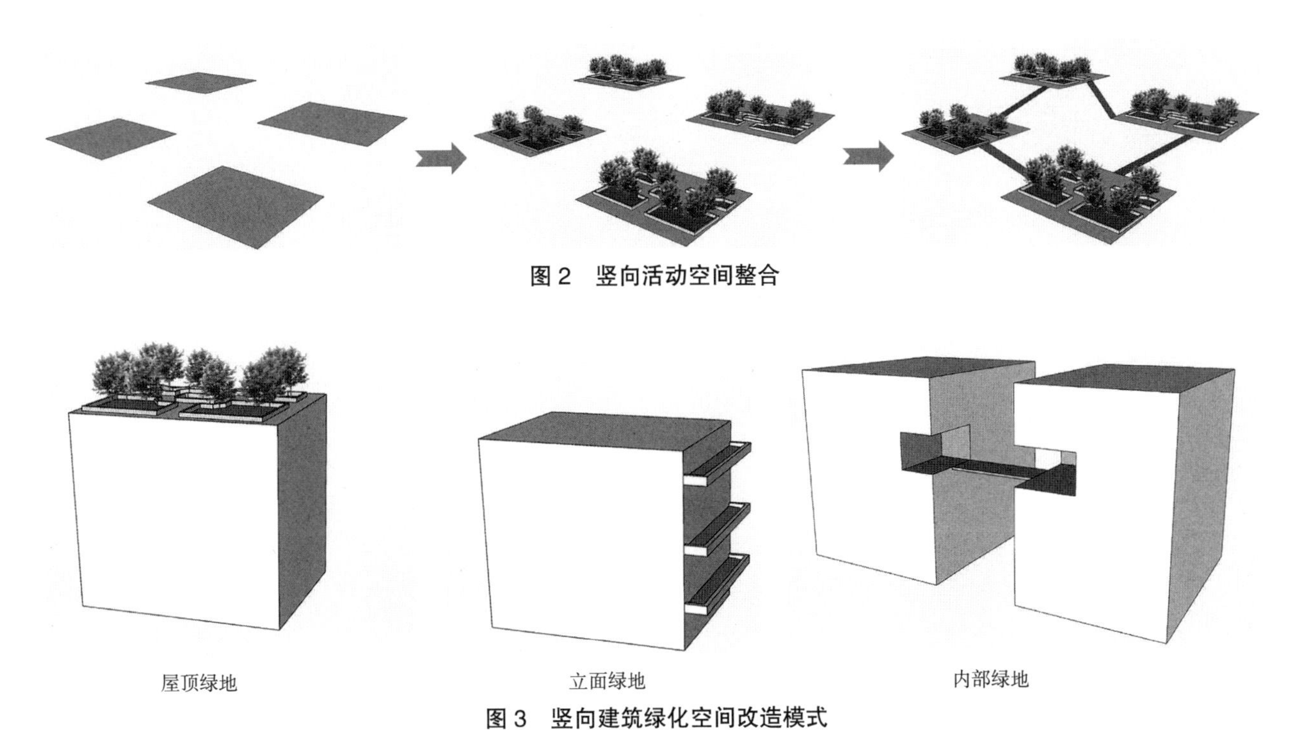

图 2　竖向活动空间整合

图 3　竖向建筑绿化空间改造模式

丰富多样的植物配以不同形式的景观小品，营造不同体验的休息场所，为老旧小区居民提供一个彼此交流沟通、放松休憩、邻里关系和谐的积极绿地空间，创造一个具有凝聚力和归属感的小区，在高密度老旧环境下探寻一个具有吸引力的诗意栖居的环境。

三、结语

山地城市传统型老旧小区建造于山地地形环境之中，建成历史较悠久，正是因为其竖向关系的复杂性，才形成较为鲜明的地方人文特色和山地建筑特色，我们需要在把握好各个碎片空间竖向关系的基础上，优化老旧小区整体形态，还应继续探索具有地方特色的更新改造理念与实现途径，进一步创造出宜人宜居宜业，具有山地特色和品质的人居环境。

参考文献：

[1] 韩玲，路广英．基于城市修补理念的老城区街道整治策略研究：以山西省吕梁市永宁西路街道空间修补规划为例 [C]// 中国城市规划学会，杭州市人民政府．共享与品质：2018 中国城市规划年会论文集（02 城市更新），2018：9.

[2] 李克强主持召开国务院常务会议 部署推进城镇老旧小区改造等 [EB/OL].（2019-06-19）. http：//www.gov.cn/xinwen/2019-06/19/content_5401653.htm.

[3] 丁舒欣，黄瓴，郭紫镤．重庆市渝中区老旧居住社区街巷空间整治探析：以大井巷社区为例 [J]．重庆建筑，2013，12（4）：18-21.

[4] 国务院办公厅．国务院办公厅关于全面推进城镇老旧小区改造工作的指导意见 [EB/OL].（2020-07-20）.http：//www.gov.cn/zhengce/content/2020-07/20/content_5528320.htm.

[5] 郭斌，李杨，曹新利．老旧小区的管理困境及其解决途径：以陕西省老旧小区为例 [J]. 城市问题，2018，276（7）：70-76.

[6] 张晓宇．城市更新背景下的山地城市街巷空间适应性改造设计研究 [D]. 重庆：重庆大学，2019.

[7] 黄瓴，丁舒欣．重庆市老旧居住社区空间文化景观结构研究：以嘉陵桥西村为例 [J]. 室内设计，2013，28（2）：80-85.

[8] 钟钰婷．山地城市老旧社区微改造研究：以重庆市南岸区老旧社区为例 [C]//2018 城市发展与规划论文集，2018：1058-1064.

[9] 惠丝思．基于竖向维度思考的建筑设计策略研究 [D]. 武汉：华中科技大学，2010.

山地老旧社区“井院”空间环境的治理更新策略
——以重庆市永川区泸州街社区为例

朱贵祥，张庆秋，王惠娟
（重庆城市科技学院建筑与土木工程学院，重庆　402167）

【摘　要】本文提出山地“井院”空间的概念，分析其一般特征，以永川区泸州街社区为例，对其空间特征进行提炼，提出以功能、空间、生态作为更新要素，并在此基础上，建立山地老旧社区空间环境整治更新的整体框架，从功能提升、空间环境、生态景观三个方面提出具体更新策略。

【关键词】山地；老旧社区；井院空间；整治更新

重庆是我国著名的山城，由于其特殊的山地地形条件，在过去建造技术落后的条件下，住区建设通常结合山地地形灵活建设。在此背景下重庆形成了大量独具山地特色的社区。泸州街社区即是建造于山地地形环境之中，建成历史较悠久，具有山地传统空间特色，通过步行组织交通、建筑及空间环境较衰败以及管理粗放的邻里居住单元。山地老旧社区空间存在形式可以是一个传统街坊或独立的传统居住院落，也可以是空间连续的若干居住院落构成的居住组团。本文以泸州街社区为例，探索在当前重庆老旧社区面临空间环境衰败、邻里文化淡化、社区历史文化消逝等现实困境下的小规模渐进式更新策略。

一、山地老旧社区空间特征

重庆山地老旧社区，由于特殊的山地地形，在有限土地资源的制约下，居民日常生活依托山城步道展开，形成了以步行交通为线索的传统“街—巷—院”生活空间[1]。它们积淀了浓厚的生活记忆，也是社区居民进行邻里交往和娱乐活动的空间场所，因此，也将成为保护社区社会网络和社区记忆的空间载体。

1. 山地社区“竖街”空间

重庆社区街巷随地形变化而变化，顺应地形的竖街和巷道纵横交错。立体化的城市格局，富有山地特色的大踏步竖街，既联系上下台地解决地形高差，又成为构成山地城市肌理与空间格局的主要骨架，是其他空间要素的连接体。竖街的空间层次分明，个性突出，景观变化丰富，建筑、空间、环境互相融合、共生，老旧社区更新中组织具有山地地域特色的竖街空间显得尤为重要。

2. 山地社区“巷道”空间

在有限的地形条件下，山城巷道往往具有宜人的尺度，是连接竖街空间与院落空间的次要步道。巷道空间作为山地社区的主要公共空间，对社区形态具有重要的影响作用，以及具有地域特质建筑的线形连续景观文化意义，使社区的风貌和特色得以良好地展示。因此，强化巷道景观形象的本土化生活场景就显得更有意义。

作者简介：
朱贵祥（1986—），男，重庆沙坪坝人，讲师，学士，主要从事城乡规划研究。
张庆秋（1982—），女，重庆北碚人，高级工程师，硕士，主要从事城乡规划研究。
王惠娟（1989—），女，甘肃兰州人，讲师，学士，主要从事城乡规划研究。
基金项目：重庆城市科技学院高等教育教学改革研究项目“基于成果导向的设计工作室制教学模式研究与创新”（YJ2101）。

3. 山地社区“井院”空间

山地社区的建筑往往建造在地势相对较高、地貌起伏变化的建筑用地。山地建筑轮廓是多重轮廓的叠加，建筑依山就势，顺应等高线散点式布局或自由式布局围合成院落空间。这种院落空间由于山地用地条件有限，空间尺度往往比较狭小、局促，外加老旧社区居住建筑较传统民居高度高、体量大，所以围合而成的外部空间形成了类似清代民居“内天井”式空间形态，本文将这种独特的空间称为“井院”空间。然而，由于以院落空间为主体的公共空间缺乏休闲、娱乐、健身等基本设施，导致其使用率较低、社区缺乏活力，更新中需提升“井院”空间作为居民进行邻里交往和生活休闲的公共空间的功能。

二、泸州街社区空间环境基本情况

1. 社区基本概况

1）区位与规模

重庆市永川区泸州街社区位于永川老城区核心地段，本次项目研究范围为泸州街社区中心片区，北靠永川中医院，东邻永川客运中心，南抵永川火车站，且临江河穿越场地南端，西侧为老城区核心商圈。场地四周被城市干道包围，区位、交通和商业配套条件极其优越（图1）。本次更新改造范围内共包含6个组团总面积1.62hm^2，公共区域面积6314.2m^2，总建筑面积74200m^2，共25栋居住建筑，总户数739户，建筑密度较高，且区域内90%为私有产权住宅。

2）现状特征

泸州街社区属于典型的老旧社区（2000年前建成）[2]，由早期城中村发展而来，随着城市化进程逐渐被城市空间淹没包围，在社区外围很难窥见其中样貌。泸州街社区空间环境和建筑布局的相对封闭导致内外空间环境发展和建设水平差距较大，目前人居环境较差。泸州街社区主要存在以下问题：

（1）环境较差，绿化空间缺乏、公共空间品质较差，加之复杂的地形环境，使得其卫生条件同样不佳；

（2）内部交通不便，流线混乱，人车混行严重，缺少停车设施；

（3）建筑陈旧且布局无序，基础设施滞后，公共服务设施配套不完善；

（4）现居住人口以老人和儿童为主，空间环境缺乏特色和活力，缺少交往空间；

（5）照明和管线设施老化，功能丧失，使用不便，安防设施缺失，存在安全隐患。

3）地形特征

泸州街社区地形较特殊，带有典型的山地居住空间特点，内部高四周低，泸州街内部各区域空间之间通过巷道、台阶和坡道连接，竖向高差明显，多数只能通过步行组织交通。各居住组团入口明确，从外围城市街道入口经过长阶梯或坡道上行才能进入场地。各组团内部建筑多采用围合式布置，被包围其中的中庭形成了各组团的公共空间，并且由于建筑间距大多不符合日照和间距的规范要求，所以这些公共空间的$D/H<1$，形成了特殊的竖井式空间（图2），空间封闭感极强，加之采光、植被景观和公共服务设施的缺乏，导致使用率极低，社区缺乏活力。

2. 更新意愿

1）介入点1：调查居民改造需求

本案例前期调研共发放问卷485份，回收问卷394份，问卷回收率81.23%，填写调查表24份（每单元楼汇总成一份），采集测量数据累计1752项。抽样调查结果表明，可以看出大部分居民比较关注社区空间环境的治理更新，其次改善交通出清与完善配套设施也是亟待解决的问题；从对社区整治改善功能定位可以看出，大部分居民认为首先应该打造良好的人居环境，其次才是依托城市资源进行提档升级。根据调研结果，本案例将改造内容细分为房屋本体、配套设施、周边环境三大部分，9个分类，共50个要素来进行此次旧改方案设计（图3）。重点对社区外部空间环境，尤其是公共空间和公服设置进行治理、改造和更新补充。

2）介入点2：“井院”空间治理，公共空间环境保护与品质提升

根据各组团大多为“井院”空间的特点，拆除

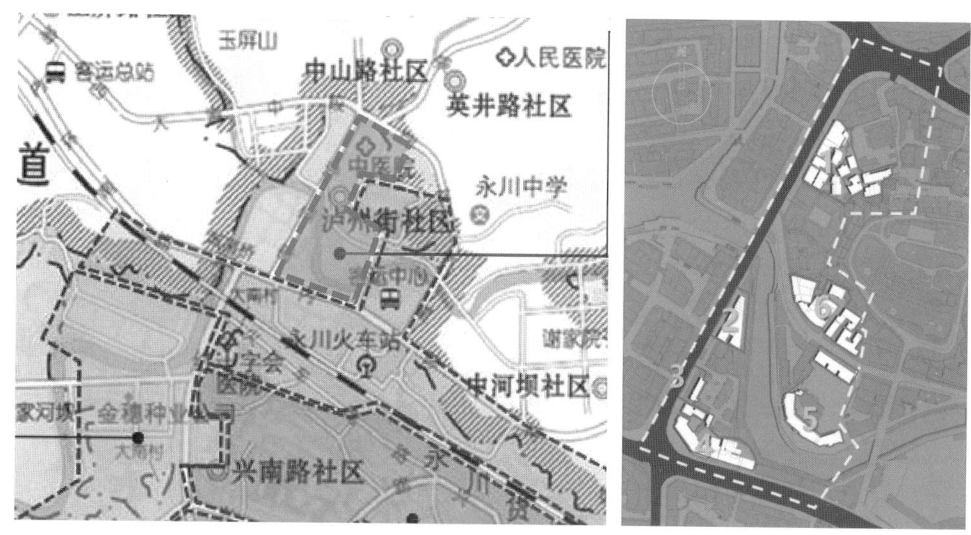

图 1 泸州街社区区位及设计范围

图 2 场地的空间节点

房屋本体	01 楼体修缮	①建筑墙面整治、②房屋户外构造整治（含檐口、阳台栏板、入口挑檐、散水、肋脚等）、③防盗网和雨篷整治、④空调机位整治、⑤屋面防水、⑥屋面修缮、⑦楼栋门、⑧对讲系统、⑨楼道修缮（楼道地面、楼道墙面、楼道扶手、栏杆、楼道照明）
	02 管线规整	⑩三线（电力线、广播电视线、通信线）整治、⑪一户一表、⑫供水设施、⑬排水设施、⑭供电设施、⑮燃气设施、⑯烟道、⑰雨水管（建筑）、⑱空调排水管
	03 安防系统	⑲小区入口通道、⑳门禁及监控、㉑围墙整治、㉒防雷设施
配套设施	04 消防设施	㉓消防栓、㉔消防管道、㉕消防应急灯、㉖烟雾报警器、㉗消防器材柜/箱、㉘消防车道
	05 雨污管网	㉙雨水管网、㉚污水管网、㉛井盖、㉜化粪池
	06 便民设施	㉝信报箱、㉞宣传栏、㉟快递设施、㊱停车设施（交通划线、车挡、停车锁、雨篷等）、㊲市政照明、㊳无障碍设施、㊴公共晾晒设施、㊵便民设施设备箱/柜（打气筒、充电宝、手电筒、急救包等）、㊶公共座椅
周边环境	07 环境卫生	㊷环卫设施（垃圾分类回收代运点）
	08 绿化建设	㊸景观照明、㊹种植设施（种植池）、㊺植被整治
	09 活动场所	㊻小区道路整治、㊼室外台阶或坡道、㊽康体设施、㊾人行设施（遮阳篷、雨篷、廊架、止滑装置、路挡等）、㊿挡土墙

图 3 治理改造要素

临时构筑物，梳理进入公共区域的入口和流线，将原本封闭空间打开，增设活动和休闲等设施，增加观赏性植物，景观绿化改造成居民可以参与其中的较高开放性景观。提高居民进入活动场地的可能性和便捷性，增强了活动场地活力。

3）介入点 3：多元主体的公众参与更新机制

组织居民代表、社区、街道和建设主管部门多方参与本案例进行的全过程。在方案设计阶段，由责任规划师团队结合居民改造需求，采用多个方案同时推进的方式，同时有社区组织协调会的形式对涉及不同居民之间利益、矛盾的问题进行协商处理。

三、改造策略

1. 延续社区肌理——结合山地特征进行“井院”环境整治

高密度的山地社区较难形成相对集中、边界清晰、规模适当的公共绿地或开放空间，常常缺少必要的休憩、交流、停留空间以及可以辨析的景观节点[3]；由于开发建设周期的差异和复杂的地形条件，在山地社区内存在大量分散的、因地形高差和开发边界的不规则性所导致的“井院”空间，其空间形态的随机性、灵活性与多变性，是山地城市空间与地方文化特色的一种体现，由于缺少针对性的设计、管理与维护，这样的“井院”空间在现实中常常沦为消极空间。在泸州街社区的治理更新中，这些不规则的“井院”空间被转化为支撑社区日常生活、提升社区活力的积极空间（图 4），让社区居民以及游客都可以通过其独特的空间使用体验，逐渐建立对山城地方特色的日常经验与身体感知，最终转化为社区集体记忆和特色地域文化认知的一部分。

结合老旧社区建筑修缮，因地制宜地对“井院”环境进行改造整治，具有建设投资少、见效快、贴近生活、使用便利等特点，是改善社区环境、提升公共空间活力的一个有效手段，也有助于形成与山地自然环境相呼应的、特色突出的社区日常生活方式以及相应的地域文化特色。为了提高社区“井院”空间使用的包容性与开放性，需要解决好场地高差处理、多功能使用分区以及各分散场地的体系化连接等问题；住宅间的“井院”空间一般用地狭窄、围合感强，改造后采用硬质铺地结合乔木、休息座椅的布置方式，成为居民休憩、健身、聚集的场所；社区出入口位置的“井院”空间与社区步行系统结合，利用不同标高的不规则台地因地制宜地构建休

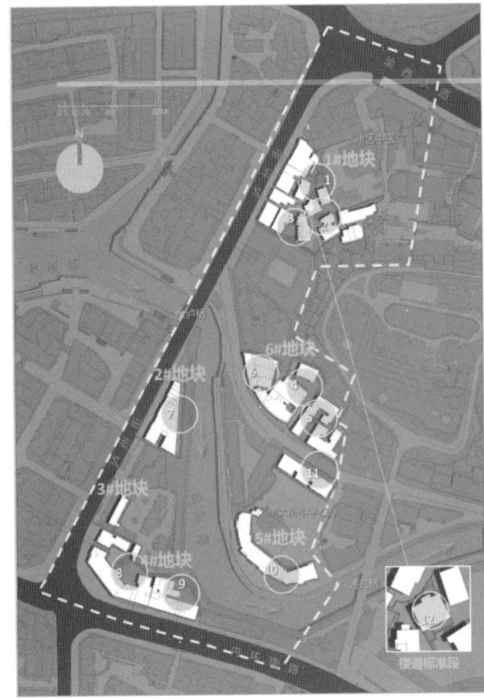

图 4　泸州街社区中不规则的“井院”空间分布及局部改造效果

息、观景、停车等空间，形成具有多维视面的山地社区立体景观。

社区“井院”空间整治不仅可以明显改善高密度社区拥挤、压抑的环境面貌，而且可为置身其中的居民提供一个就近使用的交流休憩空间，进一步提高社区居民的凝聚力和归属感，进而成为提升社区公共空间活力、促进老旧社区再生的一个重要途径。

2. 改善空间功能——结合生活配套打造社区公共节点

随着城市生活向品质化、精细化、人本化方向提升，社区在组织和服务居民日常生活中的作用越来越重要。泸州街社区更新中按照完善功能、引导集中、便捷易达的原则优化多处社区生活配套设施，弥补了康体设施、文化设施、停车设施、商业设施等方面的不足，提升了社区服务水平（图 5）。此外，还对原有居住建筑功能进行完善，根据当前居民使用需求，增设电梯、连廊、楼梯、遮阳装置、室内消火栓，修复破损建筑构件，改善建筑质量，改造室内老化管网等。

原社区在建设时对机动车停车问题考虑较少，因此许多空置场地上都停满了机动车，影响了人车通

改造前：被违章搭建侵占的空地

改造后：社区居民康体活动广场

改造前：功能雷同、日趋衰败的商业街道

改造后：便民服务功能完善、环境舒适的社区“一站式”商业街

改造前：机动车随意停放的院落

改造后：小型规范化停车场

改造前：居民楼间被堵塞的消防通道

改造后：消防标识、快递设施、无障碍设施等完善的便民通道

图 5　泸州街社区空间功能及设施更新前后对比

图 6　泸州街社区进行了整体景观提升并构建起连续、完整的步行系统

行，并存在消防安全隐患。在社区更新中，利用临街入口处较大的场地布置停车设施，完善停车标识，形成 3 处集中停车场。结合“井院”空间整治，形成多处健身活动节点，设置体育健身设施、儿童游乐设施，极大地提升了居住社区的舒适感以及获得感。对原临街商业空间进行设施和功能完善，沿街增置公共座椅、环卫设施、照明系统、标识系统等，通过局部功能置换增设社区活动室和医务室，与原有的便民商业功能共同构建起“10 分钟社区生活服务圈”，为居民提供方便、高效的“一站式”社区综合服务[4]。

3. 提升景观环境——结合生态修复与社区步行体系构建

通过拆违建绿、见缝插绿、开墙透绿等方式，将社区绿化景观进行优化，并结合公共空间将步行系统引入社区。社区中的院巷被打造为良好、适宜的步行空间，结合照明系统、标志系统、地面铺装、无障碍设施的完善，塑造出完整的步行安全环境和网络（图 6）。步行道连接起了重要的社区公共设施，如商业街、健身小广场、儿童活动区等，为居民提供了一个环境优美的室外活动空间。

改善绿化景观环境的同时，对沿线主要建筑进行统一风格的立面整治，并拆除一些居民私自搭建的建筑物或构筑物，恢复居住社区良好的尺度感、开放型和连通性。违建的拆除使得原本被私人侵占的公共空间重新回到社区，为居民提供更大的活动空间。此外，通过对社区东侧河道的生态恢复和沿河环境设施的升级，滨水空间重新回到社区生活中，不仅缓解了公共空间紧缺的压力，也加强了社区与周边滨水生活空间的联系。

四、结论与启示

“井院”空间是山地社区最有代表性的公共空间环境，通过对“井院”空间重新梳理竖向关系，清理空间内临时构筑物和植被，变封闭为开敞，变被动使用为主动开放，将空间还给住户，发挥公共空间社会交往功能。其次，针对山地社区特有的地形特征、街巷院空间、市民生活文化等特征而提出的建筑本体、周边环境和配套设置三个方面的治理提升措施[5]。当然，老旧社区空间环境的整治更新不单是规划师和政府的主观行为，更是一项城市革命、社会运动，还必须建立良好的公众参与平台和互动机制，不断地对方案实施的绩效进行评估和反馈，这样才能有效促进社区的归属感、自豪感，延续社区的凝聚力[1]。

参考文献：

[1] 李和平，肖洪未，黄瓴 . 山地传统社区空间环境的整治更新策略：以重庆嘉陵桥西村为例 [J]. 建筑学报，2015（2）：84–89.

[2] 王梦琪，黄庭晚，解然，等 . 微更新理念下大乘巷教师楼小区宅间公共空间改造研究 [J]. 北京建筑大学学报，2021，37（3）：32–42.

[3] 卢峰 . 分割与连接：城市再生视野下的山地城市公共空间重塑，以重庆主城区为例 [J]. 世界建筑，2021（6）：28–31.

[4] 罗德成 . 基于民生改善的城市“微更新”规划探索：以重庆市七星岗街道为例 [C]// 中国城市规划学会 . 2019 中国城市规划年会论文集 . 北京：中国建筑工业出版社，2019.

[5] 黄鑫 . 山地城市社区空间环境的整治更新策略：以重庆上大田湾社区为例 [J]. 智能城市，2016，2（8）：259.

动力匮乏型西南山地小城镇发展与规划探索——以贵州省盘州市老城组团为例

毛有粮[1]，张　亚[2]

（1. 中国城市规划设计研究院西部分院，重庆　401121；2. 重庆市规划研究中心，重庆　401121）

【摘　要】西南山地地区受地形和资源环境约束，存在大量资源分散、城镇组织协调效率偏低、城镇层级规模偏小、资源配置整合不足的小城镇。十九届五中全会以来，国家提出进一步分类指导大中小城市发展建设，要形成疏密有致、分工协作、功能完善的城镇化格局。因此，如何实现功能提升、民生改善、特色彰显成为当前西南山地动能匮乏型小城镇发展面临的共同命题。

【关键词】动力匮乏型；西南山地小城镇；发展规划探索

西南山地地区受地形和资源环境约束，存在大量资源分散、城镇组织协调效率偏低、城镇层级规模偏小、资源配置整合不足的小城镇，其发展特征在区域中有很强的典型性[1-2]。其中有大量小城镇历史上曾是区域县域中心，历史上辐射带动作用明显，山水形胜优美，历史文化遗存丰富，资源本底和基础设施较好，区域社会经济联系发生变更后，往往存在中心地位旁落，区域辐射作用衰减，辐射范围逐渐缩小，导致小城镇社会经济发展衰退的现状突出问题。十九届五中全会以来，国家提出进一步完善新型城镇化战略，在推进发展壮大城市群和都市圈的同时，分类指导大中小城市发展建设，形成疏密有致、分工协作、功能完善的城镇化空间格局，新型城镇化战略成为当前助推西南山地小城镇发展的重要引擎。如何实现功能提升、民生改善、特色彰显成为当前西南山地小城镇发展面临的共同命题。

一、现状特征与核心问题

老城位于贵州省六盘水市盘州市（原盘县）境内，是省级历史文化名镇，地形南北狭长，用地较为分散。老城历史悠久、地位突出，最早可以追溯到秦代，历史上曾是滇黔楚大通道上的重要驿站、“普安”卫府并设时期的军事中心、抗战时长征二次转折会议“盘县会议”召开地。随着1999年盘县行政中心西迁，老城渐逐步衰落（图1）。老城生态环境宜人，是贵阳—昆明一线重要的避暑胜地；老城格局突出，群山环抱，形成了独特的“内城外市、左文右武”的空间格局（图2）。

受县域社会经济中心外迁影响，2000年以来老城社会经济发展缓慢，民生环境亟待改善，古城特色保护不足等问题逐渐浮出水面。县域中心外移后，老城经济发展水平逐步衰减，服务业以基本公共服务、汽贸服务、农副产品加工为主，拥有六盘水市仅有的2所省级示范高中，但存在发展空间不足、设施配套老化等问题；传统上较为发达的商贸服务体系，也存在人口外流后的衰败景象。人口外流现象突出，外来人口以学生与陪读家长为主，属于典型的外来候鸟式，总体城镇化水平和质量不高（图3）。民生基础设施老化，内部缺乏统筹，建筑质

作者简介：

毛有粮（1984—），男，江西玉山人，高级城市规划师，硕士，主要从事城市规划与设计研究。

张　亚（1985—），女，重庆璧山人，高级城市规划师，硕士，主要从事城市规划与设计研究。

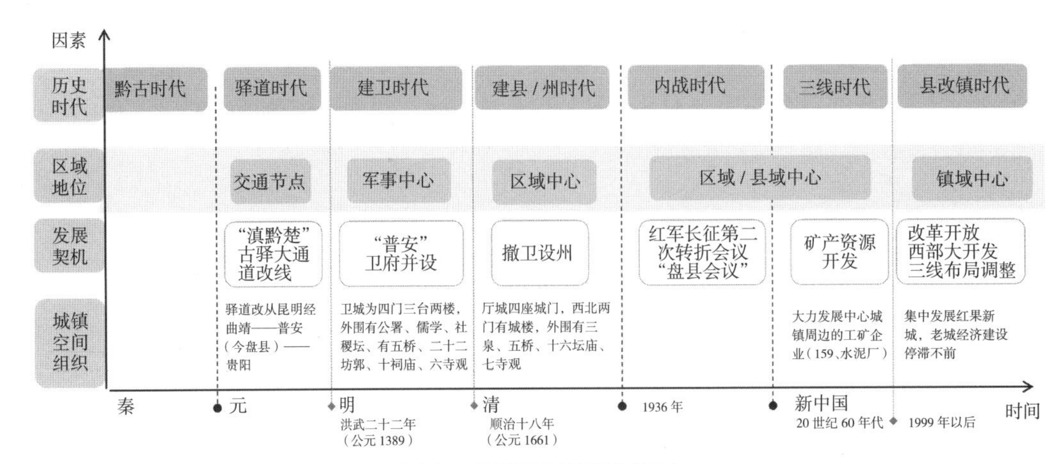

图1　老城历史变革脉络图

图2　老城历史空间格局和繁华景象老照片

来源：盘县县志

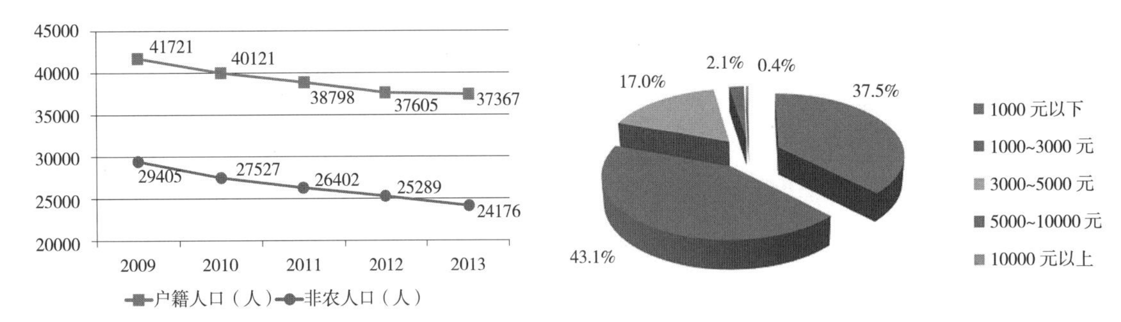

图3　老城人口变化及居民收入状况

量和风貌整体较差，历史风貌受到破坏，风貌建筑未纳入保护范围（图4）。

二、规划探索与应对

中心功能被抽离后，老城的社会经济发展缺乏接续动力的跟进和补充，导致动力匮乏，社会经济难以持续。在编制空间规划规定动作前，需要对老城功能提升、设施完善、风貌彰显等问题进行系统和针对性思考应对。

1. 依托基础、差异提升，完善老城功能

老城功能提升绝不能空穴来风，应该依托较好的教育和商贸基础，宜人的生态环境、突出的山水格局和深厚的人文本底资源，建设以多元旅游、特色教育、综合服务为主的宜居城市。

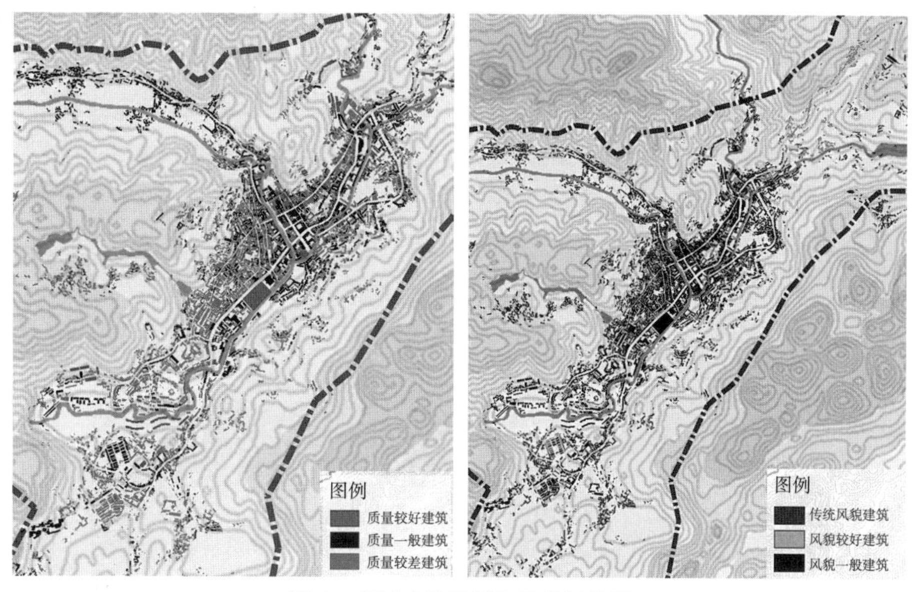

图 4　老城建筑质量和风貌评价图

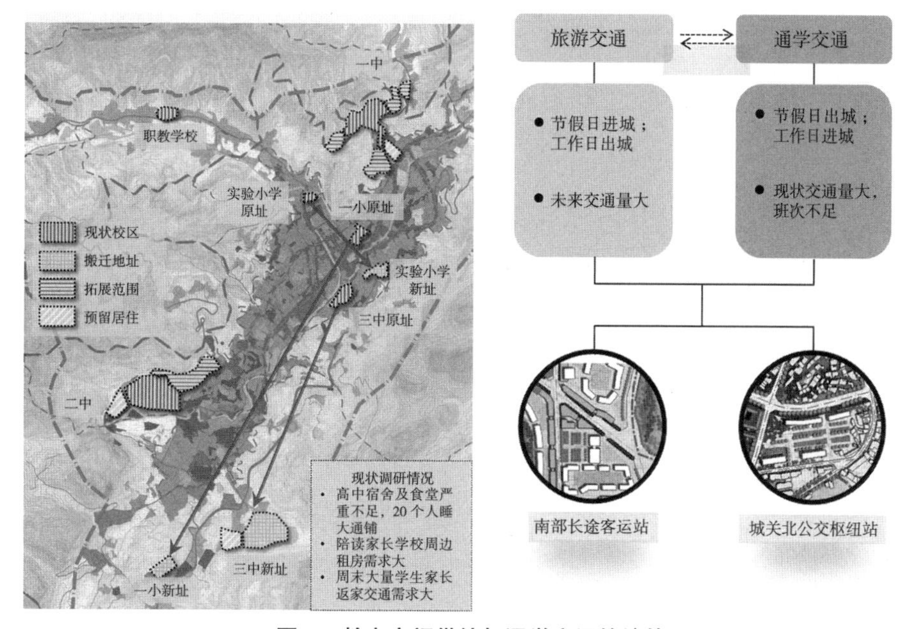

图 5　教育空间供给与通学交通的统筹

（1）做强特色教育。一是做大基础教育，应对教育设施空间及陪读家长生活配套需求，通过异地搬迁、原址扩建等方式扩大学校的用地规模，解决教育配套空间、学生住读资源严重不足的问题，引导学校周围居住区户型以小于 90m^2 小户型为主。采用学校联运方式配置或租用校车，周末接送学生至主要生源乡镇。周末学生集中返家的高峰时段，对学校和外部交通之间重要联络道进行管制，与周末旅游交通通道进行错位时段管控，确保通学交通的通畅（图 5）。二是培育职教功能，考虑到新城主要发展采矿、矿井通风与安全、汽车应用与维修、服装制作与营销、护理、社区医学等专业。随着老城产业更新换代，文化旅游、温泉度假、农业体验等产业将逐步兴起，棚户区改造与新区安置区建设也将启动，土建、旅游、园艺等相关的专业型人才市场需求巨大。恢复老城职业技术学校，延伸培育职业教育产业，建立普通教育与职业教育师资的培训交换机制，为职业教育提供师资，为特色产业升级发展提供人才储备。

（2）培育体验旅游。依托老城丰富的文化谱系

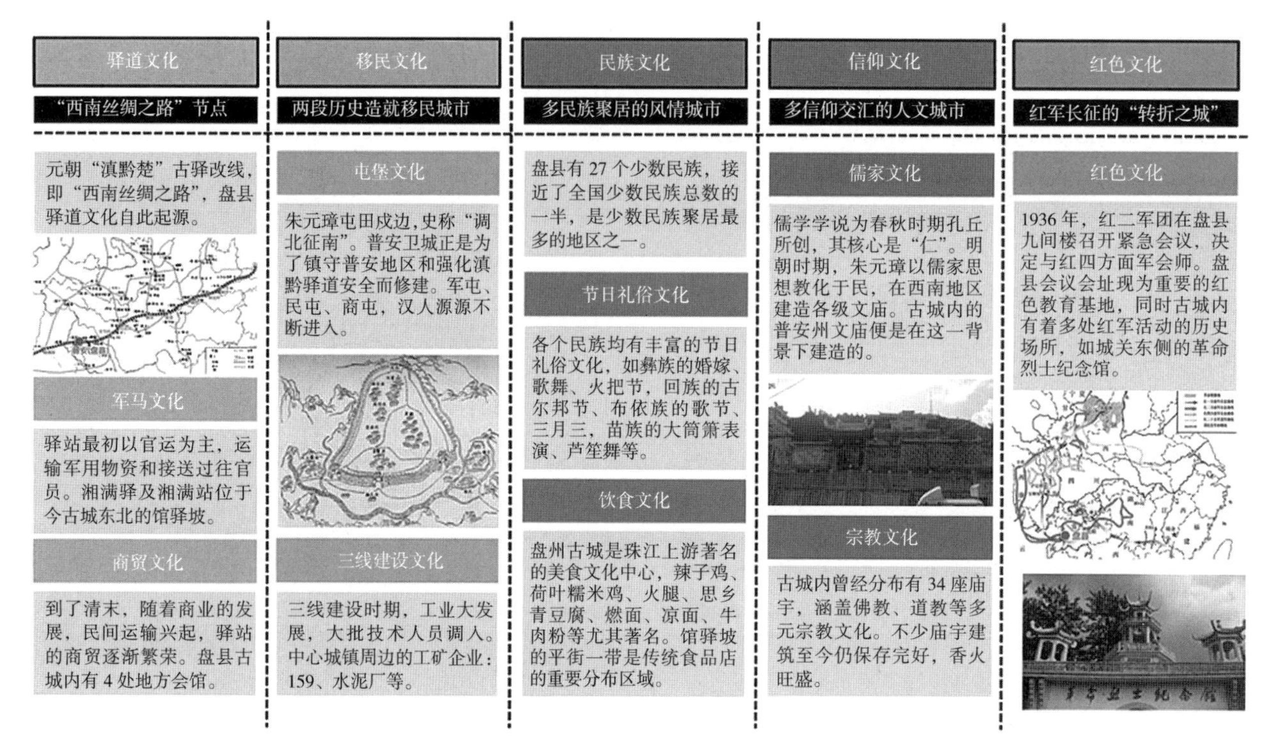

图6　老城历史文化谱系

来源：盘县县志及作者自摄

（图6），积极建设历史文化的体验旅游。结合温泉、溶洞旅游资源，培育度假养生、探险旅游功能。结合宜人气候，建设面向滇黔桂地区的高端养生旅游。结合河流、农业和湿地资源，培育田园景观体验游功能。老城周边农业景观资源丰富，可以依托板桥花卉基地、西冲河田园和山体景观、狮子河水库等资源建设田园体验游（图7）。

（3）打造特色商贸。依托古城周边历史文化资源优势、滨水特色景观，建设传统风貌特色的步行商业街区。利用三线建设家属楼、招待所改建特色商业中心，承接老城原有的商贸服务功能，打造具有地域特色的商贸服务中心。

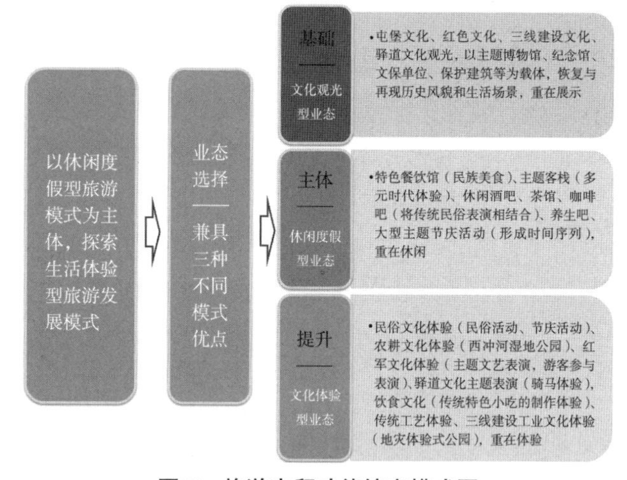

图7　旅游商贸功能培育模式图

2. 新老并存、差异应对，实现民生改善

（1）建成地区重在设施更新、环境改善。通过现场访谈及问卷调查，老城地区亟须改善的设施集中在以下几项：体育设施缺失（36.7%），批发市场（24.4%）和超市（23.3%）紧缺，环卫设施严重不够（70.7%），对加宽道路（42.8%）和增加公交线路（30.4%）呼声高（图8）。结合问卷调查，一是增加公共服务设施，尤其是体育设施、农贸市场等日常便民设施。利用新增街头绿地配套体育设施；结合对外交通设施布局，重建老城北部的批发市场；老城内部新增便民超市等社区型服务中心。二是改善民生型基础设施，启动沿河截污干管与老城公厕建设，启用老城污水处理厂；适当拓宽主要道路路幅宽度，老城公交线路延伸至外围地区，建立出租车覆盖四镇平台。三是增加公园用地，改造滨河地区形成滨河带状公园，结合城墙建设环城绿带；挖掘

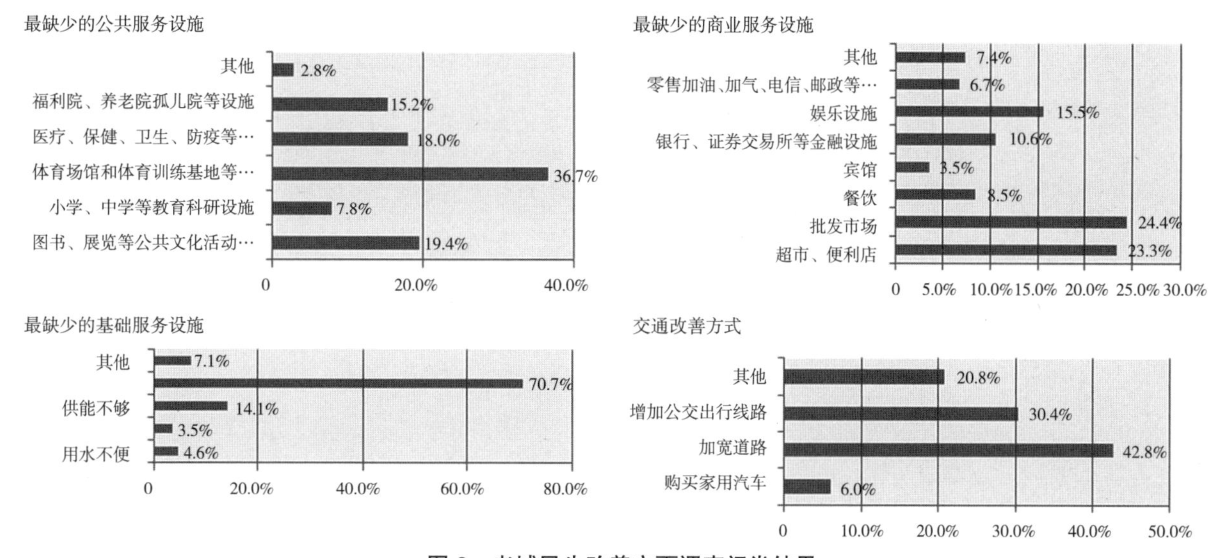

图 8 老城民生改善方面调查问卷结果

老城存量用地，见缝插绿，形成若干街头绿地，设置体育健身设施；建设霸王山、凤山、南台山、凤鸣山公园，提供居民游憩空间。

（2）新建地区强调配套先行、就业保障。从以往新区建设经验来看，要实现新区的健康发展，应该注意以下两点：一是基础和公共服务设施先行，将体育、基础教育、医疗卫生等优势公共服务配套设施优先搬迁，建设优质中小学，周边配套居住，满足陪读需求。二是延续传统商业模式，建设旅游景区，保障乐业，老城地区沿街商业和集中商业街区的形式可以在新区得到延续，通过传统商业业态的模式唤回老城居民失去的场所认同感，提升活力。加快景区建设，通过旅游产业提供就业机会、提高收入、集聚新区人气。

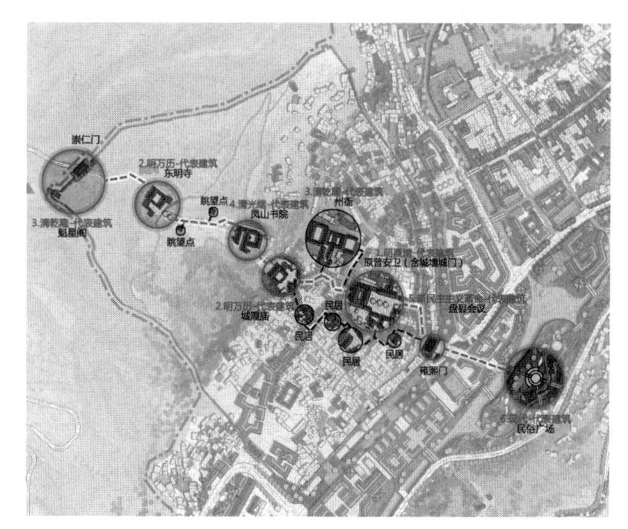

图 9 盘州时光轴线和历史轴线改造分布图

3. 依托山水环境、历史文脉彰显地域特色

（1）落实保护规划相关要求。加强老城保护复建的覆盖范围，提高保护工艺，将青砖房等特色建筑作为风貌建筑纳入保护体系；以保护规划为基础，结合产权，建设盘州古城、古驿道、159 地质局、水泥厂等特色文化景区。修复老城城墙及城门，凤山书院、演武厅等内城格局，恢复馆驿坡地区，建设形成传统步行街，修复部分“盘州十景”景点（图 9）。

（2）优化划定管控单元。一级管控单元以产权与建筑肌理为基础，形成两类子单元：①历史子单元采取渐进引导式更新模式，对其更新主要采取保护为主、改造为辅的模式，改造及新建建筑强调以传统建筑风格为主，功能业态突出文化旅游、特色商贸等，保护其具有历史文化价值的空间肌理。②现代子单元结合滨河空间及公共开敞空间的建设，对重点地区进行拆除重建。二级管控单元以产权、建筑肌理、文保风貌建筑、规划道路、街巷空间为基础，针对分区明确主导功能与改造模式。历史单元不符合历史风貌的地区以及新建建筑地区按照保护规划协调；现代单元私有产权进行用地变更，进行整体规划设计（表 1）。

老城更新单元管控一览表　　表1

一级单元编号	二级单元编号	更新模式	改造风貌	功能业态	可开发的国有产权土地（hm^2）	需拆改的私人产权规模（hm^2）
A类：历史单元	A1	保护与改造	传统风貌	文化旅游、特色商贸	0.93	
	A2	保护与改造	传统风貌	文化旅游、特色商贸	5.42	
B类：现代单元	B1	拓展与新建	风貌协调为主	教育	7.43	0.82
	B2	改造与整治	风貌协调为主	教育、居住	4.18	1.47
	B3	拆除新建	传统建筑风貌	文化展示、旅游集散	10.60	3.98
	B4	拆除新建	传统建筑风貌	文化展示、旅游集散	4.25	1.34
	B5	拆除新建	传统建筑风貌	商业休闲	12.22	2.67
	B6	保留与拓展	现代建筑风貌为主	行政办公、教育	17.11	3.63

三、规划编制方法适应性探索

1. 探索老城公共服务设施配套地域适应性标准

控制性详细规划要将各类民生型公共服务设施落实到具体规模和空间位置，根据上位规划指引的人口规模，结合地方公共服务设施的配置标准来预测各类、各级公共服务设施的规模。在老城规划编制中，发现国家、贵州省和当地关于公共服务设施配置的标准之间存在冲突，在各类标准中结合老城地域特点来选取合适指标成为规划编制工作重点。

（1）根据中心体系确定居住区、居住社区的人口规模。规划结合了《城市居住区规划设计规范》GB 50180—93（2002）、《六盘水市城市规划技术管理规定》（2012）等规范，参考了类似地区《重庆市城乡公共服务设施规划标准》DB 50/T 543—2014中关于居住区、居住小区人口规模的标准，结合老城片区人口规模较小（7.5万人）、空间相对分散的特点，确定综合居住区级规模取值为2万~3万人，居住小区级取值为1.5万人左右（表2）。

（2）需要比对各类公共服务设施配套标准，根据老城的特点确定标准。本节以教育设施用地为例，讨论在地化的教育设施用地设置标准。规划结合了《城市公共设施规划规范》GB 50442—2008、《城市居住区规划设计规范》GB 50180—93（2002年版）、《六盘水市城市规划技术管理规定》（2012）等规范，参考了类似地区《重庆市城乡公共服务设施规划标准》DB 50/T 543—2014，以及学生规模预测的结果，确定高中生均用地取值为18m^2，初中、小学学生取值为15m^2；确定普通高中、初中、小学建设用地规模和服务半径，确定中小学用地总体规模（表3）。

2. 突出保护、开发双导向下控制性约束

传统上控制性详细规划是城乡规划主管部门做出规划行政许可、实施规划管理的依据，重点对土地功能控制、用地指标、城市运行基本保障设施、“四线”等方面进行控制，倾向于对新区的开发进行规划管控引导，对于增存共存的地区特别是对于规划管理能力较弱的西南山地地区往往缺乏有效指引。因此，如何将保护和开发双导向下的管控落在实处是本次探索的重点之一。

开发管控的导向研究建立在权属关系、保护规划和新区品质开发三个维度。在新区开发品质的一般性要求基础上，以权属单元划分为基础，结合名

关于居住区、居住小区级规模一览表（单位：万人）　　表2

中心体系	《城市居住区规划设计规范》GB 50180—93（2002年版）	《重庆市城乡公共服务设施规划标准》DB 50/T 543—2014	《贵阳市城市规划技术管理规定》（2014年）	规划标准选取
居住区级规模	3~5	4~8	3~5	2~3
居住小区级规模	1~1.5	0.8~2	1~1.5	1.5

镇保护规划的要求，优化保护区划建议，划分保护、改造、新建的区域，建立具体的建筑引导细则，纳入通则和图则管理（图 10、图 11，表 4）。

3. 充分尊重当地居民和开发主体意愿

老城当前居住着大量居民，他们是老城社会经济发展的有力主体。规划编制伊始结合当地情况，针对性地编制了公众调查问卷，问卷设计通俗简短，结合居民特征设计了 22 个问题。一是调查对象的基本情况，包括年龄、性别、家庭情况、收入情况、出行方式；二是对城市满意度的调查及其内因，包括对居住状况及购房、搬迁意见，亟须改善的基础设施等方面。共发放了 300 份问卷，在当地社区的支持下，很短时间就反馈了 283 份有效问卷，对现状问题的认识和规划的编制起到了较好的支撑作用（图 12）。

同时，老城提升发展也需要充分与开发主体动态沟通。本轮开发主体是由规划部门牵头，以及政府成立的古城开发公司共同组织规划编制实施。在过程中，规划部门的严谨和底线思维，古城开发公

中小学用地规模预测一览表　　表 3

<table>
<tr><th colspan="2" rowspan="2">设施类型</th><th colspan="4">参考规范</th><th rowspan="2">规划指标</th></tr>
<tr><th>《城市公共设施规划规范》GB 50442—2008</th><th>《城市居住区规划设计规范》GB 50180—93（2002 年版）</th><th>六盘水市城市规划技术管理规定</th><th>《重庆市城乡公共服务设施规划标准》DB 50/T 543—2014</th></tr>
<tr><td rowspan="3">中小学用地</td><td>普通高中</td><td rowspan="3">教育科研用地人均 2.5~3.2m²</td><td>千人指标 45 人 / 千人；每班 50 人；服务半径不大于 1000m</td><td rowspan="3">同《城市居住区规划设计规范》GB 50180—93（2012 年版）</td><td>千人指标 22 人 / 千人；每班 50 人；不要求服务半径，生均不小于 24m²</td><td>千人学生数 18 人 / 千人；每班 50 人；不要求服务半径，生均 18m²</td></tr>
<tr><td>初中</td><td>22~25m²（旧城改造取值 18~20m²）</td><td>千人指标 36 人 / 千人；每班 50 人；服务半径 1000~1500m，生均不小于 17m²</td><td>千人学生数 36 人 / 千人；每班 50 人；服务半径 1000~1500m，生均 15m²</td></tr>
<tr><td>小学</td><td>千人指标 70 人 / 千人；每班 45 人；服务半径不大于 500m；生均面积 18~20m²（旧城改造 15~18m²）</td><td>千人指标 72 人 / 千人；每班 45 人；服务半径 500~1000m，生均不小于 16m²</td><td>千人指标 72 人 / 千人；每班 45 人；服务半径 500~1000m，生均面积 15m²</td></tr>
</table>

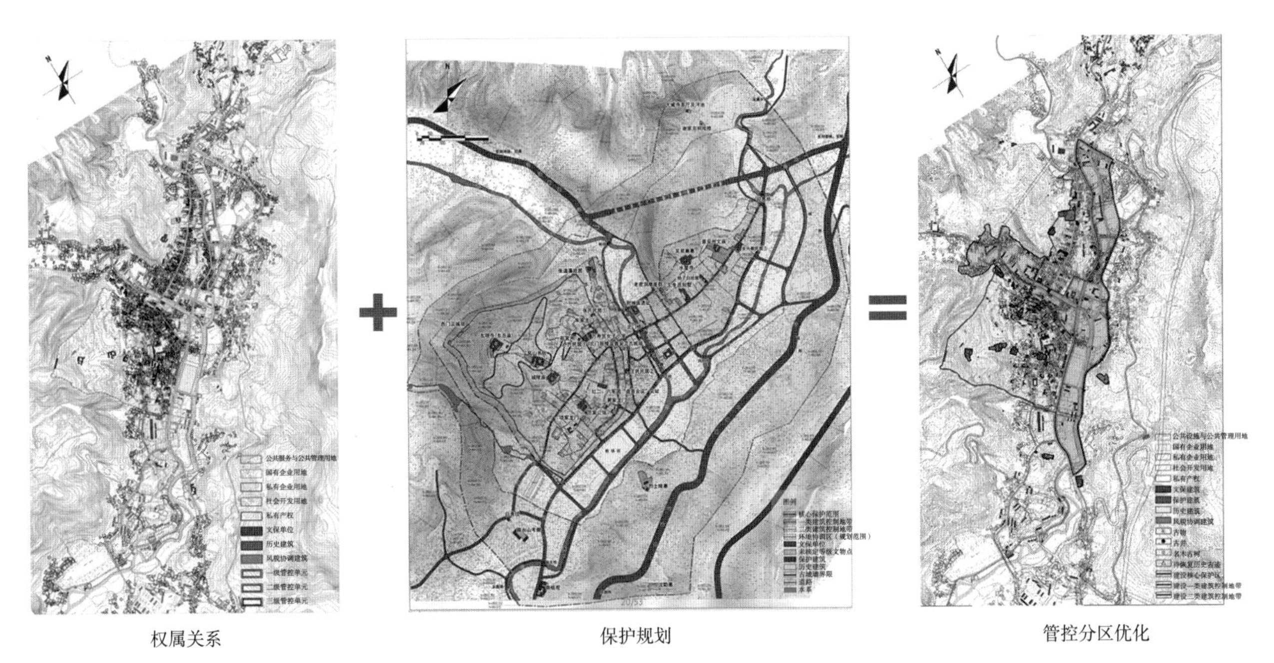

图 10　基于权属、保护规划的分区管控示意图

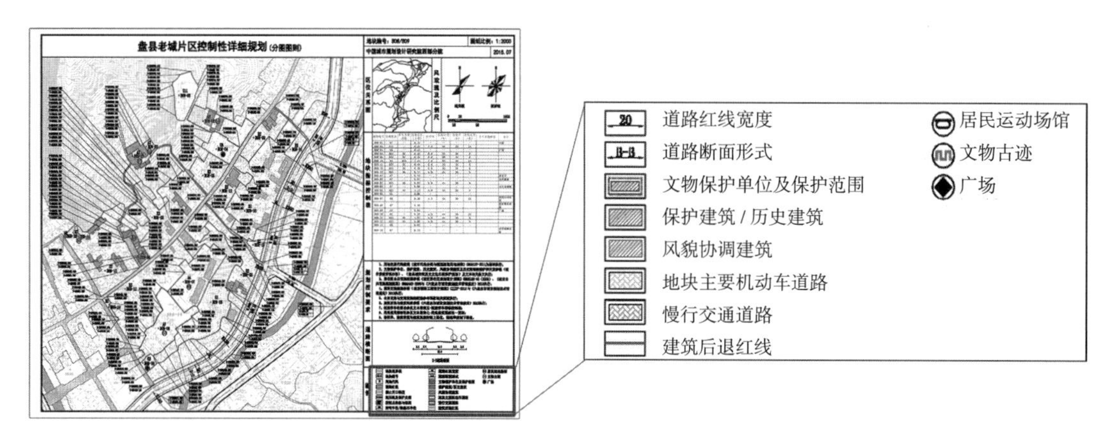

图 11 基于权属、保护规划和品质开发的图则研究

基于权属、保护规划、品质建设的容积率管控通则　　表 4

用地性质	代码	容积率	细分类型
二类居住用地	R2	现状容积率	核心保护区（现状保留）
		1.2	一类建设控制地带（低层：现状改造）
		1.5	二类建设控制地带（多层：现状改造）、城市新区（多层：新建）
		1.8	环境协调区（多层：现状改造）、城市新区（中高层 + 多层：新建）
		2.5	城市新区（中高层 + 高层：新建）
		3.5	城市新区（高层：新建）
行政办公用地	A1	1.0	地区级（现状改造）
		1.5	社区级（新建）
文化设施用地	A2	1.0	地区级（现状改造）
		1.5	社区级（现状改造 + 新建）
教育科研用地	A3	0.8	小学、初中、中等专业学校、科研用地
		1.0	高中
体育用地	A4	1.0	体育场馆
医疗卫生用地	A5	1.5	社区级（现状改造）
		2.0	地区级、其他医疗设施（现状改造）
社会福利设施用地	A6	1.5	—
文物古迹用地	A7	现状容积率	—
宗教设施用地	A9	现状容积率	—
商业服务业设施用地	B1	1.2	二类建设控制地带（新建）
		1.5	一类建设控制地带（现状改造）、二类建设控制地带（现状）、城市新区（多层：新建）
		2.5	城市新区（中高层 + 商业裙楼：新建）
		3.5	城市新区（高层 + 商业裙楼：新建）
	B3	0.8	—
物流仓储用地	W1	0.6	单层仓库（现状保留）
		2.0	多层仓库、商贸市场（新建）
道路与交通设施用地	S3	1.0	交通枢纽（长途客运站）
	S4		交通场站（公交首末站、社会停车场）
公用设施用地	U	1.0	—
			备注：已批在建项目、廉租房等特殊项目根据现实情况制定

盘县老城组团调查问卷

您好：

为了进一步加快盘县老城组团的发展，我们正在组织编制盘县老城组团的控制性详细规划，编制过程中需要了解您对老城地区的满意程度以及对居住意愿，感谢您的配合！

盘县住房和城乡建设局

【第一部分】——被调查者的基本情况

1. 您的性别（ ）
A. 男
B. 女

2. 您的年龄（ ）
A. 20 岁以下
B. 21-30 岁
C. 31-40 岁
D. 41-50 岁
E. 51-60 岁
F. 61 岁以上

3. 您是否为本地人（ ）
A. 是
B. 否
C. 外地【______县______镇（乡）】

4. 您的家庭一共有多少人（ ）
A. 1 个
B. 2 个
C. 3 个
D. 4 个
E. 5 个及以上（ ）

5. 您从事的职业（ ）
A. 党政机关
B. 工业
C. 商业
D. 服务业
E. 教育、文化、科技
F. 交通运输业
G. 金融业
H. 医疗卫生
I. 退休、离休

6. 您的平均月收入（ ）
A. 1000 元以下
B. 1000-3000 元
C. 3000-5000 元
D. 5000-10000 元
E. 10000 元以上
F.

7. 您的主要出行方式是（）
A. 步行
B. 自行车
C. 摩托车、助动车
D. 公交、中巴等公共交通
E. 自备车

【第二部分】——被调查者对城市满意程度

8. 您对城关老城总体环境的满意度（ ）
A. 非常满意
B. 满意
C. 一般
D. 不满意
E. 非常不满意

9. 上题中若不满意，则原因为（ ）
A. 规划布局不合理
B. 社区管理混乱
C. 建筑质量太差
D. 政府投入太少
E. 其他________________

10. 您觉得最影响老城区环境的因素是（ ）
A. 工厂污染
B. 房屋破旧
C. 市场嘈杂、脏乱
D. 电力、排水管道等市政设施的缺失

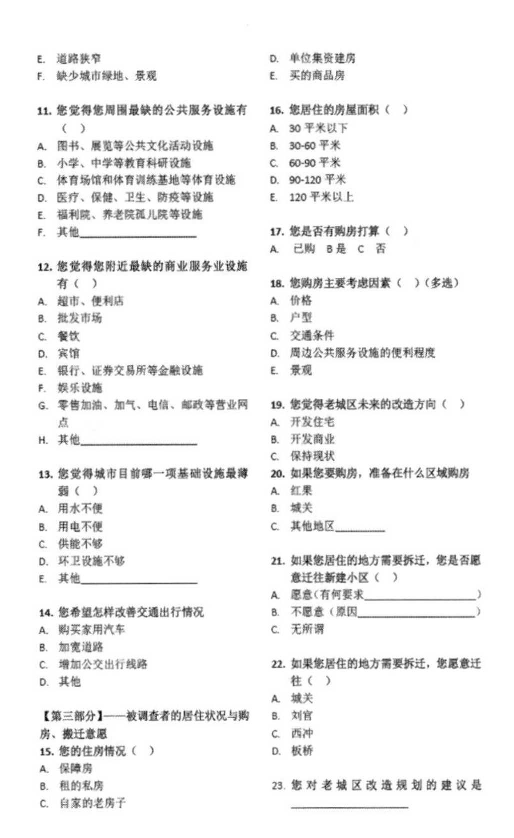
E. 道路狭窄
F. 缺少城市绿地、景观

11. 您觉得您周围最缺的公共服务设施有（ ）
A. 图书、展览等公共文化活动设施
B. 小学、中学等教育科研设施
C. 体育场馆和体育训练基地等体育设施
D. 医疗、保健、卫生、防疫等设施
E. 福利院、养老院孤儿院等设施
F. 其他________________

12. 您觉得您附近最缺的商业服务业设施有（ ）
A. 超市、便利店
B. 批发市场
C. 餐饮
D. 宾馆
E. 银行、证券交易所等金融设施
F. 娱乐设施
G. 零售加油、加气、电信、邮政等营业网点
H. 其他________________

13. 您觉得城市目前哪一项基础设施最薄弱（ ）
A. 用水不便
B. 用电不便
C. 供能不够
D. 环卫设施不够
E. 其他________________

14. 您希望怎样改善交通出行情况
A. 购买家用汽车
B. 加宽道路
C. 增加公交出行线路
D. 其他

【第三部分】——被调查者的居住状况与购房、搬迁意愿

15. 您的住房情况（ ）
A. 保障房
B. 租的私房
C. 自家的老房子
D. 单位集资建房
E. 买的商品房

16. 您居住的房屋面积（ ）
A. 30 平米以下
B. 30-60 平米
C. 60-90 平米
D. 90-120 平米
E. 120 平米以上

17. 您是否有购房打算（ ）
A. 已购 B 是 C 否

18. 您购房主要考虑因素（ ）（多选）
A. 价格
B. 户型
C. 交通条件
D. 周边公共服务设施的便利程度
E. 景观

19. 您觉得老城区未来的改造方向（ ）
A. 开发住宅
B. 开发商业
C. 保持现状

20. 如果您要购房，准备在什么区域购房
A. 红果
B. 城关
C. 其他地区________

21. 如果您居住的地方需要拆迁，您是否愿意迁往新建小区（ ）
A. 愿意（有何要求________________）
B. 不愿意（原因________________）
C. 无所谓

22. 如果您居住的地方需要拆迁，您愿意迁往（ ）
A. 城关
B. 刘官
C. 西冲
D. 板桥

23. 您对老城区改造规划的建议是________________

图 12 调查问卷问题设计

司的开发经验和市场的敏锐度都是规划编制、实施的重要支撑，与编制主体的充分沟通，对于后续规划的实施都起到了非常好的支撑作用。

四、结语

本次规划编制开始于 2014 年，2015 年编制完成。笔者于 2019 年再赴现场调研，希望通过现场踏勘、实施主体访谈对规划实施情况予以评估总结。有幸的是，规划实施的几位主要操刀者依然在现场持续推进实施，笔者和几位操刀者见面时，不禁感慨万千。经过几年来建设实施，老城社会经济发展、基础设施和特色面貌得到很大提升改善，其中棚户区改造、中小学搬迁、旅游景区建设等项目取得了较好的实施效果。通过现场踏勘，笔者由衷感慨，西南山地小城镇发展不易，前景却值得期待！

参考文献：

[1] 李旭，赵万民 . 从演进规律看城市特色的衰微与重构：以西南地区城市为例 [J]. 城市规划学刊，2010（2）：97–101.

[2] 赵万民 . 关于山地人居环境研究的理论思考 [J]. 规划师，2003（6）：60–62.

“共同缔造”模式下的山地型乡村人居环境改善与探索——以浙江省遂昌县箍桶丘村为例

逯若兰

（重庆交通大学建筑与城市规划学院，重庆　400074）

【摘　要】近年来，我国对于农村人居环境治理工作逐步重视，而乡村人居环境治理工作面临村民主体缺失的困境。本文在梳理现有乡村人居环境和共同缔造的理论基础上，以浙江省箍桶丘村的设计规划为例，聚焦共同理念在山地型乡村人居环境改善中的运用，探索共同缔造在人工环境、社会人文环境等方面的具体建设路径。

【关键词】共同缔造；乡村人居环境；山地；箍桶丘村

现今，为了加速发展乡镇，拥有丰富自然资源的农村地区被大力开发，资源被不合理利用，生产生活方式发生巨大转变，导致农村人居环境短板问题愈加严峻[1]。目前,农村地区各类“乡村病”凸显，山地型乡村作为乡村存在形式之一，在拥有丰富山地景观资源的同时，也存在诸多问题，如山地景观利用率低下、各类基础建设短缺、产业薄弱等。究其根本原因，乡村经济发展缓慢，村民与村庄建设脱节、缺乏主人翁意识，亟须建立以村民为主导的山地型乡村环境。

一、乡村人居环境

1. 乡村人居环境内涵

20 世纪 90 年代，吴良镛先生在《人居环境科学导论中》中将人居环境定义为是人类聚居生活的地方，是人类各种生存活动的空间载体，也是人类利用、改造自然的主要场所[2]。刘滨谊教授提出的人居环境三元论中，将人居环境的存在、意义、追求概括划分为“人居背景元”“人居活动元”“人居建设元”[3]（图 1）。总的来说，人居环境建设不仅注重“实体空间”优化，也关注生活于该空间中人的“行为”。“人”是人居环境的核心，也是“自然”与“社会”联系的纽带。

乡村人居环境核心在于“人”，即村民是乡村人居环境的主体。乡村人居环境是在一定乡村地域范围内，由村民生产生活所需的社会环境、人工环境以及自然环境构成，反映乡村社会文化、环境生态。

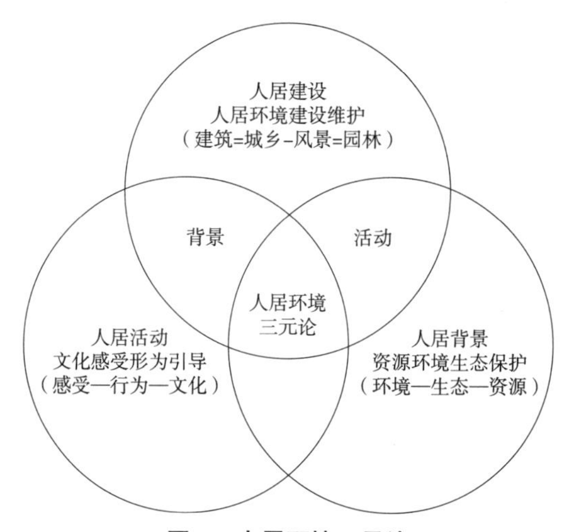

图 1　人居环境三元论

作者简介：

逯若兰（1997—），女，重庆万州人，硕士研究生，主要从事风景园林研究。

2. 乡村人居环境建设整体趋势

在天人合一传统建设哲学引导下，传统乡村曾长期作为承载中国哲学观的理想人居环境图景[4]。近年来，我国新农村建设、美丽乡村建设等发展迅速：2003年，浙江省开展“千村示范、万村整治活动”；2011年,江苏省实施全省村庄环境整治行动；2013年，中央一号文件提出建设“美丽乡村”；2014年5月《国务院办公厅关于改善农村人居环境的指导意见》出台，标志着农村人居环境建设进入新阶段。而衡量农民生活质量是否提高的重要指标就是人居环境质量[5]，同时它也是农村社会经济发展的重要基础[6]。

在此大环境下，全国各地逐步加强乡村建设，同时也暴露出更多问题，其主要原因有：基层政府普遍不重视农村人居环境政治工作，自上而下治理方针是否真正落实无法保证；农村人居环境政治主体偏移，村民作为乡村建设主体却游离在边缘，一些基础本身较薄弱的村庄成为备选地点，村庄建设恶性循环[7]；农村人居建设对社会层面关注度不够。此外，山地型乡村人居环境还面临基础设施建设难度大、缺乏特色山地产业、环境生态意识弱等问题。

二、共同缔造改善乡村人居环境

1. 共同缔造理念提出

“共同缔造”最初是由吴良镛先生在《广义建筑学》中提出，其概念以人居环境科学为基础，倡导以人为核心共同创造有序空间和宜居环境。在2018年9月，国务院印发《乡村振兴战略规划（2018—2022年）》，明确提出“建设一支懂农业、爱农村、爱农民的‘三农’工作队伍”，鼓励各类群体充分发挥引领、示范和带动作用，共同缔造乡村振兴。2019年住建部发布《关于在城乡人居环境建设和整治中开展美好环境个与幸福生活共同缔造活动的指导意见》，正式开启全国层面乡村共同缔造的议题。其中心思想就是多元主体带领村民共同缔造美丽乡村人居环境。每位参与者都能平等表达自我、决策事务，通过利益的交流和博弈达到平衡，以共同缔造为目标，重新构建彼此间的意识、观念、态度和利益交换[8]。

因此，构建一个长期有效且有内部动力循环的机制是值得我们去探究的。

2. 共同缔造理念实施途径

共同缔造理念实施首先由政府部门领头，规划师、群众和企业多方共同参与，从人居环境科学所强调的人、社会、自然三个角度出发，从人居建设、人居活动、人居背景各方面入手实验和研究。共同缔造理念核心在于构建横向与纵向上的协同发展体系。横向上表现为“内外同步、多元一体”，纵向上表现为“上下结合、层层递进”，培育自治组织，确立自治制度，让自治组织下沉到具有统一观念、共同参与基础的自然村中，覆盖到村中的每一位参与者，形成可持续性的内部循环力量[9]。同时，关注社会层面的信息资源，在有内部循环动力的条件下，更有效率地应对未来的复杂变化。

三、共同缔造理念下箍桶丘村的人居环境改善实践

1. 箍桶丘村人居环境现状

箍桶丘村位于浙江省丽水市遂昌县高坪乡西南，距离龙丽高速公路北界出口33km，交通条件一般。箍桶丘村为山地地形，整体地势东高西低，高差560m左右，村庄以农业为主。村内基础设施缺失，道路建设不全，缺乏公共空间，房屋年久失修，房前屋后绿地缺失、杂乱。传统农村建设机制下村民仍处于被动接受状态，这导致村民不清楚村内事务细节，村民与政府部门间问题频出，后期运营管理出现偏差。

2. 创新工作机制

高坪乡村建设整体起步早，参与式规划经验较为丰富。“政府提要求，规划师进行技术论证”的模式在我国一直沿用至今，目前已无法适应乡村地区发展[10]，乡村建设应由了解乡村本身发展情况的人来进行决策，即让村民作为主体建设村庄。

1）纵向到底

纵向到底即“上下结合，层层递进”，其核心需要分散权力、权力下放和合理配置，这样才能激发

基层自治发展的积极性。纵向分权主要包括向下一层级的政府分权和社会让渡两部分[8]，从而形成“县政府——镇政府——村委会——村民组织”这种政府与社会集合的服务分管和监督体系（图2）。遂昌县政府可以建立“涉农资金统筹整合机制”，将分散的资金统筹整合，分级管理，简化资金流动过程。优先发展优势产业，推行“以奖代补”资金管理方式，与规划师共同策划各种活动项目，与其他主体合作沟通。箍桶丘村现已有“云上农耕”等网络交流平台、“一村一品”乡村旅游项目等，这些多元化管理方式拓宽了箍桶丘村资金源流和渠道。

2）横向到边

横向到边即“内外同步、多元一体”，其主要目的在于建立多元合作一体的网络治理体系，搭建共同缔造工作自治组织多方沟通、协商的平台，确保各方参与者有共同的观念，更方便主体间角色的互换（表1）。结合箍桶丘村实际情况，村民自发形成以党小组为核心的多个共同缔造自治组织[10]，所有村民按个人实际情况加入不同自治组织当中，党小组通过自治组织领导全村村民。

多元主体共同成立建设发展平台，以村庄持久振兴为根本目标谋划创建特色田园乡村。箍桶丘村以往的发展模式单一，在应对乡村多变的发展未来时，易出现资金短缺、内生动力不足、经营困难等问题。而在共同缔造工作机制下，多方主体共谋、共建、共管、共评，统一村庄发展方向，形成生态良好、实施完善、自我组织性强的可持续发展的村庄人居环境（图3），达到村庄建设成果的共享[11]。

3）乡村陪伴式共建

共同缔造机制下的乡村发展，需要每一位村民的共同参与，但在共同缔造建设中“有规划无指导”“村庄未按规划实施建设”等问题仍会存在[12]。在箍桶丘村共同缔造建设中，可采取陪伴式服务[4]与陪伴式设计（图4）。

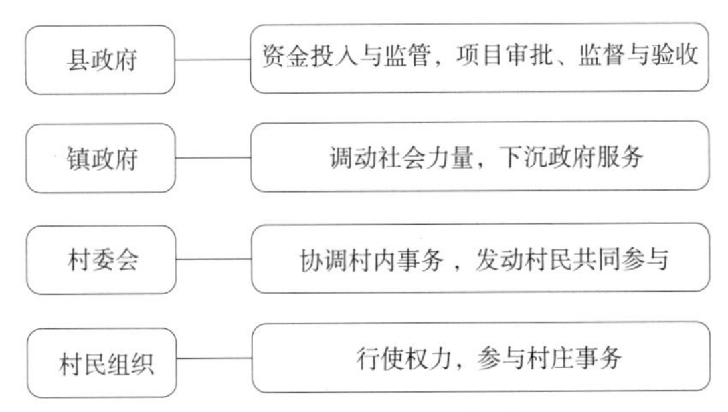

图2 服务分管与监督体系

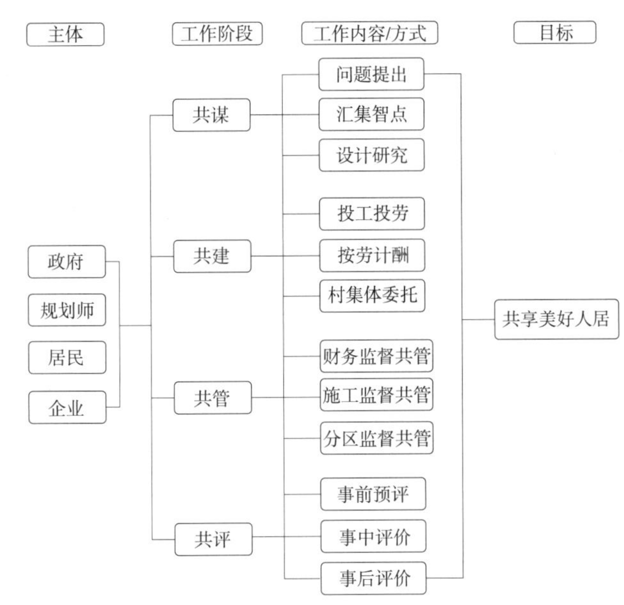

图3 人居环境改善的工作构架

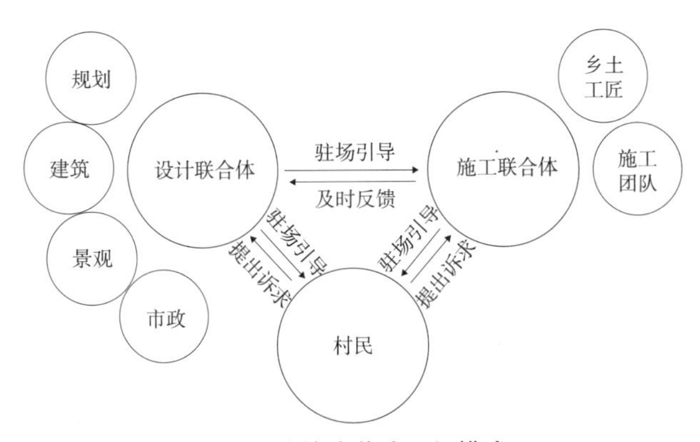

图4 陪伴式共建组织模式

共同缔造参与主体角色互变 表1

	政府	规划师	村民	企业
传统角色	公共利益代言人和决策者	外部的观察员、价值中立的专家	村庄决策被动参与者	旁观者
角色互变	共同缔造发起者、引导者和促成者	村庄生活、生产的参与者、多方利益的协调者	个人利益代言人、村庄建设参与者	投资者、参与方式的补充者

箍桶丘村陪伴式共建工作中，首先设立乡村规划研究基地，多元主体与政府签订战略协议，牢固三方关系、统一目标，在箍桶丘村内设立村民中心，服务箍桶丘村规划、建设、运营的全过程。其次，建立无缝衔接工作模式，在村庄建设过程中设计联合体与施工联合体采取“五在”模式，即“全程在村、全时在线、沟通在场、方案在地、工匠在旁”[12]，保障方案最终落地。最后，规划师与多元主体要在设计中体现乡村特色亮点。

3. 改善山地型乡村人居环境

1）调动主体积极性，形成多元合力

共同缔造是以村民为主体的工作机制，共同缔造机制内核是可持续的内生性动力，激发主体参与意识。共同缔造工作开展时，规划师应实地考察当地实际情况，了解当地人居环境现状、当地真实需求，融入当地生活中。其目的一是鼓励村民表达自我真实需求，记录后整理分类；二是充分挖掘当地资源，以民为本进行精准规划，且鼓励带动村民参与其中，激发村民自主性。

同时，重视村内文化活动的开展工作，以党小组为中心开展文化工作，用文化来联系村民之间、村民与村庄之间的感情，增强村民自我归属感。在此基础上，提高村民参与意识，形成村民、村委、当地组织以及外部力量等多元合作力。

2）合理解读协同开发，奠定山地人居环境改善基础

乡村风貌作为一种景观形式承载了乡村人居环境生态、历史文化、建设营造等信息[13]，乡村风貌的演化集中了人类社会在特定自然人文条件下对资源可持续利用和营造人居环境的传统智慧[14]。箍桶丘村以山地地形为主，有显著的喀斯特地貌景观，以及丰富的梯田景观；当地以农业为发展主线，串联宗祠文化、历史聚落、节庆习俗等多元物质与非物质载体要素，构成遗产地价值基础（表 2）。

通过解读箍桶丘村特有的乡村景观遗产要素后，发挥乡村景观遗产的生产智慧与经济效益[15]，可从以下三方面入手：一是挖掘村内农业资源，形成特色高山产业链。利用村内高山地貌，批量发展高山有机蔬菜。二是发展民俗产业。当地历史文化深厚，来此写生的人极多，可结合本地传统手工业，如竹编、绣花等工艺，建立公益作坊。三是充分结合社会层面信息，迎合当今消费热点，扩大消费群体。发挥电子资源便捷性，建立公众号，加大旅游宣传力度，与当地特色农业结合打造“云上乡村”产业品牌；结合当地神话传说、节庆习俗，建立大型沉浸式仙游剧本项目（图 5），吸引年轻消费群体，且与当地民俗产业结合，让村民参与其中，充当“剧本杀”中的“NPC”角色（“剧本杀”里真人扮演的服务型角色），由多元主体定时更新剧本内容保持新鲜度。

同时，对乡村景观遗产建立相应的管理机制与动态检测，才能更好地保护乡村景观持续性演进。村民作为最了解乡村实际情况的村庄建设主体，多元主体应对村民进行景观遗产保护的培训和景观遗产重要性的科普宣传，这样才能自下而上进行景观资产管理与动态监测。

3）增设便民公共设施，优化人工生活环境

通过前期共同缔造机制激发村民自主性，逐步增加村民对于村庄建设的自信心。根据箍桶丘村人居环境实际情况考虑，以及当地上位规划政策，规划师可引导村民与村委会优先建设当地建筑，修复民居，建立商业古镇。

针对箍桶丘村整体村落风貌，建筑风格以体现当地文化特色为主，提取当地宗祠建筑组合元素、

箍桶丘乡村景观遗产要素　　表 2

乡村景观遗产要素	具体例子	价值意义
自然要素	山脉丘陵、林地、牧场、草甸、梯田景观、喀斯特地貌	维持可持续的土地利用模式与生态效益
人文要素	明清时期家族宗祠、历史聚落、神话传说、节庆习俗	反映社会历史文化背景与文化记忆
审美要素	典型山地景观、全景视野点、肌理优美的梯田	营造独特感官体验与美学联想
经济要素	高山有机蔬菜、民宿产业、建筑写生	提供稳定的经济来源与发展动力

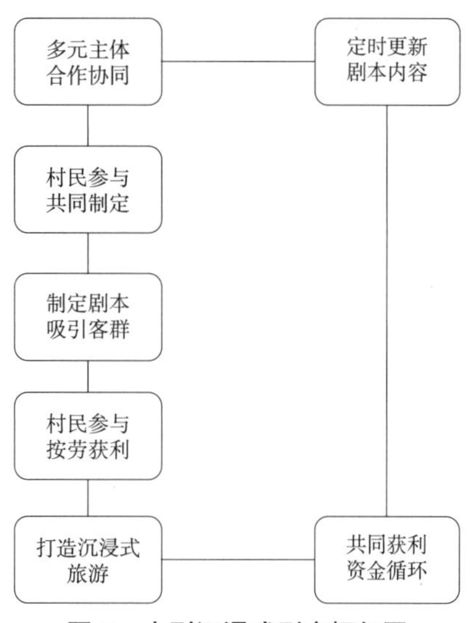

图5 大型沉浸式剧本框架图

梯田景观元素等，打造创新型传统民居；在选材上以生态环保为主，利用当地现有的石材资源修筑院墙，保留当地平板陶瓦的彩色印象，建筑外立面选择黄色涂料与整体建筑风貌保持一致；采用双层中空玻璃材质，更好地保温，同时解决民居采光问题。针对30亩建设用地，首先明确其在整个项目中的功能，以衔接村庄聚居地与石姆岩景区为主要目的，打造多功能商业小镇建筑；在建筑外形设计上，仍保留与村庄聚居地相同的风貌，利用其高差地势，设计复合型建筑，划分不同功能的内部空间，打造箍桶丘村旅游品牌。

四、结语

对于箍桶丘村的整体设计，是基于共同缔造模式下进行的山地乡村人居改善与探索，将共同缔造的核心理念体现到设计当中。共同缔造工作机制是双管齐下的方式，在尊重乡村人居环境建设的前提下，让最了解村庄情况的村民成为村庄建设主体，规划师、政府、企业等成为多元主体，共同建设乡村人居环境。共同缔造理念下的乡村人居环境建设，不仅关注物质空间建设，也关注社会关系层面建设，如此才能凝聚多元主体与村民共同建设乡村人居环境。本次箍桶丘村设计尚有不足之处，对于共同缔造理念的运用较为浅显，希望共同缔造的工作模式在今后进一步规范化、系统化，得到更广泛地推广运用。

参考文献：

[1] 王艳飞，刘彦随，严镔，等．中国城乡协调发展格局特征及影响因素[J]. 地理科学，2016，36（1）：20–28.

[2] 吴良镛．人居环境科学导论[M]. 北京：中国建筑工业出版社，2001.

[3] 刘滨谊等．人居环境研究方法论与应用[M]. 北京：中国建筑工业出版社，2016.

[4] 张琳，刘滨谊，宋秋宜．现代乡村社区公共文化空间规划研究：以江苏句容市于家边村为例[J]. 中国城市林业，2016，14（3）：12–16.

[5] 王永生．施琳娜，朱琳．脱贫地区农村人居环境现状及整治框架：以重庆某县为例[J/OL].农业资源与环境学报，（2021–05–25）.http://www.aed.org.cn/nyzyyhjxb/ch/reader/view_abstract.aspx?flag=2&file_no=202103020000005&journal_id=nyzyyhjxb.

[6] 文春波，武洪涛，冯德显，等．基于微观视角的伏牛山区农村人居环境现状分析及对策[J]. 地域研究与开发，2020，39（6）：133–137.

[7] 于法稳．乡村振兴战略下农村人居环境整治[J]. 中国特色社会主义研究，2019（2）：80–85.

[8] 荣玥芳，张若杉，梁晓航．“共同缔造”模式下的乡村人居环境改善实践探索：以河南省晏岗村为例[J]. 现代城市研究，2021（2）：80–85，132.

[9] 胡平江．乡村振兴背景下“行政村”的性质转型与治理逻辑：以湘、粤等地村民自治“基本单元”的改革为例[J]. 河南大学学报：社会科学版，2020，60（2）：22–27.

[10] 冯旭艳．乡村振兴视域下农村社区营造的内生性动力研究[J]. 社会与公益，2021，12（1）：2–3.

[11] 王宇，赵浩然．以乡村振兴战略为方向探索乡村建设新方式[J]. 中国勘察设计，2018（11）：28–33.

[12] 陈超，赵毅，刘蕾．基于“共同缔造”理念的乡村规划建设模式研究：以溧阳市塘马村为例[J]. 城市规划，2020，44（11）：117–126.

[13] 刘滨谊．风景园林三元论[J]. 中国园林，2013，39（11）：37–45.

[14] 刘滨谊，陈威．中国乡村景观园林初探[J]. 城市规划汇刊，2000（6）：66–68，80.

[15] 郭晓彤，韩锋．文化景观下乡村遗产保护与可持续发展协同研究：意大利皮埃蒙特遗产地的启示[J]. 风景园林，2021，28（2）：116–120.

空间正义视角下的城市老旧社区公共空间微更新策略研究——以重庆市渝中区枇杷山正街社区为例

杨　露

（重庆大学建筑城规学院，重庆　400030）

【摘　要】随着我国城市进入存量规划阶段，老旧社区更新成为学界关注重点。公共空间的存在对于老旧社区生活品质提升、环境质量改善影响重大，是老旧社区更新过程中公平正义矛盾的主要爆发点。社会正义理论的“空间转向”，为解决社区公共空间不公平不均衡问题提供新视角与思路。本文基于空间正义理论，以重庆渝中区枇杷山正街社区为例，揭示公共空间存在的布局非均衡化、营建同质化、功能私用化等问题，聚焦老旧社区公共空间微更新三重过程——决策、规划、结果正义，提出城市老旧社区公共空间微更新的思路在于决策机制公平性、空间布局合理性、更新成果共享性。

【关键词】空间正义；老旧社区；公共空间微更新

随着我国城市发展转型，城市规划面临着由增量扩张转向存量优化的过渡，城市更新、老旧社区改造成为规划领域关注热点。2020年9月，重庆市住建委印发《重庆市城市更新工作方案》提出2020年完成1100万m^2老旧小区改造任务，新改建社区公园300个[1]，明确将老旧小区改造提升与公共空间优化升级作为城市更新重点。城市可利用空间不断压缩，老旧社区公共空间逐渐成为稀缺资源，成为社区各类矛盾与冲突的集中爆发点，暴露出的“广场无用，无广场用”、基础设施配置不均、乱搭乱建等公共空间问题，本质是资源与需求不匹配等不公平思想的空间落位与体现。因此，利用空间正义思想，介入老旧社区微更新是贯彻社会公平思想，从空间层面平衡社区主体利益，缓解社区公平正义矛盾，促进老旧社区更新正义化。

重庆地处山地，城市高密度发展，集中分布许多功能退化、设施落后的老旧社区。这些社区建成时间早，更新改造难，空间使用主体复杂，公共空间新旧矛盾交织。因此，空间公平正义性成为更新过程中的重要理念与切入点。本文选取重庆市渝中区枇杷山正街社区为典型，立足于公共空间不公平现状，探讨老旧社区公共空间微更新策略，旨在推动老旧社区动态、持续、高质量更新。

一、研究现状

1. 空间正义是公平正义思想的空间转向

对于公平正义理念的研究可以追溯到古雅典城邦时代。20世纪70年代以来，城市迅速扩张，空间交叠、侵占等城市空间分配不均的问题引发了大量关注，社会学领域的公平正义开始了“空间转向”[2]。“空间正义”即“空间中的社会正义”[3]，其不仅是正义在空间的表现，且植根于空间生产的过程中[2]。在我国，空间正义理念被广泛运用到较大尺度的城

作者简介：

杨　露（1997—），女，江苏扬州人，硕士研究生，主要从事风景园林遗产研究。

乡资源分配[4]、城市空间分布[5]、城市治理[6]等相关领域。同时，城市快速扩张的背景下，我国城市中“非正义”现象普遍存在。张京祥等对我国城市规划建设中公民权利表达及结果的非正义性进行了研究[7]。任平认为资本为核、利润最大化的空间生产必然缺乏“空间正义”[8]。

2. 社区公共空间是空间正义落实的重要维度

社区公共空间是城市生活的载体，是城市空间的重要组成部分，社区公共空间正义程度与城市空间正义性紧密关联。社区空间正义涉及居民对社区内公共空间资源和产品的占有、使用和管理以及与之相关的平等自由的权利[9]。李昊基于空间正义提出自下而上与自上而下协同包容的社区更新治理价值范式[10]。袁方成认为解决社区空间不正义问题，需要政府、居民和社会组织三者之间的协同合作[9]。邓智团提出了城市更新范式“空间正义（原因）——社区赋权（过程）——政策悖论（绩效）”理论逻辑框架[11]。目前社区层面的空间正义研究大多聚焦于社区治理层面，对于社区更新中存在的空间“非正义”问题研究仍存在欠缺。在城市存量更新的背景下，聚焦矛盾突出的老旧社区公共空间问题，是落实城市空间正义的重要抓手与方向。

二、空间正义视角下的枇杷山正街社区公共空间的多重问题

枇杷山正街社区位于重庆市渝中区中部，东起枇杷山公园，西至南区路口，紧靠枇杷山正街，面积约为0.16km^2（图1、图2）。由于不断地高密度发展，目前社区集中分布约53栋老旧居民楼，大部分于2000年以前建设。社区常住人口6000余人，老年人占总人口数超过11%，且人口流动性大，流动

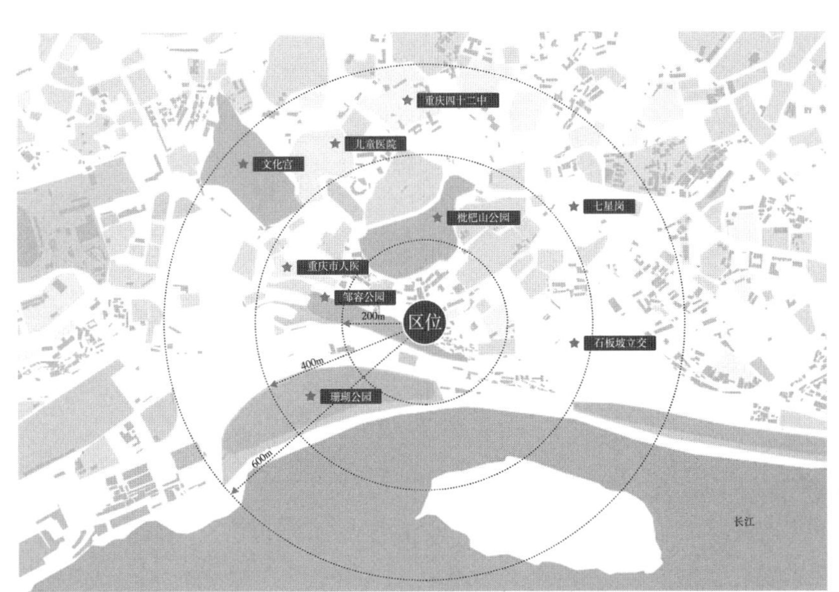

图1 枇杷山正街社区区位图

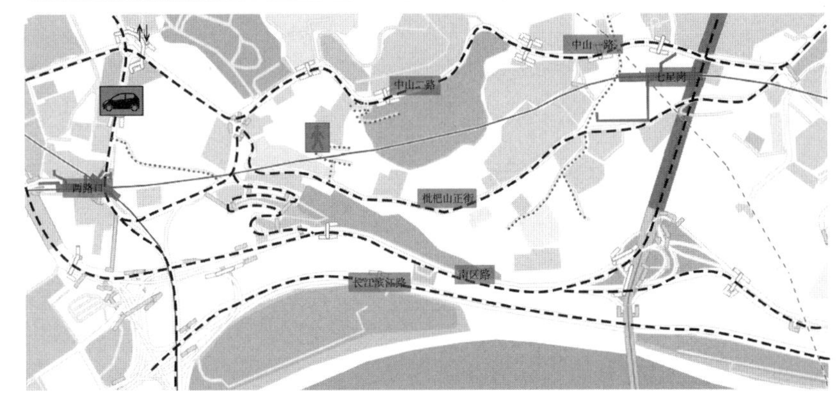

图2 枇杷山正街社区交通图

人口约占总人数的 42%。社区管辖范围内部地形起伏大，上下高差超过 50m，依靠多条连接步道实现上下社区贯通。研究以空间正义为切入点，对社区展开实地调研，将现状公共空间类型分为连接步道空间、街角空间、建筑中庭空间和广场空间（图 3~图 6）。依据调研及现场访谈数据，公共空间存在主要问题包括以下三个方面：

1. 社区公共空间分布不均衡化

枇杷山正街社区地形复杂，建筑高密度分布，公共空间布局受到地形等多方面条件限制。据现场调查统计，社区共有 18 处公共空间，其中观景广场空间 1 处，建筑中庭空间 7 处，街角空间 3 处，连接步道空间 7 处（图 7）。社区内多数公共空间为建筑围合

图 3　连接步道空间

图 4　街角空间

图 5　建筑中庭空间

图 6　广场空间

图 7　枇杷山正街社区公共空间分布平面图

的闭塞中庭空间或碎片化的“边角地”，面积小。社区公共空间大多位于临江平坦处，集中于下半区，导致公共空间覆盖不均衡。社区高人口密度与公共空间面积不匹配，公共空间供需不平衡，人均公共空间面积拥有量不足。受地形变化、道路切割、建筑分布等的因素影响，这些公共空间分布零散，整体结构破碎割裂，多数碎片化的公共空间实际利用率低，难以满足居民使用需求。

2. 社区公共空间营建同质化

枇杷山正街社区人口密度高，流动性大，老年人占比多。多数公共空间营建同质化明显，设施配置单一，仅具备硬质铺装，以及座椅、垃圾桶等必需设施。社区大多数公共空间紧邻枇杷山正街交通干道，受到交通噪声、尾气污染与安全隐患问题影响，碎片化的公共空间普遍缺乏有效安全屏障。公共空间普遍缺乏精细化、有人群针对性的空间营建，难以满足老人、儿童等人群的特殊活动需求，如多数建筑中庭空间外围存在数级台阶高差，且没有无障碍通道，难以满足老龄居民日常活动使用需求。

3. 社区公共空间功能私用化

社区公共空间属性日益突出，但老旧社区公共空间私用现象仍普遍存在。由于枇杷山正街社区临街，公共空间资源稀缺且破碎，多数居民习惯于将公共空间挪作私用。调研发现，枇杷山正街社区临街商铺多将经营空间外扩，侵占街道公共空间；储藏空间外扩，挤占建筑中庭公共空间；社区居民占用建筑中庭空间，长期堆放家用杂物；社区健身广场具备乒乓球桌、单双杠等体育活动设施，但由于设施老旧，使用率低，成为居民的晾晒场。

三、空间正义视角下的枇杷山正街社区公共空间微更新

当下聚焦城市存量空间资源提质增效，高密度发展老旧社区承载复杂的功能，其公共空间如何发展更新是亟待解决的问题。深入分析老旧社区公共空间非正义现象，其根源在于过程与结果的双重影响，即在决策和规划过程中空间分配结果上没有实现公平正义。因此，本文将老旧社区公共空间微更新进程划分为三个阶段，将空间正义理论贯穿于更新进程各环节。首先是决策前，建立公平的上下协同公共空间更新机制，保证更新过程中的多元主体话语权；其次是规划中，规划均衡的公共空间分布格局，保证空间布局合理性；最后是更新后，保障居民公共空间更新成果共享，完善社区公共空间共创共建共享。

1. 构建公平的上下协同公共空间更新机制

传统政府主导下自上而下的老旧社区更新，居民话语权较小，这与空间正义的理念相悖。实现社区公共空间生产、分配、利用与管理的公平正义，离不开政府、社区和居民三者之间的协同互动，政府是引导者，社区是组织者，居民是决策者和监督者。

在枇杷山正街社区公共空间微更新前期，政府需要引导公共空间微更新方向，平衡居民利益，公平合理分配空间资源。社区需要为居民空间参与创造机会，维护居民空间权益。通过对社区内的公共空间进行基础数据调查，收集土地、人口、设施、公共空间等现状基础数据。同时通过发放问卷、现场访谈、入户调研的方式梳理居民需求，尤其对于社区大量存在的流动人口及老龄化人群，建立社区更新数据库。构建政府、居民与设计师协商平台，共同商议相关事宜，促进高效率高质量公共空间更新。引导居民树立公共空间主体意识，充分调动社区居民参与热情，协同参与社区公共空间调查、决策过程。居民在公共空间更新过程中的参与度，一定程度上决定了空间资源分配与使用正义。因此要建立公平的上下协同公共空间更新机制，保障政府引导方向，社区组织实行，居民参与决策，让社区、居民、政府多元主体形成良好的交流互动关系，满足居民需求。

2. 形成合理的公共空间分布格局

枇杷山正街社区空间非正义体现了公共空间资源配置与需求的错位，而微更新是公共空间资源重

新组合再分配的过程。社区公共空间资源分布零散，公共空间使用需求呈现适老性要求高、功能利用复合等特点。因此在更新过程中，一是要优化公共空间分布格局，查漏补缺，强化区域统筹、弹性管控，挖掘“边角地”“夹心地”“插花地”等零星可利用公共空间资源，满足公共空间覆盖要求，提高人均公共空间拥有量，促进布局均衡化；二是公共空间功能复合利用，配备完善的基础设施，创新公共空间设计策略，提升公共空间设计品质，避免同质化。枇杷山正街社区大量存在的建筑中庭空间承担多元主体的特殊需求，如社区居民的休憩娱乐、交通、接送学生停留等待区等。对于这一特殊空间，需要结合居民对住区环境改造的客观诉求，如合理植入有趣空间互动方式，打造社区活动亮点；同时可以协商制定空间弹性使用方案，以人群需求为依据，根据活动强度、使用时间，划分空间，借助可移动公共基础设施进行空间功能切换。

3. 保障多元主体公共空间更新成果共享性

公共空间是居民日常生活的交往空间，成为展示社会生活的舞台和社会生活的容器。老旧社区公共空间微更新是将空间与居民联系互动的过程，在规划过程中回应特殊群体需求，如综合考虑老人、儿童等空间使用需求，满足适老性、安全性等要求。针对不同的人群活动特点及人群分布密度，创造弹性活动空间。同时，枇杷山正街社区可利用、较完整的公共空间多为建筑中庭围合空间，以微更新为契机，打破小区单元封闭界线，以开放共享的理念，统筹街区公共空间建设，植入社区活动空间、开放景观等实现空间共享，建设活力街区。公共空间更新成果共享不仅局限于空间层面的共享，更应依托公共空间这一载体，连接社区多元主体，提升社区居民的认同感和归属感。

四、结语

随着社会矛盾不断转化，社会公平问题日益成为重要关注点。老旧社区作为城市更新的重点，在促进社会公平正义层面承担了无可替代的作用。空间正义将公平正义思想引入空间层面，为城市老旧社区公共空间微更新提供了新思路。在枇杷山正街社区这一案例中，从更新前决策机制的公平透明，到规划过程中需求叠加，解决空间矛盾与冲突，最后保障不同阶层和利益群体能够共享城市发展的成果，从三个层面让空间正义得以真正落实，助力老旧社区高质量发展高品质生活，为重庆其他老旧社区以及其他山地城市社区更新提供经验借鉴。

参考文献：

[1] 重庆市住房和城乡建设委员会关于印发《重庆市城市更新工作方案》的通知[J]. 重庆市人民政府公报，2020（17）：35-42.

[2] 曹现强，张福磊 . 空间正义：形成、内涵及意义[J]. 城市发展研究，2011，18（4）：125-129.

[3] PIRIE G H.On spatial justice[J].Environment and Planning A，1983，15（4）：465-473.

[4] 文军 . 空间正义：城市空间分配与再生产的要义：“小区拆墙政策”的空间社会学[J]. 武汉大学学报：人文科学版，2016，69（3）：16-18.

[5] 何盼，陈蔚镇，程强，等 . 国内外城市绿地空间正义研究进展[J]. 中国园林，2019，35（5）：28-33.

[6] 陆小成 . 新型城镇化的空间生产与治理机制：基于空间正义的视角[J]. 城市发展研究，2016，23（9）：94-100.

[7] 张京祥，胡毅 . 基于社会空间正义的转型期中国城市更新批判[J]. 规划师，2012，28（12）：5-9.

[8] 任平 . 空间的正义：当代中国可持续城市化的基本走向[J]. 城市发展研究，2006（5）：1-4.

[9] 袁方成，汪婷婷 . 空间正义视角下的社区治理[J]. 探索，2017（1）：134-139.

[10] 李昊 . 公共性的旁落与唤醒：基于空间正义的内城街道社区更新治理价值范式[J]. 规划师，2018，34（2）：25-30.

[11] 邓智团 . 空间正义、社区赋权与城市更新范式的社会形塑[J]. 城市发展研究，2015，22（8）：61-66.

文化生态学视角下东乡族大湾头村聚落空间形态研究

陈　妍，崔文河

（西安建筑科技大学艺术学院，西安　710055）

【摘　要】本文从文化生态学视角出发，以东乡族大湾头村为研究对象，通过田野调查、测绘、访谈等研究方法分析聚落环境与景观格局以及建筑空间形态，探求东乡族人与自然的互动关系以及民族文化与自然环境的关系。从聚落的平面空间与竖向空间，归纳和梳理出大湾头村山林、院落、农田、宗教建筑等空间布局形式与聚落空间形态，最后总结归纳了东乡族人居环境生态营建智慧，对保护少数民族优秀建筑文化和促进东乡族人居建设可持续发展具有重要价值。

【关键词】文化生态学；东乡族；大湾头村；山地聚落；空间形态

东乡族是甘肃特有的少数民族之一，主要聚居于临夏回族自治州东乡族自治县，聚居的地理区位是生态环境脆弱的黄土丘陵山区，属温带半干旱气候，境内山峦起伏[1]。独特的自然环境、社会经济环境、民族文化传统和宗教信仰造就了东乡族山地聚落特殊的人居环境。2021年，中央民族工作会议强调关于加强和改进民族工作的重要思想，坚定不移走中国特色解决民族问题的正确道路，促进各民族交往交流交融，推动民族地区加快现代化建设步伐。因此，探索东乡族聚落选址特点及空间形态与人居生态智慧是对民族保护和民族传承的重要组成部分，有利于唤醒人民群众发扬民族精神的意识。

国内外学术界目前对东乡族的研究以语言文学类居多，包括人文、历史、经济、政治、民俗文化、民族宗教和社会等方面，缺乏从风景园林角度出发的研究。本文通过文化生态学视角结合地理学的山地概念，从风景园林角度讨论东乡族山地聚落，分析典型村落大湾头村的空间形态和人居生态智慧。

大湾头村的人居环境是人类适应生态环境与历史文化的产物，具有文化生态学意义。本文借鉴文化生态学视角，通过文化存在和发展生态环境的状态及规律，选取东乡族自治县大湾头村作为研究对象。通过聚落景观格局、宗教空间和建筑空间形态等方面的解析，研究大湾头村空间形态特征，总结聚落人居生态智慧。希望此研究对东乡族人居环境建设具有启发借鉴意义，同时促进东乡族经济社会发展和生态文明建设。

一、东乡族人居概况

1. 东乡族历史迁徙与分布

东乡族是13世纪成吉思汗西征时，从撒马尔罕等地东迁的信仰伊斯兰教的撒尔塔人融合当地一部分回、汉、蒙古等民族，逐渐形成的民族共同体。历代统治阶级都未曾承认东乡族是一个单独的民族。民国时期，东乡地区分属于广河、和政、临夏、永靖四县。中华人民共和国成立后，东乡族自治区实行民族区域自治，正式融入我国民族大家庭

作者简介：

陈　妍（1995—），女，陕西延安人，硕士研究生，主要从事民族聚落人居空间环境研究。

崔文河（1978—），男，江苏徐州人，教授，博士，主要从事民族走廊人居空间模式建构、文化景观保护与更新设计、民族营建智慧与艺术等研究。

基金项目：国家社会科学基金项目“甘青民族走廊族群杂居村落空间格局与共生机制研究”（19XMZ052）。

中。1954年，承认东乡族为一个单独的民族。1955年，正式定名为东乡族自治县[2]。

东乡族主要分布在甘肃省临夏回族自治州东乡族自治县境内以及临夏州广河县、和政县、临夏县等地，在新疆、宁夏、青海等省区还散居着一小部分。

2. 东乡县聚落类型

东乡族自治县群山起伏，沟壑纵横，四面环水，境内缺水，中间高四周低，用地条件恶劣（图1）。为了适应这一条件，东乡县聚落选址灵活多变，根据县域地形地势，村庄聚居点大多数选址于海拔高、坡度较缓的山脊区域，依山就势，层次错落：一部分位于洮河沿岸以及靠近刘家峡水库的山脚河滩区域，方便开垦农田；一部分零散分布在山腰浅山处。东乡族自治县海拔高程对村庄空间布局具有反作用影响，海拔越高民居点越多，随着海拔的降低民居点逐渐递减[3]。

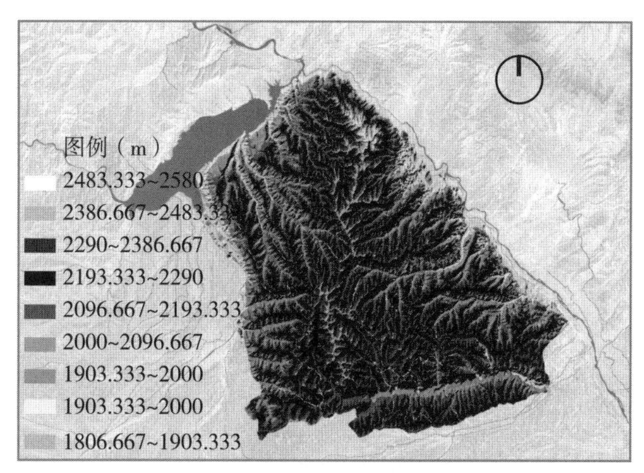

图1　东乡县地形地貌特征

二、大湾头村聚落空间形态解析

1. 大湾头村空间演变历程

大湾头村的空间特征是自然因素与人文因素长期积淀的外在表现。自然因素是民居生存、社会发展以及聚落空间形成和发展的重要基础，大湾头村受地形、地貌的影响，发展初期居住空间规模较小。明末，后人为穆乎隐迪尼在大湾头村修建拱北，早期拱北坐落于村落制高点地势平缓的山脊上，依山而建，清真寺位于村入口，临道路而建，村民们被动适应自然环境，避开可耕种土地，依托自然坡度开凿窑洞，力求对生态环境破坏最小。街巷没有主次之分，经人们踩踏而形成零散的曲曲折折的不规则支路。

大湾头村拱北历经明、清、民国至今，多次被破坏，又多次重建。民国时期，村落人口数量增多，村民利用夯土技术与本地建材开始在窑洞前主动修建房屋与院落围墙。随着老人家的相继离去村子拱北数量增多，拱北分两个区域建设，后辈拱北群位于早期拱北北侧山腰上，由于地势相对早期拱北陡峭，后辈拱北建设相对紧凑呈线状分布。中华人民共和国成立后，大湾头村空间逐渐趋于成熟，原始窑洞与夯土房屋朴实和谐，是聚落内部环境中最基本的单位且顺应地形沿等高线布局，内部街巷穿插随山体走向蜿蜒曲折且较为狭窄，主次路网不明确。

随着聚落生活空间不断扩大，库布忍耶第十一辈张明义老人家提议修建县道和学校，并挖土填沟防止村子发生滑坡，同时提高土地利用率。如今，大湾头村居住规模与公共服务设施得到完善，村落主次路网穿插呈树枝状格局。大湾头拱北和清真寺是聚落的精神空间，始终占据重要地位，是联系全体村民的场所，在聚落发展过程中也在不断地进行修缮与优化，拱北院落空间中修建了周边环境，拱北前广场有了明确的边界限定，与清真寺形成遥相呼应之势（图2）。

2. 山地空间形态特征

山地聚落空间面积有限，地理位置较为隐蔽，导致空间布局紧凑；再加上特殊的山地地形环境，形成了与平原环境不同的邻里交往空间[4]。从地理环境来看，大湾头村所属环境为东北、西南最高，中间高南北低的山脊和鞍部地区（图3）。大湾头村整体空间形态也呈现平面空间与极具山地特色的竖向空间两种形态。

（1）平面空间形态：大湾头村平面空间形态主要由民居院落、农田、道路系统、宗教建筑、林木、山体等形态要素组成，通往拱北群、学校和清真寺的道路在平面上都由村入口分散而出。受宗教文化

明清时期村落肌理　民国时期村落肌理　20 世纪 50~80 年代村落肌理　现状村落肌理

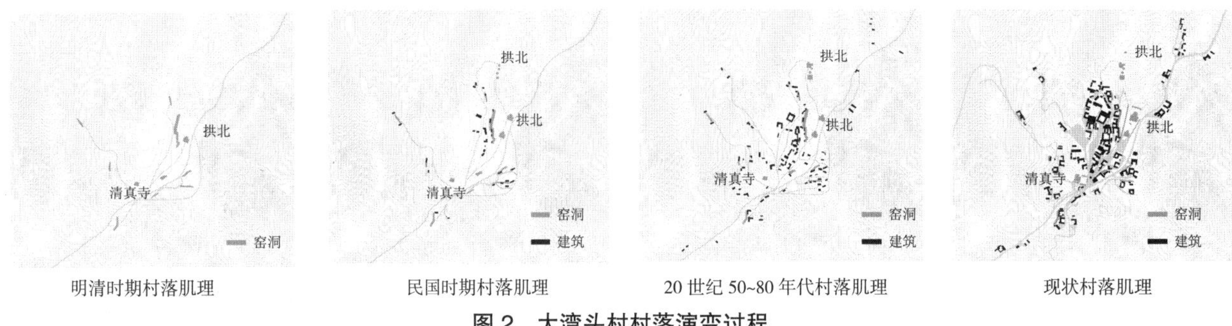

图 2　大湾头村村落演变过程

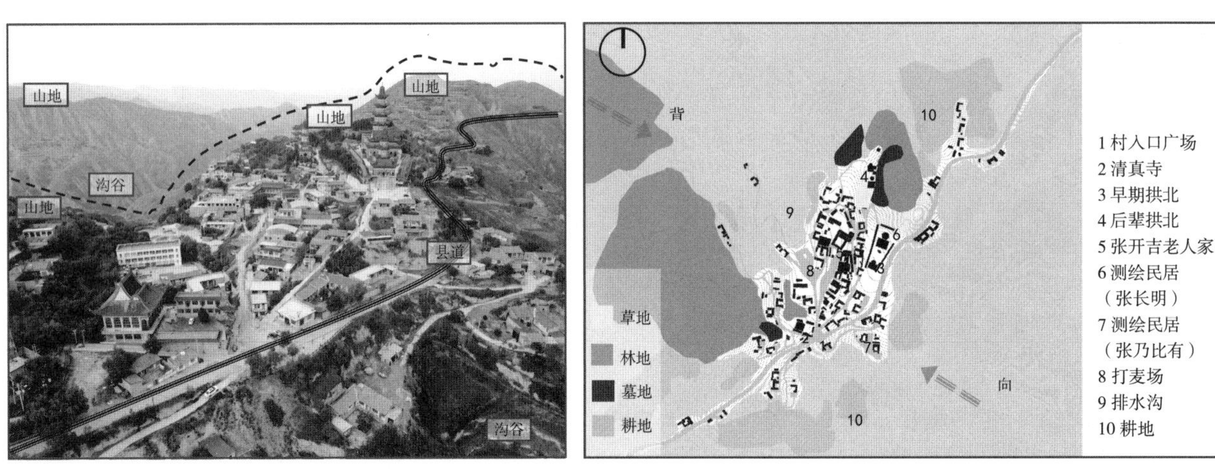

图 3　大湾头村航拍照片

图 4　大湾头村平面空间形态

影响，清真寺位于村落入口，背西向东，拱北位于山脊制高点依山而建与村落保持一定距离，拱北与清真寺之间地形较平缓的鞍部区域和部分山脊区域，是村落人口居住密度大且紧凑的主要聚居区域。大湾头村村寺相依内部空间呈现内聚向心型模式，道路多呈枝状尽端式通向民居院落（图 4）。

（2）竖向空间形态：大湾头村村民巧妙利用山地鞍部与山脊缓坡地带，以山地为背景营建聚落空间环境。其中，西侧山峰阻挡冬季寒风进入，提供适宜人居的小气候，为村落的居住区与农耕区提供天然庇护；清真寺和拱北是村落中最醒目和高大的建筑，任何民居建筑体量、高度均不得大于宗教建筑，形成大湾头村景观天际线[5]。村民围绕村落周边整理耕地，耕地呈梯田式分布，树木多覆盖村落背山区域，起到涵养水源与稳固水土的作用，保护村庄免受泥石流等自然灾害影响（图 5）。从视觉层面观赏，大湾头村以群山为背景，村前视野辽阔，充分表现为两山夹一村的景观格局特征，村落与自然环境之间形成了集生产、生活、生态为一体的稳定系统[6]。

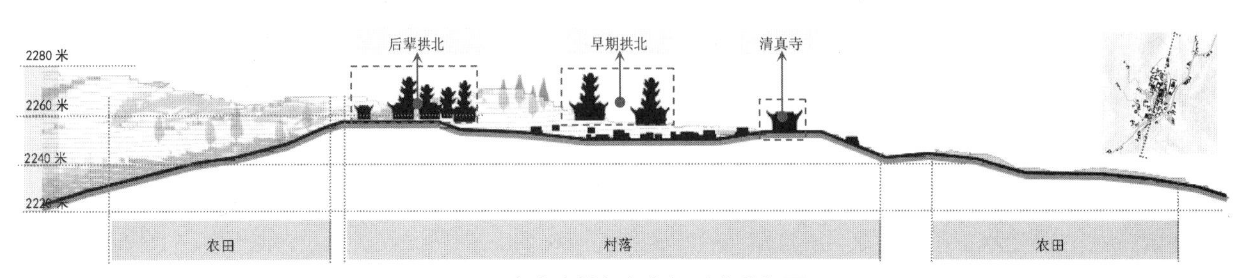

图 5　大湾头村竖向空间形态分析图

3. 宗教景观空间形态特征

大湾头拱北是西北民族走廊一带数量最多的拱北建筑群，也是库布忍耶在中国的总道堂，南北走向，由门宦始传人的墓亭、诵经殿、净境院、历代传教继承人墓群、两侧的长廊及其他附属建筑组成。大湾头拱北结合山地、台地，依崖而建，借助自然聚落营建模式发展而来[7]，早期拱北2座，位于山脊制高点，背靠山体，地势较高，视野较好。安葬着库布忍耶道祖穆乎隐迪尼及后辈教主，所处环境等高线稀疏，坡度小，早期拱北的平面布局可清晰看出诵经殿与墓亭整体中轴对称，空间开阔，采用中国传统建筑中庭院式布局结构，加之两侧的长廊，早期拱北的庭院式布局结构更完整、更庄严。后辈拱北群位于早期拱北西北侧山脊上，由两侧对称的多个长方形“拱形”墓室渐进通往诵经殿和墓亭，由于周边地形起伏大，坡度大，诵经殿和墓亭集中紧密式分布。

库布忍耶道堂清真大寺是大湾头村的公共精神空间，背西面东，为聚落提供精神庇护。清真寺中的砖雕多使用《古兰经》经文和植物花卉题材。建筑风格吸收阿拉伯建筑特征按中国宫殿式建筑形式建造，总体布局为四合院式，中轴对称，最宏大的是礼拜殿，平面为方形，居于正中，其屋顶形式为歇山顶，屋檐下有装饰性的复杂斗栱[8]。清真寺大门正对大殿，院子两侧各有厢房2层，南侧是水房，为礼拜前净身之所，北侧主要是办公接待、库房等。清真寺建于鞍部与山脊过渡且等高线稀疏的平缓区域，靠近村落入口处紧邻道路而建，方便信徒每天朝拜，达到主次分明、疏密有致的空间效果（表1）。

4. 民居空间形态特征

大湾头村建筑与地形相适应，建筑严格顺应地形等高线布局，形成错落有致的民居空间格局，依山而居，具有明显的山地村落特征。村民张长明家居住空

宗教建筑空间形态　　表1

宗教建筑	宗教建筑布局	布局特征	平面形式	宗教空间与村落关系		现场照片
清真寺	传统中式	以木结构为主，中国传统建筑形制，建筑群以礼拜殿为中心呈中轴线对称分布	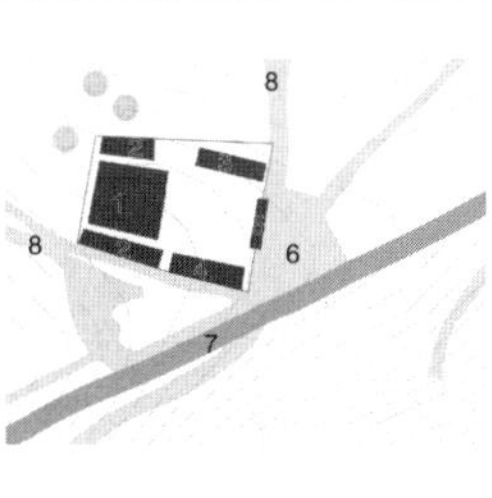 1 礼拜大殿 2 杂物间 3 厢房 4 水房 5 入口 6 村入口 7 县道 8 支路		 村落入口处（上村下寺）	
早期拱北群	传统中式	背靠山体，地势较高，院落式布局，中轴对称	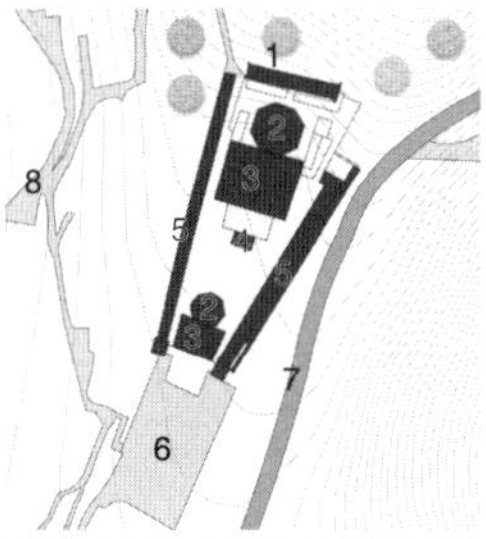 1 浮雕墙 2 墓亭 3 诵经殿 4 香炉 5 长廊 6 前广场 7 县道 8 支路		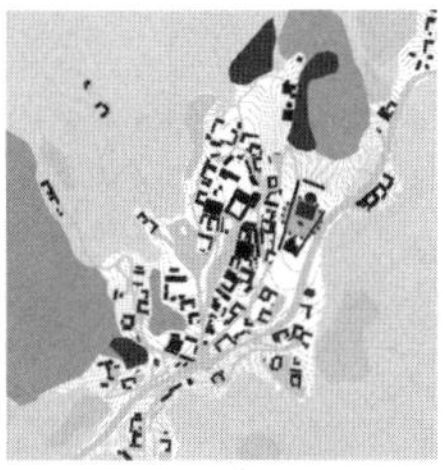 村落山脊制高点（上拱北下村）	
后辈拱北群	传统中式	等高线相对密集，背靠山体，墓亭与诵经殿集中式布局	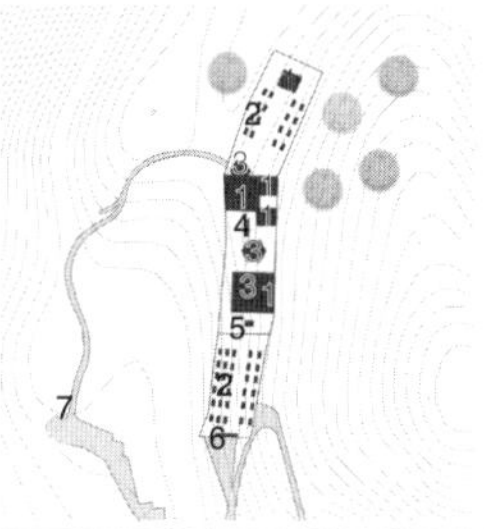 1 诵经殿 2 墓室 3 墓亭 4 照壁 5 香炉 6 入口 7 支路		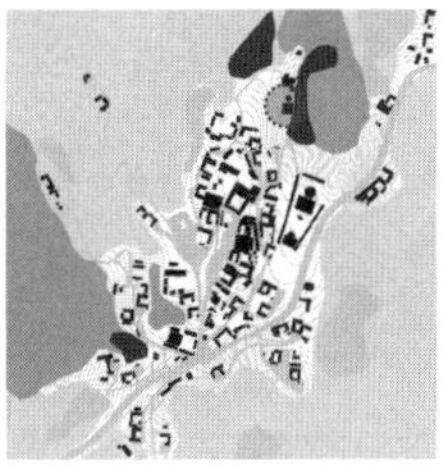 村落背山，山脊平缓处（上拱北下村）	

间与附属空间相结合，院落由于地形限制附崖修建，厨房在坡地下挖窑而建，存放西瓜、土豆等农产品；村民张乃比有家是居住空间与附属空间以及后院窑洞相结合的空间形态。后院挖土建窑面筑窑洞，随着人口增多，物资丰富，开始在窑洞前院落修建夯土建筑。上房一般坐北朝南且地基高于侧房，厨房设在上房与厢房相接的切面角落，背东北面西南（表 2）。

5. 街巷空间形态特征

大湾头村街巷走向随山势蜿蜒曲折，主街道 3~5m 不等，次街巷 1~2m 不等，街巷平面布局受地形条件的限制呈枝状尽端式分布。一条县道东西贯穿，若干条支巷南北分散，支巷间又穿插分散出小的巷道和院落入口。街巷地势平缓的地段大多采用坡道，通向拱北坡度陡的地段采用台阶，尽端式街巷式道路之间并不完全通达，部分民居相对独立。然而，受精神需求的影响，宗教建筑与村落之间的道路始终贯通。

三、大湾头村人居生态智慧归纳

1. 顺应天时，择宜耕种

山地环境下的土地资源匮乏，聚落点的选址需要充分利用有限土地，这种“占山不占田”的聚落建设用地的基本原则，体现了农耕社会对于可耕种土地的重视[9]。村民们为了最大限度且可持续地从土地上获取资源，满足聚落空间中生活与生存的需求。开垦的农田均为旱作梯田，分布于村落周围南向的坡地，以及两山体后侧平缓的台地上，沿着山势走向发展，合理利用山地地形，巧妙利用陡坡坡面沿等高线分布，使种植的农作物能吸取充沛的阳光，为聚落提供粮食保障。因作物类型不同，农田肌理也各不相同，农作物以需水量较少的玉米、马铃薯、苜蓿为主（图 6）。从文化生态学视角来看，大湾头村在选址上最大限度地适应自然，合理分配耕地与居住空间。这种选址体现出先人的生存智慧。

2. 沿等高线聚居

大湾头村落依据自然地形沿等高线疏密有致布置建筑。建筑物的走向随地形变化，民居与等高线呈平行分布。村落因山势高低起伏的不同，东面坡度低，地形相对平坦且日照充足，民居布局紧密；西面坡度陡，个别民居分散布局。

聚落在形成过程中遵循着因地制宜、顺应自然的生态意识，选址在山脊与鞍部。为顺应山地的起伏，建筑背靠山坡、面朝山谷沿等高线一级一级由鞍部向两侧山脊排列[10]。大湾头村主干道连接鞍部与山

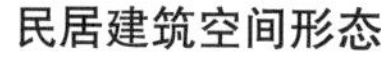
民居建筑空间形态　　表 2

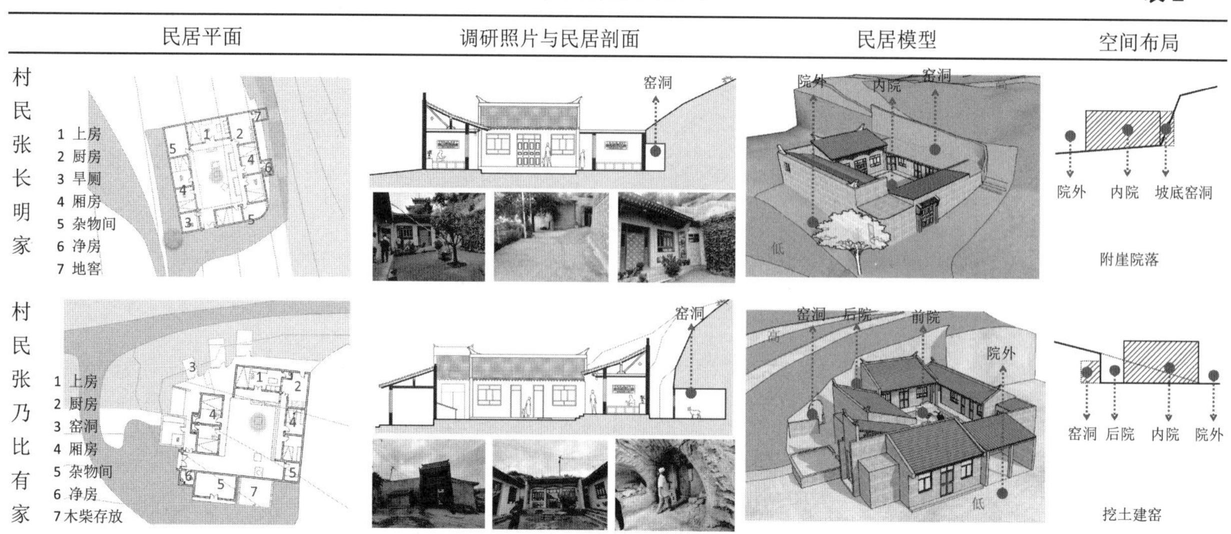

来源：张乃比有民居平面及剖面为崔文河工作室绘制。

图 6 大湾头村村庄与耕地关系图

脊，民居沿等高线平行分布，街巷沿等高线蜿蜒曲折，充分体现了村落布局的人居生态意识。

3. 避风向阳，负阴抱阳

大湾头村在选址时，巧妙利用地势、地貌和自然采光、通风选择朝向好的基地进行建设，山体是大湾头整个村落的骨架，民居建筑分布在山脊和鞍部，坐北朝南，背山面谷，地势高，能够使村落拥有良好的日照、接收夏日南风、屏挡冬日寒流、防风固沙，形成一个山体环抱、负阴抱阳、背山面谷的良好地段（图 7）。东乡县民居选址以山体缓坡地带为主，村落选址优先于地势平缓的台、塬、坪地。

在聚落的选址上，负阴抱阳、背山面水，从总体上利用了自然资源，使整个居住环境享受到充沛的日照，回避了寒风，减轻了潮湿。这种节能意识，对资源贫乏、承载力低下的地区来讲，是个可持续发展的途径[11]。

4. 因山就势，就地取材

东乡县 90% 的村落都属于山地聚落，大湾头村建村时周边交通不便，村民借助山体地势根据使用性质的不同选用材料，传统民居建筑主要采用砖、土、石、木，用料多为生土和砖。当地土质黏性好、可塑性强，被广泛用于建筑主体结构材料，房屋的建造除了门、窗、梁椽等部件选用木料，其余均用夯土砌成，与周围自然环境相融合，体现亲切感与归属感；宗教建筑用材主要是木、石、砖，采用坚固的材料更能体现严肃与庄重感（图 8）。

四、结论

中国是个多民族国家，各民族在地理条件存在差异性的情况下，民族文化和聚落形态受到了特定自然环境的直接影响。东乡族是我国人口较少的少

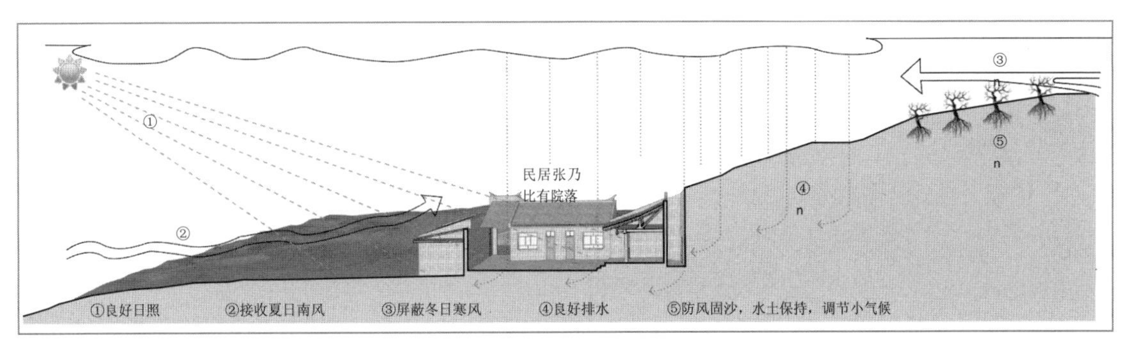

图 7 大湾头村负阴抱阳智慧图

传统民居

宗教建筑

图8　就地取材智慧

数民族，其聚居的地方自然环境恶劣，大湾头村从聚落整体空间格局到个体民居院落都体现着对自然环境的应对，村民的生活生产方式对自然生态、环境的依赖性非常大。本文基于文化生态学视角分析东乡族大湾头村选址及其空间格局特点，总结东乡族大湾头村空间形态呈现“山—林—拱北—村—清真寺—山”的特征；探究东乡族大湾头村优秀传统文化，揭示其所蕴含的深刻的人居生态智慧原则，希望为解决聚落空间环境的适应性问题提供借鉴。本文对当前东乡族新型城镇化建设具有学术价值和社会价值，对聚落的可持续发展、整体性保护具有积极意义，也为东乡族山地聚落生态智慧的传承明晰了路径。

参考文献：

[1] 慎希平，崔文河. 东乡族果园村聚落环境更新设计 [J]. 设计，2021，34（16）：148-151.

[2] 东乡族自治县地方史志编纂委员会. 东乡族自治县志 [M]. 兰州：甘肃文化出版社，1996：38-39.

[3] 赵大伟. 甘肃东乡族自治县县域村庄布局优化研究 [D]. 兰州：兰州交通大学，2017.

[4] 高迎进，程甜甜. 北方山地传统聚落中的邻里交往空间：以河北邢台英谈传统聚落为例 [J]. 美术大观，2017（11）：82-83.

[5] 樊蓉. 甘青民族走廊族群杂居村落空间形态与共生设计研究：以贺隆堡塘村为例 [D]. 西安：西安建筑科技大学，2021.

[6] 李卅，张玉钧. 河南林州山地村落空间形态特征及环境适应性研究 [J]. 中国城市林业，2018，16（6）：25-29.

[7] 张兴国，齐一聪. 民族的融合与演进——宁夏地区的回族拱北建筑群解析 [J]. 新建筑，2014（6）：121-125.

[8] 周宝玲. 临夏回族建筑特色 [D]. 重庆：重庆大学，2007.

[9] 杨文斌，王雯悦，刘莉，等. 生存理性视角下的山地聚落选址及其空间格局研究：以河北省没口峪村为例 [J]. 华中建筑，2021，39（2）：104-108.

[10] 于慧芳. 湖州长兴新川村山地聚落空间结构与规划设计研究 [D]. 杭州：浙江大学，2008.

[11] 崔文河，王军，金明. 青海传统民居生态适应性与绿色更新设计研究 [J]. 生态经济，2015，31（7）：190-194.

云南小城镇宜居城市评价指标体系研究

赵　璇

（重庆大学建筑城规学院，重庆　400030）

【摘　要】本文在分析国内外宜居城市研究成果的基础上，剖析当前云南小城镇宜居城市发展迟缓的原因，以国内外学者提出的城市评价指标体系为参照进行适用性分析，从经济富裕、生活便宜、环境优美、社会文明、资源承载、公共安全六个方面入手，将人居环境的改善作为关注重点，探讨了适用于云南小城镇的宜居城市评价指标的选择，提出了宜居城市评价方法和标准，并构建了云南小城镇宜居城市评价指标体系。

【关键词】云南小城镇；宜居城市；指标体系；人居环境；适用性

改革开放40年来，城市发展都是以经济建设为中心。我国城市经济社会正进入发展转型的关键时期，完全以经济建设为重心、推崇全面扩张的城市发展策略不能较好地应对存量规划背景下的城市建设。自2005年《北京城市总体规划（2004—2020年）》中首次将“宜居城市”作为城市的未来城市发展目标，“宜居城市”的概念及其内涵在学术界引起了广泛的关注和探讨。2016年《中共中央 国务院关于进一步加强城市规划建设管理工作的若干意见》的文件提出“打造和谐宜居、富有活力、各具特色的现代化城市”的发展纲领，强调了城市“宜居性”的重要性。国家对生态环境和人居环境的重视逐渐增强，人们也越来越希望能够在生活品质高、自然景观好的环境中生活，对宜居城市的建设势在必行[1]。因此，以改善人居环境为目标的宜居城市应被定位为我国城市发展的明确目标。

在新型城镇化发展时期，我国大城市引领了良好的人居环境建设导向，而小城镇处于城乡建设管理体系的末端，发展水平受到了一定的局限。人居环境建设要着眼于区域，最终实现人与自然及城乡的融合；人居环境的营造要源于自然，同时又要高于自然[2]。西部地区生态环境十分脆弱，用生态灾难的代价来换取经济效益提升显然是不可取的。在宜居城市的建设导向下，云南小城镇的城市发展战略由粗放追求经济增长转变为多元需求融合的人居环境提升，从自上而下的国家战略层将不同区域的小城镇发展模式区分，有效平衡经济与社会稳定、文化传承等之间的关系，达到人、城镇、自然的有机共生，增强小城市的竞争力[3]。

一、现有宜居城市评价体系对云南小城镇的适用性分析

1. 国内外宜居城市研究主要内容分析

1）研究范围

国外学者对宜居城市的地域尺度范围相对宽泛，囊括了城市、城市社区、乡村、特殊地貌区等。而国内现有较成熟的研究成果主要以大中城市或经济基础较好的城市、沿海城市、省会城市等为研究对象，从各学科的专业领域对“宜居城市”的内涵定义和评价体系进行了梳理和总结。相较于西方国家，我国对人居环境的关注起步较晚，对于人居环境的研

作者简介：

赵　璇（1993—）女，云南昆明人，博士研究生，主要从事山地城市规划与设计研究。

究大多集中在较短的时间尺度内，即目前人类居住区的研究或是宏观层面的城市问题。从研究主体来看，由于不同国家对城市规模、类型等定义的不同，且目前国际上尚未出现可用的城市标准。同时由于西部地区受自然环境制约导致，大部分小城镇仍处在山地区域，一定程度上可参照特殊地貌区的宜居标准，不能一概而论。

2）研究角度

影响宜居城市评价的因素很多，国外宜居城市研究大多以构建智慧城市、生态城市、老年友好城市等为主，具有一定的前瞻性和生态保护意识，如英国曼彻斯特市一直是老年友好城市的提倡者和建设者[4]。国外在宜居城市研究的视角上更为广阔，在关注人居环境的前提下，对城市及社区居住环境进行了适宜性评价，并希望通过评价结果来寻求提升城市和社区宜居性的要素，角度更加微观，如以美国西雅图为代表的环境宜居模式以清晰的规划目标、多要素的规划框架、健全的管理体系为特色，逐步实现了宜居生活环境的根本目标，西雅图也借此成为全美最宜居城市典范[5]。根据“小城镇”和“宜居性”相关概念及理论可知，宜居城镇的建设及评价并没有统一的标准。国内宜居城市的研究大多基于国情从经济、社会、环境、文化等多角度入手，根据研究者所属专业领域的不同，对研究内容进行分类和细类条目的研究，将宜居城市发展同城市高质量发展相联结，同步地为居民营造更高效活跃的经济环境、更便捷舒适的居住环境、更公平包容的社会环境以及更加绿色健康的自然环境[6]。

3）成果呈现

对宜居城市的建设考评，国外相对灵活很多，多通过提供指导战略方法来靶向编制规划和制定框架政策，在数字指标控制方面的规定相对较少，强调了城市发展的差异，对云南小城镇而言没有同尺度城市可使用的普遍性。而目前国内在社会上有较高认可度和使用度的宜居城市评价体系为 2007 年发布的《宜居城市科学评价标准》，对各级指标进行了较宽泛的规定。虽能相对客观地对城市的宜居度进行评价，但难以体现区域宜居程度和宜居特色的差异。

2. 现有宜居城市评价体系的适用性分析

立足于国情，就国内现有的宜居城市评价标准来说，作为静态的指标评价体系，关注要点大同小异，都存在着一定的局限性：①时间性较差。由于指标时间特征不明显，难以反映城市在不同时间的宜居性，特别是指标数值的实时动态变化情况。②空间性较差。不能反映城市内部（如区或街道等）宜居性差异，很难为城市精细化管理提供决策参考。③应用性受限。由于指标时空特征较差，其应用范围必然受到限制[7]。总的看来国内对宜居城市的研究深度不足，过于强调经济发展的重要性，缺少对人的宜居体验分析和对城市空间的有机设计。对云南小城镇而言，由于城市发展程度不同，在缺乏同等级城市研究的前提下，很难直接套用已有的评判标准，一定程度上表明了我国当前的宜居城市研究还停留在经济发达的城市，对规模小、数量多的广义层面的小城镇几乎不具备参考价值，对云南小城镇没有深入的研究结论。

3. 评价体系缺乏对云南小城镇发展的影响

1）城市发展目标错位

大多数云南小城镇经济水平较低，仍处于将经济建设作为首要发展任务阶段。西部城镇建设起点低，由于受传统观念束缚、城镇文化发育滞后，不论在城镇规划、建设的理念还是管理上，离现代化城镇的要求还有不小的差距，在城镇建设现代化进程中表现为整体滞后[8]。

2）城市数据库资料匮乏

在较长的历史时期内，西部地区大多为民族自治区域，从早期的民族聚落到西部大开发，城市建设起步较晚，与东部相比，其城市发展机制、规划单位设立、信息资料编制等仍处于探索发展阶段，缺乏系统的城市发展资料收集，城市基础资料相对匮乏。且现有城市发展建设成果相对较早，更新速度较慢，大多与城市发展现状不匹配。

3）相关标准针对性不强

在当前的中国宜居城市研究中，还存在着一种过于注重宜居理论及实践体系的“大而全”，而忽视以区域性和本地化为基础的宜居特色探索的不良倾向[9]。大而无当的指标数据对地域性针对不强，以评价西部城市为目的的参考值制定几乎没有，更不用说云南小城镇的在地评价体系。

二、以云南小城镇为对象的宜居城市评价体系构建

鉴于城市宜居性是在诸多因素共同作用下的一种城市属性，且各影响因素因城市所在地域、规模等的不同，对城市产生的影响也存在不同[10]。就云南小城镇而言，以宜居为导向的城市发展研究，其复杂性并不小于大城市。既要严格按照宜居城市指标体系的基本原则，选取核心指标项和参照标准值，并进行价值排序，又要综合考虑小城镇社会、经济、文化、生活、安全等诸多因素。因此本文对小城镇宜居性主要从经济富裕、生活便宜、环境优美、社会文明、资源承载、公共安全六个方面进行阐述，并根据云南小城镇发展的基础情况和城市优势，构建了适用于云南小城镇宜居程度衡量的评价体系，分三级指标进行评价，标准值制定参考国家标准和以云南为主的西部地区标准（表 1）。

1. 指标评价与分析

1）指标选取

本指标体系通过评级量表法选取了 100 个评价因子，根据云南小城镇以生态环境为优势、改善人居环境为导向的宜居城市建设目标，在指标选取中偏向资源承载度、环境优美度和生活便宜度。

2）评价周期

考虑到城市发展过程中数据的动态性，对数据测评应具有周期性，根据地方政府人力和财力资源的不同设定不同的评价周期，周期结束后得出结论。根据测评结果对城市发展进行调整，以保证有更多的指标可以得分，同时进入下一周期的评价。在实操层面可以缓解云南小城镇财力与人力资源不足的情况，同时可以保证云南小城镇宜居城市的建设是个反复评价与提升的过程，而非某个规划阶段的成果。

3）指标分析

考虑到云南小城镇在宜居城市实际评价过程中易出现地方单位无法提供数据的情况，因此通过打分综合法将 100 个评价因子对应百分制，每个三级指标对应 1 分，将复杂的评价过程转换为易操作的得分制，即满足标准值的可得 1 分，不满足不得分。无法提供数据的指标项可分为两种情况：①相对简单的评价指标需在该测评周期内提供数据，并参与评价，根据参考值评定是否得分；②首次测试耗时长或操作复杂的指标，视情况可预先得 0~0.5 分，直至本指标首次测试结束，鼓励云南小城镇积极参与宜居城市建设和丰富地方数据库，但在下次该指标评价中不再预先得分。

4）等级评价

云南小城镇宜居城市评价指标体系的基本框架　　表 1

一级指标	二级指标	三级指标（单位）
经济富裕度	经济发展水平	人均 GDP（元）
		第三产业占 GDP 的比重（%）
		城镇化率（%）
		城镇居民年人均可支配收入（万元）
		GDP 年增长率（%）
	经济发展潜力	成人文盲率（%）
		教育支出占 GDP 的比率（%）
		成人平均受教育年限（年）
		单位 GDP 能耗 [t（标煤）/ 万元]
		单位 GDP 水耗（m^3/ 万元）

一级指标	二级指标	三级指标（单位）
	生活质量水平	城市人均 GDP（万元）
		人均住房建筑面积（m^2/ 人）
		人均住房建筑面积在 10m^2 以下的居民户比例（%）
		城镇居民平均预期寿命（岁）
	生活便捷程度	人均道路面积（m^2/ 人）
		公共交通分担率（%）
		城市停车泊位满足率（%）
		每百户拥有的电脑数量（台）
		每百户拥有的电话数量（部）
		人均生活用水量（L/d）

续表

一级指标	二级指标	三级指标（单位）
社会文明度	社会稳定程度	失业率（%）
		从业系数
		基尼系数的倒数
	社会保障水平	社会养老保险覆盖率（%）
		社会保障覆盖率（%）
		贫困率（贫困线以下人口比例，%）
		住房保障率（%）
环境优美度	历史文化遗产	文物古迹的保存状况（完好率）（%）
		抽样调查市民对于积极健康传统民俗的传承状况（%）
		抽样调查市民对于传统与现代文化结合的满意度（%）
	现代文化设施	一所公共图书馆、文化馆、博物馆、纪念馆、科技馆所对应的人数（万人/所）
		大型、综合性质的体育场馆数量
		全民健身设施的覆盖率（%）
		参与体育健身人数的比率（%）
		人均体育场地面积（m^2）
		人均商业设施面积（m^2）
		有线电视入户率（%）
		每万人拥有的公共图书馆藏书量（册）
		文化产业增加值占GDP的比例（%）
	生活舒适程度	万人拥有综合公园指数
		公园绿地服务半径覆盖率（%）
		绿色交通出行分担率（%）
		林荫路推广率（%）
		城市道路绿地达标率（%）
		河道绿化普及率（%）
生活便宜度	社区舒适程度	住房价格与收入比
		人口密度（人/km^2）
		人口自然增长率（‰）
		自来水正常供应天数（d/年）
		农村自来水普及率（%）
		电力正常供应天数（d/年）
		有线电视网覆盖率（%）
		居民对市政服务质量的满意度（%）
		500m范围内拥有小学的社区比例（%）
		1000m范围内拥有初中的社区比例（%）
		学龄儿童入学率（%）
		普通中小学平均每一教师负担学生数（人）
		学生校内每天体育活动时间（h）
		学校体育场地设施与器材配置达标率（%）
		高中生毛入学率（%）

一级指标	二级指标	三级指标（单位）
	生活便捷程度	人均生活用电量（kW·h/年）
资源承载度	生态环境质量	大气中PM_{10}日平均浓度（$\mu g/m^3$）
		大气中SO_2日平均浓度（$\mu g/m^3$）
		大气中NO_2的浓度（$\mu g/m^3$）
		大气中TSP的浓度（$\mu g/m^3$）
		交通干线噪声平均值[dB（A）]
		每年大气质量指数好于二级的天数（d）
		市区环境噪声[dB（A）]
		环保投资占GDP的比重（%）
		森林覆盖率（%）
		人均公共绿地面积（m^2/人）
		生活垃圾循环利用率（%）
		城市污水处理率（%）
		工业用水重复率（%）
		集中式饮用水水源地水质达标率（%）
		城市热岛效应强度（℃）
		重点污染源监控比例（%）
	景观协调程度	退化土地修复治理率（%）
		水体岸线自然化率（%）
		自然湿地保护率（%）
		受损弃置地生态与景观恢复率（%）
		古树名木保护率（%）
		本地木本植物指数
		市民对城市绿色开敞空间布局、生态环境的满意度（%）
		市民对城市环卫保洁、社区建筑等方面的满意度（%）
公共安全度	自然灾害预防	生命线工程完好率（%）
		亿元GDP死亡率（%）
		道路交通万车死亡率（%）
	人文灾害预防	每万人拥有医生数（人）
		每千常住人口执业（助理）医师数（人）
		每千常住人口注册护士数（人）
		每万人拥有病床数（床）
		甲乙类传染病发病率（‰）
		婴儿死亡率（‰）
		5岁以下儿童死亡率（‰）
		孕产妇死亡率（人/10万人）
		城乡居民达到《国民体质测定标准》合格以上的人数比例（%）
		火灾发生数（起/10万人）
		交通事故数（起/10万人）
		市民对公共卫生服务体系满意度（%）

云南小城镇宜居城市宜居度分级表 表 2

级别	宜居得分	评语
第一级	80~100（含）	宜居程度很高
第二级	60~80（含）	宜居程度较高
第三级	40~60（含）	宜居程度一般
第四级	20~40（含）	宜居程度较低
第五级	0（含）~20（含）	宜居程度很低

本文参照国内相关的评价分组方法，设计出一个五级的分级标准表，并给出相应的分级评语（表 2）。通过指标分析后得出得分情况，评定该周期内宜居程度。

2. 目标排序

通过上一周期评价结果和不同云南小城镇的发展纲领，对下一周期主要评价的指标进行价值排序，分阶段地呈现城市发展的不足，达到因地制宜的目的，从城镇本土层面来优先完善宜居指标，避免一次性提出过多改进目标给城市建设带来负向压力，打击小城镇宜居建设的积极性。

三、结语

建设和谐宜居城市，既是市民对未来城市发展理想状态的一种期许，也是对过去粗放型城市发展模式的一种批判[11]。通过以云南小城镇为适用对象的宜居城市指标体系构建，选取符合地域特色的参考值标准，设定因地制宜的评价周期、价值取向，关注不同城市不同时空的宜居水平，在保留一些传统意义上较为重要的因素的同时，增加了体现人性关怀的评价指标。在改善本地人人居环境的同时，能够将“宜居”作为城市名片来吸引更多的人才与财力，既能在一定程度上平衡大城市人口压力，也能促进小城镇经济发展，提高城市环境品质。

参考文献：

[1] 赵璇，翟辉 . 西部小城镇城市宜居性评价研究：以云南省晋宁区为例 [J]. 生态城市与绿色建筑，2018（3）：70–77.

[2] 祁新华，毛蒋兴，程煜，等 . 改革开放以来我国人居环境理论研究进展 [J]. 规划师，2006（8）：14–16.

[3] 赵璇 . 昆明市晋宁区城市宜居性研究 [D]. 昆明：昆明理工大学，2019.

[4] 佚名 . 英国曼彻斯特建设老年友好城市 [J]. 上海城市规划，2020（5）：131.

[5] 雷诚，顾语琪，范凌云 . 环境宜居型绿色基础设施建设模式探析：以美国西雅图市为例 [J/OL].2021–03–15[2021–09–16]. 国际城市规划 . http：//kns.cnki.net/kcms/detail/11.5583.TU.20210315.1342.002.html.

[6] 张文忠，许婧雪，马仁锋，等 . 中国城市高质量发展内涵、现状及发展导向：基于居民调查视角 [J]. 城市规划，2019，43（11）：13–19.

[7] 庞前聪，周作江，王英行，等 . 城市宜居动态指数的研究及应用：以珠海国际宜居城市指标体系为例 [J]. 规划师，2016，32（6）：124–128.

[8] 刘海霞 . 西部城镇化建设的困境与出路 [J]. 特区经济，2010（10）：207–208.

[9] 林柯余，袁奇峰 . 环境营建视角下的宜居城市行动探索：以广东省云浮市宜居城市建设为例 [J]. 国际城市规划，2011，26（6）：95–101.

[10] 叶丽阳 . 小城镇宜居性影响因素实证分析 [D]. 太原：中北大学，2016.

[11] 张文忠 . 中国宜居城市建设的理论研究及实践思考 [J]. 国际城市规划，2016，31（5）：1–6.

城乡融合视角下的西南地区乡村空间优化研究

邱　实，蔡一暄

（中国城市规划设计研究院西部分院，重庆　401123）

【摘　要】本文以西南地区为研究区域，归纳乡村空间人口空心化老龄化、服务设施缺乏、乡土风貌特色消弭等问题，基于城乡融合的视角，探讨乡村如何主动作为，实现城乡差异化融合。根据空间资源特征带来的乡村内生动力的差异性，将乡村地区的发展模式分为“城郊融合型”“价值腹地型”“特色彰显型”，结合四川省遂宁市高新区、重庆市铜梁区以及贵州省贵安新区的案例研究，总结以流动通道建设、规模化集中、特色魅力彰显等空间优化策略着力破除城乡壁垒的可行性。

【关键词】西南地区；城乡融合；发展模式分类；差异化

城乡关系、“三农”问题、乡村振兴一直是国家关注的重点。从城乡统筹、城乡一体化，再到城乡融合发展，城乡关系的发展目标一直在调整中。“城乡一体化”强调的是目的和结果，“城乡统筹”强调的是手段，是“政府主导”和“城市主导”，而“城乡融合”强调的是过程和路径，强调的是“城乡平等”“互促互动”“全民参与”[1]。2021年多个地区设立“国家城乡融合发展试验区”，拉开了全面实现城乡融合的序幕。不可否认的是，当前城乡融合总体处于探索的过程中，其内涵不断延展，包含了城乡要素融合、城乡经济融合、城乡空间融合、城乡公共服务融合、城乡生态环境融合等[2]，核心在于城乡要素的双向流动和公共资源合理配置，资本、土地、人才、信息等各类要素在空间范围中重新配置[3]。

已有研究表明，尽管城市的资本、人才为乡村注入了发展动力，客观上推动乡村摆脱路径依赖，但由于单个乡村主体易改变、易流动，且植入型产业与乡村资源，农业发展融合不足，导致外部发展动力难以长久持续，同时也出现了外来权力和资本成为乡村空间中的支配性力量，农民主体性和乡村自主性被替代等问题[4]。综上，以往的研究较为忽略城乡融合进程中乡村自身作用，过度依赖外部要素输入的方式不足以称为城乡融合，只有挖掘内生动力才能实现可持续发展。

一、西南地区乡村空间普遍性问题

1. 人口流失、老龄化严重，土地撂荒

西南地区乡村与平原地区相比，呈现出数量多、人口规模小、经济体量小的总体特征。由于村镇产业空间发展不足，乡村人口流出严重，青壮年不得不外出务工，留守人口老龄化特征明显。如四川省遂宁市各村人口流出平均比例为50%，劳动力的流出自然导致乡村普遍存在土地撂荒情况，仅剩一些老年人从事传统的满足日常需求的农作物耕种，土地价值未能释放。

2. 建设、产业空间零散，服务设施缺乏

西南地区乡村可建设用地较为稀缺，建设用地规模、产业规模小，无论是建设乡村聚居点还是配

作者简介：

邱　实（1993—），男，四川泸州人，助理规划师，硕士，主要从事历史文化保护、乡村振兴规划研究。

蔡一暄（1985—），男，重庆渝北人，主任规划师，硕士，主要从事战略规划、城市总规、山地城市空间研究。

套农用设施，都存在较大的挑战。此外，乡镇数量多、国家财政对村级投入过于分散，有限的公共资源投放难以实现城乡公共服务均等化。四川乡镇平均面积为全国平均水平的44.2%，是全国乡镇一级财政投入总量最高的省份之一，但平均到每个乡镇则是全国最低[5]，导致村级服务设施配置不足、服务质量低。

3. 传统格局受到威胁，乡土风貌特色消弭

快速城镇化，尤其是一些城市新区拓展过程中，近郊乡村消失速度快，工业化、城镇化主导模式下乡村传统空间、人文格局受到较大的威胁。外来人口大量涌入、农民失地，传统的地缘、血缘关系受到冲击，对乡土风貌特色保护和民俗文化传承带来了前所未有的挑战。在一些偏远的地区，自然损毁和人为重建是造成乡土风貌特色消弭的主要原因，村民为了生活更便捷，弃用原有的老宅，在交通便捷的地方新修楼房，传统的营建形式已不再是首要考虑的因素。总之，乡村传统风貌特色和人文价值未转换为发展动力，物质形态和非物质形态的乡土特色逐渐消弭。

二、基于乡村空间资源特征的乡村分类

因区位条件、本底资源、产业发展等特征不同，乡村自身发展动力差异大，针对不同类型的乡村，必须提出差异化的融合措施。学界对乡村进行了分类，按动力分为“特色小镇推动模式”“产业发展带动模式”“共享农庄发展模式”[6]，按空间要素分为“城市周边型”“特色节点型”“农业腹地型”[7]，按规划措施分为“集聚提升类”“城郊融合类”“特色保护类”“拆迁撤并类”[8]，但以上分类均是对单个行政村进行的划分。

显而易见的是，持续的资本只会关注有增值潜力的个别村庄，因此，对于全国多数普通村庄，其振兴依然要依靠内生动力——通过激活农民的主体性和创造性、盘活和整合乡村内生资源，推动乡村空间治理[4]。由于乡村发展动力的核心要素空间具有唯一性，是乡村掌握主动权的根本所在，据此，本文依据空间资源要素特征，以村庄群体空间的方式，突破行政村个体的局限，体现战略性思维，将乡村地区分为城郊融合型、价值腹地型、特色彰显型等三个类型。

1. 城郊融合型

城郊融合型乡村分布在城市近郊片区以及县城城关镇所在区域，人口比较密集，城乡双栖特征明显，具备成为城市后花园的优势。近郊休闲空间和农产品生产空间是其核心优势，这一类型往往发展动力较强，甚至有发展成为城市的可能，在形态上保留乡村风貌，在公共服务上实现城乡均等化，可借助城市发展自身经济、承接城市功能外溢、满足城市人群的近郊消费需求。

2. 价值腹地型

价值腹地型乡村往往地处偏远，经济欠发达，生态敏感，发展动力匮乏，与城市人群直接联系较弱，需要保障农业空间、生态空间的基本安全，这一类型作为主导类型占据大部分乡村地区。价值腹地型乡村往往同时是生态涵养、水源保护的地区，发展约束大，必须努力实现生态价值转化，否则只能被迫迁移，让步生态空间。这种基础薄弱的类型，农业价值、生态价值是其发力点，支持朝着农业型、生态型等专业化方向发展，着力提高农产品、生态产品的附加值。

3. 特色彰显型

特色彰显型乡村主要包括历史文化名村、传统村落、少数民族特色村寨、特色景观旅游名村等自然历史文化特色资源丰富的乡村地区。有别于城市的水泥森林，特色彰显型乡村以独特的魅力吸引着城市人群，尤其是西南地区的城乡空间多呈现组团化布局特征，组团之间甚至城市内部往往还存在一部分特色乡村。如多民族分布的贵州地区、四川盆周地区等，通过保留村寨原有的风貌特色，立体化多层次的景观风貌、多姿多彩的人文风情，带来强烈的视觉冲击，以此发展文化体验旅游，可以为城市人群提供避暑度假等特色化空间和功能。

三、差异化融合路径

为实现以乡村为主体的城乡融合，全国各地均进行了有益的实践，笔者基于对西南地区乡村的观察和规划实践，尝试总结不同类型的乡村融合路径思考，提出相适应的发展规划指引。

1. 城郊融合型——建立联系通道，激活触媒空间

1）典型案例——重庆市铜梁区

重庆市铜梁区位于主城西侧60km，县域呈南北狭长形，地处渝西平行岭谷与川中丘陵的交界地带，既有毓青山、巴岳山、涪江等大山大水环境，岭谷之间又有平坦广阔的农田，适宜农业耕种，因为自身优美的环境，铜梁城市定位之一为“国际大都市后花园”。尤其是城郊地区南侧有巴岳山、玄天湖秀丽的山水风光，西侧形成了大大小小的农业产业园区，受制于对外交通的梗阻和产业园的机械化运作困难，始终未能形成较好的整体效益，直到西郊绿道建设完成。

2）建设便捷风景绿道，支撑城乡流动

铜梁区坚持“串点连线、成片扩面”，经过多年的耕耘，打造出集合农村生态、农业产业、示范效应的西郊示范片区。西郊示范片建设60km绿道（图1），同步提升通道的颜值，在道路一侧预留了红色慢行跑道，各村委组织村民在绿道两侧种植月季、野菊花、旱金莲等多年生开花植物，有庭院的民宅也栽种了竹子、桃树、芭蕉等林木，丰富了绿道的景观层次（图2），将乡村的人居环境改善和风景绿道的建设结合起来，现在每年定期开展马拉松活动，将大量的城市人口吸引到乡村地区观光消费。

3）整合区县域空间资源，推动城郊乡村三产融合

西郊绿道串联起区域内成王果业、荷和原乡、草莓基地、有机蔬菜基地、巴岳山玄天湖等30多个农业产业基地和风景地区，实现空间联动，同时注重三产融合。随后，花卉苗木、精品民宿、高端康养等产业陆续进驻，丰富功能业态，促成西郊示范片区的乡村振兴新格局形成。政府整合县域优势资源，加强对西郊示范片区的建设，沿着绿道投放乡村振兴博物馆、乡村会客厅，即作为对外展示的窗口，又是该区域村民阅读、交流的公共服务设施。西郊绿道的综合效益迅速显现，外出务工人员纷纷返乡，依托绿道经济发展乡村事业。

2. 价值腹地型——挖掘内生资源价值，引导规模集聚

1）典型案例——四川省遂宁市高新区

乡村地区具有农业价值、生态价值。价值腹地型乡村既有依托生态产品的价值转换，如碳排放交易、重庆地票、森林生态银行等方式实现城乡价值交换，也有通过农特产品的供给实现城乡要素联系。高附加值的农特产品是西南地区乡村涉农产业的重要突破口。本文以遂宁市高新区为典型案例，遂宁市高新区的乡村地区是典型的川中丘陵传统农业区，

图1　铜梁西郊绿道分布图

图2　西郊绿道建设成效
来源：铜梁区委宣传部

早年因粮食需求变化、收益不佳，外出务工人口多，土地撂荒严重，特别是数代农民总结出来的优质红薯种植宝贵经验面临失传，经过当地企业挖掘、培育，实现规模化种植，成功将五二四红薯创建为国家地理标志品牌。

2）挖掘内生资源优势，实现产业发展

遂宁市高新区一带是红棕紫泥沙土壤，富含硒元素，土质疏松，适合种植红薯，当地企业家瞄准这一突破口，动员村组织搜集红薯种根，成立安居永丰绿色五二四红苕专业合作社，争取四川省农科院技术支持，组织当地村民参与种植，60 岁以上的老人为主要劳动力，具备种植经验，同时盘活了劳动力资源，树立了成功的典范，实现了农产品要素高价值流动的城乡融合。红薯产业带动和辐射遂宁市 20 多个乡镇、68 个村、1.86 万户农民，有效整合红薯的耕种、运输、加工等多环节空间，统筹和产业链条，延伸的融合效益不断增加，以遂宁高新区会龙镇粉房村现代农业甘薯产业技术示范基地为核心（图 3），科技助力产业更加高效，同时吸引科技人员定期入驻村中。

图 3　红薯技术示范基地

来源：川观新闻网

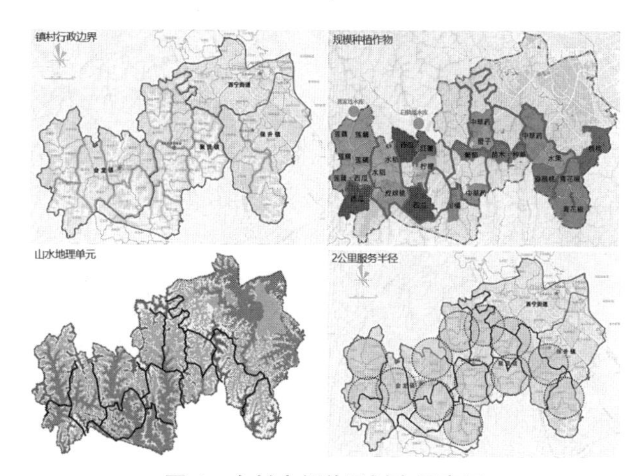

图 4　乡村空间单元划定示意图

3）集中产业、建设空间，有效投放公共资源

为实现规模化种植、人居环境改善和公共服务均等化，需要集中资源、整合空间。因为行政村面积小、主体多而不便管理，整合空间离不开政策支持。省级层面也注意到了这个问题，并付诸行动，2019 年四川省启动全省乡镇行政区划和村级建制调整，四川全省乡镇（街道）从 4610 个减至 3101 个，遂宁市高新区也不例外，行政村数量几乎减少一半。

通过行政村的合并，规划选址了多个集中居民点，有效地投放农业设施和村民生活服务设施，达到了较好的效果。该地区乡村已有以血缘为主的传统小农经济转向业缘聚集的趋势，为建立便民的乡村生活圈，整合地方多个部门的资源，形成合力，笔者在编制遂宁高新区规划时将 3~5 个村作为一个乡村空间单元，综合考虑行政村边界、地理单元、规模种植和服务半径等要素，划定乡村空间单元边界（图 4），单元内平衡永久基本农田占补，在靠近产业空间的地方设置规模适度的聚居点，通过增减挂钩有效落地实施，既集中力量建设新村居民点，改善乡村人居环境，又能实现产村融合，村民在当地也能谋得不错的收入。

3. 特色彰显型——保护利用特色资源，配套旅游服务设施

1）典型案例——贵州省贵安新区直管区

贵阳安顺中部一带，历来是贵州省最平的一片田地，山水资源丰富，也是贵州到云南的主要通道，天然的地理优势孕育了多样的建筑风貌和民族风情，包括具有世界唯一性的屯堡集群。屯堡建筑就地取材，将石头运用到街道、屋顶、墙体等，形成独特的地域建筑风貌，典型代表有“云峰八寨”。另外，还有布依族风情的“北斗七寨”。贵州省贵安新区直管区是多民族聚居的地区，主要有汉族、布依族、苗族和仡佬族等（图 5）。在识别和保护传统的基础上，加强旅游设施的建设，打造民族文化名片，发展文化旅游产业，挖掘传统服饰、歌舞、节庆等非

物质文化活动，整合传统街巷、特色民居、庙宇建筑等具有历史记忆的空间场所。

2）识别魅力资源，保护传统村寨

贵安新区规划部门在现场踏勘与实地调研中，以行政村为单位对各个自然村寨进行访问与交流，动员村委会推荐，识别出贵安新区直管区具有发展优势的特色村（图6）。在乡村建设规划层面，划定了乡村空间建设控制范围和环境协调范围，避免城市建设扩张或者乡村自主建设引起的空间侵吞，切实保护村庄的传统选址、格局、风貌以及自然和田园景观等整体空间形态与环境。尊重不同民族的传统营建方式（图7），苗族住山上、布依族逐水而居、建设占山不占田等。

在具体实施层面，全面保护文物古迹、传统民居等传统建筑，延续和发扬特色风貌。建筑风貌应按照汉族、苗族、布依族、仡佬族不同民族进行差异化的风貌引导控制。新建建筑应与传统建筑风貌协调，突出公共建筑。在核心保护范围内控制建筑高度小于3层，运用石材、木材和青砖，并统筹建筑色彩和屋顶样式。

3）文旅结合，强化旅游设施配套

联动多个自然村寨的魅力空间，合力打造旅游景区，加强旅游服务设施的建设，改善村寨环境品质。贵州省作为全国乡村振兴示范点之一，前几年通过“美丽乡村”建设行动，不仅将基础设施、建筑风貌做了较大的改善，部分村民还通过与公司合作，将闲置民宅进行提升与改造，做成高档民宿、茶室、餐吧或者咖啡吧、书吧。此外，将村寨的耕作空间改造为集采摘、观赏的田园综合体，促使北斗七寨的业态更丰富多元，满足更多游客的体验需求。同时，

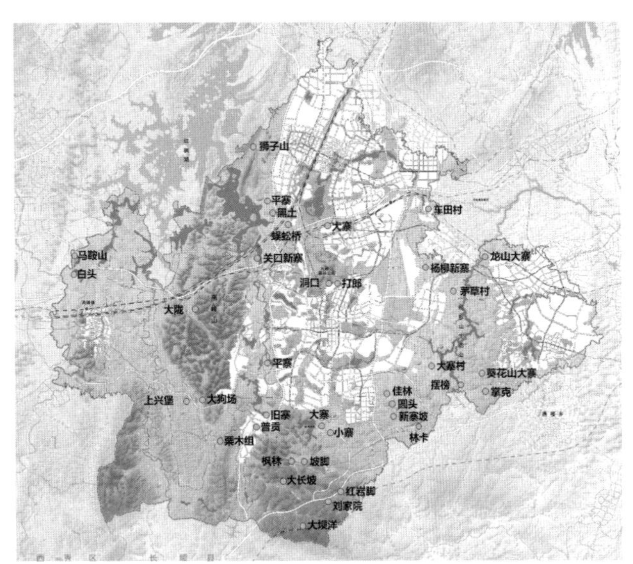

图5 贵安新区直管区民族村寨分布特征[9]

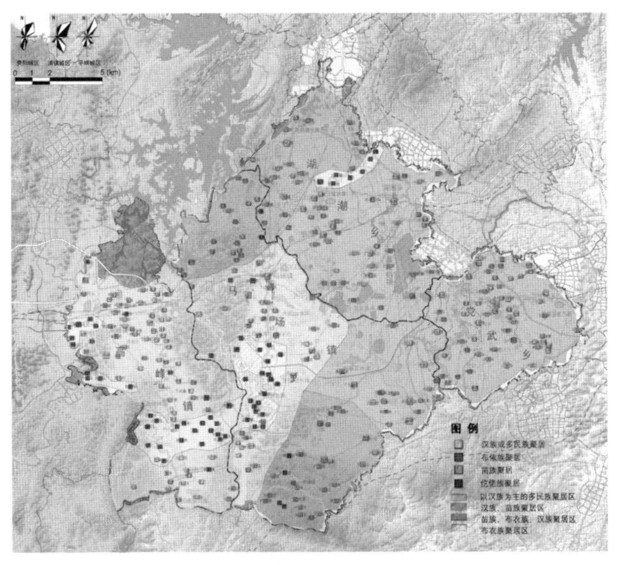

图6 贵安新区直管区特色乡村识别示意图

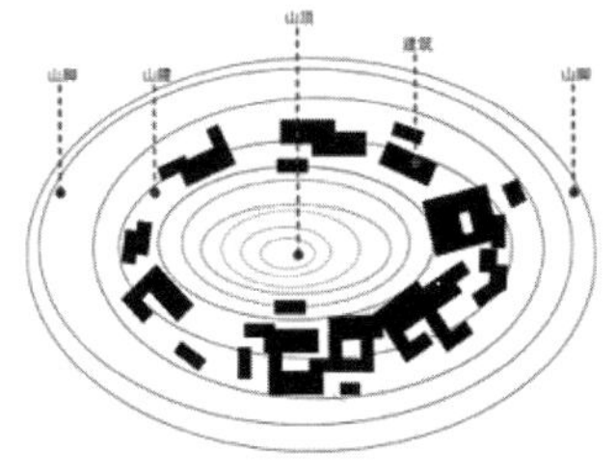

聚居型村落

村落选址位于山脚或平原等平缓区域，呈现紧凑的中心聚居模式，向四周辐射式发展

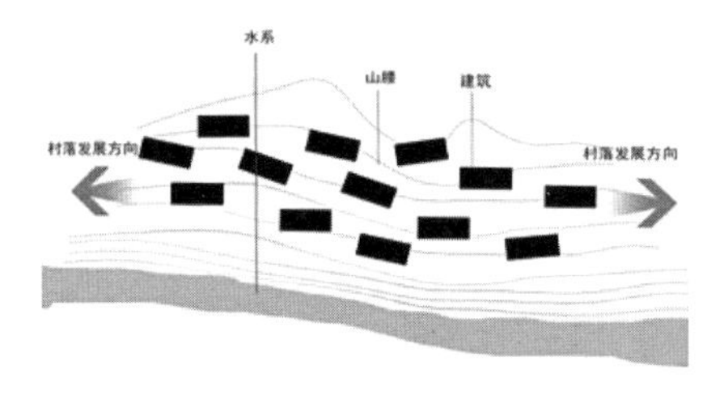

面水型村落

村落选址位于河谷、山脚等平缓区域，以水系为发展脉络，呈现条带形格局，并顺应河流走势线形发展

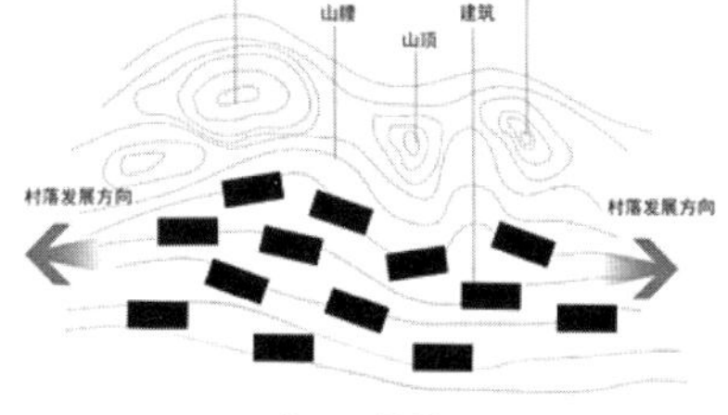

依山型村落

村落选址位于山腰缓坡地带，利用退台、架空等手法使建筑依附于地形之上，呈现条带形格局，并顺应山体走势线形发展

图7 贵安新区直管区村寨典型传统格局[9]

融入布依族的少数民族的非物质文化活动，如常态化开展布依族“三月三”“六月六”节庆活动，吸引大量游客参与其中。

四、总结

西南地区乡村具有更为明显的人口流失、产业落后、风貌特色等特征，城乡融合视角下乡村地区如何主动作为，多样化的空间特征和资源禀赋必定需要差异化的措施来实现城乡融合。总体来说，挖掘内生动力整合更大的空间规模是实现可持续发展的关键，当前已有一些地区发展态势良好，本文基于上述案例分析、借鉴经验，总结出三种类型的乡村地区差异化融合的路径。

城郊融合型，主要路径为建设城乡绿道，以高颜值的线形空间打通城乡要素流动通道。围绕绿道布局调整乡村农业业态和空间布局，投放便民服务中心等公共服务设施，绿道沿线保留、种植可观可游的经济农作物，改善民居风貌，绿道作为空间触媒实现城乡融合。

价值腹地型，主要路径为通过空间集中的规模效应和价值转化实现，划定乡村空间单元。特色产业需要跨村连片发展，整合部门资源，投放农业设施和公共服务设施，建设集中居民点和规模化种植示范，或者立足生态产品的保育，探索生态产品价值实现。

特色融合型，主要路径为识别特色乡村空间，划定乡村空间建设控制范围。避免城市发展侵吞特色村寨或自身扩张引起风貌错位，保护村寨的传统山水格局、景观风貌，配套必要的旅游设施，引导村民发展服务业，吸引城市人群消费。

参考文献：

[1] 宋迎昌 . 城乡融合发展的路径选择与政策思路：基于文献研究的视角 [J]. 杭州师范大学学报：社会科学版，2019，41（1）：131-136.

[2] 高帆 . 中国新阶段城乡融合发展的内涵及其政策含义 [J]. 广西财经学院学报，2019，32（1）：1-12.

[3] 杨志恒 . 城乡融合发展的理论溯源、内涵与机制分析 [J]. 地理与地理信息科学，2019，35（4）：111-116.

[4] 李广斌，王勇 . 乡村自主性空间治理：一个综合分析框架 [J]. 城市规划，2021，45（7）：67-72，82.

[5] 钟华林 . 重塑乡村经济和治理格局：四川乡镇行政区划和村级建制调整改革调查 [N/OL]. 经济日报 .2021-06-23（08）[2021-09-01]. http：//district.ce.cn/zg/202106/23/t20210623_36663683.shtml.

[6] 李爱民 . 我国城乡融合发展的进程、问题与路径 [J]. 宏观经济管理，2019，422（2）：41-48.

[7] 马琰，刘县英，雷振东等 . 西咸城乡融合发展试验区规划策略 [J]. 规划师，2021，37（5）：32-37.

[8] 中央农村工作领导小组办公室 . 国家乡村振兴战略规划（2018—2022 年）[EB/OL]. 中国政府网，（2018-09-26）[2021-09-01].http：//www.gov.cn/zhengce/2018-09/26/content_5325534.htm.

[9] 中国城市规划设计研究院 . 贵安新区直管区乡村建设规划（2016—2035 年）[R].2016.

全周期管理视角下山地老旧社区更新治理路径探索

蔡雪艳，李泽新

（重庆大学建筑城规学院，重庆 400045）

【摘 要】山地社区更新治理是山地城市可持续发展的重要组成部分。本文梳理现阶段山地老旧社区存在难题，再阐述全周期管理理论基础概念，提出助力社区更新治理的三大实施原则，以重庆市渝中区嘉陵桥西村社区更新试点为案例解析，总结出全周期管理理念下山地社区可持续治理优化要点，从而实现山地社区的更新治理高效化、可持续化。

【关键词】全周期管理；城市更新；老旧社区；治理机制

在生态文明建设和经济高质量发展阶段，中国城市更注重治理水平的提升。2020年，习近平总书记在座谈会中提到全生命周期管理理念，并建议将其运用于城市系统化治理。城市更新正是活化城市空间、提升城市治理的重要手段之一，其不仅有助于城市用地减量提质，并能加快土地价值重构，激活城市经济；社区作为城市更新的主要载体，也是城市精细化管理实施的最后一站。近年来，社区更新研究视角更加多元化，在物质更新模式探索的基础上还关注社区利益冲突博弈探讨[1-2]、公共参与实施路径塑造[3]、社区可持续生计发展[4]、在地文化更新驱动[5]等。总的来说，我国社区更新对象并不局限于物质环境，也在探索社区治理机制、公众参与互动等。山地社区作为山地城市的基础细胞，是居民日常交往的主要空间载体，其空间形态因独特的地形条件区别于平原普通社区，因此将其定义为具有山地传统空间特色，以步行组织交通为主、物质环境较衰败且管理较开放的邻里居住单元[6]。一方面，中国山地面积占全国国土的69.1%，大量居民居住在山地环境，区域发展极为不平衡，相关学者表明未来城镇化的主战场在中西部地区，山地人居环境建设关系着国家统筹发展、全体人民共同富裕；另一方面，山地环境建造技术复杂，建筑成本高，城镇化的快速推进造成城市大量老旧社区出现。近年来，重庆市印发了多个老旧小区改造相关文件，如《重庆市主城区老旧小区改造提升实施方案》。截至2021年，重庆改造山地老旧社区多达2043个，惠及居民41万人。改造后的治理探索可以说是山地城市可持续发展及推进居民福祉的根基之要。现阶段山地社区更新从社区资产活化[7]、城市空间文化研究[8]等多方面进行微更新探索，但缺乏对社区治理建设的剖析。文章从全周期管理视角入手，通过分析治理问题、解读理论概念及适用原则，再结合渝中区嘉陵桥西村社区进行实证，解析其改造路径并总结出优化要点，进而总结我国山地老旧社区全周期治理方针。

一、山地社区治理难题及解决方法思考

1. 现阶段山地老旧社区的治理难题

山地城市受到地形影响，用地条件受限；位于城市中心区并具有良好土地潜力的老旧社区则成为

作者简介：

蔡雪艳（1996—），女，四川成都人，硕士研究生，主要从事山地人居环境学、城市规划与设计研究。

李泽新（1964—），男，四川遂宁人，教授，博士，主要从事山地人居环境学、城乡历史文化保护研究。

现阶段山地城市更新项目的焦点工程。山地老旧社区因外在内在两方面因素影响（图 1），存在基础设施薄弱、居民组成复杂、社会纽带断裂等问题。在更新治理过程中显现出居民低参与度的现象。其原因在于居民老龄化严重、社缘弱化，导致参与群体较少、参与意愿淡薄；另一方面也是认知偏差所导致的抵触情绪，如追求高额赔偿、维持占用的灰色空间（平台、过道）等，极不利于社区文化沉淀及后续长效治理。社区参与度是更新治理的坚实基础，现阶段的老旧社区更新完成后亟须提升后续造血能力，高参与、可持续的治理路径探索则极为重要；山地社区因其地形条件塑造了小聚居的空间形态，也加剧了内部人际网络复杂度；在全周期理论背景下，山地社区如何优化治理路径则是本文的重点。

2. 解决方法思考——山地社区的全周期管理

1）全周期理论的基本概念

全周期管理是一项注重项目长期效益的管理理念，考虑项目从设计、成长、成熟到维修报废各阶段的成本投入及质量保证，旨在实现成本最低；其本质内涵是将目标对象视为完整、动态的生命过程。随着实践发展，其理论从产品、工程管理逐步引申运用于城市管理、安全管理等领域。全周期管理理论强调系统性、协同性及有序性等特点，对项目前期决策规划、中期施工建设及后期日常运营进行全面管理，做到事前分析，事中控制，事后管理及反馈（图 2）。

2）全周期理论下山地社区更新治理原则

从全周期视角出发，城市社区更新全过程包括社区可持续生计评估、规划设计、施工改造、市场运营、自治管理发展的整个运作过程，并重点关注社区更新规划的系统统筹及后续精细化治理方面。全周期理论的统筹化思想，强调参与方、管理过程、管理要素的一体化[9]，对补齐社区治理短板具有指导意义。全周期视角下的社区更新治理规划是系统化的工程，在物质空间规划的同时也需要连续性的治理，与整治协调发展，维持动态持续的更新态势。物质空间的重塑提供山地社区的参与式治理场所，逐步开展多元合作及公众参与、监督反馈等治理方式。在其过程中遵循三大准则：

（1）全面统筹——包括参与主体及流程控制两部分。参与主体主要指与社区项目产生效益挂钩的利益主体，由组织者进行系统管理及分工协调。另外，对项目的前、中、后三个阶段进行监督管理，提高项目效益。

（2）目标明确——分解落实社区更新项目确定的目标和措施，明确综合效益最优的运营方案。社区更新应注重改善人居空间环境，为区域经济发展提供市场，从而实现经济、社会及人文“三赢”的综合目标。

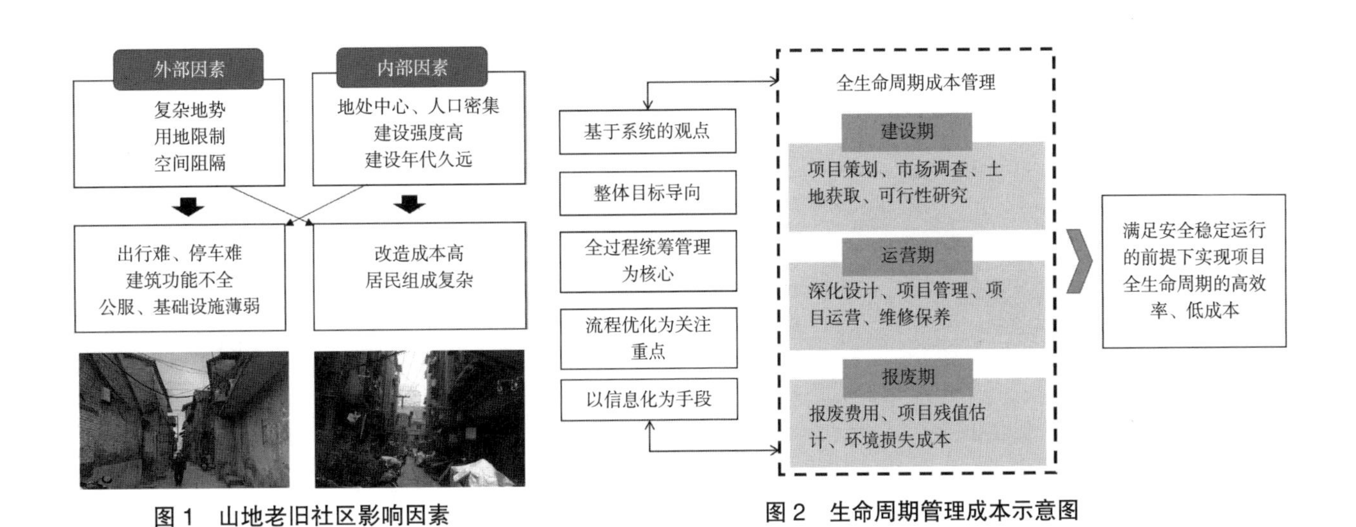

图 1 山地老旧社区影响因素

图 2 生命周期管理成本示意图

来源：参考文献 [9] 改绘

（3）动态发展——更新治理是在动态变化的环境中进行的管理活动，对于社区后续自主治理及运营应总结经验教训、创新管理体制，从前期预判未来发展的“弹性”变化，制定差异化的治理方案（图 3）。

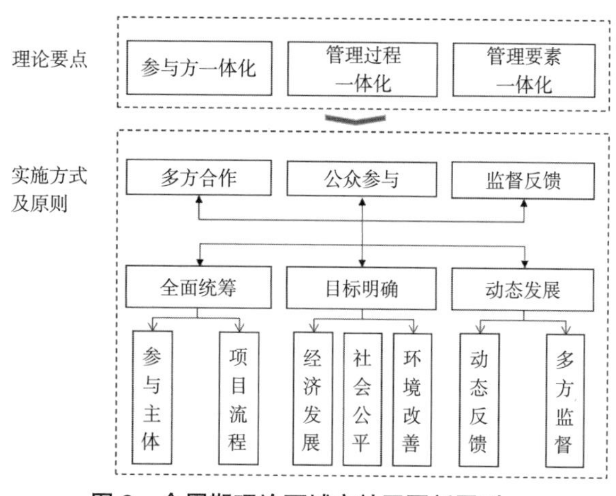

图 3　全周期理论下城市社区更新原则

二、山地社区更新实证解析及要点总结

1. 实证社区基础概况

重庆市的老旧小区改造工作开展如火如荼，其中渝中区嘉陵桥西村作为早期的社区更新试点项目之一，取得了较好的改造成效——常住人口不断增加、评为五星级和谐社区及 3A 旅游景区（图 4）。该社区不仅具有精细化的整治规划，后续持续治理运营及长效发展机制也极具借鉴意义，体现了全周期管理的统筹化、系统化思想。规划前，嘉西村在治理方面存在着住宅权属复杂、老龄化严重、管理体系混乱等问题，低参与度的现象较为显著。在社区更新治理中，嘉西村注重多方合作及公共参与两大要点，各参与主体的角色及参与方式也不断转变（表 1）。

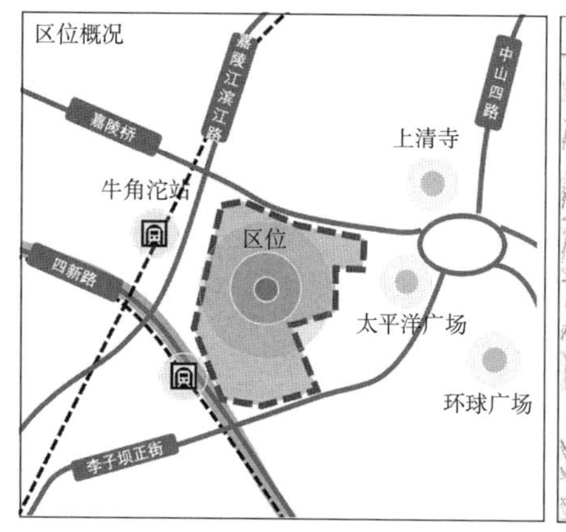

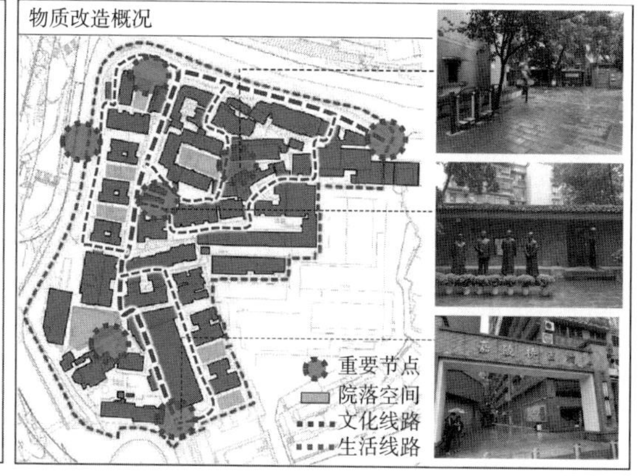

图 4　嘉西村区位及整治概况

来源：根据参考论文 [6] 整理绘制

嘉西村更新各阶段各主体参与方式　　**表 1**

	调研动员阶段	规划计划实施阶段	后期治理阶段
公共参与具体方式	社区走访、社会就地访谈、问卷调查、社区动员大会	居委会和街道办公示规范方案	每月更新计划并公示居民主动向居委会及自治物业志愿服务者反映情况
政府（街道办）	组织者	主导者	参与者
专家组织	主动参与	监督者	未参加
非营利组织	未参加	未参加	参与者
居委会	组织者	主导者	主导者
积极居民	主动参与	服务接收者	主导者
普通居民	被动回答	服务接收者	参与者
参与居民年龄段	相对单一	—	较为多元

来源：根据参考文献 [10] 整理绘制

在多方合作方面，首先是规划动员阶段的政府机构、社会团队、居民多主体双向互动[10]，政府机构及规划团队接受居民反映意见并解答疑惑，确定最终行动计划，在这一过程中对物质空间建设、住宅权属、硬件设施等问题进行协商讨论。其次是在后期治理阶段的政府街道办、居委会、自治团队、非营利组织、普通居民及商家的合作机制，上清寺街道办做统筹，居委会与非营利组织合作指导由积极的居民组成的自治委员会及社区志愿团队，为普通居民及商家提供公共服务，积极推动社区治理。其中，前四者是主导参与者，部分普通居民及商家则作为被服务对象（图5）。随着实施阶段的不同，参与角色的转换，嘉西村的信任机制相应重塑，体现了动态性及统筹性。

在公共参与方面，最为显著的是嘉西村居民参与度由低到高的转变。调研动员阶段，居民的参与主要由走访、动员大会进行意愿收集，只有部分居民持积极态度；在规划实施及后期治理阶段，由于物质环境的提升和居委会的持续动员，居民的参与度及权利意识得以提高。社区居民自发成立了居民自治管理委员会以进行自治物业管理，又组建了多个志愿组织提供公共服务，如杨开玉红袖章自治物管志愿服务队等，志愿活动的嘉许回馈制度和能人带动模式也能有效地激发居民的参与热情。居委会积极引入非营利组织为志愿者团队提供专业指导，如民悦社工服务站，更加巩固了“志愿服务 + 社工自治”的治理模式。

此外，通过现场调研访问得知，嘉西村社区还成立了自治协商团队，每月定期邀请相关主体共同开展例会汇报工作并反馈问题，涵盖社区软件、硬件方面。对空闲建筑及历史建筑（鲜英旧区）进行再利用，在社区主要生活线路旁安置不同的公共服务单位，便于居民使用。社区的自我管理服务、自发性组织工作形成了良好的运转机制。

2. 全周期视角下优化要点提取及反思

简析嘉西村的更新规划可以窥得，其更新治理要点可归纳为有效的多方合作、多元的参与平台以及持续的后期监督。笔者认为，在全周期管理的语境下，上述要点使得更新建设处于动态发展中，避免单一性建设更新完成后缺乏后续有效的管理机制。结合前文全周期理论下山地社区更新治理原则，针对山地社区管理的长效机制提出三个建议及思考。

1）整体目标 + 个体利益：构建多主体信任机制

在嘉西村的整个改造过程中，多方合作是关键；在政府主导下的多元主体和后期加入的商家、非营利组织不断相互作用，推进多方合作。在实现整体改造目标的同时更大限度地保障多主体的诉求，实现利益共赢，而后续山地老旧社区改造也可借鉴其前期“政府领导、社会团队指导、居民反馈”的合作方式，由政府主导推进项目。值得注意的是，在试点项目成功后，市场资本也会观察到老旧社区改造的溢出效应，积极参与改造，参与主体及方式也会变化，如九龙坡区白马凼小区改造采取的“政府 + 居民 + 企业”PPP 模式合作。

结合全周期理论的全面统筹原则，后续未改造的老旧社区应积极结合社区的特色资源（社会、文化、经济）进行价值评估，并在此过程中集结政府、社区、社会、市场等参与方，建立差异化的多方合作方式，减少投机行为及认知偏差。目前重庆市政府正在积极推进老旧小区的整改，政府机构往往成为主导参与者，可结合社区价值评估确定市场力及社会力的参与程度，打造“政府主导 + 社会及市场为辅 + 社区”“政府 + 社区 + 市场协作”“政府引导 + 社会及市场为主 + 社区”的多元化的合作模式。必要时，可由专业市场评估团队及社区委员会充当中介，对整改需求、产权安置、整治要点进行讨论，辨别诉求合理性并组织多轮沟通，提高多元主体的协商效率（图6）。在可持续治理环节中，该类信任机制也可借鉴嘉西村的机制重构做法，对不同的规划时期、参与主体进行灵活调整，保障社区的动态发展。

2）社区自治 + 社会力量：搭建多元参与平台

规划建设后培育社区内生力量从而实现社区更新生长是避免更新后不能可持续发展的关键。嘉西村在后期形成“居委会统筹、专业社工带头、居民自主参与”[11]的治理模式，加大了居民的参与渠道。居民推选形成的自治委员会（后发展为嘉和物业中心），制定社区每月行动计划并上报、公示。在居委

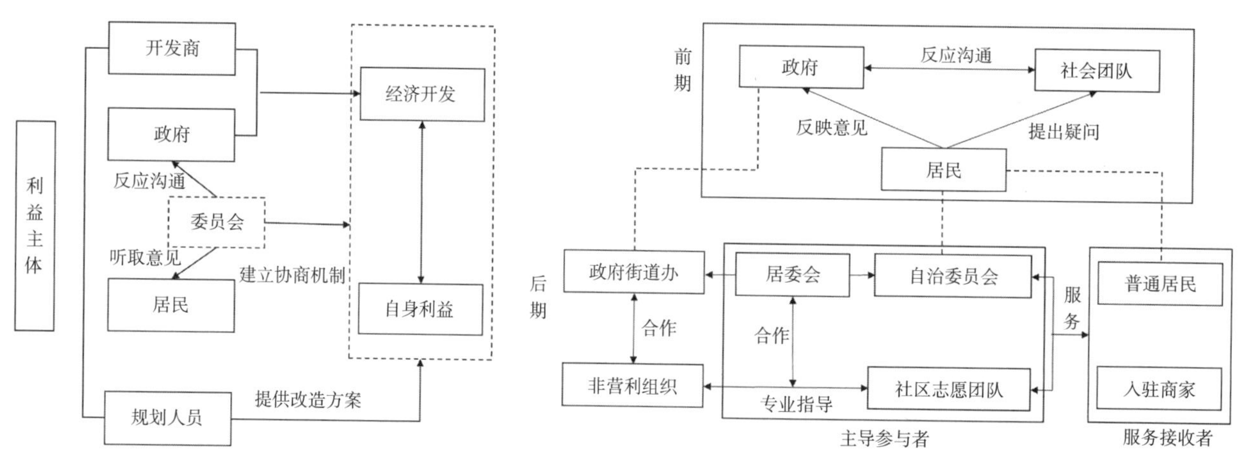

图 5　嘉西村的多方合作平台

图 6　利益协商机制建立过程

会领导下，志愿者团队与专业机构合力开展各项公益活动，吸纳社区居民参与到社区工作中（图 7）。同时物质硬件的提升带动了软文化的发展，社区的公共活动空间通过场所重塑了文化生活，居民也在梯坎、院坝之间开展交流活动，居民认同感及归属感得到提高。

因此，在建立多主体信任机制的基础上，山地老旧社区应结合其多元主体搭建社区自治参与团队及平台，通过奖赏机制、社区贤能带头等方法培育居民的权利意识、提高其参与度。其中，自治团队应由居委会统筹，社区居民推举或自荐组成；参与平台应包括线下的反馈例会及线上的书记信箱、社区群等。在治理过程中，可与社会力量（市场力量及第三方专业组织）创建合作伙伴体系以指导服务工作；依托社区内部公共空间，为居民提供特色本土化的公共产品和公共服务，如渝中区张家花园社区借助人和书院开展艺术交流活动、大渡口新工社区重塑重钢（重庆钢铁）标志开展文化活动。其余的老旧社区也可结合重庆独特的人文历史培育差异化的社区文化，拉动新老居民的价值认同参与交往。在后期，有条件的社区委员会也可借助 5G 技术、大数据等网络信息技术，优化收集信息和监管评价渠道，助力多主体协商。

3）多方监督 + 阶段摸底：接受多方监督反馈

监督与执行在社会改造中是共同开展的，监督者的角色也在不断转变。相较于前期的居民对规划方案及施工的意愿反馈，笔者认为治理后期政府机构及规划师的持续监督、审查更为重要。除了新入驻的居民及商户，随着试点项目的成功，嘉西村迎来了社会各界的关注，学者、考察团队也成为观察

图 7　嘉西村居委会及公益项目展板

监督者之一。据统计，2014~2020 年中国知网上共有 19 篇以嘉西村为主题的学术论文。多方的监督反馈带来的良性沟通也是嘉西村治理机制长效运作的影响因素。而对于其余山地社区，积极接纳监督反馈是社区治理的保障措施；社区自治可依托公共参与渠道收集线上及线下居民的评价及反馈，其次规划团队及参与企业、政府部门也应该定期返回社区进行调查监督，以形成长效的监督机制。另外，举行区域社区评选活动也可让公众加入到监督反馈之列，从简单的社区规划转向社会活动。

三、结语

社区更新正在从决策性规划转向综合的民众高参与的政策性规划，在提升城市综合价值的同时实现以人为本的利益需求。加强城市治理的全周期管理意识是提升城市基层治理及改造水平的现实需求，也是城市系统化建设的必然结果。笔者认为在基础的物质空间更新后，老旧小区还需要做到全周期的治理：

（1）构建多主体信任机制是关键，多元合作是社区改造发展的第一步，多主体的伙伴机制可以有利于社区的可持续发展。

（2）搭建多元合作平台并提高参与度是核心，社区后续发展的关键在于社区内部居民，提高主观能动性有助于打通社会治理的最后一步。

（3）多方监督反馈可确保社区全周期管理的动态性，推动长效治理。

参考文献：

[1] 谢涤湘，朱雪梅 . 社会冲突、利益博弈与历史街区更新改造：以广州市恩宁路为例 [J]. 城市发展研究，2014，21（3）：86–92.

[2] 胡纹，周颖，刘玮 . 曹家巷自治改造协商机制的新制度经济学解析 [J]. 城市规划，2017，41（11）：46–51.

[3] 廖菁菁，刘悦来，冯潇 . 公众参与老旧社区微更新的实现途径探索：以上海杨浦创智片区政立路 580 弄社区为例 [J]. 风景园林，2020，27（10）：92–98.

[4] 骆骏杭，黄瓴 . 社区治理视角下城市老旧社区可持续生计研究：以重庆市渝中区沧白路社区为例 [J]. 住区，2021（1）：55–61.

[5] 叶原源，刘玉亭，黄幸 ."在地文化"导向下的社区多元与自主微更新 [J]. 规划师，2018，34（2）：31–36.

[6] 李和平，肖洪未，黄瓴 . 山地传统社区空间环境的整治更新策略：以重庆嘉陵桥西村为例 [J]. 建筑学报，2015（2）：84–89.

[7] 黄瓴，沈默予 . 基于社区资产的山地城市社区线性空间微更新方法探究 [J]. 规划师，2018，34（2）：18–24.

[8] 黄瓴，明钰童 . 基于城市空间文化价值评价的山地城市社区微更新研究 [J]. 上海城市规划，2018（4）：1–7.

[9] 王巧光 . 基于全寿命周期理论的住宅项目成本管理与控制研究 [D]. 大连：东北财经大学，2010.

[10] 左培丁 . 城市社区更新公众参与比较研究 [D]. 重庆：重庆大学，2019.

[11] 卢旸 . 基于社会过程思维的城市社区更新规划评估 [D]. 重庆：重庆大学，2016.

专题六

山地城乡公共健康与安全

山地城市老旧社区居民健康风险的空间分析与更新措施
——以重庆市渝中区国际村社区为例

陈春潮[1]，戴代新[2]

（1. 重庆交通大学建筑与城市规划学院，重庆　400045；

2. 同济大学建筑与城市规划学院，上海　200092）

【摘　要】由于可建设土地资源的紧缺、地形地貌的限制和历史遗留问题等影响，导致山地城市老旧社区中存在诸多对居民健康产生影响的空间。通过文献分析归纳出4类对居民健康产生影响的空间，根据各类空间现状问题对居民健康的影响进行推断，探究该类空间带给居民的健康风险状况和该类空间的形成原因，通过对重庆市国际村社区的实地调查，从居民生理、心理和社会健康三方面提出空间更新措施。本文为山地城市健康社区的打造和老旧社区人居环境的改善提供借鉴，对补齐老旧社区健康卫生方面的短板和提升城市品质有着重要意义。

【关键词】山地城市；老旧社区；健康风险；空间分析；社区更新

一、社区居民健康风险研究现状

世界卫生组织（WHO）认为，健康“不仅是无疾病或残疾状态，也意味着身体、精神和社会全面健康”。广义上的健康不仅是确保身心健康，同时需要满足居民的基本物质需求，安全良好的社会关系以及个人选择和行动的自由[1]。健康风险是指因自然、社会以及自身发展等因素导致人出现疾病、伤残和造成健康损失的可能性，其中因建成环境等问题导致的肢体伤害的可能性也可视为广义上的健康风险。居住区作为居民工作学习外日常生活停留时间最长的空间，其所处区位和建成环境等对居民健康状况有着极为密切的影响。目前国内对于健康社区已出台相应的规定和评价标准，例如2020年9月1日起实施的《健康社区评价标准》[2]和针对住宅建筑的《健康住宅评价标准》[3]。本研究旨在为山地城市老旧小区的改造提供理论和案例支撑，推动山地城市老旧小区的健康化发展。

国外对居住区环境和居民健康的关系进行了大量研究[4-7]，例如当地饮食习惯、居民健康行为、地理环境和特定人群等。目前，国内已对健康居住小区评价体系的构建进行了探析[8]，从居住环境的空间属性[9]和居住区景观设计[10-11]以及居住区外环境[12-14]角度出发，探寻居民健康和居住环境间的联系。

以上研究更多是对于平原城市居住区的研究，目前针对山地城市社区环境和居民健康关系的研究较为欠缺。由于山地城市特殊的自然环境和地形条件，城市基底在建设过程中会有高低起伏变化，其空间构成和平原城市有着显著差异。山地城市居住小区典型特点为：①山地地形影响下，建筑多集中于适宜地块内，局部建筑密度大，建筑形式充满灵活性[15]；②高差导致道路坡度较大，多以梯步和林荫道连接各组团，路线多呈非直线形[16]；③常采用退台、错层等手法处理地形，开拓平整场地满足居

作者简介：

陈春潮（1997—），男，重庆渝中人，硕士研究生，主要从事老旧社区更新研究。

戴代新（1975—），男，湖南湘潭人，副教授，博士，主要从事景观遗产保护与文化景观研究。

民日常活动需求[15]。因此在借鉴平原城市居住区环境对居民健康影响的经验时应注重考虑山地城市空间的独特性。通过文献分析，对社区居民健康风险的空间类型和成因进行了归纳总结。

1. 社区居民健康风险的空间类型

对于居民健康产生影响的空间主要分为两大类，即建筑内部空间和户外空间，前者对于居民健康的影响主要集中在室内建成环境对人体的影响。本研究主要以户外空间为主，以居民主要日常活动区域为参考，从中选取出4类易对居民健康产生影响的空间代表，并进行健康风险分析。

1）社区通行空间

道路的平整度和通行空间的使用性密不可分，如果道路起伏过大或凹凸不平，将会给居民出行带来安全隐患[17]。部分通行空间被其他建筑或围墙包围，而这些建筑通常破损、杂乱有污渍等，这属于“空间失序”[18-19]范畴。居民长期在空间失序的通行空间行走将影响其个体的心理健康，使其对通行空间的舒适性、安全性等感知降低，从而感到压力，如主观幸福感的降低和个人抑郁，增加对邻里环境的恐惧、焦虑与不信任[20]。

2）垃圾回收处

垃圾清运不及时所产生的恶臭味中包含几种对人体有较大影响的气体：例如氨气（NH_3）、硫化氢（H_2S）、甲硫醇（CH_3SH）等，其中低浓度的H_2S会引发眼炎，易引起气管炎、咳嗽甚至咽部水肿，长期吸入H_2S会使人的抵抗力下降，易引发肠炎等一系列疾病[21]。而鼠类带来的病毒性疾病、立克次体病和寄生虫病[22]等传播将会导致居民健康受损。垃圾中的食物残渣还会引来流浪猫狗在此觅食，而流浪猫狗通常未经狂犬病防疫，一旦被路过的居民惊吓极易抓咬行人致其患病[23]。

3）建筑周边环境

老旧小区中通常采用瓷砖贴墙，部分外墙上的瓷砖脱落将导致过往行人被砸伤。而当住宅发生火灾时，阳台会被作为逃生通道，防盗网的安装将会阻碍居民逃生和消防人员的救援行动。光是维持人体生物钟的主要刺激因素，如果因建筑外部空间阻挡导致居民不能得到充足的光照，人体将会面临生理功能、神经行为认知功能和睡眠质量低下的状况[24]，从而严重影响人体健康。而采光不足导致的室内潮湿问题也会增加儿童哮喘[25]、过敏性疾病[25]以及类风湿性疾病[26]的概率。

4）社区公共空间

公共空间中，活动设施的便捷性对于邻里交往活动的影响较大，其中，服务设施数量、服务设施分布和服务设施保养作为环境因子不同程度影响了居民交往活动[27]。而老旧小区由于活动设施设置分散、布局混乱和服务距离无法保障等缘故，居民的生理和心理健康都有不同程度的影响[28]。

2. 居民健康风险状况的空间诱因

对上文提到的各空间类型、对居民造成的健康风险以及风险源进行总结分析，得到居民健康风险表（表1）。

通过网上问卷调查发现，各项健康风险中居民因路面湿滑、不平整或该区域光照不足等情况下出行所导致的摔倒扭伤为主要健康风险。这与山地城市的地形地貌、气象条件以及后期维护的不足息息相关，同时通过大数据平台查询到2019年120出警创伤类急救中摔伤占比37.3%[29]印证了该风险的危害性。各类空间对于居民健康影响的方式和传导过程不同[8]，可将各类空间对于居民健康产生的影响分为瞬时直接型和长期间接型两种。前者指空间对居民直接造成突发性的伤害，主要存在于巷道、楼梯等居民出行必经的空间，其对居民健康影响的主要方式为意外摔伤、失足跌落等直接性的肢体伤害。后者指空间作为媒介，空间内部其他事物对居民健康产生影响，空间对居民健康的影响是间接且长期作用而形成的。例如社区中公共活动空间的运动设施不足、出行空间的不畅通等都会导致居民外出活动欲望的降低，从而进一步导致高体重指数的产生。

同时，自然条件和人为因素也会对居民的健康产生影响。自然条件的影响包括气候、地形、环境和自然光照等，这些因素对于居民健康有着较为直接的影响，如地处低洼潮湿地区的居民多伴有皮肤[25]

各类型空间对居民健康的影响表　　表 1

空间类型	风险源	健康风险
通行空间	阴暗潮湿	蚊虫叮咬
	路面破损，长有苔藓	摔倒扭伤
	夜晚灯光昏暗	
	路面不平整	
	空间失序（如废弃建筑、墙体破损、结垢等）	压力、抑郁
	通行空间过窄，坡度过大	失足跌落
垃圾回收处	环境脏乱	蝇虫蛇鼠滋生
	气味恶臭	呼吸系统疾病和其他疾病
	食物残渣	流浪猫狗觅食导致居民被抓咬
建筑周边环境	墙面破损、脱落	居民及行人被坠落物砸伤
	空调外机滴水，居民浇花漏水	污水滴落造成行人皮肤伤口感染，路面湿滑
	防盗网安装	火灾隐患，火灾救援难度增加
	垃圾堆积	蚊虫滋生，恶臭导致呼吸系统疾病
	底层居民采光不足	屋内潮湿，居住者抑郁
	监控设施不足	抢盗导致受伤
公共空间	海绵城市设施不足	路面湿滑、积水影响外出就医
	路面破损长有苔藓	摔倒扭伤
	夜晚灯光昏暗	
	路面不平整	
	公共活动设施老旧破损	肢体伤害
	公共活动设施不足	高体重指数（BMI）

和风湿类疾病[26]；人为因素的影响包括社区规划、建筑密度、配套设施、社区管理等，此类因素对于居民健康有着间接性的影响，如基础配套设施较弱的社区居民体力活动水平将受影响[30]。

二、重庆国际村社区调查研究

1. 国际村社区现状

国际村是重庆市渝中区内的老社区，不仅有着典型的山地特征，也有着丰富的抗战文化资源，是重庆近代发展史的见证者之一。山地特征方面，其南北呈凸字形分布，中间高两边低，高低差为 40 余米，且东西两侧高差近 50m，内部房屋依山而建，蜿蜒曲折的陡坡如毛细血管般连接各个角落。抗战文化资源方面，其在抗日战争时期曾作为多国驻华机构的所在地并因此得名，目前还保留着诸多抗战时期建筑。除以上方面外，目前国际村社区内还存在房屋建成时间跨度长、质量差异大、人口老龄化严重、基础设施较为薄弱以及其他问题等，故本文选其作为研究对象。

2. 居民健康风险的空间分析

1）通行空间

该社区内地势高低起伏，坡坎较多，而重庆全年湿润的天气导致路面更易生长青苔（图 1），居民行走时极易摔倒。同时，部分通行空间过于狭窄且坡度较大，居民上下楼梯时易失足跌落。而路面不平整和照明的不足将会导致居民夜间出行时被绊倒摔伤，部分通行空间被建筑墙体所包围，空间的失序也会导致居民行走其中感到压力和抑郁。

2）垃圾回收处

老旧小区由于其历史的局限性，导致修建之初并未考虑在合适的位置修建垃圾回收处，故现有垃圾回收处的位置不合理，而容量不足和垃圾清运工作的不及时，将会导致垃圾长期余留（图2）。余留下的垃圾极易滋生蝇虫蛇鼠从而传播疾病，且食物残渣也会引来流浪猫狗觅食导致居民被抓咬，在高气温情况下垃圾会散发恶臭从而引发居民呼吸系统疾病和其他疾病。

3）建筑周边环境

对建筑周边环境调查后发现，部分建筑外墙墙面有破损和脱落现象（图3），极易造成居民和行人被坠落物砸伤。部分居民浇花和空调外机的滴水也会导致该区域地面湿滑增加摔倒的可能性。大多数居民家中都加装了防盗网且堆积有杂物（图4），这将增加火灾隐患，且发生火灾后救援难度也随之增加。部分建筑地处低矮区域，为加固后侧斜坡筑有水泥堡坎，堡坎和建筑下层形成了高低差，导致建筑下层靠堡坎一侧长期采光不足（图5）。采光不足将会导致屋内潮湿，长期生活于此，会增加风湿类疾病和皮肤疾病的风险，且长期自然光照不足也会导致人抑郁。该区域有楼上居民掷物导致垃圾堆积（图6），加之潮湿的环境极易滋生蚊虫。

4）社区公共空间

在该社区内，公共空间的海绵城市措施不足，导致下雨天路面湿滑易跌倒，雨天路面积水的问题也会影响居民外出就医的效率而加重病情。公共活动设施的老旧破损在使用中将会对居民产生肢体伤害，设施的不足（图7）将导致居民的活动不足从而引发高体重指数（BIM）。因路面不平整、破损和苔藓的生长以及夜晚灯光的昏暗将会导致居民活动时摔倒扭伤。

三、健康导向的老旧小区空间更新措施

对于老旧小区空间的改造更新，我们应该从居民的生理、心理健康以及社会健康出发，抓住居民的现实利益，推动建设安全健康的社区。

1. 针对生理健康效益的措施

生理健康是居民健康的保障，消除空间中可能对居民身体产生伤害的地方，让居民能够安全、舒适和平等地参与各类利于身心健康的活动。对于出行空间中不平整的地方及时修缮，减少居民因出行而导致的摔伤扭伤。对于坡度大、空间狭窄的地方应当安装扶手和提示性标语，对于老年人经常出没的路段可设置自动扶梯，加强适老化设计。对于环境脏乱的地方要进行定期清理和全面消杀工作，保

图1 长满苔藓的阶梯

图2 堆积的垃圾

图3 外墙瓷砖脱落

图4 堆有杂物的防盗窗

图5 采光不足的底层

图6 底层堆积的垃圾

图7 活动设施不足的公共空间

障居民活动场所的干净卫生无异味。全面排查各建筑外墙现状，对于墙体脱落的建筑应及时进行外墙修复工作，在接近外墙的区域设立警示标志，保障居民生命安全。同时应加强对公共活动设施的维护与管理，让居民可以安心进行日常健身，以此提高居民运动频率。

2. 针对心理健康效益的措施

心理健康是居民健康的基础，现代都市中高压、快节奏的生活使得居民承受了更多的心理压力。对于那些空间失序的地方，我们应当对其进行拆除和修补，减少居民在此类空间中的心理压力。在临街噪声污染较重的区域设立隔声墙和种植阔叶植物等用于减少噪声对于居民的焦虑、抑郁的影响。对于光照不足的居住空间，可以通过光导管系统将室外的光线进行收集再通过导光管传输到室内[31]，让底层居民减少因光照不足导致的心理压力。同时增加社区中设施良好的绿色开放空间，居民在外出活动时也能够很好地缓释心理压力。

3. 针对社会健康效益的措施

社会健康是居民健康的内涵，增强居民、社会团体间的社会纽带是城市更新中影响居民健康的重要途径[32]。研究表明，更多的公共活动空间与更多的户外社交可以提升居民间的社会纽带[33]，同时每增加10%林冠覆盖率将会减少12%的犯罪率[34]。配套设施完善、周边景观优美的公共空间可以吸引居民自发前往，提高居民间交流的机会并促进居民锻炼的欲望。公共活动空间对于居住区内的弱势群体，如贫困、患病和残障人士等，起到了十分重要的作用[35]。

四、结语

从实地调研结合相关研究可以发现，在山地城市老旧社区中空间对居民健康的影响是潜移默化的，我们应当提高对各类空间的认知，从居民健康影响的源头入手，做到防患于未然。在改造和更新空间时，应做好扎实的基础信息收集与分析，结合空间对居民健康影响的方式和途径，综合利用各类资源。让原有会对居民健康产生影响的空间，转化成为社区内更为健康的活动空间，最终通过空间来吸引居民外出锻炼以强身健体。希望通过对山地城市老旧社区居民健康风险和空间的探析，为老旧社区注入新的活力，消除健康隐患、促进邻里关系，为新时代背景下重庆城市的高质量发展贡献一份绵薄之力。

参考文献：

[1] Millennium Ecosystem Assessment（MA）. Ecosystems and human well-being[R].Washington DC：Island Press，2006.

[2] 中国工程建设标准化协会绿色建筑与生态城区专业委员会．健康社区评价标准：T/CECS 650—2020[S]. 北京：中国计划出版社，2020.

[3] 中国工程建设标准化协会．健康住宅评价标准：T/CECS 462—2017[S]. 北京：中国计划出版社，2017.

[4] CASPI C E，SORENSEN G，SUBRAMANIAN S V，et al. The local food environment and diet：a systematic review[J]. Health and Place，2012，18（5）：1172-1187.

[5] DING D，SALLIS J F，KERR J，et al. Neighborhood environment and physical activity among youth：a review[J]. American Journal of Preventive Medicine，2011，41（4）：442-455.

[6] CHRISTIAN H，ZUBRICK S R，FOSTER S，et al. The influence of the neighborhood physical environment on early child health and development：a review and call for research[J]. Health and Place，2015，33：25-36.

[7] WON J，LEE C，FORJUOH S N，et al. Neighborhood safety factors associated with older adults' health-related outcomes：a systematic literature review[J]. Social Science and Medicine，2016，165：177-186.

[8] 张雨洋，刘宁睿，龙瀛．健康居住小区评价体系构建探析：基于城市规划与公共健康的结合视角[J]. 风景园林，2020，27（11）：96-103.

[9] 董宏杰，曾坚，唐冠蓝，等．居民健康与其居住环境空间属性的关系：以天津市区的12个居住区为例[J]. 建筑节能，2019（10）：97-104.

[10] 陈崇贤，罗玮菁，李海薇，等．居住区景观环境与老年人健康关系研究进展[J]. 南方建筑，2021（3）：22-28.

[11] 吕慧．公共健康导向下岭南居住区景观设计与蚊患防控关联研究[D]. 广州：华南理工大学，2018.

[12] 吕飞，杨静，戴锏．健康促进的居住外环境再生之路：对城市老旧住区外环境改造的思考[J]. 城市发展研究，

2018，25（4）：141-146.

[13] 郭蕊 . 健康建筑理念下适应青少年的大连室外健身空间设计研究 [D]. 大连：大连理工大学，2020.

[14] 马明，周靖，龙灏，等 . 院内感染（NI）视角下综合医院建筑的布局优化研究 [J]. 南方建筑，2021（5）：50-57.

[15] 任燕 . 山地住宅小区建筑设计适宜性策略研究 [D]. 西安：西安建筑科技大学，2019.

[16] 杨鸥，刘君，广晓平 . 山地城市居住小区的道路交通问题及对策 [J]. 四川建筑，2009，29（4）：18-20.

[17] 李媛 . 人性化设计理念在城市道路设计中的应用分析 [J]. 工程建设与设计，2020（10）：87-88.

[18] MARCO M，GRACIA E，TOMAS JM，et al.Assessing neighborhood disorder：validation of a three factor observational scale[J].The European Journal of Psychology Applied to Legal Context，2015，7（2）：81-89.

[19] ROSS C E，MIROWSKY J. Disorder and decay：the concept and measurement of perceived neighborhood disorder[J].Urban Affairs Review，1999，34（3）：412-432.

[20] 陈婧佳，张昭希，龙瀛 . 促进公共健康为导向的街道空间品质提升策略：来自空间失序的视角 [J]. 城市规划，2020，44（9）：35-47.

[21] 刘军，巩小丽，蔡琳琳 . 垃圾填埋场恶臭污染产生原因与防治措施的研究进展 [J]. 环境与发展，2019，31（12）：56-57.

[22] 赵玉强，程鹏，公茂庆，等 . 鼠传播疾病及鼠类的防治概述 [J]. 中国病原生物学杂志，2010（5）：378-380.

[23] SALOMAO C，NACIMA A，CUAMBA L，et al. Epidemiology，clinical features and risk factors for human rabies and animal bites during an outbreak of rabies in Maputo and Matola cities，Mozambique，2014：implications for public health interventions for rabies control[J].Plos Neglected Tropical Diseases，2017，11（7）.

[24] 郝洛西，崔哲，周娜，等 . 光与健康：面向未来的开拓与创新 [J]. 装饰，2015（3）：32-37.

[25] 刘一隆 . 重庆地区住宅室内潮湿环境与儿童健康的关系研究 [D]. 重庆：重庆大学，2013.

[26] 胡鲲，苏军，陈新春，等 . 贵州黔南地区 20~79 岁农村居民类风湿关节炎患病现状及危险因素 [J]. 中国公共卫生，2019，35（7）：813-817.

[27] 谭少华，何琪潇，陈璐瑶，等 . 城市公园环境对老年人日常交往活动的影响研究 [J]. 中国园林，2020，36（4）：44-48.

[28] 阳建强 . 公共健康与安全视角下的老旧小区改造 [J]. 北京规划建设，2020（2）：36-39.

[29] 佚名 . 重庆 120 去年接警 51 万次，车祸伤摔伤占比最高 [EB/OL].（2020-01-07）[2021-07-31].https：//www.cqcb.com/shuju/2020-01-07/2085967_pc.html.

[30] BARNETT D W，BARNETT A，NATHAN A，et al. Built environmental correlates of older adults' total physical activity and walking：a systematic review and meta analysis[J].International Journal of Behavioral Nutrition and Physical Activity，2017，14（1）.

[31] 丁力行，欧旭峰，卢海峰，等 . 光导管技术及其在建筑领域中的应用 [J]. 建筑节能，2011，39（1）：64-67.

[32] 姜斌 . 城市自然景观与市民心理健康：关键议题 [J]. 风景园林，2020，27（9）：17-23.

[33] JIANG B，ZHANG T，SULLIVAN W C. Healthy cities：mechanisms and research questions regarding the impacts of urban green landscapes on public[J].Health and Well-being，2015，3（1）：24-35.

[34] KUO F E，SULLIVAN W C. Aggression and violence in the inner city - effects of environment via mental fatigue[J]. Environment and Behavior，2011，33（4）：543-571.

[35] TROY A，GROVE M，O' NEIL-DUNNEA G. The relationship between tree canopy and crime rates across an urban-rural gradient in the greater baltimore region[J]. Landscape and Urban Planning，2012，106（3）：262-270.

面向新型城镇化的山地城市健康度评价指标体系构建研究

薛天泽，李泽新
（重庆大学建筑城规学院，重庆 400045）

【摘　要】2016年，国务院印发《“健康中国2030”规划纲要》，旨在推进健康中国建设，提高人民健康水平，凸显了我国对健康城市营建的重视。山地城市特殊的自然地理条件塑造了独具特色的城市与社会环境，也因此在健康城市的评价和测度标准上具有特殊性。基于此，本文以健康城市研究为背景，从山地城市的特征入手分析其与平原城市的差异，并在探索山地城市特色指标的基础上构建适应山地城市的健康度评价指标体系，为未来山地城市公共健康提供测度标准和指标方面的参考。

【关键词】新型城镇化；山地城市；健康度；指标体系；系统框架

截至2020年末，我国常住人口城镇化率已超过60%，城镇化发展进入存量提质的改造与增量优化调整并重的新时期。在这一背景下，转变城市发展理念，推动新型城镇化的城市健康发展成为值得关注的问题。我国自1989年创建卫生城市起，至2016年《“健康中国2030”规划纲要》提出建成一批示范性的健康城市与健康村镇，健康城市的理念随着认知演化与重大公共卫生事件的影响，其内涵也在不断向经济、社会等领域革新和拓展，逐渐成为提升城市健康度和推动可持续发展的有效途径。

相比平原城市，山地城市更为复杂的自然地理条件塑造了独特的城市立体景观和活动空间，同时，由于其生态环境敏感度较高，城市建设受地形的影响较为显著，在健康城市营建层面，更需因地制宜进行探索。通用的健康城市评价体系兼顾平原城市与山地城市的特点，难以完全涵盖山地城市健康度评价标准等方面的特殊性，分析山地城市在健康城市营建层面与平原城市的差异，并探索构建适应山地城市的健康城市评价指标体系，对未来我国山地城市公共健康发展具有重要意义。

一、健康城市研究进展

1. 理论背景

“健康城市”理念的产生源于19世纪的欧洲工业革命，工业化带来了生产力的迅速发展，也激发了人口聚集与居住环境遭到污染的矛盾和各种城市问题。此后，霍华德的田园城市理论指出解决城市健康问题的重要性，沙里宁的有机疏散理论认为“只有按照自然规律的基本原则发展成为人类文明成果时，才能从物质，文化和精神上保持健康”。1986年，汉考克和杜尔首次提出健康城市是“能够持续改善城市自然与社会环境，强化并拓展社区资源，使居民之间能够互动扶持并最大限度地发挥每个人潜能的城市”[1]。从这一时期开始，健康城市逐步从关注特定的健康状况结果转变为关注城市追求健康发展的过程，并拓展到医疗卫生、社会学和城市规划等多个领域。

作者简介：
薛天泽（1994—），男，河北石家庄人，硕士研究生，主要从事山地人居环境科学研究。
李泽新（1964—），男，四川遂宁人，教授，博士，主要从事山地人居环境学、城乡历史文化保护和山地城市交通研究。

2. 国内外研究综述

世界卫生组织（WHO）于 1984 年首次提出“健康城市”概念，并于 1987 年启动“欧洲健康城市项目”（后称“欧洲健康城市网络”），由于当时已经有部分城市采取了不同的涉及健康发展的措施，因此专门成立项目办公室建立了包括 53 个指标在内的健康城市指标体系（HCIs）[2]，后精简为 32 项（图 1）。此外，西方国家大多将评价指标体系作为城市中各类健康影响评估（Health Impact Assessment，HIA）的组成部分之一。美国旧金山市公共健康部门针对城市更新中的社区发展要求对更新方案进行了健康影响评估（ENCHIA）。以评估委员会为核心，健康部门、社区组织等利益相关者共同参与探讨涵盖环境、住房、健康经济等在内的 114 项具体指标，形成 27 项针对性的政策和战略[3]。目的在于以高效运作的评估机制解决规划中可能面临的各种问题[4]。

我国于 1994 年开始“健康城市”项目试点。2018 年，国家卫生健康委员会办公厅发布了《全国健康城市指标评价体系（2018 版）》，涉及环境、社会、服务、人群和文化五个部分。2020 年 12 月，清华大学中国新型城镇化研究院发布“清华城市健康指数”，包括健康服务、健康行为、健康设施、健康环境、健康效用 5 个评价板块，涵盖 16 个评估领域（二级指标）和 53 个评估项目（三级指标）（图 2）。此外，苏州、昆明、杭州等地也陆续制定了健康城市的指标体系（表 1）。从研究层面来看，国内从 1991 年起对 WHO 健康城市项目的介绍[5]发展到现今对健康城市的理论内涵和评价体系进行系统研究[6]，并对我国健康城市建设进行横向比较[7]。部分学者强调国家应探索适应国情的评估工具与指标体系[8]，不同城市可在国家总体框架下结合自身特点针对性制定指标体系[9]。

总体上看，西方国家的健康城市运动起步较早，在指标评价层面更多针对环境、社会和政策等可能影响城市健康的要素开展影响评估，其指标数量多，

我国部分地区健康城市指标体系建设情况 表 1

年份	地区 / 机构	指标体系维度	指标数量
2017 年	北京	人民健康水平、健康生活、健康服务、健康保障体系、健康环境、健康产业	28 项二级指标
2017 年	苏州	健康水平、疾病防控与爱国卫生、妇幼健康、卫生监督、计划生育、医疗服务、医疗卫生服务体系、医疗保障、智慧健康	26 项二级指标
2018 年	全国爱国卫生运动委员会	健康环境、健康社会、健康服务、健康人群、健康文化	20 项二级指标、42 项三级指标
2020 年	昆明	健康环境、健康社会、健康服务、健康人群、健康文化、健康产业	91 项二级指标
2020 年	清华大学中国新型城镇化研究院	健康服务、健康行为、健康设施、健康环境、健康效用	16 个评估领域、53 个评估项目
2021 年	杭州	健康水平、服务体系、服务效能、保障水平、创新发展	20 项二级指标

1. 健康	2. 健康服务
死亡率 主要死因 低出生体重	每位基层保健医生服务的居民数　免疫率 每位护理人员服务的居民数 健康保险覆盖的人口比率 市议会的争议健康问题 城市健康教育项目 外语服务可用性
3. 环境指标	**4. 社会经济指标**
空气污染程度　生活空间 污水收集　生活垃圾处理 绿地　废置工业用地 运动休闲设施　步行化 骑行路线 公共交通服务范围 水质 公共交通可达性	不适宜住房人口比率 失业率 托儿所可利用性 流产率 母亲生育年龄 残疾人就业比率 贫困程度 无家可归者

图 1 改进后的 WHO 健康城市指标体系

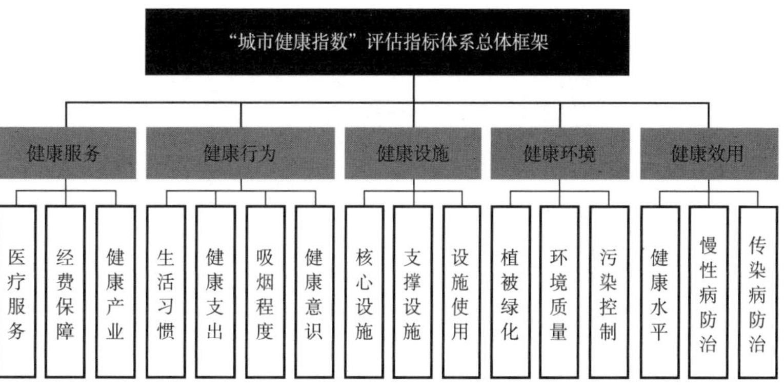

图 2 清华大学“城市健康指数”评估指标体系总体框架

覆盖面广，但存在工作量庞大、数据可操作性和科学性不足等问题。我国的健康城市实践与研究经历了近 30 年的发展，目前在指标体系建立和应用上已经愈发成熟。此外，虽然已有覆盖全国的指标体系可供横向对比，但各个城市仍需结合自身发展特点因地制宜进行指标体系建设，尤其是处于复杂地形的山地城市，其特殊的自然地理和社会环境使得建立适用性更强的指标体系成为愈发值得关注的问题。

二、山地城市相关研究

1. 山地健康城市营建特征

地处占据我国 2/3 以上国土面积的山区，山地城市的发展条件使其在健康城市营建上具有一定特殊性，主要体现在对城市和自然、社会环境的影响上：

（1）三维发展的城市空间布局。高低起伏的城市基底使得山地城市空间布局呈现明显的三维特征，经历对自然山水的适应和改造后形成变化丰富的城市开敞空间（图 3），并形成多样的社交场所和交往空间。

（2）较少的城市建设用地。山地城市在空间发展方面受地形影响显著，用地多被山峦、河流等分割形成多中心分散式组团的城市布局（图 4）。城市中形成多种类型的步道，但步行交通，以及医疗、文娱等服务设施可达性仍受到限制。

（3）丰富的自然人文资源。立体的山地空间蕴含大量自然资源，同时孕育出独特的山地人居环境，具有极大的建设和发展潜力。

（4）敏感度较高的生态环境。相比平原城市，山地城市的生态环境更易受到地质灾害和气候变化影响，并且随着城镇化的发展，山地城市的人地矛盾愈发凸显，复杂的地形条件提升了城市建设的难度，甚至于不得不改造原有的山地生态环境，给山地自然与人文资源带来了一定程度的损失。

2. 面向山地城市的健康城市建设发展需求

山地城市在健康城市营建上的特征决定了其健康城市建设的特殊性，即基于三维特征的城市空间与用地布局的集约利用，生态环境与资源的保护规划以及人群生活的健康度衡量。笔者基于山地城市的特征和健康城市的相关研究，总结了山地健康城市的建设发展需求（表 2）。

山地城市健康营建的特殊要素表明其评价体系也应有所侧重。从我国研究来看，无论是全国健康城市评价体系，还是清华大学发布的城市健康指数，其均为覆盖全国的评价范围下的城市健康要素评估，兼顾各类城市发展特征，因而不可避免地存在难以反映山地城市特征的问题。增加衡量城市立体空间与用地开发使用程度、自然资源利用程度和人居生活健康程度等反映山地城市建设与环境特殊性的相关指标，是山地城市健康度评价体系需要关注的重点。

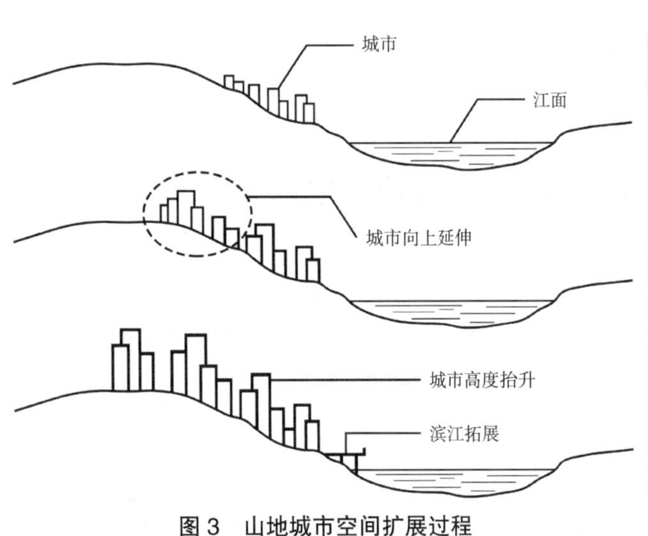

图 3　山地城市空间扩展过程

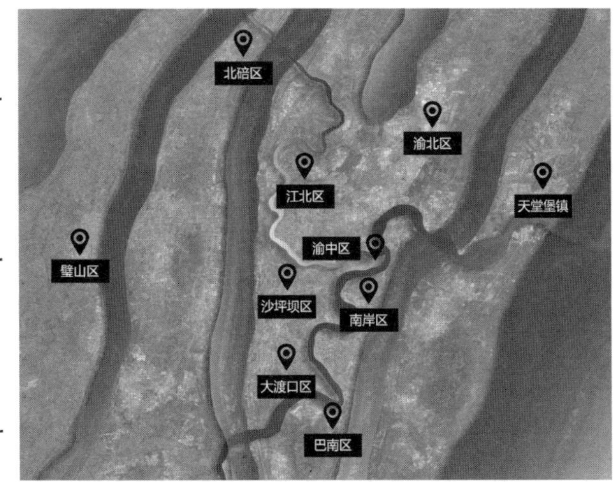

图 4　地形分割的山地城市布局——重庆

山地健康城市建设发展需求 表 2

山地城市健康建设特殊性要素	侧重点	特征说明
立体化（三维特征）	城市竖向空间利用	化整为零，利用复杂多变的地形塑造连续紧凑的城市开放空间并组织城市景观序列，构建具有特色的交通空间
	建设用地集约开发	对城市建设用地进行基于生态环境适宜性和敏感度分析的开发利用范围划定，开展城市建设用地影响评价，注重发掘存量用地
		在敏感度分析基础上进行多维度，特别是空间层面的精细化管理，对人口总量和用地开发强度进行优化管控，同时对城市不同区域进行差异化用地配置
生态环境资源	规划先行	基于 GIS 和大数据平台对城市生态空间进行敏感度分析，对维持生物多样性和城市 – 自然生态系统平衡具有重要作用的生态空间予以重点保护
		对于可利用的生态空间和自然资源进行基于生态环境承载力范围内的合理分配使用，避免过度开发和资源浪费，注重对自然灾害的规划防控
人群生活	多层次健康	注重人群的身心健康，包括人均寿命，人口体质健康率和重大疾病死亡率等
		人群生活的健康程度衡量，包括出行的便捷程度（基本服务设施覆盖率、交通可达性）以及人群生活环境的品质（社区建设、社交空间与场所覆盖率）

三、新型城镇化的山地城市健康度评价体系构建研究

1. 基于山地城市特征的评价体系构建与特色指标探讨

结合山地城市特征与发展需求，其健康城市营建的重点在于城市空间环境的利用，体现在评价体系中即健康环境维度，除包含空气质量、水质、绿化等与环境直接相关的要素外，还应纳入城市竖向空间的利用，如城市竖向景观空间覆盖率，以及城市建设用地的集约开发如城市建设用地开发强度等特色指标。

在城市自然资源的保护利用方面，以生态保护红线划定为依据，对可利用的自然资源以城市行政区域为单位计算相对利用程度。这里引入区位熵的概念，区位熵又称专门化率，主要通过计算某一区域要素的空间分布情况反映区域某一产业的专业化程度。要计算自然资源的相对利用程度，则需将分子设为单位时间内自然资源 k 的净消耗量，其公式为：

$$\beta_{ik}=\left(\delta X_{ik}\Big/\delta\sum_{i=1}^{n}X_{ik}\right)\Big/\left(X_{ij}\Big/\sum_{i=1}^{n}X_{ij}\right) \qquad (1)$$

式中 δX_{ik}——研究范围 i 内某一类自然资源 k 的总消耗量；

$\sum X_{ik}$——背景范围内某一类自然资源 k 的总消耗量；

X_{ij}——研究范围 i 内自然资源总量；

$\sum X_{ij}$——背景范围内自然资源总量。

这一公式可用于计算不同范围内自然资源的相对利用程度，并可纵向对比同一区域不同时间内的资源分布和利用程度变化。资源总量一定，资源净消耗量越大的区域相对利用程度越高；资源净消耗量一定，则资源总量越小的区域相对利用程度越高。

作为城市运行的主体，人群生活的健康度也同样需要纳入评价体系之中，除体现在人口期望寿命、各类人群及重大疾病死亡率等方面的个人身心健康外，还需将生活环境的健康程度纳入考虑，特别是山地城市同时具备空间环境丰富和步行非适宜性两项特征，因此城市中各类交往空间如公园、绿地，以及人群居住的社区环境品质，出行的便捷程度等衡量生活环境健康度的要素也应同时考虑在内。体现在评价体系中即健康居住和健康服务维度，通过环境影响评价和医疗卫生、教育、交通、体育等服务设施的覆盖率和步行可达性进行衡量。

2. 山地城市健康度评价指标体系建立与思考

山地城市健康度评价指标应以现有理论研究和相关资料为依据，结合城市健康发展实际进行针对性选取，同时应体现山地城市的特殊性，科学衡量城市的健康发展水平。基于上述研究及人居环境五

大系统和健康城市评价领域认同度，本文选取人群、环境、社会、居住、服务五大基本维度，结合山地城市特色指标构建适应性的评价指标体系（表3）。

评价指标体系涵盖18项二级指标和35项三级指标。除山地城市特色指标外，还有两点值得关注。

（1）参考国内研究与地区的指标体系发现，部分指标与健康城市发展的关联度较弱，如人口自然增长率[10]，其并不与城市的健康发展程度直接成正相关；清华大学发布的城市健康行为指标体系中一项正向指标为“手机安装健康医疗类APP用户比例”，在未考虑下载APP用户的使用情况和APP普及率的

山地城市健康度评价指标体系

表3

评价体系维度	二级指标	序号	三级指标	倾向	备注
健康人群	人口期望	1	人均期望寿命	正向	
	人口统计	2	婴儿死亡率	负向	
		3	孕产妇死亡率	负向	
		4	重大疾病死亡率	负向	国家疾病分级体系中的重度疾病
		5	人口体质健康率	正向	以《国民体质测评标准》达标率衡量
		6	15岁以上人口吸烟率	负向	
健康环境	空气质量	7	空气质量优良天数	正向	
		8	空气质量重度污染及以上天数	负向	
	水质	9	生活饮用水合格率	正向	
		10	城市污水处理率	正向	
	碳排放	11	大中型企业二氧化碳年排放量	负向	
	自然资源	12	城市自然资源相对利用程度	适中	新增特色指标
	垃圾处理	13	垃圾回收处理率	正向	
	建设用地	14	城市建设用地开发强度	适中	新增特色指标
	城市绿化	15	城市绿地覆盖率	正向	
		16	城市竖向景观空间覆盖率	适中	新增特色指标
		17	城市绿地空间环境质量	正向	以环境影响评价结果衡量
	步行环境	18	慢行交通覆盖率	适中	步行、骑行等非机动化街道
		19	慢行交通环境质量	正向	以环境影响评价结果衡量
健康社会	就业	20	人口就业率	正向	
	教育程度	21	大学文化程度及以上人口	正向	
		22	15岁以上人口平均受教育年限	正向	
健康居住	居住社区	23	《完整居住社区建设标准（试行）》达标率	正向	详见参考文献[11]
健康服务	医疗卫生	24	城乡医疗保险参保率	正向	
		25	城乡养老保险参保率	正向	
		26	每千人医疗机构床位数	正向	
		27	每千人拥有基层保健医生数	正向	
		28	医疗卫生机构覆盖率	正向	
		29	医疗卫生机构步行可达性	正向	
	教育	30	教育设施场所覆盖率	正向	包括幼儿园、小学、初中及高中
		31	教育设施场所步行可达性	正向	包括幼儿园、小学、初中及高中
	交通	32	公共交通覆盖率	正向	
		33	公共交通站点步行可达性	正向	
	体育	34	人均体育场地面积	正向	
		35	体育场所覆盖率	正向	

情况下，这一指标能否代表城市健康发展水平也有待商榷。因此，本文选择的指标维度基本覆盖与城市健康发展直接挂钩的领域，并尽可能从多方面反映城市健康水准。

（2）指标体系中的健康居住维度以《完整居住社区建设标准（试行）》[11] 作为衡量依据，其涵盖公共服务、市政配套、社区管理等六大模块共 20 项建设内容，可作为山地城市人居环境发展衡量的参考。此外，随着“碳达峰”和“碳中和”的提出，且为便于统计，指标体系重点关注了城市大中型企业的碳排放量（指标 11），有条件的城市和地区需要着力推动重点行业和重点企业率先实现达峰。

四、结语

健康城市理念自提出以来，从最初的解决城市环境污染问题发展成为促进城市良性循环和可持续发展的重要途径和理论依据，正在逐步成为世界各国城市关注的重点。本文从健康城市的理念出发，结合山地城市的建设特征探讨其健康城市建设的未来发展需求，并探索构建涵盖山地城市特色指标的健康度评价指标体系，为未来山地城市公共健康发展提供参考。从深层次的角度来讲，城市的健康发展不仅需要评价体系予以跟踪评估，更需要遵循城市发展规律，以科学的态度推动城市生命体朝着更健康和更高质量的方向前进。

参考文献：

[1] HANCOCK J，DUHL L. Healthy cities：Promoting healthy in the urban content[M]. Copenhagen：WHO Europe，1986.

[2] National Institute of Public Health，Denmark.Analysis of Baseline Healthy Cities Indicators.2nd ed.Copenhagen：WHO Regional Office for Europe，2001（Centre for Urban Health，document 5027375 2001/16），2001.

[3] FEI S.Negotiating urban space：urbanization and late Ming Nanjing[M].Cambridge，Mass：Harvard University Press，2010.

[4] 丁国胜，黄叶琨，曾可晶 . 健康影响评估及其在城市规划中的应用探讨：以旧金山市东部邻里社区为例[J]. 国际城市规划，2019，34（3）：109–117.

[5] 廖世雄，管纪惠 .WHO 健康城市计划简介 [J]. 中国初级卫生保健，1991（4）：48–49.

[6] 武占云，单菁菁，马樱娉 . 健康城市的理论内涵、评价体系与促进策略研究 [J]. 江淮论坛，2020（6）：47–57，197.

[7] 李勋来，张梦琦 . 健康中国背景下我国健康城市建设水平的比较研究：基于副省级城市中 7 个示范城市的分析 [J]. 山东社会科学，2019（7）：133–136.

[8] 王兰，凯瑟琳・罗斯 . 健康城市规划与评估：兴起与趋势 [J]. 国际城市规划，2016，31（4）：1–3.

[9] 李潇 . 健康影响评价与城市规划 [J]. 城市问题，2014（5）：15–21.

[10] 刘艺 . 新疆健康城市评价指标体系的研究 [D]. 新疆大学，2012.

[11] 中华人民共和国住房和城乡建设部 . 完整居住社区建设标准（试行）（建科规〔2020〕7 号）[EB/OL].2020–08–18. http：//www.mohurd.gov.cn/wjfb/202008/t20200825_246923.html.

西南山地传统村落建筑防火问题与对策

童　斌，董莉莉
（重庆交通大学建筑与城市规划学院，重庆　400074）

【摘　要】西南山地传统村落数量众多、建筑多为木质结构，连片建造，倘若发生火灾，便可“火烧连营”，结果不可预测。本文针对西南山地传统村落建筑特点，分析传统村落防火所面临的问题，并结合国内外木质建筑防火的措施，提出传统村落建筑的防火建议与对策，为当前传统村落建筑防火与保护提供参考。
【关键词】传统村落；防火对策；木质建筑；西南山地

中国传统村落犹如满天繁星散落在中华大地之上，素有民间文化与自然遗产“博物馆”之称。目前，住建部已经分5批次确立了6819个国家级传统村落，构成全球价值最大、规模最宏伟、内容最丰裕的活态农耕文明聚落群[1]。西南地区包含重庆、西藏、云南、四川和贵州五大省市，传统村落数量在全国名列前茅。这些地区整体海拔较高、山地高原居多，造就了特殊多样的传统村落与建筑风格。因现代旅游业的发展，游客大量涌入，超越原生态传统村落防火能力，消防安全问题频发。木质建筑结构、连片空间布局，彰显独特地域文化的同时，也存在严重的消防隐患。

一、西南山地传统村落建筑的特点

1. 传统村落形制格局

西南山地传统村落在建造之初，就讲究与自然浑然天成、融为一体。村落择地讲究原始地形，随坡就势、枕山环水、背阴朝阳。村落形制格局可分为临水型、山脚型、山腰型、山顶型和山谷型五种类型[2]（表1）。村落建筑完美融入环境当中，强调尊重自然生态、顺应自然规律。树木能够带来优越的环境，但火灾来袭时，就成了这类特殊“覆土建筑”的助燃物。

2. 传统村落空间形态

传统村落的空间形态多变、平面布局多样，可分为长廊型、树枝型和网格型三种类型。通过道路将每个建筑单元连接在一起，与山地、耕田和水源共同组成我们传统村落的基本组成部分。每种类型适用于不同的地理形态和地形空间。长廊型传统村落大多依托河流、山谷和主要干道建立，如重庆市秀山县边城村就是沿着清水江畔建立的。树枝型通常最大限度地利用原址原貌，在山地地形相对平整的区域整地造房，看似凌乱的空间布局，实则围绕着一个中心点展开，如西藏自治区上井盐村，与四周自然景观浑然一体，别具一格中透露出自然的肌理美。网格型村落布局规整、形态方正，建筑相对集中、道路交通井然有序，如贵州省黔东南州则里村，更偏向于现代农村建设模式。相对于树枝型与网格型传统村落，建筑之间有道路、水源等作为有效隔绝，长廊型连接紧密的空间布局在面对火灾时就显得脆弱很多。

作者简介：
童　斌（1996—），男，安徽安庆人，硕士研究生，主要从事文化遗产研究。
董莉莉（1974—），女，河南信阳人，教授，硕士研究生导师，主要从事景观规划设计研究。
基金项目：重庆交通大学研究生科研创新项目资助（CYS21363），重庆市住房和城乡建设委员会调研课题“重庆传统村落分级分类保护与传统民居人居环境改善研究”（Z32200053）。

西南山地传统村落形制格局

表 1

序号	形制格局类型	西南山地传统村落实例	村落简介	村落平面图示例	村落剖面示意图
1	临水型	重庆市秀山县洪安镇边城村	地处渝、贵、湘三省市交界处，被称为“渝东南第一门”	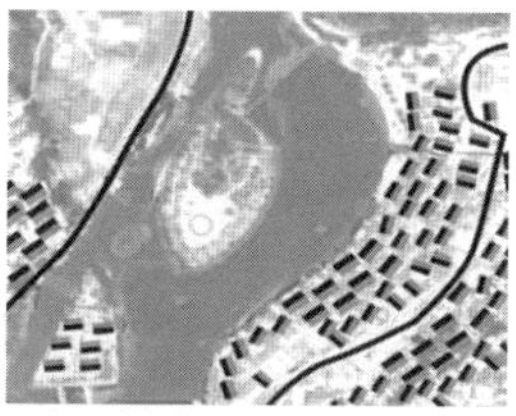	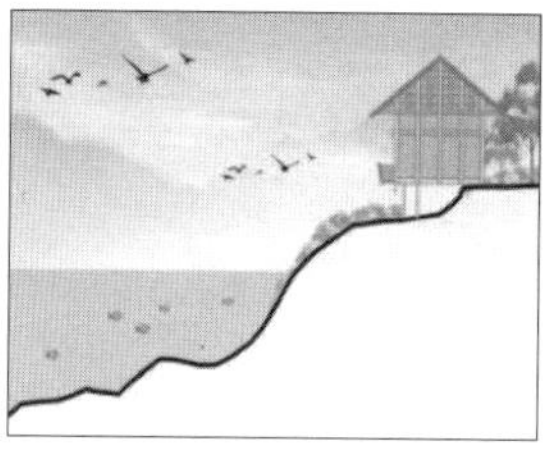
		云南省丽江市宁蒗县永宁乡落水村	分为普米村和摩梭村，现存较多普米文化遗迹	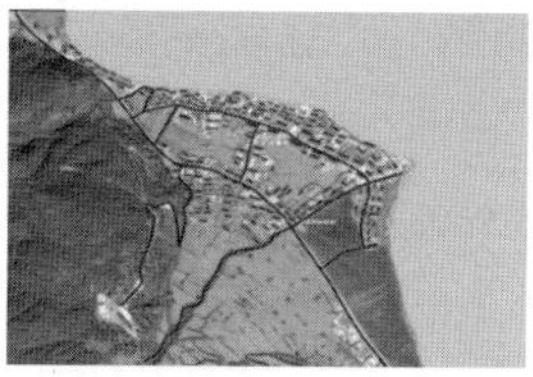	
2	山脚型	重庆市黔江土家十三寨	土家十三寨（国际AAAA级旅游景区），有13个典型的土家院落		
		西藏自治区昌都市芒康县上盐井村	村内有西藏唯一天主教堂——盐井天主教堂	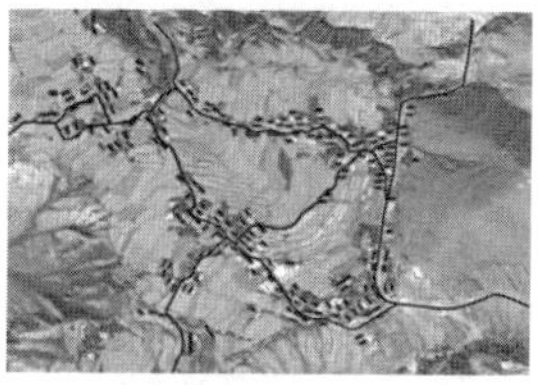	
3	山腰型	重庆市合川区二佛村	现有涞滩古镇、钓鱼城遗址、古圣寺等文化景观	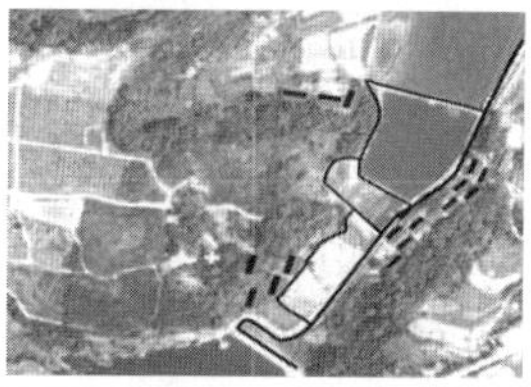	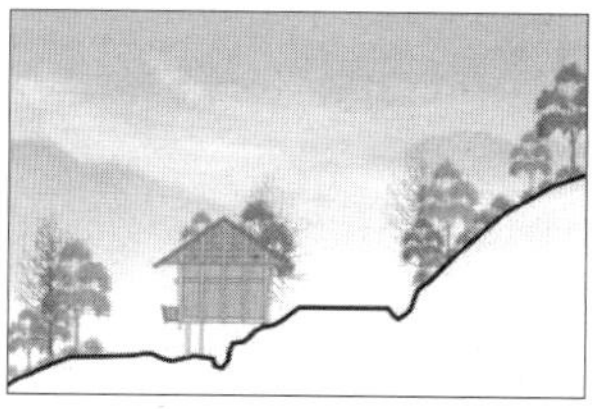
		西藏自治区昌都市左贡县东坝乡军拥村	被评为2018年“全国生态文化村”	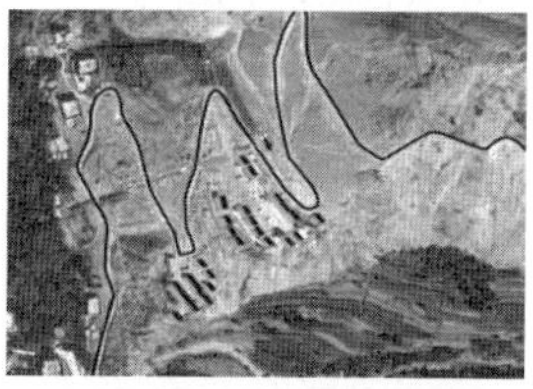	
4	山顶型	重庆市忠县花桥镇东岩古村	享有“中华汉族第一古寨”美誉	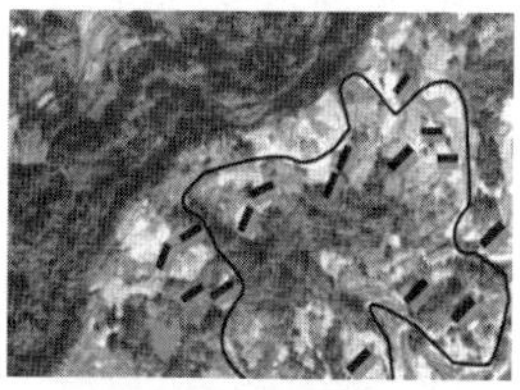	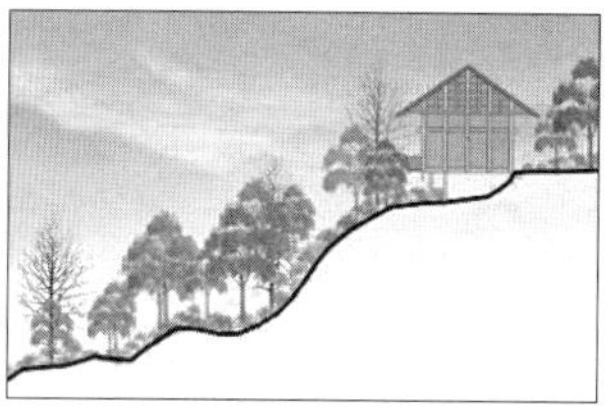
		贵州省黔东南州从江县往洞镇则里村	典型高原盆地地貌，因有茶林，侗语又称茶为“则里”，故得名	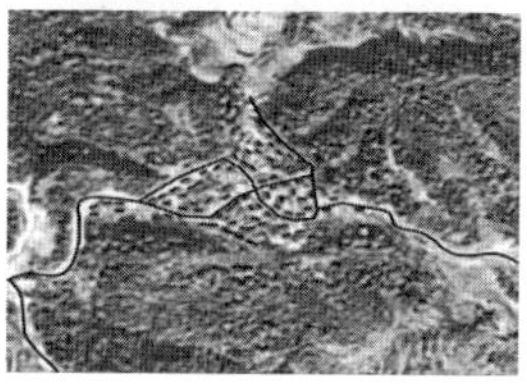	

续表

序号	形制格局类型	西南山地传统村落实例	村落简介	村落平面图示例	村落剖面示意图
5	山谷型	重庆市酉阳县可大乡七分村	以岩连树古建筑群土家族吊脚楼为代表		
		四川省达州市石桥镇鲁家坪村	入选 2019 年“四川最美古村落”		

3. 建筑整体结构样式

西南山地传统村落建筑按结构形式划分为地面式建筑和干栏式建筑[3]（图 1），其中干栏式建筑又分穿斗式、捆绑式和土石墙搁檩式。大致样板为正房建在地面上，其余房间除与正房接触处，皆为悬空，靠木结构支撑。建筑多以杉树皮和茅草做屋顶，主体结构由不同大小的杉木组成，利用斜穿直插的方式连接起来，整体结构十分稳固。但由于建筑材质以木质为主，倘若火灾来袭，蔓延迅速，难以控制。

二、西南山地传统村落防火面临的问题

1. 建筑耐火等级较低，空间布局隐患较大

西南山地传统村落建筑大多为木质建筑和砖木结构房屋，主体支撑结构和相应建筑构件皆为木质，耐火等级较低。村民的室内家具、木质隔墙板、杂物和堆积在房屋内的柴草等，都使得建筑火灾荷载加大，一旦发生火灾，整个建筑都会成为助燃物，加速火势迅速蔓延。传统村落居民大多为家族聚集，他们集体团结意识很强，建筑空间布局一般为依托地形地貌，背山临水，形成彼此相连、错落有致的建筑集群，每家每户之间几乎没有距离，因此也就不存在防火间隔的设置。一旦发生火灾，即可“火烧连营”。

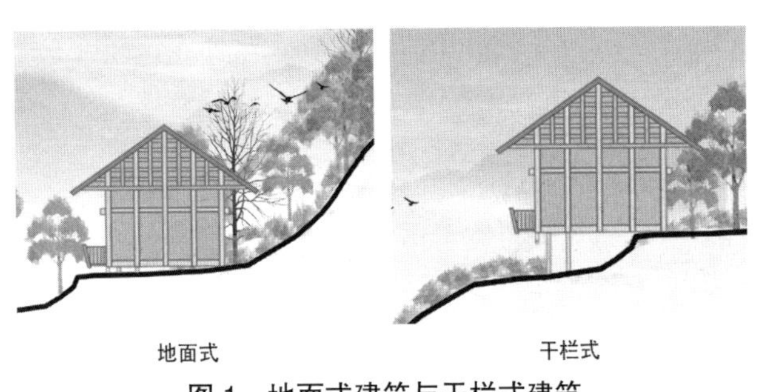

图 1 地面式建筑与干栏式建筑

2. 消防设计规范缺乏，防火配套设施较低

我国传统村落的消防设计规范大多只是借鉴了城市中的设计标准，区别于城市中钢筋混凝土大楼和配套完善的消防规范和资源，传统村落大多为分布密集的木质建筑且缺乏完备的消防配置。设计规范的缺失使得消防重任从源头上出现了漏洞，部分村落仍然使用城市淘汰的旧式消防设备，面对来势凶猛、突发性强的农村火情很难发挥作用。

3. 电气设备管理不善，旅游发展增添压力

现代人为了使得传统村落建筑依然具备使用功能，便带入了生活电器、厨房用具等电气设备，但传统建筑在设计之初是没有考虑到电气需求的，导致建筑室内普遍存在电线随意搭接、线路老化、安全性较差的刀闸开关和一些直接安装到木质底座的灯具、插座。这些安全隐患与火灾荷载较大的木质建筑结合到一起，极易发生火灾，如 2014 年香格里拉独克宗古城大火，便是加热器不规范使用所引发。现如今很多保留完好、具有优秀历史文化的传统村落都被开发成了旅游景点，餐饮、住宿、烧香祈福

等活动给传统村落的消防增加压力，给当地村民带来经济收入的同时也增加了潜在危机。

4. 村民防火意识较差，适宜消防机制缺乏

传统村落常住人群大多为老人、儿童等弱势群体，他们的防火意识较差。老人用电、用火不慎，儿童玩火引发火灾是近些年来农村火灾最主要人为原因。一旦发生火灾，配套消防设备与村民操作能力不匹配，面对沉重的消防器械不会用、拿不动，缺乏有效的消防应急方案。尤其是晚上，突发事件和黑暗环境所产生的心理恐惧，更使得他们无法妥善处理，而自救和快速逃生则是他们的第一要务。

三、国内外木质建筑防火经验借鉴

1. 古徽州木质建筑防火技巧

徽派建筑是中国古建筑的重要流派之一，建筑防火方面有很多值得借鉴的地方。①涂泥抹灰是最早可查的防火技巧，将湿润的泥土覆盖在草木等易燃建筑表面，可有效阻隔火灾。②中国传统建筑中普遍建有封火墙，其中徽派建筑中马头墙（图 2）的设置最为巧妙。古代徽州府火灾频发，由于大多为木质建筑，损失惨重。明弘治年间徽州知府何歆提出并号召使用砖砌“火墙”，延缓火势蔓延速度，减缓火烧成片现象。③火巷又叫备弄，是指建筑群体之间设置的深巷，跟现代的消防通道有异曲同工之处。④砖门是在木质大门钉上打磨过的方砖，一旦发生火灾，就可隔离空间，阻隔火源。⑤储水景观小品可看作现代“消防水箱”。古代没有消防栓、水泵、灭火器等消防设备，建筑周围的蓄水小品如水缸、水池、沟渠、水井等就可在火灾发生时加以利用，实现景观美学与经济实用相结合。通过以上各类防火设置，能够极大地提升传统建筑耐火等级，有效阻碍火势蔓延速度。

2. 日本“合掌村”消防设计规范与配套设施借鉴

日本古村落合掌村，因坡屋顶茅草覆盖，宛如两只合握的手掌而得名。村中房屋有 110 多个组团，总体空间形态属于树枝型，建筑风格保留了日本传统乡村的建筑形式。1995 年被评为世界文化遗产。因为村内建筑皆为木质，所以在防火上格外小心。冬季大雪封山，村民在屋内架火取暖时，都在火焰上悬吊隔板，以防火星冲向屋顶造成隐患。室外，合掌村每家每户前都有川沟渠道流过，消防用水充足。村委会拟定了烟火管制措施，在防火设备上，全村共有 59 台喷水枪，34 台露天消防栓，以及 28 台室内消防栓，消防栓都设置在水泥台上，以防大雪掩盖。每当干旱季节来临时都会进行消防演练[4]（图 3），增强村民防火意识的同时可以检测消防设备是否完好。

3. 广西百色隆林田坝村张家寨消防机制健全与防火意识提升

广西壮族自治区百色市隆林县德峨镇田坝村张家寨是建立在青山石壁上的苗族村落，被称为“没有围

图 2 徽派建筑中的马头墙

来源：https：//www.fazans.com/archives/3221

图 3 日本合掌村举行消防演练

来源：https：//www.sohu.com/a/452270816_100016860

墙的民族博物馆”。建筑多为竹木结构平屋和吊脚楼，散发古色古香的同时也存在很大的安全隐患。为此，百色市消防支队对村寨进行现场勘察，针对存在问题进行消防改造。修造消防储水池和加设消防设备，切实解决了村寨无消防设备、无消防水源的问题。硬件升级后，消防演练、消防知识讲座、火灾扑救流程宣传等软件措施也相继安排。村内还设置了微型消防站，专人组成巡逻小分队，日常检查火灾隐患处并用苗语定期喊寨，提醒村民防火自查[5]。

四、传统村落建筑防火对策

1. 提升建筑阻燃等级，改善村落总体布局

建筑本身阻燃是木质建筑防火的重点，在可改造的建筑木构件表面涂刷现代防火涂料，这种有机高聚物分子遇火会膨胀发泡形成密制均匀分布的蜂窝炭层，可以大大降低火势的蔓延速度；建筑外层可设置挡烟垂壁，一旦烟雾感应器监测到火灾发生，就会放下垂壁，将建筑门、窗等通风口封闭，屋内被迫划分为若干个小空间，有效阻止火势蔓延。调整村落不合规范的空间布局，建筑群体网格化划分，划定标准遵守现代消防规范，可与村中路网、电路分区相结合，以便发生火灾时及时断电和预留消防通道。传统村落中每户或几户之间设计建造一定厚度且高出建筑屋面的墙体，墙体装饰与村落建筑风貌相协调，使其与传统村落浑然一体。设置防火水缸、水井、太平缸的，既可作为可观赏的景观小品，又能在火灾发生时作为消防水源储备。

2. 探索应用智慧消防，创新农村消防机制

西南山地村落周边绿荫环绕，古木参天，可尝试利用森林防火的高科技产品，如红外热成像技术、智慧视频监控系统等，布置在建筑周围。临水型村落可就近取得消防用水，但山地其他类型村落尤其是含重点保护建筑、雕像、壁画、雕刻的村落可尝试二氧化碳气体自动灭火系统、新型干粉灭火系统和注氮控氧防火装置，在消防水源不足时，可作为备选方案保护文物，也能避免消防喷水对保护文物造成损坏，遇到电气火灾时也是最佳消防灭火基质[6]。试行“智慧消防”，使用烟感报警器、可燃气体报警器、无线液位液压探测器等自动感应设备将火情第一时间传送到智能终端，再利用物联网技术结合大数据云平台分析，通过移动设备直接精确通知用户及时处理火情，快速反应将火灾控制在萌芽阶段，从预警系统到消防控制形成完整的消防机制。

3. 规范村民电气使用，注重景区消防安全

规范村落电气线路使用，禁止超负载现象，尤其是使用村落原有建筑加以改造从事民宿、餐饮活动，更应定期清查电气线路安全和替换存有安全隐患的老旧设备。不在用火密集区周围堆放秸秆、木材、竹竿等易燃物品，增设避雷设备，防止雷电等自然灾害引发火灾，山顶型村落位于高山山顶，更应着重考虑。规范自身用火习惯，在重点木质建筑设置消防标识，针对庙宇、祠堂等举办祭祀活动的建筑周围要划定用火安全区，教导游客安全用火，规范焚香点烛等行为。

4. 健全农村消防体系、增强消防安全普及

对照《中华人民共和国消防法》《古城镇和村寨火灾防控技术指导意见》《传统村落火灾防控规范》等消防法律文件的基础上，各地应结合当地实情，因地制宜，针对性出台相关消防规定，做好火灾消防应急预案，健全传统村落消防体系。村民要组建应急小分队，做好消防隐患排查工作，检查消防设备能否正常使用。在火灾发生初期有序疏散村民，尽可能抑制火灾扩散速度。加强日常消防宣传工作，普及消防法规，定期举行的消防安全演练和防火知识竞赛，要以简单易懂的趣味方式进行，方便村民更好接纳，提高村民消防安全意识和抵御火灾能力。

五、结论

截至2019年6月第五批中国传统村落公布，西南地区共有1894个传统村落，而贵州省、云南省传统村落数量又分列全国前两名，西南山地璀璨的农

耕文明与建筑文化造就了独树一帜的木质建筑风格。面对传统村落的“消”与“防”，既要利用新型防火材料和智慧消防平台等现代化新技术为传统村落防火保驾护航，也要借鉴古代建筑防火的传统理念和措施，遵循“传统与现代齐飞，人防与技防并存”的原则，做到古为今用、贯穿今古，同时为全国其他传统村落建筑防火与消防安全提供参考。

参考文献：

[1] 张浩龙，陈静，周春山．中国传统村落研究评述与展望 [J]. 城市规划，2017，41（4）：74–80.

[2] 辛儒鸿，曾坚，黄友慧．基于生态智慧的西南山地传统村落保护研究 [J]. 中国园林，2019，35（9）：95–99.

[3] 范良松．民族村寨木质建筑特点及防火对策研究 [J]. 武警学院学报，2012，28（6）：55–57.

[4] 本刊综合．国外古建筑火灾防控经验 [J]. 中国应急管理，2021（2）：82–83.

[5] 梁飞娟．广西隆林防火改造结束苗寨千年消防隐患 [J]. 消防界：电子版，2019，5（21）：38–39.

[6] 王洋．红外成像技术在森林防火中的应用 [J]. 中国公共安全，2014（5）：179–181.

山地城市湿冷季节慢行空间微气候、热舒适及热感觉研究

熊　珂[1,2]，董　鑫[1,2]，何宝杰[1,2,3,4]

（1. 重庆大学气候韧性与低碳城市研究中心，重庆　400045；2. 重庆大学溧阳智慧城市研究院，溧阳　213300；3. 重庆大学山地城镇建设与新技术教育部重点实验室，重庆　400045；4. 华南理工大学亚热带建筑科学国家重点实验室，广州　510640）

【摘　要】为了研究山地城市街区冬季的微气候及室外热舒适特点，在山地典型城市重庆采用现场热环境实测及调查问卷结合的方法，选择冬季湿冷气候条件，将具有山地特征的典型街区——山城巷和建兴坡作为研究对象，共选取 11 个不同测点，对各测点的人体热感觉平均投票（*TSV*）、热舒适评价指标（*UTCI*、*PET*）和热环境参数进行评价分析。结果表明，冬季湿冷条件下的室外微气候受各点温湿度影响较小，受风速影响很大。山城巷的 *TSV* 比建兴坡的好，各测点感觉冷的占比范围在 10%~40%，而建兴坡的 *TSV* 最差的测点在 C2，其冷感占比为 87.5%。根据线性回归分析得出 *PET* 与 *TSV* 的相关性更高，决定系数为 0.65。本文为夏热冬冷地区慢行空间冬季湿冷气候下热舒适的中性范围提供参考，并为城市规划设计提供理论支撑。

【关键词】微气候；室外热舒适；山地城市；慢行空间

城市是人类聚居生活的高级形态，是一个国家或地区的政治、经济和文化中心[1]。伴随城市化进程的不断加快，自然与人渐行渐远，全球产生了不同程度的温室效应、热岛效应、雾霾等问题，城市气候问题彰显，从而引发了城市环境人为的因素变化[2]。此外，人们的城市户外公共活动逐渐增多，从历史文化保护传承与城市提升和微气候环境提升等方面，建立良好的生态环境是最普惠的民生福祉。在城市设计和建筑设计过程中，设计结合自然，可以缓解城市气候问题，进而推进生态文明、可持续发展建设进程。2019 年 10 月 25 日重庆市政府公众信息网发布了《重庆市人民政府办公厅关于加强历史文化保护传承规划和实施工作的意见》，并提出全面建成“山水、人文、城市”三位一体的国家历史文化名城，努力建设坡地绿化和崖壁公园，改造城市微空间，营造社区活力等[3]。力争为全市人民呈现有历史的城市、有情怀的街巷、有记忆的步道、有故事的建筑、有文化的环境，这是重庆城市品位提升的一个前提。依托自然资源本底和历史人文内涵，结合群众需求将山城步道打造成为绿色出行便民道、山水游憩休闲道、乡愁记忆人文道、城市体验风景道是亟待解决的一个问题。

作者简介：

熊　珂（1990—），女，湖北鄂州人，博士研究生，主要从事城市气候研究。

董　鑫（1994—），男，山东济南人，博士研究生，主要从事建成环境研究。

何宝杰（1991—），男，山东德州人，研究员，博士，主要从事建成环境研究。

基金项目：中央高校基本科研业务费项目“城市通风对城市热环境及建筑能耗的影响研究”（2021CDJQY-004），亚热带建筑科学国家重点实验室开放研究基金“粤港澳大湾区及成渝经济圈的 15 分钟社区生活圈热适应性决策方法研究——以广州和重庆为例”（2022ZA01）。

目前，国内学者对城市街区微气候及其热舒适研究的关注度逐渐上升，而营造城市宜居环境、改善微气候等方面更是受到重点关注。通过多学科融合，掌握正确的技术手段原理和操作技巧，为指导气候适应性规划设计提供参考，利于形成设计策略与导则；同时，以人体能量平衡为基础的热舒适评价指标不能全面反映人们感受环境、改变行为或逐步调整自己的期望值以适应环境的复杂方式，需结合当地的舒适心理感受，将热舒适对应的指标范围值进行调整。但目前室外热舒适评价指标由于人对地区气候及季节的适应性，导致室外热舒适中性范围不一致，使得室外热舒适评价具有很大的局限性。此外，对于夏热冬冷地区的室外热舒适研究多是对于夏季的实验进行分析，而该地区的冬季热环境因湿冷也需要得到重视，且大多数调查的对象是轻微活动量（1.1~1.9Met）的路人[4]，对于室外环境，人的活动类型非常丰富，包括静坐（1.0Met），步行（约 2.0Met），步行爬坡（15°，3.6Met；25°，5.2Met）[5]等。而这些活动的新陈代谢率千差万别，就可能导致室外热舒适评价指标范围的偏差。由于山地城市独特的地形特征，如重庆上下城的梯坎，人们日常生活的出行形式与平原城市也不太相同。因此，本研究以重庆市渝中区的典型慢行空间为对象，通过对其冬季湿冷天气下室外的微气候实测和问卷调研，分析室外微气候、热舒适和人体热感觉三者间的关系，以期为改进山地城市的室外热舒适指标提供理论依据。

一、研究方法

1. 实验地点

重庆市位于中国西南部，属于亚热带季风性湿润气候，处于夏热冬冷地区。重庆年平均气温 17.5~20.0℃，最冷月平均温度为 4.0~8.0℃；年平均湿度多在 70.0% 以上，近 10 年年降水天数高达 200d 以上（图 1），属于中国高湿区。甚至在寒冷的冬季（11 月 ~ 次年 1 月），月降水天数也可达 19d（图 2）。在 2020 年 12 月，最高湿度达 95.0%。可见，重庆作为典型的夏热冬冷地区之一，其冬季湿冷气候条件对城市室外热环境和人体热舒适的影响不容忽视。

本研究选取重庆具有山地特色的慢行空间——第一山城步道（建兴坡）和第三山城步道（山城巷）作为研究的实验地点（图 3）。这两条步道分别结合了绿色通廊和城市阳台，是联系重庆母城上下半城的重要步行梯道，辅助解决车行交通上下不便的情况。此外，这两条街道两旁的建筑大多是传统的巴渝民居，具有典型的山城空间和传统巴渝风貌，是重庆历史文化的缩影。街道上往来的人主要为周边居民，也有少量游客[6]。

2. 实验方案

1）现场实测

本次实验测试选取冬季雨天进行，时间为 2021 年 1 月 10 日 8：30~16：00。测量微气候参数包括空气湿度、风速、干球温度、湿球温度、黑球温度。这些参数通常用于分析室外热环境和室外热舒适性。

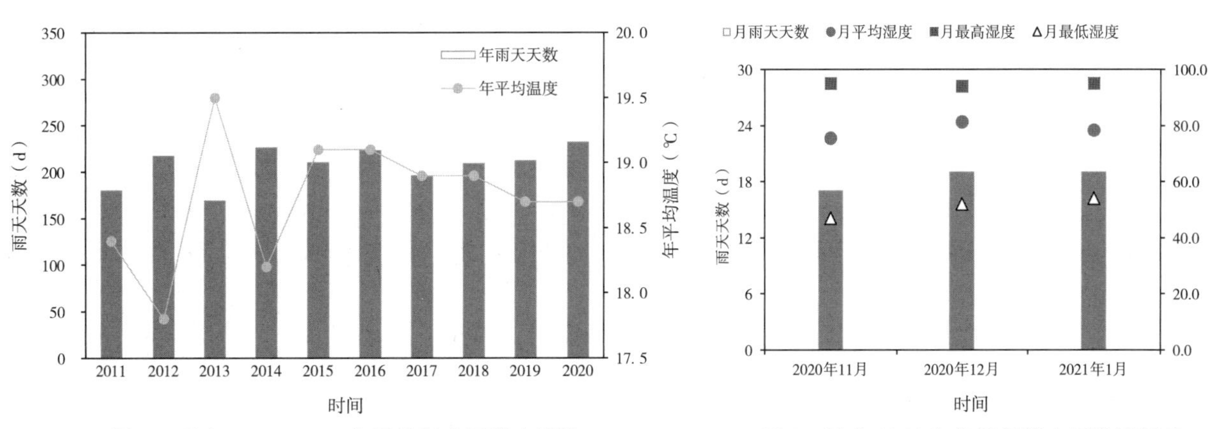

图 1　重庆 2011~2020 年平均温度及降水天数　　图 2　重庆 2020 年冬季月降水天数及湿度

来源：根据 https：//en.tutiempo.net/climate/ 提供的相关数据绘制

实验测量时间间隔均为5min，最终取每30min平均数值进行分析。温度、湿度、风速布置均离地面约为1.1m（人体核心温度的位置）。这些设备在现场测量前进行了校准，符合ISO 7726标准。

空间异质性会对室外热环境造成很大的影响[7-9]。因此，考虑到慢行空间两侧不同界面（建筑、山体、水体等）、建筑高度、植被覆盖等表现出高度的异质性，本研究分别在山城巷和建兴坡具有特征的地方布置5个和6个测点，各测点的位置如图3所示。这两条街道在建筑高度、街道方向和植被方面都有所不同。山城巷的慢行空间宽度很窄，2~5m不等，而建兴坡的宽度约为10m。建兴坡的街道方向为南北走向，而山城巷的街道方向为北偏西（见图3）。此外，山城巷靠近长江，街道的一侧与河流相邻，另一侧则靠山或者靠建筑。建兴坡慢行空间两侧主要是由传统商业和住宅组成。

2）问卷调查

在慢行空间室外热环境测量期间的同时进行问卷调查。随机选取的受访者在各测点停留3~5min进行问卷填写。问卷包括两个部分：受访者基本信息和受访者的热感觉投票。其中受访者基本信息主要有性别、人员类型（常住居民、外地游客等）、年龄段、体重范围、衣着情况、室外停留情况及受访前的活动状态等。受访者的热感觉投票包括了对室外热环境整体评价和对室外热环境各因子（空气温度、湿度、风速和日照）的评价，并对热环境因子的改善进行投票。问卷调查中的热感觉整体评价根据美国供暖制冷空调工程师学会标准（ASHRAE Standard 55—2013）的7级热感觉投票指标（*TSV*）来设定。而单因子评价，日照、温度、湿度和风速感采用4级投票指标。

3）室外热舒适指标

美国供暖制冷空调工程师学会标准（ASHRAE Standard 55—2013）将热舒适定义为对热环境表示满意的意识状态[10]。目前，用于室内外热舒适评价的指标众多，例如生理等效温度（*PET*），通用热气候指数（*UTCI*），新标准有效温度（*SET**）和预期热感觉评价指数（*PMV*）是最常用的四个指数。其中，*PET*和*UTCI*是最近研究中更常用的室外热舒适评价指标[11]。

本研究采用*PET*和*UTCI*作为热舒适评价指标，并结合实测数据和问卷调查，分析哪种指标更适合山地城市湿冷冬季的评估。在室外测试时，平均辐射温度*MRT*可由黑球温度T_g和风速v_a通过公式近似计算得出[12]。通过Rhino & Grasshopper平台计算*PET*和*UTCI*，其中输入微气候参数均通过实测数据。人体个人因素中除活动量按照爬坡数值（3.1MET）设置外，其他均按照软件内置冬季参数设置。此外，由于计算*UTCI*时，需要的风速是10 m/s处的。本研究根据布罗德等人[13]的计算公式近似计算。

二、实验结果与讨论

1. 室外微气候

测试当天重庆地区室外气象数据通过重庆大学建筑城规学院屋顶气象站获取，测试当天室外最高温度为4.9℃（14：00），最低温度为4.1℃（18：00）；

图3 实验地点及测点图

室外逐时湿度范围为 78.0%~90.0%。测量日中各测点的微气候因子变化如图 4 所示。两个实验场地的空气温度变化整体上一致，但是由于测点所处的空间特征各异，温度也存在差异。在山城巷，平均温度相差不大，为 4.5（E1）~ 4.9℃（A1），但同一时刻的 A1 和 D1 的温差可达 0.8℃（13：30）。而在建兴坡，13：00 时，G2 和 D2 的温度相差 0.9℃。比较两个场地的风速发现，其差距较大。在山城巷，最大风速不超过 0.3m/s，而建兴坡的风速可以高达 3.0m/s 以上。一方面，与慢行空间的走向和风向的方向有关；另一方面，由于建兴坡的慢行空间较山城巷的更为宽敞，且空间内公共设施较少，风力受到的阻挡也相对较小。虽然山城巷的 A1、D1 和 E1 有一侧临江，但由于距离较远，其风速几乎没有因为受到江风的影响而增大。在建兴坡，风速普遍较大。测量期间平均风速 0.6~1.2m/s。最大风速出现在 11：00 时的 C2 点，为 3.3m/s。对于湿度，由于测量选择雨天进行，湿度相对较高。测量期间，山城巷和建兴坡的各点平均湿度范围分别为 82.1%~93.0% 和 84.8%~94.1%。可见，冬季室外微气候因空间异质性的影响，均有差异。在本研究中，风速的差异性最为明显。

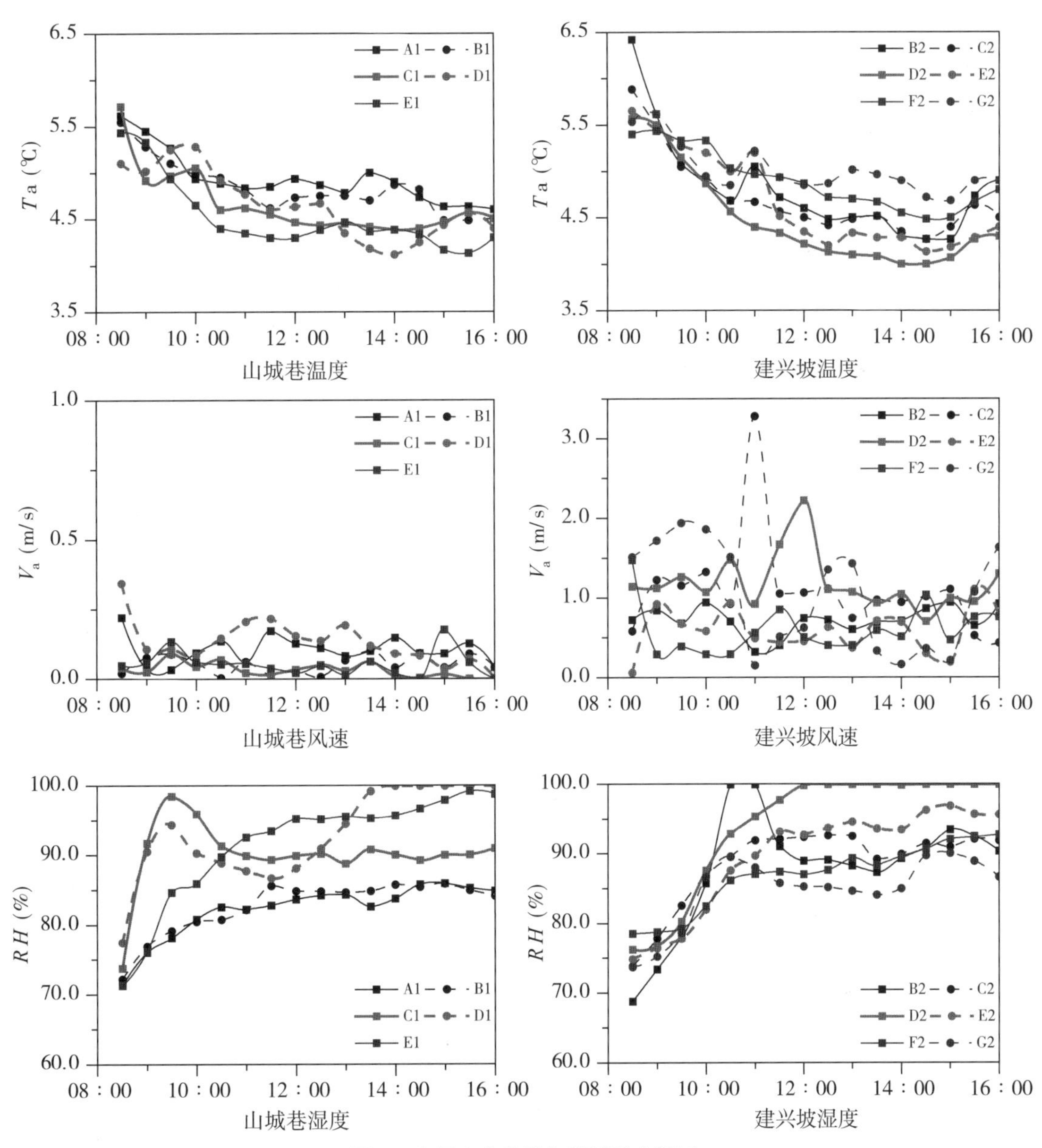

图 4　各测点室外微气候测量曲线图

2. 室外热舒适

本研究采用*PET*和*UTCI*对慢行空间的室外热舒适进行评价，结果如图5所示。整体看来，山城巷的热舒适优于建兴坡。在山城巷，*PET*值的范围在3.5~7.2℃，平均值为5.5℃。其中，B1和C1的*PET*平均值最高，为6.0℃，且波动幅度较小。*UTCI*的范围为6.0~7.3℃，平均值为6.5℃。而在建兴坡，各个测点的*PET*值范围为-3.0~5.9℃，且多数低于5.0℃，其平均值为0.5℃，比山城巷的*PET*平均值低5.0℃。*UTCI*的范围为-6.9~6.9℃，波动幅度大，且各测点的平均值不超过5.1℃，测点C2、D2和G2的最小值均低于0.0℃（*UTCI*评价为中冷）。其中一个重要的原因是建兴坡的风速比山城巷风速大。而冬季，热舒适性对风速的敏感度高，是影响热舒适性的主要环境参数。风速越大，人体热舒适越低。

通过对山城巷和建兴坡的热舒适指标进行评价统计分析，结果见表1。测量期间，山城巷只有7.5%的*PET*值处于极冷（Extreme Cold Stress）状态，而其他92.5%均处于强冷（Strong Cold Stress）中。但是建兴坡则几乎全部处于极冷状态，表现极其不舒适。采用*UTCI*评价指标时，两个场地的热舒适稍高于*PET*评价等级，处于中冷（Moderate Cold Stress）到稍冷（Slight Cold Stress）之间。其中山城巷的热舒适性为稍冷，而建兴坡的热舒适性有13.5%处于中冷阶段。可见，采用不同的热舒适评价指标时，室外热舒适等级差距可造成差异。

3. 人体热感觉

本次实验共获得有效问卷212份（山城巷123份，建兴坡89份）。其中男女比例接近1：1。年龄多分布于18~40岁，体重多在40~70kg。图6是各测点整体热感觉、温度感和湿度感投票百分比结果。可以看出，山城巷的热感觉投票整体比建兴坡的好，各点的感觉冷的百分比为10%~40%，最大百分比出现在D1。而建兴坡的热感觉投票中感觉冷的百分比普遍偏高，大部分的受访者认为该地热环境极不舒适，在C2点冷感占87.5%，即使在E2点，感觉到冷的占比也有53.9%。总的来看，人体热感觉投票与室外热舒适评价趋势相同。

为进一步分析*PET*和*UTCI*对人体热感觉的适用性，采用线性回归法对两个场地的数据进行分析，其结果如图7所示。可以看出，*PET*与*TSV*之间的关系更加明显，其决定系数为0.65。说明对于重庆地区冬季湿冷气候，室外热舒适评价指标采用*PET*可能会更符合当地气候和人行为活动。但受访者对

室外热舒适评价等级百分比　　表1

评价指标	范围	山城巷	建兴坡
PET	极冷（<4℃）	7.5%	99.0%
	强冷（4~8℃）	92.5%	1.0%
UTCI	中冷（-13~0℃）	0	13.5%
	稍冷（0~9℃）	100.0%	86.5%

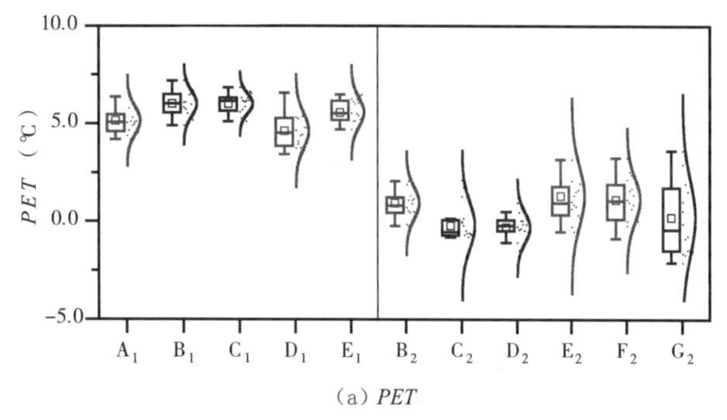

（a）*PET*

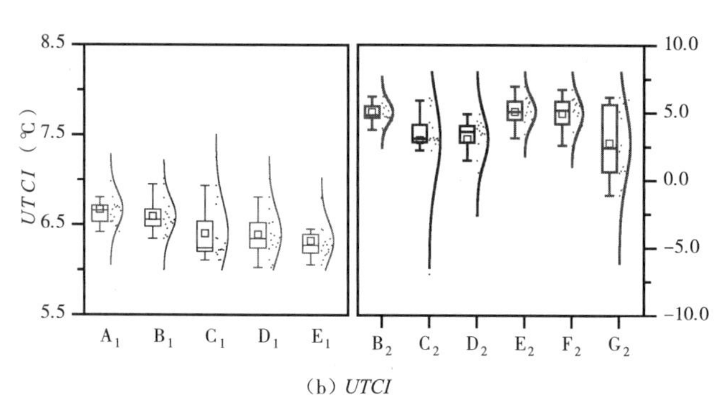

（b）*UTCI*

图5　各测点室外热舒适评价箱线图

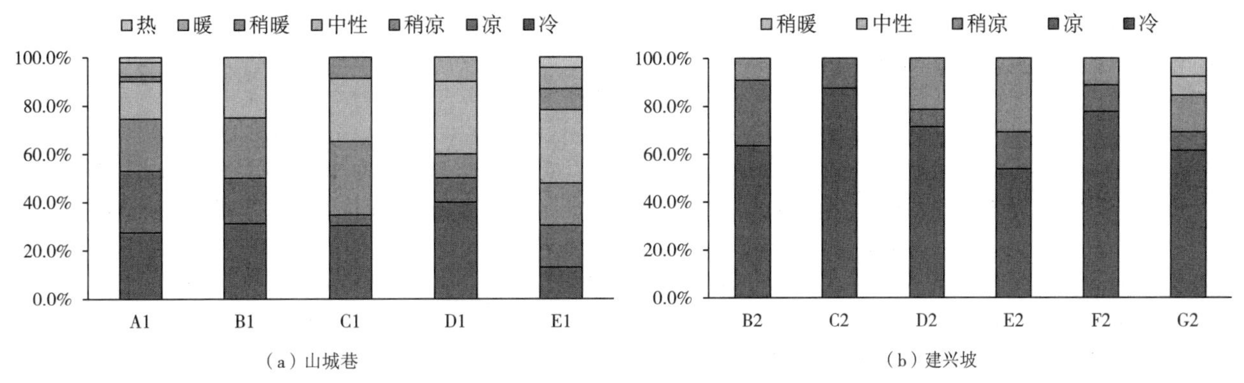

（a）山城巷　　（b）建兴坡

图 6　各测点整体热感觉投票百分比累积图

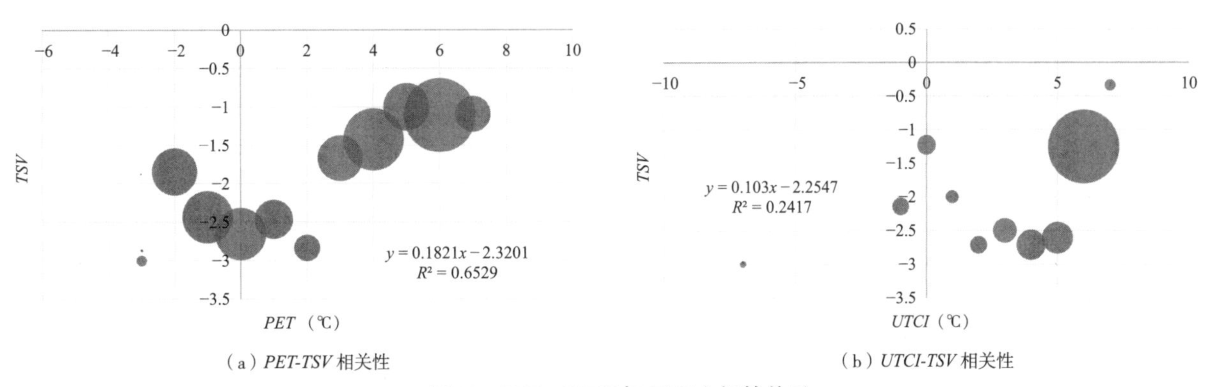

（a）*PET-TSV* 相关性　　（b）*UTCI-TSV* 相关性

图 7　*PET*、*UTCI* 与 *TSV* 之间的关系

两地的热感觉投票结果与 *PET* 热舒适评价等级存在差异，当地热舒适的中性范围及评价等级仍需要增加更多的样本量来进一步证明。

三、结论

如何改善城市气候，营造舒适的街区物理环境以应对人们对健康宜居生活环境的向往是亟待解决的问题。对于夏热冬冷地区，夏季室外热环境固然重要，但在湿冷的冬季，其室外热舒适也同样重要。本研究对典型山地城市重庆山城巷和建兴坡的 11 个不同特征慢行空间的微气候参数进行测量，同时对受访者进行热感觉问卷调查，然后采用 *PET* 和 *UTCI* 热舒适评价指标分别对两个山城步道的室外热环境进行评价，得到如下结论：①冬季室外微气候受空间异质性的影响，均有差异，尤其是风速的差异性最为明显。②冬季的热舒适性对风速的敏感度高，风速是影响热舒适性的主要环境参数。③在重庆冬季湿冷条件下，室外热舒适评价指标采用 *PET* 可能会更符合当地气候和人行为活动。但受访者对两地的热感觉投票结果与 *PET* 热舒适评价等级存在差异，当地热舒适的中性范围及评价等级仍需要增加更多的样本量来进一步证明。本研究为夏热冬冷地区的冬季湿冷室外热舒适研究提供基础，并为未来城市宜居、健康的生活环境建设提供舒适性设计经验与参考。

参考文献：

[1] 刘加平，等 . 城市环境物理 [M]. 北京：中国建筑工业出版社，2011.

[2] 杨俊宴，孙欣，石邢 . 城市中心热环境与空间形态耦合机理及优化设计 [M]. 南京：东南大学出版社，2016.

[3] 重庆市人民政府办公厅 . 重庆市人民政府办公厅关于加强历史文化保护传承规划和实施工作的意见 [EB/OL].2019-10-13.http：//www.cq.gov.cn/zwgk/zfxxgkml/zfgb/2019/d18q/202101/t20210128_8838999.html.

[4] DE FREITAS C R，GRIGORIEVA E A.A comparison and appraisal of a comprehensive range of human thermal climate indices[J]. International Journal of Biometeorology，

2017，61（3）：487-512.
[5] 黄建华，张慧.人与热环境[M].北京：科学出版社，2011.
[6] DAVID C.The psychology of place[M].London：The Architecture Press Ltd.，1977.
[7] IMAM SYAFII N，ICHINOSE M，KUMAKURA E，et al.Thermal environment assessment around bodies of water in urban canyons：a scale model study[J]. Sustainable Cities and Society，2017，34：79-89.
[8] MORAKINYO T E，Dahanayake K W D K C，ADEGUN O B，et al. Modelling the effect of tree-shading on summer indoor and outdoor thermal condition of two similar buildings in a Nigerian university[J]. Energy and Buildings，2016，130：721-732.
[9] SANAIEIAN H，TENPIERIK M，VAN DEN LINDEN K，et al.Review of the impact of urban block form on thermal performance，solar access and ventilation[J]. Renewable & Sustainable Energy Reviews，2014，38：551-560.
[10] ASHRAE. Thermal environmental conditions for human occupancy：ANSI/ASHRAE Standard 55-2004 [S].2013.
[11] CHEUNG P K，JIM C Y.Determination and application of outdoor thermal benchmarks[J].Building and Environment，2017，123：333-350.
[12] THORSSON S，LINDBERG F，ELIASSON I，et al.Different methods for estimating the mean radiant temperature in an outdoor urban setting[J].International Journal Of Climatology，2007，27（14）：1983-1993.
[13] BRÖDE P，FIALA D，BŁAŻEJCZYK K，et al.Deriving the operational procedure for the Universal Thermal Climate Index（UTCI）[J].International Journal of Biometeorology，2012，56（3）：481-494.

专题七

山地城乡景观设计与生态修复

基于城乡样条分区的山地河岸带绿色空间生态功能评价与规划策略研究——以重庆永川为例

余　俏，陈　漪，赖小红

（重庆交通大学建筑与城市规划学院，重庆　400074）

【摘　要】山地流域河网密布且汇水模式复杂，城乡河岸绿色空间分异特征显著，具备较高的生态与社会经济价值。文本通过文献与案例实证研究，构建复合生态服务功能评价指标体系，选择永川作为案例城市，应用城乡样条分区思想，对其河岸带绿色空间复合生态服务功能（雨洪调节、生境维持、景观游憩、气候调节、灾害防护、农林生产、环境教育、经济增值）进行综合评价，并提出自然保护区、农业生产区、城市边缘区、一般城市区和城市中心区的河岸带绿色空间规划策略。

【关键词】山地城市；河岸带绿色空间；城乡样条分区；复合生态功能；规划策略

山地流域成树枝状河网水系结构，河流水系分布密集，山地城市由于特殊的地形地貌呈现较为复杂的汇水过程和模式，山地城市建设用地布局受山地流域特征影响约束。河流连续体起始于周边山体，经过乡村、城市边缘区，穿越城市集中建设区，再向下游流去。河流起源于周边山体，经过乡村、城市边缘区、城市集中建设区，河岸带绿色空间在城乡空间梯度上的分异环境特征显著，其潜在复合生态服务功能供给也具有较大的差异性。本文在认知山地河岸带绿色空间环境特征和现有问题的基础上，应用城乡样条分区思想，对其复合生态功能进行综合评价，并提出城乡样条分区规划策略。

一、山地河岸带绿色空间环境特征与现有问题

1. 山地河岸带绿色空间的背景环境特征

1）山地流域河网密布且汇水模式复杂

山地流域地表切割程度较大，较大的地形坡度造成山地流域河网密布，形成树枝状河网水系结构，径流系数要大于平原地区[1]。在降雨阶段，初始雨量大且集中在夏季半年；在雨水传输阶段，较大的地表径流和较快的径流速度使得雨水汇流时间很短，径流流向复杂且不确定；在雨水汇集阶段，树枝状的河网结构影响建设用地布局[2]。

例如重庆永川地貌属四川东南平行岭谷褶皱区，

作者简介：

余　俏（1988—），女，重庆南岸人，副教授，博士，主要从事城乡生态规划与设计研究。

陈　漪（1999—），女，重庆潼南人，本科生。

赖小红（1989—），女，重庆南岸人，讲师，博士，主要从事景观生态学研究。

基金项目：国家自然科学基金青年项目（52008062），重庆市教委科学技术研究项目（KJQN202100735），2020 大学生创新创业训练计划项目（X202010618041）。

最大海拔相对高差为825m，呈现东北向西南的平行岭谷和浅丘低山地貌特征，丘陵面积占辖区面积的76%。花果山、巴丘山、英山、箕山、黄瓜山，五条背斜形成的中低山大致组成川字形岭群。复杂的山地地形地貌使得永川中心城区河网分布密集，水系总长度达到100多公里，各级河流纵横交织汇入永川的一级干流临江河。

2）城乡空间梯度河岸绿色空间分异特征显著

山地流域河流连续体起始于周边山体，经过乡村、城市边缘区，穿越城市集中建设区，再向下游流去。在城乡空间梯度上，随着人口密度、城市建设强度、不透水覆盖率等城市化指标的变化，河岸带绿色空间在不同区段的土地利用类型、植被覆盖率、生物多样性、景观游憩设施等自然景观要素也产生明显的空间梯度转化（表1）[3]。由于河流廊道具有四维空间结构特征（纵向、横向、竖向、季节性）[4]，且山地河流在空间梯度上的特征转化更为显著[5]，因此，山地河流在流域上、中、下游纵向空间梯度存在河流宽度、流速、水质情况的分异变化，并伴随河岸带绿色空间的环境分异（图1）。总体来说，在源头山林区段，河流宽度小、流速大、水质好、河岸植被覆盖率高、生物多样性丰富；在上游乡村区段，河流宽度变大、流速变缓、河岸带林地减少；在中游城市建成区，河流存在被改道情况、水量下降，河岸大部分被硬化，河岸带植被生物多样性低；在下游城市建成区或乡村地区，河流河道较宽、水质较差、植被景观破碎化严重。

2. 山地河岸带绿色空间存在的主要问题

1）次级支流与径流通道填埋堵塞

山地城市粗暴的建设开发侵占了大量等级较低的河流、支流、径流通道，同时也填埋和堵塞了大量洼地、池塘、湿地等水文关键点，严重地改变了原有地形的自然水文过程，致使城市的雨洪调节能力降低，雨洪灾害风险增加，例如永川城区范围内的三级支流几乎已经消失，部分二级支流如红旗河、跳蹬河河道断裂，局部河段已经被加盖或者填埋堵塞。

2）河岸硬化严重，生境单元侵蚀

山地城市由于用地条件紧张局促，通常未预留足够宽度的河岸绿化缓冲带，建设开发紧邻河道，河岸土地下垫面硬化严重，自然生境单元遭受侵蚀，例如永川中心城区的河岸形式几乎为垂直挡墙，自然植被"夹缝生存"，且已经被人工景观性植被所

永川临江河城乡梯度河岸绿色空间分异环境特征　　表1

	自然保护区（T1）	乡村农业区（T2）	城市边缘区（T3）	一般城市区（T4）	城市中心区（T5）
局部样点方格	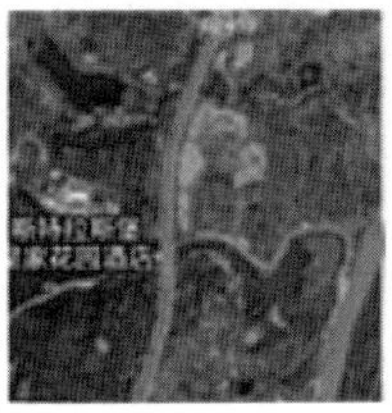	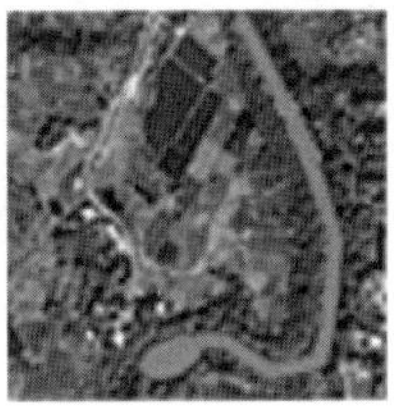	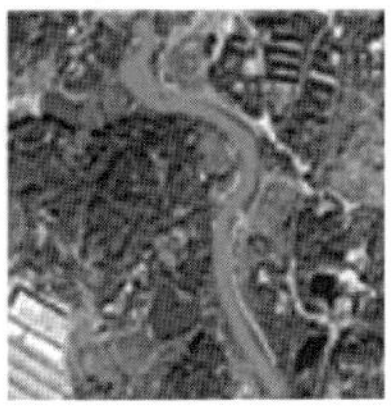		
距离城市中心距离（km）	10.2	6.8	4.1	2.7	0.3
建设用地比例（%）	5	9	25	39	70
河道宽度（m）	8	10	12	15	20
植被覆盖率（%）	85	72	66	31	10
生物丰度	高	较高	较高	低	低
水质情况	好	较好	一般	差	差
绿色空间主要类型	自然林地 自然湿地 灌木 湖泊、池塘	半自然林地 人工湿地 耕地、园地 坑塘	半人工林地 半自然湿地 耕地、园地 郊野公园	城市公园 社区公园 居住附属绿地 绿化广场	城市公园 绿化广场 绿道及设施

图1 永川临江河上游、中游、下游河岸带绿色空间特征差异

图2 永川城市公园内的河岸硬化严重（左），自然植被被人工植被替代（右）

替代，生物多样性不足（图2）。

3）开放空间缺失，游憩设施不足

山地城市在建设发展过程中，过度开发中心城区，使得中心城区河段的开放空间严重不足且景观品质较差。在开发滞后的城市边缘区，虽然河岸用地空间充足开阔，自然植被状况较好，但缺乏良好的规划建设，景观游憩步道及配套服务设施缺失，例如永川中心城区的步道长度较短，且紧邻垂直挡墙与建筑高楼，游憩体验较差，而在城市边缘区，河流步道建设简陋，缺乏游憩服务设施，安全性和可达性较差（图3）。

二、山地河岸带绿色空间复合生态功能评价

1.山地河岸带绿色空间复合生态功能

山地河岸带绿色空间在城市发展演变的过程中，形成复杂的河岸社会－生态复合系统[6]，为山

图 3 永川城市中心河流局促的游憩步道（左），永川城市边缘区河段游憩步道（右）

地城乡居民提供多样的复合生态服务功能。根据山地河岸带绿色空间的内在生态系统特征以及相邻建设用地的外在发展诉求，其潜在可供给的复合生态服务功能包括：生境维持、雨洪调节、气候调节、灾害防护、景观游憩、农林生产、经济增值、文化教育 [5]（表 2）。

2. 评价指标体系和评价标准

山地城市河岸带绿色空间在长期的时空融合发展中显示出独特的空间属性，如驳岸形式、土地利用模式、植被群落结构、河道形态、服务设施类型、景观特色等，这些空间属性因子支撑着山地河岸绿色空间发挥的复合生态功能。根据相关文献研究结论 [7-12]，可利用上述空间属性因子，建立山地河岸绿色空间复合生态功能评价指标体系和评价标准，综合采用层次分析法和主观经验法来确定每种生态功能的评价指标权重（表 3）。

3. 基于城乡样条分区的永川河岸绿色空间生态服务功能整体评价

1）城乡样条分区

城乡样条（Urban-rural Transect）概念是由美国新城市主义的领军人物安德烈斯·杜安尼提出，即一种生态可持续的连续的城市形态，展现不同城市化强度的人居环境特征，从最自然化到最人工化通常包括：自然保护区（T1）、乡村农业区（T2）、

山地城市河岸带绿色空间复合生态功能类型及其功能描述 [5] 表 2

目标价值	复合生态功能	功能表述
生态支撑和调节功能（用于维持、防护和改善城市河岸或外部区域的生态环境）	气候调节	河岸足够宽度植被带可调节邻近区域微气候。植物叶片通过蒸腾降温，利于阴凉环境和防风庇护，树冠可以降低河流温度
	灾害防护	河岸植被可减小河岸水流流速进而减少河岸侵蚀。河岸植被根系抓附土壤，增强河岸稳定性，减少水土流失
	雨洪调节	调节河岸高地的雨洪径流量，延长径流时间，通过过滤、渗透、滞留、沉积等降低进入地表水和地下水的污染
	生境维持	创造栖息地和水生食物链的原料，陆生生物的高价值栖息地，促进野生动物迁徙和种群扩散，增加物种多样性和相邻地区之间物质和能量的交换
社会供给和文化（用于提升城乡沿岸居民品质和促进社会经济效益）	景观游憩	为市民提供休闲游憩和公共活动的环境场所，可以改善和提高生活质量，提高人民身心健康水平
	农林生产	河岸绿色空间由于地势较为平坦也是良好的农、林、牧、渔业生产基地，而在城市中也有益于发展都市农业，就近提供农林产品
	经济增值	城市河岸能赋予河岸高价值区位，在合理的经营与维护中获得环境增值收益，成为带动城市经济发展的重要空间
	文化教育	河岸绿色空间是城市历史遗产的重要组成，提供科普教育场所和科学实验研究基地，通过环境教育加强人类和自然的联系

山地城市河岸带绿色空间复合生态功能评价指标体系 表3

复合生态功能	评价指标	评价标准	权重
生境维持	河岸林带宽度	河岸林带宽度越宽，生境维持功能越高	0.25
	林地覆盖率	林地覆盖率越高，生境维持功能越高	0.2
	物种丰富度	物种丰富度越高，生境维持功能越高	0.12
	植被群落结构	植被群落结构越完整，生境维持功能越高	0.13
	河岸建设用地强度	建设用地强度越高，生境维持功能越低	0.2
	驳岸自然化程度	驳岸自然化程度越高，生境维持功能越高	0.1
雨洪调节	河岸湿地比例	河岸湿地比例越高，雨洪调节功能越高	0.15
	洼地比例	洼地比例越高，雨洪调节功能越高	0.15
	乔木/灌草比例	乔木/灌草比例越高，雨洪调节功能越高	0.2
	不透水铺装比例	不透水铺装比例越高，雨洪调节功能越低	0.25
	水域面积比例	水域面积比例越高，雨洪调节功能越高	0.25
气候调节	林地覆盖率	林地覆盖率越高，气候调节功能越高	0.4
	植被郁密度	植被郁密度越高，气候调节功能越高	0.3
	河岸林带宽度	河岸林带宽度越宽，气候调节功能越高	0.3
灾害防护	林地覆盖率	林地覆盖率越高，灾害防护功能越高	0.4
	边坡稳定性	边坡稳定性越高，灾害防护功能越高	0.3
	河网密度	河网密度越大，灾害防护功能越高	0.2
	水域面积比例	水域面积比例越高，灾害防护功能越高	0.1
景观游憩	景观优美程度	景观优美程度越高，景观游憩功能越高	0.4
	绿道长度	绿道长度越长，景观游憩功能越高	0.3
	道路可达性	道路可达性越高，景观游憩功能越高	0.2
	服务设施规模	服务设施规模越高，景观游憩功能越高	0.1
农林生产	土壤养分程度	土壤养分越高，农林生产功能越高	0.4
	耕地/牧草地规模	耕地规模越高，农林生产功能越高	0.6
经济增值	道路可达性	道路可达性越高，经济增值越高	0.3
	景观价值	景观价值越高，经济增值越高	0.3
	资源多样性	资源多样性越高，经济增值越高	0.25
	景观视线敏感度	景观视线敏感度越高，经济增值越高	0.15
文化教育	有无标识系统	有标识系统，文化教育功能高	0.3
	有无环境教育设施	有环境教育设施，文化教育功能高	0.4
	文化资源密度	文化资源密度越大，文化教育功能高	0.3

城市边缘区（T3）、一般城市区（T4）、城市中心区（T5）[13]。城乡样条分区模型可以帮助解译河岸带绿色空间内在环境特征和外在发展诉求，从而确定其复合生态服务功能，并制定空间规划设计策略。

以永川城市规划区为例，选择适宜的现状和规划的城市化属性指标，如人口密度、不透水覆盖率、建设用地比例、城乡总规中的城镇职能等，并对这些指标赋值（T1为5分，T2为4分，T3为3分，T4为2分，T5为1分），以社区和乡村为基础单元进行城乡样条分区划定（图4）。

2）永川河岸带绿色空间城乡样条分区复合生态功能评价

对于五个城乡样条分区，每个生态区的河岸带绿色空间生态服务功能供给具有较大的差异性[14]。基于上述评价指标体系和评价标准，对各指标在1~5的范围内赋值，并进行加权求和得到不同城乡样条分区的各类生态服务功能总得分。在永川河岸带绿色空间城乡样条分区复合生态功能评价中，从图5可以看

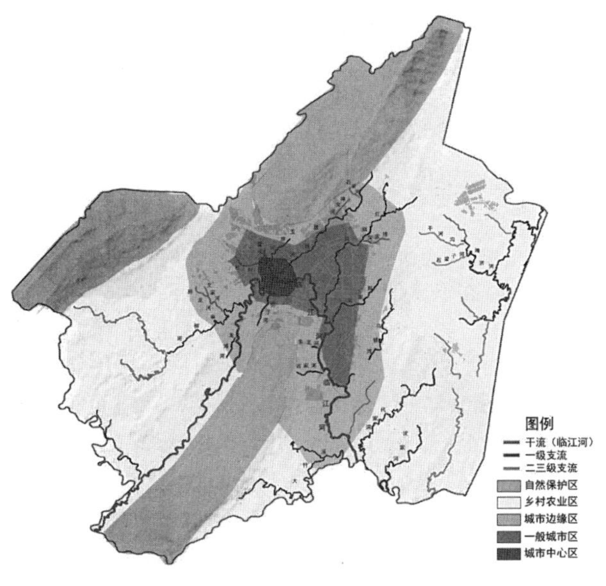

图 4　永川城乡样条分区

出，自然保护区的河岸带绿色空间综合生态功能评价较高，特别是在生境维持、雨洪调节、气候调节方面具有较高的功能价值，但文化教育功能需要加强；城市中心区和一般城市区除了景观游憩功能，其他生态功能价值相对较低，需要兼顾河岸带的自然生态功能和社会文化功能；城市边缘区的各类生态服务功能价值都较高，需予以足够重视和合理规划干预；乡村农业区除了农林生产功能较高以外，在生境维持、雨洪和气候调节方面都有重要作用。

三、基于城乡样条分区的河岸带绿色空间规划策略

1. 自然保护区

在自然保护区源头支流众多，应以水源涵养区面域的方式保护河流源头的自然绿色空间；严格管控人类的干预和活动，允许建设少量小型、分散的游憩服务设施和乡野型绿道，并通过技术手段尽可能减少开发建设对自然环境的影响；对于局部易遭受破坏的生态斑块应进行恢复性林地种植，保障生态网络的完整性；保留或减少现有生产性林地和农田。

2. 乡村农业区

在农业生产区，由于规模化农业极易导致非点源污染和生境单元侵蚀，应构建合适密度的农田林网，在减缓面域污染的同时支撑生境廊道网络；在水文关键点和近河岸区保护自然林地、湿地，并布局恢复性林地；经营性生产林地和农地应布局在河岸带外部区；在有需求的位置布置坑塘、水库、污水处理湿地等绿色基础设施。在保障农业生产效益的同时提升乡村农业区的生物多样性。

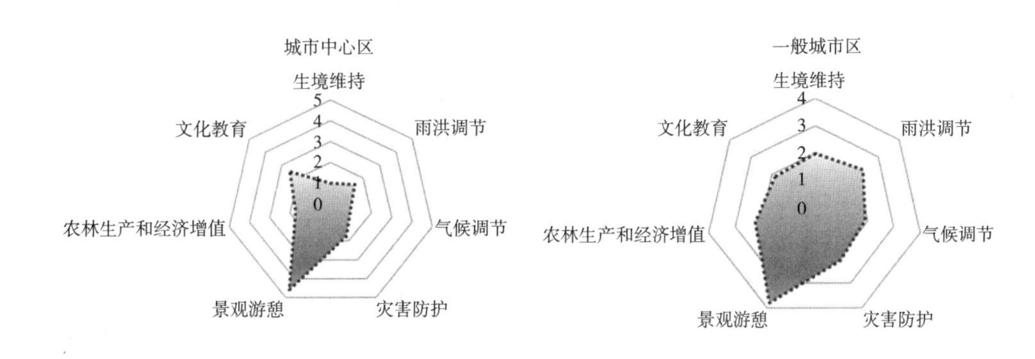

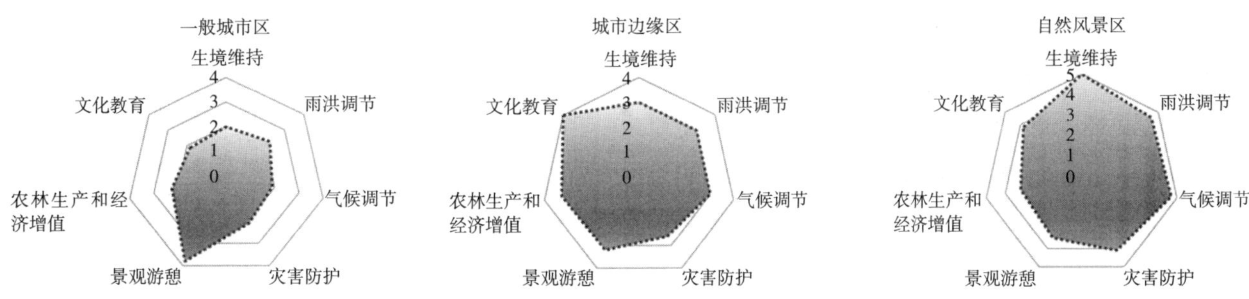

图 5　永川城乡样条分区河岸带绿色空间复合生态功能评价

3. 城市边缘区

在城市边缘区，应识别和保护高价值的林地斑块和小型破碎化的农田斑块，并在水文通道、关键水文节点以及重要缺口位置布局恢复性林地，构建完整的蓝绿廊道生态网络，保障城市边缘区的河岸绿色空间的同时，连接城市内部建成区和城市外围自然区域；对城市边缘区的河岸绿色空间做好关联用地相容性分析，对关联用地功能诉求和环境影响进行分析评估。

4. 一般城市区

在一般城市区，大部分建设用地为居住用地，应尽可能保护遗存的少量河岸带林地斑块；结合保护性和恢复性的绿地斑块布局城市综合公园和社区公园；尽可能设置足够宽的河流防护林带，近河岸区维护乔灌草植被群落结构完整性；应建设复合性城市河流绿道及其配套服务设施，串联城市各个居住组团和社区，并连通城市外围郊野型绿道；合理配置河岸带植被，应本地乡土植被与外地观赏性植被相结合。

5. 城市中心区

在城市中心区，建设用地以公共服务和商业服务功能为主，建设密度和强度大，局促的河岸空间、大量的垂直挡墙和稀少的植被，应尽可能充分挖掘可利用公共空间，通过屋顶花园、垂直绿化、立体多层绿色交通和开放空间、绿色雨水基础设施，在改善生态环境的同时注重人性化的服务，提升城市中心区河岸带绿色空间品质。

四、结语

山地河岸带绿色空间因其独特的区位和资源优势，是为城市和乡村提供多种生态系统服务的重要土地区域，在提升山地城乡环境品质、促进城乡融合发展方面具重要意义。山地河岸带绿色空间具有内在生态整体性和外在空间分异性，应用城乡样条思想对城乡空间梯度上的河岸带绿色空间复合生态功能进行综合评价，有助于更好地识别其潜在功能价值并合理地进行规划设计干预。

参考文献：

[1] 伍光和，王乃昂，胡双熙，等.自然地理学[M].第4版.北京：高等教育出版社，2008.

[2] 赵万民，朱猛，束方勇.生态水文学视角下的山地海绵城市规划方法研究：以重庆都市区为例[J].山地学报，2017，35（1）：68-77.

[3] 邢忠，余俏，顾媛媛，等.基于城乡样条分区的绿色空间规划方法研究[J].城市规划，2019（4）：24-40.

[4] WARD J V.The four-dimensional nature of lotic ecosystems[J]. Journal of the North American Benthological Society，1989，8（1）：2-8.

[5] 余俏.山地城市河岸绿色空间规划研究[D].大连：重庆：重庆大学，2019.

[6] WRATTEN S，SANDHU H，CULLEN R，et al.Ecosystem services in agricultural and urban landscapes[J].Ecosystem Services in Agricultural & Urban Landscapes，2013，21（5）：663-663.

[7] 王芳，汪耀龙，谢祥财.生态学价值视角下的城市河流绿道宽度研究进展[J].中国城市林业，2019，17（94）：57-61.

[8] 邢忠，余俏，周茜，等.中心城区E类用地中的廊道空间生态规划方法[J].规划师，2017，33（4）：18-25.

[9] 强盼盼.河流廊道规划理论与应用研究[D].大连：大连理工大学，2011.

[10] 傅伯杰，于丹丹，吕楠.中国生物多样性与生态系统服务评估指标体系[J].生态学报，2017，37（2）：341-348.

[11] 万峻，刘红艳，张远，等.太子河流域河流生态功能评价及其管理策略[J].应用生态学报，2013（10）：2933-2940.

[12] 王跃峰，许有鹏，张倩玉，等.太湖平原区河网结构变化对调蓄能力的影响[J].地理学报，2016，71（3）：449-458.

[13] DUANY A，TALEN E. Transect planning[J].Journal of the American Planning Association，2002，68（2）：245-266.

[14] QIAO Y，ZHONG X，SONG Y，et al.Mapping supply-demand of riparian ecosystem service for riparian green space planning on multiple spatial scales[J].China City Planning Review，2020，29（4）：8-19.

乡村振兴战略下的乡村景观设计研究
——以重庆市云阳县洞鹿乡为例

刘 颖，汪 峰
（重庆交通大学建筑与城市规划学院，重庆 400074）

【摘 要】在国家实施乡村振兴战略的大背景下，山地乡村景观设计也越来越受到重视，改善与提高乡村景观生态格局，重构乡村自然与人文景观体系，对实现乡村振兴目标具有重要的现实意义。本文基于山地乡村特有的景观生态特征，以重庆市云阳县洞鹿乡为例，通过对洞鹿乡自然、人文要素的分析，对洞鹿乡村落整体格局、公共空间、建筑风貌、池塘水系等多方面的研究，提出山地乡村景观优化设计与营造策略，为乡村振兴打下坚实的基础。

【关键词】乡村景观；生态发展；景观设计

随着国家的发展，社会的进步，乡村景观的建设发展愈发受到广大群众的关注。党的十九大报告将乡村振兴、美丽乡村建设作为国家战略，乡村振兴是国家新提出的农村农业的新战略新举措，乡村景观设计研究作为乡村振兴战略的重要组成部分为促进乡村振兴的实施发挥了重要的作用。乡村是由多层次的集镇、村庄及其所管辖的区域组合而成的空间系统[1]。乡村景观发展需要依托乡村的自然景观与人文景观，同时，乡村景观的发展也带动了乡村的经济文化发展，统筹了乡域的协同发展，促进了乡村的可持续发展。

一、山地乡村景观构成

人类在历史上分益耕作的改造过程中塑造出的乡村景观与各种类型的人类聚落紧密联系着，这些地方遍布着人类活动的印记[2]。山地景观格局在高山丘陵的复杂地形之上形成，山地的自然条件多样性使得人类在建造建筑、道路、农田等居住环境中形成了丰富的景观层次。在山地乡村背景下人类与自然环境长期相互作用形成了具有地域特色的乡村聚落景观、生产性景观和自然生态景观[3]。山地景观比平原景观的景观层次丰富，人们在打造这些居住环境的同时也灵活地运用山地地形创造了多姿多彩的山地景观格局。

山地乡村景观大致可以分为自然景观与人文景观两种类型[4]。自然景观是山地原有生态环境的形态反映，如自然形成的河流、山川、森林等。人文景观是指人们为了满足自身的生活需求而不断发展演变的民风民俗与文化风貌的集中反映，如历史遗迹风景区、公园景观等。

1. 自然景观

洞鹿乡位于高山地区，但村落范围地势平坦，其四面环山、依山傍水的自然环境为乡村景观的发展奠定了基石。洞鹿乡的自然资源丰富多彩，但对于自然景观的规划利用不科学，缺乏对自然景观的保护与发展策略，导致洞鹿乡的自然景观遭到破坏，

作者简介：
刘 颖（1996—），女，重庆潼南人，学生，在读研究生，主要从事风景园林规划设计研究。
汪 峰（1964—），男，湖北荆州人，教授，博士，主要从事城市规划编制、建筑设计、风景园林规划设计工作。

生态系统受损。

2. 人文景观

城市化的发展对于地域文化带来了巨大的冲击，对乡村景观的发展有深刻的影响，乡村的传统文化风貌、民风民俗逐渐失去了原有特色，再加上对乡村的规划发展缺乏科学系统的指导，忽略了人文景观与自然景观之间的联系，导致乡村景观失去了其地域特色，景观功能退化。例如洞鹿乡对于传统建筑宝鼎寺的破坏，对于文化传承没有充分重视，而如今建筑风格各式各样，使得景观视觉感受大打折扣，失去了洞鹿乡传统建筑的独特性和韵味。

二、洞鹿乡现状分析

1. 项目区位

洞鹿乡地处重庆市云阳县东北部，北与石门乡接壤、西与双土镇相邻、南接红狮镇、东齐奉节县红土乡，距县城58公里，汤溪河及其支流由北向南穿境而过。

2. 景观现状

1）村庄建设风貌多样，基础设施建设滞后

洞鹿乡建筑风貌形式多样且布局分散，公共活动空间较少，不利于基础设施、公共服务设施配置，造成设施配置不经济。村内主干道为水泥路和石板路，其他道路均为土路；村庄排水设施落后，乱排现象严重，导致村庄内汤溪河水环境较差；部分村民仍自己搭建卫厕，卫生条件差且村庄内无污水处理设施；村内缺少公共活动空间和养老设施。

2）村庄整体环境不佳，严重影响村庄人居环境

村庄内部环境卫生管制不严，导致生活垃圾乱堆乱丢，杂物也沿街乱摆放；动物养殖场地与村民居住点毗邻，造成生活环境不卫生；村庄整体建筑风貌多样，新旧建筑风格不统一，年代较远，建筑虽有地域特色但质量整体较差，新修建筑屋顶、墙体外立面等不统一；村庄内部活动场地较少，村民缺少公共绿地和公共活动空间。

3. 产业现状

当前城镇化的快速推进拉近了农民与城市的空间距离，同时也离散了乡村人地关联[5]。乡村大量农田闲置，土地资源被浪费。洞鹿乡大多数家庭还是以第一产业为主要经济来源，以传统种植业为主，但洞鹿乡农业生产方式较落后，缺少促进村民致富的主导产业，农民脱贫致富任务艰巨。村庄缺少农业生产指导与农业合作社。

三、乡村振兴战略下洞鹿乡景观设计原则

1. 保护与发展原则——保护自然环境，营建绿色生态

在乡村规划建设前期就确立生态保护目标，注重乡村景观与生态环境的和谐统一。将生态环境保护放在首位，保护与利用相结合，强调城镇建设与生态环境的和谐统一，整合自然景观资源，开展生态休闲产业，建设可持续发展的山地乡村景观模式。

2. 因地制宜原则——农业种植与休闲观光相结合

乡村景观规划设计需要遵循一定的科学合理性，乡村景观发展目标一定是与当地的整体经济发展策略相适应的。只有这样，合理的乡村景观规划设计才符合国家乡村振兴战略，促进乡村可持续发展，充分发挥出自身的价值，带动经济发展。洞鹿乡位于高山地区，以种植水稻为主，根据洞鹿乡天然的田园环境优势打造农业种植与休闲观光相结合的发展模式。

3. 近远期结合原则——科学规划布局，合理分期建设

对洞鹿乡的具体情况做到具体分析，从客观实际出发，科学地预测各项规划指标，规划各项内容，高标准，高起点，同时兼顾洞鹿乡的具体情况编制规划。

四、乡村振兴战略下洞鹿乡景观设计探讨

1. 景观设计策略

在通过前期多次的调研与考察，了解当地自然资源与人文资源的现状情况后，结合洞鹿乡具体的实际情况提出具有针对性的设计策略。

1）传承与重构人文景观策略

在前期对洞鹿乡实施乡村景观规划设计时，应考虑将乡村景观与人文景观结合起来。为了保存乡村的地域特色，就需要从整体村落格局出发，在建筑风貌、农田景观、水系景观等方面延续地域特色。在洞鹿乡至今保留着当地一些传统的建筑布局与构造，这也是对洞鹿乡人文景观的展现方式。在传承与重构人文景观的同时需要对这些传统的景观元素进行挖掘提炼，对这些文化元素进行重构与规划，取其精华去其糟粕，使之适应时代的发展。

设计方法：提炼当地地域特色元素，在原有建筑基础上加以改进，原始的建筑元素在新建建筑上延续，保留部分土坯房结构，建筑底部运用当地毛石，同时墙面装饰石盘、旧车轮等，展现洞鹿乡的特色乡村风貌。完善公共建筑、道路系统、停车场、标识指导等景观设施，从而改善农村人居环境（图 1）。

2）保护与发展自然生态策略

洞鹿乡群山环绕，建筑包围农田，规划涉及范围地形平坦，自然生态环境较好，拥有丰富的水资源，汤溪河穿境而过，立足于打造水源涵养地、炫彩生态乡。人们在汤溪河里抽水灌溉农田，闲暇时也沿着河道散步游玩，因此汤溪河也成了人们的公共交往活动空间。

设计方法：沿着河道修建园路，材料选择洞鹿乡的原石，在石栏杆上雕刻鹿与洞鹿乡名字呼应，在重要节点搭建亲水平台，拓宽人们的活动范围，为村民营造优质的乡村居住、生活、生产环境。同时对河道环境进行治理，加强基本农田的保护和生态环境建设，合理利用各种自然资源，尤其是土地资源等不可再生资源。

3）提高与完善农业景观策略

围绕洞鹿乡“水源之乡，生态洞鹿”定位，按照生态涵养发展要求，通过调整产业结构，优化资源配置，发挥资源优势，实施现代高效农业，建设生态文明之乡，打造休闲避暑胜地，大力发展生态旅游业。

设计方法：规划产业结构为“一带三大功能五大片区”。一带为滨水旅游景观带，三大功能为农业种植、水产养殖、休闲观光，五大片区为十里稻香、荷渔共生、金色葵园、农耕文化、果溢飘香。打造农业产业规划“三品一区”。三品分别为高山辣椒、中药材、传统粮食，一区为洞鹿社区（图 2）。

2. 洞鹿乡景观规划设计

1）总体布局

根据洞鹿乡乡村景观规划，将洞鹿乡总体规划结构定位“一轴一环六片区”（图 3）。在建设乡村景观规划的基础上，通过重要节点的打造，展现出洞鹿乡的地域特色风貌。

“一轴”为踏溪溯源体验轴，以汤溪河为游览主线，设计“风雨廊桥”“遇仙鹿”“望田归翠”三个

图 1 洞鹿乡建筑修缮前后对比

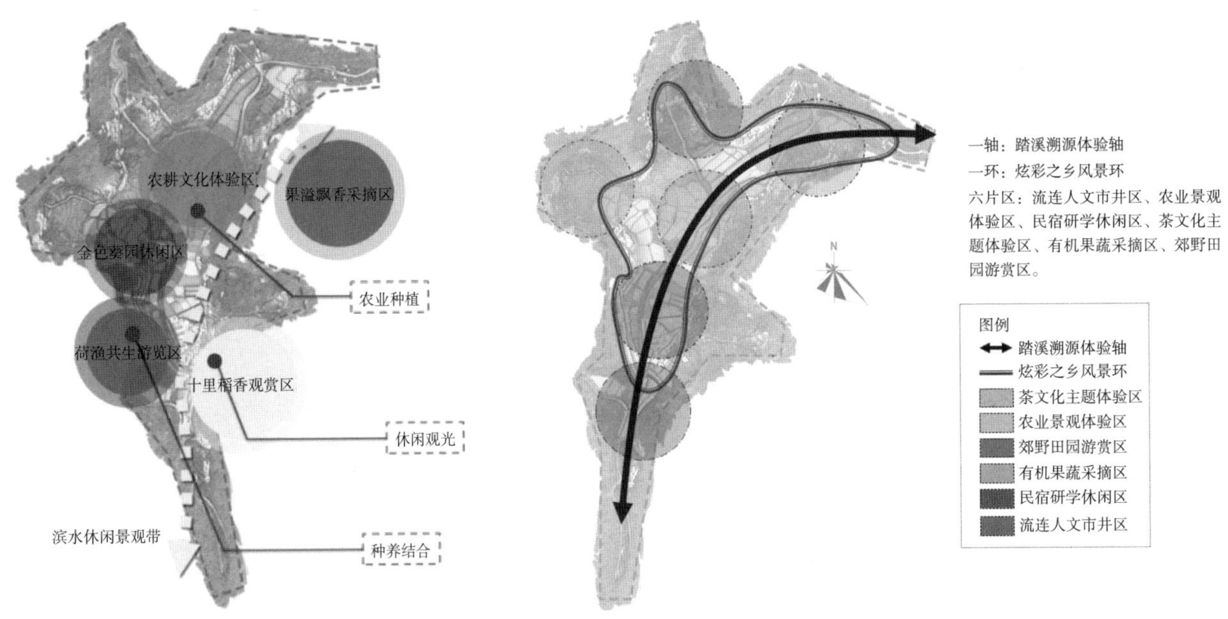

图2 洞鹿乡产业结构分析图

图3 洞鹿乡总体规划结构定位

重要节点，通过古桥建筑、仙鹿景观雕塑、观景塔等景观塑造，将洞鹿乡的历史人文要素提炼表达；“一环”为炫彩之乡风景环，以洞鹿乡的主要道路为观景带，通过连接六大片区，展现了洞鹿乡的农耕文化与民俗文化；“六大片区”是对洞鹿乡农业类型景观的划分以及对民俗文化的区域划分，通过道路连接将各个片区紧密联系在一起。规划布局利用场地中丰富的农田景观及原生态植被资源，保留高山地区乡村优美的生态田园风貌，延续洞鹿乡高山地区的建筑风貌，为洞鹿乡村民营造更好的居住、生活、生产环境。

2）空间结构

为了实现洞鹿乡乡村景观总体规划目标，带动乡村旅游业发展，传承洞鹿乡的人文风貌，将洞鹿乡分为六大片区进行结构布局，以茶文化、稻田景观、田园游赏、果蔬采摘、人文视镜、民宿研学为主要划分依据，设置不同功能分区，展示洞鹿文化，带动洞鹿乡商业经济，同时也丰富了居民生活，提升洞鹿乡环境品质。

3）建筑景观改造

洞鹿乡居民点大多数沿道路布置，建筑大部分都是居民个体自建，形式多样。建筑以砖木、土坯结构类型为主，多为砖混结构的房子，质量较好，局部有砖木结构的房屋；土坯房较少，破旧，少有保留的价值。建筑整体风格杂乱，建筑风貌不统一。

在现有基础上对建筑进行修葺和适当改造，对破损严重荒废的建筑重新规划。屋顶部分，统一屋顶形式与材质，檐口用白色石灰瓦头做装饰；屋顶设亮瓦保证室内采光。墙体部分，对墙面进行清理，保留原有青砖墙结构，墙面刷白色与灰色乳胶漆，修补加固原墙面，重新勾缝，加强建筑外观颜色。门窗部分翻新加固，并根据情况对建筑局部做构建性装饰。根据情况增设砖砌栏杆，增强安全性；增加附属阳台，使其更具功能性及美观性；增加柴草收纳设施，为场地提供干净的生活环境（图4）。

4）农田景观

发展主导产业，改变传统种植方式，大力发展乡村旅游业，增加村民收入。设计十里稻香、荷渔共生、金色葵园、农耕文化、果溢飘香五大片区：十里稻香片区以水稻为主配以鱼虾养殖，点缀彩色水稻组成图案，提高其观赏性；荷渔共生片区种植荷莲供游人游览，辅以鱼、虾等养殖；金色葵园片区种有大面积向日葵，既能有一定的产业收益，又能发挥出景观效果；农耕文化片区则以农业种植为主，可以对游人开放，让游人亲身体验其中；果溢飘香片区设有农夫果园，成熟时可供游人采摘，同样是产业与旅游价值共存。

图 4 建筑改造前后对比

5）水系景观

洞鹿乡水资源丰富，主要水系景观汤溪河贯穿洞鹿乡境内。过去河道狭窄，居民往河道里排放污水，又灌溉农田，导致河道断流，雨季水患频发，淹没农田。在经过综合治理之后恢复了河流生态环境，重塑清新自然岸线，打造生态亲水景观带，拓宽河道，在沿岸两侧布置 2m 宽青石步道，结合滨水景观节点设计亲水平台，可供村民、游客进行娱乐活动。改造之后的水系景观展现出了洞鹿乡独特的水乡画卷，为村民营造了优质的乡村居住、生活、生产环境。

五、结语

乡村振兴战略激发了乡村发展的活力。本文立足于乡村振兴战略下的乡村景观设计研究，从云阳县洞鹿乡的现状问题进行深入分析，提出了针对性的设计策略，推动了当地乡村景观的更新与发展。设计过程充分考虑了对洞鹿乡历史文化的传承与发展，在深入挖掘洞鹿乡地域文化的基础上，通过对洞鹿乡的道路、建筑、公园等景观的打造，提升了洞鹿乡居民的生活环境。

参考文献：

[1] 王根绞，刘国华，沈泽昊，等. 山地景观生态学研究进展 [J]. 生态学报，2017，37（12）：3967–3981.

[2] 约翰・穆勒. 政治经济学原理及其在社会哲学上的若干应用（上卷）[M]. 赵荣潜，桑炳彦，朱泱，译. 北京：商务印书馆，1991：335–336.

[3] 刘滨谊，陈威. 关于中国目前乡村景观规划与建设的思考 [J]. 城镇风貌与建筑设计，2005（9）：39–41.

[4] 陈泓兆. 传统山地风景区空间布局结构对生态环境保护的影响 [D]. 西安：西安建筑科技大学，2012.

[5] 薛冰，洪亮平，徐可心. 长江中游地区乡村人居环境建设的“内卷化”与“原子化”问题研究 [J]. 华中建筑，2020，38（7）1–5.

生态修复视角下重庆悦来滨水景观设计研究

张志伟，王晓晓，高亚昕，邱新媛
（重庆城市科技学院建筑与土木工程学院，重庆　402167）

【摘　要】本文以生态修复为基础，对生态修复和滨水景观相关理论进行系统学习，结合经典案例，找出重庆悦来新城西侧边缘连接段景观现状以及设计和建设中存在的问题，从生态修复的视角，对城市滨水区水体的综合治理或重建，滨水绿地的生态修复或重建以及地域历史文脉传承方面进行研究，根据研究成果和总结、归纳，提出建设对策与方法。

【关键词】城市滨水景观；生态修复；生态优先

党的十八大报告提出要“大力推进生态文明建设”[1]，之后中央城市工作会议公报中进一步指出，城市建设工作的中心目标要专项对优良人居环境的建设上，努力把城市建设成为人与人、人与自然和谐共处的美丽家园，要强化尊重自然、绿色低碳、传承历史等理念，再现城市的好山好水好风光[2]。

城市滨水绿地是城市绿地系统中的心脏，是维持整个城市发展的命脉，也是城市生态系统中最脆弱的部分[3]，是市民休闲、游憩，以及各种生物进行物质与能力的交换，繁衍生命的场所，同时承担着生态湿地、动物和微生物栖息地等功能，以大片面积或狭长水域和植物景观为主体，可以改善生态环境，增强城市整体形象，以及景观观赏和生态功能。而在城市发展进程中，滨水区生态系统结构的完整性遭到破坏，逐渐出现水质污染严重，植物种类匮乏，物种数量减少甚至面临毁灭，河流湖泊水位降低甚至干涸等问题。本文通过对相关基础理论的综合交叉学习和分析，对以生态修复性景观设计的相关基础理论进行梳理总结，提出以生态修复为主要目的，探究打造生态平衡、生态系统功能完善、生物多样性丰富、地域特色浓厚的城市可持续发展的城市滨水景观的设计策略和方法；通过设计实践分析，探寻一种科学的可持续发展的城市滨水区设计模式；为后面的设计和研究提供参考依据，在长久的发展中不断完善，致力于实现城市独有的滨水景观，发挥城市滨水景观的生态与文化价值，提升市民幸福指数，促进社会协调发展、人与自然和谐发展的目标[4]。

一、项目背景

本次设计场地为悦来新城的西侧边缘连接段，悦来新城位于重庆市两江新区西部片区中心位置，向北辐射，南接渝北，东邻空港城市中心，西依蔡家，交通便利区位优越。生态城滨江公园的形象和功能要体现时代特征，成为悦来组团的重要绿色通廊。悦来新城成为全国首批海绵城市试点。嘉陵江北段悦来段生态修复工程作为悦来重要的“海绵体”之一，通过低影响开发，健全城市的蓄水细胞，建设“会呼吸”的海绵城市。

作者简介：

张志伟（1988—），男，山西忻州人，副教授，硕士，主要从事风景园林规划设计研究。

王晓晓（1988—），女，重庆沙坪坝人，副教授，硕士，主要从事乡村景观设计研究。

高亚昕（1999—），女，河北唐山人，本科生。

邱新媛（2000—），女，重庆涪陵人，本科生。

基金项目：重庆市 2021 年度高等教育教学改革研究项目（213469）。

重庆位于北半球副热带内陆地区，重庆气候温和，属亚热带季风性湿润气候，年平均气候在 18℃左右，冬季最低气温平均在 6~8℃，夏季炎热，7 月每日最高气温均在 35℃以上。极端气温最高 43℃，最低 -2℃，日照总时数 1000~1200h，冬暖夏热，常年降雨量 1000~1450mm。

二、现状分析及解决措施

1. 水文与消落带分析

重庆主城区地处长江与嘉陵江交汇地区，两江消落带长达数百公里，属于三峡库区消落带范畴。近年来滨江地带城市建设工程增多，加之不合理的农业开发利用等原因，重庆城区两江消落带范围内的生态环境问题日益突出，如植被覆盖度下降，城市弃杂土增多，水土流失严重，裸地面积加大，沿江垃圾增多等。消落带生态系统具一定的敏感性和脆弱性，不合理的干扰将造成严重的生态后果。

2. 植被分析

场地位于嘉陵江中下游，植被多为自然生长。河岸木本植物生态位宽度最大为柏木，其次为黄荆、构树；山脊段主要为柏木、黄荆、盐肤木，中坡为黄荆、柏木、马尾松，消落带为构树、刺槐、慈竹、黄荆。说明柏木分布面积最大，对环境适应能力较强。优势木本植物生态位重叠在不同研究区段为：中坡＜消落带＜山脊。优势草本植物生态位宽度最大的为丝茅、褐果苔草、马兰，三物种分布面积较广；山脊生态位宽度前三为马兰、丝茅、褐果苔草，中坡为荩草、地果、褐果苔草，消落带为空心莲子草、狗牙根、葎草。

3. 生态分析

1）水体污染

场地内的河水沟为生活污水和工业废水的排放渠道，大量的污水挟带着有机污染物、氮磷等营养性污染物以及很多难降解的有机物倾倒入嘉陵江，造成了严重的水环境污染（图 1）。

2）驳岸处理

场地内的景观驳岸主要为自然式的人工驳岸，植物杂乱生长，景观效果差，在洪水期不能起到良好的蓄洪排洪作用（图 2）。

3）水土流失

场地内部快速开发建设过程中砍伐了大量树木，使得地表裸露，造成严重的水土流失（图 3）。

三、解决措施

1. 生态浮岛

利用生态工学原理，降解水中的 COD、氮和磷。以水生植物为主体，运用无土栽培技术原理，以高分子材料等为载体和基质，充分利用水体空间生态位和营养生态位，从而建立高效人工生态系统。生态浮岛在为水体中的鱼虾、鸟类和微生物提供生存和附着条件的同时，人工营造出一个动物、微生物良好的生长环境，在植物、动物、昆虫以及微生物的共同作用下使环境水质得以净化，达到修复和重建水体生态系统的目的。

2 . 生态驳岸

退台式驳岸：在高差较大的地方应用层层退台方式解决该矛盾，平时低台亲水，洪水期高台防洪。

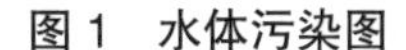

图 1　水体污染图

图 2　驳岸处理图

图 3　水土流失

可以通过天然石提供凹凸不平的河岸线，阶段式挡土花坛提供观望平台或座位，设计种植带，种植耐水湿植物、绿化树木及灌木种植以提供遮挡。

3. 护坡草沟

植草沟结合山体坡度陡缓及地形走向，沿山体坡面合理设置，可以减缓流速，改变水流方向，增加下渗量，同时还可以减少地表径流，护坡固土，防止水土流失。植草沟根据场地情况曲线布设，宽窄可自由变化，平缓段结合卵石及滨水植被形成旱溪形式，既可引导水流至渗水塘，又能增加园内景观。植草沟铺设黑麦草植生带，起到固土护坡、阻挡雨水、降低水流速度的作用。

四、景观生态修复性设计

整体规划以“自然＋艺术＋人文”为思路，利用重庆丘陵地段的天然地形，以俯瞰的视角将悦来打造成一个生态、立体、美丽的海绵城市。本设计的景观结构为“一环两轴四片区”，为悦来装上了“呼吸机”，主要体现在环境的保护和雨水的处理两个方面，在原有的场地中整体设计整体构思体现与自然相结合的想法，山脉和嘉陵江蜿蜒曲折逐步演变形成折线元素（图4~图6）。

设计借助透水铺装、生态植草沟、生态湿地景观及生态驳岸四大生态净水设施，与中心湖区相互结合，共同构建园区“渗、滞、蓄、净、用、排”的有机水循环体系。道路采用生态透水铺装，能够使雨水迅速渗入地表，有效地补充地下水，缓解城市热岛效应，平衡城市生态系统（图7）。

五、总结

本文首先通过搜集、阅读大量文献，总结梳理了以生态修复为主的城市滨水景观设计的基础知识理论；其次，通过对项目的实地调研，基于现状和

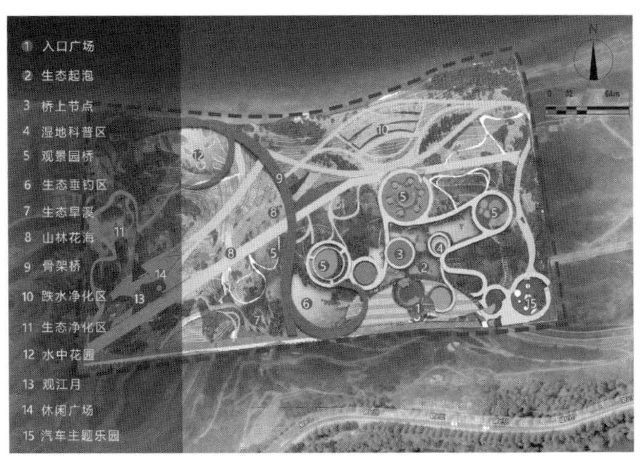

图4　总平面图

图5　生态湿地景观

图6　鸟瞰图

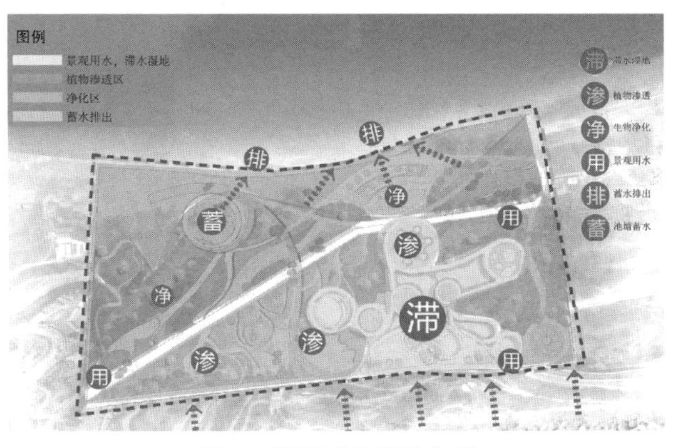

图7　海绵城市设计分析

存在的问题，提出以生态修复为主的滨水景观设计应遵循的原则，确定设计目标，提出了设计策略和设计方法；最后，通过设计实例进行验证。在进行滨水景观修复设计或滨水景观创造性设计过程中，应特别考虑水源问题和各湖泊之间的连接关系，确保水源水质良好、湖泊内生境系统稳定，且没有组织传播的生物源。

希望在滨水景观项目设计过程中，从招标控制、项目投资、项目规划方案审核，到项目竣工验收，都可以有相关规定制度、政策和指导方针战略，严格执行国家各种标准，把好每一道关卡，建设真正意义上的生态可持续发展的城市滨水景观。

参考文献：

[1] 李然 . 习近平的中华民族伟大复兴思想研究 [D]. 石家庄：河北师范大学，2017.

[2] 裴玮，邓玲 . 新型城镇化与生态文明建设协同推进的机理与实现路径 [J]. 西北民族大学学报，2017（1）：106–113.

[3] 韩阳瑞 . 吉林市滨水绿地的景观评价与环境效益分析 [D]. 哈尔滨：东北林业大学，2007.

[4] 胡晓萍 . 关于城市滨水景观设计的探讨 [J]. 建筑工程技术与设计，2014（36）：199.

成渝驿道（东大路）沿线传统聚落景观基因图谱构建

邱雅雄，温　泉

（重庆交通大学建筑与城市规划学院，重庆　400074）

【摘　要】成渝古驿道是历史上联系成都与重庆贸易经济往来的重要通道，沿线传统聚落蕴含了丰富的历史文化信息，是传统文化传承与延续的重要载体。本文通过 ArcGIS 选取驿道沿线 12 个代表性传统聚落展开研究，基于景观基因理论，从物质性文化特质与非物质文化特质两大类别，构建景观基因识别体系，基于此，分别对所选取沿线聚落环境、建筑、文化三大主体性基因进行识别，并以图示化表示，形成景观基因图谱，以期为成渝驿道传统聚落文化景观保护发展提供科学的依据。

【关键词】驿道；传统聚落；基因识别；景观基因图谱构建

成渝古驿道是历史上联系成都与重庆贸易经济往来的重要通道，千百年来，成渝古驿道商旅不绝、行人往复，沿途十里一铺、六十里一驿，崛起了一座座商贸重镇[1]。以东大路为代表的成渝古驿道曾经见证了两地商贸往来的繁荣、文人墨客的风流，留下了古镇、石刻等历史文脉，其蕴含的遗产价值及意义不仅仅在于线路本身，更重要的是沿线各类遗存及其环境包含的遗产内容及丰富的文化内涵[2]。沿线传统聚落为巴蜀文化的重要载体，为当下文化线路遗产研究提供重要线索，也是成渝双城经济圈建设的重要内容。其沿线的大量传统聚落作为古驿道兴衰变迁的历时见证者，承载着商业贸易及文化交流等作用，是古驿道文化线路遗产的重要组成部分。通过景观基因图谱的构建深入挖掘沿线传统聚落的内在文化内涵，以此来揭示传统聚落与古驿道之间的密切关联，进而推动地域传统文化的保护与传承，为成渝驿道传统聚落文化景观保护发展提供科学的依据。

一、成渝驿道历史文化背景

成渝驿道始于秦汉，唐宋时期逐渐兴盛，至明清繁荣异常，对促进成渝地区的商贸交流发挥了至关重要的作用，也在成渝境内用于传递文书、运输物资、人员往来，有水路和陆路，包括官道、民间古道。直到民国初期，成渝间的陆路交通，一直由东大路承担。现如今的成渝驿道可以包括三个部分，一是留存至今的古驿道本体，二是古码头、古桥等古驿道附属设施，三是古驿道沿线承载的丰富的非物质文化遗产。而活化利用古驿道的主要途径就是构建连通的古驿道游憩线路和覆盖沿线特色资源的游憩网络。

二、东大路沿线传统聚落概况

1. 驿道文化重要载体

成渝古驿道有丰富的历史文化内涵。成渝古驿

作者简介：

邱雅雄（1996—），男，江西赣州人，硕士研究生，主要从事传统聚落保护研究。

温　泉（1980—），男，宁夏银川人，副教授，博士，主要从事传统聚落保护研究。

基金项目：重庆市建设委员会年度课题“成渝双城经济圈背景下的历史文化村镇集群式保护发展策略及历史建筑保护利用导则”（z32200041），重庆市教委 2021 年研究生科研创新项目“成渝驿道传统聚落景观基因图谱构建及保护方法研究”（2021S0047）。

道堪称古时川渝两地经济社会人文交往的大通道，是见证从古至今巴蜀历史烽烟的活化石。本文中的传统聚落主要指具有历史价值、能反映当地历史时期传统风貌特色和地方人文特色的古村镇，沿线聚落作为驿道文化遗产的重要组成部分，包含着丰富多样的历史遗迹，如古街、古驿道、古建筑（会馆、宗祠、古码头）、牌坊、石碑石刻等。

2. 沿线传统聚落分布

结合目前已公布的 5 批次中国传统村落名录以及 7 批次中国历史文化名镇名录，通过 ArcGIS 软件对成渝古驿道沿线建立 50km 范围的缓冲区，从而得到成渝驿道沿线 50km 范围内共有传统村落 35 个和历史文化名镇 18 个。基于此以镇为聚落单元进行考察，初步筛选出驿道沿线具有历史遗存的传统聚落。

3. 典型传统聚落的选取

基于上述传统聚落的基础资料，对沿线 50km 范围内的历史文化村镇分别进行核密度分析，结合缓冲区叠合，选取其中 12 个代表性传统聚落作为典型对象研究，这些沿线聚落多为历史上成渝驿道的驿站集散地，或保留原有历史驿道、会馆建筑等，人们沿着驿道而居，古镇因驿道而生，因驿道而兴。传统聚落作为驿道文化的物质载体，有的由驿站演变而来形成集镇，如洛带古镇、走马古镇等驿站型聚落；有的因自然条件、商贸往来由外地迁入，如荣昌万灵古镇等商贸型聚落；也有因产业发展逐渐形成的矿业型聚落，如资中罗泉古镇、玉峰老街等（表 1）。这些典型性聚落目前多被认定为历史文化名镇，聚落空间布局因地制宜独具特色，其价值、历史、驿道文化价值更加突显。

三、沿线传统聚落景观基因识别方法

景观基因的实质是构成传统聚落景观的文化要素[3]，是区别于其他聚落的文化因子，同时也是识别该聚落的典型性标志[4]。景观基因是剖析传统聚落空间形态、结构与意象等物质文化特征的文化符号，也是解析传统聚落蕴含的传统文化、伦理、政治、制度等非物质文化特征的符号。聚落文化景观的不同反映出了区域文化与区域环境的差异[5]。

本文以景观基因图谱理论为依托，以选取的代表性典型聚落为对象展开研究。通过比较分析成渝驿道东大路沿线传统聚落基本信息，从物质文化特征与非物质文化特征两方面识别与归纳其沿线聚落景观基因因子，构建沿线聚落景观基因识别指标体系，最终形成包含环境、建筑、文化三大要素的基因识别体系以及 15 项具体因子识别指标（表 2）。采用图形提取、元素提取及含义提取等方法对其聚落景观基因进行原型提取，以谱系形式构建成渝驿道

成渝驿道典型村落信息汇总 表 1

	名称	属地	属性	属型
矿业型	玉峰老街	大足区玉峰镇	陆运为主	
	罗泉古镇	内江市资中镇	水陆结合	国家级历史文化名镇
	仙市古镇	自贡市沿滩区	水运为主	省级历史文化名镇
	赵化古镇	自贡市富顺县	水运为主	国家级历史文化名镇
商贸型	万灵古镇	荣昌区城东	水运为主	国家级历史文化名镇
	吴滩镇	江津区北部	水运为主	国家级历史文化名镇
	石桥镇老街	简阳市石桥镇	水运为主	
	邮亭老街	荣昌区邮亭镇	陆运为主	
驿站型	洛带古镇	龙泉驿区洛带镇	陆运为主	国家级历史文化名镇
	走马古镇	九龙坡区白市驿镇	陆运为主	国家级历史文化名镇
	椑木古镇	内江市椑木镇	水陆结合	
	松溉古镇	永川区南部	水陆结合	国家级历史文化名镇

成渝驿道沿线传统聚落景观基因识别体系 表2

类别	一级指标	二级指标	三级指标
物质性文化特征	山水格局基因	外部环境	空间形态
			河网水系
		内部环境	空间结构
			街巷格局
	传统建筑基因	传统民居	建筑布局
			平面形态
			建筑构造
			细部装饰
非物质性文化特征	聚落文化基因	公共建筑	会馆建筑
			寺庙宗祠
			商贸店铺
		信仰文化	民间信仰
			祭祀活动
		民俗文化	民俗活动
			传统习俗

文化线路上的传统聚落景观基因图谱，从基因图谱角度解读沿线成渝地区传统聚落，更加系统地解读其地域性的文化基因特征。

四、驿道沿线传统聚落主体性景观基因图谱构建

1. 沿线聚落主体性景观基因提取

1）山水格局

山水格局是历史村镇在宏观层面的内外物质空间的集聚，包括了外部的河网水系、山川湖泊等自然内容，以及内部的空间格局、路网骨架等建设内容[6]。成渝区域拥有典型景观空间格局：地形变化多样、相对高差较大，造成水系汇集、江河纵横的地理特征。正是由于地形组合的多样性，造就了村镇聚落空间环境的独特性和鲜明性，滋养了传统人居文化观念的形成，在聚落选址和布局上，注重与自然环境的结合，强调山、水、城的有机融合。

聚落的选址布局多沿道路或沿线河流发展，因驿道线路及地势影响，多呈现出沿道路带状延伸的空间形态。有的聚落沿主要交通路线集中分布，导致了道路与村镇空间形态紧密相关，往往道路成为村镇产生、发展、延伸的主要空间轴线，聚落呈现为条带状，如九龙坡区的走马古镇、龙泉驿区的洛带古镇等；有的传统聚落利用沿河优势形成集镇，如罗泉古镇整体街巷格局沿珠溪河而建的条带状空间结构（表3）。在交通、经济双重因素的催生下，一些村镇逐步向商贸型村镇演变，而村镇在商业经济的影响下也呈现出紧凑、高效、“街市合一”的空间形态特征。

2）传统建筑

受驿道线路影响发展而来的历史村镇，民居建筑沿街一字布置，临街开设店铺，形成前店后宅、上店下宅的形式。一些民居以天井组织合院空间，形成较小尺度的窄长天井院落，通过天井来组织采光通风。沿街建筑采用铺台、拴马石等构件，适应驿道商贸往来的功能需要。为了争取上部使用空间，沿街店铺的二、三层空间层层出挑，甚至采取过街楼等形式与街对面住宅毗连，形成街道丰富多彩的轮廓线。

民居结构多为穿斗式，而一些祠庙会馆或地主大院厅堂部分广泛采用抬梁与穿斗结合的混合式结构。一是为扩大空间而局部运用骑柱（一头承檩一头落在穿枋上的短柱），二是在山墙侧，穿斗与抬梁构架交接处，穿斗式的柱子都落在了抬梁式的梁上，将屋顶荷载传到柱础上[7]。一些地区因地制宜

成渝驿道沿线传统聚落山水格局基因　表 3

类别	名称 / 街巷格局 / 图示	名称 / 街巷格局 / 图示	名称 / 街巷格局 / 图示	名称 / 街巷格局 / 图示
沿道发展条带式布局	玉峰老街	洛带古镇	邮亭老街	走马古镇
	一街三巷	一街七巷子	老街贯穿	老街贯穿
				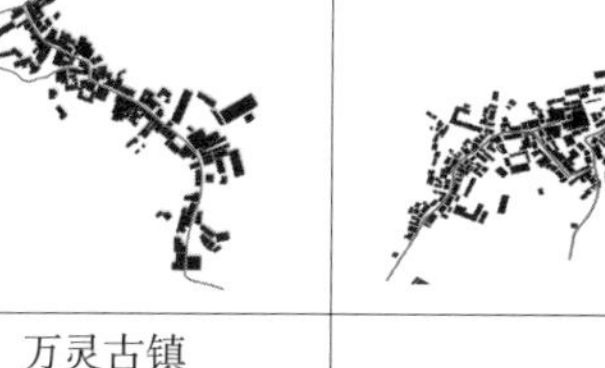
沿河发展条带式布局	罗泉古镇	吴滩镇	万灵古镇	
	九宫一寺八庙	三街一码头	两街九巷四城门	
沿河发展网络状布局	赵化古镇	榫木古镇	松溉古镇	
	七街四巷六码头	一街四桥五巷	十里老街	
	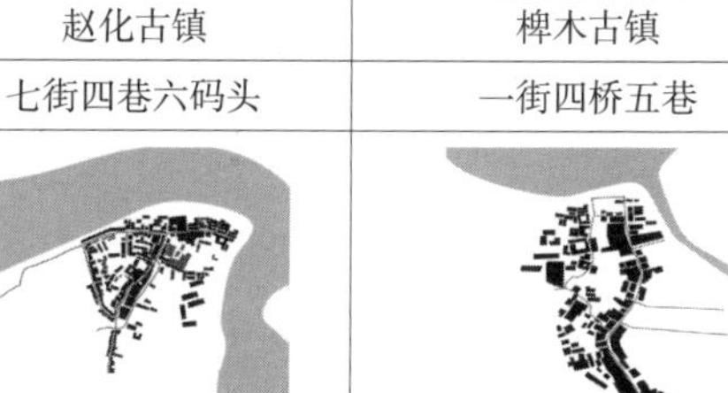	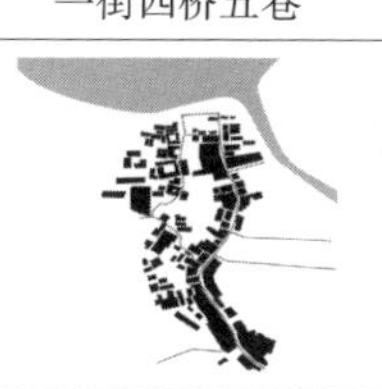	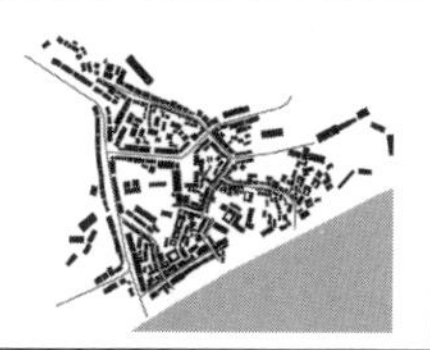	

地采用夯土、土坯及砖等结构形成“山墙承檩”的土木 / 砖木结构，体现出灵活运用多种建造技术的特征。

祠堂也是村镇中的突出建筑类型。祠堂文化是传统文化的缩影，同时祠堂建筑也显现鲜明的地域文化特征。成渝驿道区域的村镇中，以家祠为主要类型的建筑突出地存在于村镇中，如罗泉古镇、洛带古镇、万灵古镇等。

3）聚落文化

（1）赶场文化：驿道商贸文化的经济刺激下，村镇成为城镇及周边乡村进行产品交易的核心场所。驿道地区的川东地区，一般集市三天一场，为川中稳定赶场日期，届时数十倍于常住人口的人群聚集于此。一些不设铺面的民居借檐廊为“前厅”“堂屋”。合院大门齐平内天井，开门见街、见庭院，街宅互通，不设遮挡，坦然内庭，隐喻对人的珍重，与官宅的森严形成强烈对比。赶场农民常借此暂放物品，小憩片刻，要碗水喝，是联系亲密关系，滋养好民风的最佳场合。

（2）驿道文化：成渝驿道是支撑成都到重庆沿线商贸城镇生长发展的经济大动脉。走马、榫木、龙泉等传统商贸城镇因古驿道或古商道的带动而发展兴起。古驿道上源源不断的人流、物流往来，带来了货物的流通和商贸经济的发展，见证了成渝两地的兴衰演化，具有重要的历史意义和文化内涵。成渝驿道或直接经过传统场镇中心，或通过便道与城镇空间相连，每天都有大量的马帮、商旅往来不绝。驿道或与城镇直接相连，或贯通整个城镇，再通往下一个目的地。驿道两侧的商铺（茶馆、客栈）林立，为旅途疲惫的商旅们提供停靠休憩场所。可以说，驿道为商贸城镇的发展注入了源源不断的新鲜动力，彰显着商贸文化的浓厚氛围。

（3）民俗信仰：成渝驿道带来的繁荣的商业活动，为宗教信仰的发展和传播提供了物质基础，而宗教信仰同时也影响和服务于商业经济的发展。商贸业者将关羽看作“义”的化身，崇奉关帝以构建“义中求财”的商贸信仰。关帝在很多地方也是财神的象征，城镇贸易集市往往围绕庙宇衍生展开。

总的来说，成渝驿道的民俗文化构成要素和物质空间载体是密不可分、相互作用、相互影响的。在驿道的推动下，商贸文化等文化构成要素是传统村镇发展的内在血脉和动力源泉，依托物质空间载体加以体现和表达；物质空间载体作为传统村镇形成发展的物质基底，是其驿道文化特性的影响下所产生的结果。

2. 沿线聚落景观基因图谱构建

在不同的环境条件下，景观基因根据其自身的表达方式会有它独特的表现规律以及表现形式，这种相互关联的多样化的表现形式与其演变即为“景观基因图谱”[8]。本文基于上述的识别结果，构建成渝驿道沿线聚落典型性景观基因图谱（表4）。

成渝驿道沿线聚落典型性景观基因图谱　　表4

类型		山水格局基因			传统建筑基因			聚落文化基因	
		空间形态	空间结构	街巷格局	建筑布局	典型建筑	建筑形制	民俗活动	民间信仰
矿业型	玉峰老街	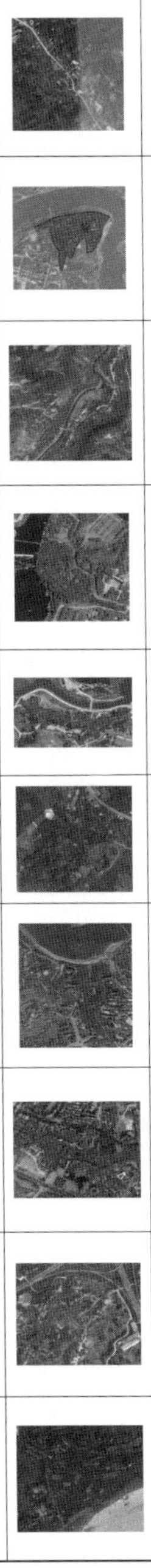	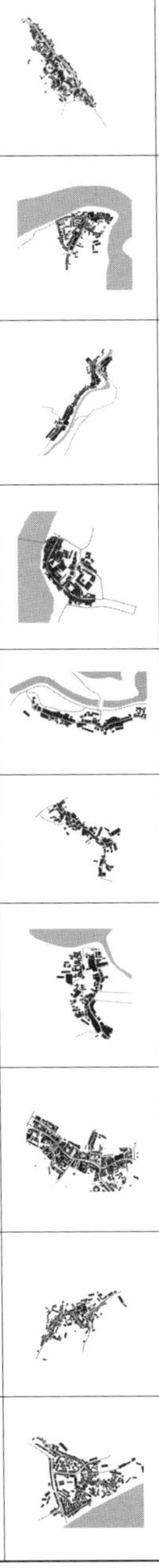		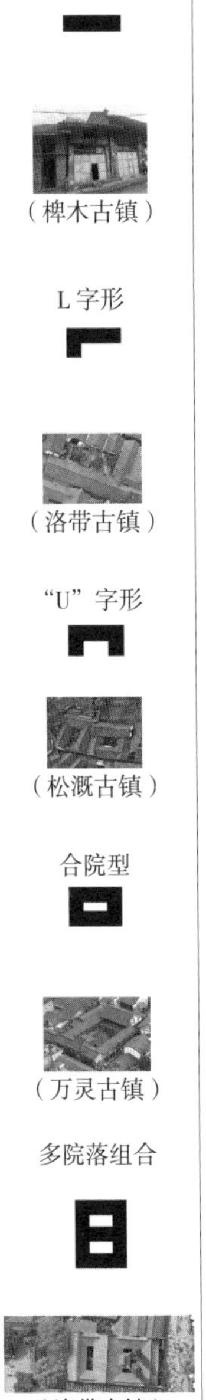 “一”字形	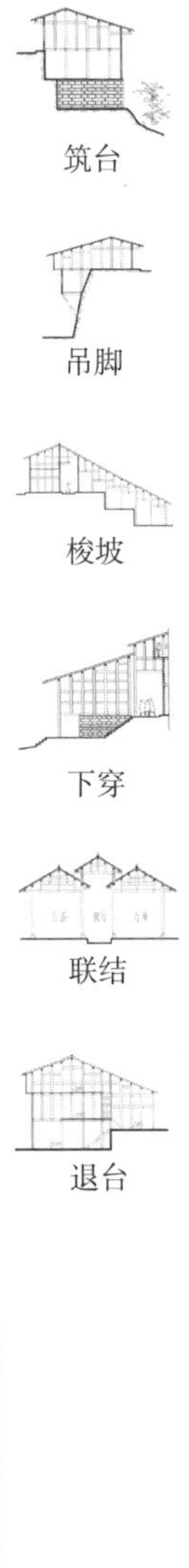 筑台			—
	赵化古镇				（桦木古镇）	吊脚	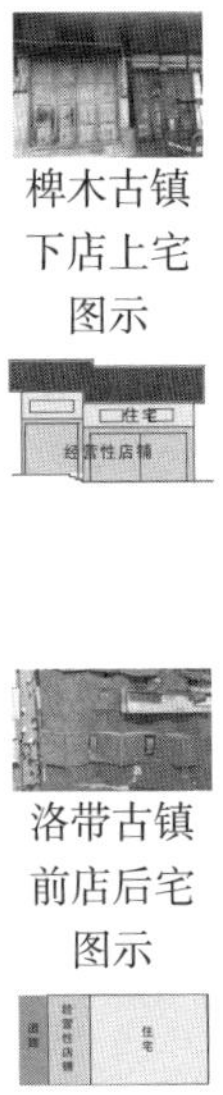 前店后宅，下店上宅		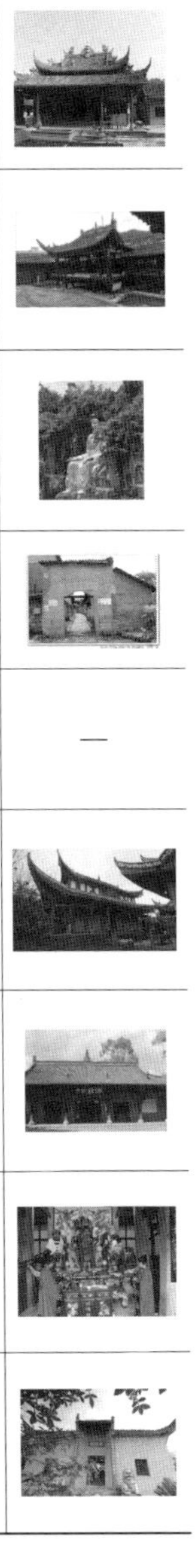
	罗泉古镇				L字形	梭坡	桦木古镇下店上宅图示		
商贸型	万灵古镇				（洛带古镇）	下穿			
	吴滩镇				“U”字形	联结	洛带古镇前店后宅图示		
	邮亭铺				（松溉古镇）				—
驿站型	桦木古镇				合院型	退台			
	洛带古镇				（万灵古镇）				
	走马古镇				多院落组合				
	松溉古镇				（洛带古镇）				

五、结语

本文通过对成渝驿道上代表性传统聚落进行分析——构建景观基因识别体系——主体性景观基因提取——识别，最终形成该地区景观基因图谱。通过图谱的构建更好地把握沿线聚落特征，为成渝两地沿线聚落的保护发展提供系统的、直观的指导信息和依据，使聚落空间形态及民居建筑的发展顺应内在演进规律，推动地域传统文化的保护与传承。

参考文献：

[1] 郭静雯 . 重走成渝古驿道 [N]. 四川日报，2020-07-10（10）.

[2] 邹炜晗，张定青 . 传统聚落景观基因识别及图谱研究：以陕南地区蜀道沿线传统聚落为例 [J]. 新建筑，2021（1）：121-125.

[3] 胡最，刘春腊，邓运员，等 . 传统聚落景观基因及其研究进展 [J]. 地理科学进展，2012，31（12）：1620-1627.

[4] 刘沛林 . 古村落文化景观的基因表达与景观识别 [J]. 衡阳师范学院学报：社会科学版，2003（8）：1-8.

[5] 胡最 . 传统聚落景观基因的地理信息特征及其理解 [J]. 地球信息科学学报，2020，22（5）：1083-1094.

[6] 赵万民，廖心治，王华 . 山地形态基因解析：历史城镇保护的空间图谱方法认知与实践 [J]. 规划师，2021，37（1）：50-57.

[7] 张强，雍鹏 . 陕南传统民居建造技术研究 [J]. 四川建筑科学研究，2010（6）：263-265.

[8] 祁剑青 . 陕西窑洞的景观基因识别及图谱构建 [J]. 衡阳师范学院学报，2020，41（3）：17-23.

小微湿地在重庆山地生态修复中的设计策略研究——以三河村萤火虫复育基地设计为例

刘霁娇，杨静黎，赵一舟*

（四川美术学院建筑与环境艺术学院，重庆　401331）

【摘　要】小微湿地是指自然界在长期演变过程中形成的小型、微型湿地，是生态环境的重要组成部分，对生态修复具有重要作用。本文以小微湿地为研究对象，以三河村萤火虫复育基地设计为例，针对场地特有的山地地形和现状问题，从空间维度和功能维度上，对场地进行生态修复，为萤火虫复育提供适宜的生态环境，打造一个集生态、观景、教育为一体的多功能复育基地，为重庆山地生态保护和环境修复提供借鉴。

【关键词】小微湿地；山地；生态修复；萤火虫复育；竖向设计

享有“地球之肾”美誉的湿地在城市建设中具有生态、人文和景观等多重效益，随着工业化和城市化的发展，全球湿地遭到过度侵占，对生态环境造成了巨大的影响。既有的大量研究多集中在对大型湿地的保护和利用上，对小微湿地的研究尚待进一步补充。随着2018年中国政府在《湿地公约》第十三届缔约方大会上对小微湿地保护“决议草案”的首次提出，人们对其主导生态系统服务有了更多的了解，其修复与利用也受到了更多关注。

本文根据小微湿地的生态特征及景观特征，结合其在重庆山地生态修复中的具体应用，对小微湿地主导生态系统服务进行分析。在此基础上，以三河村萤火虫复育基地设计为例，从水平和竖向两个空间层面对场地进行设计，将其看作一个整体的生态系统，修复小微湿地的主导生态系统服务，为生态复育提供条件。

一、小微湿地的特征及主导生态系统服务

小微湿地指的是全年或部分时间有水、面积在 8hm^2 以下的近海和海岸湿地、湖泊湿地、沼泽湿地、人工湿地及宽度10m以下、长度5km以下的河流湿地[1]。

1. 生态特征

小微湿地的概念强调湿地在面积上的“小”和“微”，其面积的大小与小微湿地的生态特征具有密切联系。传统景观生态学认为，大型湿地因其面积优势，有利于为更多的物种提供所需的生境面积。但随着相关研究的不断深入，人们发现与同等面积大小的大型湿地相比，小微湿地数量众多且分布广泛的特征，使其各个面积范围内的气候、土壤、地质和土地利用情

作者简介：

刘霁娇（1998—），女，重庆南岸人，硕士研究生，主要从事环境设计研究。

杨静黎（1998—），女，重庆万州人，硕士研究生，主要从事环境设计研究。

赵一舟（1988—），女，北京人，副教授，博士，主要从事建筑与环境设计研究。

*：通讯作者。

基金项目：重庆市艺术科学研究规划项目重点项目（20ZD02）。

况都更加多变，也具有更高的生境异质性[2-3]，为动植物提供关键的生存环境，发挥重要的生态功能。

2. 景观特征

从小微湿地的形状来看，与大型湿地相比，同等面积的小微湿地具有更长的水路岸线，有利于为特殊物种提供更加广泛的生存空间，减少雨水对土壤的冲刷。除此之外，同等面积的小微湿地还具有更大的生态交错区面积，生态交错区具有食物链长、生物多样性高、种群密度大等特点，对生物多样性的保护具有重要意义。

从小微湿地的分布来看，当其离散地分布在大型湿地之间时，可以充当部分物种迁移过程中暂时停留的栖息之地。当其孤立地分布在地面上时，则可以为特殊的珍稀物种提供一定的庇护。

3. 主导生态系统服务

小微湿地相较于大型湿地具有其独有的生态系统服务功能，主要有支撑周围食物链、充当生物迁移踏脚石、调节水文与雨洪、净化水质、景观游憩与自然教育、提供储蓄水源、供给生产、调节局地小气候等。以重庆潼南大佛寺湿地公园为例，设计师便采用重复的水泡湿地，通过构建生态护坡和树岛形式，增加湿地的生物多样性，从而恢复滩涂的动植物生境。设计师还在尽可能保持原有地理风貌的前提下，以最小的干预措施，设置人行步道系统，为市民提供游憩空间和湿地体验空间。

二、重庆市三合村小微湿地现状分析

1. 研究区域概况

三河村位于重庆市沙坪坝区西北部，地处老鸦山与堰塘湾之间的腹地，山丘沟谷相间，地势起伏较大，属亚热带季风气候。村域海拔 400~600m，年平均气温 18.3℃，年降水量 1082.9mm，降雨多集中在 5~9 月。研究区域内乡村风貌淳朴，受城镇化影响较小，主要分布有水塘、坑塘和水河湾等类型的自然小微湿地，具有良好的生态本底，为萤火虫复育提供了适宜的环境。

2. 区域现状问题

通过对三河村场地环境、生态本底及功能需求的调查分析，得出以下几个主要问题：

1）水环境恶化

场地主要分布了 4 块水塘，具有一定的生态、经济和社会效益。但由于场地周围存在大量农业用地，当地村民采用土坝分割水池，并通过水泥封锁水塘底部，以此来满足灌溉用水的储存，从而造成了场地水系连通性和流动性减弱，整体水网大循环、小循环及微循环系统破坏，污染物淤积，水质恶化，水体的自我更新能力受损等问题。

2）夏季雨洪威胁

三河村地形陡峭，四面环山，位于地处低谷区域，在雨水汇集的夏季容易造成洪涝，增加水域流速，对萤火虫卵产生冲刷的隐患。乡村排水方式大多是依靠绿地系统的自然排水，对原有湿地的开发阻断了雨水的下渗以及循环路线[4]，致使现存湿地在应对极端暴雨天气时，自我排洪能力较弱。

3）生物资源缺少

水塘经过人工开凿，岸线生硬且坡度较大，不利于水生植物根系生长。现有水塘内挺水植物分布零星，沉水、浮水植物缺失，陆生植物种类单调，种植未能形成植物群落，不能为周围生态系统中的动物提供良好的栖息及庇护场所。

三、设计策略

设计针对场地特有的山地地形和面临的现状问题，从空间维度上，采用梯级基塘系统，结合水陆界面生态调控模式和柔性设计模式，从水平和竖向两个空间层面对场地的地形塑造、驳岸设计和植物配置等进行分析。从功能维度上，基于萤火虫的生存栖息条件，将场地看作一个整体的生态系统，采用“要素—结构—功能”的系统论分析方法，通过整合场地要素，调整场地结构，对场地功能进行优化。以此来改善三河村小微湿地场地功能单一的现状，使其赋予生态服务、科普教育、景观休闲、经济产出等功能，打造一个集生态、观景、教育为一体的多功能复育基地，培育建立稳定的“自然—社会—经济”复合生态系统（图1）。

1. 空间维度

1）营造梯级基塘系统

小微湿地的地形塑造将整个水文和绿地系统作为一个相互联系的整体，通过合理布置区内坑塘单元和连接水系，形成连续完整的生态结构。三河村萤火虫复育基地设计结合原有的地形基础，首先，利用山地地势高差营造梯级基塘系统，顺地势将水塘分割成大小不一的多个坑塘单元，从而增加滨水区的面积和比例。防洪时，使出水径流和洪峰减少，有效缓解萤火虫卵在汛期被雨水冲刷的问题。其次，通过填方挖方、优化防渗、连通管道等措施连接坑塘和水系，形成水体层级式过滤净化系统，营造功能结构完整的小微湿地生态系统（图2）。

枯水期底部面积较大的蓄水坑塘可存水，满足农业用水，同时种植经济类水生作物以及培育鱼苗，实现土地的多元化应用，以提高经济效益；平水期各个坑塘进行资源交换、互补，大部分坑塘、湿地可维持一定水位；丰水期的部分坑塘水系相连，水面面积增加，同时在场地外围设置排水沟壑，提升湿地弹性蓄水泄洪能力。

2）塑造景观审美意境

在场地整体形态规划时遵循“道法自然”的设计原则，强调协调性和美学性，形成和谐统一的景观审美意境。空间形态上对区块进行大小分割，形成“方方胜景，区区殊致”的意境景观；在道路形

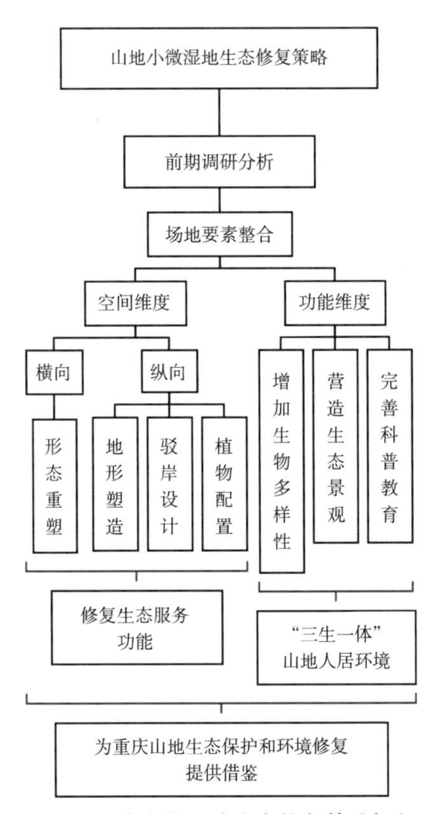

图1 山地小微湿地生态修复策略框架

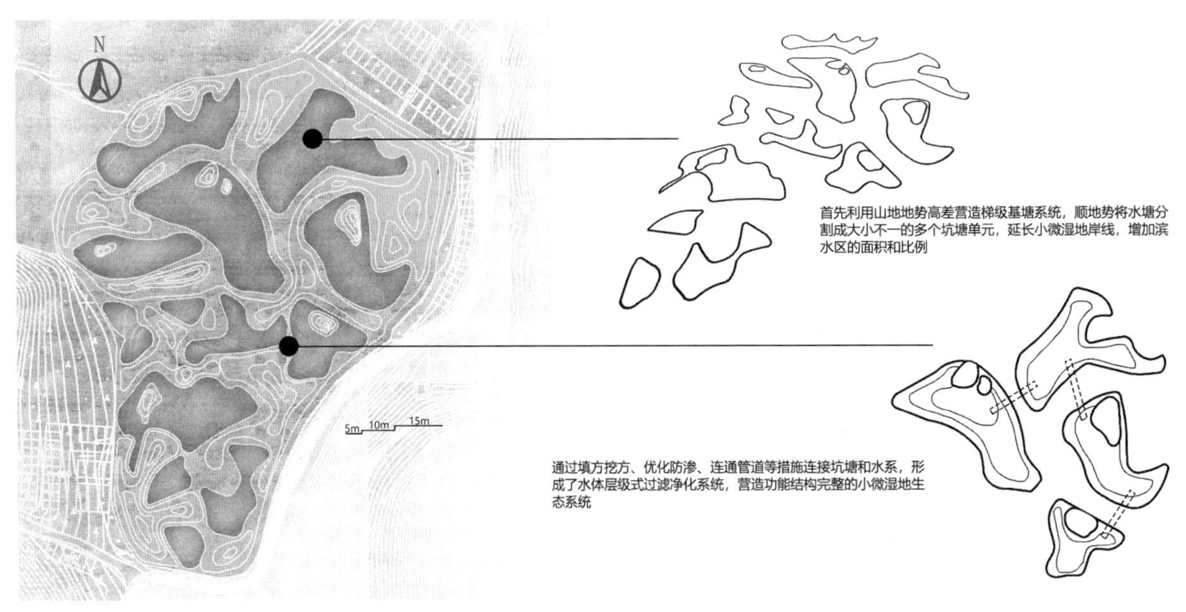

图2 地形塑造分析

态上进行反预期心理的空间规划，使多个空间单元之间形成奥旷交替的过渡规律；在构筑物形态上注重主次之间的呼应关系，采用“凝聚 + 统驭 + 辐射”的设计手法，形成主与宾相关相依、互为协调的美学关系。

3）设计生态驳岸环境

驳岸是生物重要的栖息环境，小微湿地的驳岸虽然不足以为大多数哺乳动物提供适合生存和庇护的场所，却对萤火虫等小型生物栖息起着至关重要的作用。设计分析萤火虫一般生态关系、场地生态本底、景观功能等要素，通过以下措施营建萤火虫在生长过程中不同阶段所需要的驳岸环境：①围合形成相对静水面，稳定局部小气候。萤火虫作为一种完全变态昆虫，每一种虫态都需要不同的生态位[5]，在驳岸运用自然石块围合形成静水区域，结合植物稳定局部小气候，为水栖萤火虫幼虫和其他生物提供安全的庇护环境。②加大驳岸面积，控制驳岸坡度。小微湿地相较于大型湿地而言有着更长的岸线，边缘效应增强[2]，横向上将多个单元的小微湿地相结合，有利于调节整体水域径流，竖向上遵循柔性设计模式将驳岸坡度控制在 45° 以下，扩大生境面积，为一定数量的萤火虫提供基础生存环境。③保留原始生态结构，筑造自然式驳岸。通过木桩、石块、竹条等本土化生态材料对人行步道进行维护设计，减少人对萤火虫景观的干预影响（图 3）。

4）完善生态植物配置

湿地的进化功能、生物多样性的维系、水域的径流速度等都与植物配置有着较为紧密的关系。通过合理的植物选择和植物配置既能够为区域内小微湿地带来更好的生态效益，也能为湿地景观增加观赏价值。在植物选择上，考虑植物的适宜性、本土性以及观赏性。本设计选用芦苇、宽叶香蒲、水葱、香根草、茭白、小叶浮萍等水生维管束类植物[6]，利用生物特性净化水质，涵养水源，为生物提供食物来源以及庇护场所。选用榕树、黄桷树、香樟、连翘等适宜性强的本土乔木或灌木，以达到保持土壤、涵养水分、提高生态效益等作用[7]。在植物配置上，考虑不同生态位的植物选择，利用不同冠幅大小的植物组成复层式植物群落，为萤火虫提供良好的栖息和繁衍场所，同时栽植高大乔木，在场地外围形成天然防护带，有利于稳定局部小气候，削弱人类活动带来的噪声污染和灯光污染（图 4）。

2. 功能维度

1）增加生物多样性

基于萤火虫的栖息条件对场地地理资源、农业资源以及生物资源进行整合分析，构建安全水系统空间格局，实现区域内多个生物种群之间的和谐共生、共赢。在此基础上设计结合萤火虫所需的食物链系统，控制外来入侵与部分天敌，并分阶段投放螺类、蝌蚪、萤火虫幼虫、鱼类等动物种类，逐步

图 3 驳岸设计分析

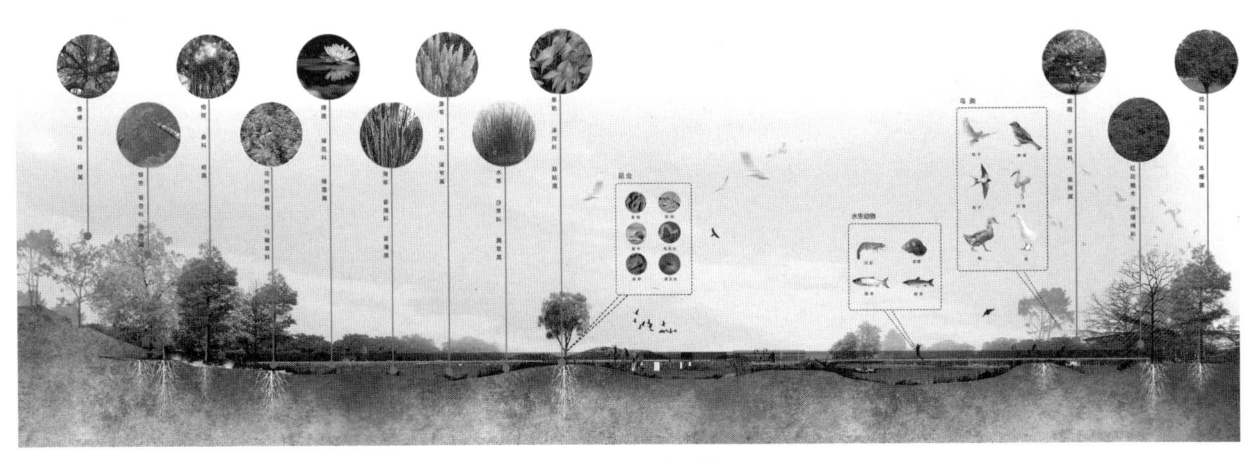

图 4 植物配置分析

丰富湿地内动物群落，从而构建稳定的食物链系统，增加生物多样性。

2）营造生态景观

人类作为自然的一分子，与生俱来对自然景观带有趋从性，湿地景观能够满足人们走进自然、亲近自然的需求，但由于湿地具有脆弱性，在进行基地景观营造时应综合考虑利弊关系。在设计中对可实施景观空间形态进行客观分析，通过架空廊道和挑高观景平台的形式保护自然生境不被过度干预，打造萤火虫湿地生态景观，从而带动乡村旅游业发展（图 5）。

3）完善科普教育

通过在场地内营建萤火虫复育相关的展览馆、复育屋和相关保护牌、宣传标语，定期举办主题文化活动，让游客和周边村民在景观体验中受到潜移默化的科普教育，呼吁人们重视生态恶化、湿地破坏、生物多样性减少等环境问题。

四、结论

本文主要采用“要素—结构—功能”的系统论分析方法，在对三河村萤火虫复育基地的设计规划过程中，探索山地小微湿地空间营建模式以及合理功能布局，提出适宜山地区域小微湿地的梯级基塘营建模式，遵循自然格局打造立体复合建设空间，在恢复湿地原本的生态服务功能后，设计结合场地经济、社会、人文等多方面需求，进行弹性功能布局，建成集生产、生活、生态“三生”一体的山地人居环境。近年来，《湿地公约》《湿地保护修复制度方案》等一系列政策出台，明确了小微湿地重要的生态战

图 5 生态景观效果图

略地位，也推动小微湿地的建设向着更加系统、规范的方向发展。该研究顺应小微湿地建设蓬勃发展的契机，希望丰富小微湿地在山地生态复育层面具体应用的同时，为重庆山地生态保护和环境修复提供一定的借鉴。

参考文献：

[1] 胡敏，蒋启波，高磊，等 . 山地小微湿地生态修复探讨：以梁平区猎神村梯塘小微湿地为例 [J]. 三峡生态环境监测，2021，6（1）：46–52.

[2] 崔丽娟，雷茵茹，张曼胤，等 . 小微湿地研究综述：定义、类型及生态系统服务 [J]. 生态学报，2021，41（5）：2077–2085.

[3] 卢训令，刘俊玲，丁圣彦 . 农业景观异质性对生物多样性与生态系统服务的影响研究进展 [J]. 生态学报，2019，39（13）：4602–4614.

[4] 周艳，王江萍 . 海绵城市理念在乡村建设中的应用 [J]. 园林，2017（1）：64–67.

[5] 朱志欣 . 萤火虫景观构建初探 [D]. 杭州：浙江农林大学，2015.

[6] 李峰平，魏红阳，马喆，等 . 人工湿地植物的选择及植物净化污水作用研究进展 [J]. 湿地科学，2017，15（6）：849–854.

[7] 刘振元，孙克威，杨春玲，等 . 本土植物对城市园林景观建设影响的研究 [J]. 北方园艺，2007（6）：174–175.

人口老龄化背景下山地城市安全韧性发展思考

王子轶[1,2]，李云燕[1,2,3]

（1.重庆大学建筑城规学院，重庆　400045；2.山地城镇建设与新技术教育部重点实验室，重庆　400045；3.重庆大学智慧疏散与安全研究中心，重庆　400045）

【摘　要】依据第七次人口普查，到2050年我国人口将比现在减少约2.3亿，约为现在总人口的83%，同时60岁以上的人口比例将增加到约34.1%，进入深度老龄化社会。我国山地城市多分布在西部经济欠发达地区，劳动力外流严重，中小山地城市将面临更为严峻的人口老龄化问题。山地城市由于生态系统脆弱、地质地貌复杂，受灾程度更重且灾害趋于频发，在老龄化背景下，城市安全韧性存在诸多问题：包括防灾设施效用低下、防灾力量分布空间差异、安全韧性设施适老性问题严重等。本文基于韧性视角，提出人口老龄化背景下山地城市安全韧性发展路径：强化整合产业资源减轻财政压力、创新防灾思维转换防灾设施操作主体、利用媒体教育资源取得社会共识、以社区为核心进行防灾设施配置以及探索老龄化背景下防灾管理新机制等。本文可为广大山地城市进入老龄社会后的安全韧性提供策略，以供参考。

【关键词】人口老龄化；山地城市；韧性；思考

近年来，人口老龄化成为我国关注的热点，延迟退休以及开放生育等政策表明我国正在积极探索，充分准备迎接即将到来的人口老龄化的冲击。老龄化对城市社会各个方面都有相当大的影响，特别是老龄人口机能的降低，对城市安全领域影响巨大，在这方面的研究成果并不多，对于山地城市防灾减灾研究则更少，基于人口老龄化视角进行防灾减灾研究更是寥寥无几。同时，山地城市面临着自然灾害频发、防灾设施效用降低、财政压力增大以及设施缺乏适老性等多层面困境。为此，我们应基于韧性视角，开展人口老龄化背景下的山地城市安全发展研究，为今后具体的防灾措施提供思考方向。

一、老龄化背景下我国山地城市受灾特征

1.人口老龄化是我国人口整体趋势

改革开放以来，随着社会保障体系的完善与覆盖面的扩展，我国2021年居民的预期寿命达到77.3岁。同时，人口老龄化率于2019年已经上升至12.6%，我国面临着老龄化与经济发展不相匹配的严峻挑战[1]。我国老年人口结构整体呈现出规模大、增速高以及空巢化等特征。

（1）庞大的人口基数在特定时间段内为我国经济的腾飞提供了充足的劳动力保障，然而到2050年，我国将成为全球老年人口规模和占比最大的国家。

作者简介：

王子轶（1997—），男，宁夏银川人，硕士研究生，主要从事山地人居环境科学、城市韧性与安全、雨洪灾害防治研究。

李云燕（1980—），男，四川大邑人，副教授，博士，主要从事山地人居环境科学、城市韧性与安全、雨洪灾害防治研究。

基金项目：国家自科基金项目（51678086），中央高校基金前沿交叉研究专项（2018CDQYJZ0002）。

（2）2010 年至今，受中华人民共和国成立后第二次生育高峰影响，人口老龄化进入快速发展阶段，65 岁以上人口年均增长率高达 4.45%。

（3）截至 2019 年，我国城镇和农村空巢老人占总老年人口比例高达 68.6%，依据北京大学曾毅的预测，这一比例将在 2030 年达到九成以上，空巢现象继续深入发展。因此，可预见的未来，我国老龄化形势将更趋严峻[2]。

2. 山地城市人口老龄化挑战更为严峻

当前我国人口老龄化水平存在空间分布上的差异，整体呈现出由东至西逐渐递进的规律。然而，受制于经济发展滞后，区域间、区域内人口流动以及计划生育政策的影响，西部地区未来需要面对较快的老龄化增长速率（表 1），西部地区尤其是山地城市面临的人口老龄化压力更为严重。

（1）西部地区虽然幅员辽阔，但是受气候、环境、地理等因素影响，整体发展滞后于东部地区。

（2）地区和城市发展的差异导致年轻人口整体呈现向东部流动的态势，西部中心城市以及首位度较高的城市由于虹吸效应，也会呈现人口流入，但是流入人口源于西部山地中小城市以及广大农村地区。区域间、区域内人口流动将会进一步加剧中小山地城市人口结构的恶化。

3. 山地城市政府面临财政压力

人口老龄化对于山地区域地方政府财政支出最深刻的影响在于基本公共服务支出。美日等发达国家采取的提高养老金、增加医疗费用以及养老保险等措施使其面临赤字扩大的困境[4-5]。此外，有关学者通过研究荷兰人口老龄化以及公共服务支出情况，发现老龄化导致的医疗护理、养老保障的支出变化大于税收的增加，使其财政面临可持续性挑战[6]。因此，受人口老龄化影响，我国的基本公共服务支出也将发生变化。

（1）社会保障和医疗卫生支出的增长逐渐导致政府财政支出增幅大于财政收入增幅，提升财政赤字率。

（2）人口老龄化意味着有效劳动人口的减少，人口结构的失衡将影响财政结构，导致支出规模的扩大[7]。

（3）老龄化的问题不光体现在政府财政支出端，还体现在老年人的需求端，如旅游、娱乐、护理等，间接地给社会保障增加了负担。受产业发展、人口流失等限制因素影响，山地区域中小城市政府需要面临更为严峻的财政压力。

（4）分税制度改革带来的财权和事权的分离，使得地方政府产生了天然型财力缺口，对于山地区域中小城市政府而言，在基建和民生投资中，前者更受青睐因其可以快速拉动经济增长，而限制了公共服务支出[8]。人口老龄化带来的公共服务增长的其需求，与政府的投资倾向的矛盾，进一步加剧了财政层面应对人口老龄化的压力。

在逐渐步入老龄化社会后，相关机构和学者多关注于养老体系的构建，而忽视了公共设施的适老性问题。审视我国山地城市公共设施现状，主要存

中国七大区人口高龄化预测[3] **表 1**

地区	高龄人口绝对比重（%）				人口高龄化率（%）			
	2020 年	2030 年	2040 年	2050 年	2020 年	2030 年	2040 年	2050 年
华北	11	11	12	12	21	29	40	50
华东	34	33	32	31	24	32	39	52
华中	15	16	16	16	21	32	39	55
华南	11	10	10	11	27	31	36	46
西南	14	15	14	13	22	35	38	51
西北	6	6	6	7	21	31	36	50
东北	8	9	10	10	21	29	42	56
全国	99	100	100	100	23	32	39	52

在功能单一、无障碍水平较低、概念普及率不高等问题。

（1）山地城市地形复杂，公共设施功能相对简单且多与休憩相关，缺乏复合型功能空间。

（2）现有公共设施缺乏无障碍改造，适老性不足，如缺少防滑地砖、缺少扶手栏杆等，与老年人生理机能相悖。

（3）多数老年人对于公共设施概念界定不清，缺乏相应引导。在老龄人口比重逐渐增多的背景下，针对公共设施进行适老性改造刻不容缓。因此，除基本公共服务支出外，公共设施的适老性改造给山地城市政府财政层面提出了新的挑战。

4. 山地城市面临的自然灾害风险

我国国土总面积的 2/3 位于山地区域，半数左右的城市为山地城市，并且灾害易发区域覆盖了多数的山地城市[9]。在复杂生态系统以及山地区域高低起伏形态的共同作用下，山地城市和平原城市在城市形态层面有着截然不同的特征[10]。在人类活动和自然生态环境的共同作用下，山地城市产生了众多灾害问题，并且更加复杂多变。结合历史经验以及近年来的防灾实践，山地城市面临的自然灾害风险常呈现出以下特征：①复杂性、不确定性以及多样性；②多灾种叠加性、频发性；③大规模灾后易形成孤岛；④灾害链现象突出。

5. 山地城市自然灾害治理困境

综合我国山地城市特征及其自然灾害风险，在治理层面我国山地城市主要面临以下困境：①治理耗资巨大；②缺乏针对性防灾体系；③防灾技术手段滞后；④影响城市景观。

（1）山地城市用地紧凑，一旦发生灾害，单位面积受灾损失更高，然而人类防灾工程易受极端气候影响，因此山地城市防灾工程的应急、排险、监测等，仍然需要长期和大量的经济支撑。

（2）山地城市和平原城市由于自然特征的较大差别，在综合防灾层面也应有所不同，沿袭平原城市防灾体系而忽视地理环境为灾害埋下了隐患。

（3）在山地城市防灾中，工程技术是主要手段，受制于经济发展水平，常缺乏对新技术应用的思考。

（4）在防治地质灾害过程中，岩土的稳定性是第一考量要素，因此治理方式常基于混凝土锚喷、石砌挡土墙等土木方式，虽然提升了山地城市地质稳定性，减少灾害，但是同时也与自然景观不协调，并引发生态失衡和视觉污染等问题。

二、老龄化背景下山地城市安全韧性问题

1. 安全韧性提升缺乏财政保障

山地城市整体经济实力逊于东部发达地区平原城市。同时，受劳动人口流出影响较深，人口结构失衡，经济发展缺乏动力。因此，随着人口老龄化程度不断加深，在医疗护理、养老保障方面的支出增速将大于税收增速，财政面临可持续性挑战[5]。并且，民众对于美好生活的需求不断提升，政府容易优先保障基本公共服务支出，挤压其他方面的支出，如防灾训练、安全普及教育等。缺乏充足财政保障将使城市安全韧性大打折扣。

2. 老龄化影响防灾设施效用

在系统的防灾体系、完善的防灾设施、充分的救灾力量以及高度的自救意识等要素的共同作用下，山地城市方能发挥其综合防灾能力。老年人由于行动受限、受教育水平较低、防灾意识淡薄等因素，无法充分发挥防灾设施的全部能力。因此，山地城市一方面需要面对巨大的灾害压力，另一方面，人口老龄化会限制城市整体防灾能力的发挥，加剧城市灾害风险，山地城市防灾能力随着人口老龄化的加深不断被削弱。

3. 安全韧性设施适老性问题严重

在受到灾害冲击时，各类安全韧性设施应当相互配合，为灾中应对以及灾后疏散、能源、交通等提供安全保障[11]。然而，在人口老龄化背景下，对各类安全韧性设施的适老性提出了更高的要求。现有的城市安全基础设施，如救灾广场、公共空间、绿地公园等，多呈现出缺乏无障碍通道、缺乏可达

性和识别性、缺乏老年群体心理关怀等特点。老年人由于运动机能的衰减导致行动迟缓、感官机能的衰减导致信息接收困难、神经系统的迟缓导致对环境的应变能力下降[12]，灾后疏散和安置过程中属于防灾弱势群体，因此安全设施的适老性改造刻不容缓。

4. 老龄化伴随新的安全隐患

山地城市对斜坡和滑坡的治理通常采用一定程度降低坡度的方式，治理工作结束后，坡体常留下格沟、截排水沟等。隐患点周边老年居民在兴趣爱好、贪图方便、追求利益等因素的驱使下，利用坡体上的格沟、截排水沟等设施开山种菜。在开垦过程中的随意开挖、堆砌将削弱治理结构的防护能力，在遭遇极端天气和人为扰动的情况下，易发生滑坡等现象，造成严重后果，使得治理结构的防灾效果大打折扣。

三、老龄化背景下山地城市安全韧性发展策略

1. 整合产业资源减轻财政压力

因地制宜充分利用地区产业资源，实现地区活性化的同时减轻财政压力。以面临人口过疏化和老龄化的日本高知县为例。高知县林地覆盖84%的山地，具有丰富的林业资源。同时，县内建有桥梁2509座，未来由于人口过疏化，将会出现许多无人居住区域[13]。为保障灾后交通畅通，桥梁的新建和维护必不可缺。因此高知县充分利用本地林业资源，采用短周期、低成本结构修建桥梁。在充分利用地区林业资源的同时，提升了林业从业者的就业率，提供了一定的财政收入，也完善了韧性设施。因此，对于山地城市而言，提升安全韧性的同时与地区经济产业结合进行综合考量，有助于减轻财政压力。

2. 创新防灾思维转换防灾设施操作主体

转换防灾设施操作主体，有助于自卫防灾力量发挥其功效。防灾设施操作主体的转换与日常防灾教育和训练的开展密不可分。在山地城市中，对于受人口老龄化影响导致人员短缺的地区，官方可以和民间协作，以官方主导，提供资金和技术支持，扶持自卫防灾力量。同时，开展面向不同群体的日常防灾训练活动，如针对妇女、儿童开展基础防灾教育和训练，保证其对防灾设施操作的熟练度，使其可以充分发挥防灾设施的最大效用[14]。

3. 利用媒体教育资源取得社会共识

无论是灾前预防、灾中应对还是灾后复兴，各类计划与措施需要民众广泛的理解和支持。因此可以考虑由当地大学、学会、媒体等机构承担政府和民众之间的协调者，通过民众的视角，拉近官方和民众举例的同时发布简单易懂的信息，汇集民众的关切传达给官方。如日本香川大学充分发挥其熟悉本地信息的优势，建立了危机管理研究中心，将行政、企业、社区三方力量聚集在一起，借助学习会和协商会的形式，提升地区防灾能力[12]。利用媒体教育资源取得社会共识，这一措施在城市面对今后人口减少和人口老龄化时有望发挥更大的作用。

4. 以社区为核心进行防灾设施配置

社区是构成城市韧性的基础单元，也是城市防灾的重要组成部分。山地城市由于地形具有一定的阻隔性，社区特征较平原城市而言更明显，内部联系较外部联系更为密切，有助于促进社区邻里关系，也有助于内部的互帮互助[15]，这对于城市防灾而言至关重要。同时，信息技术在城市规划领域的应用逐渐广泛，应强化城市发展情景和地理信息技术的结合，完善防灾设施数据从而对城市精细化研究。最终实现以安全为出发点，围绕社区生活圈配置、完善防灾设施，达到“平灾结合”的要求[16]。

5. 探索老龄化背景下防灾管理新机制

构建防灾管理新机制，对山地城市编制与实施综合防灾规划至关重要。近年来，各地政府相继建立应急管理办公室，然而现有应急办固定编制人员少，仅仅承担上传下达作用，并且缺乏专业技术人员[17]。因此，单纯的应急办公室无法应对复杂多变的灾情，需要建立统一的智慧与信息管理平台，同

时强化公共参与机制，依托民智进行防灾设施和公共设施的适老性改造，提升山地城市民众的防灾意识。此外，应该努力实现防灾规划的动态评估并根据评估结果对其进行更新和完善，使其具备实时性、动态性、可行性。

四、结语

对我国人口老龄化趋势以及山地城市面临的灾害特征和治理困境进行思考后，可以深切地感受到，我国众多山地中小城市在防灾减灾层面即将面临人口老龄化带来的严峻挑战。本文通过对我国山地城市所处的社会环境以及自然灾害风险进行分析，归纳老龄化背景下山地城市安全韧性的困境，基于韧性视角，为山地城市安全韧性发展提出几点思考，希望为我国山地城市未来韧性防灾对策的制定提供思路和启发。

参考文献：

[1] 李乐乐，杨燕绥．人口老龄化对医疗费用的影响研究：基于北京市的实证分析 [J]. 社会保障研究，2017（3）：27–39.

[2] 李建伟，王炳文．我国人口老龄化的结构性演变趋势与影响 [J]. 重庆理工大学学报：社会科学版，2021，35（6）：1–19.

[3] 王志宝，李鸿梅．中国人口高龄化区域演变态势研究 [J]. 老龄科学研究，2018，6（11）：38–60.

[4] LEE R，EDWARDS R.The fiscal effects of population aging in the US：assessing the uncertainties[J].Tax Policy and the Economy，2002，16：141–180.

[5] FARUQEE H，MÜHLEISEN M.Population aging in Japan：demographic shock and fiscal sustainability[J].Japan and the World Economy，2003，15（2）：185–210.

[6] VAN EWIJK C，DRAPER N，TER RELE H，et al.Ageing and the sustainability of Dutch public finances[R]. Hague：CPB Netherlands Bureau for Economic Policy Analysis，2006.

[7] 张鹏飞，苏畅．人口老龄化、社会保障支出与财政负担 [J]. 财政研究，2017（12）：33–44.

[8] 孙开，张磊．政府竞争、财政压力及其调节作用研究：以地方政府财政支出偏向为视角 [J]. 经济理论与经济管理，2020（5）：22–34.

[9] 黄光宇．山地城市学原理 [M]. 北京：中国建筑工业出版社，2006.

[10] 陈玮．对我国山地城市概念的辨析 [J]. 华中建筑，2001（3）：55–58.

[11] 许琦．北京市防灾基础设施承灾能力提升研究 [D]. 天津：天津商业大学，2019.

[12] 邹佳熹，王司雨．既有社区中的适老性环境改造研究 [J]. 绿色科技，2020（4）：146–148.

[13] 岩原廣彦，白木渡，井面仁志，等．人口減少・高齢化社会を迎え巨大地震災害に備える社会インフラ整備のあり方に関する研究 [J]. 土木学会論文集 F6（安全問題），2013，69（2）：I_109–I_114.

[14] 李云燕，王子轶，石灵，等．韧性视角下日本历史街区防灾实践及其对我国的启示 [J/OL]. 国际城市规划，（2021–07–02）[2021–08–02].http：//kns.cnki.net/kcms/detail/11.5583.TU.20210702.1542.006.html.

[15] 黄瓴，明峻宇，赵畅，等．山地城市社区生活圈特征识别与规划策略 [J]. 规划师，2019，35（3）：11–17.

[16] 曾卫，赵樱洁．山地城市综合防灾规划策略 [J]. 科技导报，2021，39（5）：17–24.

[17] 王江波，戴慎志，苟爱萍．试论城市综合防灾规划的困境与出路 [J]. 城市规划，2012，36（11）：39–44.

崆峒山三教共生下景观空间营建艺术研究

韩佳欣，崔文河
（西安建筑科技大学艺术学院，西安 710055）

【摘　要】本文基于崆峒山长期历史发展所形成三教并存的空间格局，研究多元文化背景下景观营建中的空间艺术。本文运用了田野调查法、文献研究法、图解分析等方法，分析崆峒山文化景观的历史演变过程，并探究多元文化融合下的景观空间组织手法与营建艺术，解析儒释道三教景观的空间特征，归纳宗教文化景观个性背后的营建空间的包容性特征，总结出三教景观营建艺术的共质性。文章对弘扬我国优秀传统建筑文化与和谐人居智慧具有重要意义。

【关键词】三教共生；文化景观；空间格局；营建艺术

多元文化共生共荣是中国传统建筑文化的显著特点之一，国内均有多种宗教建筑共居一处的案例，如宁夏中卫高庙、山西悬空寺等，甘肃崆峒山则是西北地区典型代表。崆峒山位于西北民族走廊与中原地区的交会处，有着特殊的丹霞地貌景观，正因为自然的地理地貌因素，为崆峒山独特的文化景观形成打下基础，在利用了自然界提供的环境下叠加了人类社会文化活动，自然环境与文化的辅助使得崆峒山成为西北地区多元文化共融共生的典型代表。国内对于崆峒山的研究多分布在历史学、文学、地质学等学科，对于文化景观空间研究少之又少。本文基于崆峒山三教并存的空间分布格局，分析出儒释道文化景观空间组织手法，探究多元文化背景下空间营建艺术，指出文化景观个性背后的空间营建艺术共质性与包容性特征。

一、崆峒山文化景观与三教并存

1. 崆峒山文化景观历程演变

在社会、经济和文化的影响下，景观会呈现出不同的历史阶段和形态，这种演化是随时间而持续的，使文化景观呈现出动态特征，涵盖时间与空间变化，形成独特的发展脉络。最早有记载与崆峒山和道教有关系的是上古时期的轩辕黄帝，《史记》记载：（黄帝）“东至于海，登丸山，及岱宗。西至于空桐，登鸡头。”[1] 在后世看来黄帝问道就成了道教的起始源头。秦汉时期，秦始皇和汉武帝效仿黄帝，登临崆峒。魏晋南北朝时期，记载相对少些，这与当时陇东地区为各政权混战之地，并且没有和平修炼的环境有关。唐宋时期崇奉道教，崆峒山道观的兴建也就从此开始，也是他们发展的关键时期。金元时期崆峒山经历了多次重修。此时，崆峒山作为道源圣地吸引众多道门精英的关注，崆峒山的知名度有了很大提高。[2] 明清时期崆峒山的营建是卓有成效的，漫山遍野的建筑更为宏伟。[3] 不同历史时期兴建重修的积累，奠定了崆峒山今日道教文化景观的营建格局。

从现有资料来看，佛教在北魏时期就进驻崆峒，佛教文化景观可追溯至隋末唐初，崆峒山明慧禅院开山祖师仁智，于大唐间创建丛林，唐太宗御赐田宅。

作者简介：
韩佳欣（1997—），女，山西太原人，硕士研究生，主要从事民族营建艺术研究。
崔文河（1978—），男，江苏徐州人，教授，博士，主要从事民族营建艺术与文化景观研究。
基金项目：国家社会科学基金项目“甘青民族走廊族群杂居村落空间格局与共生机制研究”（19XMZ052）。

据嘉庆《崆峒山志》和民国《平凉县志》记载，崆峒山真乘寺内有金大安二年（1210年）铜钟，钟上铭文曰“崆峒明慧禅院开山祖师讳仁智，于大唐间创建禅林，唐太宗御赐田宅，历代六朝云”[4]。宋元时期崆峒山其余四台也各建寺宇，在崆峒山的广泛营建，使得崆峒山的寺宇规模迅速扩大。因佛教为外来文化，经过历史的沿袭、文化的吸收借鉴，成就了如今多元宗教建筑包容共生局面。儒家多融于道佛两教。最早于明朝三教洞在岩石上开挖形成[5]，三教洞道士们在烧香供祀本教尊神的同时，也崇祀了佛教、儒家神灵。

儒释道大体上采取相互包容的态度，到了明清时代，这种包容的趋势更加明显。崆峒山上佛教寺院与道教庙观交相林立，甚至在道教寺观中塑立佛教尊神、儒家大师的现象。三教以这种和睦相处、互相包容的局面下共同发展。

2. 三教共生下景观格局分析

崆峒山建筑群落十分讲究依山傍水的山水意境，因此崆峒山自然环境的优势与多元文化的注入造就了三教文化景观的分布。同时崆峒山山势西高东低，充分合理利用地形、地貌，建筑随之高低错落，为文化景观提供了很好的地形环境基础。从北部山脚下上行，抵达中台，以中台为中心延伸出东西南北台，顺着中台西行进入天梯序列空间，以天梯为轴南北两侧均有建筑分布，通过天梯到达皇城，南边为险峻的雷声峰，北边为天仙宫，再向西行到达海拔最高点香山混元楼（图1）。

1）显而不浅，山云茫茫——道教

道教修道的最终目标是得道成仙，不仅需要自身的修炼，还需要良好的自然环境，这也体现了道教崇尚自然的思想。建造者认为离天越近的地方越有利于修道成仙。修建在山顶上的皇城优势就显现出来了，并且皇城相对于崆峒山整体建筑是突出明朗的。皇城结合不同地形和景观条件，体现出中国园林的布局特色，在保持宗教庄严肃穆气氛的同时，增加观赏空间。登上皇城眺望，视野豁然开朗，整个建筑群背负笄头山，面对弹筝湖，就整体宏观格局来说，西依六盘山脉，东瞰平凉，南有弹筝湖环绕，整体的生态环境以及风水格局都很符合道教思想。再向西行，到达海拔最高点——混元楼，属于道教建筑，与皇城一样显露在崆峒山上。同时在天梯空间序列上，药王殿、遇真宫以及磨针观，都是比较显露的建筑，站在中台朝西仰看就能看到建筑随着地形变化以及显露的特征（图1a）。

2）隐而不闭，山林胜地——佛教

佛教寺庙选址在满足建筑空间布局下考虑远离世俗，所以佛教建筑大多为营造庄严而神秘的意境，又有曲径通幽的道路空间，建筑群落与树木相互交融，避免直接古板的联系，被树木丛林隐蔽了起来，

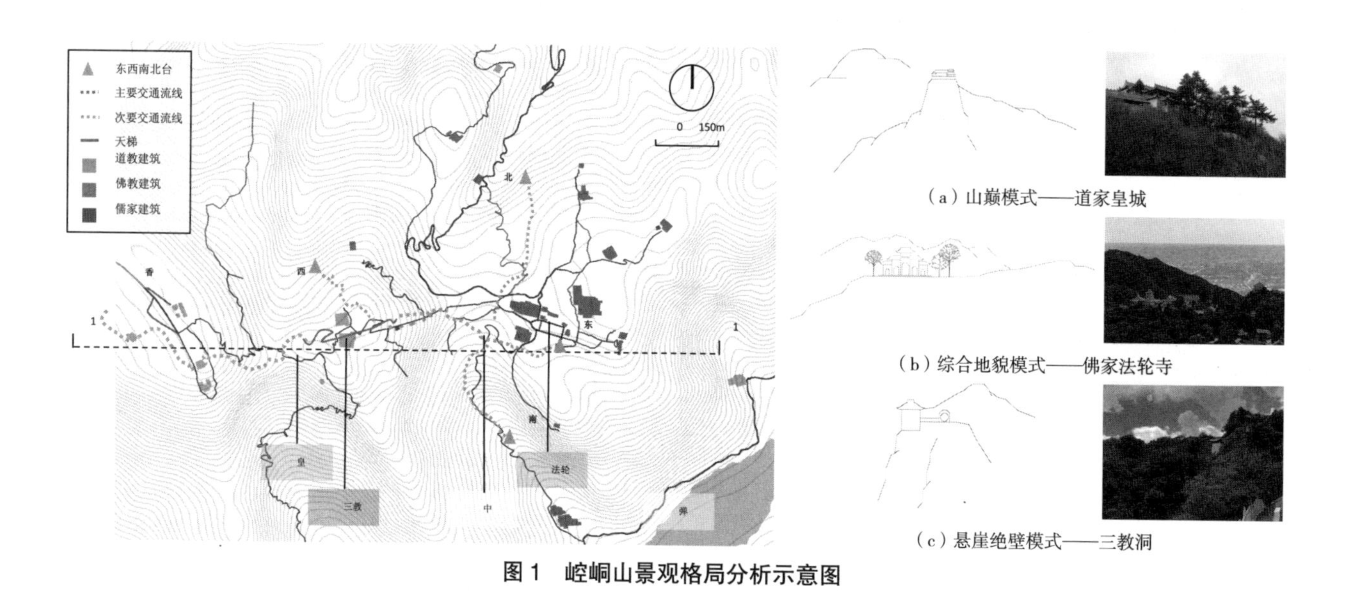

（a）山巅模式——道家皇城

（b）综合地貌模式——佛家法轮寺

（c）悬崖绝壁模式——三教洞

图1 崆峒山景观格局分析示意图

来源：（a）实景照片为崔文河摄

佛教文化与景观的处理就此形成。比如佛院法轮寺，在行进过程中就能更好地沉浸在佛教文化景观之下。佛院里的凌空塔作为佛教建筑的标志物，突出明确，七层的凌空塔非常显眼，佛院本身又被丛林掩映，这就是佛院隐秘的代表。法轮寺向北行曲径通幽处，佛教的莲花寺与千手观音堂就出现了，与法轮寺不同的是这两个地方更静谧更与周围环境融为一体，隐蔽在丛林中（图 1b）。

3）险而不僻，三教圣地——儒家

以儒家思想为主导的三教洞，位于天梯中部。作为山腰处衍生的平台，与栏杆搭配限定边界，丰富了空间层次，同时很好地展现出“天人合一”的观念，依地势展开，顺应地形。三教洞南边为悬崖峭壁，北边是天梯，南北高低落差较大。建筑坐西朝东，向东远瞰平凉近瞰中台，西背山东面水，体现了“负阴抱阳”的中国传统风水理念（图 1c）。

在崆峒山文化景观空间布局中显露与隐秘的对比是显著特征，把环境与文化进行最大化“中和”形成景观布局，风水做到形神俱佳，选择地理环境优越进行营建。建筑的形，即建筑的形体结构；而建筑的神，即为建筑环境中天、地与人的和谐统一而共处的关系。

二、三教文化景观空间营建艺术

1. 道教——皇城空间特征

道教建筑注重与大自然的协调统一，选择最佳的地理位置以及方位。皇城建筑与山体地势融为一体，十分融洽，既体现了灵活多变的自然美，也体现了秩序井然的建筑美。皇城主要以东西向为主轴线展开：天梯——牌楼——太白楼——真武殿——玉皇殿。将体量较高大的建筑作为主体，置于主轴线上，体量较小的放置于南北两侧，但南北两侧具有不对称性，体现出道教思想的灵活性跟随地形多变，更好地呈现“道法自然”。位于东面入口的牌坊在道教建筑中比较多见，作为入口空间的标识，同时利用牌楼分隔空间从而增加层次感。随着牌楼的通过，左右两侧出现钟楼鼓楼，紧接着进入太白楼，楼下为过庭式皇城正门。入口通行的先导空间就此完成了，高潮空间的衔接正是为了衬托体量较大的真武殿，大殿后的通行空间被作为皇城建筑群落的收尾空间，建筑间隔仅有 1.5m 宽的道路空间。此时空间布局的旷奥也就由此出现形成对比，增加行进空间中的整体节奏，从而烘托出真武大殿的主导作用及庄严感（图 2~ 图 4）。

图 2 道教建筑空间序列分析——皇城平面图

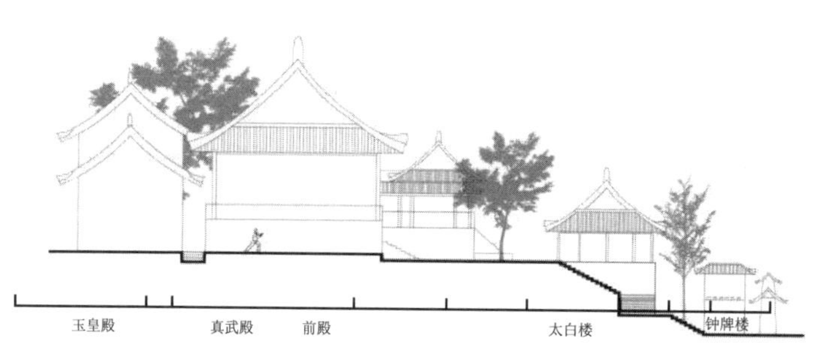

图 3 纵向空间分析——皇城东西向剖立面

图 4 皇城实景照片

2. 佛教——法轮寺空间特征

通过中台上行穿过林荫道，法轮寺映入眼帘，就佛教建筑而言，其建筑空间的营造手法相对于中国其他古建筑类型而言强调的是空间序列的引导性和层次感。那么从山门外的引导空间开始，一系列的空间序列山门——天王殿——大雄宝殿——法堂，为了最终突出大雄宝殿的宏伟庄严，引发崇敬心态和宗教体验。为凸显主要殿堂的重要性与地位，做了明显的抬升，使整个行进路线有明显的节奏感。同时，多进式庭院空间产生层次感，层层递进，在剖面上通过高差的起伏变化，营造精神感知，营造小中见大的意境。法轮寺院落按照同一条轴线对称布置，随着院落向北延伸，将体量较小的建筑元素分布在轴线两边，使得中间轴线为主，两边为次，主从对比的空间布局也由此形成有机统一体，营造庄严的宗教空间。在纵向空间中，跟随地势的变化形成北高南低的高差错落，步步高升的状态使内心庄严感油然而生。

佛院西北角的塔院依附于法轮寺，两个相邻的空间相互渗透，增加了空间的层次感。正是因为这样，佛院中的轴线不止一条，南北向轴线转折引导出另一条通往凌空塔的次轴线，同样也可以建立起多样感受（图 5~ 图 7）。

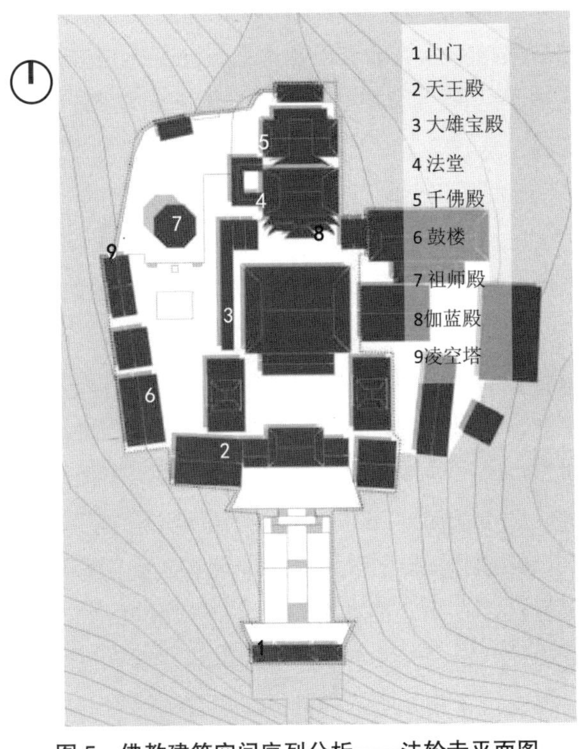

图 5　佛教建筑空间序列分析——法轮寺平面图

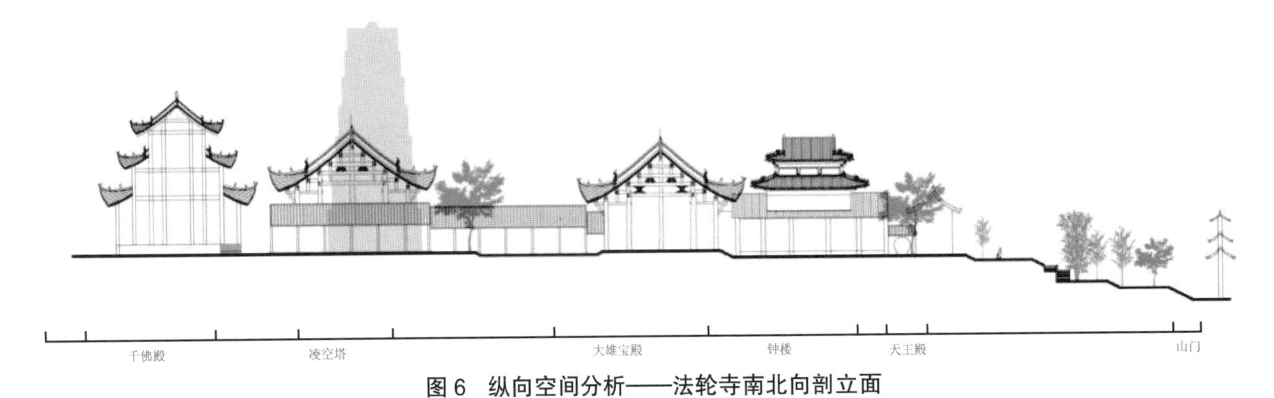

图 6　纵向空间分析——法轮寺南北向剖立面

图 7　法轮寺实景照片

3. 儒家——三教洞空间特征

儒家思想与祭祀文化的联系体现在礼制上，这个礼制体现在崆峒山人文景观建设的方方面面，已经完全融入了崆峒景观中，但专门用来供奉孔子的寺庙园林比较少，而是融于佛、道两教共存。儒家思想本身比较内敛，建筑的表现形式更多在崆峒山道、佛教的结合，和合共生也体现得淋漓尽致。

崆峒山中最具三教共生和合特色的，非三教洞莫属，对于共生和谐相处有着象征意义。三教洞坐落于天梯中段南侧，是在岩石上开挖形成，山体与建筑共筑。因是石质洞，花费了十多年才修缮而成。踏入有着“三教洞”横向匾额的月亮门，里面体量较小一览无余。这里的月亮门呈现出古典园林手法中的透景，不光在出入时变换不同场景，还会将空间分为里外两大部分，兼具功能性与观赏性。院落中与三教洞相对的是飞升阁，除此之外并无明显构筑物，都是为了衬托三教洞这个主要建筑元素，从而主次对比也从这里体现出来。三教洞内祀释迦佛、老子、孔子彩塑坐像，后上方悬塑金童骑龙、玉女跨风并各执拂尘像。此洞显示出崆峒特色，即三教共存一山“大道归一”。三教洞原洞对联写道：“至道无穷三教后先一揆；真诚不替万家遐迩同心。”这是崆峒山有别于其他名山的独特现象。“集大成”文化充分反映了“和谐”思想，这种儒道并存，人与自然的融合，人与人的和谐相处是崆峒文化的灵魂所在（图 8~ 图 10）。

三、三教营建艺术共质性解析

崆峒山三教并存的空间格局，带来的是和合共生共荣的局面，经过长期的相互借鉴发展，形成了营建艺术的包容性、共质性智慧。

（1）“人—建筑—自然环境”天人合一：因三教空间分布的差异性，儒释道选址考虑的是参与到整个山体的宗教建筑体系构建中。追求“天人合一”

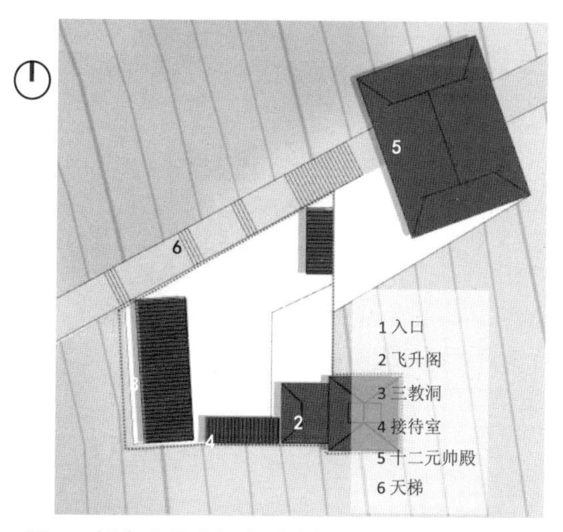

图 8　儒家建筑空间序列分析——三教洞平面图

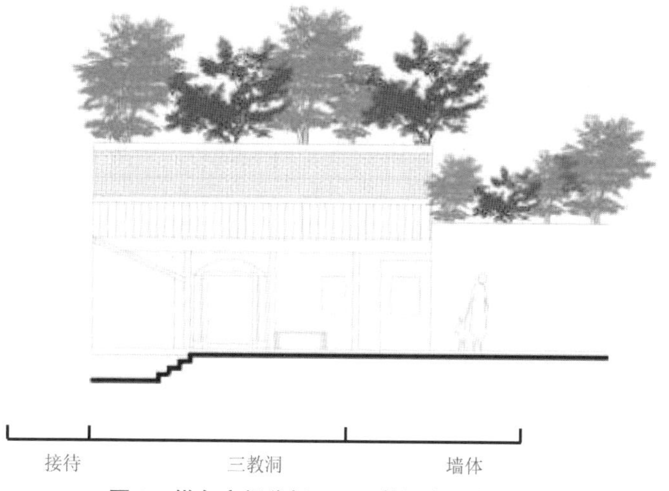

图 9　纵向空间分析——三教洞南北向剖立面

图 10　三教洞实景照片

思想理念，不同的建筑不同的思想并行体现“和而不同”，都体现了应遵循自然界法则，与天地万物共生共处，顺应万物生息规律。在良好的环境主体下，择址时就与自然和谐共生，并且与山林结合一起引导空间，也就印证了思想引导着景观走势的重要性，充分体现了“天人合一”的思想境界。

（2）共同的建筑语言：“和”的观念不仅表现在建筑群落布局上，而且还体现在构筑元素上，比如钟鼓楼，道教和佛教都很好地将其融入自己的建筑。一般钟鼓楼在佛教建筑中运用得更多，道教皇城的钟鼓楼在共质的基础上，加入了太极八卦元素，表达出和合共生理念，相互衬托融合。佛教中的钟鼓楼则是在一层的客堂基建之上呈现的，不再仅仅是钟鼓楼，功能性要比道教中的还要多元化。

（3）“一组一院”中国传统院落的体现：庭院是组织建筑空间的主要方法，以围合院落的方式进行空间形态的划分，以轴线串联起主要的建筑单体，使得在行进的空间变化过程中，情绪感知也随之变化。这也正是中国传统建筑空间序列的通性，并且佛院道观内部的功能分区都有宗教活动区、生活区、办公区以及商业活动区，共同的空间格局特色就此形成。

三教建筑营建艺术中吸收了三家文化思想的融入，可见历史意义深刻。崆峒具有空间形态的人文景观，皆是建立在自然环境基础上的文化景观，相互包容和融合，才有了三教和合共生、和谐相处的景象，相得益彰。

四、结语

作为宗教圣地的崆峒山不仅仅是时代文明的象征，更是中国传统建筑营建艺术的映射。三教共居崆峒山是长期历史发展演变形成的，营建艺术依靠着浓厚的文化积淀，使不同的文化在本地区长期保持了包容并蓄和合的局面，从而形成三教共生和合之境。

本文以分布在崆峒山上的宗教文化景观为主要研究对象，结合文献资料与调研情况，从时间和空间上对景观格局与营建艺术进行解析，总结归纳出其营建艺术的包容性、共质性。交互融合是崆峒山多宗教文化共存的基础，也是多宗教文化共存的基本特征，而这一特点对当今多元文化的发展是有借鉴和启示意义的。三教各居其位，利用不同的地理自然环境各取所需，营建空间上适得其所，取得了和谐共生的景观效果，背后蕴含着我国和合不同、美美与共的人居智慧，同时也对文化景观建设具有重要启发意义。

参考文献：

[1] 司马迁．史记：卷1[M]. 北京：中华书局，2009：6.
[2] 孙燕．崆峒山道教历史沿革及现状研究[D]. 兰州：兰州大学，2016：16.
[3] 张鹏．崆峒山道教研究：以营建为中心的考察[D]. 兰州：兰州大学，2013：14-15.
[4] 张伯魁．崆峒山志[M]. 台北：成文出版社，1970：62.
[5] 国家重点风景名胜区崆峒山管理局．崆峒山新志[M]. 兰州：甘肃文化出版社，2008：67.

连贯式生产性景观在山地城市景观提质中的可推广性思考

谢雨丝[1]，彭小霞[2]

（1. 重庆大学建筑城规学院，重庆 400030；2. 成都市规划设计研究院，成都 610095）

【摘 要】面对山地城市景观更新提质及城市特征景观空间再利用的背景，本文提出连贯式生产性景观（CPULs）的构建思路，通过CPULs理念研究，探究了其与山地城市景观体系的耦合关系，分析得出：①山地城市本土种植空间及山地绿道系统与CPULs的构成内容具有天然耦合关系；②CPULs理念与山地城市特征景观空间利用、景观系统整合的目标相吻合，是山地城市景观提质的可行思路。最终以CPULs为指导，提出了山地城市景观提质的规划建议。

【关键词】连贯式生产性景观；山地城市景观体系；景观提质；耦合关系

一、概述

1. 山地城市特征性景观空间

地形作为城市建设的基础条件深刻影响着城市景观塑造，山地城市敏感脆弱而资源丰富的城建环境[1]，促使城市景观在系统构成、功能布局、审美体验、价值效益等多方面表现出与平原城市相区别的特点。小尺度公园居多，景观规模小而灵活，与地形形成互动关系，常常是山地城市景观空间的突出特点。山地城市利用特征地形建设“边角地”体育文化公园，居民利用城市建设边缘空间进行的本土种植及屋顶种植探索，均是山地地形给城市景观留下的鲜明印记。

山地城市本土种植空间主要存在于城市发展备用地、非建设用地及城市边缘地带，是城市居民利用山地丘陵边坡、河堤岸带以及城市用地监管薄弱区域进行地方小规模种植的场所，然而常因未经专业规划、土地非法利用等原因被城市管理部门取缔。自上而下的“围堵”与居民屡禁不止的自发种植行为，长时间得不到解决，既影响了城市特色景观的塑造，又使山地城市错失了高价值特征空间展现的良机。如何在山地城市景观营建过程中合理利用特征性景观空间，构建山地特色环境，是本文所关注的重点。

2. 山地城市景观提质的必要性

在我国城市景观升级更新的背景下，山地城市老城核心区旧有景观空间由于受地形条件的限制，使用强度高而面积局促，景观空间提质诉求迫切，但因可利用的空间面积有限，景观提升难度大。在此背景下，以老城为主体的山地城市景观更新需对老旧景观环境进行升级改造，增强其景观吸引力，同时需向周边城市开敞环境寻求可利用空间，借助城市山体及沿线、河流水体及滨水空间进行城市景观系统整合，以提高城市景观通达度，提升整体景观服务效率。在此过程中如何实现山地城市景观系

作者简介：

谢雨丝（1992—），女，新疆巴州人，博士研究生，主要从事城乡生态规划与设计研究。

彭小霞（1990—），女，重庆渝北人，工程师，硕士，主要从事城市设计研究。

基金项目：重庆市研究生科研创新项目（CYB21036）。

统整合，达到新旧景观互动，现状景观与潜力景观有效联系，是本文关注的第二个重点问题。

3. 山地城市景观提质的可行方向

山地城市景观提质需组织现有特征性景观融入城市景观体系，展现差异化景观特色；还要在旧有景观空间充分利用的基础上，构建高通达度的城市景观体系，助力新旧景观、潜力景观空间的系统性串接，实现城市整体景观的高效利用。基于此，本文提出连贯式生产性景观的构建思路。

二、连贯式生产性景观理论及实践

1. CPULs 理论

连贯式生产性景观（Continuous Productive Urban Landscapes，CPULs）理论由安德烈·维尤恩（André Viljoen）和卡特琳·博恩（Katrin Bohn）两人于 2005 年正式提出[2]，受到当时盛行的基础设施城市化、城市建筑低环境影响以及城市公共开放空间营造三大城市空间营建思想的影响，CPULs 作为系统的都市农业规划设计策略，被尝试应用于融合生产性景观的城市开敞空间设计中，并试图营造具有生产性价值，兼具社会、生态多元价值的开放城市空间网络[3]（图 1）。

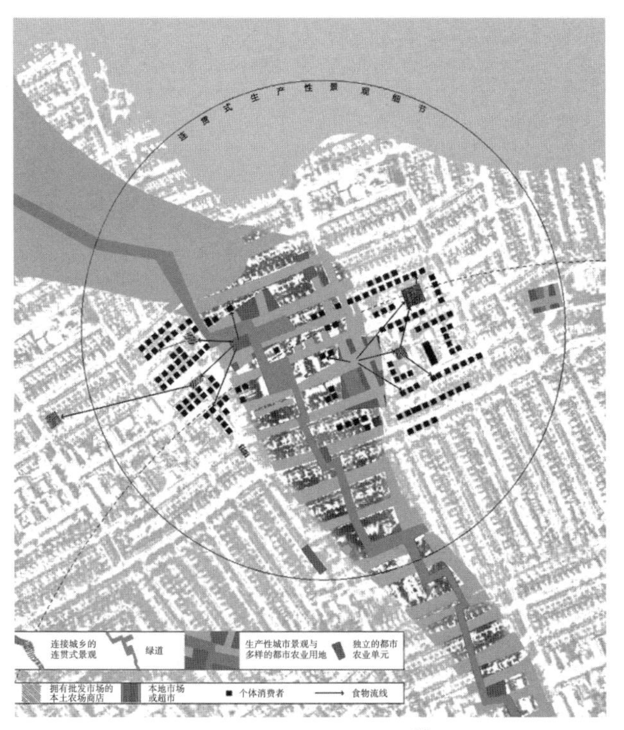

图 1　CPULs 概念图[4]

CPULs 的国内研究集中开展于 2010 年前后，孙莉是国内较早对 CPULs 的概念进行介绍的学者，认为连贯式生产性景观是利用城市开放空间进行都市农业规划的首个较为完整的实践方案[5]。张玉坤认为 CPULs 理念探索了农业景观在城市设计中的作用[6]。CPULs 理念也常与农业城市主义、食物城市主义及食物敏感型规划与城市设计三个都市农业设计理论一起作为都市农业城市化的思考进行对比研究[7-8]。

CPULs 的空间构成要素包括：①具有生产功能的景观空间以及以休闲娱乐、生态服务为主的城市其他开放空间，如都市农业空间、户外休闲空间和自然栖息地；②为城市生态系统可持续性服务的生态走廊，以及为城市居民休闲娱乐、工作、生活服务的非机动车交通环线[9]。为实现 CPULs 在城市中的推广，安德烈·维尤恩总结其实施路径为：①城市现存开敞空间整合；②开敞空间价值评估与生产性景观融入；③城市多功能、连贯性绿色基础设施网络形成[2]。

2. CPULs 的多元价值及推广性

1）CPULs 的多元价值

作为都市农业的实践载体，CPULs 不仅肩负都市农业在社区营建、城市生态系统服务[10]以及低碳城市建设、城市食物安全[11]等领域的重要使命，在城市景观营造、社会文化组织方面也具有突出效益。景观价值层面，CPULs 对城市已有开敞空间加以组织联系，从而构成了连贯的城市景观网络，为城市提供稳定、高效的整体性景观服务；且将生产性景观融入城市景观体系，是重建城市居民与自然环境联系的有利尝试[12]。社会文化价值层面，CPULs 为居民提供了具有复合功能的交往空间，优化展现了城市生产性景观的社会文化价值，如艾萨克·米德尔（Isaac Middle）在对澳大利亚珀斯社区农园的研究中发现，融入城市公园的社区农园有效转换为当地环境教育的重要场所，对区域生态环境保护有益[13]。

2）CPULs 推广性难点

当然 CPULs 作为城市尺度的景观规划策略，当前并未有全面实现的先例[14]，主要由于 CPULs 营建需要从城市整体景观视角，考虑生产性景观的融入。相较于社区农园等小尺度的都市农业实践，CPULs 需要持续、长期且全面覆盖的城市规划政策予以支持。这对于生产性景观理论的深化发展提出了进一步的要求。

3. 国内 CPULs 的实践现状

虽然 CPULs 理论当前尚未有全面实现的案例，但都市农业当代实践作为 CPULs 的早期准备和探索，在国内已积累了一定的成果案例。本文以相关实践载体空间类型为依据对国内都市农业典型案例进行简要整理（表 1）。

三、CPULs 与山地城市景观体系的空间耦合关系

1. CPULs 与山地城市景观体系空间耦合

基于城市开放空间的定义[19]，本文在对山地城市景观体系细分整合的基础上尝试搭建山地景观体系与 CPULs 空间要素的耦合关系（图 2），从内容构成而言，CPULs 的内容要素均可在山地城市景观体系内找到空间载体，形成一对一或一对多的关系。两者一方面存在空间形式的耦合，另一方面存在功能价值的对应，如公园绿地在 CPULs 营建过程中，既可以复合生产性功能，作为都市农业的实践载体，又可以延续户外休闲空间的特质，承载居民游憩需求，并进一步作为自然栖息地及生态走廊，满足生态系统服务价值。

2. CPULs 与山地城市特征景观空间耦合

1）本土种植空间与都市农业

本土种植是山地城市非正规的城市果蔬种植空间。以 CPULs 重新审视山地城市本土种植空间，可以发现：功能角度，山地城市本土种植空间是城市居民进行小规模种植的场所，且与周边城市居住组团之间已建立一定的食物供需关系，因此其生产性空间使用方式及城市食物供需网络恰好符合 CPULs

国内都市农业的主要实践形式[15-18] 表 1

场所	类型	主要运作方式	主创团队	代表案例	地区	开端
社区	社区花园 / 社区农园	社区居民参与公众自建模式	同济大学刘悦来团队	上海创智农园、上海四叶草堂	上海	2014 年
建筑物	屋顶农场	与商场合作的商业运营模式	朱胜萱设计团队	上海“天空菜园”	上海	2011 年
近郊	乡村休闲农业 / 小型企业运营农场	政府参与管理的农业新型经营模式	—	台湾清境农场、福寿山农场	台湾	1980 年
	社区支持农业	可持续的生态农业商业运营模式	中国人民大学乡村建设中心	北京小毛驴市民农园	北京	2008 年

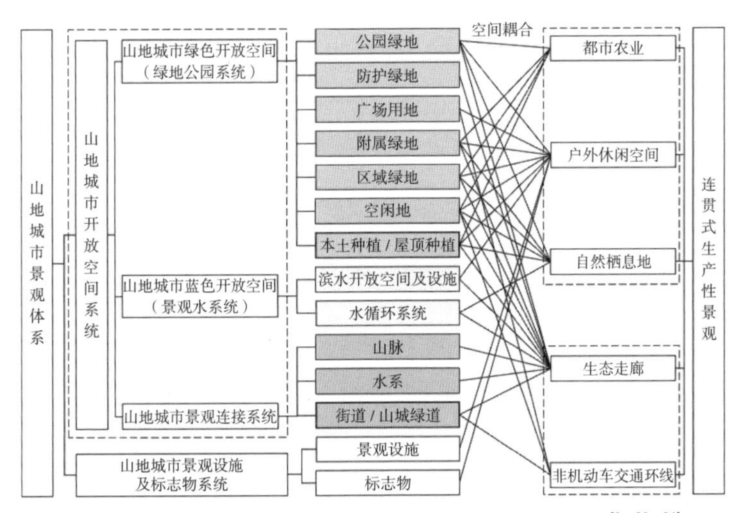

图 2　CPULs 与山地城市景观体系的空间耦合关系图[9, 20, 21]

中都市农业营建的功能诉求；土地利用角度，本土种植空间的使用权属及规划设计欠缺，需合理的城市规划手段介入加以引导。

2）山地城市绿道与非机动车交通环线

山地城市绿道是因地形而形成的山地城市特色非机动交通系统。以 CPULs 视角重新审视山城绿道，可以发现：空间使用效率角度，山城绿道符合 CPULs 对景观连贯性组织的要求，利用山城绿道构建 CPULs 非机动车交通环线，在提高 CPULs 的景观空间连接度的同时，有助于山地城市边角景观空间最大化融入城市景观体系，构成连贯性的城市景观。空间复合价值角度，山城绿道在供给交通需求的同时，利用地形条件所造就的变化、多样的空间系统，可产出一定的休闲游憩、社会交往功能，提高连贯式生产性景观整体景观活力，从而构成 CPULs 开展的特征性连接网络。

综上所述，山地城市特征性景观空间与 CPULs 有着较好的耦合关系，是 CPULs 实践可开展的天然景观空间载体。在山地城市景观系统构建过程中，可以 CPULs 构想为指导，借由合理的规划手段，构建具有山地特色的独特景观系统。

四、以 CPULs 组织山地城市景观提质

基于 CPILs 与山地城市景观体系的空间耦合关系，本文提出利用 CPILs 组织山地城市景观提质的简要思路框架。具体而言，需从山地城市景观空间结构优化及功能要素融入两方面着手，以连贯式景观系统构建及生产性景观功能融入为核心，构建特色突出、多元价值复合的山地城市景观体系（图 3）。

1. 空间结构优化

1）新空间甄别与融入

在山地城市现状景观空间体系的基础上，可融入具有山地城市特色，符合城市居民使用诉求，却尚处于规划边缘的城市潜力景观空间，如本土种植空间等，使其作为山地城市景观体系构成的崭新景观内容。在此过程中需关注居民景观诉求，并考量潜在景观空间所处城市区位与实践效益，进行有条件的甄别、筛选；以高价值潜力景观空间详细规划为指导，引导潜力景观空间成为山地城市景观活力新触媒。

2）旧有空间结构整合

山地城市景观斑块、廊道、基质构成的原生景观空间结构在城市建设发展过程中，呈现景观空间破碎化、自然景观基底被蚕食等景观环境问题[22]。基于 CPULs 理念，一方面需对现状景观斑块进行重新评估，认识其功能价值及其与城市运行机制间的内在关系，从而明确其在新网络中的位置和等级；另一方面需基于景观斑块节点的梳理，整合现状景观廊道，通过新增廊道线路的方式，提高景观系统连接效率。

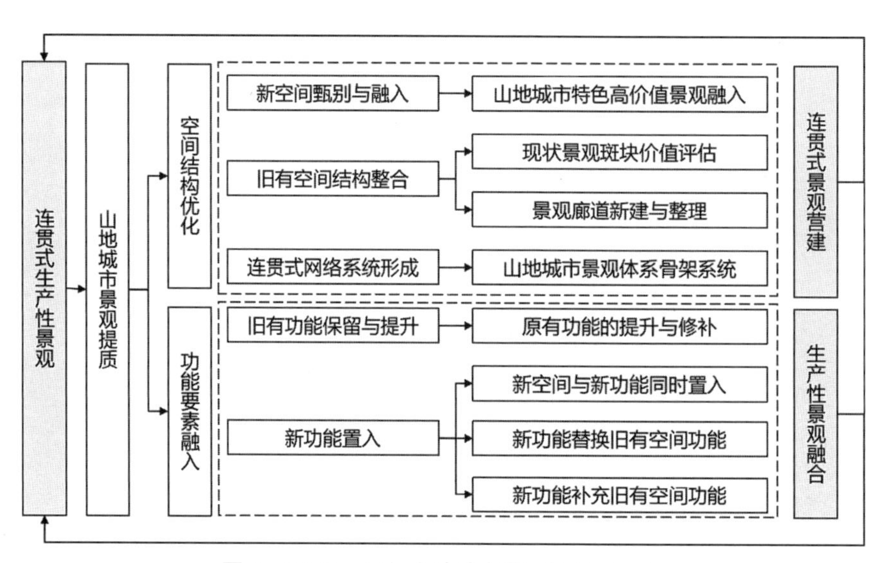

图 3　CPULs 组织山地城市景观提质路径图

3）连贯式网络系统形成

以系统整合后的山地城市连贯式景观体系，融入具有山地城市特征价值的崭新景观空间内容，构建各景观斑块之间结构清晰、系统连通的山地城市连贯性景观空间网络，以此成为山地城市景观体系的骨架系统，支撑高效景观空间的运行。

2. 功能要素融入

1）旧有功能保留与提升

大部分景观要素在城市景观服务过程中，其空间使用诉求并未发生根本性转变。对于以上景观内容，景观提质的主要任务是实现功能价值多元、供需匹配的景观功能规划。具体而言，需依据景观区位、景观价值效益评估以及城市景观需求分析，着手促进原有功能的提升与修补，以期实现山地城市景观服务效率提升，如针对城市关键生态节点空间公园绿地景观的生态修复规划。

2）新功能置入

在旧有功能保留与提升的基础上，立足城市景观使用诉求，对供需不匹配的景观空间，需考虑新功能的置入。在此过程中，有三种情况：①新空间与新功能同时置入，考虑将关键区位景观使用诉求突出的本土种植空间融入城市景观体系，在生产性功能注入的同时，满足城市景观与社会文化、生态多重需求；②以新功能替换旧有空间功能；③以新功能实现旧有空间功能的补充。如在复合使用诉求加持的现状城市公园绿地、附属绿地中注入生产性景观，并以不同的主题方向定义生产性景观与现状公园绿地、附属绿地的面积配比及使用强度、开放强度，从而提升当前空间的附加价值。

五、结论

本文以 CPULs 理论研究出发，尝试探究山地城市景观提质的可行途径，经研究认为：①山地城市本土种植空间及山地绿道系统与 CPULs 的构成内容具有天然耦合关系；② CPULs 理念与山地城市特征景观空间利用、景观系统整合的目标相吻合，是山地城市景观提质的可行思路。最终以 CPULs 为指导，从空间结构优化及功能要素融入两方面着手，提出了山地城市景观提质的规划建议。

参考文献：

[1] 黄光宇 . 山地城市空间结构的生态学思考 [J]. 城市规划，2005（1）：57-63.

[2] VILJOEN A，HOWE J，BOHN K. CPULs continuous productive urban landscapes：designing urban agriculture for sustainable cities[M]. Oxford：Architectural Press，2005.

[3] VILJOEN A，BOHN K.Continuous productive urban landscape（CPUL）：essential infrastructure and edible ornament[J].Open House International，2009，34（2）：50-60.

[4] BOHN K，VILJOEN A.The productive city：urban agriculture on the map[J].Urban Design，2016，140：21-24.

[5] 孙莉 . 城市农业用地清查与规划方法研究 [D]. 天津：天津大学，2014.

[6] 张玉坤，宫盛男，张睿 . 基于生产性景观的城市节地生态补偿策略研究 [J]. 中国园林，2019，35（2）：81-86.

[7] 孙莉，张玉坤，张睿，等 . 城市农业规划理论及其应用案例解析 [J]. 现代城市研究，2016（3）：46-53.

[8] 董明娟，谭少华，杨春 . 国土空间背景下城市食物系统规划探究：基于供给需求视角 [J]. 城市发展研究，2021，28（1）：14-22.

[9] BOHN K，VILJOEN A.The edible city：envisioning the continuous productive urban landscape（CPUL）[J]. FIELD，2011，4（1）：149-161.

[10] LIN B B，PHILPOTT S M，JHA S. The future of urban agriculture and biodiversity-ecosystem services：challenges and next steps[J].Basic and Applied Ecology，2015，16（3）：189-201.

[11] OPITZ I，BERGES R，PIORR A，et al. Contributing to food security in urban areas：differences between urban agriculture and peri-urban agriculture in the global north[J].Agriculture and Human Values，2015，33（2）：341-358.

[12] 李自若，余文想，高伟 . 国内外都市可食用景观研究进展及趋势 [J]. 中国园林，2020，36（5）：88-93.

[13] MIDDLE I，DZIDIC P，BUCKLEY A，et al. Integrating community gardens into public parks：an innovative approach for providing ecosystem services in urban areas[J]. Urban Forestry & Urban Greening，2014，13（4）：638-645.

[14] 安德烈·维尤恩 . 连贯式生产性城市景观 [M]. 北京：

中国建筑工业出版社，2015.

[15] 刘悦来，范浩阳，魏闽，等. 从可食景观到活力社区：四叶草堂上海社区花园系列实践 [J]. 景观设计学，2017，5（3）：72-83.

[16] 朱胜萱，高宁. 屋顶农场的意义及实践以上海“天空菜园”系列为例 [J]. 风景园林，2013（3）：24-27.

[17] 吕明伟，郭焕成，孙艺惠. 生产·生态·生活：“三生”一体的台湾休闲农业园区规划与建设 [J]. 中国园林，2008（8）：16-20.

[18] 石嫣，程存旺，雷鹏，等. 生态型都市农业发展与城市中等收入群体兴起相关性分析：基于“小毛驴市民农园”社区支持农业（CSA）运作的参与式研究 [J]. 贵州社会科学，2011（2）：55-60.

[19] 张虹鸥，岑倩华. 国外城市开放空间的研究进展 [J]. 城市规划学刊，2007（5）：78-84.

[20] 杜春兰. 山地城市景观学研究 [D]. 重庆：重庆大学，2005.

[21] 王发曾，邱磊. 城市绿色开放空间系统功能认知研究：以连云港市区为例 [J]. 地理科学，2015，35（5）：583-592.

[22] 田雨，周宝同，付伟，等. 2000~2015 年山地城市土地利用景观格局动态演变研究——以重庆市渝北区为例 [J]. 长江流域资源与环境，2019，28（6）：1344-1353.

山地城市桥下空间的景观评析
——以重庆市为例

曾　沁[1]，张俊杰[1]，罗融融[1]，王延杰[2]，曾　越[2]，刘巧巧[2]，袁康旭[2]
（1. 重庆交通大学建筑与城市规划学院，重庆　400074；2. 重庆市求精中学校，重庆　400015）

【摘　要】立交桥在解决了山地城市特有地形与城市交通之间矛盾的同时，也为城市带来了占用土地资源、影响自然滨江景观、阻隔山体生态延续等新问题。重庆的桥下空间除平地外，常包含边坡、崖壁和台地等山地城市特色地形，其景观设计存在难点。本文以重庆市主城区作为社区公园或游园、绿色出行枢纽的 12 处桥下空间为研究对象，观察其使用情况并对使用者进行半结构化访谈，并结合游览体验对其景观进行评价，提出其优化方式，以期提高桥下空间利用率，增加市民步行出行率，并为立交桥下绿色生态空间的规划建设提供参考。

【关键词】重庆；立交桥；交通景观；空间利用；景观设计

重庆因多座桥梁横跨构建的城市形象，被冠以"中国桥都"的称号[1]。截至 2020 年，重庆市主城区拥有 200 余座立交桥。立交桥在解决了山地城市特有地形与城市交通之间矛盾的同时，也为城市带来了诸如占用稀缺土地资源、影响原有滨江景观整体性、阻隔山体生态延续性等新问题[2]。目前我国城市建设正处于由粗放型向精细型转变时期，城市品质提升成为重要的研究议题[3]。重庆市提出提升城市人文生态品质的要求，在尊重地域自然风貌，保护重庆具有识别性的山水风貌的基础上，打造与自然和谐共生的绿色生态空间和宜居家园[4]。

立交桥桥体（包括主桥、引桥及各个匝道）正下方部分及立交桥之间，立交桥与周边道路围合而成的空间被称为"桥下空间"[5]。山地城市重庆的桥下空间，除平地外，不乏坡地、堡坎和崖壁等特色地形形成的难以利用的"失落空间"[6]。在城市发展从增量扩张迈入存量提升新阶段的背景下[7]，城市"失落空间"的激活备受关注。2019 年 10 月，重庆市为消除城市绿化"秃斑"、增加城市绿量、修复城市生态，在《主城区坡地堡坎崖壁绿化美化实施方案》中明确提出美化桥下空间[8]。

目前，重庆一些桥下土地已被以风景园林的方式利用，修补生态脉络以及城市步行空间网络，有为市民提供日常游憩、交流等功能为主的社区公园或游园，以及步行交通或人流集散功能为主的绿色出行枢纽两种主要功能。一些学者对个别可供休憩的桥下空间景观进行评价，如张帅杰以牛角沱滨水公园（渝澳与嘉陵江大桥西桥下空间）为研究对象，

作者简介：
曾　沁（2001—），男，四川成都人，本科生。
张俊杰（1984—），男，广西柳州人，讲师，主要从事风景园林规划设计及理论、植景规划设计研究。（通讯作者）
罗融融（1991—），女，重庆渝中人，讲师，主要从事风景园林规划与设计、环境行为与心理研究。
王延杰（1987—），男，河南潢川人，一级教师，主要从事中学教育教学研究。
曾　越（2005—），女，重庆垫江人，在读高中生。
刘巧巧（2004—），女，重庆垫江人，在读高中生。
袁康旭（2004—），男，重庆长寿人，在读高中生。
基金项目：重庆市 2021 年度中小学创新人才工程项目"基于 POE 与 GVT 的重庆主城区立交桥下步行空间景观的优化研究"（CY210705），重庆市自然科学基金面上项目"风景园林生成设计技术研究"（csct2019jcy j-msxmX0149）。

提出了该空间缺乏景观节点营造，且存在洪水、地质滑坡、坍方、裸露石块等安全隐患[9]；李博文等从可达性、舒适性、安全性和美观性 4 个层面构建的评价指标体系对杨公立交桥下空间进行步行环境评价[10]，但尚缺乏对多数桥下空间景观的评价。

立交桥因其尺度宏大、色彩灰暗，对城市景观、城市步行网络产生一定的割裂和破坏作用[11]，经过合理设计的桥下空间能一定程度满足不同年龄段人群的日常游憩与步行出行需求[12]，弥补城市公共绿地缺失、步行环境欠佳的不足。本文以重庆市主城区作为社区公园或游园、绿色出行枢纽的 12 处桥下空间为研究对象，观察其使用情况并对使用者进行半结构化访谈，结合笔者游览体验对其景观进行评价，并思考其优化方式，以期提高桥下空间利用率，增加市民步行出行概率，提升城市人文生态品质，并为立交桥下绿色生态空间的规划建设提供参考。

一、桥下空间景观的半结构化访谈内容

通过查阅有关桥下空间景观的相关文献[6, 13, 14]，构建桥下空间景观评价指标体系，其包含交通设施、活动设施及场地、植物景观、内外环境、设施和装饰，以及安全性共 6 个准则层，27 个指标层（表 1）。以 12 处可供游憩的桥下空间（分为社区公园或游园、绿色出行枢纽功能）为研究对象（图 1、表 2），

桥下空间景观的评价指标体系　表 1

目标层	准则层	指标层
交通设施	可达性	桥下空间在地图上是否有标注
		出入口数量是否充足，位置是否醒目
		出入桥下空间路径（如人行道、红绿灯、过街天桥和地下通道等）是否安全
	内部道路	道路是否便捷，是否存在断头路
		是否有无障碍设施，道路坡度是否适宜
		道路旁是否设置座椅，有乔木或遮阴设施
	标识系统	是否有导览牌、指示牌和路标等标识系统
活动设施及场地	儿童游乐设施	儿童活动设施的趣味性
		儿童活动设施是否安全，维护情况
	运动场地及设施	健身器材是否充足，维护情况
		是否有运动场地，场地的开放及管护情况
	中老年活动场地及设施	是否有完整、平整的活动场地
		是否有棋牌桌椅，桌椅旁是否有乔木或遮阴设施
植物景观	植物配置	植物种类是否多样化，有层次和色彩变化
		是否合理运用耐阴耐旱植物适应桥下空间
	植物养护	植物生长及养护情况
内外环境	周边环境	桥下景观是否与桥体协调，与周边环境相联系
	内部环境	内部景观是否宜人
		噪声及环境卫生情况
设施和装饰	休息座椅	座椅设施是否充足，维护情况
		是否可当作灵活座椅的矮墙、花坛、小雕塑等设施
	辅助设施	卫生间、公共饮水设备的配备及管理
	文化历史设施	是否有历史与文化的宣传与呈现
	景观小品	雕塑、花架和景墙等的设置与呈现
安全性	设备安全	灯光照明是否合宜
		监控设备是否齐备
	其他安全	是否存在活动设施或健身器材伤人、铺装不防滑、植物带刺等其他安全隐患

观察其使用情况，以景观评价指标体系为访谈提纲，对其使用者进行半结构化访谈[15]，每处桥下空间访谈 20 位以上的使用者，依据访谈记录并结合笔者的自身游览体验，将 12 处桥下空间景观分为良好、居中和较差 3 个等级。

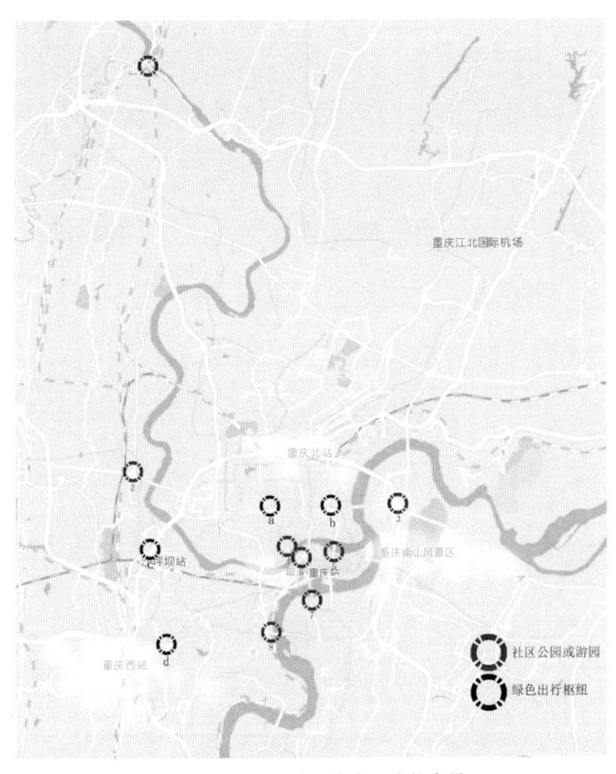

注：桥下空间名称对应表 2 中的序号

图 1　12 处桥下空间的主要功能及所处位置

二、桥下空间的景观评价

1. 评价良好的桥下空间

经过访谈和自身游览体验，一部分桥下空间满足了使用者的大部分活动需求，景观评价的相应指标整体良好，此类桥下空间较好地织补了生态脉络和城市步行空间网络，显著提升了城市品质，包含北碚滨江公园、鹅公岩漫步公园和渝澳大桥下社区游园共 3 处桥下空间。

1）北碚滨江公园

该公园位于嘉陵家畔，地势平坦，可达性佳。该公园在吸引毗邻的北碚体育运动公园人流的同时，利用立交桥面遮阴挡雨的优势，匝道正下方设置了座椅、乒乓球桌和健身器材（图 2）。通过飞机雕塑、文化墙和宣传栏的设置，将北碚的历史文化有机整合到公园中。该公园动静划分合宜，空间层次与功能丰富，活动场地与设施能满足各年龄段使用者的需求，各景观节点的使用率均较高。美中不足的是存在儿童沙坑周边无家长看护的休息座椅，宠物在沙坑里大小便现象严重等问题。

2）鹅公岩漫步公园

该公园在鹅公园立交桥面下设置了高差约 60m、含 20 级休息平台的健身梯道，并在大多数休息平台上设置了兼顾休息功能的重庆方言文化雕塑。在桥

12 处桥下空间的主要功能、供游憩空间面积及桥下正投影部分面积　　表 2

桥下空间的主要功能	序号	桥下空间名称	桥下供游憩空间面积（m^2）	桥下正投影部分面积（m^2）
社区公园或游园	1	北碚区正码头广场滨江休闲公园（北碚嘉陵江大桥桥下空间，以下简称“北碚滨江公园”）	44923	12860
	2	双碑西立交桥下空间	14837	6078
	3	盘龙立交桥下空间	61366	21510
	4	渝澳大桥下社区游园（渝澳与嘉陵江大桥西桥下空间）	27730	3905
	5	黄花园立交桥下空间	20200	5262
	6	牛角沱滨水公园（渝澳与嘉陵江大桥东桥下空间）	7125	1880
	7	苏家坝立交桥下空间	54410	14552
	8	鹅公岩漫步公园（鹅公岩立交桥下空间）	32312	10215
绿色出行枢纽	a	红旗河沟立交桥下空间	4770	2352
	b	五里店立交桥下空间	70083	37034
	c	杨公桥立交桥下空间	4573	1862
	d	二郎立交桥下空间	84926	8067

图2 北碚滨江公园桥下设置的乒乓球桌

图3 鹅公岩漫步公园盛开的美人梅及桥柱的垂直绿化

柱上采用壁画方式宣传重庆抗战相关文化，以及垂直绿化形式美化柔化柱体（图3）。该公园配备了卫生间、公共饮水设备等设施；植物结合地形设计，层次丰富、种类多样，每逢美人梅花期，桥下游客较多；能有效利用周边的重庆建川博物馆及桥下特色山地公园口碑吸引非附近居民入园游览。缺点是鹅公岩立交桥上人行道和公园内部缺乏人行路径连接，公园内标识系统缺乏，问路情况时有发生。

3）渝澳大桥下社区游园

该游园紧邻华新街轨道站，设置了休闲小平台、健身广场、健身器械、景观廊架、休息座椅、无障碍坡道等节点或设施（图4），空间类型多样，可提供多种活动场所。嘉陵江大桥西引桥正下方，经常举行唱歌、跳舞等自发性活动。植物种类丰富，富有季相和层次感，但噪声与粉尘对立交桥及轻轨沿线下方附近的游人造成一定困扰，且部分区域因设计风格不统一导致整体美感稍欠缺。

2. 评价居中的桥下空间

一部分桥下空间满足了使用者的部分活动需求，相应指标的景观评价整体居中，可一定程度提升城市品质。它们或活动设施不足，或休憩设施不足，或缺乏文化特色等，导致居民对某些指标层的评价较低，包含黄花园立交、二郎立交、苏家坝立交、盘龙立交，以及红旗河沟立交桥下空间共5处。

1）黄花园立交桥下空间

该空间出入口较多，且毗邻黄花园轨道站，可达性强。黄花园大桥正下方的铺装广场因临江，视线开阔、小气候适宜，无论晴天雨天，均吸引了大量舞蹈、健身龙等团体活动的爱好者（图5）。但该

图4 渝澳大桥下社区游园的无障碍坡道

图5 黄花园立交桥下空间的舞蹈爱好者

空间的休憩、健身及环卫设施配备不足；植物缺乏层次，乔木种植过密对采光造成一定影响；靠近江面的台地与坡地由于缺乏合理设计，景色单一，故游人较少。

2）二郎立交桥下空间

二郎立交桥下空间通过人行路径连接起被银昆高速与经纬大道分隔的城市步行交通网络。两个环形游步道为周边居民散步、带孩子出来玩、遛狗及广场舞等活动提供了一定空间。生态环境较好，绿地率较高。桥下投影部分为流动摊贩的售卖提供了空间，但由于缺乏管理对环境卫生造成影响；且缺乏一定面积的活动场地与休憩设施，人群活动侵占了步行交通流线，市民常席地而坐（图 6）。

3）苏家坝立交桥下空间

苏家坝立交造型与夜景优美，毗邻铜元局轨道站。该桥下空间在地势平坦处结合篮球场、羽毛球场、铺装广场（3 处场地均位于桥面正下方），以及公交车接驳点进行设计，在高差较大处设置山体步道、林中休息平台、休憩花架等，功能较丰富。但空间内人行流线复杂，标识系统缺乏；管理维护较差，如铺装层脱落未及时更换，花架、桌椅等设施老化，卫生间脏乱，枯枝败叶与垃圾未及时处理等，高差较大处因游人较少而逐渐荒芜。

4）盘龙立交桥下空间

盘龙立交为重庆主城区最大最复杂的立交桥，桥下空间被复杂的桥柱分割，功能丰富，公共与私密空间安排得当，植物种类丰富且具有层次（桃、芭蕉等果树的种植增添了趣味性），休憩设施与健身器材充足。但该空间被数条车行道围合，大部分车行道上缺乏人行道、红绿灯或过街天桥等出入桥下空间的安全路径，存在较大安全隐患，导致可达性差、使用率较低；部分桥面正下方由于桥面较大、桥高较矮导致采光较差，存在安全隐患。

5）红旗河沟立交桥下空间

该桥下空间作为连接周边人行道的交通枢纽，标识系统清晰，充分发挥了人流疏导作用。场地通过人行流线划分出动静区域，桥下除了布设城市管理执法室、卫生间和公共饮水设备之外，还结合地形设置了台阶式的座椅供行人休息。美中不足的是，场地的景观缺乏层次与变化，植物的选择缺乏美感与季相变化。

3. 评价较差的桥下空间

一部分桥下空间一定程度满足了某些年龄段使用者的部分活动需求，但在桥下空间的可达性、内部环境、休息座椅设置等某些层面存在较大问题，大部分使用者对其景观的整体评价较差，对城市品质的提高有限，包含杨公桥立交、双碑西立交、五里店立交桥下空间和牛角沱滨水公园共 4 处。

1）杨公桥立交桥下空间

杨公桥立交被内环快速划分出两部分场地，彼此间由人行天桥连接，由于周边公共活动空间缺乏，游人较多。该空间利用桥面遮阴避雨的优点，设置可供棋牌活动、休憩及交流的桌椅，促进了中老年人的自

图 6　二郎立交桥下空间人群活动侵占交通流线，缺乏座椅

图 7　杨公桥立交桥下空间休息设施不足，居民需自带椅子

发性活动。文化墙的设置展示了城市精神与社区文化。但人行流线复杂，仅在地下通道设置路标，行人仅能通过冗长的地下通道到达桥下空间，容易迷路；场地功能单一，不能满足儿童的活动需求；休息设施不足，居民常自带椅子休憩（图7）；景观整体显陈旧，活动场地铺装、挡土墙和桥柱均为灰色调。

2）双碑西立交桥下空间

该桥下空间高差较大，因地制宜地设置旱溪、植被过滤带、生态滞留池等下凹式绿地构建的雨水花园，种植层次与色彩丰富的植物，摆设造型各异的景观石与青石汀步，生态性较好，层次感强，但该空间与相邻的住宅小区存在约25m高差，缺乏路径连接（图8）；断头路较多，游人在绿地上践踏出路径；场地面积过小不便于活动，缺乏座椅与环卫设施，导致该绿地使用者少，满意度偏低。

3）五里店立交桥下空间

该空间毗邻五里店轻轨站，绿化率较高，植物种类丰富，生长及养护情况良好，通过选择水旱两宜植物，设置生态化的下凹式雨水花园收集和过滤雨水，充分利用桥下正投影部分种植耐阴植物。虽有指示牌，但人行流线冗长复杂，非周边居民难以快速到达目的地；缺乏活动场地及健身设施，除遛狗及散步外，难以开展其他游憩活动，构成用地浪费；游步道旁因缺乏行道树和休息设施，游人的体验感较差；桥下虽设置篮球场和乒乓球运动场地，但基本不开放，形同虚设（图9）。

4）牛角沱滨水公园

由于牛角沱立交桥面较宽，且公园的两个立面分别被坡坎和轨道站建筑遮挡，大部分场地光线昏暗潮湿。公园的可达性差，仅有2个较隐秘的出入口，且宽度仅1.5m；公园内地形变化丰富、高差大、台阶多，部分铺地为凹凸不平的鹅卵石，安全防护设施严重缺失[9]，加之场地过于隐秘阴暗，安全问题突出；公园毗邻江边，受洪水影响，远离出入口或海拔较低的地方由于缺乏管理，大量泥沙淤积没得到清理，环境卫生差（图10）；由于光线昏暗，大批栽培植物长势差甚至死亡，光线稍好的地方则杂草丛生，杂乱不堪。

图9 五里店立交桥下空间不开放的运动场地

图8 双碑西立交桥下空间与相邻的住区缺乏路径连通

图10 牛角沱滨水公园光线昏暗，铺地凹凸不平，环境卫生较差

三、桥下空间景观的优化方式思考

在对 12 处桥下空间景观的观察与访谈中发现，居民对桥下空间修建为公园或游园普遍持赞成态度。国家和地方政策支持加上居民意愿，催生桥下空间景观优化的需求。结合重庆市桥下空间景观的评价，对其景观的优化方式提出以下策略：

（1）建议在规划与建造阶段将立交桥下空间的景观纳入整体规划布局，保留优美的坡坎崖地形构成桥下空间的“骨架”，保留场地上观赏性较高的自生植物，留出滨水空间视觉通廊，在此基础上进行桥下空间景观设计，既保留重庆山城特色的同时，又可节约景观工程费用。

（2）为增加使用率，桥下空间的位置应方便游人查找，除牛角沱滨水公园、北碚滨江公园及鹅公岩漫步公园能在电子地图上找到标注外，其余 9 处桥下空间均缺乏标注；此外，桥下空间景观设计应兼顾游人的游憩与通达，若只着重游憩，出入桥下空间路径不便甚至不安全，内部道路复杂迂回，场地内缺乏标识牌，会降低市民步行意愿，增加交通负荷；只着重通达，桥下无景可观，行人步履匆匆，缺乏生态性和人文关怀，影响城市品质。

（3）由于桥体具有建筑物遮阴避雨的功能，桥下正投影处场地受天气影响较小，可巧妙利用其设置活动场地或休息、运动设施，如北碚滨江公园于桥体正下方放置座椅、健身器材和乒乓球桌，苏家坝立交桥体正下方设置篮球场、羽毛球场及铺装场地等，即使夏季晴天下午或雨天，仍有不少居民在桥下活动。此外，立交桥由于距离居住区稍远，且车流噪声相对较大，能一定程度掩盖喧闹的声音，桥下空间成为唱歌跳舞和户外集体活动的优良场地，如黄花园大桥和嘉陵江大桥正下方的铺装场地，受到喧闹活动人群的喜爱。

（4）基于我国践行海绵城市和节约型园林等可持续景观设计的相关理论[16]，桥下空间景观设计应提倡设置雨水花园。如双碑西立交和五里店立交桥下空间均有雨水花园的设置，其在净化桥上和桥下雨水，有效利用水资源的同时，美化了桥下空间，丰富了生物的多样性。

（5）历史与文化具有满足人们怀旧情结、增加城市文化底蕴、营造城市特色风貌等作用[17]。北碚滨江公园、鹅公岩漫步公园和杨公桥立交桥下空间以雕塑、景墙和宣传栏等作为载体传承了该地的历史与文化。而多数桥下空间则缺乏精神文化内涵的呈现，可通过壁画、雕塑等形式增添文化标识，或以肌理提取或抽象图画等方式较隐晦地宣传文化。

四、结语

桥下空间打造的景观作为城市绿地系统的有机组成部分、城市形象的重要展示窗口，甚至居民社区生活圈的重要组成部分，其人行路径作为城市人行道的重要补充，近年来，随着我国对人居环境科学的重视，桥下空间的景观设计越来越受到关注，各地也正以多种实践方式对其积极探索。重庆作为我国典型的山地城市，其立交桥在复杂程度及高度上均具有代表性，其桥下空间的景观设计与建造难度也相应较大，期待在今后的科学研究与实践中探索出适合山地城市的桥下空间景观。

参考文献：

[1] 郑涛，张玉蓉 . 重庆“桥都”文化旅游形象塑造与传播研究 [J]. 公路，2021，66（4）：257–261.

[2] 朱捷，汪子茗 . 探寻山地城市品质提升的方法与途径：基于开放空间体系为架构的研究视角 [J]. 中国园林，2021，37（3）：38–43.

[3] 徐林，曹红华 . 城市品质：中国城市化模式的一种匡正：基于国内 31 个城市的数据 [J]. 经济社会体制比较，2014（1）：148–160.

[4] 重庆社会科学院，重庆城市提升战略研究中心 . 提升重庆城市品质的四个着力点 [N]. 重庆日报，2019–10–31（8）.

[5] 汪辉，刘晓伟，欧阳秋 . 南京市高架桥下部空间利用初探 [J]. 现代城市研究，2014（1）：19–25.

[6] 胡纹，陈梦椰 . 寻找失落空间：重庆滨江高架桥下部空间的利用研究 [J]. 建筑与文化，2014（8）：128–129.

[7] 林坚，叶子君，杨红 . 存量规划时代城镇低效用地再开发的思考 [J]. 中国土地科学，2019，33（9）：1–8.

[8] 重庆市人民政府办公厅 . 关于印发主城区坡地堡坎崖壁绿化美化实施方案的通知 [J]. 重庆市人民政府公报，2019（20）：12–16.

[9] 张帅杰．环境行为学视角下重庆滨江高架桥下部空间研究：以牛角沱桥下空间为例 [J]. 中外建筑，2018（10）：118–121.

[10] 李博文，杨培峰．城市立交桥附属空间步行环境评价及提升策略研究：以重庆杨公桥立交为例 [C]//2019 中国城市规划年会论文集（02 城市更新）．重庆：中国建筑工业出版社，2019：1–9.

[11] 于爱芹．城市高架桥空间景观营造初探 [D]. 南京：东南大学，2005.

[12] 黄建中，吴萌．特大城市老年人出行特征及相关因素分析：以上海市中心城为例 [J]. 城市规划学刊，2015（2）：93–101.

[13] 黄启堂，王乐正，许贤书，等．福州市高架桥空间景观综合评价 [J]. 福建林学院学报，2013，33（2）：151–154.

[14] 田野，康琬超，任润从，等．基于生态网络对天津市市区立交桥下空间生态适宜性的分析 [J]. 天津师范大学学报：自然科学版，2018，38（5）：58–63.

[15] 黄越，赵振斌．旅游社区居民感知景观变化及空间结构：以丽江市束河古镇为例 [J]. 自然资源学报，2018，33（6）：1029–1042.

[16] 袁溯阳，张鲲，王霞，等．基于可持续景观设计的园林植物需水量评估：以美国加州庭院景观为例 [J]. 中国园林，2021，37（1）：127–132.

[17] 张经武．城市文化特色的基本构成与 PRIS 性质 [J]. 宁夏社会科学，2021（3）：202–210.

基于乡村振兴背景下的工业遗产景观改造策略研究——以重庆市綦江双溪机械厂为例

王晓晓，张志伟，高亚昕，秦旭阳

（重庆城市科技学院建筑与土木工程学院，重庆　402167）

【摘　要】随着乡村振兴战略不断深化，乡村工业遗产的保护和再利用逐渐得到重视。但由于选址偏远、缺乏交通基础，废弃工业建筑存量大、时间久等因素，往往难以有效开发利用，造成资源浪费、遗产衰败。本文基于乡村振兴战略，对綦江双溪机械厂进行改造设计，从生态激活、空间优化、文化传承三个方面入手，在场地功能层面实现从“单一”到“多元”的服务转变，打造新型乡村工业遗产旅游路线，为乡村工业遗产景观的改造策略提供借鉴依据。

【关键词】乡村振兴；工业遗产；改造策略；双溪机械厂

一、乡村工业遗产的现状及机遇

1. 乡村工业遗产的现状

1）乡村工业遗产的由来

改革开放以来，我国城市化步伐加快，以第二产业为中心的工业社会逐渐被以第三产业为中心的信息社会所取代。20 世纪 90 年代后期，城市中的大量传统老工业企业被改制搬迁至偏远的乡村，同三线建设中的乡村工业形成集群式工业社区，但随着城乡结构的变化，产量任务的减少，企业体制的僵化、厂区位置的偏远等问题日趋凸显。为适应新形势，国家提出“关、停、并、转”的方针推动乡村工业调整[1]。随着时间的推移，遗留下来的工业建筑和设备便成了难以处理的乡村工业遗产。

2）乡村工业遗产的保护意识薄弱

与已有的城市工业遗产保护与再利用的成功案例相比，乡村地区对工业遗产采取的保护措施屈指可数。一是因为位置偏远地区的经济效益少，管理方对其不够重视；二是因为涉及的保护建筑面积较大，设施设备类型较多，专业管理人员缺乏，管理难度较大；三是因为尚未形成有效的乡村工业遗产保护与再利用措施，此类成功案例较少，无参考借鉴依据。仅张宇明的《“共生思想”下川渝地区三线工业遗产更新策略研究》为川渝三线工业遗产提供一系列的理论补充和实践参考[2]。

3）乡村工业遗产利用难度大，利用率低

由于乡村工业遗产地理位置偏远、规模分散、损坏严重等特点，已经不能满足新兴企业的经济发展，也难以获取开发方的青睐，以至于此类闲置的厂房被风雨侵蚀，使建筑外观遭到破坏，土地空间和周边环境资源遭到浪费，成了真正的废墟。相对于城市，乡村的工业遗产利用难度大，利用率也极低，工业遗产文化也难以保留。

作者简介：

王晓晓（1988—），女，重庆沙坪坝人，副教授，硕士，主要从事风景园林景观设计研究。

张志伟（1988—），男，山西忻州人，副教授，硕士，主要从事风景园林规划设计研究。

高亚昕（1999—），女，河北唐山人，本科生。

秦旭阳（2000—），女，重庆九龙坡人，本科生。

基金项目：重庆市 2019 年度高等教育教学改革研究项目（193343）。

4）乡村工业遗产的场所活力缺乏

乡村基础建设落后，如道路路面因年久失修而坑洼不平造成交通不便，建筑残缺老破存在较大安全隐患，缺少能较为吸引人的舒适的公共集会场所。而城市的快速发展吸引了大量的青壮年务工定居，剩下大批老年人和儿童留守乡下，曾经热闹融洽的乡村日益萧条冷清。乡村地区的工厂搬迁和停业也使得乡村工业区的整体活力下降。

2. 乡村工业遗产的机遇

《乡村振兴战略规划（2018—2022）》要求贯彻新发展理念，将乡村资源要素盘活，释放发展活力，创新乡村产业类型，提升乡村文化影响，从根本上解决乡村发展问题[3]。2019年2月中央一号文件《中共中央 国务院关于坚持农业农村 优先发展做好“三农”工作的若干意见》首次提出，“允许在县域内开展全域乡村闲置厂房、废弃地等整治，盘活建设用地重点用于支持乡村新产业新业态和返乡下乡创业”和“强化乡村规划引领，编制多规合一的实用性村庄规划”[4]。基于这一发展背景，“新农村”“美丽乡村”“乡村旅游”等多种形式的乡村建设逐渐开展。而乡村的基础设施和环境条件的改善也直接影响着乡村工业遗产的保护与再利用。国家宏观政策对乡村资源和乡村工业遗产的重视，为乡村工业遗存的发展和研究提供了空前的机遇。如今的乡村正处于快速发展和产业结构转型期，对乡村工业遗产如何进行有针对性的规划和引导，使之有效地服务于乡村经济社会的发展进步，如何保护、开发和利用乡村工业遗产都是值得我们探讨的课题。而面对大量的乡村工业遗产，更加迫切地是需要发展模式的积累。

二、綦江双溪机械厂工业遗产的现状

重庆是我国重要的工业城市，国家重要的现代制造业基地，也是三线建设的重要地区，拥有悠久的工业历史。2017年12月，《重庆市工业遗产保护与利用规划》开始公示。该规划将重庆市96处工业遗产（含仓储）进行研究，其时间跨度自1891年到1982年，包括开埠建市、抗战陪都、西南大区及国民经济恢复、“三线建设”4个时期。建立了重庆市工业遗产价值评价体系，逐一分析、评定各工业遗产的历史价值、科技价值、社会价值、艺术价值、稀缺性价值。通过价值评价分值将工业遗产划分为3个保护级别，分别确定保护要求，最终确定为96处工业遗产名录，其中就包含綦江双溪机械厂。

1. 项目区位

綦江双溪机械厂，代号147工厂，位于重庆市綦江区打通镇双坝村，属于小鱼沱与打通煤矿之间的张家坝山区，距离重庆市区173km。因厂区位于洋渡河和石龙河两条小溪交汇的山谷中，因此命名“双溪”。

2. 项目现状

綦江双溪机械厂属机器制造与兵器制造门类，1965年6月开工兴建，1966年7月基本建成，工厂成立后为国家国防事业做出了重要贡献，有力支持了对越自卫反击战。1998年，双溪机械厂搬迁完毕。2003年合并入新设立的重庆大江工业集团，原厂址就变成了遗址（图1、图2）。

目前双溪机械厂厂区人去房空，景象萧条，但厂房基本骨架与围合的空间依然存在（图3）。当年的家属区住宅楼房、学校、技校、车间等保存较好，厂区里当年写的标语、表扬栏还依稀可见（图4），表达出了那个时代语言的特色以及工业建筑独特的姿态。

3. 周边资源梳理

双溪机械厂周边自然资源丰富，植被多样化，盛产红梅、五倍子以及柳杉，生物种类繁多有赤眼蜂、白鹤、啄木鸟等。风景旅游资源有古剑山风景区、翠屏山景区、青山湖尚古村落、黑山谷风景区、奥陶纪主题公园等，有深厚的历史文化资源，如农民版画、永城吹打、横山昆词和石壕杨戏。

綦江区双溪、永城以及万盛经开区丛林镇这三个地点工业历史悠久，工业遗产丰富，且相隔距离不远，通达效果良好，周边旅游资源丰富，对后期银色旅游路线的建立有着良好的基础。

图 1　双溪机械厂厂区入口

图 2　双溪机械厂临山家属区

图 3　双溪机械厂资源环境现状

图 4　双溪机械厂建筑环境现状

三、綦江双溪机械厂的改造策略

乡村工业遗产旅游主要以厂区的现状、工艺生产过程、工人生活的旧址、企业文化、工业场所等有关要素进行旅游资源的整合和发展来吸引游客的一种新兴旅游形式。工业旅游开发模式既能满足场地的经济价值，通过展示乡村工业遗产的历史资源为游客塑造不同于自然资源的旅游地，在完成乡村工业遗产保护的同时又增强了民众对乡村工业遗产保护的意识。

双溪机械厂的改造设计结合场地本身的工业遗产资源和自然资源，以“重塑工业记忆”“延续山城记忆”“打造生活记忆”为主题，注重乡村工业遗产的历史脉络、厂区特色和乡村环境特点，综合考虑周边居民及游人的活动空间需求。设计希望对过去因工业排放被破坏的生态环境进行修复与激活，保留当地的建筑物与构筑物，并对其进行修缮及改造，赋予建筑承载乡村工业遗产文化的深度体验空间，在场地功能层面实现从“单一”到“多元”的服务转变。

结合以上设计定位及原有生境，将场地划分为三大板块，满足全年龄段不同人群的需求。

1. 生态激活

1）湿地修复

现状的湿地多为零星散布形式，缺乏连续性，设计通过计算挖方填方将大小湿地联系在一起形成整片水系，并建立由重力层、结构层、基质层和植被层为主的综合性生态浮岛，产生生态效益。通过搭建生态廊桥，提升游玩性和亲水性，打造一个水清树绿、物种丰富，拥有多维游憩体验的空间场所（图 5、图 6）。

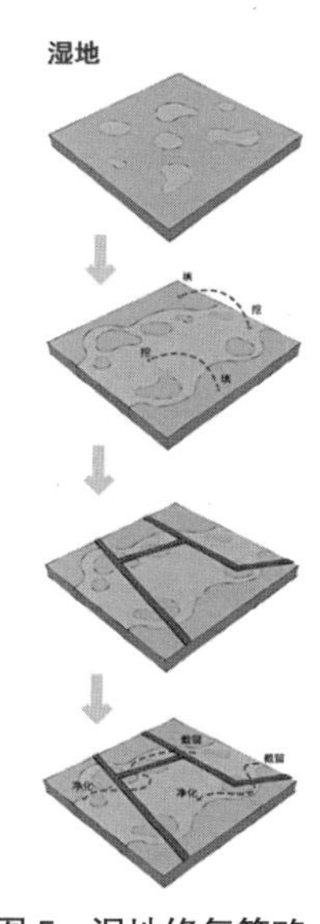

图 5　湿地修复策略

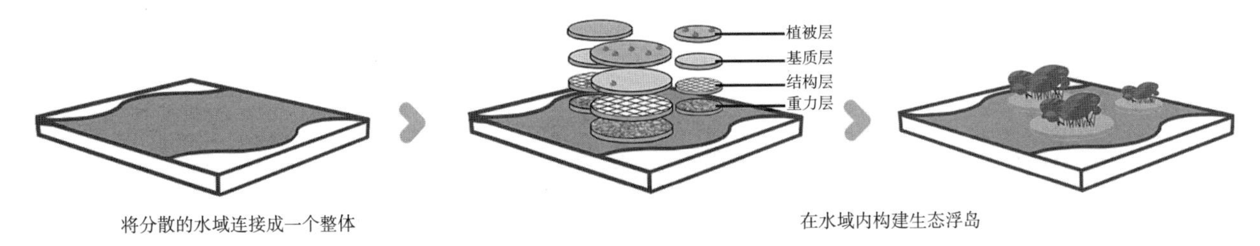

图6 生态浮岛的构建

2）驳岸重构

现状的驳岸多为斜坡式驳岸，景观层次感较弱，且缺乏防洪功能。通过对当地水位，人群特点等建立防洪堤，打造驳岸立体化特色，增加生物的种群丰富度。通过修建悬挑的栈桥，提升游赏的亲水性，同时拓宽人的观赏视野（图7、图8）。

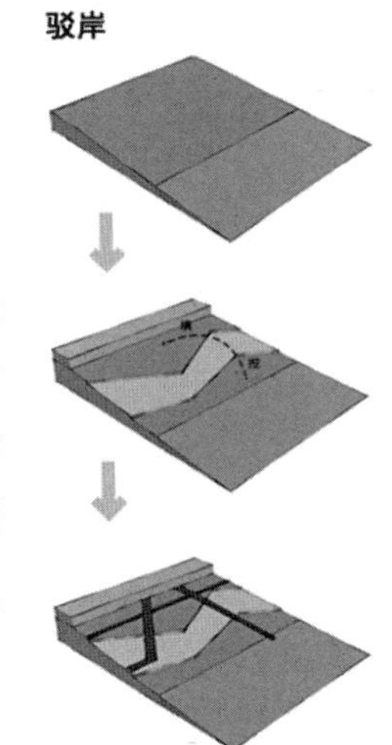

图7 驳岸重构策略

2. 空间优化

1）建筑修复

原厂房建筑分布散乱，无秩序感，且部分损坏。设计将拆除周边危险建筑和围墙，保留旧建筑。对损坏的建筑屋顶用钢化玻璃修补，可使自然光从屋顶照射进来，营造过去与现在融合的时空氛围，也可打造阳光展厅等多功能室内空间（图9）。

2）建筑连廊

在对部分厂房和仓库进行改造时，留出钢架结构，保留工业特色。对分散的厂房增加二层步道，打破厂房建筑之间的封闭状态，增强建筑空间的连通性。建筑景墙的设计，使室外活动空间更加多元化。同时在建筑周边增加绿地与设施形成新的场所，打造特色历史博览区，设置展览馆、博物馆、演艺厅，激发场地活力，唤醒人们对乡村工业遗产的保护意识（图10）。

3. 文化传承

在文化传承方面，结合游览的时间序列和空间序列，为青少年设计研学路线，为中年人设计休闲路线和为老年人设计回忆路线，有利于各年龄阶段人群更好地体验改造后的乡村工业遗产地区，其中修建以“三线建设”为主题的博物馆和展览馆让人们重拾历史记忆，起到科普教育作用（图11）；将双溪机械厂遗留的工业构筑物保留并改造成景观小品，增强沉浸式体验；保留部分原有厂房建筑，修复后打造SOHO创意产业园，为艺术家提供租金相对经

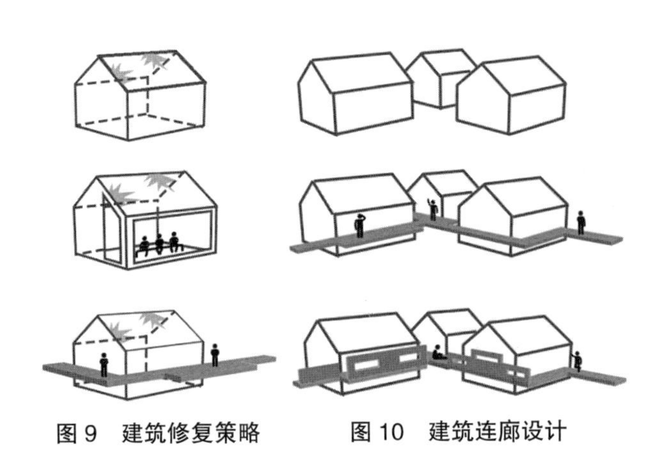

图9 建筑修复策略　　图10 建筑连廊设计

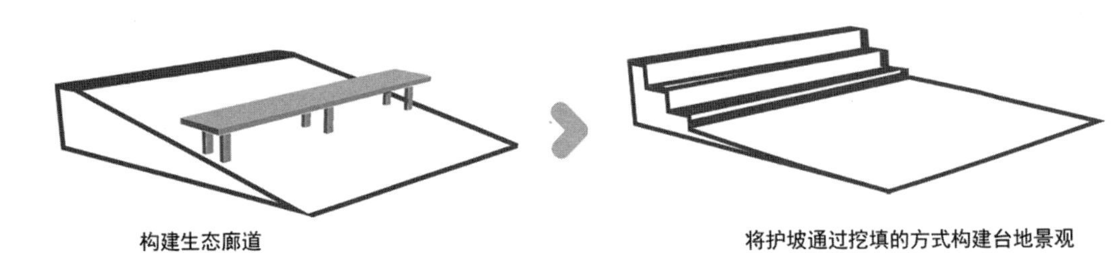

图8 构建生态廊道及台地景观

图 11 主题博物馆和展览馆效果图

图 12 SOHO 创意产业园打造

济实惠的工作室吸引各个行业的艺术家在此开办工作室，开办展览，吸引游客（图 12）。通过多种建筑空间的赋能，为乡村工业遗产旅游增添更多元的文化因子。

四、结语

在乡村振兴战略背景下，乡村工业遗产的社会价值、经济价值和人文价值应得到重新挖掘和认可。选取一批具有代表性、时代特色鲜明的乡村工业遗产，紧密结合各种形式的景观建设，打造乡村建设空间样本，进行保护性开发，服务于国家乡村振兴战略，是当前乡村工业遗产进行更新改造的首要任务。

而随着乡村振兴战略的不断深化，乡村产业结构的转型面临着乡村环境保护和乡村文化复兴的重要使命。乡村工业遗产的规划保护中，应该根据不同地区，不同文化特点来探索适宜的方式，了解当地的发展情况以及工业建筑与周边环境的关系，尽可能地保护原有地区的环境，用适宜的方法和策略去解决乡村振兴战略背景下的乡村工业遗产转型之路，为乡村工业遗产的保护与再利用提供借鉴依据。

参考文献：

[1] 关于调整各省、市、自治区小三线军工厂的报告：B1-8-178-26[A]. 上海：上海市档案馆馆，1981.

[2] 张宇明 . “共生思想”下川渝地区三线工业遗产更新策略研究 [D]. 重庆：重庆大学，2015.

[3] 中共中央国务院关于坚持农业农村优先发展做好“三农”工作的若干意见 [EB/OL].（2019-02-19）.http：//www.gov.cn/zhengce/2019-02/19/content_5366917.htm.

[4] 中共中央国务院印发《乡村振兴战略规划（2018—2022）》[EB/OL].（2018-09-26）.http：//www.gov.cn/xinwen/2018-09/26/content_5325534.htm.

专题八

山地历史城镇与建筑遗产保护

高原山地典型性传统聚落空间特征耦合关系研究

徐　坚，马雯钰，田　涵，郑良俊

（云南大学建筑与规划学院，昆明　650500）

【摘　要】高原山地传统聚落空间受自然条件影响显著，人居环境开发建设与生态环境保护等的矛盾日益严重。本文聚焦云南省高原山地典型性传统聚落，基于实地测绘的地形及建筑数据，运用GIS空间分析法研究高原山地典型性传统聚落的平面形态、垂直梯度特征及街巷体系特征，并探究对应的耦合关系，以期为高原山地传统聚落保护与发展提供理论参考。

【关键词】高原山地；传统聚落；空间特征；耦合关系

云南省是典型的高原山地区域，相较于单独的高原和山地区域，高原山地的建设难度普遍更大。因为是在高原基础海拔上叠加山地地形，所以地形相对变化更为明显，自然地形更为复杂，生态系统更为脆弱，即高原山地及其人居环境在地域特征和自然特征上都具有其典型性、脆弱性和特殊性。因此，云南省传统聚落人居环境的建设不能一概而论，需要因地制宜的科学理论指导[1]。同时，云南传统聚落数量众多，类型具有多样性，这是由云南地理环境、历史和民族文化决定的。从文化学的视角而言，城镇是物化的历史文化，是人类文明的结晶[2]。昆明、大理、丽江等城市，正是基于各自的文化而成为各具特色的历史文化名城。云南省存在大量的传统聚落人居环境建设保护的需求。

一、概况：高原山地传统聚落空间特征对人居环境的影响

1. 高原山地传统聚落

聚落形成于特定的自然地理环境，具有规模性和集聚性[3]。相较于平原地区的传统村落，位于高原山地的传统聚落，在自然条件、人群结构、社会系统、居住条件等方面地域特征更强。同时高原山地的自然特征也极大地影响到人居环境。在快速城镇化的进程中，应该在采取高度结合生态环境、适应自然条件的基础上进行高原山地传统聚落保护与发展的研究，并对其进行适应性评价，只有在尊重自然、保护生态环境的基础上对传统聚落进行因地制宜的建设，才能真正做到高原山地人居环境的可

作者简介：

徐　坚（1969—），女，重庆人，教授，博士，主要从事山地人居环境、城乡规划与设计研究。

马雯钰（1997—），女，河南南阳人，硕士研究生，主要从事绿色建筑及可持续发展研究。

田　涵（1996—），男，四川达州人，硕士研究生，主要从事高原山地城乡规划与设计研究。

郑良俊（1996—），男，浙江温州人，硕士研究生，主要从事高原山地人居环境研究。

基金项目：国家自然科学基金项目“基于适应性的高原山地民族传统人居环境空间格局及文化景观特征研究”（51878591），云南大学第一届专业学位研究生实践创新项目“突发公共卫生事件视角下的昆明市老旧社区的韧性建设研究”（2021Z20）。

持续发展，并为其提供科学合理的理论指导和实践经验[4]。目前，我国城镇化进程正在逐步加快，不单单要对受到人为干扰和破坏的生态环境进行恢复和重建，还要避免高原山地传统聚落建设中的破坏性建设行为[5]。

2. 高原山地传统聚落的平面形态、垂直梯度特征及街巷体系特征

1）高原山地传统聚落的平面形态特征

在不同的自然和人文环境的影响下，高原山地传统聚落形成了具有差异性的平面形态特征[6]。其平面形态主要有四种类型，包括带状、团块状、放射状和散点状。

放射状、带状和散点状村落受地形限制明显，其中散点状村落的地形起伏度最大。团块状规模较大，布局紧凑；放射状和带状规模次之，布局较紧凑；散点状规模最小，但由于布局分散，村域范围较广。

2）高原山地传统聚落的垂直梯度特征

高原山地传统聚落主要从海拔（高程）、坡度、坡向三个维度来衡量其垂直梯度特征。高原山地传统聚落的海拔普遍较高，平均海拔 2000~3000m，且高差起伏较大最高处在 3000~4000m，最低处海拔在 500m 以下。同时，坡向会影响种植物的日照和建筑的采光，进而造成种植物的产量和质量的差异。而高原山地地形坡向较为破碎，同一个聚落通常会有各个方位的坡向，因此，坡向也是高原山地传统聚落分布的一个重要影响因素。

3）高原山地传统聚落的街巷体系特征

高原山地传统聚落空间中的街巷体系，一般主要呈现方格网、放射状、鱼骨状、自由式几种形式。

方格网式街巷体系通常自西向东与自南向北都有街道贯穿，且道路之间相互交错，整个村落呈棋盘式布局，肌理规整明晰，道路泾渭分明。鱼骨状的街巷体系，一般由一条主要道路串起整个聚落，再通过在主要道路上横向衍生次要道路，整个道路网络形似鱼骨。在高原山地自然地形条件的限制下，自由式街巷体系，为了适应有较多起伏变化的山地地形条件，道路多是呈现不规则状分布的脉络，因此自由式街巷体系的路网没有固定的形态。

3. 三种空间特征对人居环境的影响

高原山地传统聚落的平面形态会对居民的出行、交通产生巨大影响，例如散点状聚落的平面形态会使居民交通出行距离增加，如此不仅会加重当地居民的日常生产作业的负担、影响居民的收入，还会影响当地的经济发展水平。

垂直梯度特征则更多会在自然因素方面影响高原山地的人居环境。从坡向来分析，坡向根据太阳光的辐射强度，可分为四个等级：南向坡的太阳辐射最强，日照时间也更长，其次是西南向坡和东南向坡，再次为西向坡、东向坡、西北向坡和东北向坡，最低的是正北向坡。而太阳辐射的强度会严重影响传统聚落的选址和景观格局[7]。

街巷体系则对聚落的房屋建设、布置方式，以及人们的出行方式等方面产生影响。同时，街巷体系的形成也与周边地形关系密切，平坝地区道路布局较规整，丘陵多自由布局[8]。例如维西同乐村，村落为层叠状，所处自然地形环境坡度较为陡峭，其街巷体系呈现出鱼骨状的形态，房屋则沿道路四周分布，为了减缓道路的坡度，人们的出行距离也随之增加[9]。

二、云南省典型性聚落特征分析研究

1. 带状

带状聚落多出现于河谷、道路等廊道两侧或环湖泊区域，人居环境依托带状平坦用地的优势，呈指向性狭长发展，受地形条件限制，主要道路平行等高线，房屋建筑沿主要道路呈带状分布特点。房屋的选址由于受到风水观念的影响，尽量选择在河流、道路形状上的内凹“玉带”处，避开外凸的“反弓”处，使得房屋排列疏密结合、错落有致。带状聚落受到自然地形条件的限制较大（表 1）。具体可分为沿水域形成的带状聚落、沿山脚边缘形成的带状聚落和沿山脊形成的带状聚落三类。带状聚落的街巷一般依附于过境道路向双侧蔓延，交通条件较好，内部的街巷体系多呈鱼骨状或树枝状；由于地形限制，村庄建设用地较紧缺，一般均在原有宅基

带状传统聚落空间特征　　表1

聚落类型	聚落名称	垂直特征			街巷体系
		高程（m）	坡度（°）	坡向	
带状	石屏县芦子沟村	1428~1499	19~25	西向、南向和西南向	带状
	维西县结义村	1696~1751	9~20	南向和西南向为主	带状
	芒市遮放镇邦达村	1696~1751	0~15	南向和西南向为主	带状
	芒市老缅城村	1450~1539	0~14	东南和南向为主	带状
	丘北县猫猫冲村	1009~1595	0~10	西向和西南向为主	带状

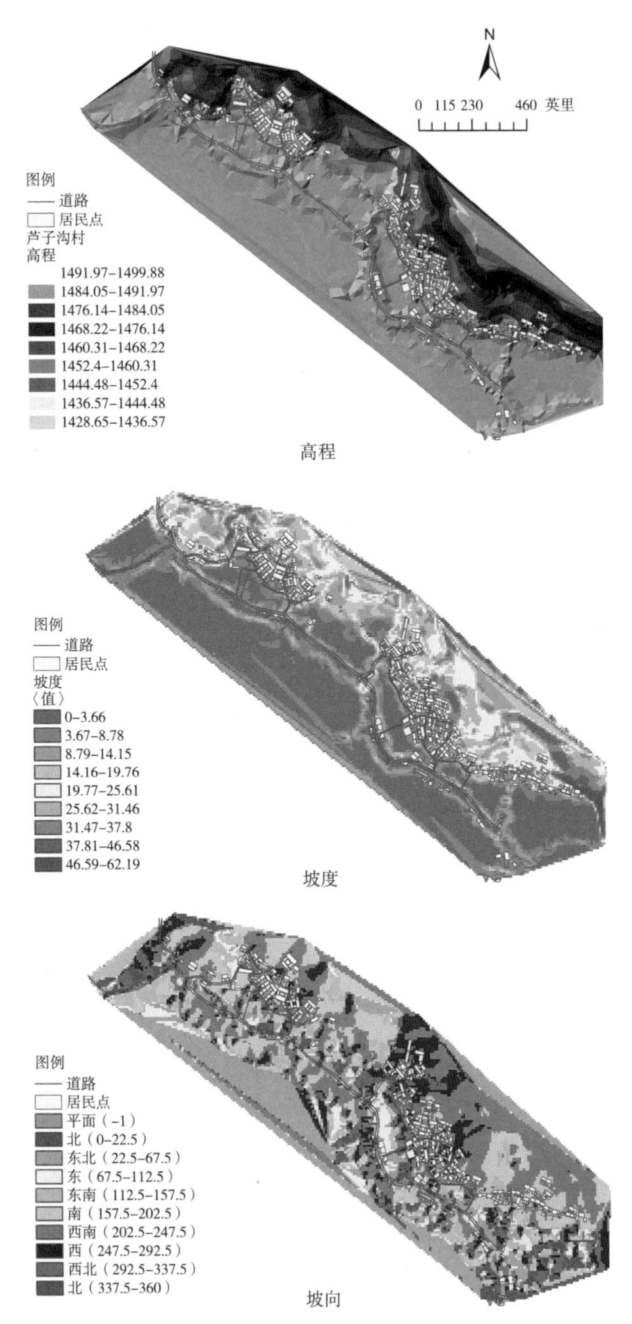

图1　石屏县芦子沟村聚落、街巷体系与高程、坡度、坡向关系

地上翻盖。

石屏县芦子沟村是典型的带状聚落，整体坡度较陡，居民点位于19°~25°的狭长带状用地上，坡向以南向、西南向为主，道路以西北－东南向的一条干道为主和众多支路组成骨架，呈现条带状（图1）。

2. 团块状

在高原山地特殊的地形中，团块状聚落可以分为两大类，一类是平坦地区的团块状聚落；另一类是地形陡峭地区的团块状聚落，称之为层叠状。因这两类聚落在平面形态上具有相似性，故归为一类讨论。平坦地区的团块状聚落大多位于地形相对平缓的区域，比如坝区、盆地或山麓地带等，建筑基地平均坡度0°~10°，在布局上用地较为紧凑，通常以一个或多个核心单体居住点或居住群为中心，并向四周逐步发展，形成内向性聚落，且规模较大。街巷布局大多呈网格状或放射状，其主路和内部街巷肌理清晰，聚落形态肌理内聚性强。

层叠状聚落在水平投影呈现集中布局的形态，其多位于地形环境较陡的山地，空间形态受山地地形限制，街巷体系多出现鱼骨状的分布格局，村落建筑以简单的几何形状适应地形变化，公共空间随地形出现阶段性变化。层叠状聚落多依山而建，建筑布局依山就势、顺山势而行，且布局较为集中，顺应自然地形，形成富有节奏和韵律感的聚落肌理；村落平均坡度一般为15°~25°，由于自然地形较为陡峭，以致道路交通条件较差；其内部街巷多呈类网格状（表2）。

芒市南育河村为典型团块状聚落，村域国土面积为7.32km^2，人口为736人，户数为157户。平均

块状传统聚落空间特征 表 2

聚落类型	聚落名称	垂直特征			街巷体系
		高程（m）	坡度（°）	坡向	
团块状	芒市芒丙村	788~811	0~10	西向为主	方格网状
	芒市南育河村	1007~1040	0~10	南向和东南向为主	方格网状
	芒市青树村	1241~1263	0~12	各个坡向均有	自由式
	维西县俄石村	1902~2024	0~20	南向和西南向为主	方格网状
	维西县富川村	1606~1679	0~17	南向和西南向为主	方格网状
层叠状	芒市中山乡新村	981~1083	0~22	南向和西向为主	方格网状
	维西县同乐村	2174~2236	0~27	南向和西南向为主	鱼骨状

海拔 1020m，坡度较缓，居民点位于 0°~10° 的平坦用地上，坡向以南向和东南向为主，道路以纵向南北的两条道路和众多横向道路组成骨架，呈现方格网状（图 2）。

3. 放射状

放射状聚落多依山或依水而建，以山体或水域为集聚中心逐渐向外部延伸，居住区域多分布在山体与山谷、平坝或滨水区的交错部位；当地居民除了在村落的平坝区域开拓农田和池塘外，还会沿着山体周边种植一些经济树种作为村庄的屏障；放射状聚落由于受到交通或者地形的影响，常常以一个公共空间为中心，呈放射状向外延伸布局。聚落布局较为集中，规模大小视外部空间而定；村落小巷从多个主道路向双侧蔓延，交通条件好，其内部街巷呈类网络状或放射状；新村建筑一般围绕老村建筑向外生长，老村多为土木结构，新村多为砖混结构（表 3）。

德钦县霞若乡霞若村为放射状的典型聚落，村域国土面积为 $4.63km^2$，人口为 145 人，户数为 34 户，聚落左侧是陡峭的山体，右侧是河流，因此道路沿着河流布置，居民点沿着道路和山麓布置，形成放射状的聚落。居民点所在区域地势平坦，坡度为 0°~25°，由于左侧和北侧是山体，因此坡向以东向和西南向为主（图 3）。

4. 散点状

散点状传统聚落在形态上较为分散，在地形复杂的地区，随地形的改变而形成自由变化的空间，是自然生长的聚落。例如香格里拉尼西汤堆村的居民点均较为分散，多处建筑群由较小居民点组成，

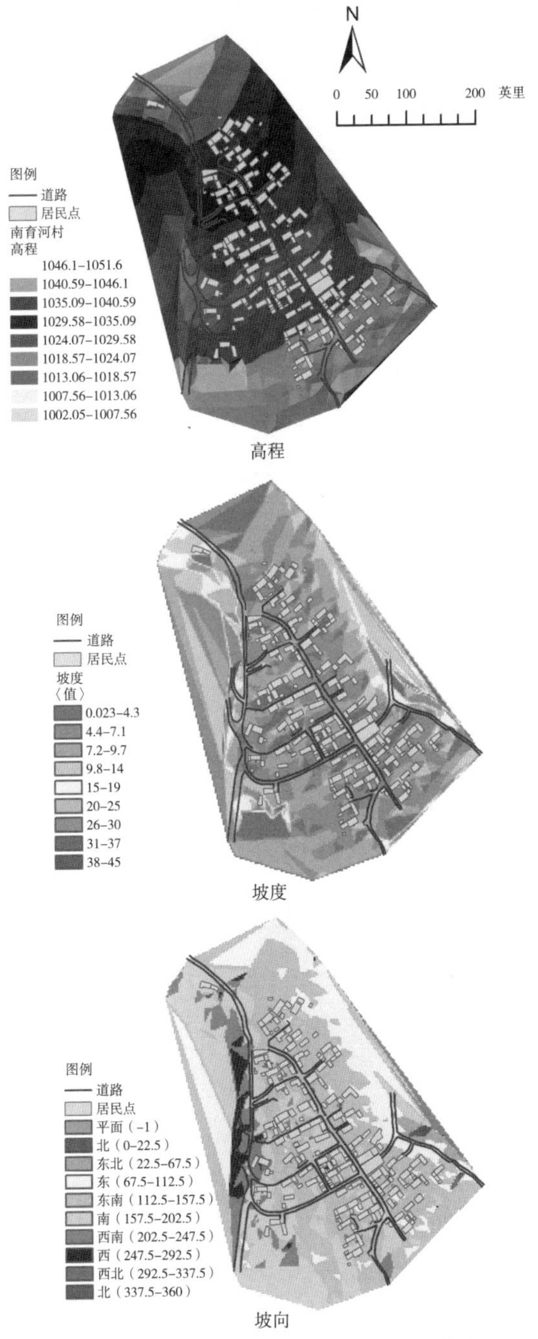

图 2 芒市南育河村聚落、街巷体系与高程、坡度、坡向关系图

放射状传统聚落空间特征 表 3

聚落类型	聚落名称	垂直特征			街巷体系
		高程（m）	坡度（°）	坡向	
放射状	宾川县大营镇四家村	1795~1856	0~20	东北和西南向为主	网格状
	德钦县霞若乡霞若村	1885~1982	0~25	东向和西南向为主	放射状

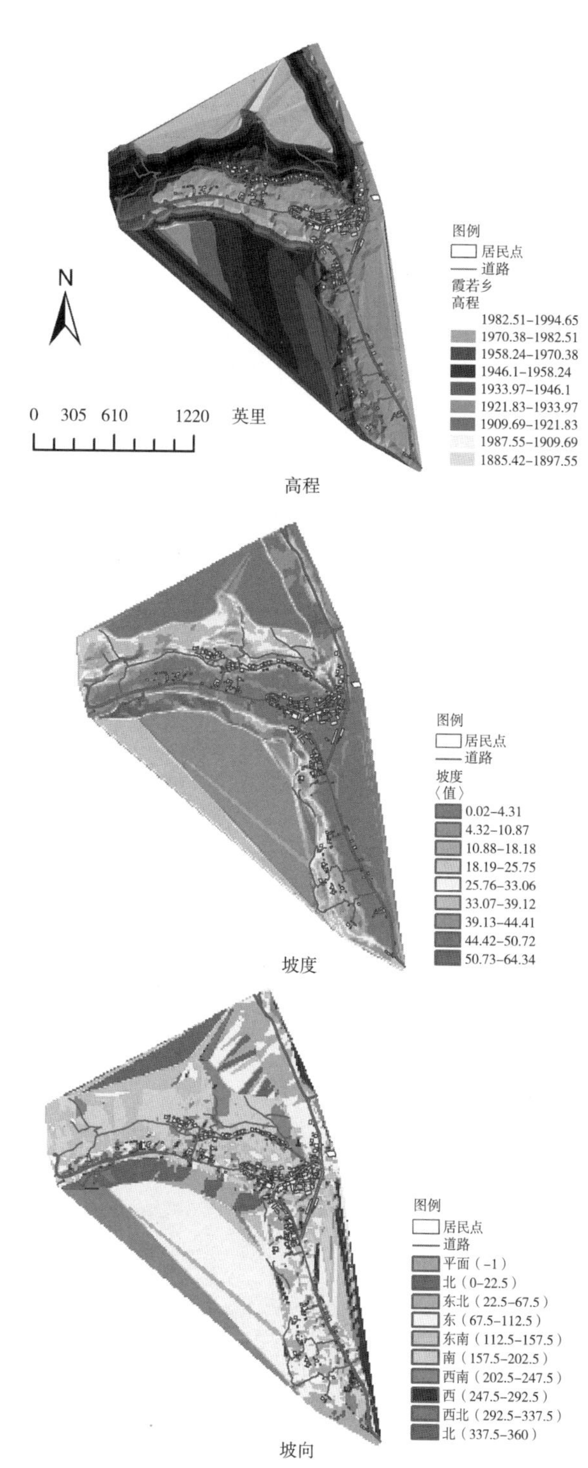

图 3 德钦县霞若乡霞若村聚落、街巷体系与高程、坡度、坡向关系图

大多是一户或多户形成一个散点，彼此之间以小径相连，由众多散点构成整个聚落。

此类聚落的周围环境多为地形复杂的偏僻山区，且人口稀少，居住点多以自由散落的形式出现，因此聚落建筑群的规划布局之间没有规律性，一般也不具有较为完整的街巷体系。聚落中的城镇被分为若干个功能组团，彼此之间通过道路进行连接，例如大理州宾川县萂村；也有的城镇规模偏小，相互之间联系较差，竞争力弱，例如芒市李子坪村、帕欠村、外寨村、翁陇村（表 4）。

芒市帕欠村作为散点状的典型聚落，其位于海拔 1271~1352m 的高海拔山地，聚落高度差近 80m，坡度陡，约 0°~47°，且起伏较大；村落建筑多建于缓坡周边，少数建于山顶平坝区，由于缓坡和平坝区域较少，村落整体布局较为分散，相互之间联系较弱；坡向以北向、南向和西南向为主（图 4）。

三、结论

通过对云南省四类高原山地典型传统聚落的平面形态、垂直梯度特征及街巷体系特征进行耦合关系研究，得出以下结论：

（1）带状聚落布局紧凑，主要位于平坝山谷或滨水狭长地带，坡度 0°~20°，地形最低点连成带状道路，小街巷呈树枝状。

（2）平坝区域的团块状聚落布局紧凑，平均坡度小于 15°，内部街巷多呈网络状或放射状布局；层叠状聚落集中布局在地形相对陡峭、用地条件紧张的区域，平均坡度一般为 15°~25°，多为鱼骨状或方格状道路。

（3）放射状聚落多依山或依水域而建，以山或水域为集聚中心逐渐向外部蔓延，居住区域多分布在山体与山谷、平坝或滨水区的交错部位，平均坡

散点状传统聚落空间特征

表 4

聚落类型	聚落名称	垂直特征			街巷体系
		高程（m）	坡度（°）	坡向	
散点状	大理州宾川县莿村	1946~1995	0~40	北向和东北向为主	自由式
	芒市李子坪村	718~846	0~37	南向和西南向为主	自由式
	芒市帕欠村	1261~1352	0~47	北向、南向和西南向为主	自由式
	芒市外寨村	1521~1615	0~33	西向、西南向和东北向为主	自由式
	芒市翁陇村	1002~1170	0~30	南向和西南向为主	自由式

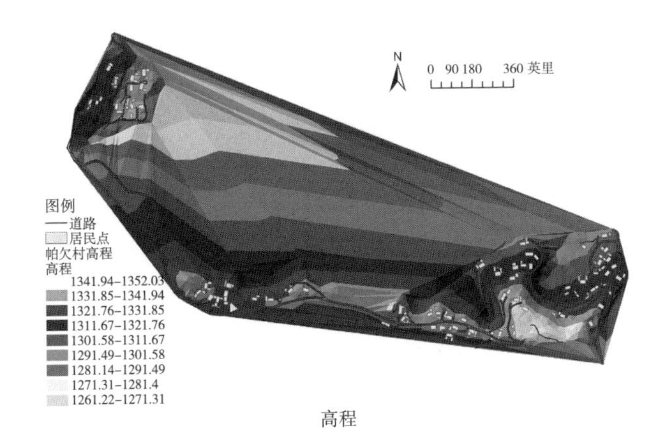

高程

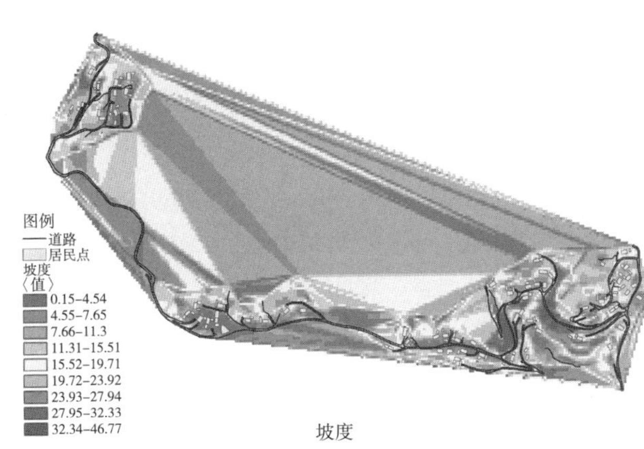

坡度

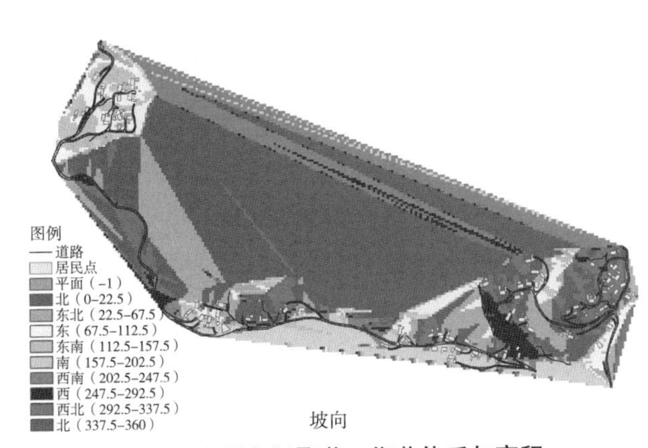

坡向

图 4　芒市帕欠村聚落、街巷体系与高程、坡度、坡向关系图

度一般为 0°~20°，其内部的街巷体系呈类网络状或放射状。

（4）散点状聚落散落于山地中，此类聚落布局灵活自由、规模较小，且缺少中心交往区域，因地势复杂，住户之间联系较为薄弱；坡度陡、地势起伏大，坡度多为 0°~30°，且内部没有形成完整的街巷体系。

参考文献：

[1] 唐瑜 . 高原山地传统聚落肌理特征及形成机制研究 [D]. 昆明：云南大学，2015.

[2] 徐坚，汤晨苏，方芳 . 高原山地聚落保护与发展的适应性研究：以拖潭村村庄建设规划为例 [J]. 华中建筑，2013，31（8）：113–118.

[3] 杨贵庆 . 我国传统聚落空间整体性特征及其社会学意义 [J]. 同济大学学报：社会科学版，2014，25（3）：60–68.

[4] 邓睿林，杨毅 . 人居环境科学视角下历史文化名村的规划设计研究：以云南省沙溪古镇为例 [J]. 城市地理，2017（22）：46–47.

[5] 李超 . 高原山地聚落垂直梯度分布特征及影响因素研究 [D]. 昆明：云南大学，2016.

[6] 李婧，杨定海，肖大威 . 海南岛传统聚落文化分区及区际过渡关系研究：从海南岛传统民居平面形制及聚落形态类型谈起 [J]. 建筑学报，2020（S2）：8–15.

[7] 徐坚，李冰，周盛君 . 云南民族聚落垂直梯度景观格局分析：以白族村诺邓为例 [J]. 华中建筑，2010，28（5）：101–103.

[8] 李旭，马一丹，崔皓，等 . 巴渝传统聚落空间形态的气候适应性研究 [J]. 城市发展研究，2021，28（5）：12–17.

[9] 徐坚，单欣，王儒黎 . 国土空间视角下的高原山地民族聚落空间格局研究：以保山隆阳区为例 [J]. 湖南师范大学自然科学学报，2020，43（5）：17–22.

乡村美学视域下巴渝历史古镇的乡愁符号与二元并立研究

庞　恒[1]，张丹萍[2]

（1. 重庆对外经贸学院艺术设计学院，重庆　401520；2. 重庆文理学院美术与设计学院，重庆　402160）

【摘　要】乡愁是中国社会进入现代化以后才显现的文化和审美活动，在城镇化的快速进程中，很多具有地域文化的乡镇聚落被拆迁、被改造。因此，在乡镇进入新的治理实践中，需要较为漫长而柔和的修复时期。巴渝历史古镇是一个包容“传统”与“现代”的聚合体，它们是相互交织融合的关系。在巴渝历史古镇的保护中，迫切需要处理好传统与现代中的繁杂关系，积极协调保护中的现实矛盾，客观看待二元并立现象，把握古镇后续建构文脉。

【关键词】乡村美学；乡土文化；乡愁符号；传统与现代

一、乡村美学的时代转向

乡村是人类的精神家园，是发展到任何进程都可以得到悠然宁静和超然象外的场地。然而，乡村并不是人们想象中的一隅“净土”,或永远不变的“桃花源”[1]。在城镇化的快速进程中，很多具有地域文化的古镇因缺少系统完整的保护政策和策略方法作为可持续发展规划设计的指导，出现了传统保护设计方法与新的发展需求不适应的矛盾，有些地方取而代之的是具有现代化气息的建设。在这个浪潮中，出现了过度城市化、布局不均衡和设计混乱等状况，将乡村与城市作为两种不同的生活方式甚至意识形态对立起来，是现代性割裂的征兆，已有蔓延扩张的趋向。乡村是中国文化之根脉，基调不应只是经济的建设，更要注重精神文化层面的需求。理想的未来社会不是乡村的极度衰落与城市的极度蓬勃，而是乡村与城市的均衡生长与协调共进。遗憾的是，许多迷信西方城市化观念的人将城市化与现代化混为一谈，当这样的偏执观念生硬输入时，就可能会对乡村造成摧毁式的滞碍，导致难以愈合的创伤与隔阂，是对乡村回归家园情结的倾轧。乡村的未来走向如何能够在从其原初的残损中衍化出新生的身份，又能够从审美资本主义的旧病复发中撤退，是巴渝历史古镇在迈向审美经验的自治以及乡村美学的当代性中面临的问题。民国时期有晏阳初、梁漱溟的乡村建设在先。梁漱溟则认为，中国的乡村问题并不在于愚、贫、弱、私这些具体的环节，而在于如何以中国固有文化为基础，吸收西方先进技术，建立民族新文化[2]。于是他主张以中国传统的乡约形式建立中国新的礼俗，并大办村学和乡学，从中分化出乡村基层政权组织与民间团体，将农民组织起来。可在这近100年的时期，我们的乡村经历着被加速、被现代僵硬美化的局面。传统的乡镇其实在两个世界的缝隙之中一面连着淳朴的农村生活，一面连着飞速发达的商业社会，这是20世纪以来，建设乡镇过程中所面临的共同困境。

作者简介：

庞　恒（1987—），男，重庆北碚人，讲师，硕士，主要从事乡村景观设计研究。

张丹萍（1981—），女，重庆江津人，副教授，硕士，主要从事环境设计研究。

基金项目：2020年度成都游憩环境技术研究院自筹项目“田园综合体背景下重庆忠县橘乡景观的聚落形态变迁与建设研究”（20YQKF0114）。

这些弊端也倒逼我们思考乡村的走向，难道乡村的美就是被现代裹挟的美？对于乡村美学的发掘和阐释中，乡村在传统与现代，落后与文明，土气与时尚的审美等级序列中所遭遇的被抛弃与劫夺，都是对于乡村的致命击溃，并埋下了病根。乡村美学需要立足于乡村人类学的学术视角，人们应该看到不同地域有独特性，包含着不同的文化差异。既要理性客观地看待乡村乃至传统文明看似落后实则并非一无可取的价值，也要反思城市乃至现代文明看似先进实则不无迷误的遗憾[3]。正确的关系是相互认可与尊重、互为他者，不能以精英主义般高屋建瓴的方式进行"现代化的抢救与整治"，开启一场具有典范意义的地域革新。

二、乡愁符号的反思与再现

乡愁具有情怀性，与现代性病症的阵痛修复有着密切的关系，主要基于乡愁位移痛苦的疗愈和未来空间想象的消化。同时乡村正在重新被感知与构塑，其中交叠的诸多复杂问题亟待反思，将怀旧与未来联系起来，进而在当代的视域中赋予乡村以新的承载。

一方面，乡村的衰败凋敝、城乡发展失衡已成为无法逃避的社会现实弊病；另一方面，乡村地域文化存在迷失问题。在城镇化的快速进程中，很多具有地域文化特质的乡村符号被拆迁消失、被生硬改造，发生着不可逆的城市化进程和资本化运作的经济模式。不少承载着乡土文化和历史记忆的传统村落面临着被边缘化和被忽视的状态，包括景观地貌、建筑遗存、街巷道路、民俗民风、古老民艺等物质文化与非物质文化为承载物的乡愁符号。另外，传统房屋由于自然与人为的因素，部分老屋已经出现损毁老化、无序修葺、基础设施条件不完善等情况。随着农村居住生活需求和生活方式的改变，传统村落的淳朴风貌会随之受到破坏，会逐步导致乡村记忆缺失。由于历史的原因，传统古镇独特的建筑环境和历史文化遗产是极其薄弱且不可再生的。如何把当代审美认知输入乡村血液，改变乡村文化的封闭保守、滞后僵化的面貌，如何更好地保留传承乡土文化，构筑乡愁符号，维系好乡村与城市、传统与现代之间的纽带是迫在眉睫的问题。

乡村是传统文化栖居的残留地，同时又是传统文化同现代文明断层的牺牲物。个体性和差异性导致了乡村隔阂，文化断层导致了乡村自身问题的凸显。我们需探析乡村社会的历史文化背景。若从社会学的文化滞后理论来分析，文化的变迁要迟延于政治经济的变化。因此，在城市文明与现代文明的进程中，乡村被远远地抛在后头，尤其是乡村文化的变迁，留下来的各种观念与旧俗，看似与这个时代格格不入，却仍旧刺眼地扎根在那里，无法拔除[4]。在一些偏远乡村依然有如世外桃源般的村落，充满了原生态的文化魅力。随着城镇化速度的加快，人们愈发怀念农村生活的慢节奏和带有乡土气息的符号，传统乡镇的魅力正逐步被越来越多的人关注和重视。

巴渝古镇的古树、古井、古桥、老屋等符号都是居民情感的精神寄托与文化标记。旨在以乡愁符号唤醒传统文化，推动乡村文化的活跃性，可以运用艺术介入的方式联结村民与乡村文化之间的关系，建立符合乡村文化的审美范畴形式。发挥建筑师、艺术家的引导作用，通过艺术自身的软实力，带动文创产业，实现乡村文化产能经济发展。让艺术参与到乡村文化的建设中，艺术链接到乡村，重要的并不是艺术本身，而是通过艺术方式以及艺术行为的影响，提升乡愁符号的表现性与突显性，使之提升乡愁精神的文化内涵。同时，当地居民的文化思想与价值认同也会耳濡目染地随之改变，乡愁符号不单单只是远方想念的物化，尊重保护好当地村落的地域文化符号，促进当地村民的参与意识，并形成一整套完善的运行机制。这样更多赋予了乡愁符号的引领与象征作用，古镇不再是毫无情感的模式化改造、生搬硬套的装饰美化。

三、二元并立的均衡与融合

许多古镇是移民逐步修建筑造，凝聚着在地性的情感归宿。在这样的足迹下，巴渝古镇的认同情感会衍生外延，成为家乡情感的精神仰仗，体现着巴渝本土的精神品格与文化脉络，也蕴藏着一个民族的集体记忆，在这个时代背景下，古镇复兴建设实际上成为平衡城乡关系的时代需求。

“传统”泛指历史遗留下来的思想、道德、风俗、心理、文学、艺术、制度等文化现象[5]。古镇具有自身的传统体系，包括建筑空间、风俗习俗、生活节庆、宗教信仰、乡风乡情等，都具有十分丰富的社会现实意义。如果不长期亲临现场，不去真正深入了解村民内心的诉求，就无法体验其中的繁杂，任何理论层面的认识，都只是纸上谈兵，任何乡村社会的问题都是我们的想象。这种在地性、复杂性的乡村现场也要求建设者们、艺术家们必须深挖乡村里层症结，强调实践的在地性生成，并试图消除主体、客体二元论距离，搔到古镇关键痒处、对症下药治疗痛点。或许以后这种在地的保护实践关系中，能使双方共同构成主体，最大限度揭示乡村所蕴藏的共同美学。

重庆是巴渝文化的发源地、承载地，但当前巴渝历史古镇改造过程中，居民随意建房、政府规划建房指导单一等因素导致的传统古镇异化转型，呈现出固执与摇摆、衰败与繁荣、散乱与集中等问题。古镇变迁具有复杂性与突变性。变迁是自然、社会、人群等多种要素作用的结果，人群间的审美差异、新旧因素影响度的不确定性都为巴渝地区历史古镇的保护增加了难度。面对历史长河中人类进步的必然要求，去旧建新是必然趋势，但不是粗暴生硬地摒弃“传统的旧”、大敞大开地迎接“现代的新”，保护性发展不是简单地与传统相决裂，迫切需要处理好传统与现代之间的关系，提出基于历史古镇文化传承的政策性依据和方案。

事实上，传统与现代两者都不会纯粹孤立地存在，古镇的发展进程中传统伴随着现代性的拣选，传统的价值依附于现代性的表述，现代意识也重塑着传统文化精神。比如古镇居民具有现代特征的生产生活需要，显露出传统格局基础上逐步产生的现代体系。站在人类历史角度去审视，传统其实是处在历史生成、生长定型、后期分散与时代转化等运动中，两者之间存在减弱与壮大的永恒交织过程，一方被另一方慢慢演替成交融与共生的关系。这样的新陈代谢也促使我们思考，该如何有选择性地汲取现代文化养分，以及如何正确看待传统文化形态的阐发。因此，无论我们承认与否，传统与现代的并立都是客观存在的一种现象，不能武断地区分孰好孰坏，对于它们的关系认知应该从偏执过渡到平允。

当代的巴渝古镇的传统需要以新的承载来适应现代性，现代也要包容契合传统的遗留。特别是古镇物质空间是由明清以来的移民建设的，古镇中有大量以家族为单位的传统空间单元。20世纪80年代后，巴渝社会结构关系发生了较多转变，传统的家族式社会结构正逐渐瓦解，古镇的社会土壤也有疏松的迹象[6]。从传统与现代的关系来看，现在古镇中传统的空间形式与现代的社会结构之间显然存在着巨大的分歧，需要在古镇保护中协调好传统空间形式的衰落。与此同时现代社会空间的错位与扩张的剧情似乎在古镇空间上演着，大拆大建的泛滥行为严重忽略了传统本身的意义。我们需要深度思考它们之间的矛盾关系。由于人口的持续增长、居民生活的现代需求，使得传统空间不堪重负，导致古镇空间承载负荷已到极限，空间环境质量暴露出诸多问题。突兀的改造、自然的老化、湿度的腐蚀、材料的破损等让巴渝古镇的舒适度与宜居度都大打折扣。解决上述问题的关键点是要在保护好现存古镇空间的基础上，遵循古镇的文化脉络与依据现代生活需求，对古镇进行适度的优化与调整，提高使用寿命。分阶段分主次地进行改良，保存原有的基础上提高古镇的恬逸性与安全性，避免出现美化雷同、设计千篇一律、建设混乱等问题，强化古镇的整体性和持续性。

大刀阔斧地拆除，画虎类犬地新修是巴渝古镇遗产保护的硬伤，应考虑古镇的本体内蕴与后续建设步伐，最终让巴渝古镇的传统与现代不再是相互对立和排斥的极端状态，而是形成彼此共生的关系，找到与现代社会之间的平衡点。

四、结语

在中国的社会文化状态与历史文化状态下，巴渝历史古镇的发展有着自己的规律和理论，它的进程不能同城市做比较，其中的结构逻辑、建造逻辑与秩序逻辑与城市完全不同，这样的城乡建设比较就会很容易导致发展方向出现偏移。这条实践道路在当下方兴未艾，一切都在继续与发生，巴渝历史古镇不再是远方的乡愁与现代的复制品，而是得到卓有成效的改良和恰如其分的革新，以彰显区域特质，传承乡土底蕴文化。

参考文献：

[1] 彭兆荣 . 重建中国乡土景观 [M]. 北京：中国社会科学出版社，2018.

[2] 梁漱溟 . 乡村建设理论 [M]. 上海：上海人民出版社，2011.

[3] 郭昭第 . 乡村美学：基于陇东南乡俗的人类学调查及美学阐释 [M]. 北京：人民出版社，2018.

[4] 雷蒙・威廉斯 . 乡村与城市 [M]. 韩子满，译 . 北京：商务印书馆，2013.

[5] 戴彦 . 巴蜀古镇历史文化遗产适应性保护研究 [M]. 南京：东南大学出版社，2010.

[6] 赵万民 . 巴渝古镇聚居空间研究 [M]. 南京：东南大学出版社，2011.

基于形态量化分析的川西氐羌传统聚落保护更新路径研究

温　泉，马瑞瑞，邓　超

（重庆交通大学建筑与城市规划学院，重庆　400074）

【摘　要】本文以川西氐羌族系传统聚落为主要研究对象，以边界形态、平面结构、纵向空间为参数指标，对典型聚落的形态展开量化研究，旨在形成描述聚落特质的数据区间，展现山地聚落在三维空间上的基本特征，并转化为可以进行评价和使用的参数，为探寻在保护与更新过程中保留聚落形态特征，突出更新演化中“稳定不变”的因素，推进聚落格局的保护及与类型特征相符的建设策略提供路径。

【关键词】形态量化指标；边界形态；平面结构；纵向空间；保护与发展策略

一、川西氐羌传统聚落形态研究现状

针对传统聚落形态的研究，过去多偏重人类学、社会学等常用的归纳、分类的定性研究。随着 GIS、空间句法等新方法的引入，国内东部地区聚落形态研究已逐步向数理分析、定量化研究的客观角度发展，以期在理论经验的基础上对研究方法和手段进行更新[1-2]。王竹通过对东部西递、宏村等传统聚落边界形态展开研究，得出聚落边界的复杂性、模糊性以及边界效应三大特征[3]。王昀将传统聚落的空间组成转换为能够进行数理分析的数学模型，从聚落配置图中寻找出相关的几何学数量关系，以多维矩阵图的形式提出了表示聚落空间构造的指标[4]。冒亚龙等利用分形理论中的计盒维数法验证传统聚落在走向、形态、尺度等体现出的顺应地势、呼应地貌的相似性融合的分形同构思想[5]。杨定海等通过对琼北地区乡村聚落边界形状指数的分析，得到传统聚落边界图形特征的基本数据，归纳传统聚落边界图形的特征及其影响因素，还通过聚落的形状指数和聚落空间的分维数分析出重要节点对聚落形态特征的影响[6]。贾子玉等建立了基于山地聚落平面空间、竖向空间以及建筑混乱度三方面的聚落三维形态特征量化指标体系，以综合表征山地聚落形态的总体特征，形成较为全面的聚落平面与三维形态量化指标的科学方法[7]。

川西氐羌族系包括藏族、羌族、彝族等分布在四川高海拔地区的主体少数民族。这一地区在发展演变的过程中，聚落形态在对环境不断适应、改造过程中趋于稳定。相比于平原，川西氐羌地区的山地聚落依存于更为复杂多变的地形水文环境，孕育出三维属性突出的聚落空间模式和多元民族文化。这种没有标准规划的聚落呈现出多样性和生命力[8]。对传统聚落平面形态进行量化研究有助于精准识别聚落空间形态的文化特征，解析聚落形态的不同类型和空间规律，为保护地域文脉与文化遗产提供科学支撑，以延续肌理、保护历史形态，保护物质空间与文化景观之间的联系。

作者简介：

温　泉（1980—），男，宁夏银川人，副教授，博士，主要从事历史文化遗产保护等问题研究。

马瑞瑞（1997—），女，甘肃白银人，硕士研究生。

邓　超（1999—），女，重庆人，本科。

基金项目：国家社会科学基金艺术学项目“西南氐羌族系传统建筑营造技术传承研究”（18BG123）。

二、川西氐羌民族聚落形态量化分析

研究结合川西地区共6批中国传统村落提出影响控制聚落形态的重要指标，主要对聚落边界形态、平面结构、纵向空间进行数学量化，将各指标总结分析得到研究方法统计表（表1）。

按照此方法，在研究中将聚落形态分别从边界围合而成的封闭平面图形、平面图形的图斑关系以及纵向空间的起伏程度对聚落进行数学意义上的图形特征展开定量研究，得到能够描述聚落形态特征的数值结果与聚落平面图式（表2）。

通过对聚落形态量化探讨所得数学参数在建筑学领域的空间解释，完成对聚落空间形态的综合研究分析。可以看出，平面边界和纵向空间是反映传统聚落山水格局以及与自然契合程度的因素；建筑密度、计盒维数是体现聚落空间肌理和聚落内部公共建筑对内部空间形态影响的重要指标。从表2可以看出，聚落外部形态的描述对象平面边界和纵向空间都表现出较大的复杂性，两者的限定值长宽比以1.5为中值，值越大聚落以团状分布，值越小聚落以带状分布；二维形状指数越大，边界图形的复杂性越高，凹凸性越大。在聚落内部空间形态分析中，建筑密度越大表示聚落内部建筑所占的空间越多；分形计盒维数越大，则建筑平面图斑的排布越混乱，聚落内部空间的复杂程度越高。通过对聚落建筑密度的计算和正态分布得到建筑密度的概率分布，便可了解地区聚落建筑的分布特征和对聚落中心的离散程度。

研究方法统计表　　表1

描述类型	释义	量化指标	定义	研究作用
平面边界	聚落最外层建筑边界所围合而成的区域。在自然形态下聚落边界因山形地势、河道分布、宗教信仰等表现出不规则特征，空间布局自由，因形就势，自由生长	长宽比	长宽比 λ 是判定聚落边界形态的狭长程度的指标，表现出聚落主控形态的发展方向：$\lambda=L/W$ 式中，L 为聚落边界封闭图形的长度，W 为边界外接矩形的宽度	通过对聚落边界的定量分析确定聚落类型，快速评价研究对象形状特征。由此定量判定出带状、放射状、团状三种聚落形态类型
		二维形状指数	为控制面积为不变量，根据周长的比值判断边界曲折程度。 $S=P/p_0=P/(1.5\lambda-\sqrt{\lambda}+1.5)\sqrt{\lambda/\pi A}$ 式中，P 为某视域下边界实际周长，p_0 为同视域、同面积、同长宽比下的椭圆周长，S 为该视域下的形状指数	对聚落的边界复杂程度进行判定计量，指数大小反映边界简单程度以及聚落与周边环境结合程度，越小则越简单越光滑，越大则边界越复杂、凹凸性越大
平面结构	包括道路、节点、区域、界限、标志等。直观描述了聚落营建以最初的选址为发生点，以街巷空间为通道轴连接聚落营建的各个区块，体现出聚落的生长发展方向和模式	建筑密度	反映一定区域内建筑的密集程度。建筑相互之间的距离越近则区域内的密度越大，同时建筑单体之间的关联性越密切	描述聚落内部的拥挤程度以及聚落空间的连续性与结构化特征，建筑密度越大则空间感和连续性越强
		计盒维数	$d=\lim_{x\to 0}\left[\log N(x)/\log\left(\frac{1}{\varepsilon}\right)\right]$ 式中，ε 是单个正方形的长度，$N(x)$ 是图形覆盖小正方形的数量，d 为分维值；$N(\varepsilon)$ 与 $1/\varepsilon$ 为覆盖一根单位长度的线段所需要的数目 $N(\varepsilon)=1/\varepsilon$，覆盖一个单位边长的正方形所需要的数目 $N(\varepsilon)=(1/\varepsilon)^2$，覆盖一个单位边长的立方体所需要的数目 $N(\varepsilon)=(1/\varepsilon)$	分维数值反映了建筑对于聚落图底的填充能力和空间的复杂不规则程度与自相似性。对建筑图斑的复杂程度进行判定
纵向空间	聚落基址地形量化表达，决定并限制着山地聚落的发展规模与态势，聚落形态特征、生产生活方式形成的重要原因	地表粗糙度	区内所有坡度取正割计算后的均值是坡度的函数，地学意义在于它可以表达地表真实面积与垂直投影面积的差异； $T=1/\cos(slope\times\Pi/180)=\sec(slope\times\Pi/180)$ 式中，T 为地表粗糙度，$slope$ 为计算所得坡度值	反映地表起伏变化的指标
		地势起伏度	该区域内最大高程与最小高程的差值： $R=H_{max}-H_{min}$ 式中，R 为地势起伏度，H_{max} 为区域内高程最大值，H_{min} 为区域高程最小值	描述地貌形态特征的定量指标

村落量化数据结果　表 2

序号	聚落名称	长宽比	二维形状指数	建筑密度	计盒维数	地势起伏度	地表粗糙度	传统聚落平面图式
1	昌德村	4.20	3.05	0.25	1.14	1.7220	1.0546	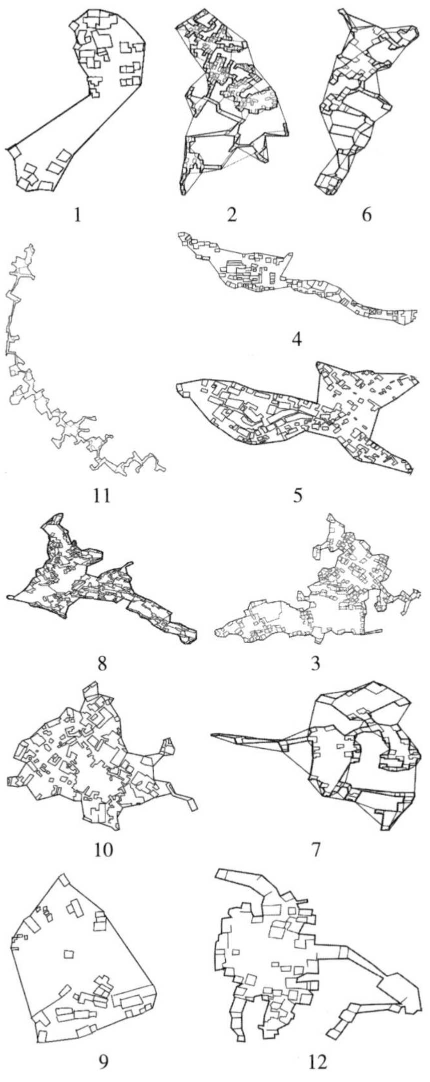
2	大别窝	2.13	3.19	0.29	1.48	2.3435	1.0703	
3	甘堡藏寨	1.55	2.67	0.35	1.57	1.2314	1.0215	
4	甲足村	3.98	2.45	0.34	1.27	1.4451	1.0337	
5	萝卜寨	1.89	2.74	0.43	1.51	1.0204	1.0121	
6	七湾村	2.58	2.62	0.35	1.33	1.1749	1.0157	
7	然柳村	1.17	2.86	0.24	1.21	0.6536	1.0057	
8	色尔古藏寨	1.77	2.65	0.31	1.46	2.0492	1.0429	
9	四瓦村	1.34	2.35	0.33	1.17	1.3890	1.0330	
10	桃坪羌寨	1.27	1.90	0.47	1.61	1.2188	1.0146	
11	朱倭村	2.80	3.18	0.40	1.41	1.0869	1.0153	
12	卓克基藏寨	1.49	1.98	0.40	1.50	0.7740	1.0073	

三、基于形态量化分析的川西氐羌聚落保护与发展

通过对聚落形态量化分析得出的若干数据指标，在聚落的保护更新中应用到对既有传统聚落平面类型划分、保护范围、街巷尺度的控制，以及对更新和新建建筑的密度、空间形态、空间边界的控制，能够有效地保证聚落保护与开发建设中维持其关键形态特征，在演化与更新过程中实现风貌原真性的维持。工作框架如图 1 所示。

1. 基于聚落形态类型的解析和空间发展策略

在聚落边界形态研究中，利用外接矩形长宽比 λ 和二维形状指数分别对聚落边界形成的封闭平面图形的基本空间形态和边界的凹凸性、复杂程度进行限定，由此反映出聚落边界的特征存在。川西氐羌聚落的形态复杂多样，且受山水关系、人文民俗的变化影响很大，从而呈现出不同的空间性状。通过聚落边界长宽比与二维形状指数，能够定量分析确

基于聚落形态类型的解析和空间发展策略

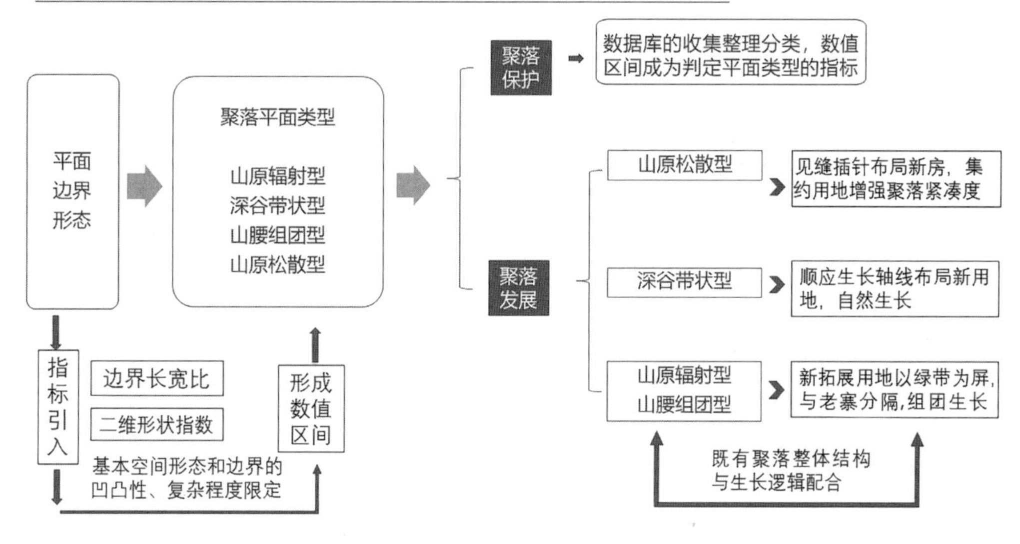

传统聚落空间轮廓线的保护

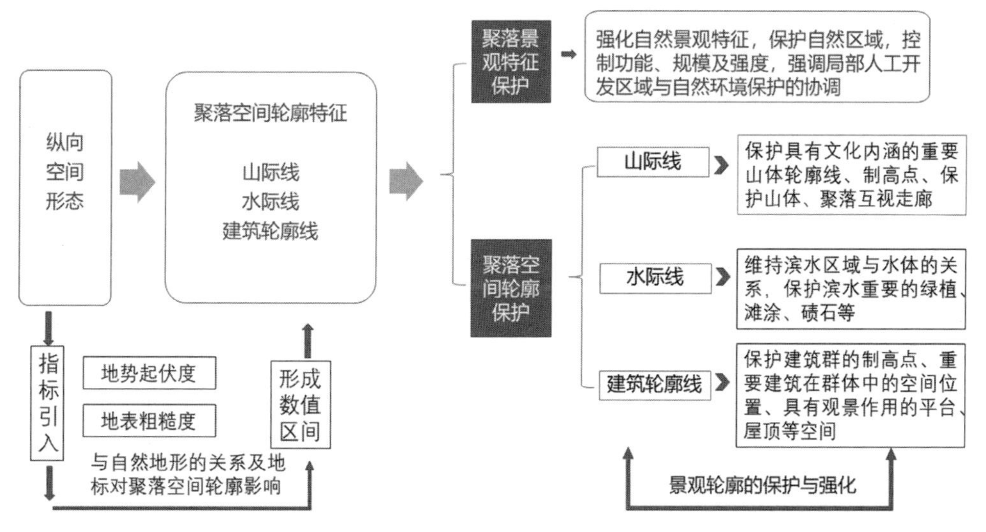

传统聚落空间结构的完整性与系统性保护

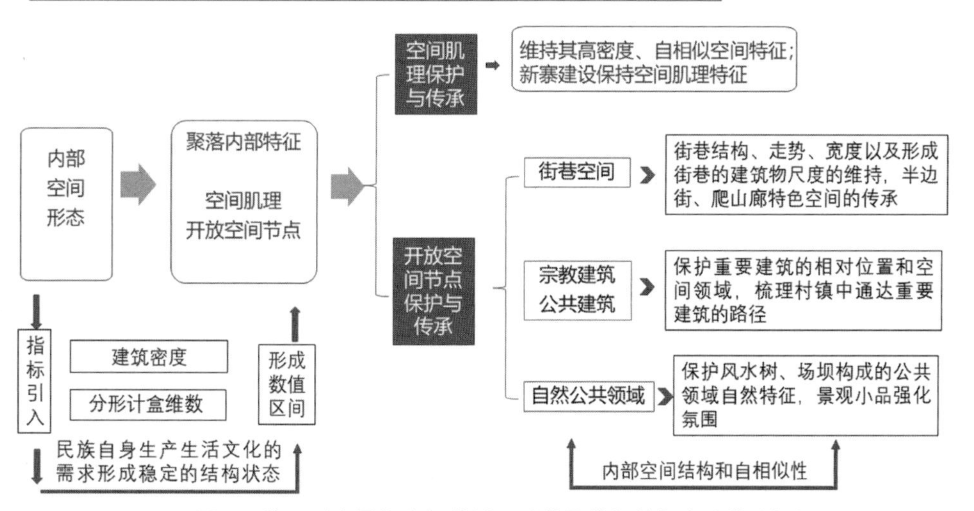

图 1　基于形态量化分析的川西氐羌聚落保护与发展策略框架

定聚落类型，快速评价研究对象形状特征，进一步将聚落为型分为山原辐射型、深谷带状型、山腰组团型和山原松散型四种类型（图2）。

对川西氐羌传统聚落山水格局的保护，包括山水与聚落间的相对位置关系和选址定位，村落与周围山水间的视线通廊，与山水结合形成的防御体系、防灾体系。二维形状指数限定了聚落空间的大小与形态特征，同时也展示出聚落与周边环境的融合程度。山水格局反映了传统聚落历史城镇在宏观层面的内外物质空间的集聚，包含外部的山形水系、江湖溪流等自然环境，以及内部的轮廓轴线、路网骨架等人工环境。在对其进行保护与更新的过程中，首先需要对原有的自然本底条件进行评价，探求空间格局与宏观山水地势之间的对话方式，找到其生长脉络与生长方式。在聚落的扩张与发展过程中，对于新增用地的布局，需强调与既有聚落整体结构与生长逻辑的配合。对于深谷带状聚落宜顺应生态廊道发展新的用地，形成交融一体、自然生长的山水空间格局。对于山原松散型聚落，宜采取见缝插针的形式布局新房，并在风貌上与旧居取得一致，在不改变边界的情况下，增强聚落的紧凑度以集约用地。对于山原辐射型聚落，发展空间相对充裕，村落更容易出现扩张建设。山腰组团型受外部山水格局与文化习俗内在因素制约，本身空间形态保留较为完整，在发展过程中宜维持组团发展的特征，避免集中连片对生态环境造成压力。

2. 传统聚落空间轮廓线的保护

通过前文对聚落纵向空间的分析得知，川西氐羌聚落的空间特征突出反映了与自然地形的耦合关系，以及聚落中的碉楼、巨石等标志物对强化聚落空间轮廓，体现人文内涵的作用。在聚落空间轮廓线的保护中，应当强化山体的自然景观特征，保护原始状态的自然区域，严格控制功能、规模及强度，强调局部人工开发区域与自然环境保护的协调。应加强建筑轮廓线的保护和控制，包括山际线、水际线和建筑轮廓线，加强对山体轮廓线的保护和控制，加强江河水际线的保护和利用，保持层次分明、起伏有致的建筑轮廓线和自然轮廓景观。对山际线的保护，应严格保护具有文化内涵的重要山体轮廓线、制高点，严格保护山体之间、山与村镇之间的互视走廊。对水际线的保护，应尽量维持建筑群滨水区域与自然水体的关系，保护滨水区域重要的绿植、滩涂、碛石等重要自然元素。对建筑轮廓线的保护，主要保护建筑群的制高点、重要建筑在群体中的空间位置、山地建筑群中具有观景作用的平台、屋顶等空间（表3）。

3. 传统聚落空间结构的完整性与系统性保护

聚落内部平面结构的形成是从无序走向有序的自然演变过程，是建立在当地民族自身的生产生活的需求、文化以及风水观念等因素基础之上自发向一个稳定的结构状态下发展而来。聚落平面成形是受街巷、聚落边缘形状、地形、民族与宗教文化以及气候条件的影响。计盒维数反映出建筑单体、公共场所和主要巷道在聚落内部的空间布局与聚落整体在自然环境中生长具有自相似性。建筑密度越大则空间感和连续性越强，结构化特征得到强化。

在历史的演变中，川西氐羌传统聚落的街巷空间是构成聚落空间骨架的重要因素。因此，在聚落保护中对街巷空间的保护有助于树立空间结构的原

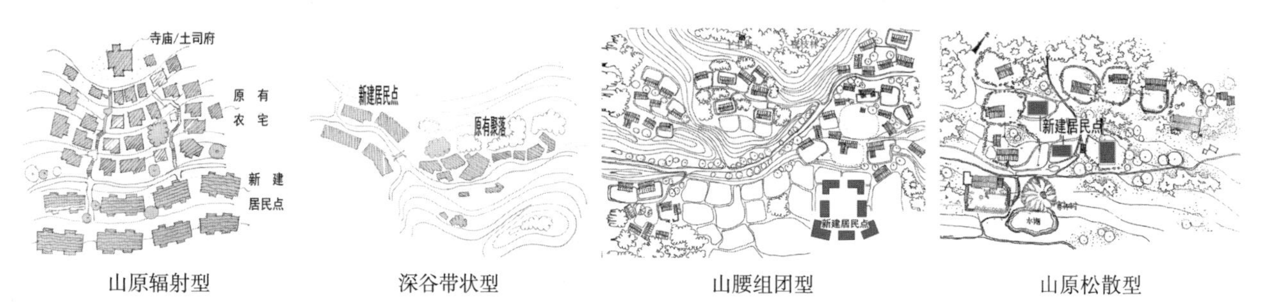

图2 不同聚落形态类型的发展策略

典型氐羌传统聚落空间轮廓线的保护要点分析　　表 3

甘堡藏寨	桃坪羌寨	松岗土司藏寨
垂直绿化 孤峰独立 单体碉楼		
1. 保护碉楼与孤峰的轮廓线与对位关系； 2. 上下寨之间的陡崖与垂直绿化	1. 保护控制两座碉楼与背山的对位关系； 2. 保护碉楼群中突出明显的屋顶晒台	1. 保护土司官寨两座碉楼与突兀山冈的空间关系； 2. 碉楼与民居群之间的纵向落差

真性。川西氐羌传统聚落中丰富多样的爬山街、半边街等街巷空间是构成聚落传统特色的重要部分。传统街巷的走向与周边山体水体之间存在着紧密的对应关系，形成特有的文化景观。对街巷的保护重点是其街巷结构、走势、宽度以及形成街巷的建筑物尺度。聚落中的土主庙、玛尼堆等宗教建筑，以及碉楼、旱桥等公共建筑，其位置和空间反映了聚落的历史发展脉络，具有丰富的文化内容。对其保护的重点是保护重要建筑的相对位置和空间领域，梳理村镇中通达这些重要建筑的路径等。

在传统聚落，由庙宇、场坝等构成的公共领域之所以具有极强的活力，在于其空间使用的混合看似杂乱的表象下，是各类功能相互支撑，互为条件，形成极强的稳定性。而在传统聚落的开发建设中，为了协调传统空间肌理，难免会产生因建筑防火间距、较高绿地率、低建筑密度、低容积率的控制指标的要求难以与传统街巷空间肌理相符合。在这种情况下以达到传统聚落形态量化指标数值为目的，以历史文化的传承和延续为切入点，在满足现代空间使用要求的同时强调传统肌理、尺度的延续则成为有益的尝试。桃坪羌寨新寨因商业旅游开发功能需要，采取底层为贯通的大空间，二层甚至局部三层通过过街楼、连廊将分散的体量彼此联结形成丰富的步行系统，分别对应不同的空间和组合状态。空间肌理模拟老寨鳞次栉比的房屋和以碉楼为中心的组团式布局，使得聚落空间得以延续。经验算，桃坪羌寨新旧老寨的建筑密度和计维盒数数值差值很小，证明了新寨能够提供老寨相似的空间感知体验（表 4）。

四、结语

传统聚落空间形态的量化分析有助于发掘空间结构演化的地域性因素，从而为空间格局、风土环境的保护提供参考。“梳理类别，评估优化”是传统聚落保护与发展的关键环节 [9]。基于形态量化分析的类型化解析，从科学的角度对川西氐羌传统聚落平面形态类型特征进行梳理，并在此基础上提出相应的发展建议，从而推进聚落格局的保护及与类型特征相符的建设策略，延续当地悠久的历史文脉特征，

桃坪羌寨空间肌理及形态量化数据比较　　表 4

	桃坪羌寨旧寨	桃坪羌寨新寨
平面布局		

续表

	桃坪羌寨旧寨			桃坪羌寨新寨		
空间形态						
	外接矩形长宽比	二维形状指数	建筑密度	计盒维数	地表粗糙度	地势起伏度
新寨	1.72	1.57	0.57	1.70	1.0224	1.1139
旧寨	1.27	1.90	0.47	1.60	1.0146	1.2188

彰显地域文化特色，打造宜居、宜游的村落空间环境，带动地区经济的发展。

参考文献：

[1] 王康.采用ArcGIS平台的地势起伏度自动提取技术研究[J].沈阳理工大学学报，2013，32（2）：63-67.

[2] 李秀芬，朱金兆，朱清科.分形维数计算方法研究进展[J].北京林业大学学报，2002（2）：73-80.

[3] 王竹，范理杨，陈宗炎.新乡村“生态人居”模式研究：以中国江南地区乡村为例[J].建筑学报，2011（4）：22-26.

[4] 王昀.游走空间：诸暨旧城核心区长弄堂历史街区改造[J].城市环境设计，2009（3）：50-57.

[5] 冒亚龙，葛毅鹏，谢函笑.乡村聚落及农宅重构演变规律及动因研究：以豫西普通乡村为例[J].小城镇建设，2020，38（4）：88-98.

[6] 杨定海，范冬英.海南琼北传统村落营建思想探析[J].华中建筑，2017，35（8）：114-118.

[7] 贾子玉，周政旭.基于三维量化与因子聚类方法的山地传统聚落形态分类：以黔东南苗族聚落为例[J].山地学报，2019，37（3）：424-437.

[8] 李建华.西南聚落形态的文化学诠释[D].重庆：重庆大学，2010.

[9] 张华东.浅谈聚落空间的组织要素及相互作用[J].四川建材，2006（5）：38-39.

巴渝传统聚落空间基因识别及特征分析
——以重庆市合川区涞滩古镇为例

韩　筱，李　旭
（重庆大学建筑城规学院，重庆　400045）

【摘　要】历史文化村镇是传统聚落的典型类型，是地域文化的空间载体。巴渝文化特征鲜明、自然山水形态多样。本文以涞滩古镇为例，将空间基因作为识别各类特征的关键要素，构建巴渝传统聚落基因识别框架，随后从自然环境、人文历史等方面探寻关键的互动影响因素，从样本的不同空间层级方面提取出典型且具有稳定生成逻辑的空间模式，最终得到选址基因、山水格局基因、用地布局基因、建筑基因、文化基因五大基因类型。

【关键词】空间基因；空间形态；巴渝传统聚落；历史文化遗产

国内城镇化进程正处于从高速发展转为高质量发展的关键时期，如何留住地方空间特色、文化特色，留住乡愁，已经成了研究和实践热点，各地的传统聚落则是具有典型性的优质研究样本。近年来，我国对于传统聚落的相关研究数量逐年高涨，研究深度和广度不断提升，传统的空间形态分析逐步走向对地域特征、文化内涵的深层次发掘。为系统化描摹聚落的空间、文化特征，地理学、景观学、规划学领域在相关研究中引入了“基因”概念，即类比“生物基因”，寻找传统聚落中具有识别性、稳定表达性的空间形态原型，以及影响聚落空间形态演化的关键因素[1]。本文建立在“景观基因[2-4]”“空间基因[5-6]”等理论基础上，以涞滩古镇为研究对象，以点带面地构建巴渝传统聚落基因体系。本文意图提取巴渝传统聚落富有典型性的空间特征，解释关键性的成因机制，以期为巴渝地域城镇保持与传承地域特色提供理论指导，丰富并完善城市形态理论与方法，为当今传统聚落旅游开发、文化遗产保护、城镇建设等提供借鉴。

一、基因体系构建方法

空间基因是识别地域性空间特征的基本单位，是人工环境与自然环境、历史文化互动中形成的独特的相对稳定的空间组合形式[5]。为客观详尽地刻画巴渝传统聚落的空间典型特征，笔者进行了实地调研、居民访谈、图像拍摄、结合历史资料的收集归纳，基于已有的相关研究，在选择特征因子时力求覆盖传统聚落的选址、自然地理环境、用地及建筑形态等空间特征属性，以及聚落承载的文化属性。考虑以上因素，本文遵循特征因子的唯一性、特殊性等原则[1, 3]，按类别选取了21个具有代表性且可以完整刻画巴蜀传统聚落空间形态、人文信息系列特征的判断指标，建立基因识别指标体系，解读这一系列空间特征中所蕴含的自然、历史人文信息；分析空间生成逻辑，界定选址基因、山水格局基因、用地布局基因、建筑基因、文化基因五大基因类型（图1）。

作者简介：
韩　筱（1996—），女，安徽蚌埠人，硕士研究生，主要从事形态基因研究。
李　旭（1974—），女，四川雅安人，副教授，博士，主要从事形态基因、城市历史研究。
基金项目：国家自然科学基金项目“城市形态基因识别、解析与传承研究——以巴蜀地区为例”（51978092）。

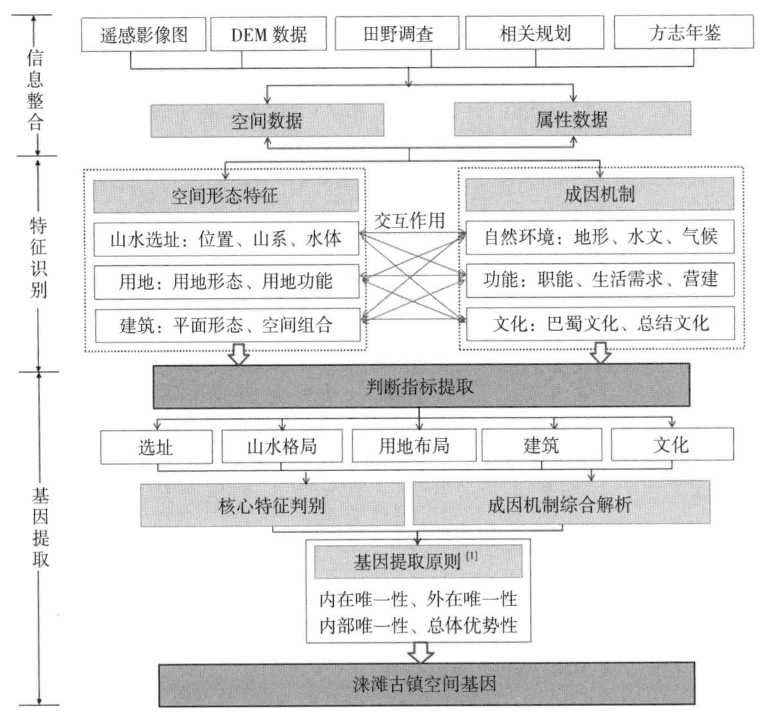

图1　巴渝传统聚落基因体系构建逻辑

本研究旨在揭示巴渝聚落不同尺度下的空间特征，探究巴渝先民适应自然环境，以及各类社会文化活动、思想观念在空间上的具体反映逻辑。

二、涞滩古镇空间特征识别与基因提取

鲜明的山水自然环境、悠久的历史文化共同塑造了巴渝传统聚落的空间形态，深刻地影响着不同空间层次下聚落的空间特征。本文从选址、山水格局、用地布局、建筑、文化5个层面入手，以21个判断指标综合分析涞滩古镇的具体空间模式，提取最具典型性的核心特征，形成涞滩古镇空间基因表达图谱（表1）。

1. 涞滩古镇空间特征辨析

1）古镇选址特征

古人营城自山水寻察始[7]，自然山水环境是聚落选址的空间基底，传统营建观念则影响着具体择址

涞滩古镇空间基因判别指标与核心特征提取　　表1

基因类型	判断指标	稳定特征	核心特征
选址基因	地理分区	川东平行岭谷带	上涞滩 下涞滩 渠江 居高占优，御险避害
	气候特点	地属亚热带气候，多雨多雾，局地微气候明显	
	周边地形	坐落于麓灵峰上，三面临近陡崖	
	周边水系	位于渠江西岸	
山水格局基因	山水关系	山水围护，负阴抱阳	山水围护，负阴抱阳
	周边山体形态	山势连绵，周山围护	
	与水系的关系	上涞滩距渠江500m，下涞滩临渠江	
	水岸形态	位于河流凹岸段，周边有支流围护	

续表

基因类型	判断指标	稳定特征	核心特征
用地布局基因	用地形态	结合地形灵活布局	街巷串联，功能混合
	街巷结构	两街一巷串联成树枝状格局	
	用地功能	镇田相间，功能混合	
	公共空间节点	寨门、场口	
建筑基因	功能构成	民居、宫庙	因地制宜，廊宅结合
	平面空间形态	民居形态狭长，紧密灵活排列；宫庙布局严整	
	立面空间结构	形成“宅—廊—街”的立面层次	
	空间组合特征	依山就势，适应地形	
	材料与装饰	木构架穿斗结构，装饰简朴	
文化基因	职能	因水运兴起的商贸职能、因军事需求催生防御职能	多元文化，综合作用
	民族	汉	
	文化背景	巴渝文化、移民文化、寨堡文化	
	营建思想	顺应自然的营建观	

的方位，在不同地域的自然山水条件、不同的聚落职能情况下，催生出了不同的选址模式。涞滩古镇在地理位置上位于川东平行岭谷带，上涞滩地处麓灵山顶，三面临近陡崖，古城墙顺应山壁走势修建（图 2）；向东 500m，下涞滩临近渠江（图 3）。从整体来看，聚落周边山丘连绵，位置易守难攻，形成得天独厚的“御险”空间选址格局。

2）山水格局特征

在中国传统观念中，山水是重要的营建依据，以及聚落环境的关键构成要素[6]。自古以来，城镇的

图 2　上涞滩航拍影像图

图 3　下涞滩航拍影像图

营建往往把周边山水作为空间构图的要素[8]。

涞滩古镇地处麓灵山顶，周边有连绵的山体远远围护聚落的所在位置，形成了周山围护的空间格局；下涞滩坐落于渠江的凹岸段，是历史悠久的古码头，聚落南北处各开凿支流，分散渠江水流，形成了三面环水的空间格局（图4）。

3）用地布局特征

涞滩古镇的用地布局形态特征、功能构成特征，是巴渝人民在生活、生产活动中，在满足自然用地条件和聚落功能的需求下形成的。上下涞滩各担负不同职能，形成了不同的用地布局空间特征（图5）。

涞滩的建设用地分为上、下两个部分。下涞滩

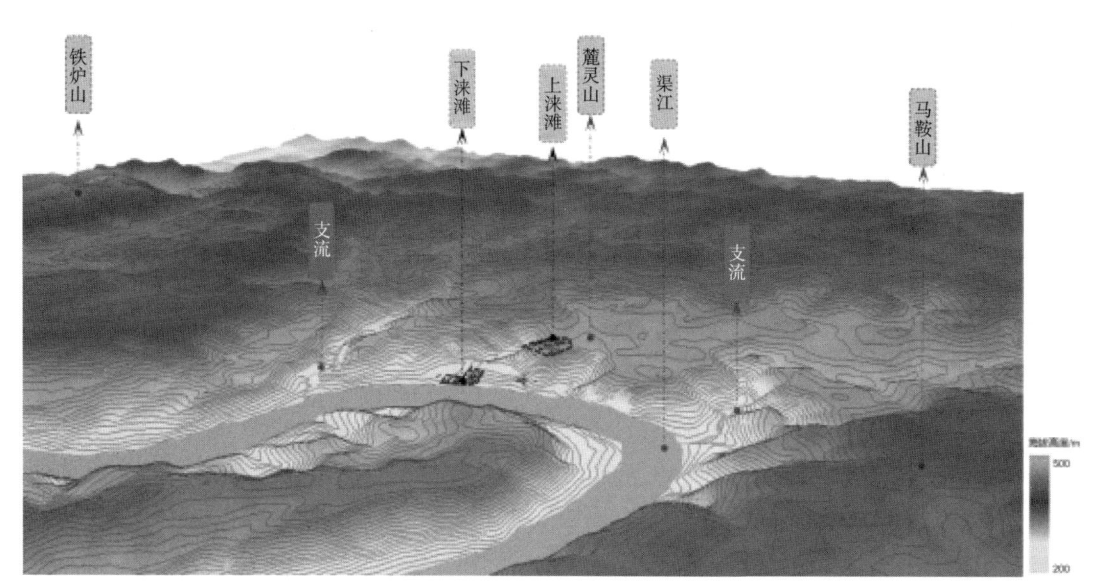

图4 涞滩古镇山水格局示意图

图5 涞滩古镇用地布局示意图

是一个古老的江岸码头，因渠江水运而成为商贸集散地，始建于北宋时期，规模较小，结构紧凑，街巷顺应等高线展开，建筑密排，坐落在渠江岸边；上涞滩是清末时期为防止匪乱而修建的山寨式聚落，城外加筑瓮城，是巴渝地区罕见的防御性场镇，和平时期，经济贸易和居民生活的重心逐渐向上涞滩转移，承担着地区经济贸易和交通枢纽作用。上涞滩主街顺城街自瓮城西侧的主寨门始，西接对外交通之路，东延城东小寨门，成为当地重要的商贸通道，城寨内两街一巷有机串联起民居与宫庙，因山区用地紧张，现有用地紧密相连，功能混合，整体布局灵活适应地形特征。

4）建筑形态特征

巴渝传统建筑以穿斗式结构为主，一般是木构砖墙材料，青瓦覆顶，整体风格朴素简约。因重庆地区山势复杂，建筑形制和布局往往在传统的营造模式之外，产生了本土化的空间形态特征，体现在建筑平面形制、建筑结构、空间组合几个方面。

涞滩古镇的民居建筑一般沿街巷紧密排列，面宽小而进深长，沿街民居往往形成前店后宅的功能格局（图 6）。临近主街的建筑拥有巴渝地区独有的风雨廊（图 7），即临街面出挑成为檐廊空间，各建筑的檐口相互连接，形成独特的廊空间，作为室内和室外的过渡空间，承担着一定的公共活动功能[9]；民居建筑顺应地形灵活运用各种接地形式，起伏错落，形成了优美而又富有空间层次的建筑组合形式。

宫庙建筑则多为合院式多进结构，建筑布局灵活结合地形，其中尤以二佛寺的附崖式布局最有特色。佛寺为木架抬梁式与穿斗式结合的结构，因山就势，与山体仿佛融合在一起，威严而壮观（图 8）。

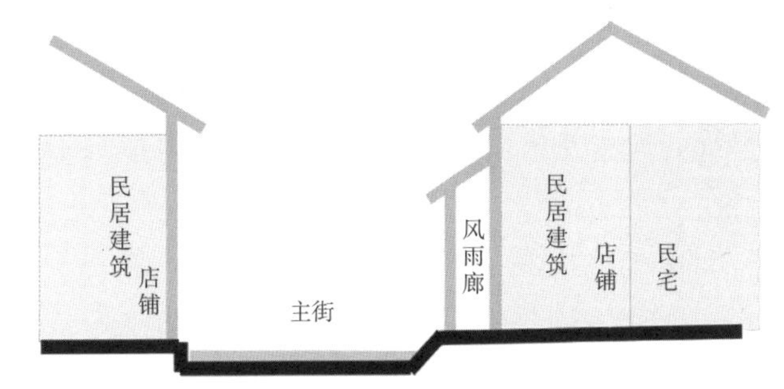

图 6　涞滩古镇建筑立面示意

图 8　二佛寺的附崖式布局

图 7　涞滩古镇风雨廊空间（顺城街）

2. 涞滩古镇空间基因提取与成因解析

1）选址基因——居高占优，御险避害

巴渝山水条件复杂，群山阻隔，与外界沟通不便，古镇的选址多临近水陆交通枢纽；为获得良好的营建条件、生产和贸易条件，古镇多选址于临近水源的地势低平处。与多数巴渝场镇不同，清末时期，涞滩古镇是重庆地区重要的军事寨堡，为获得得天独厚的御险功能，上涞滩选址于山顶，踞高处而扼要道，在抵御战乱的同时，也能在一定程度上防止渠江的水患侵扰。

2）山水格局基因——山水围护，负阴抱阳

山水格局是一个复杂的整体系统，其中蕴含着人工和山水关系的内在秩序[10]。传统的风水学理论中，讲求聚落位置是否能够“聚气”，最佳的聚落山水格局应坐北朝南、背山面水，以获得良好的采光，同时营造宜人的微气候[7]。

然而在巴渝地区，面对复杂的地形条件和多雨多雾的气候特征，传统聚落并不追求严格的南北向布局，以涞滩古镇为例，聚落位于渠江西岸，踞山而面水；远处有群山围护，阻挡冬季的寒冷季风，形成了温润的局地环流气候，负阴而抱阳。理想的山水关系中，聚落适宜居于江河“汭位”，即河流凸岸，以防止水流侵蚀，冲击河岸地基，引起水患[11]；涞滩位于河流凹岸侧，凹岸易受江水冲蚀，形成了方便船只停泊的航运中转所，为分散江水冲刷可能引发的地基塌陷、水涝灾害等，同时兼顾水田农作物的灌溉需求，渠江的涞滩段南北各开凿有支流，同样形成了江河围护聚落的空间格局。

3）用地布局基因——街巷串联，功能混合

巴渝地区在空间距离上与中原地区相隔很远，结合当地鲜明的地形地势特点，城镇用地布局不以规整为唯一原则。其布局往往灵活而集中，以顺应地形的主次街巷串联起建筑群体，形成主街串巷、建筑依次密排的用地布局特征；巴渝传统场镇受山势阻隔，且自古就有“分家分户”的习俗，建筑体型较小，空间联系紧密，呈现较强内聚性。古镇规模和空间形态同时受地形环境和当地传统文化的作用，呈现出规模集约的特点。

巴渝地区曾进行多次移民活动，随着人员的迁入，中原营建文化、宗教文化随之在此地发扬光大，巴渝场镇用地结构往往呈现出民居与宫庙、会馆并置混合的情况，涞滩古镇的二佛寺、文昌宫既是外来文化的体现，同时也作为当地宗教活动的中心。

4）建筑基因——因地制宜，廊宅结合

涞滩古镇的建筑结构以极具川东特色的穿斗木架结构为主，材料易得，搭建灵活，结构多变，易于适应地形；与中原、北方地区严整的建筑布局不同，涞滩古镇的建筑肌理呈现出一定的随机性，整体呈现紧凑的空间特征，立面随地形起伏，层次丰富，风格和谐而统一。

多雨多雾、气候湿热是巴渝地区的典型气候特征，涞滩古镇建筑临街面的风雨廊可以在雨季提供公共交流的场所，同时还具有夏日遮阳、在街巷层面导风引气的微气候调节作用，这种结构普遍出现在巴渝场镇中，是重要的地域特征与建筑文化遗产。

5）文化基因——多元文化，综合作用

传统的营建思想，结合巴渝特有的漕运文化、移民文化、宗教文化、涞滩古镇的寨堡文化，在历史的选择和层积作用下形成了具有稳定性的各尺度空间特征。

（1）选址尺度：因渠江的漕运文化，下涞滩最初临水而建；因明清时期的防御需求，在麓灵山顶修建瓮城，即上涞滩。

（2）山水格局：由于传统风水观念中对山水围护格局的追求，涞滩在营建之初就占据了群山围绕、背山面水的良好位置，总体形成了负阴抱阳的山水格局。

（3）用地尺度：明清时期的湖广填四川为巴渝带来了中原文化，古镇内的文昌宫、大成殿等礼制建筑即为体现，最终形成了复合的用地功能。因分家分户的习俗，民居呈现明显的集约特征。

（4）建筑尺度：涞滩古镇建筑结构为川东传统的木构架穿斗式，由于人们在多雨的季节里仍需要保证商品贸易与邻里交流，建筑一般出檐深远，形成独具特色的风雨廊结构，提供檐下公共空间。

三、总结

巴渝传统聚落空间在自然和文化的共同作用下，在传统选址营建观念、巴渝移民文化、宗教文化、寨堡文化的历史底色下，经过历史层积作用，最终形成富有稳定表达性和地域辨识度的空间特征，形成了独具地域特色的空间经典模式，并表达在不同的空间层次中。本文通过对涞滩古镇空间形态的具体分析，提取可以稳定表达的空间基因，结合当地自然环境、历史沿革探寻这一系列典型空间模式的成因机制，最终得到涞滩古镇“居高占优，御险避害”的选址基因，“山水围护，负阴抱阳”的山水格局基因，“街巷串联，功能混合”的用地布局基因，“因地制宜，廊宅结合”的建筑基因，以及“多元文化，综合作用”的文化基因。

参考文献：

[1] 李旭，李平，罗丹．城市形态基因研究的热点演化、现状评述与趋势展望 [J]. 城市发展研究，2019，26（10）：67–75.

[2] 刘沛林．中国传统聚落景观基因图谱的构建与应用研究 [D]. 北京：北京大学，2011.

[3] 李伯华，石凯霞．传统村落景观基因识别及其特征分析：以张谷英村为例 [J]. 衡阳师范学院学报，2018，39（3）：1–7.

[4] 胡最，刘春腊，邓运员．传统聚落景观基因及其研究进展 [J]. 地理科学进展，2012，31（12）：1620–1627.

[5] 邵润青，段进，姜莹．空间基因：推动总体城市设计在地性的新方法 [J]. 规划师，2020，36（11）：33–39.

[6] 段进，邵润青，兰文龙．空间基因 [J]. 城市规划，2019，43（2）：14–21.

[7] 王树声，高元，李小龙．中国城市山水人文空间格局研究 [J]. 城市规划学刊，2019（1）：27–32.

[8] 陈宏，刘沛林．风水的空间模式对中国传统城市规划的影响 [J]. 城市规划，1995（4）：18–21，64.

[9] 李和平．山地历史城镇的整体性保护方法研究：以重庆涞滩古镇为例 [J]. 城市规划，2003（12）：85–88.

[10] 王树声．中国城市山水风景“基因”及其现代传承：以古都西安为例 [J]. 城市发展研究，2016，23（12）：1–4，28.

[11] 杨柳．从得水到治水：浅析风水水法在古代城市营建中的运用 [J]. 城市规划，2002（1）：79–84.

重庆传统村落空间分布特征与保护利用探索

陈明来，董莉莉

（重庆交通大学建筑与城市规划学院，重庆　400074）

【摘　要】传统村落是地方农业文明的缩影，在乡村振兴背景下，对传统村落的保护利用变得尤为重要。本文以重庆市被列入国家级与省市级传统村落名录的共计 151 个传统村落为研究对象，在对其地理属性相关数据分类统计的基础上，构建地理信息系统数据库，运用 GIS 空间分析工具与地理空间分析方法，对重庆市传统村落的空间分布特征及其影响因素进行研究，并对其提出保护利用策略，以期为重庆市传统村落的分级分类保护与区域联动发展研究提供参考与借鉴。

【关键词】传统村落；空间分布；保护利用；重庆市

传统村落作为世界文化遗产[1]，其是孕育农业文明的空间载体，有着重要的历史价值和现实意义。我国地域辽阔，传统村落众多，其中位于重庆市的国家级传统村落数量为 110 个，省市级传统村落数量为 41 个，共计 151 个。伴随着城镇化进程的加快，我国传统村落正面临逐渐空心化、过度商业化、文脉断层化等诸多危机与挑战[2]，在此背景下，传统村落的相关研究成为广大学者关注的议题。目前，国内众多学者从不同层面对传统村落的诸多方面进行了探讨，从宏观层面上看，主要基于地理学、生态学、民族学、规划学等的学科视角，对全国传统村落的空间分布特征与影响机制、保护利用策略、社会文化价值、可持续发展评价体系构建等进行研究[3-5]；从中观层面上看，主要侧重于地理大区、民族地区以及省市内传统村落的空间分异特征及其演变规律等进行研究[6-7]；从微观层面上看，则既有对具体某个村落的保护策略、文化价值、旅游开发等相关的探讨[8-9]，也有对如建筑、景观、民俗等村落具体要素进行研究[10-11]。关于对重庆市传统村落空间分布特征的研究较少，本文借助 ArcGIS 10.6 空间分析工具，揭示重庆市传统村落的空间分布特征及其影响因素，在此基础上，探索重庆市传统村落的保护利用方式与策略，以期为重庆市传统村落的分级分类保护与区域联动发展研究提供参考与借鉴。

一、研究区域概况

重庆市地处长江上游，四川盆地东部，市域总面积 8.24 万 km^2。从总体地形地貌来看，重庆市处于四川盆地与长江中下游平原的过渡地带，承西启东。重庆北部分布着大巴山与巫山，武陵山、大娄山等则沿东至南贯穿重庆长江以南大部分地区，中部地区岭谷与平原坝子相间分布，西部主要以低山浅丘与平原坝子为主，地貌类型较为丰富；从气候整体特征来看，重庆市季风性气候明显，属于亚热带季风性湿润气候，冬季温暖，夏季炎热多伏旱，全年多雾，降雨较多，四季分明；从人口民族分布来看，重庆是一个以汉族人口为主的多民族直辖市，人口主要分布于主城都市区，少数民族主要居住于渝东南地区。由于重庆市域地理经纬跨度较大，地

作者简介：

陈明来（1998—），男，重庆人，硕士研究生。

董莉莉（1974—），女，河南信阳人，教授，硕士生导师，主要从事传统村落保护与更新研究。

基金项目：重庆市住房和城乡建设委员会调研课题“重庆传统村落分级分类保护与传统民居人居环境改善研究”（Z32200053）。

理单元丰富，文化多元，造就出聚落形式独特、地域文化风格各异的众多传统村落。

二、数据来源与研究方法

1. 数据来源

（1）151 个传统村落数据来源于前五批中国传统村落名录名单与前两批重庆市级传统村落名录名单。

（2）通过 Google Earth 标定传统村落位置，并确定其地理坐标和高程信息。

（3）通过地理空间数据云网站获取 DEM 数字高程数据信息。

（4）人口与 GDP 数据来源于重庆市统计局官方网站。

2. 研究方法

1）最邻近指数法

最邻近指数根据点要素之间的分布情况，一般分为集聚型、均匀型和随机型[3]。其公式：

$$R=\bar{r}_O/\bar{r}_E=2\sqrt{D} \quad (1)$$

式中 R——最邻近点指数；

$\bar{r}_O$——每个点要素与邻近点要素之间的观测平均距离；

$\bar{r}_E$——随机模式下制定要素间的期望平均距离。

当 $R>1$ 时，点要素分布趋于均匀；当 $R=1$ 时，点要素分布为随机；当 $R<1$ 时，点要素分布趋于集聚[12]。为系统分析重庆市传统村落在地理空间上的分布类型，本文将单个传统村落在空间上近似为点状要素，借助 ArcGIS 10.6 空间统计工具（Spatial Statistics Tools）中的平均最邻近距离工具进行计算分析。

2）核密度估算法

核密度估算法（Kernel Density Estimation，KDE），是一种用于估算概率密度函数的非参数方法，即密度分布在每个 x_i 点处最高，向外不断降低，当距离中心达到一定窗宽范围处密度为 0[13]。其公式为：

$$\hat{f}_h(x)=\frac{1}{nh^d}\sum_{i=1}^{N}K\left(\frac{x-x_i}{h}\right) \quad (2)$$

式中 $\hat{f}_h(x)$——核密度；

$K\left(\frac{x-x_i}{h}\right)$——核函数；

h——核密度函数的窗宽；

n——窗宽范围内的点数；

d——x 的维数。

本文利用核密度估算法，分析重庆市传统村落在地理空间上的集聚情况与分布格局。

3）莫兰指数分析法

莫兰指数分析法（Global Moran’s I）又名聚类和异常值分析法[14]，即同时根据要素位置和要素值来度量空间自相关。其公式为：

$$I=\frac{n}{s_O}\frac{\sum_{i=1}^{n}\sum_{j=1}^{n}w_{ij}z_iz_j}{\sum_{i=1}^{n}z_i^2} \quad (3)$$

式中 z_i——要素 i 的属性与其平均值($x_i-\bar{x}$)的偏差；

w_{ij}——要素 i 和要素 j 之间的空间权重；

n——要素总数；

s_O——所有空间权重的聚合。

本文通过计算点要素与当地高程的局部莫兰指数，分析传统村落所形成的空间布局特征背后的相关影响因素。

三、结果分析

1. 分布特征

1）空间集聚型分布明显

根据《重庆市国土空间总体规划（2021—2035 年）》，以及市内 38 个区县在地理环境和区位方面所存在的差异，本文将重庆市分为主城都市区、渝东北地区、渝东南地区三大地理区域，运用 ArcGIS 10.6 对重庆市传统村落点数据进行空间分布现状数据处理，得出重庆市传统村落市域分布现状图。利用 ArcGIS 10.6 根据式（1）计算村落的最邻近点可得 $\bar{r}_O$=10688.7659m，$\bar{r}_E$=16257.7917m，R=0.657455，Z= −8.052617，P<0.01，表明传统村落在空间上呈明显的集聚型分布。

2）村落空间分布差异化

利用 ArcGIS 10.6 依据式（2）计算传统村落的核密度（h=150km）。重庆市传统村落在地理空间上呈不均衡态分布，渝东南地区的酉阳、秀山、彭水、黔江等四区县（自治县）组成高集聚区，石柱为次高集聚区，从占比来看，位于酉阳、秀山、彭水、黔江、石柱5区县（自治县）的传统村落占重庆市传统村落总数的62.91%，在地理区位上形成了渝东南高密度区和主城都市区与渝东北两大低密度区。这一地理空间聚类模式构成了重庆市传统村落保护利用基础，从区域整体可持续发展层面上看，传统村落高集聚区与次高集聚区都位于渝东南地区，在采取保护利用措施方面，具有较强的联动优势。

2. 相关因素

1）自然环境

自然环境因素主要包括地形地势和水文特征，对传统村落的空间分布具有显著影响[6]。

（1）为分析各传统村落所在区域的地形地势情况，将重庆市DEM高程数据导入ArcGIS 10.6，通过值提取至点分析工具对传统村落进行高程数据赋值（表1），与高程图进行叠置分析[15]。分析表明：

（2）重庆市的传统村落大多位于海拔200m以上的地区，且主要集中分布在渝东南武陵山地区，该地区位于武陵山脉北缘地带，山区内地形破碎，沟谷纵横，交通相对闭塞，使得该地区的村落受外界干扰较少，为传统村落的保存提供了较好的环境基础。

（3）利用ArcGIS 10.6局部莫兰指数分析工具，根据式（3）计算传统村落海拔高程自相关情况，如图3所示。结果表明：呈高高（HH）聚合的传统村落主要分布在渝东南地区，呈低低（LL）聚合的传统村落主要分布在主城都市区、酉阳东南部和秀山东部浅丘坝子地区。而呈无显著聚合的传统村落有41个，约占传统村落总数的27%，且大都分布在渝东南武陵山地区，反映出武陵山区复杂的自然山地环境对传统村落具有明显的分割影响。

（4）利用ArcGIS 10.6邻域分析工具对重庆的主要江河水系进行多环缓冲区分析，通过值提取至点分析工具对传统村落予以距河流距离数据赋值（表1），结果表明：从总体上看，重庆降水较为集中，洪涝等地质灾害频发，靠近河流地区不利于居住安全与村落保存，因此，重庆主要江河水系与传统村落的空间分布关联性不强。

2）社会经济

地区经济发展水平、人口民族和交通便捷性等社会经济因素与村落空间分布存在明显的关联性。

（1）由表2可知，一方面，经济相对欠发达的渝东南地区传统村落分布较多，该地区在三大地理分区中GDP最低，经济相对最不发达，城镇化进程相对缓慢，为传统村落的较好保存提供了条件；另一方面，经济较为发达的主城都市区，工业发达，城镇化水平高，一定程度上促使了传统村落的消失，因此该地区传统村落分布较少，而经济欠发达的渝东北地区由于三峡库区蓄水，造成库区人口移民，大量村落消失，其传统村落分布同样较少。

（2）重庆市是一个以汉族为主的多民族直辖市，全市人口主要分布于主城都市区，占比65.90%，以

海拔高程和距河流距离与村落分布关系情况　　表1

海拔高程（m）	村落数量（个）	百分比（%）	距河流距离（m）	村落数量（个）	百分比（%）
<200	1	0.67	<500	4	2.65
200~500	61	40.40	500~1000	6	3.97
500~1000	68	45.03	1000~2000	18	11.92
>1000	21	13.90	>2000	123	81.46

重庆三大地理区域GDP（2020年）与村落分布情况　　表2

地理区域	GDP总量（亿元）	百分比（%）	村落数量（个）
主城都市区	19242.75	77.05	28
渝东北地区	4347.50	17.40	20
渝东南地区	1387.94	5.55	103

汉族为主，该地区传统村落分布较少；其次是渝东北地区，占比25.16%，同样以汉族为主；渝东南地区总人口最少，只占全市人口的8.94%，该地区是以土家族、苗族为主的少数民族聚居地。分析表明：从人口分布多少与村落空间分布的关系来看，人口较少的地区，物质能量等流动较弱，一定程度上有利于村落的保存。从少数民族与村落空间分布关系来看，少数民族聚居地，文化特色鲜明，排他性较强，同样有利于村落的保存。

（3）利用ArcGIS 10.6工具，将重庆市路网（包含铁路、高速公路、国道、省道）与传统村落点要素进行叠置分析。由图4可知，路网密度较低的渝东南地区传统村落分布最多，而路网密度最高的主城都市区传统村落较少。分析表明：路网密度大小与传统村落分布多少负相关，交通较为闭塞的地区，与外界的联系较弱，所受到现代社会的冲击较小，有利于村落形态与文化的延续。

四、保护利用探索

1. 分类保护与区域联动

基于上述，从整体上看，重庆市传统村落在地理空间分布、地形地貌类型、经济发展水平、区域文化环境等方面均存在差异；从各区域内部来看，村落与村落之间又存在着相应的联系。因此，在传统村落保护上，一方面，应根据村落自身特征，将各个传统村落进行分级分类，因地制宜，制定行之有效的保护策略；另一方面，渝东南地区传统村落众多，特色鲜明，应充分利用地区自然文化等优势资源，加强县域之间的联动作用，立足民族特色，发挥集群效应，建设酉秀石黔彭传统村落协同保护发展区。

2. 特色村落与乡村旅游

重庆市地区经济发展不平衡，在传统村落保护方面，应根据村落地理区位条件，打造特色村落，构建传统村落精品线，推进形成传统村落保护区。逐步形成以点串线，以线成面的保护发展格局。同时，将距城市较近、旅游资源丰富的村落进行产业转型与更新，在保护的同时促发展，做到村落社会的可持续。例如，位于主城都市区的传统村落，经济区位优势明显，应推动都市近郊乡村游等产品开发，形成城乡资源互动，做好城乡统筹示范。位于渝东北地区的传统村落，旅游资源丰富，应在立足生态优先、绿色发展的基础上，充分利用大三峡风景区的辐射优势，打造高山、峡谷精品传统村落，形成以点带面的保护发展格局，促进全区域的可持续发展。

3. 政策引导与教育宣传

在传统村落保护利用方面，相关部门应根据重庆市传统村落实际情况，制定针对传统村落保护规划编制的技术指南，为传统村落保护利用提供指导；加大对传统村落保护的资金投入，且需做好落实工作。而在传统村落申报方面，应鼓励各区县积极申报，建立相应奖励机制[16]。此外，应加强对传统村落保护等相关知识的宣传，提高居民对传统村落的认识，确保物质和非物质文化遗产的可持续性。

五、结论与讨论

本文以重庆市151个传统村落为研究对象，分析了它们在地理空间上的分布特征及其影响因素，并对其提出保护利用策略。结果表明：通过最邻近指数法及核密度估算法，得出重庆市传统村落属集聚型分布，在地理空间上呈三大密度区，其中主城都市区与渝东北地区为低密度区，渝东南地区为高密度区，该地区内部又呈现以酉阳、秀山为主的传统村落高集聚区和以石柱为主的次高集聚区。重庆市传统村落的地理空间分布受地形地势、水文特征等自然环境因素和地区GDP、人口民族等社会经济因素的影响，结果显示，地形较为封闭的山地丘陵地区，大量少数民族聚居的地区，以及经济欠发达、交通较为不便的地区，有利于传统村落的形成与保存。

本文基于重庆市传统村落在地理空间上的分布特征及其影响因素分析，对保护利用策略进行了探索，为重庆市传统村落的保护利用提供一定参考。但本研究也存在一定局限性，一方面，本研究将传统村落抽象为地理空间点要素，每个村落内部的空间布局无法具体反映；另一方面，没有考虑传统村落的形成年代以及其历史演变因素，导致研究结果可能会出现一定偏差。在未来的研究过程中，可以考虑重庆市传统村落的历史演变因素，进一步挖掘传统村落在地理空间分布上的影响因素，以及探讨传统村落内在演变机制与发展规律。

参考文献：

[1] 冯骥才 . 传统村落的困境与出路：兼谈传统村落是另一类文化遗产 [J]. 民间文化论坛，2013（1）：7-12.

[2] 胡彬彬，李向军，王晓波 . 中国传统村落保护调查报告 [M]. 北京：社会科学文献出版社，2017：6-7.

[3] 严赛 . 中国传统村落分布的特点及其原因分析 [J]. 大理学院学报，2014（9）：25-29.

[4] 崔海洋，苟志宏 . 传统村落保护与利用研究进展及展望 [J]. 贵州民族研究，2019，40（12）：66-73.

[5] 王淑佳，孙九霞 . 中国传统村落可持续发展评价体系构建与实证 [J]. 地理学报，2021，76（4）：921-938.

[6] 田海 . 京津冀地区传统村落的空间分布特征及其影响因素 [J]. 经济地理，2020，40（7）：143-149.

[7] ZHENG X，WU J，DENG H.Spatial distribution and land use of traditional villages in southwest China[J]. Sustainability，2021，13（11）.

[8] 杨晓峰，周若祁 . 吐鲁番吐峪沟麻扎村传统民居及村落环境 [J]. 建筑学报，2007（4）：36-40.

[9] 王苏宇，陈晓刚，林辉 . 徽州传统村落景观基因识别体系及其特征研究：以安徽宏村为例 [J]. 城市发展研究，2020，27（5）：13-17，36.

[10] 张鹏，唐雪琼 . 大理白族民居建筑文化保护与传承研究 [J]. 西南林业大学学报：社会科学版，2021，5（4）：86-92.

[11] 李天依，翟辉，胡康榆 . 场景·人物·精神：文化景观视角下香格里拉传统村落保护研究 [J]. 中国园林，2020，36（1）：37-42.

[12] 张慧，蔡佳祺，肖少英，等 . 太行山区传统村落时空分布及演变特征研究 [J]. 城市规划，2020，44（8）：90-97.

[13] 王法辉 . 基于 GIS 的数量方法与应用 [M]. 姜世国，滕骏华，译 . 北京：商务印书馆，2011.

[14] 郑建功，赵建军，李军锋，等 . 基于 ArcGIS 10 的三维地理信息系统应用 [J]. 测绘与空间地理信息，2012，35（9）：80-82.

[15] 孙鸽，郭朝珍 . 基于 SVG 的 WebGIS 空间分析系统的研究与实现 [J]. 小型微型计算机系统，2012，33（8）：1770-1773.

[16] RADZUAN I，AHMAD Y，FUKAMI N，et al. Incentives mechanism for the conservation of traditional villages in Japan and South Korea[C]// The Sustainable City，2013：1213-1224.

山地历史城镇保护历程探索与启示

廉子瀚，杨　光

（重庆大学建筑城规学院，重庆　400030）

【摘　要】山地历史城镇特殊的地理环境与文化传统，造就了独特的聚居方式和丰富的人文底蕴。改革开放以来，山地历史城镇保护逐渐形成一股具有时代性与地域性的研究思潮。本文从山地历史城镇保护的特征出发，结合山地聚居这一山地人居环境科学的研究视角，对山地历史城镇保护思潮及其关注的核心学科进行研究，总结山地历史城镇保护的历史经验与现实启示，为山地历史城镇的保护提供研究参考。

【关键词】山地；历史城镇保护；地域性

山地历史城镇具有独特的聚居方式和丰富的人文底蕴，其保护研究在建筑学和城乡规划学领域具有独特的学术地位。山地历史城镇的保护思想经历三个发展阶段：改革开放初期，依托历史城镇保护思想的萌芽，从山地城镇的空间与环境美学角度探讨新建成环境与传统建成环境之间的关系[1-2]；快速城镇化发展时期，以历史文化为中心，初步构建了具有地域特征的山地历史城镇保护体系，强调对山地城镇的自然生态环境、地域性建构技术及历史文化综合性的保护[3-4]；新型城镇化时期，转向对传统人居环境保护和可持续发展的研究，以更务实的态度探讨山地历史城镇发展的模式与方法[5]。

一、早期探索：空间与环境角度下的山地历史城镇保护思想

改革开放初期，由于山地城镇经济社会发展处于较低水平，其历史文化保护不受重视，山地历史城镇的保护工作基本没有环境、条件及理论与技术的支撑，但在这样的环境下，一批学者开始摸索山地历史城镇保护的地域化道路（图 1）。

1. 保护思想萌芽：自然与人文景观城市

山地历史城镇保护的概念最初形成于文物保护和风景区规划领域。西南地区的山地城镇与山水环境相辅相成，城镇风貌独具一格。山地历史城镇的保护以风景城市、风景名胜区旅游规划等研究为开端，将西南地区具有壮丽自然风景资源和丰富历史文化遗存的城市总结为“自然与人文历史景观城市”，作为具有独特性质的城镇进行规划研究。研究者认为，应当保护此类城镇的自然风景与历史文物，利用文物古迹、传统园林等资源，维护城市风貌，建设具有传统特色的历史城镇[1, 6]。后续逐渐将历史文化保护与风景城市脱离开，以丽江古城保护规划为先导，山地历史城镇保护的研究逐渐拓展至与城市规划相关的社会学、生态学、经济学等多种学科之中。在国家完善历史文化区概念后，规划领域开始研究如何建立山地历史城镇的保护理论[2]。

2. 保护理念发展：从“新旧独立”到“融合发展”

历史城镇建成环境的保存与延续，在大足、丽江

作者简介：

廉子瀚（1996—），男，河北石家庄人，硕士研究生，主要从事山地人居环境科学研究。

杨　光（1988—），男，四川绵阳人，博士研究生，主要从事山地历史城镇保护研究。

基金项目：国家自然科学基金面上项目“山地城镇防灾减灾的生态基础设施体系建构研究”（51678086）。

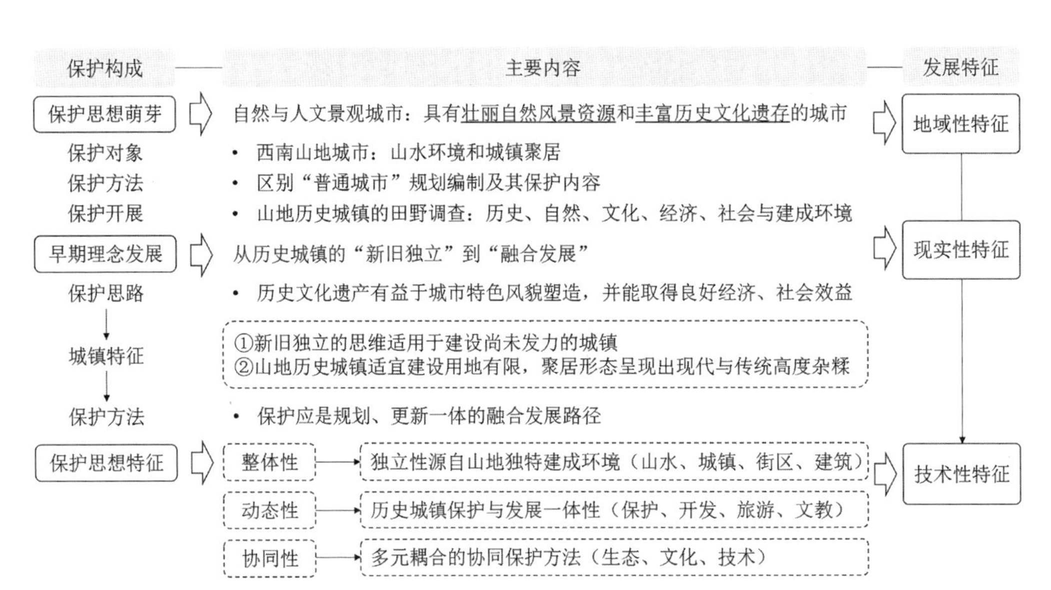

图 1　山地历史城镇保护思想的早期探索历程

等早期建设尚未发力的城镇，尚可通过开展新旧城区分离建设，保护原有的传统街区、建筑与环境。但不同于平原地区，山地历史城镇的聚居形态呈现出较高的混杂性。山地城镇适宜建设的土地资源有限，新城建设的成本较高，城市呈现出新城与旧城杂糅、历史街区与现代街区混合的面貌，山地城镇历史地段越来越拥挤，文物建筑、历史街区等受到较大影响。因此，需要探索一种新城建设与旧城保护融合发展的保护思路。早期探索以旧城更新为切入点，将旧城改造与新区建设开发结合起来疏导城市功能与人口，以此改善原有历史地段混杂拥挤的局面，重构城市建设与历史文化遗产保护的合理关系[7]。

3. 保护思想特征：整体性保护

早期山地历史城镇保护思想与山地城镇规划思想的发展紧密结合，认为历史城镇的保护并不只是一种防御性的活动，必须与城镇的发展战略有机结合起来，强调整体性保护[8]。整体性保护是指历史城镇保护应考虑其文化意义的各个方面，将历史保护与城市总体规划、自然环境保护、人居环境改善、社会经济发展等相结合，山地历史城镇的独特性源自山地地区特殊的地理环境与文化传统，在保护历史城镇本身之外，应将自然环境与历史人文环境作为历史城镇保护的要素，维护现有城市整体的山水环境与空间关系[9]。这种认知与当时国际上对历史文化遗产周边环境的保护有共通的地方，即整体性保护历史、环境、景观等特征区域。

二、快速城镇化时期的探索：构建地域性的山地历史城镇保护体系

20 世纪末至 21 世纪初，山地地区城镇化发展逐年加快，为避免城镇无序扩张对地域性历史文化景观的破坏，山地历史城镇保护在理论、方法与实践上进行了较多研究，体现在三方面：一是多学科视角下对山地历史城镇地域性保护理论的探索，二是山地历史城镇活态保护方法的提出，三是山地历史城镇保护规划编制体系的完善。

1. 理论发展：山地历史城镇的地域性保护

山地历史城镇保护的目的是维护和传承具有山地特征的地域性聚居形态，而山地聚居的特征性保护是从多学科角度，分析各个山地历史城镇的特殊表征，阐释山地城镇聚居行为的产生与发展，保护地域性空间形态，以特征性为保护对象，制定保护策略(图 2)。以三峡库区山地历史城镇保护研究为例，将城镇发展与巴文化结合起来，揭示了山地聚居与三峡地域文化环境之间的关系，探讨了三峡库区聚落的形成与发展的内在动因，并对三峡库区历史城镇在搬迁中的历史文化保护提出对应的策略[10-11]。

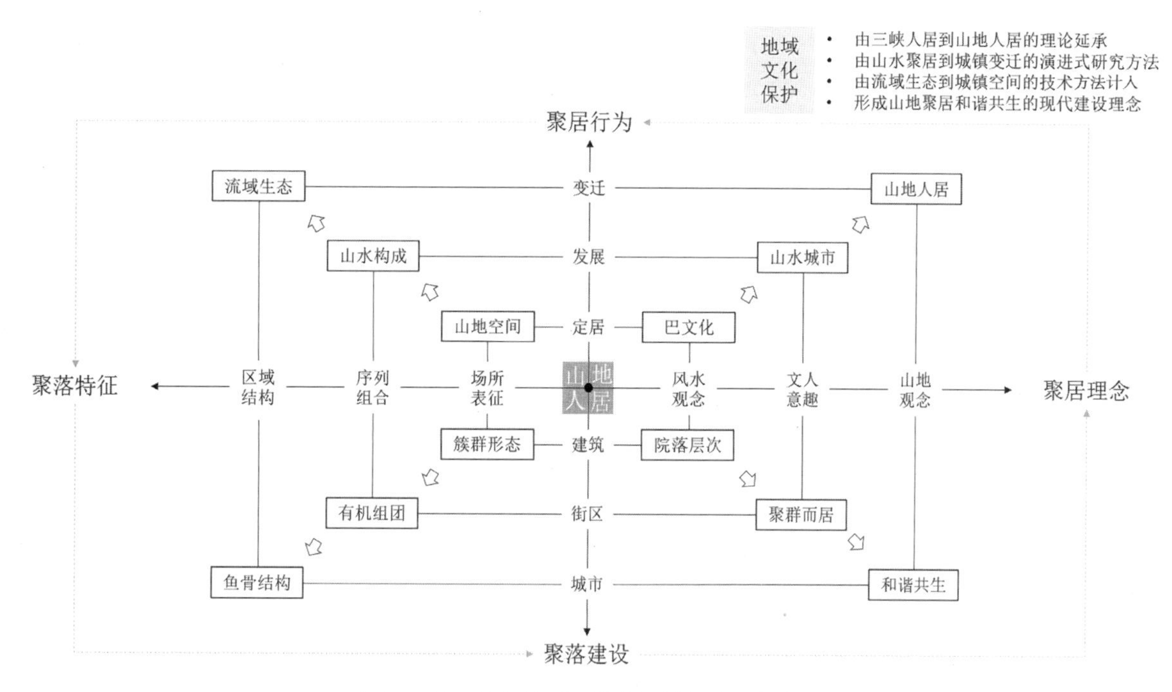

图 2　从三峡人居到山地人居的保护思想发展

对山地历史城镇发展演进过程的保护则是对城镇地域性发展历程的延续，这类研究也始于对三峡库区传统古镇的保护，主要分为两种类型：一是对尺度较小的传统古镇开展保护实践，主要研究对象为建筑空间形态的演变与发展；二是通过借鉴形态学研究方法，梳理大尺度山地城镇形态的空间变化与动因，总结山地城镇的发展规律与经验，并指导山地历史城镇保护与建设[12]。

2. 方法发展：山地历史城镇的活态保护方法

对山地历史城镇地域性“特征”与“过程”的研究，逐渐形成了活态保护的思想（图 3）。

（1）山地历史城镇本身具有灵活变化的特征，如山地历史城镇中典型的吊脚楼民居，由于长时间临水，建筑构件需经常更换以免被侵蚀，在对这些建筑开展保护时并不会简单替代这些建筑构件，而是按照传统的工艺进行修复，并开展长期的维护。在对这些滨水的历史城镇的保护过程中就需要延续这种动态的空间使用形式，维护传统的生产生活方式[13]。

（2）遵循城镇空间发展的脉络，延展传统的城镇交通布局，串联主要公共空间与城市轴线，合理布局服务设施，有利于动态地保护山地历史城镇。如丰盛古镇的保护规划，其编制思路是从历史文化资源特性、空间属性和结构层次的角度出发，提出历史文化资源保护与开发的发展思路[14-15]。山地历史城镇活态保护思想是对历史文化遗产整体性保护思想的发展，将各个时期的历史文化遗存作为切入点，动态审视城镇在各个历史时期的发展，平衡城镇发展与保护的关系（表 1）。

3. 实践发展：从微观形态单元到宏观历史景观的保护

山地历史城镇保护的尺度从两个层面展开：一是从微观形态单元出发，以小尺度更新修复传统街区、建筑群；二是宏观叙事视角下系统性的历史城镇保护。

1）由微观空间形态保护到“簇群”保护

“群”的概念是空间形态研究中的主要要素之一。西南地区的山地历史古镇多为自然形成，其空间形态具有较大的灵活性与自然性。赵万民教授将“群”这一空间形态要素与西南地区独特的自然山水格局结合，认为山地历史城镇保护的核心对象是具有山地聚居特征的空间集合。这类空间集合被总

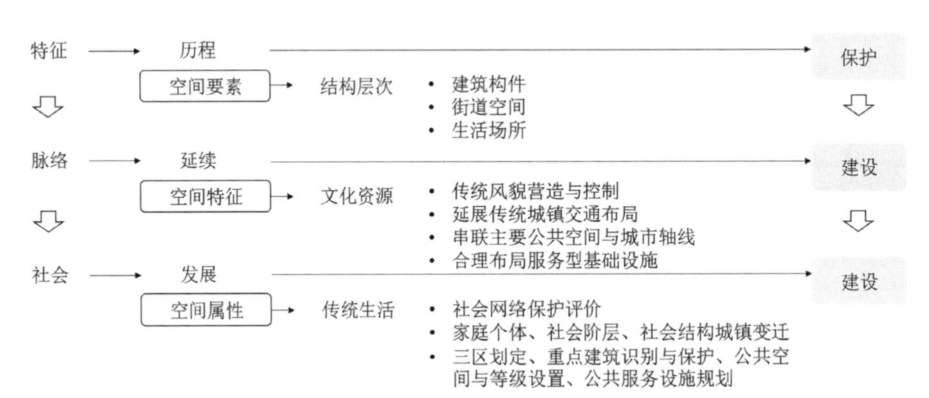

图 3　山地历史城镇活态保护思想研究综述框架

典型山地历史城镇的保护研究　　**表 1**

	龚滩	龙潭	安居	丰盛
历史沿革	川（渝）、黔、湘、鄂客货中转站，是由乌江连接重庆与长江的重要货运口岸	始于蜀汉，宋后土司统治的少数民族地区的汉人聚居地，明清渝东南重要的商贸城镇	始建于隋朝，原名赤水县，地处琼江、涪江交汇处，重庆北部重要的水上口岸城镇	始建于宋代，明末清初因商贸业发达而兴场，为古代巴县旱码头之首
城镇类型	码头市镇	商业市镇	商业市镇	商业市镇
传统经济	桐、茶、漆、盐、药材运输、转运	桐、茶、漆、大米、粮油运输、转运	大米、粮油、药材运输、转运	大米、姜、蚕桑运输、转运
格局特征	镇区西面临江镇内一字主街带形城镇	镇区东面临河镇内一字主街带形城镇	镇区北面临江镇内街道蜿蜒团状城镇	镇区位于山坳“丫”字形街道团状城镇
建筑特色	多为木质吊脚楼、会馆（西秦会馆）与商户（冉家院子、夏家院子、董家祠堂）为主	由南向北沿河呈长形分布，150 余堵翘角飞檐的封火墙隔离出 200 余处院落，还有土家族特色的吊脚楼建筑	以会馆建筑和商户院落为主，有九宫十八庙，王翰林大院，吴翰林大院、曾家翰林院等代表性院落建筑	主街两侧全木质穿斗结构的店铺，多为单檐房山式屋顶、二层楼双重挑檐、雕花木窗的明清建筑

结为“簇群”，包括建筑组群、周边人工与山水自然环境，并形成以“簇群”为微观形态单元的保护认知[4, 16]。簇群具有三个典型的特征，一是城镇、建筑、地景三位一体高度融合，二是空间呈现出高密度聚集倾向，三是空间动态变化性[13, 17]。山地历史城镇簇群形态保护是总体上维护城镇的景观特征，通过标记历史城镇的形态变化历史痕迹、记录变化的过程与结果，指导历史保护实践（图 4）。

2）由宏观叙事到保护体系建立

山地历史城镇宏观叙事的核心是建立一个完整的空间保护体系，以历史文化遗产为保护对象，通过分析其历史文化价值，明确空间载体，实现保护策略的空间全覆盖。研究从区域、地段、遗址三个层级保护与控制历史环境，分级、分类别开展多学科参与的整治修复，保护与修整历史城镇的遗存与文化价值[18]。引入了历史文化遗产中文化景观保护的概念，建立了“文化资源—文化景观—文化价值特征—空间载体”的研究体系[19]。由宏观叙事建立的山地历史城镇保护体系具有连续性与系统性特征，形成以历史文化遗产为核心的多层级保护结构。

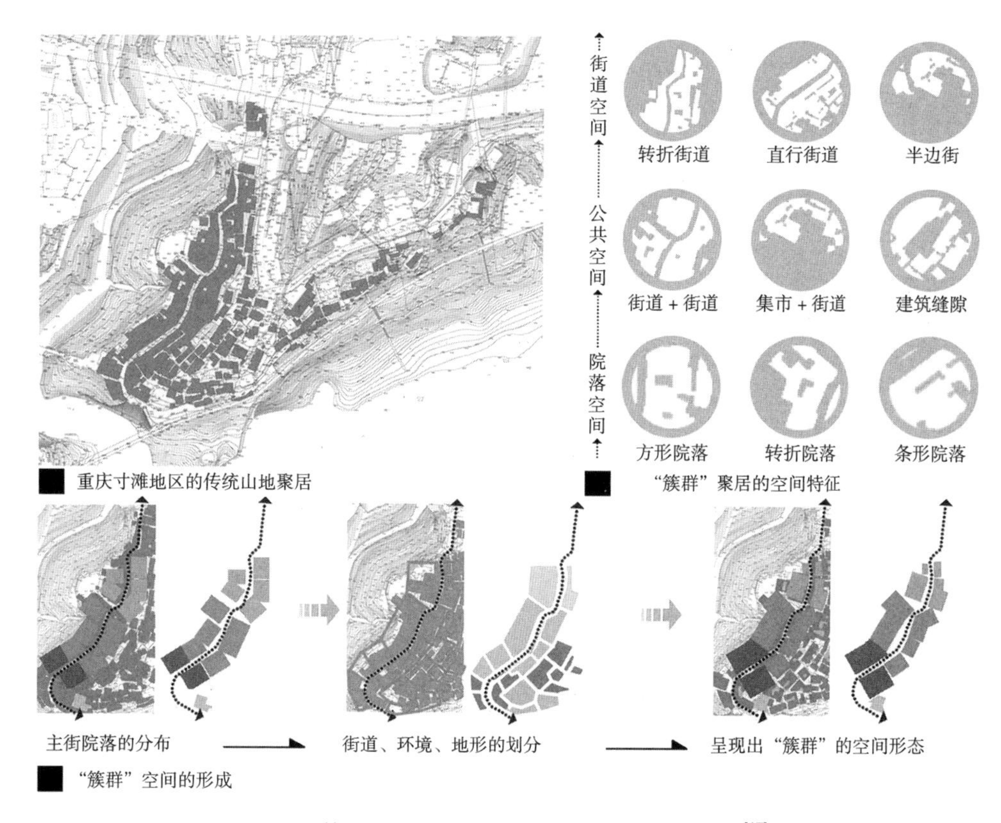

图 4 “簇群”形态在山地历史城镇保护中的应用 [17]

三、新型城镇化时期的探索：山地历史城镇的可持续开发利用模式

2014 年以来，随着新型城镇化建设需求的提出，山地历史城镇保护的探索进入保护与开发并重的新阶段，传统人居环境的可持续发展也逐渐受到重视。山地历史城镇在协调保护与可持续发展中存在三种模式：一是通过建立整体的历史文化遗产保护体系，引入旅游开发与资源运营观念；二是将活态传承作为保护的主要目的，从环境整治与空间更新的视角，开展山地历史城镇的保护；三是将保护历史城镇文化环境作为主要目标，重新构建基于历史文化保护的城市开发建设策略。

1. 整体开发的资源运营模式

对山地历史城镇的保护与开发主要集中于对旅游和文化产业的推动与发展，通过合理的业态策划与商业开发，引入旅游商业服务，提升聚集地区人气，带动地方消费，增加地方收入，带动保护工作的开展。同时注重对原历史文化本底环境的保护，鼓励原住居民从事当地特色产业的生产经营，保护历史城镇原生态环境不被破坏，通过鼓励开展传统手工业、特色产品生产等经营方式，实现地区传统文化与生活方式的传承与发展 [20]。山地城镇历史资源保护开发的关键是建构适宜的保护与利用关系，实现保护与发展的相互平衡、相互促进。

2. 活态传承的保护开发思路

在整体性保护与开发基础上，有节奏有条件地控制古镇的保护与更新速率，在渐进式的保护与开发中不断调整发展策略与建设速率，构建动态的保护愿景，使传统人居环境得到传承与发展。充分借鉴“小规模、渐进式”的保护开发理念，结合山地历史城镇空间与生态形态的特殊性，开展递进组团式的保护与开发 [21]。灵活的保护方式并不是抛弃整体性的保护开发策略制定，而是将保护开发以细致入微的形式深入到不同对象、不同时间段和不同空间上，整体性的保护利用策略更加倾向引导性规划编制，使得山地历史城镇发展更具韧性与可持续性。

3.“历史空间”响应的规划建设方法

历史文化保护视角下，山地城镇的开发与建设主要内涵是对“历史空间”的保护与营造，通过规划管控的手法，影响城市空间管控、建设用地布局、开发强度、风貌管控与设计的规划编制内容，实现城市历史文化的传承与人居环境的可持续发展（表2）。一是空间规划视角下，识别与梳理山地历史城镇山水格局，提出城市空间管控的要求；二是用地布局视角下，将风貌保护与城市建设用地布局与开发挂钩；三是设施布局视角下，提倡活化保护与利用结合的方式打造新兴文化创意中心，将传统历史文化遗迹与现代文化服务功能相结合；四是保护区划视角下，通过对公共空间的特色营建，勾勒出山地历史城镇特色性与符号性突出的空间意象；五是设计更新视角下，在保护范围与建设空间范围划定中，以城市设计的方式引导规范新建建筑与环境要素的风貌。

四、结语

山地历史城镇保护研究内容在不断积累与沉淀中逐渐多样化，主要集中在两方面：一是对山地历史城镇空间形态保护与更新的研究，在多尺度视角下梳理空间形态的变化与特征，提出地域性的保护理论；二是引入社会、经济、文化视角，研究山地历史城镇在历史演进中的发展规律与内在机制，创新规划建设方法。自20世纪70年代以来，在一批学者的努力下，山地历史城镇保护逐渐形成一股具有时代性与地域性的研究思潮，拓展了山地城乡规划的研究视野，有力支撑了山区城镇化的发展。山地历史城镇保护历程的发展，经历了改革开放初期的早期探索、快速城镇化时期的保护体系构建以及新型城镇化时期可持续保护与开发模式的研究，逐步形成了建筑学、城乡规划学、社会学、经济学等多学科交叉，具有地域性特征的山地历史城镇保护理论与方法。在国土空间规划与城市空间治理研究快速发展的今天，山地历史城镇保护也将融入空间规划方法，对历史城镇发展开展空间管控，继续支撑当代山地城市的可持续发展。

参考文献：

[1] 黄光宇.试论风景城市的布局[J].重庆建筑工程学院学报，1979（1）：210-220.
[2] 赵长庚.历史文化名城规划的一些问题[J].城市规划，1985（2）：49-52.
[3] 吴良镛，赵万民.三峡工程与人居环境建设[J].城市规划，1995（4）：5-10，64.
[4] 赵万民.巴渝古镇聚居空间研究[M].南京：东南大学出版社，2011.
[5] 赵万民 等.三峡库区人居环境建设发展研究：理论与实践[M].北京：中国建筑工业出版社，2015.
[6] 赵长庚.四川大足“三山一镇”风景名胜旅游规划设想[J].城市规划，1982（3）：47-50.
[7] 黄光宇.我国旧城改建中的若干经验与问题[J].重庆建筑工程学院学报，1994（3）：77-83.
[8] 李和平.山地历史城镇的整体性保护方法研究：以重庆涞滩古镇为例[J].城市规划，2003（12）：85-88.
[9] 李和平.重庆历史建成环境保护研究[D].重庆：重庆大学，2004.
[10] 赵万民.三峡工程中历史文化遗产保护问题：涪陵市迁建与白鹤梁保护规划思考[J].建筑学报，1997（5）：29-31.
[11] 黄勇，赵万民.三峡地区古代城镇时空格局变迁[J].重庆建筑大学学报，2008（2）：7-13.

山地历史城镇的“历史空间”响应　　表2

视角		内容	依据	方法
宏观	空间规划	国土空间与“三生空间”管控	传统城市山水格局与生态文化	生态红线、绿线、蓝线
中观	用地布局	城市用地建设布局与空间开发设计	传统城市轴线与风貌连片区	用地功能、开发高度与强度
	设施布局	城市服务设施布局规划	传统城市文化景观与意象	历史文化服务设施、公园绿地
微观	保护区划	划定保护范围、控制范围与风貌协调范围	固定文物、历史建筑、风貌建筑等	城市设计导引与风貌管控要求
	设计更新	旧城更新	传统城市记忆	公共空间与步行空间规划

[12] 李旭 . 西南地区城市历史发展研究 [D]. 重庆：重庆大学，2010.
[13] 赵万民，赵炜 . 三峡沿江城镇传统聚居的空间特征探析 [J]. 小城镇建设，2003（3）：33-37.
[14] 赵万民 . 丰盛古镇 [M]. 南京：东南大学出版社，2009.
[15] 赵万民 . 龚滩古镇 [M]. 南京：东南大学出版社，2009.
[16] 赵万民 . “簇群” 文化内因与城市整体设计：三峡库区一种传统的城市设计方法探究 [J]. 建筑学报，1996（8）：27-30.
[17] 赵万民，杨光 . 重庆古镇人居环境保护的综合质量评价研究 [J]. 遗产与保护研究，2019，4（2）：14-24.
[18] 李和平，严爱琼 . 谈西部大开发中历史文化遗产的保护 [M]// 中国城市规划学会 . 中国城市规划学会 2001 年会论文集 . 2001：4.
[19] 肖竞，李和平，曹珂 . 历史城镇 “景观—文化” 构成关系与作用机制研究 [J]. 城市规划，2016，40（12）：81-90.
[20] 魏皓严，许靖涛 . 旅游小城镇传统空间景观风貌的 “布景式” 认知：从 “空间生产” 的视角出发 [J]. 室内设计，2010，25（2）：8-14，7.
[21] 赵万民，杨光 . 三峡地区历史城镇的景观特征及活态保护之路 [J]. 中国园林，2021，37（2）：37-42.

渝西地区村镇聚落演变的驱动机制与重构策略研究——以永川为例

段昀孜，李　旭
（重庆大学建筑城规学院，重庆　400045）

【摘　要】 城镇化、工业化背景下，我国乡村地域面临人口流失、空间凋敝等问题，迫切需要科学的转型与重构。本文以渝西永川区为例，基于2008年和2017年的土地利用数据、数字高程数据及社会经济统计数据，采用多元线性逐步回归分析、多尺度地理加权回归模型定量分析了永川区城乡建设用地、村庄建设用地演变的影响因素。结合定量分析所得影响因素构建村镇发展综合评价指标体系，提出在不同产业主导下农业型村镇聚落的重构模式。

【关键词】 村镇聚落；用地演变；乡村重构；多尺度地理加权回归模型

村镇聚落的演变规律和驱动机制在不同时期和地域是不同的，其中自然区位是乡村发展的核心驱动力[1-5]，工业化和城镇化是乡村发展的外源驱动力[6]。现有研究大多通过Logistic回归模型、地理检测器等分析方法，定量探讨农村居民点用地的主要驱动因素[7-9]。然而，驱动力在空间上是不稳定的。传统的定量分析工具忽略了各变量的局部特征，地理加权分析可以反映自变量的空间分异规律[10]。而地理加权回归分析中各自变量的影响范围（带宽）相等，但在实际情况中，不同自变量的影响范围具有不同的全局或局部特征，需要分别考虑。因此，本文采用多尺度地理加权回归分析，充分考虑各变量因子在空间影响范围上的差异，更准确地描述自变量与因变量之间的空间关系。

一、研究区概况及数据来源

重庆市永川区面积为1576km²。在2017年，永川区GDP704.5亿元，常住人口109.7万人。本文所研究的城乡建设用地为土地现状分类（二调）中的城乡建设用地，包括城市、建制镇、村庄建设用地，原始数据包括2008年和2017年土地利用现状数据、DEM（数字高程数据）及人口、经济等社会经济统计数据。

二、研究方法

1. 多元逐步回归模型

多元线性回归旨在探索自变量与因变量之间的线性关系[11]。多元逐步回归模型是多元线性回归分析中的一种对自变量进行筛选的方法，在引入每一个新自变量之后都重新计算之前代入的自变量，观测此变量能否保留在方程中，并以此为依据进行下一个自变量的引入或者删除[12]。模型公式如下：

$$Y=\alpha_0+\alpha_1 X_1+\alpha_2 X_2+\cdots\cdots\alpha_n X_n+\beta \quad (1)$$

式中，α_0是常数项，α_1，α_2，$\cdots\alpha_n$是回归系数，β为误差项。

作者简介：
段昀孜（1996—），女，四川南充人，硕士研究生，主要从事村镇体系研究。
李　旭（1974—），女，重庆沙坪坝人，副教授，博士，主要从事城市形态、村镇体系研究。

基金项目：“村镇聚落空间重构数字化模拟及评价模型”（2018YFD1100300）。

2. 多尺度地理加权回归模型

多尺度地理加权回归模型（MGWR）区别于传统的地理加权回归，除了能观测影响因素的空间异质性外，还可以通过变量间不同的带宽值判断不同变量空间上的影响范围大小。MGWR 的运算公式如下：

$$Y_i=\sum_{j=1}^{k}\beta_{bw_j}(u_i,v_i)x_{ij}+\varepsilon_i \quad (2)$$

式中，bw_j 表示第 j 个变量的回归系数所用的带宽值，每个变量的回归系数 β_{bw_j} 在局部回归及不同的带宽基础上得出。

三、变量选择与模型构建

1. 变量选择

乡镇的发展与演变受到多种因素的影响。当社会生产水平较低时，乡村属于依靠自然经济的农业社会，聚落空间格局处于稳定状态，自然因素决定了村镇的区位、演变模式。随着工业化、城镇化的推进，交通、人口、经济等因素介入，逐渐影响村镇的演变[13]。因此，本文选取永川区自然因素、区位因素、社会经济因素分别建立回归模型，如表 1 所示。

2. 相关性检验与多尺度地理加权回归分析

1）SPSS 相关性检验

为探索上述确定的变量是否适宜进行回归分析，需对选取的因变量及自变量的相互关系进行探索。基于 SPSS 21.0 中多元逐步回归方法对上述自变量构建回归模型。个案选取在永川区行政范围内，按 1km × 1km 格网分析统计得到的 1721 个单元中的数据，得到的模型摘要如表 2 所示。

2）多尺度地理加权回归分析

使用高斯函数进行运算，并通过 AICc 验证法确定局域变量最优带宽，分别用城乡建设用地面积、

自变量影响系数

表 1

因变量		自变量	2008 年	2017 年	演变趋势
城乡建设用地面积	自然因子	平均海拔	–0.086	–0.221	负增长
		平均起伏度	–0.212	–0.328	负增长
		耕地面积	\	–0.29	负增长
		耕地破碎度	\	0.023	负增长
		到耕地距离	0.009	–0.05	负增长
		水域面积	–0.05	–0.103	负增长
		到一级水系距离	–0.174	0.51	正增长
		到三级水系距离	–0.042	0.013	正增长
	区位因子	到二级道路距离	–0.053	–0.087	负增长
		到三级道路距离	\	–0.07	负增长
		到火车站距离	–0.263	–0.001	负减缓
		到汽车站距离	\	–0.366	负增长
		到区政府距离	–0.409	2.321	正增长
		到镇政府距离	–0.074	–0.167	负增长
		到高速下道口距离	\	–0.034	负增长
	社会因子	总人口	0.703	0.964	正增长
		乡村人口	–0.409	–0.379	负持平
		从事农业人口	0.561	0.324	正减缓
	经济因子	第一产业产值	0.581	0.419	正减缓
		第二产业产值	\	0.958	正增长
		GDP	0.606	1.961	正增长

因变量	自变量	2008 年	2017 年	演变趋势
村庄建设用地面积	平均海拔	–0.032	–0.047	负增长
	平均坡度	–0.223	–0.289	负增长
	耕地面积	0.586	0.468	正减缓
	耕地破碎度	–0.115	–0.082	负减缓
	到耕地距离	–0.106	\	负减缓
	水域面积	–0.009	–0.018	正增长
	到二级水系距离	0.014	–0.042	负增长
	到三级水系距离	–0.112	–0.166	负增长
	到二级道路距离	–0.032	–0.14	负增长
	到三级道路距离	\	–0.101	负增长
	到火车站距离	–0.187	\	负减缓
	到汽车站距离	\	–0.181	负增长
	到镇政府距离	–0.098	\	负减缓
	总人口	0.052	0.013	正减缓
	从事农业人口	0.849	0.842	正减缓
	第一产业产值	0.823	0.738	正减缓

注：“\”表示当年此变量与因变量无相关性。

永川区建设用地多元逐步回归模型调整后 R^2 结果 表 2

因变量	2008 年	2017 年
城乡建设用地	0.685	0.581
村庄建设用地	0.535	0.656

永川区建设用地多尺度地理加权模型调整后 R^2 结果 表 3

因变量	2008 年	2017 年
城乡建设用地	0.797	0.703
村庄建设用地	0.804	0.815

村庄建设用地面积作为因变量，得到 2008 年、2017 年两个时期四类自变量因子的 MGWR 模型的统计结果（表 3）与变量系数（表 1）。

四、永川区建设用地演变影响因素分析

村镇聚落是农村居民与周围自然、经济、社会和文化环境互相作用的结果[14]。聚落用地承载了村民的生产和生活，用地规模的变化体现了乡村在自然、社会、经济、环境发展趋势下的转型，最能直观反映村镇聚落的演化过程和方向，特别是自 21 世纪初起，城镇化、工业化的发展已经极大地影响了乡村的土地承载功能和发展模式。因此，本文选择建设用地为主要研究对象，拓宽了传统村镇聚落演变研究单纯探讨空间形态变化的研究框架，在量化的基础上为村镇聚落发展提供科学的指引。

1）自然因素

自然环境主要包括地形地貌、耕地条件、水系条件。地形地貌对建设用地为限制作用，海拔越高，坡度、起伏度越大则建设用地面积越小，21 世纪初永川区以破坏原始地形的方式搞大开发大建设的现象逐渐转变为因地制宜，因此地形条件对城乡、村庄建设用地的影响程度更加强烈。

耕地条件主要以耕地面积和耕地破碎度、到耕地距离为代表。三者对村庄建设用地的影响均大于城乡建设用地。耕地面积越大，城乡建设用地面积越小，而村庄建设用地面积越大，说明城乡特别是城市建设用地对耕地的占用；到耕地距离越近，村庄建设用地面积越大，显示了村庄建设用地的选址与耕地息息相关；耕地越破碎则农业机械化的程度不易提高，村庄建设用地也随之破碎化，单块村庄建设用地面积越小。2008~2017 年，耕地条件对城乡建设用地的影响增长，对村庄建设用地的影响减弱，说明城市开发对耕地占用逐渐减小，对耕地的保护力度加强，而由于农业技术的发展，村庄建设用地受到耕地所在位置、大小和完整性的制约减弱。水域面积越大，城乡建设用地面积越小，村庄建设用地面积越大，且随着时间的推移这种趋势逐渐增强，说明水域等非建设用地转化为城市建设用地的现象继续发展，而农业对水资源的使用还在不断加强。城乡建设用地主要受到长江的影响，2008 年由于紧靠长江的港桥工业园的规划建设，离长江近的区域面积更大，而 2017 年工业园区初步建成，建设用地新增较少，且离长江较远的区域城市建设加快步伐，因此长江的影响变为正影响。由于三级水系（水库、坑塘水面）是农业用水的重要来源，故村庄建设用地主要受三级水系距离的影响更大，离三级水系距离越近村庄建设用地面积越大的趋势随着时间推移而增加。

2）区位因素

区位条件主要包括道路、车站站点和高速公路下道口位置、区政府和镇政府点位所代表的城镇行政中心三种因素。离道路越近建设用地面积越大，且随着时间推移影响程度处于增长状态，道路交通的建设带动建设用地的发展越来越明显。城乡、村庄建设用地均离火车站、汽车站越近面积越大，其

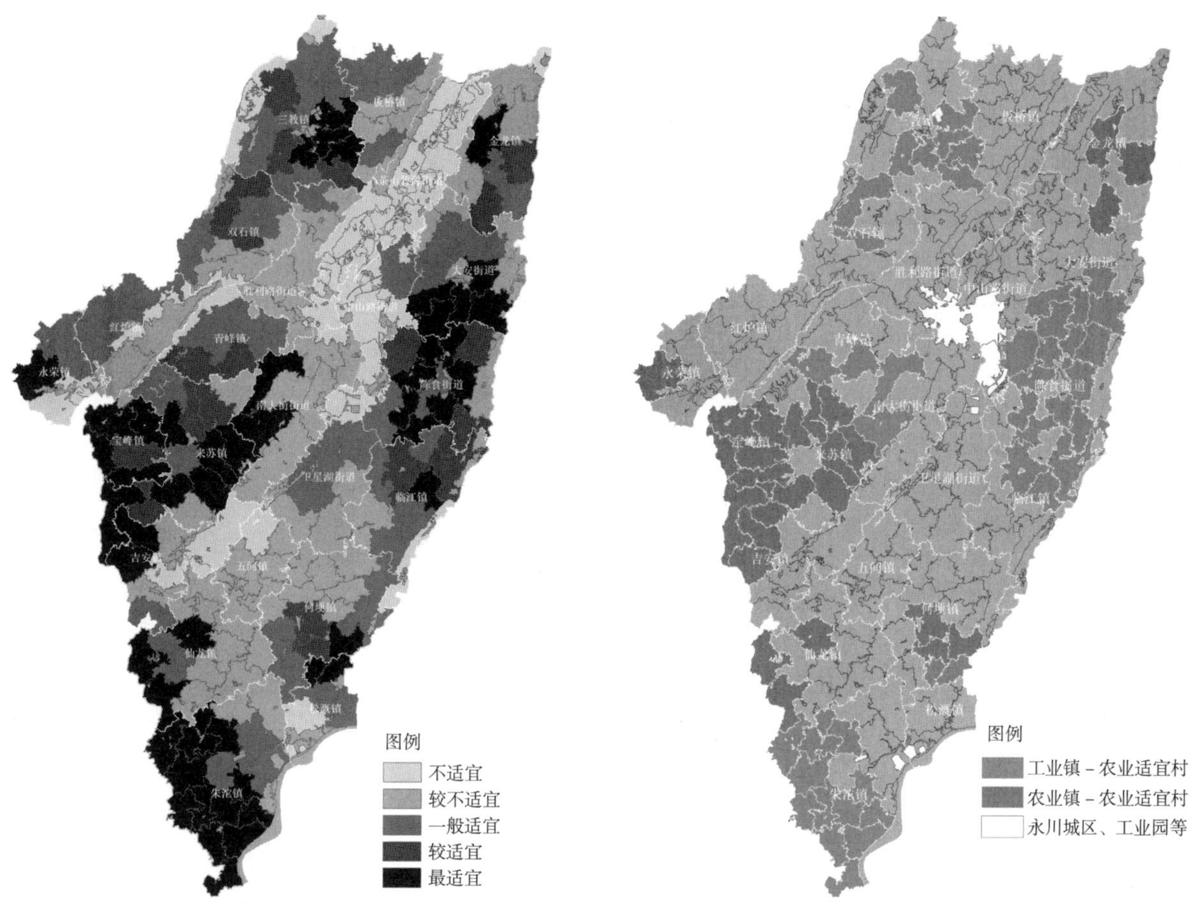

图 1　农业发展适宜性空间分布示意图　　**图 2　永川区不同产业类型下农业适宜村空间分布示意图**

中到火车站的距离影响程度逐渐减缓，而到汽车站的距离影响程度逐渐增加，说明永川区的发展对铁路交通的依赖性降低而对公路交通的依赖性加强。城乡建设用地受高速公路下道口的负影响，说明高速公路作为连接城市内部与外部之间的枢纽带来的便利性。区政府所在的永川中心城区对城乡建设用地尤其是 2017 年的影响极大，而且从 2008 年到 2017 年影响方式由负转正，说明在 2008~2017 年离区政府所在地永川中心城区较远的地区城乡建设用地扩张较快，用地由中心集聚式发展转为分散式扩张。而城乡建设用地距镇政府距离越近面积越大，且这一趋势不断增长，因此城乡建设用地在永川区范围内总体呈现“大分散、小集中”的状态。区、镇政府对村庄建设用地的影响则比较微弱甚至无影响，说明村庄建设用地的发展受中心城区的虹吸效应不强。

3）社会经济因素

社会经济因素主要包括人口和产值，其中城乡建设用地受总人口的正影响和乡村人口的负影响较大，且总人口的影响程度不断增加，乡村人口的影响程度则略有衰减，说明随着乡村人口不断流入城镇，城镇化的发展使得城乡建设用地面积扩张，而城市建设又不断吸引人口流入，总人口与建设用地的相互促进作用越来越明显。农业人口对城乡和村庄建设用地均有正影响，其中对村庄建设用地的影响比城乡更大，且 2008~2017 年影响程度均在减缓，说明以农业为生的人口增长幅度小于建设用地的扩张，建设用地对农业发展的依赖性越来越弱。第一产业产值的影响变化与从事农业人口相似，随着农村工业化的发展，传统农业对乡村发展的带动作用减弱，但对于永川区来说农业的影响依然较强。工业是永川区如今的主导产业，随着永川三大工业园区的建设，第二产业产值从无影响到对2017年的城乡建设用地面积正影响很大。GDP主要影响了城乡建设用地的发展，且随着时间推移正影响越来越强，证明了城乡特别是城市建设用地对经济发展的土地资源支持，经济的增长又反过来加快城市建设的相互作用。

五、村镇聚落重构策略

农业本底是我国国民经济发展的基础，因此本文以农业型村镇为例探究村镇聚落的重构模式。将上文各自变量的空间异质性结果叠加，形成如图1所示的农业发展型村镇适宜性评价图。由图1可知，最适宜和较适宜发展农业的乡村共有71个，占永川区乡村总个数的33.8%。最不适宜发展农业的乡村有28个，占所有乡村的13.3%，大多分布在农业发展限制区内，此外还有中心城区、工业园等一些城市建设较完善的区域。通过上位规划可知，永川区各镇和街道的主导产业和产业发展指引，为村镇聚落的产业发展转型指明初步方向。从农业型村镇适宜性评价中提取出最适宜和较适宜农业发展的村镇聚落，结合永川区集中居民点布局规划中的产业引导，可将永川区农业型村镇聚落分为工业镇中的农业适宜村和农业镇中的农业适宜村，如图2所示，并针对不同发展类型提出对应的村镇聚落重构策略。

1. 农业型镇域中农业适宜村镇聚落重构模式

位于农业型镇的农业发展适宜村镇聚落在空间上多集聚于西南侧的宝峰和来苏两镇且接连成片，因此可以结合资源优势，在现有农业基础上寻求现代农业转型升级，通过发展绿色现代化农业和推进农业规模化、集约化生产来带动农村产业发展，打破行政边界的桎梏，加强各村、镇之间的农业发展合作，通过拆村并点、耕地整合等方式，最终形成具有较大规模的现代农业产业片区，从而吸引乡村人口回流。对于其余较为分散的农业发展型乡村，则要发挥本村的农业对整个镇域农业经济发展的带动作用，增加特色农业的挖掘，同时借助生态环境的优势适度发展观光、度假等旅游产业，提高镇域经济水平。

2. 工业型镇域中农业适宜村镇聚落重构模式

位于工业型镇的农业发展适宜村镇聚落多集中在三个片区：西北部的三教－双石片区，东部的大安—陈食—临江片区和南部的朱沱镇。这三个片区分别拥有永川三大工业园，因此农业型村镇聚落可促进工业和农业的结合，借助工业的区位优势发展农产品加工业，形成以农业为主的多产业化协同的乡村，并与周边乡村联动发展；还可以根据上位规划对镇域的商贸发展指引作用，形成农业生产—加工—销售的从第一产业到第三产业的发展渠道，吸引劳动资源，增加农民收入，多角度促进各产业经济发展。

六、结论

本文通过多尺度地理加权回归模型对永川区建设用地演变的影响因素进行定量探析，结果显示社会经济因子是建设用地发展的主要推动力。此外，随着时间的推移，自然因子的影响力减弱，而区位因子的驱动作用增强。结合定量分析所得相关影响因素构建村镇发展综合评价指标体系，得到适宜发展农业的村镇并结合上位规划对镇域的产业定位，提出农业型村镇聚落的重构模式，通过打造现代农业生产区、农业和其他产业协同等方式解决农民就业问题，开拓农业发展新渠道，促进村镇聚落经济社会优化发展。

参考文献：

[1] 郭晓东，马利邦，张启媛．基于GIS的秦安县乡村聚落空间演变特征及其驱动机制研究[J]. 经济地理，2012，32（7）：56–62.

[2] 周国华，贺艳华，唐承丽，等．中国农村聚居演变的驱动机制及态势分析[J]. 地理学报，2011，66（4）：515–524.

[3] 李红波，张小林，吴江国，等．欠发达地区聚落景观空间分布特征及其影响因子分析：以安徽省宿州地区为例[J]. 地理科学，2012，32（6）：711–716.

[4] 王楠，郝晋珉，高阳，等．曲周县盐碱地改良区农村聚落演变与驱动机制研究[J]. 中国土地科学，2018，

32（1）：20-28.

[5] 吴江国，张小林，冀亚哲，等．县域尺度下交通对乡村聚落景观格局的影响研究：以宿州市埇桥区为例[J]. 人文地理，2013，28（1）：110-115.

[6] 张富刚，刘彦随．中国区域农村发展动力机制及其发展模式 [J]. 地理学报，2008（2）：115-122.

[7] 王介勇，刘彦随，陈玉福．黄淮海平原农区典型村庄用地扩展及其动力机制 [J]. 地理研究，2010，29（10）：1833-1840.

[8] 郑文升，姜玉培，李孝环，等．公安县农村居民点用地分布影响因子评价：基于 GWR 的空间异质性分析 [J]. 人文地理，2015，30（5）：71-76.

[9] 杨忍，刘彦随，龙花楼．基于格网的农村居民点用地时空特征及空间指向性的地理要素识别：以环渤海地区为例 [J]. 地理研究，2015，34（6）：1077-1087.

[10] 孙倩，汤放华．基于空间扩展模型和地理加权回归模型的城市住房价格空间分异比较 [J]. 地理研究，2015，34（7）：1343-1351.

[11] 漆雁斌，陈卫洪．低碳农业发展影响因素的回归分析 [J]. 农村经济，2010（2）：19-23.

[12] 劳伦斯·汉密尔顿．应用 STATA 做统计分析 [M]. 重庆：重庆大学出版社，2011.

[13] 耿佩，陈雯，高金龙．我国乡村聚落空间形态演变研究进展 [J]. 现代城市研究，2020（11）：69-75，100.

[14] 金其铭．我国农村聚落地理研究历史及近今趋向 [J]. 地理学报，1988，55（4）：27-35.

非文物建筑遗产保护新原则刍议

张著灵[1]，尹子祥[2]

（1. 重庆城市科技学院，重庆　402160；2. 重庆建筑科技职业学院，重庆　400014）

【摘　要】2005 年，《国务院关于加强文化遗产保护的通知》发布，文化遗产的概念正式用于我国的文化遗产保护事业，极大地扩展了保护对象的范围，历史建筑、传统风貌建筑等非文物建筑纳入保护体系。面对纷繁复杂的非文物建筑遗产保护工作，近年，国家及地方陆续编制、出台历史建筑、传统风貌建筑保护相关技术规程，以期规范保护方案编制。全国各地确定的非文物建筑遗产保护原则不尽相同，可见业界对非文物建筑遗产保护的原则尚未达成共识。非文物保护建筑遗产多样而复杂，具有相当的生活真实性。其保护方案的制定应适应这种多样性特点，在遗产保护的真实性背景下，融入多样性、灵活性、适宜性原则。为避免过度灵活，丢失遗产重要信息，本文试图提出一套方案评价指标，以期限定灵活的边界。

【关键词】非文物建筑遗产；多样性；真实性；真实度；方案评价

一、量的扩展，保护原则如何确定

文化遗产是“人类创造并遗留、流传下来的具有历史、艺术和科学价值的文化财富，包含物质文化遗产和非物质文化遗产两大类”。文物、历史建筑、传统风貌建筑或者其他具有遗产价值的实物遗存都是文化遗产，这大大扩展了遗产保护对象的范围，对遗产保护工作提出新的挑战。

自 2016 年起，重庆市陆续公布了 5 批优秀历史建筑，第一批 176 处，第二批 81 处，第三批 130 处，第四批 189 处，第五批 18 处，总计 594 处，它们功能丰富，种类多样，保存情况复杂。此外历史文化名镇、名村、街区，传统风貌区内还有一批具有一定价值和意义的传统风貌建筑，情况将更加复杂。仅重庆一市范围内就有如此规模的建筑遗产，且构成极其复杂。这些建筑遗产应如何保护，是否要遵守遗产保护的真实性原则？

笔者在接触到历史建筑、传统风貌建筑这些非文物建筑遗产保护项目的时候，最困惑的就是应当以怎样的眼光看待这些建筑遗产，以怎样的标准制定保护方案？什么样的保护方案是最有效的，最合适的？尽量保持原样好，还是做出一定改变好？

二、真实性原则是否适用

非文物建筑遗产具有作为文化遗产的价值，如能遵守遗产保护的真实性原则，无疑能更好地保护这些遗产的价值。不同于传统文物，非文物建筑遗产量大而普遍，其规模及价值也许不如已确定为文物的建筑规模大、价值高。但这类建筑遗产，常有人使用、居住，因而具有更高的生活真实性。这一类建筑遗产的保护，跟文物建筑的保护或许应不同。

2017 年，《住房城乡建设部关于加强历史建筑保护与利用工作的通知》指出，“历史建筑的保护方式

作者简介：

张著灵（1987—），女，重庆沙坪坝人，讲师，硕士，主要从事遗产保护研究。

尹子祥（1990—），男，重庆沙坪坝人，讲师，硕士，主要从事室内设计研究。

应不同于文物建筑的保护”；2018 年，《历史建筑修缮技术规范（征求意见稿）》，规定“历史建筑修缮，应搜集历年合理使用与修缮的历史信息，坚持真实性、完整性、可识别性及最小干预度，保护建筑历史风貌”。国家层面的相关法规、规范提出非文物建筑遗产保护方式应与文物不同，但其原则又与文物保护的主要原则相似，甚至相同，这种指向不明的矛盾，给建筑从业者的工作带来困难。

现实中，我们看到更多的是非文物建筑遗产的保护设计方案是灵活多变的。如重庆市第一批优秀历史建筑重庆特钢厂遗址更新方案（图 1），尚未收录入重庆市优秀历史建筑的长江电工厂职工宿舍旧址更新方案中（图 2），建筑师根据建筑后期使用要求，对建筑门窗、外观、空间等做出相应调整，并不严格遵守遗产保护的不改变原状、真实性、完整性等原则。从鹅岭二厂文创园、北仓文创街区等项目难以消退的热度中，可以想见这种改变是普通大众乐于看到的。老建筑上添加新材料的冲击使人赏心悦目，同时又增加或调整了建筑的使用空间，延续建筑使用寿命。这种突破原则的存在就值得思考了。产生自文物保护的保护原则是否约束了非文物建筑遗产保护的新思路？

三、各地保护原则的变通

在国家规范正式出台之前，不少地方尝试提出适应地方特色的保护技术规程，提出适宜的保护原则。2005 年，天津市最早提出保护历史风貌建筑保护，应重视建筑风貌特征的保护；2019 年，武汉市认为保护修缮优秀历史建筑应兼顾保护与利用，仍要遵循真实性原则；2020 年，成都市对历史建筑保护提出适应现代实用功能的要求；2021 年，浙江省则重视遗产保护的真实性、完整性等原则；2021 年，重庆市将历史建筑的合理利用写入保护原则（表 1）。各地非文物建筑遗产保护原则不尽相同，或多或少参考文物古迹的保护原则，部分城市则重视历史建筑的合理利用。不同的原则给保护工作带来困难，但这是不可避免的。非文物建筑遗产，种类多样，价值构成复杂，具有超出文物建筑许多的复杂性。这就让不同的文化背景下，不同的地域，不同的人，对这一原则的理解不一样，对遗产保护的要求不一样。

四、非文物建筑遗产价值构成的特点

非文物建筑遗产包含于文化遗产，具有历史价值、艺术价值、科学价值、社会价值、文化价值。相对年轻的非文物建筑遗产，因功能和空间尚且适应现代生活，可能还在正常使用，或近 10~20 年还在使用，给这一类遗产注入了一股鲜活的灵动。非文物建筑遗产价值也因此显得复杂而多样。重庆市优秀历史建筑名录中不乏这样的案例，南岸区政府

图 1　2018 年，筑博设计股份有限公司，“重庆特钢厂工业遗址更新方案”

来源：http://www.cqzhhl.cn/article/230

图 2　2019 年，林同棪国际，铜元局 · 重庆时光——长江电工厂职工宿舍旧址保护更新设计方案

来源：林同棪国际中国公众号

非文物建筑遗产保护原则统计表　　表 1

时间	地区	技术规程	保护原则
2005 年	天津市	《天津市历史风貌建筑保护修缮技术规程》*	历史风貌建筑其建筑形象的保护： 在维护保养、勘察设计、修缮施工中，应在建筑形象、构件尺度、比例、材料色彩、质感、特征及施工工艺、细部处理上，按“修旧如故，有机更新”的原则，保持恢复原有建筑风貌的建筑形象。 在修缮建筑立面更换门窗、坡屋面檐沟、躺沟、天沟、出墙嘴、立水管等，选用新材料、新做法时，应保持建筑形象、颜色与原有风貌特征一致
2019 年	武汉市	《武汉市优秀历史建筑保护修缮方案审查管理办法》	优秀历史建筑的保护修缮应根据保护等级和保护要求，遵循真实性、完整性、可识别性及最低限度干预等保护原则，保护建筑的历史文化、建筑艺术、科学技术等信息，达到保护优先、安全适用、合理利用的目的。
2020 年	成都市	《成都市历史建筑修缮技术规程（试行）》	历史建筑修缮应当注重对历史信息和价值要素的保护，当发现有危机历史建筑安全的因素或已不能满足现代实用要求时，应予以修缮。 历史建筑修缮要遵守可识别性、最少干预、可逆性、真实性原则
2021 年	浙江省	《历史建筑修缮与利用技术规程》DB 33/T 1241—2021	历史建筑修缮与利用应遵循真实性、整体性、可识别性和可持续性原则
2021 年	重庆市	《历史建筑修复建设技术导则》	历史建筑的修复建设应科学评估其历史、科学、艺术和社会价值，明确其重点保护要素，贯彻安全耐久、最小干预、修旧如故、技术可逆、合理利用的原则

* 现行《天津市历史风貌建筑保护修缮技术规程》为 2018 年版，此处主要展现早期地方保护技术规程中的非文物建筑遗产保护原则。

原办公楼 2014 年搬迁后，挂牌为重庆国际电子商务产业园；渝钢村工人住宅随 2011 年重钢搬迁停用，将打造为特色古玩交易、创意办公及工业产品体验展示街区；南开中学礼堂、重庆大学 B 区实验楼、建工馆、法学院等还在使用。这是非文物建筑遗产吸睛之处。因其建成年代距今不够久远，我们还能窥见人在其中的活动，哪怕在城市更新中沦为老旧社区，略做改变也可继续发挥余热，使遗产本身保留有较多的生活真实性。

大量的非文物建筑遗产因功能、材料及技术、风貌等的不同，可以分为多种不同的类别。重庆市公布的优秀历史建筑按照功能分为 8 类，按照风貌可分为 5 类，按照材料及技术可涵盖近现代常见的建筑结构形式（表 2）。这一情况相对以木结构为主的文物建筑，复杂程度可见一斑。与文物建筑相比，非文物建筑遗产作为历史见证的历史价值不够稀缺，通常只是在风格、材料等方面体现出传统建筑的特点，在美及科学贡献层面却不够出彩。如果对非文物建筑遗产的各价值进行排序，建筑的社会价值、文化价值应排在历史价值、艺术价值、科学价值之前。保护好这类遗产的生活真实性，我们将看到活着的遗产，这是我们期待看到的。

五、新的保护原则

非文物建筑遗产复杂多样，以包含生活真实性的社会价值及文化价值为主导价值。在其中，人的活动使建筑变得更为复杂，这种变化不是某设计方案决定的，它是一种必然。因此，应该允许调整非文物建筑遗产的主要保护原则，增加多样性、灵活性、适宜性原则，以期为非文物保护建筑遗产的保护预留空间。

重庆市近现代建筑类型分类统计表　　表 2

分类依据	门类数量	类别
建筑功能	8	居住建筑、商业建筑、公共服务建筑、工业仓储建筑、军事防御设施、市政水利设施、风景园林建筑、祠庙会馆
材料技术	—	木、砖、砖木、砖混、钢、钢筋混凝土等
建筑风貌	5	传统巴渝、明清移民、开埠建市、抗战陪都和西南大区 [1]

但我们必须承认，不长的非文物建筑遗产保护历程导致我们积累不足，年轻的非文物建筑遗产保护事业不得不向文物建筑保护工作学习，真实性、完整性原则仍是需要遵守的保护原则。延缓建筑衰亡，推迟原真度归零的时间[2]乃是所有文化遗产保护工作的要点，遵守真实性、完整性的建筑遗产保护才能尽可能多地保留遗产的相关信息。

然而，我们能从文物上找到历史的真实，却不一定希望看到千篇一律的不够精美的老旧建筑，我们需要的是活的遗产展现出更多的可读性。那么，基于优先保护遗产主要价值的原则[3]，灵活性、多样性、适宜性原则，可以添加在真实性、完整性原则之前，允许不变之中存在适度的变化。为了平衡变与不变，为不使建筑遗产在不当保护中覆灭，必须限定灵活的边界。

如何限定这个边界，是笔者最困惑的问题。正如我们希望看到同一题目下，学生多方案的呈现，而评价方案是优秀的，可以借鉴教学中的评分标准。非文物建筑遗产保护方案为何不能回归本真，暂时抛开各地不同的保护原则，通过评分判定解决遗产问题的方案是否合理，再回来核对其是否符合纷繁的保护原则，以此实现客观中的适度主观？

为此笔者试图构想一种方案的评分标准，将保护方案中非文物建筑遗产的形制、风格、做法、技艺、功能、空间、生活等内容纳入评价指标。同时，对于年轻的非文物建筑遗产，有的建筑在其全寿命生命周期内还在发挥效用，我们不得不考虑将这些建筑在保护维修后产生的经济价值纳入评价体系。

考虑各遗产主导价值不同，评分标准基于重点保护遗产主要价值的出发点，赋予主要价值高于其他价值的初始值（表3），对照方案中真实性保存情况，分级确定各指标下方案得分（表4），总分不足60分者，视为方案设计不合理。方案设计达到合格再校准非文物建筑遗产保护方案是否过度违背真实性原

非文物建筑遗产方案评价分值设置构想 表3

<table>
<tr><td rowspan="2">分值系数调整</td><td colspan="6">真实性类别</td><td rowspan="2">经济价值</td><td rowspan="2">其他</td></tr>
<tr><td>形制</td><td>风格</td><td>做法</td><td>技艺</td><td>空间</td><td>生活</td></tr>
<tr><td>初始分值</td><td>10</td><td>10</td><td>10</td><td>10</td><td>10</td><td>10</td><td>10</td><td>10</td></tr>
<tr><td>初始值系数</td><td colspan="8">根据价值评估，择最突出3项，加0.2系数；
假设某遗产空间、生活真实性及经济价值最突出，分别乘1.2系数</td></tr>
<tr><td>调整分值</td><td>10</td><td>10</td><td>10</td><td>10</td><td>12</td><td>12</td><td>12</td><td>10</td></tr>
<tr><td>重置系数</td><td colspan="7">1.16</td><td>1.19</td></tr>
<tr><td rowspan="2">重置分值</td><td>11.6</td><td>11.6</td><td>11.6</td><td>11.6</td><td>13.9</td><td>13.9</td><td>13.9</td><td>11.9</td></tr>
<tr><td colspan="8">总分100</td></tr>
</table>

非文物建筑遗产保护方案评分标准构想 表4

<table>
<tr><td rowspan="2">分级评分</td><td colspan="6">遗产真实性保存评价</td><td rowspan="2">经济效益评价</td><td rowspan="2">其他</td></tr>
<tr><td>形制</td><td>风格</td><td>做法</td><td>技艺</td><td>空间</td><td>生活</td></tr>
<tr><td>初始分值</td><td>11.6</td><td>11.6</td><td>11.6</td><td>11.6</td><td>13.9</td><td>13.9</td><td>13.9</td><td>11.9</td></tr>
<tr><td>满分分值</td><td colspan="4">原材料、原工艺、原做法、原技艺构件替换式维修</td><td colspan="2">保留原形态</td><td>经济效益提高、不变</td><td>维持不变</td></tr>
<tr><td rowspan="4">评分标准</td><td colspan="4">局部构件更换样式
变动项（-1分）</td><td>房间内局部空间
改变（-1分）</td><td>继承式改变
（-1分）</td><td>经济效益降低
（-5分）</td><td rowspan="4">依照遗产个性制定分级标准</td></tr>
<tr><td colspan="4">建筑内部使用新材料、新形式
变动项（-3分）</td><td>部分房间改变
（-3分）</td><td>替换式改变
（-7分）</td><td>闲置（-13.9分）</td></tr>
<tr><td colspan="4">建筑外观大面积使用新材料、新形式
变动项（-5分）</td><td rowspan="2">建筑整体空间重组（-5分）</td><td rowspan="2">闲置
（-13.9分）</td><td rowspan="2">—</td></tr>
<tr><td colspan="4">整体用新材料、新技术替换
变动项（-11.6分）</td></tr>
<tr><td colspan="9">方案评价总分不足60分，视为遗产方案设计不合格，需调整设计思路</td></tr>
</table>

则，通过双重标准，方为合格的遗产保护方案。

表3、表4中各系数、分值是否成立需另起专题做实证研究，在此仅提出一种评价思路，以供讨论。

六、结语

文化遗产的概念衍生自文物，但超出文物的概念，我国的文物保护事业可以追溯到清光绪三十四年（1908年）颁布的《城镇乡地方自治章程》,将“保存古迹”等事业列为城镇乡的“自治事宜”。文物保护的制度已日渐完善，而非文物建筑遗产的保护事业则方兴未艾，其中还有许多事宜不甚明朗，笔者在此仅以绵薄之力，梳理困惑之处。

参考文献：

[1] 方钱江.道法自然，师法传统：重庆传统风貌街区保护更新路径探索[J].城乡规划，2020（5）：37-43.

[2] 姚东升，邵明.历史建筑保护从真实性到原真度[J].城市建筑，2021，18（19）：109-112.

[3] 周学鹰，徐咏怡.建筑遗产修复中保持真实性[N].中国文物报，2021-8-31.

文化融合视角下宁夏九彩坪拱北建筑艺术研究

郝　娟，崔文河

（西安建筑科技大学艺术学院，西安　710055）

【摘　要】九彩坪拱北位于宁夏回族自治区中卫市海原县九彩乡境内南疙瘩山巅，是典型的中国化宗教建筑群之一。本文从文化融合的视角出发，解析拱北的空间形态，概述营建历程，分析选址、空间格局、建筑样式等，探讨拱北在楹联艺术、符号纹样及建筑材质色彩等装饰艺术中与中国传统文化产生的交融，总结九彩坪拱北建筑艺术多元文化融合的特征。该研究对于多元文化互鉴互赏具有重要的理论和现实意义。

【关键词】九彩坪拱北；文化融合；宗教建筑；建筑艺术

一、前言

从唐永徽二年（651年），大食国“始遣使朝贡”[1]；到了宋元时期，随着穆斯林的数量增多，伊斯兰教在中国传播并迅速发展。在其发展的过程中，与中国传统文化长期融合，中国内地伊斯兰宗教建筑逐渐发展为中国化的建筑艺术，例如西安化觉巷清真寺、北京牛街清真寺、阆中巴巴寺拱北等。宁夏回族自治区是我国最大的回族聚居区，这里存在大量伊斯兰宗教建筑，其中拱北建筑艺术独具特色，带有鲜明的中国传统建筑特征，是伊斯兰教中国化的典型代表。

本文以宁夏九彩坪拱北为研究对象，从选址、空间形态、装饰、楹联等入手，对拱北景观建筑的空间格局、建筑样式、装饰图案等展开研究分析，可以发现九彩坪拱北具有鲜明的多元文化融合的特点，是伊儒道并存的典型中国化宗教建筑（图1）。

二、九彩坪拱北空间形态

1. 营建历程概述

九彩坪拱北地处宁夏回族自治区中卫市海原县九彩乡南边的南疙瘩山巅（图2），是九彩坪门宦先贤、教主的墓地，也是九彩坪拱北门宦的宗教文化中心和圣地[2]，已有150多年的历史（图3）。

1）清朝时期

据《海原史话》记载，咸丰四年（1854年），嘎德忍耶第七辈道祖杨保元途经一座名叫疙瘩山的小山，见其山形幽静奇妙，后买下了土地。杨道祖在九彩坪修建静室，设立道堂，这座静室成为九彩坪拱北的基础[3]。据山门前石碑记载，清同治十二年（1873年），七辈道祖隐居于后子河，安老真师主持修建了后子河中和堂拱北。清光绪二十一年（1895年），安老真师主持修建了九彩坪中和堂拱北。

作者简介：

郝　娟（1997—），女，山西太原人，硕士研究生，主要从事民族聚落人居空间环境研究。

崔文河（1978—），男，江苏徐州人，教授，博士，主要从事民族走廊与文化景观研究。

基金项目：国家社会科学基金项目“甘青民族走廊族群杂居村落空间格局与共生机制研究”（19XMZ052）。

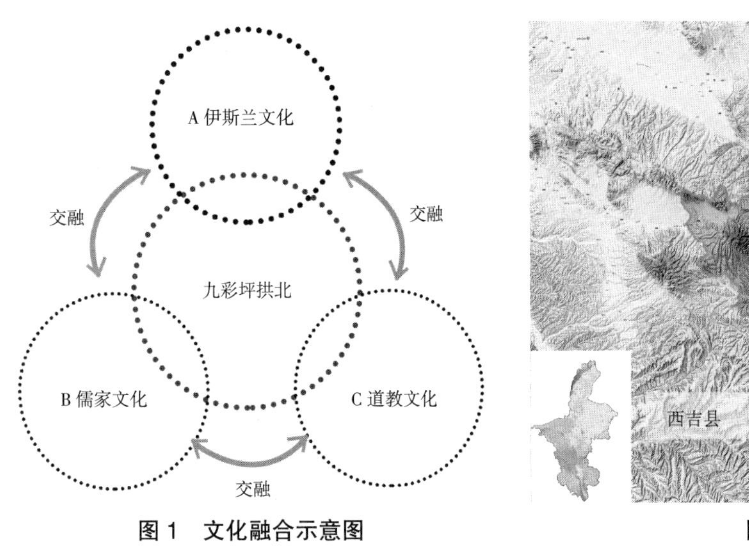

图1　文化融合示意图

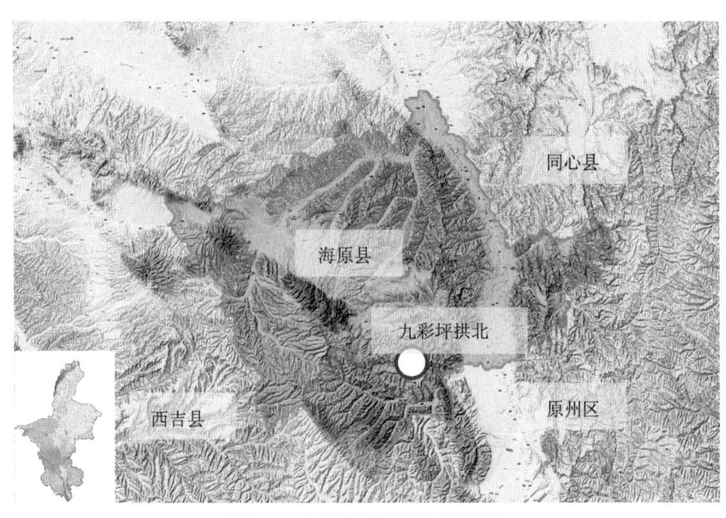

图2　九彩坪拱北地理位置

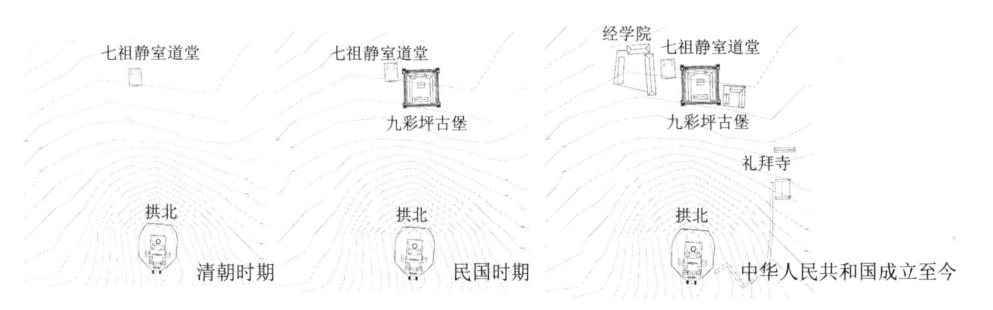

图3　九彩坪拱北布局推测图

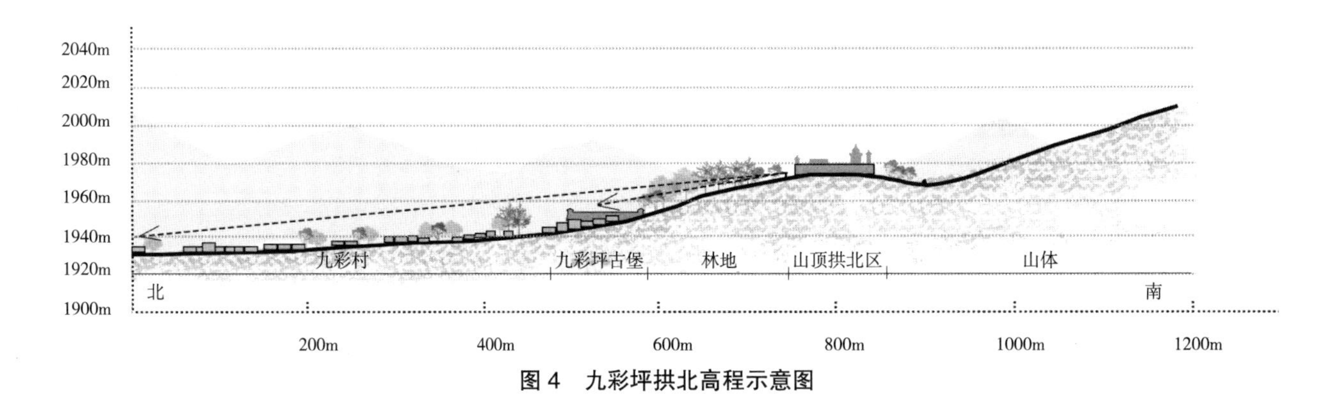

图4　九彩坪拱北高程示意图

2）民国时期

民国9年（1920年）大地震时九彩坪拱北被震毁。民国17年（1928年），杨枝荣老人家（回族穆斯林群众将传播伊斯兰教的导师和学者称为老人家）主持修建拱北，并于山下道堂区新建一座高大堡子，于1948年竣工。

3）中华人民共和国成立至今

1958年开始宗教改革，九彩坪拱北被破坏。1978年党的十一届三中全会胜利召开，逐步落实了宗教信仰自由政策。在李德贵老人家主持下，拱北基本恢复原貌并建造成功能完善、层次清晰的宗教场所，其包括了七祖静室道堂区、古堡区、女客住宿区、山下礼拜区、山顶拱北区、山洼绿化区六个部分，其功能集墓葬、学习、拜谒、庆祝于一体。

2. 建筑选址

九彩坪拱北位于南疙瘩山巅，垂直于等高线，海拔1972m（图4），其因山就势而筑，在紧凑的布局中建造完整有序的建筑空间。拱北建筑是作为精神中心而存在的，一定是村落规模最高的视觉中心，形成天际线，其特点要突出绝对高度，依托山地、台地等，借助自然地理的优势从而增加空间高度。九彩坪拱北选址于南疙瘩山巅，视域开阔引人注目。同时，依托山势，烘托了宗教神圣的氛围。

3. 空间格局

九彩坪拱北是道堂拱北清真寺式的建筑群，功能完善且层次分明。拱北依山就势，将道堂、清真寺建于山脚，将拱北建于山顶，并通过一条亭廊栈道将山脚与山顶连接起来，营造出层次分明、错落有致的空间氛围，且突显拱北绝对性的地位（图 5）。

山顶拱北区院落坐北朝南，这种布局与清真寺所遵循的“东西向”不同，具有中国传统建筑空间布局的特点。南北总长为 96m，东西宽 76m，整体院落是以院落为单元发展形成的纵向三进院落。各个院落的大小以及主次关系的布局与周边的自然环境形成奥旷交替的空间序列。例如，从狭窄的第一进院落空间进入豁然开朗的第二进院落，就是利用从奥到旷的对比变化，去感受不同的空间。层层院落依次递进，沿中轴线布局门、殿、亭、照壁等，南北两端地形的相对高差为 4.2m，空间格局“前低后高”，建筑物整体呈现出“两侧低、中间高”的布局，使建筑组群层次分明、错落有致（图 6）。

山顶拱北院落前导空间由 19 级台阶始，登上台阶至入口，第一道山门由中间的高大影壁及两侧矮小的影壁构成；在影壁两侧各有一个拱形券门，由朱红色的券门进入，则是第一进狭窄的院落空间，转身即可看到高大影壁背后的砖雕楹联等，这样既窄又高的空间，激发人们崇高的情感，给人希望和力量 [4]；沿中轴穿过过堂式通道，便进入第二进院落空间，视野突然开阔，东西两侧为厢房。登上台阶，穿过尖拱形的券门，便进入第三进院落，到达整个院落的高潮空间，三进院落围合严谨，首先看到近些年新建的阳光廊房，透过阳光廊房便可看到主体建筑中和堂及墓庐。中和堂主体建筑和两侧附属建筑及 3 座拱北墓庐，均是为“两侧低、中间高”的布局。从总体的平面布局来看，将中和堂及墓庐等主体建筑布局在院落中轴线长度的 2/3 处，与中国传统院落空间的布局具有相似性。围合的院落、对称的轴线布局，以及逐渐增高的空间序列，无不体现出中国传统建筑礼制与“天人合一”的营造思想 [5]（图 7）。

4. 建筑样式

九彩坪拱北建筑群在建筑的样式方面，突破阿

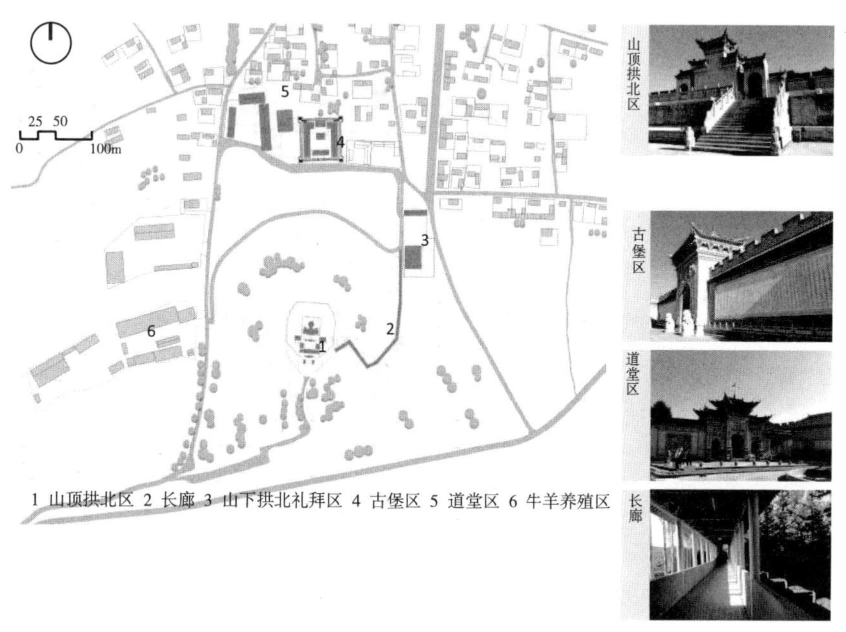

图 5 总平面图

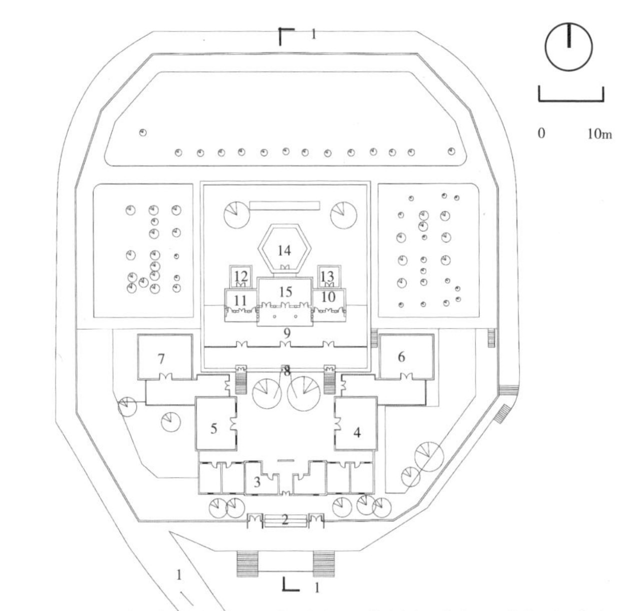

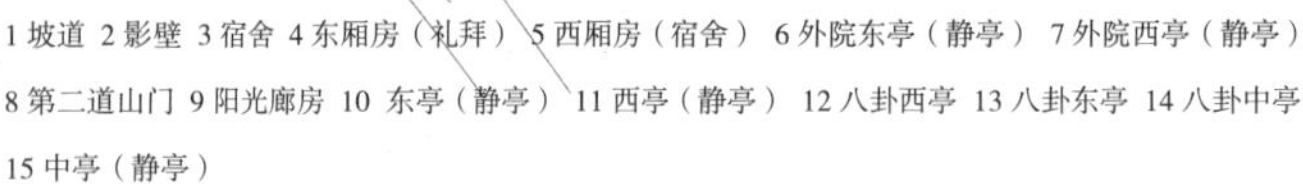

图 6 山顶拱北院落平面图

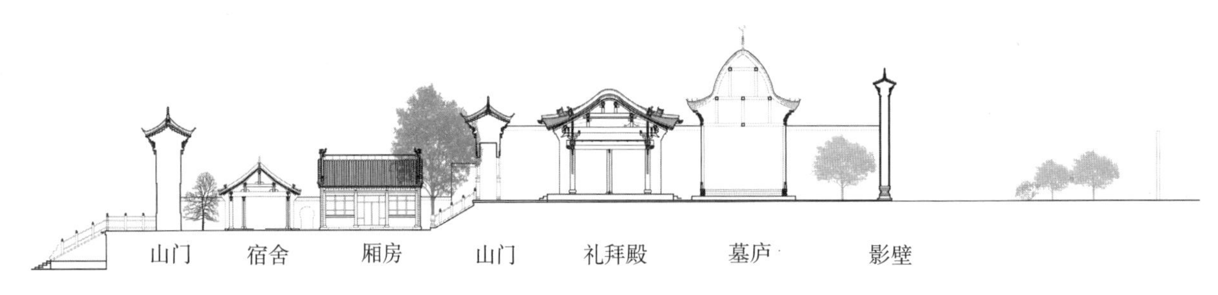

图 7 山顶拱北院落 1–1 剖面图

拉伯建筑的风格，在融合中国传统木结构建筑的基础上，结合少数民族传统的建筑技术，形成了具有中国特色的拱北建筑艺术，是一所布局完整、气势恢宏的中国传统殿宇式建筑群。

山门：九彩坪拱北的第一道山门由 3 座影壁组成，不是通常的直线式，而是由中间高两边低的楼阁式影壁组成。中间高大影壁是庑殿顶，由四层砖雕斗栱支撑，两侧矮小的影壁仍是庑殿顶，但没有砖雕斗栱，而两侧拱形门洞的屋顶样式为歇山顶（图 8a、图 8b）。第二道山门中门的屋顶样式与第一道山门影壁的屋顶样式相同，均为庑殿顶，两侧尖拱形券门的屋顶样式为歇山顶式（图 8c、图 8d）。拱北牌坊门楼全部用砖雕装饰。台阶两边的护栏均为石砌栏杆。

厢房：九彩坪拱北附属建筑有二进院落的东西厢房，沿南北向中心轴对称布置。砖木结构，屋顶样式均为硬山顶（图 8e）。

礼拜殿：九彩坪拱北的主体建筑墓庐及礼拜殿沿用了中国传统的前堂后寝制度，在墓亭前置礼拜殿。前堂礼拜殿为起脊式建筑，面阔七间，中间三间，两侧各两间，为一体三组的有机结构。每组四柱，共十二柱，以磨砖对缝的砖雕墙相隔[6]。受中国传统伦理道德观念的影响，中部高大、两侧低矮，主体部分位于中央，不仅凸显墓庐主人身份的等级差别，而且通过对比，形成主从关系分明的有机统一整体（图 8f）。

墓庐：中间“中和堂”后的墓庐，为一重檐盔

（a）第一道山门影壁

（b）第一道山门侧门

（c）第二道山门中门

（d）第二道山门侧门

（e）东厢房

（f）静亭

（g）墓庐

图 8 山顶拱北区建筑

式六脊顶建筑，外体为六面体墙，上覆倒挂金钟式盔顶，这些盔顶是将汉地的攒尖屋顶与西域的砖石外凸穹顶折中而产生出的特殊做法[7]；墓庐内是四方底座圆拱顶。这种外表亭式、内置穹隆顶的建筑形制既有伊斯兰风格的四方体圆拱顶的建筑特色，又继承了中国传统建筑的风格（图 8g）。

影壁：在拱北大院的后墙上，有中间高、两侧低的三面一体的硬山顶式影壁墙，墙顶砖雕椽檐、斗栱、栏板、垂花柱，墙面磨砖对缝，墙基为多层次的须弥座。这既是中国传统木构建筑的表现形式，也是中国穆斯林对伊斯兰教陵墓建筑的一种创造。

三、九彩坪拱北装饰艺术

1. 楹联艺术

楹联是中国传统文化典型的艺术表达形式。在九彩坪拱北建筑群中，出现大量的楹联砖雕艺术（图 8），这是中国传统哲学思想与伊斯兰哲学思想融合的具体体现。通过“以儒诵经”的方式，使得伊斯兰文化在中国的发展富有本土特色，巧妙地将两大文化结合在了一起。

登 19 级台阶到达山门入口，从侧边影壁门洞进入狭窄院落，第一道山门背面即有三对楹联砖雕。中间高大影壁处楹联砖雕上刻有“道通中国不外乎仁义礼智信，教演西域原来复念礼斋课朝”字样，其中的“念礼斋课朝”相对应的是“仁义礼智信”，这是以儒家礼教中的仁、义、礼、智、信“五常”来比拟、阐释伊斯兰教的念、礼、斋、课、朝等天命“五功”,是中国回族穆斯林译著家的一个“以儒阐经”的创举。从文化角度看，穆斯林的“五功”与汉文化的“五常”分属差异性很大的伊斯兰文化和儒家文化体系，但中国回族穆斯林译著家却将二者做了有益的比照和诠释[8]。西边矮小影壁楹联砖雕上刻有“度化善修三圣功，回风摇蕙燕春鸣”字样，其中的“三圣”，有人解释为伊斯兰教的穆罕默德圣人、佛教的释迦牟尼圣人以及中国儒家的孔圣人，由此可见伊斯兰文化对异文化的包容[9]。

2. 符号纹样

在九彩坪拱北建筑群中有着代表多元文化的符号纹样。在山下七祖静室道堂内的门楣上，在两条腾空飞翔的龙中间，有道教“阴阳”的装饰出现。连接山上与山下的长廊，出现蝙蝠等动物形象，在中国传统的装饰艺术中，蝙蝠的形象被当作幸福的象征。在伊斯兰教建筑中本不出现动物，这表明九彩坪拱北建筑群对中国传统文化的吸收。在山顶拱北区沿中轴线在第二道山门的台阶上，有一块直径约两尺（60cm）、石头雕刻的道教符号——阴阳鱼图案。在建筑物的屋顶上，在宝瓶与新月图案之间，出现了类似于道教与佛教寺院内常见的一种“寿”字的变体装饰物。

3. 建筑材质色彩

九彩坪拱北用色相对较为朴素，以绿色、砖灰色和黄色为主。绿色是伊斯兰教建筑物中最常见的颜色，在拱北的大门、窗框，以及各单体建筑的屋顶、梁枋等都大面积使用绿色。而在九彩坪拱北建筑群中也不乏中国古代高贵的颜色——黄色的使用，黄色较多用来作为建筑装饰的底色，拱北建筑群中大量使用木质原色和浅黄色作为装饰色，这也是伊斯兰建筑在其发展过程中对传统文化的认可。除此之外，在窗框、门等也出现了汉民族喜欢的红色。九彩坪拱北色彩的运用也体现出对中国传统建筑文化的创新。

4. 雕刻艺术

九彩坪拱北建筑群精致的雕刻艺术展现了伊斯兰教义与中国儒道文化的互融互通。拱北的砖雕装饰性很强，制作方式主要分为捏制和刻制。捏制是用手或模具将黏土泥巴制作屋脊的装饰；刻制是用刻刀在青砖上雕镂出主题图案。其中，砖雕的艺术造型运用了隐喻、象征、借比等手法，会引用《古兰经》、圣训等经典故事、传说。在图案的选择上选用了汉文化的梅、兰、竹、菊等表达精神追求，同时还选取了富有浓厚的儒家、道家色彩的图元，如阴阳鱼、莲花、兽头、吉祥物等典型的儒家装饰图案。砖雕装饰主要用在拱北建筑群的影壁照壁、门楼及屋檐下的砖雕仿木构件、墙面装饰、墀头、基座等位置。

四、文化融合的建筑特征

1. 以儒诠经的建筑特征

伊斯兰文化作为一种外来的宗教文化，可以迅速发展成为具有中国特色的伊斯兰文化，究其根源，是因为其在坚持固有文化的同时形成了“伊儒融合”的特质。因此伊斯兰教独特色宗教建筑形式拱北虽保留原有的样式特征，但在儒家文化的影响下或多或少发生了改变。九彩坪拱北的建筑语汇就明显受到了儒家文化的影响，例如在九彩坪拱北出现如龙、凤、蝙蝠等动物的形象；又如出现了中国古代文人常用来收藏与把玩的文玩符号，表达了其志趣与风雅，具有儒家文化的典型特征。拱北建筑中也出现了楹联、匾额等典型中国传统建筑特征，同时在建筑中使用鲜艳的红色，表明了伊斯兰教建筑形式受到中国传统文化的影响。

2. 道教影响下的建筑特征

在九彩坪拱北建筑群中，多处出现了道家建筑中常见的“寿”字变形体以及八卦、双鱼等。例如沿中轴线第二道山门前“阴阳鱼”图案等都体现出了道教的传播痕迹，也展现出道教建筑对伊斯兰教建筑所产生的具体影响。

嘎德林耶门宦九彩坪拱北对于各种文化要素的需求在此完美统一，儒、道、伊三种文化形态彼此间和谐相融，表现出多元文化共存的和谐氛围。

五、结语

九彩坪拱北作为伊斯兰建筑中国化的典型代表，其建筑艺术不仅体现出伊斯兰教建筑同中国传统建筑艺术风格的融合，也包含中国传统文化包容和谐的普世价值。而拱北作为伊斯兰文化与中国传统文化互融互通的一种特殊的建筑形式，为研究地方文化发展、社会结构、装饰艺术、建筑风格、审美观念等奠定了良好的基础。

参考文献：

[1] 宁夏大学回族文学研究所．回族民间故事集[M]. 银川：宁夏人民出版社，1998：579.
[2] 孙庆礼．海原回族拱北研究[D]. 银川：宁夏大学，2010：71.
[3] 田玉龙．海原史话[M]. 银川：宁夏人民出版社，2016.
[4] 彭一刚．建筑空间组合论[M]. 北京：中国建筑工业出版社，1998：44.
[5] 张兴国，齐一聪．民族的融合与演进：宁夏地区的回族拱北建筑群解析[J]. 新建筑，2014（6）：122.
[6] 李卫东．宁夏回族建筑研究[D]. 天津：天津大学，2010：71.
[7] 唐栩．甘青地区传统建筑工艺特色初探[D]. 天津：天津大学，2009：134.
[8] 孙嫱．当代回族建筑文化[M]. 银川：宁夏人民出版社，2014：249-250.
[9] 马平．“文化借壳”：伊斯兰文化与中国传统文化有机结合的手段：关于嘎德忍耶门宦九彩坪道堂的田野考察[J]. 西北第二民族学院学报（哲学社会科学版），2007（4）：8-9.

丘陵山地地区传统村落分布的区域环境定量探测
——以安徽省黄山市歙县为例

袁中文，马　丹，曹海婴
（合肥工业大学建筑与艺术学院，合肥　230601）

【摘　要】丘陵山地传统村落的空间布局具有鲜明特色，本文探究其与区域环境因子间的空间耦合关系是一项具有显著地域价值的研究工作，以歙县传统村落为研究对象，应用地理探测器为主的方法，分析其在山体地形环境下的空间分布特征，探讨其分布与高程、自然和人工地物、地表粗糙程度等影响因子的关系。因子探测结果显示，歙县尺度主要有4个主导因子，其中耕地的解释力度最高，交互效果也最显著，其次是高、低海拔占比或山谷线密度；歙县乡镇尺度下，因子的解释力度显著提高，可按主导因素可分为高程耕地型、地表粗糙程度主导型、其他因素主导型以及无明显主导因素型。其中传统村落密度高的乡镇，基本为高程耕地型，且不同主导类型在空间中呈现出区域连片的特征。

【关键词】丘陵山地地区；传统村落分布；区域环境定量探测；地理探测器；县域与乡镇尺度

一、引言

国家级传统村落是一个地区的文化瑰宝和深厚底蕴的象征。传统村落的认定也帮助发掘了该地区传统村落的选址与布局特色，彭一刚先生指出：生产方式和人文历史因素是影响村落空间格局的第一要素[1]。

自20世纪便已有研究者从地貌的角度阐述村落分布。朱炳海从交通、高度、植被等方面阐述了山地村落的分布规律[2]；20世纪80年代，金其铭先生从聚落地理的角度出发，系统阐述了农村聚落的要素、村镇建设与中国农村的聚落区内容，村落的研究也逐渐开始出现在地理、建筑、旅游、规划、人文政治等多个学科的研究中。国外的理论研究也越来越多[3-4]。自1996年起，对传统村落的研究从定性描述逐渐向定量界定转变，包括GIS等在内的多种方法也开始被逐渐运用到对传统村落的研究中[5-6]。

目前已有许多学者对国内的传统村落的分布特征与影响因素进行了研究，尺度大多聚焦于全国[7-8]、省市[9-11]、流域[12-13]或地貌地质区[14-15]。其中，以地貌区村落为对象的研究，针对性更强，采取的因子具有更强的明确性和地区解释性。各研究的视野基本聚焦于空间分布特征本身：从空间聚集度、均匀性、空间密度[16-17]等方面来对特征进行描述，借助了诸如不平衡指数、地理集中指数、核密度指数、最邻近点指数、空间基尼系数、景观格局指数这一类方法来定量化描述村落点的空间分布情况[18-19]。

而对传统村落分布的影响因素基本可以分为自然因素与社会因素两大类，自然因素通常采集地区的坡度、坡向、高程、地表粗糙度、地形起伏度、年均气温与降水，以及水系、NDVI及其他景观格局指数等作为指标，社会性因素则通常采取人口密度、

作者简介：
袁中文（1997—），男，安徽合肥人，硕士研究生，主要从事村落空间格局研究。
马　丹（1997—），女，安徽淮北人，硕士研究生，主要从事村落形态研究。
曹海婴（1973—），男，安徽合肥人，副教授，博士，主要从事城市居住空间及传统村落形态研究。

人均 GDP、城镇化率、道路交通、到城镇距离以及历史文化等作为指标[20-22]。

常见的用于村落分布研究的有地理网格分级法[23]、GIS 空间统计分析[24]、地理探测器方法[25]、数理分析方法（系统聚类、多元回归等）[26-28]以及诸多用于预测和优化的模型方法，如 GWR（地理加权回归）、MUP-city（分形优化模型）等。歙县境内地形错落，丘陵山地占据主导地位，传统村落规模尺度较小，影响传统村落最初选址与演变的环境因素应当在微观尺度被更多地发掘和对应起来。

二、数据来源与研究方法

1. 数据来源

研究用到的数据及其来源如下：传统村落坐标为手动整理，DEM 数据购买自第三方 ALOS 卫星 12.5m 分辨率产品，水域与道路数据提取自天地图，耕地数据提取于自然资源部发布的 30m 分辨率全球地表覆盖数据集（2020 年版），行政边界数据来源于智慧黄山时空信息云平台。

2. 研究方法

1）地理探测器

地理探测器（Geo Detector）是探测空间分异性，以及揭示其背后驱动力的一组统计学方法。对村落分布与区域环境因子关系的探究选取分异及因子探测来进行实验，其具体工作原理是比较该指标在不同类别分区上的总方差与该指标在整个研究区域上的总方差[29]。

$$q=1-\frac{\sum_{h=1}^{L}N_h\sigma_h^2}{N\sigma^2}=1-\frac{SSW}{SST}$$

其中，$SSW=\sum_{h=1}^{L}N_h\sigma_h^2$，$SST=N\sigma^2$

式中：解释力度 $q\in[0,\ 1]$，q 值越大则因子 X 对因变量 Y 空间分异的解释力度更高，即 X 解释了 $q\times100\%$ 的 Y。L 为变量 Y 或因子 X 的分层，指具体某一个自变量 X 的分层（如耕地面积被分为 5 层，则为 5 层中的某一层；N_h 和 N 分别为某因子 X 的第 h 层所占据的网格数和全区的网格数）；σ_h^2 和 σ^2 分别是指某因子 X 的第 h 层所占据的区域内的 Y 值的方差与整个研究区内的 Y 值的方差，SSW（Within Sum of Squares）和 SST（Total Sum of Squares）分别为层内方差之和以及全区总方差[30]。q 值的变换满足非中心 F 分布，其因子探测结果的显著性在地理探测器内实现。

2）因子选择

因子选择上，因变量 Y 为传统村落分布的密度，由网格采集核密度均值获取。因子也即自变量 X 选取了基础地形、地表复杂程度和人工—自然地表这三大类共 10 个自变量因子（表 1）。

其中前两大类因子与人工 - 自然地表因子间虽存在因果关系：地形先一步存在且相对稳定，耕地等则是在地形条件下人工选择性改造的具体结果，

地貌影响因子选择　　表 1

	因子名称	因子释义	提取方法
基础地形	X_1 低海拔占比（%）	浅丘平原地区在区域中所占比例	以 200m、635m 为丘陵、山地的界限，提取格网内对应面积后计算比例
	X_2 中海拔占比（%）	丘陵地区在区域中所占比例	
	X_3 高海拔占比（%）	山地地区在区域中所占比例	
	X_4 坡度（°）	区域中的主体坡度等级	以 2°、6°、15°、25° 为界限分级后取主体
	X_5 阳坡比例（%）	阳坡面在区域中所占比例	提取阳坡面积后计算比例
地表复杂程度	X_6 山谷线密度（%）	区域中山谷线的密度，以面积代替	栅格地形提取山谷线并过滤，计算所占面积比例
	X_7 地表粗糙度（Ra）	区域中的地表面积与投影面积之比	自然断点法分级后取主体
人工 - 自然地表	X_8 耕地面积（%）	区域中的耕地面积	统计格网中对应栅格所占面积的比例
	X_9 道路里程（%）	包括村域道路在内的道路里程	
	X_{10} 水域面积（%）	区域中的水系面积	

注：高程界限取自《歙县志》（2005 年版）；坡度分类参考《土地利用现状调查技术规程》；阳坡为东南—西南方向的坡面，即自正北方向（0°）始，顺时针方向 112.5°~247.5° 的坡向区间。

但地形与耕地等因素是内里与表面、大致与精确的关系，研究耕地的分布并不等同于研究高程或地表粗糙度，因此耕地等因素与地形因素须共同纳入。

采集整个歙县2km带宽下10组因子的数据进行相关性检验以排查相关影响，在其双相关性矩阵中，仅基础地形与地表复杂程度的因子间存在6组中度相关性，主要为X_1~X_7（0.503**）、X_3~X_4（-0.507**）、X_3~X_6（-0.557**）、X_4~X_6（0.669**）、X_4~X_7（0.572**），X_6~X_7（0.638**）（其中*表示在0.05级别相关性显著，**表示在0.01级别相关性显著），其余因子间均为低相关性，且包括耕地面积在内的X_4、X_5、X_8~X_{10}均为独立因子。因此，所选因子间的相关性对探测结果的影响微乎其微，可以进行地理探测器研究。

3）实验尺度

实验以行政区划为单元进行信息采集，歙县尺度即以歙县单个县域全境为范围，乡镇尺度即歙县所有乡镇分开进行样本采集实验，其中采集网格选取质心在歙县边界内的网格。

尺度选择：空间粒度是指采集指标信息的单元的边长，在GIS中对应渔网的网格边长，空间粒度的选择对区域地貌属性的采集具有直接影响；带宽是核密度工具中的重要参数，对因变量Y（村落密度）的采集有较大影响，带宽增加，村落核密度所覆盖的区域越大，Y值通过计算格网内平均值的方法进行采集，搜索半径（带宽）越小，结果覆盖的区域越小，虽更精确，但意义寥寥。因此实验对1km、2km两个空间粒度以及1km、2km、3km、4km、5km五个带宽以歙县全境为范围进行了测试，得到2km的空间粒度以及3km的搜索半径下q值最高。因此歙县尺度选取2km空间粒度以及3km搜索半径的设置；而在3km搜索半径下，2km的空间粒度对于乡镇而言过大，且样本量少导致显著性不足，故歙县乡镇尺度选取1km空间粒度以及3km搜索半径的设置。

三、影响因子

1. 不同尺度下的主导因子

1）歙县尺度

在2km的空间粒度以及3km的搜索半径下，设置全域与仅保留丘陵山地地区的网格的q值两组实验，探测结果如表2所示。

从歙县全境来看，对传统村落空间分布影响权重的前几位是：X_8耕地面积＞X_6山谷线密度＞X_1低海拔占比＞X_7地表粗糙度；从歙县的丘陵山地地区来看，影响权重的前几位为：X_8耕地面积＞X_3高海拔占比＞X_6山谷线密度＞X_7地表粗糙度。余下6个因子影响程度较小且呈梯度降低。

由此，耕地面积对传统村落的影响最明显，其次是山谷线密度与低、高海拔占比。这可能是由于受地形影响，歙县境内以丘陵山地地形为主，山谷线密度和高海拔占比则影响了地表适宜建设程度，耕地面积虽受地形因素影响但不直接趋同于地形因素，传统村落乃至村落的规模与数量却都直接掣肘于耕地面积，因此对村落的空间聚集也产生了显著影响。

2）歙县乡镇尺度

地理因素在县域尺度上的分布是差异化的，为进一步探究不同因子的作用机制，从乡镇尺度的角度出发，设置1km空间粒度和3km搜索半径，结果保留显著性p值通过5%检验的部分，结果如图1所示。

地理探测器运用方差和的思想去比较自变量与因变量之间的差异，在歙县，不同的乡镇之间具有明显不同的特性：浅丘平原地区乡镇多集中连片耕地，但传统村落密度低；丘陵山地地区乡镇村落密度高，但耕地面积少；高山区村落密度与耕地密度均较低但部分因子突出。因此，县域尺度下，县域内区域的差异则（因子的离散程度）被分摊与均衡，

县域尺度传统村落空间分异因子探测结果　　表2

因子与网格	X_1	X_2	X_3	X_4	X_5	X_6	X_7	X_8	X_9	X_{10}
留全域网格	0.13	0.08	0.09	0.04	0.04	0.14	0.10	0.20	0.05	0.02
留丘陵山地	0.10	0.08	0.15	0.04	0.05	0.15	0.12	0.23	0.06	0.03

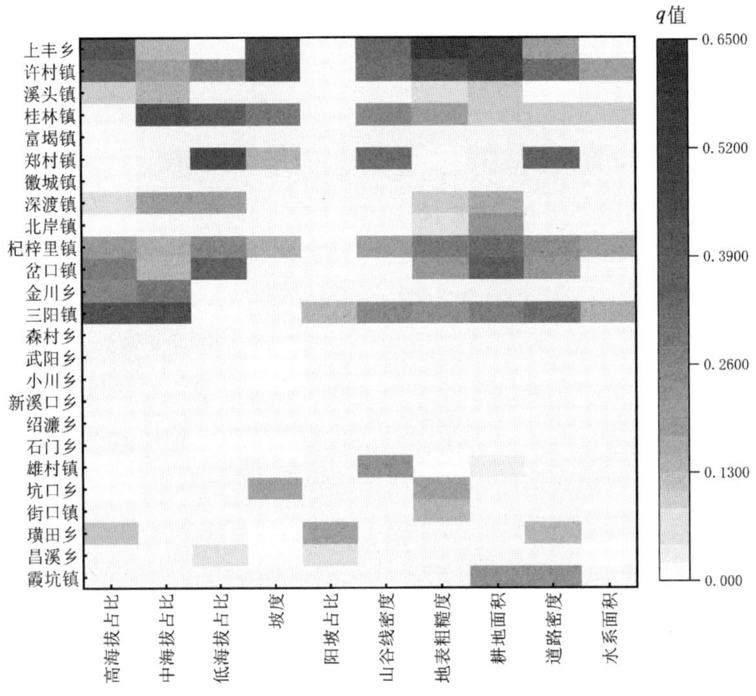

图 1　乡镇尺度因子探测结果

（注：灰色部分为未通过显著性检验的部分）

而在乡镇尺度，各个乡镇环境特性更明显，乡镇内的因素可以被更好地独立探测出来，解释力度 q 值也更高，也形成了各个乡镇的主导特性。

将乡镇尺度的因子探测归类，发现地形因素对村落的空间分异作用在乡镇尺度上具有明显的空间聚集。将 25 个包含传统村落的乡镇划分为 5 类，如图 2 所示。

（1）高程耕地型。主要分布在歙县西北部的上丰乡以及中东部的小川乡—三阳镇聚集带这两个传统村落密度较高的区域。在乡镇尺度，耕地的最高解释力度可以达到 0.553。可以说在村落分布方面，地形因素虽然亦直接影响村落，尚可少量改造，但耕地更加直接地决定了村落的分布，是更硬性与不可调和的因子。道路与水系则从形态上引导村分布而不体现在数理上。

（2）无显著影响因子型。主要分布在歙县中南部的森林乡—石门乡 6 个乡镇，这些乡镇地处石耳山一带的险峻山脉附近及新安江下游，村落密度稍

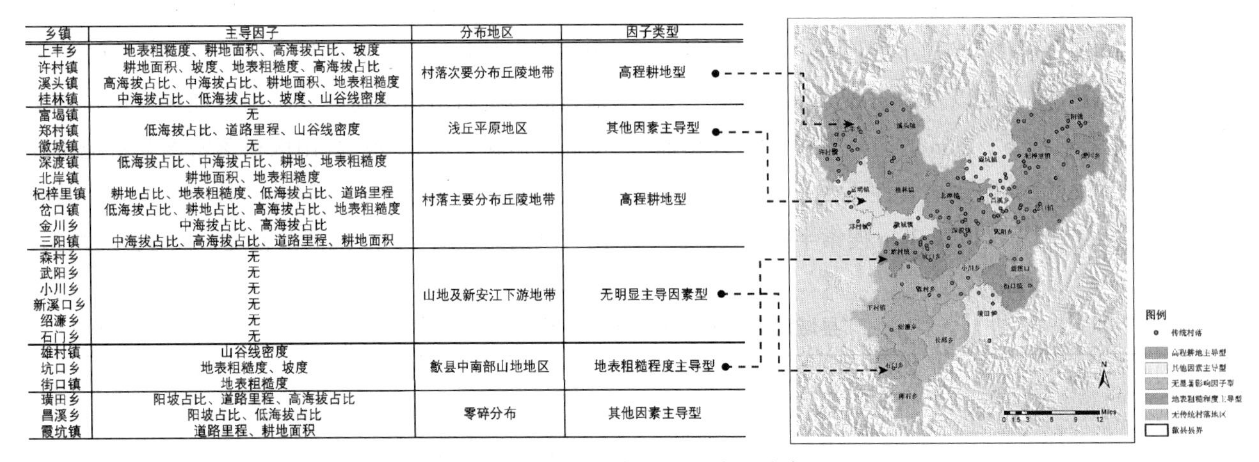

乡镇	主导因子	分布地区	因子类型
上丰乡	地表粗糙度、耕地面积、高海拔占比、坡度	村落次要分布丘陵地带	高程耕地型
许村镇	耕地面积、坡度、地表粗糙度、高海拔占比		
溪头镇	高海拔占比、中海拔占比、耕地面积、地表粗糙度		
桂林镇	中海拔占比、低海拔占比、坡度、山谷线密度		
富堨镇	无	浅丘平原地区	其他因素主导型
郑村镇	低海拔占比、道路里程、山谷线密度		
徽城镇	无		
深渡镇	低海拔占比、中海拔占比、耕地、地表粗糙度	村落主要分布丘陵地带	高程耕地型
北岸镇	耕地面积、地表粗糙度		
杞梓里镇	耕地占比、地表粗糙度、低海拔占比、道路里程		
岔口镇	低海拔占比、耕地占比、高海拔占比、地表粗糙度		
金川乡	中海拔占比、高海拔占比		
三阳镇	中海拔占比、高海拔占比、道路里程、耕地面积		
森村乡	无	山地及新安江下游地带	无明显主导因素型
武阳乡	无		
小川乡	无		
新溪口乡	无		
绍濂乡	无		
石门乡	无		
雄村镇	山谷线密度	歙县中南部山地地区	地表粗糙程度主导型
坑口乡	地表粗糙度、坡度		
街口镇	地表粗糙度		
璜田乡	阳坡占比、道路里程、高海拔占比	零碎分布	其他因素主导型
昌溪乡	阳坡占比、低海拔占比		
霞坑镇	道路里程、耕地面积		

图 2　乡镇因子探测结果空间分类

低。在这些乡镇中，没有显著的影响因子。

（3）地表粗糙程度主导型。集中在雄村镇、坑口乡、街口镇三个乡镇，主导要素为地表粗糙度或山谷线密度，但在其他因素不显著或地表粗糙程度较高时，解释力度才较高。

（4）其他因素主导型。主导因素不常见或自然地貌解释力度很小的乡镇，主要是县治附近的平原乡镇以及个别其他要素主导的乡镇，自然环境对这些地区村落分布的解释性并不强。

2. 因子交互探测

对县域尺度的因子进行交互探测，明确因子相互作用下对因变量的解释程度。结果如表 3 所示。

所有的因子在与其他因子交互后解释性都要强于自身。其中 X_8 耕地面积对所有其他因子的交互结果都比其余因子强，即耕地是所有因子的最强交互因子。从解释力度来看：耕地面积∩中海拔占比（$X_8 \cap X_2$）q=0.328、耕地∩山谷线密度（$X_8 \cap X_6$）q=0.326、耕地∩高海拔占比（$X_8 \cap X_3$）q=0.298 与耕地∩坡度（$X_8 \cap X_4$）q=0.284 交互后的总体解释力度较好。

交互作用中，可以明显看出：X_1 高海拔与其他因子、X_6 山谷线密度与 X_1~X_5 几个地形因素、X_7 地表粗糙度与 X_8~X_{10} 这几个人工地貌因子均为双因子增强，解释力度有显著提升，其余因子的交互结果多数为非线性增强。

3. 主导因子总结

县域尺度的主导因子为耕地、山谷线密度和高海拔占比，为了进一步发掘更细尺度的作用机制，结合前文的发现与结论，进一步探讨因子的作用机制，来具体阐明村落的空间分布与地貌环境之间的关系。

（1）耕地（X_8，q=0.2042）。县域尺度上，耕地的解释力度远超其他因子，是绝对的主导因子。从耕地在全县的分布来看，在丘陵山地这样的地理条件下是碎片化的，主要集中在平原地区及其丘陵过渡的地区尺度合适的峡谷和阳坡地带。耕地的影响力也体现在对交互结果的影响中。

（2）山谷线密度（X_6，q=0.1455）。作为地表粗糙程度的代表，其解释力度要高于地表粗糙度（0.1022），二者具有相似的含义，但山谷线作为地貌的直接体现，比地表粗糙度具有更强的代表性。通常情况下山谷线越密集的地区，地面复杂程度一般较高，耕地对地表复杂程度的要求更加苛刻，因此地表复杂程度的作用也许相当程度上依靠了耕地的选择性。

（3）高海拔占比（X_3，q=0.1375）。提取传统村落分布点的绝对高程，传统村落分布区间为 100~700m，其中村落的主要分布区间为 100~200m，共计 76 个，占 52.05%，远小于歙县整体高程 69~1775m 范围，其次是 200~350m 区间，共计 48 个，占 32.88%，余下 22 个村落则零散分布在 350~700m 高程的区间内。因

因子交互结果 表 3

	X_1	X_2	X_3	X_4	X_5	X_6	X_7	X_8	X_9	X_{10}
X_1	0.13									
X_2	0.20	0.08								
X_3	0.18	0.22	0.09							
X_4	0.18	0.18	0.20	0.04						
X_5	0.17	0.13	0.15	0.09	0.04					
X_6	0.20	0.22	0.18	0.16	0.18	0.14				
X_7	0.16	0.22	0.17	0.16	0.14	0.17	0.10			
X_8	0.25	0.32	0.29	0.28	0.24	0.32	0.23	0.20		
X_9	0.16	0.17	0.17	0.12	0.10	0.19	0.13	0.23	0.05	
X_{10}	0.14	0.20	0.15	0.13	0.08	0.19	0.10	0.24	0.09	0.02

注：图中红色为双因子增强，黄色为非线性增强，灰色为单因子作用。

此，相比于低海拔占比，高海拔占比与传统村落密度是整体负相关且更绝对。

四、结论

环境与布局特色是传统村落的重要价值之一，黄山地区山地丘陵地形众多，在地区自然环境的影响下，因子探测结果显示歙县尺度主要有4个主导因子，其中耕地的解释力度最高可达0.204，其次是高、低海拔占比或山谷线密度；而乡镇尺度下，可按因素的解释力度分为高程耕地型、地表粗糙程度主导型、其他因素主导型以及无明显主导因素型，且不同主导类型在空间中呈现出区域连片的特征：传统村落密度高的乡镇，基本为高程耕地型；高海拔地区主要为无明显主导因子型；平原地区主要为其他影响因子型；地表粗糙程度主导型的乡镇较少且分布零碎。

在空间粒度和搜索半径的设置条件下，乡镇已是最小可探测的行政区划，代表了较小范围内的因素特性，因此在县域尺度平均了特性之后其因子的解释力度明显小于乡镇尺度。

无论在乡镇还是县域尺度，耕地的解释力度都是最高且区别于其他因子的。因子间虽存在少量互相影响，但耕地作为选择的结果，是村落分布的刚性需求且不可调和，因此解释力度独步于其他因子之上。耕地的解释力度在交互探测中得到了进一步的证明，对所有其他因子的交互结果都比其余因子强，是所有因子的最强交互因子。其中，耕地与中海拔交互后在县域尺度上的解释力度可以达到0.328。

总之，在歙县地区，而随着自然环境与尺度的变化，主导因子的内容和解释力度也在发生变化，耕地始终会显著影响村落分布，其次是海拔占比与山谷线密度等，因子相互作用与影响，耕地和高程的交互可以更好解释村落的分布。因此不同小尺度的尝试具有实践意义，以期能够对同样处于山地丘陵地区的传统村落的发掘与保护提供借鉴，同时为发掘小尺度区域内传统村落更多的共性特征提供思路参考。

参考文献：

[1] 彭一刚．传统村镇聚落景观分析[M]. 北京：中国建筑工业出版社，1992.

[2] 朱炳海．西康山地村落之分布[J]. 地理学报，1939，6（1）：40-43.

[3] AMIRAN D H K.The settlement structure in rural areas：implications of functional changes in planning[J].1973，27（1）.

[4] SRIDHARAN S，TUNSTALL H，LAWDER R，et al.An exploratory spatial data analysis approach to understanding the relationship between deprivation and mortality in Scotland[J].Social Science & Medicine，2007，65（9）：1942-1952.

[5] 张浩龙，陈静，周春山．中国传统村落研究评述与展望[J]. 城市规划，2017，41（4）：74-80.

[6] SILVERMAN B W.Density estimation for statistics and data analysis[M].Routledge，2018.

[7] 李严，姚旺，张玉坤，等．中国传统村落空间分布特征[J]. 中国文化遗产，2020（4）：51-59.

[8] 杨忍，刘彦随，龙花楼，等．中国村庄空间分布特征及空间优化重组解析[J]. 地理科学，2016，36（2）：170-179.

[9] 代亚强，陈伟强，高涵，等．河南省传统村落空间分布特征及影响因素[J]. 地域研究与开发，2020，39（3）：122-126.

[10] 田玉萍，汪雷，何超，等．安徽省传统村落空间分布特征及影响因素分析[J]. 重庆文理学院学报（社会科学版），2021，40（1）：12-24.

[11] 王恩琪，韩冬青，董亦楠．江苏镇江市村落物质空间形态的地貌关联解析[J]. 城市规划，2016，40（4）：75-84.

[12] 薛明月，王成新，窦旺胜，等．黄河流域传统村落空间分布特征及其影响因素研究[J]. 干旱区资源与环境，2020，34（4）：94-99.

[13] 靳亦冰，侯俐爽，王嘉运，等．清涧河流域传统村落空间形态特征及其与地域环境的关联性解析[J]. 南方建筑，2020（3）：78-85.

[14] 王录仓，李巍，李康兴．高寒牧区乡村聚落空间分布特征及其优化：以甘南州碌曲县为例[J]. 西部人居环境学刊，2017，32（1）：102-108.

[15] 宋玢，任云英，冯森．黄土高原沟壑区传统村落的空间特征及其影响要素：以陕西省榆林市国家级传统村落为例[J]. 地域研究与开发，2021，40（2）：162-168.

[16] 张沛，李稷，张中华．秦巴山区传统村落时空分布特征及影响因素[J]. 西部人居环境学刊，2020，35（3）：116-124.

[17] 刘磊，徐志强，姚林 . 基于 GIS 的黄山市传统村落空间分布及影响因素研究 [J]. 河北工业大学学报，2020，49（6）：76–84.

[18] 杨兴艳，赵翠薇 . 贵州省传统村落居民点空间分布及其影响因素 [J]. 水土保持研究，2020，27（5）：389–395，404.

[19] 李博，杨波，陶前辉，等 . 湖南省传统村落空间格局及其影响因素研究 [J]. 测绘科学，2021，46（4）：150–157.

[20] 李伯华，尹莎，刘沛林，等 . 湖南省传统村落空间分布特征及影响因素分析 [J]. 经济地理，2015，35（2）：189–194.

[21] 郭晓东，张启媛，马利邦 . 山地 – 丘陵过渡区乡村聚落空间分布特征及其影响因素分析 [J]. 经济地理，2012，32（10）：114–120.

[22] 杨希，魏琪力，杜春蕾，等 . 近十年我国村落形态驱动因子的共性与分异性研究 [J]. 规划师，2019，35（18）：19–25.

[23] 余亮，孟晓丽 . 基于地理格网分级法提取的中国传统村落空间分布 [J]. 地理科学进展，2016，35（11）：1388–1396.

[24] 杨燕，胡静，刘大均，等 . 贵州省苗族传统村落空间结构识别及影响机制 [J]. 经济地理，2021，41（2）：232–240.

[25] 周扬，李寻欢，童春阳，等 . 中国村域贫困地理格局及其分异机理 [J]. 地理学报，2021，76（4）：903–920.

[26] 张茹，陆琦 . 桂林传统村落分布特征及影响要素量化解析 [J]. 南方建筑，2021（1）：15–20.

[27] 袁锦标，曹永旺，倪方舟，等 . 中国县域人口集聚空间格局及影响因素的空间异质性研究 [J]. 地理与地理信息科学，2020，36（3）：25–33.

[28] 王曼曼，吴秀芹，吴斌，等 . 盐池北部风沙区乡村聚落空间格局演变分析 [J]. 农业工程学报，2016，32（8）：260–271.

[29] 王劲峰，徐成东 . 地理探测器：原理与展望 [J]. 地理学报，2017，72（1）：116–134.

[30] WANG J F，ZHANG T L，FU B J. A measure of spatial stratified heterogeneity[J].Ecological Indicators，2016，67.

后　记

由重庆交通大学、重庆大学、重庆城市科技学院联合主办的2021山地人居环境国际学术研讨会，以“智慧·交通·生态——山地城乡融合发展理论与实践”为主题，于2021年10月8~10日，在重庆交通大学建筑与城市规划学院举办，与会代表来自我国川渝、云贵等地区的高校和行业部门的专家和学者，并邀请了几位有学术造诣的国外著名高校的学者和朋友们，形成较有学术高度和影响力的会议交流形式和研究内容。

会议围绕：1. 智慧规划与山地城乡建设，2. 山地地区综合交通与城乡协调发展，3. 生态安全约束下的山地城乡产业适宜性，4. 山地可持续建筑设计，5. 山地城乡社区发展与治理，6. 山地城乡公共健康与安全，7. 山地城乡景观设计与生态修复，8. 山地历史城镇与建筑遗产保护八个方面议题，进行了会议组织和论文征集，收到论文正稿和摘要88篇，经会议组委会和论文编委会讨论和评选，最后选出53篇论文，结集出版；另外，博士和硕士在读学生论文，评选出16篇，在重庆交通大学会议同期的“硕—博论坛”中进行了宣讲，对年轻的学子们形成很好的学术鼓励、扩展和影响。

在本书出版之际，作为会议组委会具体的工作者，在此，对各位参会专家和论文的撰写作者，表示由衷的感谢和敬意。是专家和老师们的辛勤劳动和热情支持，促成此次会议的成功举办及论文集的顺利出版。

首先，感谢中国城市规划学会山地城乡规划学术委员会对此次会议的支持和看顾；感谢四川大学赵炜教授，西南交通大学崔叙教授，西南民族大学赵兵教授，四川美术学院黄耘教授，重庆师范大学汪洋教授，重庆大学李泽新教授、黄勇教授、黄瓴教授、段炼副教授、戴彦副教授等各位专家和老师，对大会成功举办以及本书出版的审稿和指导工作的帮助和支持。

感谢重庆交通大学董莉莉教授、重庆大学李和平教授、重庆城市科技学院杨天怡教授等几位老师，对会议成功举办和本书的出版，给予的支持、指导和帮助。

特别感谢我的导师赵万民教授，在此次会议和本书的筹划、组织、出版工作中，所给予的大力支持、帮助和指导，学生叩首以谢。

本书付梓出版，也是对会议和论文作者辛勤劳动的一种回报和交代。真诚感谢中国建筑工业出版社的领导和编辑，对本书出版工作的指导、帮助和支持。由于时间、技术、疫情影响等原因的局限，存在不足之处，真诚地希望广大作者、读者批评指正。

刘畅博士、副教授

重庆交通大学建筑与城市规划学院

本次会议和论文集组织工作者

2022年4月2日